高等学校"十三五"规划教材

理论力学

主　编　张东晓

副主编　孟凡深　郭　力

　　　　李　萍

合肥工业大学出版社

前言

理论力学是高等理工科院校开设的一门专业基础课，是后续力学课程和其他相关专业课程的基础。随着我国高等教育的改革和发展，学校层次和类型增加，学生的情况也发生变化。学校类型不同，专业不同，对理论力学课程的要求也相应不同。为适应这些变化对教材的需求编写本书。本书可作为教学型大学和应用型大学的机械、土木、水利、动力、地质等专业的多学时理论力学课程教材，也可根据需要选择部分章节，作为其他专业少学时理论力学课程的教材。

本书在编写过程中，不仅融合了编者多年来在理论力学教学中积累的经验，而且秉持对学生科学思维能力和工程素养培养的观点，阐述理论力学的核心内容和方法。不仅继承传统理论力学课程理论严谨、逻辑性强的特点，而且注重以工程实际为背景，加深力学概念的阐述和工程素质的培养。并附有大量的例题和习题供教师选用和学生练习。

本书涵盖了静力学、运动学和动力学的基本内容，突出针对性、适用性，简化理论推导，力求深入浅出、通俗易懂、便于学习、每章编写有思考题、习题和参考答案。

参加编写的人员有：张东晓（第一章、第三章、第四章）、孟凡深（第二章、第五章）、时强（第六章、第七章）、崔扬（第八章）、李聪灵（第九章）、李萍（第十章、第十四章）、郭力（第十一章、第十二章、第十三章）。全书由张东晓任主编并统稿，孟凡深、郭力、李萍任副主编。

本书在编写过程中汲取了已出版的国内外相关教材的许多宝贵经验，同时也得到各方面的支持和鼓励。书稿承蒙王莹教授的详细审阅，并提出许多宝贵意见和建议。在此作者谨表示衷心的感谢。

由于编者水平有限，书中缺点和谬误之处在所难免，殷切希望读者和专家批评指正。

编者

2016年6月

前　言

目　　录

第一篇　静力学

第二篇　运动学

第三篇 动力学

[第一篇] 静力学

引言

静力学是研究物体在力系作用下的平衡规律的科学。

静力学研究的对象是刚体。所谓刚体是指在力的作用下,宏观上不发生变形,微观上任意两点之间的相对距离保持不变的物体。显然,刚体是一个理想化的力学模型。事实上,任何物体受力后都会发生形状和尺寸的改变,即变形。但很多情况下,变形非常微小可以忽略不计,即可将物体简化为刚体。

力是物体之间相互的机械作用。这种作用使物体的机械运动状态发生变化,或使物体产生变形。前者称为力的运动效应(或外效应),后者称为力的变形效应(或内效应)。静力学将研究的物体抽象为刚体,因而只研究力的运动效应。

力系是同时作用于物体上的一群力。两个不同的力系,对同一个物体产生相同的外效应,称这两个力系相互等效。等效的力系可相互替代。

研究物体的平衡问题时,首先应对物体进行受力分析,即分析物体共受几个力的作用,确定每个力的作用位置和方向。

当物体处于平衡状态时,说明作用于物体的力系满足平衡条件,称为平衡力系。研究物体的平衡问题,实际上就是研究作用于物体上的力系的平衡条件。

在研究力系的平衡条件时,常常根据力系等效的原则,将一个复杂的力系简化为一个简单的力系,这个过程称为力系的简化或合成。如果一个力系可简化为一个力,则该力称为此力系的合力,此力系中的各个力称为该合力的分力。

静力学研究的主要问题是:

一、物体的受力分析。

二、力系的等效简化或合成。

三、力系的平衡条件。

静力学是后续力学课程的基础部分,在力学理论中占据重要的地位,同时在工程实践中有着广泛的应用。

第1章 静力学基础

本章将介绍静力学的基本概念和几个公理，并阐述工程中常见的约束和约束力。最后介绍物体的受力分析和受力图。

1.1 静力学基本概念

1.1.1 力

人们在生活和生产实践过程中，通过长期的观察和分析建立了力的概念。例如用手推小车，小车由静止开始运动，而肌肉紧张能够感受到力的作用；夯压地基土层时，土层会产生沉陷变形，而夯出现回弹反应等。因此，力是物体之间相互的机械作用，这种作用能够使物体产生运动效应（外效应）或变形效应（内效应）。

力不能脱离物体而存在。力，虽然看不见，但它的作用效应可以直接观察，或用仪器测量出来。人们也正是通过力的效应来认识力的。

力对物体的作用效应取决于力的大小、方向、作用点，称为力的三要素。其中，力的大小表示物体之间相互机械作用的强弱程度；力的方向表示物体之间的相互作用具有指向性；力的作用点表示物体所受机械作用的位置。

显然，力的三要素中的任何一个要素发生改变，力的作用效果将随之发生改变。因此，要阐述一个力就必须说明这个力的大小、方向和作用点。

力具有大小和方向，因此力是矢量。力矢量可用一带有箭头的线段来表示，如图1-1所示。线段的长度，按一定的比例表示力的大小；线段的方位和箭头的指向表示力的方向；线段的起点表示拉力的作用点，线段的终点表示压力的作用点。

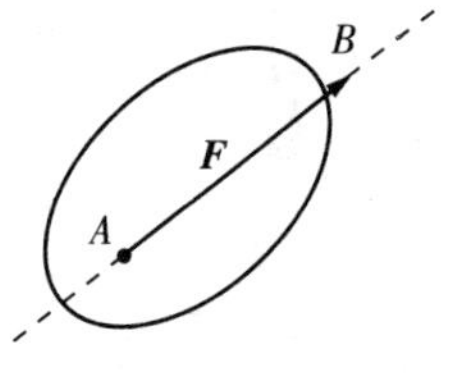

图1-1

沿着力矢量线段的直线（虚线），称为力的作用线。

本书中，用黑体字母 **F** 表示力矢量，用力普通字母 F 表示力的大小。

国际单位制中，力的计量单位是“牛顿”，简称“牛”。英文字母是“N”和“kN”，分别表示“牛”和“千牛”。

一个物体往往同时受若干个力的共同作用,将作用于物体上的若干个力称为力系。如果一个物体在两个力系分别作用下其效应相同,则称这两个力系为等效力系。如果一个力与一个力系等效,则称该力为这个力系的合力;力系中的各个力为合力的分力。在不改变作用效果的情况下,用一个简单力系代替复杂力系的过程,称为力系的简化或力系的合成。对力系进行简化是静力学的主要任务之一。

在日常生活和生产实践中,许多物体都是处于平衡状态的。但物体的平衡是相对的,有条件的。要使物体平衡,作用在物体上的力系必须满足一定的条件,称之为力系的平衡条件。这个力系称为物体的平衡力系。物体在平衡力系的作用下处于平衡状态。研究刚体的平衡条件是静力学的另一主要任务。

1.1.2 力偶

在实际工程和日常生活中,为了使物体转动,在物体上施加大小相等、方向相反且不共线的两个平行力,这样两个力组成的力系称为力偶。例如,汽车司机用双手转动方向盘(见图1-2a),电动机的定子磁场对转子作用电磁力使之旋转(见图1-2b)等。力偶的作用是使物体发生转动,物体受力偶作用的转动效果,不仅与力$\boldsymbol{F}$的大小成正比,而且与两个力之间的距离d的大小成正比。力偶的表示如图1-2c所示。

力偶和力一样是力学的基本物理量。力偶的性质和计算方法在本书第2章中介绍。

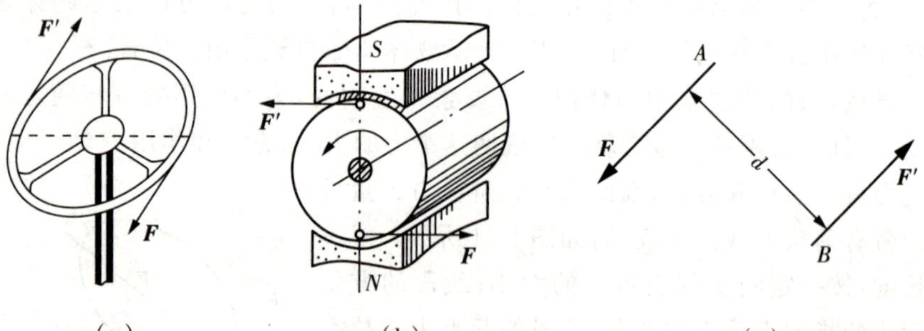

(a) (b) (c)

图1-2

1.1.3 荷载

力学上,把主动作用于结构或构件的外力(包括力偶)称为荷载。荷载有多种形式,按不同性质分为以下几类:

（一）按分布情况

按分布情况可分为集中荷载和分布荷载。

（1）集中荷载：若荷载作用面积远小于构件尺寸时，可以把荷载简化为集中作用在一点上，称为集中荷载。集中荷载的单位是 N 或 kN。

（2）分布荷载：将连续作用在结构或构件的较大长度或较大面积上的荷载分别称为线分布荷载和面分布荷载。处处分布均匀、大小相同的分布荷载称为均布荷载，如屋面雪荷载、等截面梁的自重等都是均布荷载。反之，称为非均布荷载。均布荷载又分为线均布荷载和面均布荷载。

线均布荷载，以每米长度的力的大小来表示，单位为 N/m 或 kN/m。面均布荷载，以每平方米面积上的力的大小来表示，单位为 N/m^2 或 kN/m^2。

（二）按作用时间

按作用时间可分为恒载和活载。

（1）恒载：永久作用在结构或构件上，其大小和作用位置都不会发生改变的荷载。如结构自重等。

（2）活载：荷载的大小和作用位置都可能发生变化的荷载。如设备、风、雪及施工荷载等。

（三）按作用性质

按作用性质可分为静荷载和动荷载。

（1）静荷载：缓慢地加到结构上的荷载，其大小、位置和方向不随时间变化或变化相对较小。如构件自重和一般的活荷载等。

（2）动荷载：大小、位置或方向随时间迅速变化的荷载，能够使结构产生明显的加速度，如地震力等。

1.2　静力学公理

静力学公理是人们在长期的生活和生产实践中，通过经验积累与总结，又经实践反复检验，不需要证明的符合客观实际的普遍规律。它们是静力学的理论基础。

公理一　二力平衡公理

刚体仅受两个力作用而保持平衡的必要与充分条件是：这两个力大小相等、方向相反，且作用于同一条直线上（见图 1－3）。

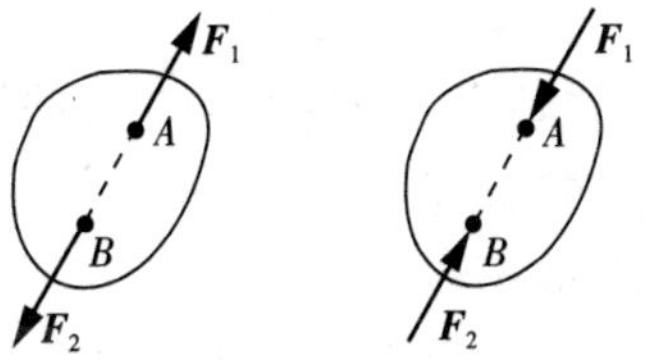

图 1－3

这个公理揭示了作用于刚体上的最简单力系平衡时所必须满足的条件。对刚体而言，这个条件是必要而且充分的；对变形体而言，这个条件是必要但不充分的。如图 1-4 所示，一段软绳受到两个等值反向的拉力作用时可以平衡，但受到两个等值反向的压力作用时就无法保持平衡。

图 1-4

图 1-3 表示了满足公理一的二力相向和相背的两种情况。工程中存在许多只受两个力作用而平衡的构件，称为二力构件，如图 1-5a 中曲杆、图 1-5b 中 CD 杆简称二力杆。

显然，根据公理一，二力构件上的两个力必然沿着两个力作用点的连线方向。

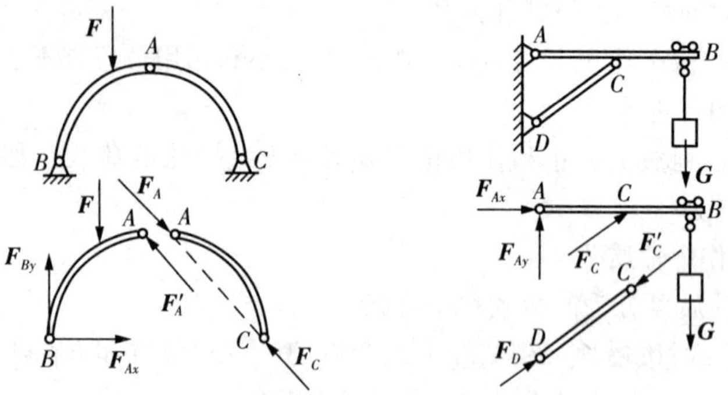

(a) 二力杆AC受力图　　(b) 二力杆CD受力图

图 1-5

公理二　力的平行四边形法则

作用在物体上同一点的两个力，可以合成为一个合力。合力的作用点仍在该点，合力的大小和方向是以这两个力为边所作平行四边形的对角线来表示。

如图 1-6a 所示，合力 $\boldsymbol{F}_R$ 和分力 $\boldsymbol{F}_1$、$\boldsymbol{F}_2$ 之间的关系符合矢量运算规律：

$$\boldsymbol{F}_R = \boldsymbol{F}_1 + \boldsymbol{F}_2$$

或者说，合力等于这两个力的矢量和(几何和)。

该公理反映了力的矢量性特征。矢量加法与数量加法不同，必须用平行四边形法则运算。

求合力 $\boldsymbol{F}_R$ 时，因为其作用点已知，故只需求它的大小和方向。为简便起见，经常采用力的三角形法则求合力的大小和方向。

如图 1-6b、c 所示，求合力的大小和方向(即合力矢)时，可由任意一点 O 起始，作一力三角形。力三角形的两个边分别等于力矢 $\boldsymbol{F}_1$ 和 $\boldsymbol{F}_2$，二者首尾相连，与顺序无关，第三边为 $\boldsymbol{F}_R$，反向封闭力三角形，代表合力矢。合力的作用点仍在汇交点 A。

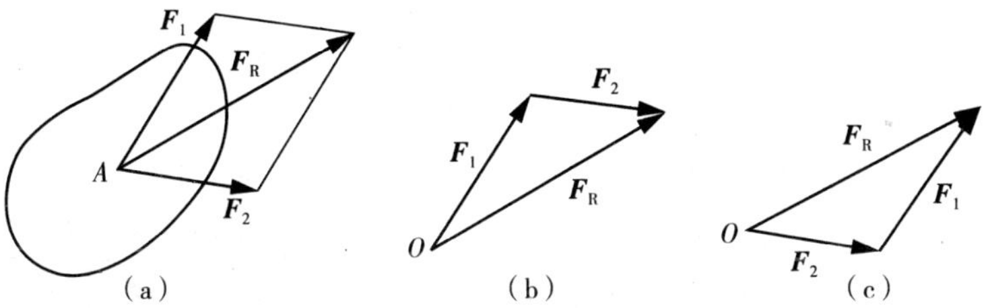

图 1－6

此公理是最简单力系的简化规律，也是复杂力系简化的基础。

公理三　加减平衡力系公理

在作用于刚体的已知力系上，加上或减去任意的平衡力系，并不改变原力系对刚体的作用效应。

显然，这是因为平衡力系不会对刚体产生运动效应。该公理是研究力系等效变换的重要依据，常用于简化已知力系。

根据上述公理可以导出下列推论：

推论 1　力的可传性原理

作用于刚体上的力可沿其作用线移动至刚体内任意一点，而不改变它对刚体的作用效应。

证明：如图 1－7a 所示，设力 $\boldsymbol{F}$ 作用于刚体上的 A 点。根据加减平衡力系原理，可在力的作用线上任取一点 B，且 B 点须位于刚体内，并在 B 点加上两个相互平衡的力 $\boldsymbol{F}_1$ 和 $\boldsymbol{F}_2$，使 $-\boldsymbol{F}_1=\boldsymbol{F}_2=\boldsymbol{F}$，如图 1－7b 所示。由于力 $\boldsymbol{F}$ 和 $\boldsymbol{F}_1$ 也是一个平衡力系，故可消去，这样只剩下一个力 $\boldsymbol{F}_2$，如图 1－7c 所示。于是，原来的力 $\boldsymbol{F}$ 与力系（$\boldsymbol{F}$、$\boldsymbol{F}_1$、$\boldsymbol{F}_2$）以及力 $\boldsymbol{F}_2$ 均等效。即，可将力 $\boldsymbol{F}_2$ 视为是原来的力 $\boldsymbol{F}$ 沿其作用线移到了 B 点。

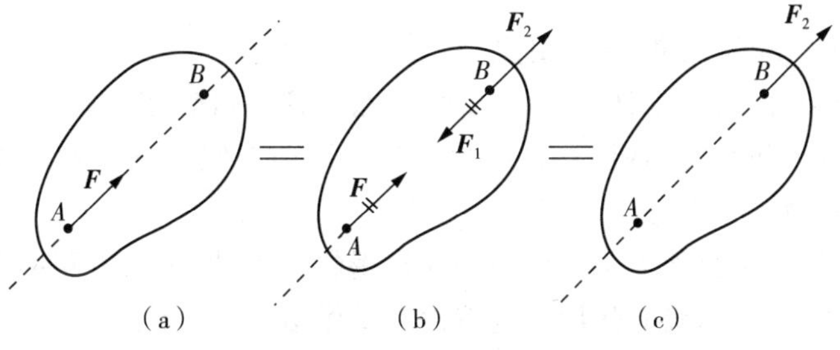

图 1－7

可以看出，对于刚体而言，力的作用点已不是决定力的作用效应的要素，它已被力的作用线代替。作用于刚体上的力可以沿着作用线移动，这种矢量称为滑动矢量。

推论 2 三力平衡汇交定理

刚体受不平行的三个力作用而平衡，则这三个力的作用线必汇交于一点，且位于同一平面内。

证明：如图 1－8 所示，设刚体在互不平行的三个力 $\boldsymbol{F}_1$、$\boldsymbol{F}_2$、$\boldsymbol{F}_3$ 作用下处于平衡状态，且 $\boldsymbol{F}_1$、$\boldsymbol{F}_2$ 两力的作用线相交于 O 点。根据力的可传性原理，可分别将力 $\boldsymbol{F}_1$、$\boldsymbol{F}_2$ 沿各自的作用线移至汇交点 O 处，然后根据力的平行四边形法则，求得 $\boldsymbol{F}_1$、$\boldsymbol{F}_2$ 的合力 $\boldsymbol{F}_{12}$。由于力系（$\boldsymbol{F}_1$、$\boldsymbol{F}_2$、$\boldsymbol{F}_3$）为平衡力系，则力 $\boldsymbol{F}_3$ 必与 $\boldsymbol{F}_1$、$\boldsymbol{F}_2$ 的合力 $\boldsymbol{F}_{12}$ 平衡。根据二力平衡公理可知，力 $\boldsymbol{F}_3$ 与 $\boldsymbol{F}_{12}$ 共线，所以力 $\boldsymbol{F}_3$ 必与 $\boldsymbol{F}_1$、$\boldsymbol{F}_2$ 共面，且必通过 $\boldsymbol{F}_1$、$\boldsymbol{F}_2$ 两力的作用线汇交点 O 点。

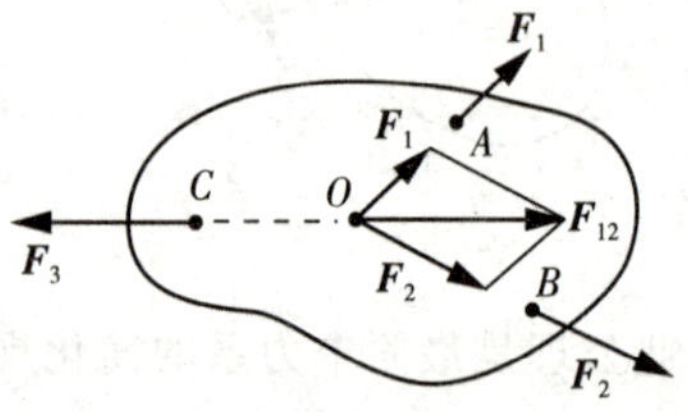

图 1－8

此推论给出了不平行的三个力平衡的必要条件。若知道其中两个力的作用线的交点，便可确定第三个力的作用线的位置。此定理的逆定理不成立。

加减平衡力系公理及其推论只适用于刚体，不适用于变形体。例如变形杆在两个力 $\boldsymbol{F}$ 作用下产生拉伸变形。若分别将两个力 $\boldsymbol{F}$ 移动到杆件的另一端，则杆件产生压缩变形，如图 1－9 所示。

公理四 作用与反作用公理

两物体间的作用力与反作用力总是同时存在的，且两个力大小相等、方向相反、沿着同一条直线，分别作用在两个互相作用的物体上。

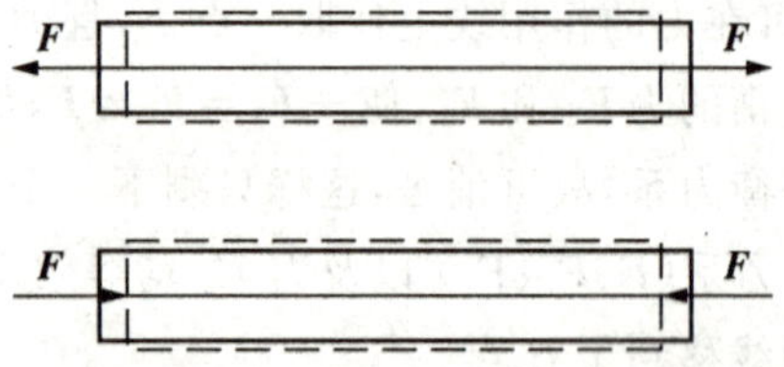

图 1－9

如将两物体间的相互作用之一视为作用力，而另一个视为反作用力，则公理四还可叙述为：对应于每一个作用力，必有一个与其大小相等、方向相反且在同一直线上的反作用力。一般用 $\boldsymbol{F}'$ 表示力 $\boldsymbol{F}$ 的反作用力。

公理四概括了自然界中物体间相互作用的关系，即作用力和反作用力总是成对出现，成对消失，没有作用力也就没有反作用力。

必须注意，虽然作用力与反作用力满足等值、反向、共线的条件，但它们是作用在两个不同的物体上，这也是该公理和二力平衡公理的本质区别。

公理五 刚化公理

变形体在某一力系作用下处于平衡，如将此变形体刚化为刚体，其平衡状态保持不变。

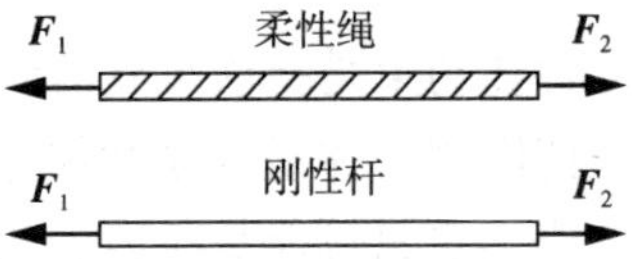

图 1-10

这个公理提供了把变形体视为刚体模型的条件。如图 1-10 所示，绳索在等值、反向、共线的两个拉力作用下处于平衡，如将绳索刚化成刚体，其平衡状态保持不变。而绳索在两个等值、反向、共线的压力作用下不能平衡，这时绳索就不能刚化为刚体。但刚体在上述两种力系的作用下都是平衡的。

此公理的意义在于：当变形体平衡时，刚化成刚体仍平衡，从而扩大了刚体静力学的应用范围。

1.3 约束与约束力

可以在空间作任意位移的物体称为自由体，例如：飞行的飞机、炮弹和火箭等。某些位移受到限制的物体称为非自由体，例如：机车受铁轨的限制，只能沿轨道运动；轴受轴承的限制，只能在轴承孔内转动；输电线塔受基础的限制，不能移动和转动等。非自由体的某些位移之所以受到限制，是因为和周围其他物体相互接触导致的。对非自由体的某些位移起限制作用的周围物体称为非自由体的约束。例如，铁轨对于机车，轴承对于轴，基础对于输电线塔等，都是约束。

约束限制物体的某些位移，也就是约束能够起到改变物体运动状态的作用，这种作用实际上就是力，称为约束力或约束反力。因此，约束力就是约束作用于物体上的力。除约束力外，物体上还会受到如重力、风力、电磁力、流体压力等，它们促使物体运动或有运动趋势，属于主动力，工程上常称为荷载或载荷。约束力是由于主动力的作用而产生的，属于被动力，随主动力的改变而变化。

静力学中，主动力通常是已知的，而约束力是未知的。因此，对约束力的分析，即为受力分析的重点。

因为约束力是限制物体位移的，所以它的作用方向必然与约束所能限制的位移的方向相反，它的作用点在约束与被约束物体的接触点。至于约束力的大小，将由后面要学习的平衡条件求出。

工程中常见的几种基本约束类型及约束力的表示方法如下。

1.3.1 柔性体约束

柔性体约束是指由柔软的绳索、链条或皮带等构成的约束。这类约束的特点是只能限制物体沿着柔性体伸长的方向运动，它只能承受拉力。所以它对物体的约束力也只可能是拉力。如图 1-11 所示，绳索悬挂一重物，绳索是重物的约束，绳索对重物的拉力是约束力。其作用点在绳索和重物的接触点或假想截断处，其方向沿着绳索背离重物。通常用 $\boldsymbol{F}_{\mathrm{T}}$ 表示这类约束力。又如皮带约束力如图 1-12 所示。

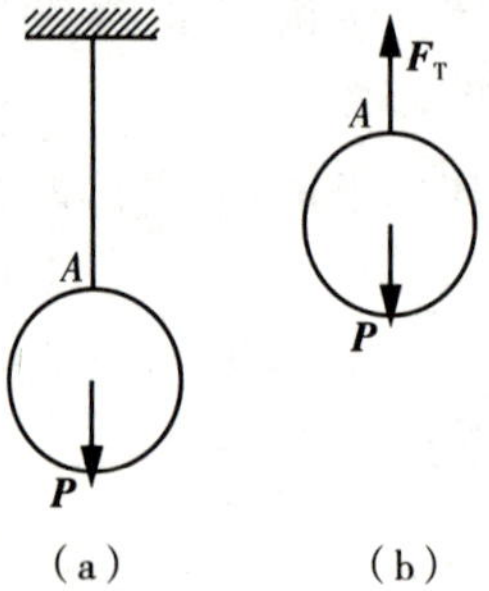

图 1-11

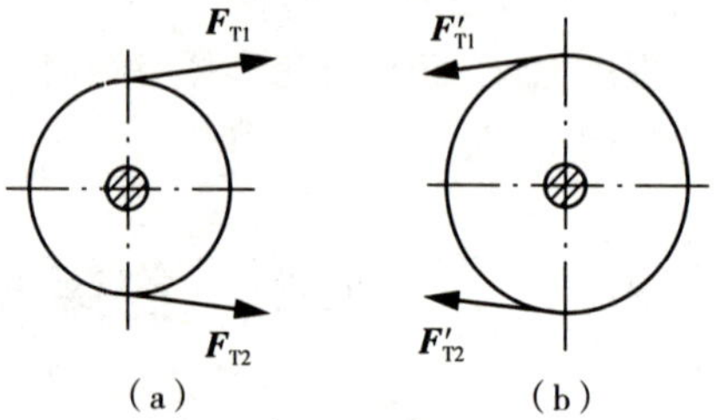

图 1-12

1.3.2 光滑接触面约束

若两个物体接触面上的摩擦力非常微小，可以忽略时，认为这样的接触面是光滑的。无论光滑接触表面的形状如何，或平面或曲面，都不能限制物体沿接触面的切线方向位移，而只能限制物体沿接触面的公法线方向进入接触面。因此，光滑面约束力是压力。其作用点是物体与光滑面的接触点；其方向沿接触面在该点的公法线并指向被约束的物体，这种约束力又称为法向约束力。通常用 $\boldsymbol{F}_{\mathrm{N}}$ 表示法向约束力，如图 1-13 所示的 $\boldsymbol{F}_{\mathrm{NA}}$ 和 $\boldsymbol{F}_{\mathrm{NC}}$。

光滑接触面的接触形式一般有面与面接触、点与面接触和点与线接触。

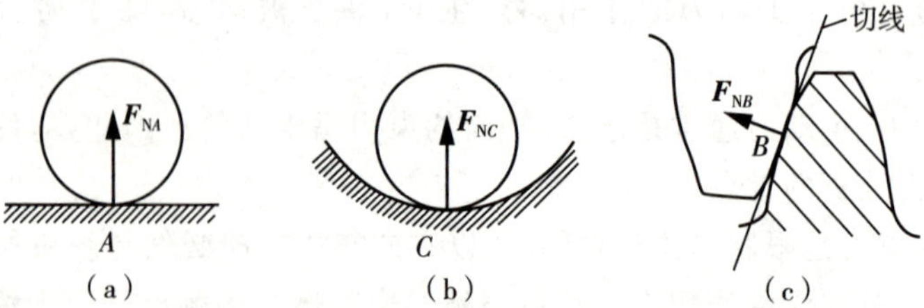

图 1-13

1.3.3　光滑铰链约束

这类约束有向心轴承、圆柱铰链和固定铰链支座等。

(1) 向心轴承(径向轴承) 约束

轴承是工程中常见的支承形式。如图 1 - 14 所示的轴承装置，轴可在轴承孔内任意转动，也可沿轴孔的中心线移动，但受轴承的限制不能沿径向向外移动。当忽略摩擦时，轴和轴承孔在某点 A 处光滑接触，轴承孔对轴的约束力 $\boldsymbol{F}_A$ 作用在接触点 A，沿公法线指向轴心(理论上，接触点处的公法线通过轴心和轴承孔中心，但轴与轴承孔间的余隙很小，可近似认为轴心和轴承孔中心重合)。

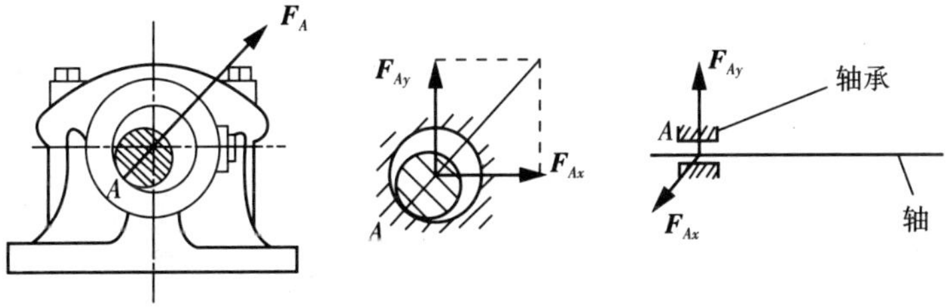

图 1 - 14

当作用于轴上的主动力变化时，轴和轴承孔接触点的位置也随之改变。因此，当主动力尚未确定时，约束力的方向也不能预先确定。但是，无论约束力的指向和接触点的位置怎样变化，它的作用线必定垂直于轴线并通过轴心。

由于向心轴承的约束力方向不能预先确定，其约束力通常可用通过轴心的两个正交分力 $\boldsymbol{F}_{Ax}$ 和 $\boldsymbol{F}_{Ay}$ 来表示，$\boldsymbol{F}_{Ax}$ 和 $\boldsymbol{F}_{Ay}$ 的大小未知，指向可任意假定，如图 1 - 14b 或 c 所示。

(2) 圆柱铰链约束和固定铰支座

铰链是工程中常见的一种约束形式。如图 1 - 15a 所示的拱形结构，它是由两个拱形构件通过圆柱铰链 C 以及与固定支座 A 和 B 连接而成。圆柱铰链简称铰链，它是由销钉 C 将两个钻有同样大小孔的构件连接在一起而成(见图 1 - 15b)。如果铰链连接中有一个固定在地面或机架上作为支座，则这种约束称为固定铰链支座，简称固定铰支座，如图 1 - 15b 中所示的支座 B。

在分析铰链 C 处的约束力时，通常把销钉 C 固连在其中任意一个构件上，如构件 Ⅱ，如图 1 - 16a 所示，则构件 Ⅰ、Ⅱ 互为约束。显然，当忽略摩擦时，构件 Ⅱ 上的销钉与构件 Ⅰ 的组合，实际上就是轴与光滑孔的配合问题。因此，它与轴承具有同样的约束性质，即约束力的方向不能预先确定，但约束力一定垂直轴线并通过铰链中心，故也可用两个大小未知的正交分力 $\boldsymbol{F}_{Cx}$、$\boldsymbol{F}_{Cy}$ 和 $\boldsymbol{F}'_{Cx}$、$\boldsymbol{F}'_{Cy}$

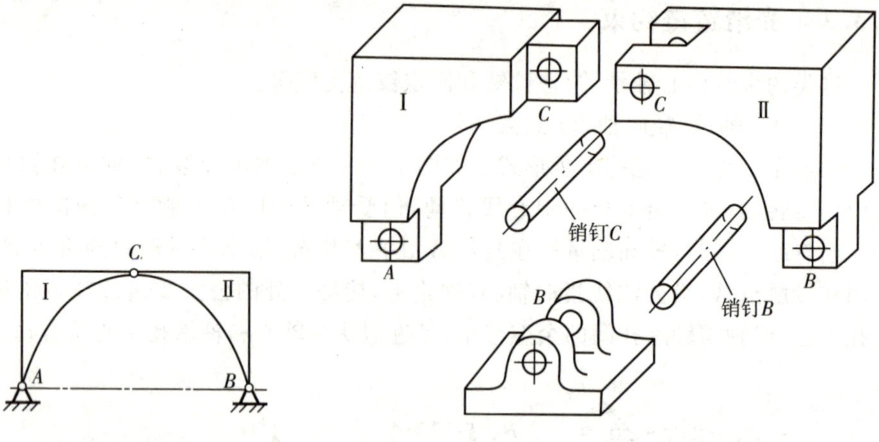

（a）（b）

图 1-15

来表示，如图 1-16a 所示。其中 $\boldsymbol{F}_{Cx}=-\boldsymbol{F}'_{Cx}$，$\boldsymbol{F}_{Cy}=-\boldsymbol{F}'_{Cy}$，表明它们互为作用与反作用关系。

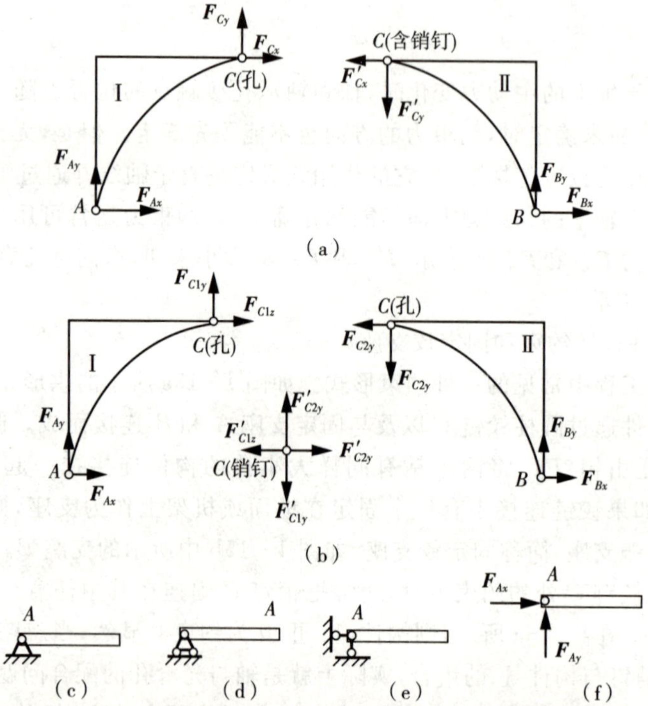

图 1-16

同理，把销钉固连在 A、B 支座上，则固定铰支座 A、B 对构件Ⅰ、Ⅱ的约束力分别为 $\boldsymbol{F}_{Ax}$、$\boldsymbol{F}_{Ay}$ 与 $\boldsymbol{F}_{Bx}$、$\boldsymbol{F}_{By}$。固定铰支座及其约束力的简化画法，如图1-16c、d、f所示。

当需要单独分析销钉 C 的受力时，才把销钉分离出来。这时，销钉 C 将同时受到构件Ⅰ、Ⅱ上的孔对它的反作用力。其中 $\boldsymbol{F}_{C1x}=-\boldsymbol{F}'_{C1x}$，$\boldsymbol{F}_{C1y}=-\boldsymbol{F}'_{C1y}$，为构件Ⅰ与销钉 C 的作用与反作用力；又 $\boldsymbol{F}_{C2x}=-\boldsymbol{F}'_{C2x}$，$\boldsymbol{F}_{C2y}=-\boldsymbol{F}'_{C2y}$，则为构件Ⅱ与销钉 C 的作用与反作用力。销钉 C 所受到的约束力如图1-16b所示。

当将销钉 C 与构件Ⅱ固连为一体时，$\boldsymbol{F}_{C2x}$ 与 $\boldsymbol{F}'_{C2x}$，$\boldsymbol{F}_{C2y}$ 与 $\boldsymbol{F}'_{C2y}$ 为作用在同一刚体上的成对的平衡力，根据加减平衡力系公理，可以消去不画。此时，力的下角不必再区分为 $C1$ 和 $C2$，铰链 C 处的约束力仍如图1-16a所示。

上述三种约束（向心轴承、铰链和固定铰链支座），虽然它们的具体结构不同，但构成约束的性质是相同的，都是轴和孔的配合问题，所以都可表示为光滑铰链。此类约束的特点是只限制两物体之间径向的相对移动，而不限制两物体绕铰链中心的相对转动及沿轴向的移动。

1.3.4　其他约束

(1) 可动铰支座

如图1-17a所示，将结构物或构件的铰链支座用几个辊轴支承在光滑的平面上，就成为辊轴支座，亦称为可动铰支座。在桥梁、屋架等结构中，经常采用滚动支座约束。它可以沿支承面移动，允许由于温度变化而引起结构跨度的自由伸长或缩短。其简化表示法有三种，如图1-17b所示。

显然，可动铰支座的约束性质与光滑面约束相同，即只能限制物体垂直于支承面方向的运动，而不能阻止物体沿光滑支承面切向的运动。所以其约束力通过铰链中心，垂直于支承面，指向待定。一般用 $\boldsymbol{F}_N$ 表示其约束力，如图1-17c所示。

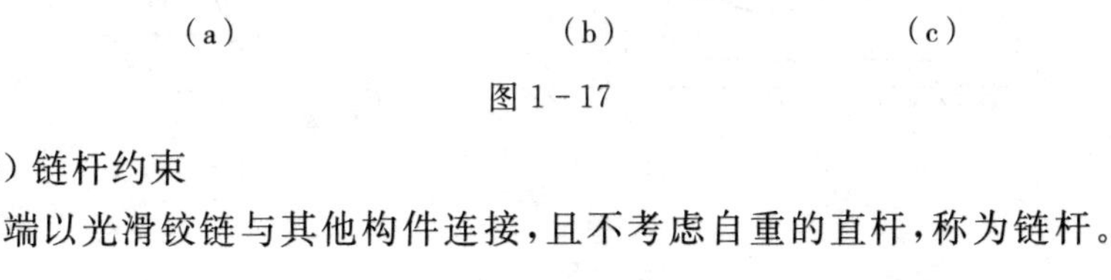

图1-17

(2) 链杆约束

两端以光滑铰链与其他构件连接，且不考虑自重的直杆，称为链杆。链杆通常被用作拉杆或压杆而形成链杆约束，如图 1－18a 所示的 AB 杆。

链杆约束只能限制物体沿链杆轴线方向运动，因此链杆对构件的约束力必然沿着链杆两端铰链中心的连线方向，指向待定，如图 1－18d 所示。图 1－18c 为链杆约束的简化画法。

根据光滑铰链的约束性质，链杆在铰链 A、B 处受两个约束力 $\boldsymbol{F}_A$ 和 $\boldsymbol{F}_B$ 作用，这两个约束力必定分别通过铰链 A、B 的中心。由于 AB 杆只在约束力 $\boldsymbol{F}_A$ 和 $\boldsymbol{F}_B$ 作用下平衡，根据二力平衡公理，这两个力必定沿同一直线，且等值、反向。由此可见，链杆为二力杆，属于二力杆的一种特殊情形。如图 1－18b 所示。

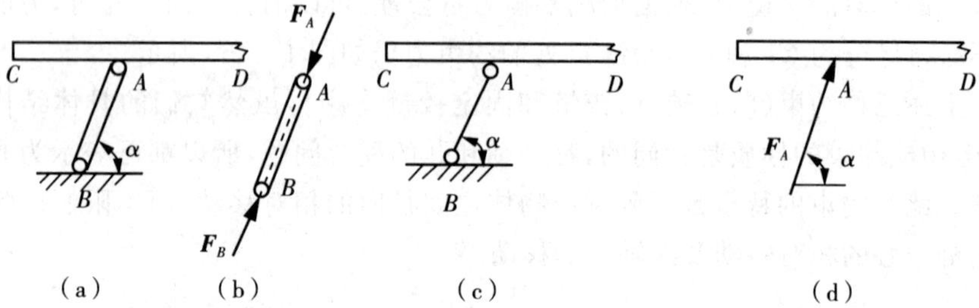

图 1－18

因此，固定铰支座也可以用两根不相平行的链杆来代替，如图 1－16e 所示；而可动铰支座可用垂直于支承面的一根链杆来代替，如图 1－17b 所示。

(3) 球铰链

通过圆球和球壳将两个构件连接在一起的约束称为球铰链，如图 1－19a 所示。它使构件的球心不能有任何方向上的位移，但却不能限制构件绕球心的任意转动。若忽略摩擦，其约束力应是通过球心但方向不能预先确定的一个空间力，可用三个正交分力 $\boldsymbol{F}_{Ax}$、$\boldsymbol{F}_{Ay}$、$\boldsymbol{F}_{Az}$ 表示。其计算简图及其约束力如图 1-19b 所示。

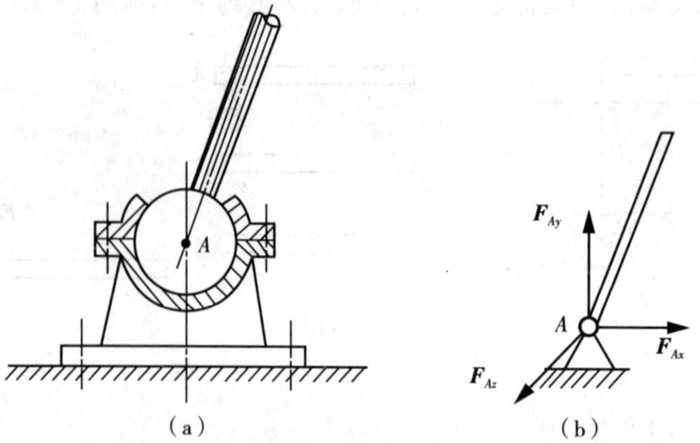

图 1－19

(4) 止推轴承

在机械装置中，止推轴承也是常见的约束。与径向轴承相比，它除了能限制轴的径向位移以外，还能限制轴沿轴向的位移。因此，它比径向轴承多一个沿轴向的约束力，即其约束反力有三个正交分量 $\boldsymbol{F}_{Ax}$、$\boldsymbol{F}_{Ay}$、$\boldsymbol{F}_{Az}$。止推轴承的简图及其约束力如图 1-20 所示。

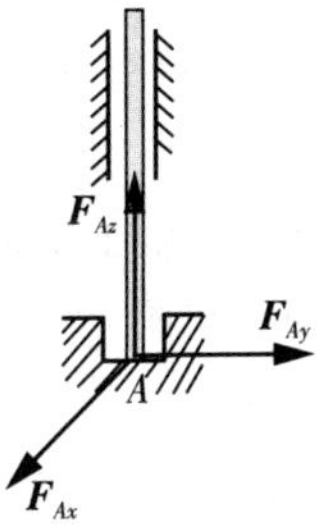

图 1-20

(5) 固定端约束

工程中有些构件如悬臂梁、电线杆等，与周围物体固结为一体，其空间的位置被完全固定。这些构件的周围物体构成它的约束，这种约束具有共同的特点：既能限制物体的移动，又能限制物体的转动。具有这种特点的约束称为固定端约束，又称为固定端支座，如图 1-21a、b 所示，其简图如图 1-21c 所示。固定端对物体的约束力包括限制物体移动的两个正交约束力 $\boldsymbol{F}_{Ax}$、$\boldsymbol{F}_{Ay}$，和限制物体转动的约束力偶 M_A，如图 1-21d 所示。

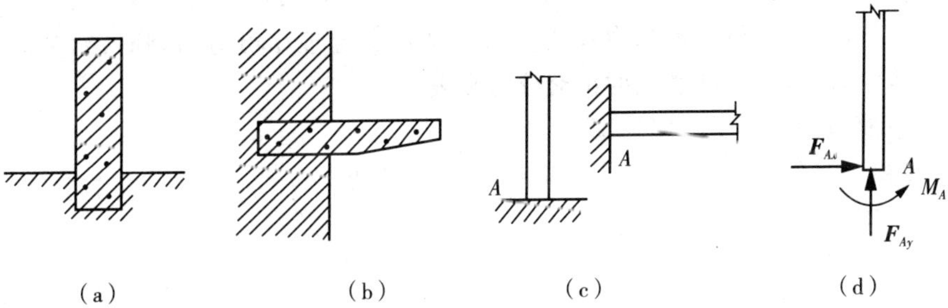

图 1-21

除了以上介绍的几种约束外，还有一些其他形式的约束。在工程中所遇到的约束的类型远不止这些，有的约束比较复杂。这时，就需要对实际约束的构造及其性质进行分析，分清主次，加以简化或抽象化，在以后的某些章节中，我们将再作介绍。

1.4　物体的受力分析和受力图

作用于物体上的每一个力，都对物体的运动状态(包括平衡) 产生一定的影响。因此，在研究某一物体的平衡条件时，首先要分析该物体的受力情况，确定作用于该物体上的所有主动力和约束力，并判断每个力的作用位置和作用方向，这个过程称为物体的受力分析。

为了便于分析，并能清晰地表示物体的受力情况，将所研究的物体，即研究对象,从周围的物体的约束中分离出来,单独画出它的简图,这个步骤叫作取分离体。然后将作用于研究对象上的主动力和约束力(对应于相关的约束)全部画在简图上。这样得到的图形,称为受力图。

正确地画出受力图,是求解静力学问题的一个关键步骤,既不要多画,也不要漏画、错画,否则,将导致后续分析计算的错误结果。画受力图时,应按下述步骤进行。

(1) 确定研究对象,画分离体简图

首先,根据题意确定研究对象,可以是单个物体,也可以是由几个物体组成的系统。然后,将研究对象从物体系统中分离出来,画出其简图。

(2) 画出主动力

画出作用于研究对象上给定的或固有的所有主动力。原则上,主动力的作用性质和作用位置不做改变,即分布荷载不合成,集中荷载不移位。

(3) 画出约束力

凡在解除约束的地方,须根据约束的类型画上相应的约束力。对于柔性体约束、光滑面约束、可动铰支座,约束力作用线的方位可以确定。对于铰链约束力作用线的方位,可根据二力杆或三力平衡汇交定理作出适当判断;对其方位不能确定者,可用指向假设的正交分力来表示。

下面举例说明受力图的画法。

【例1-1】 梁 AB 如图1-22a所示,受集中力 $\boldsymbol{F}$ 作用。不考虑梁的自重,绘出梁 AB 的受力图。

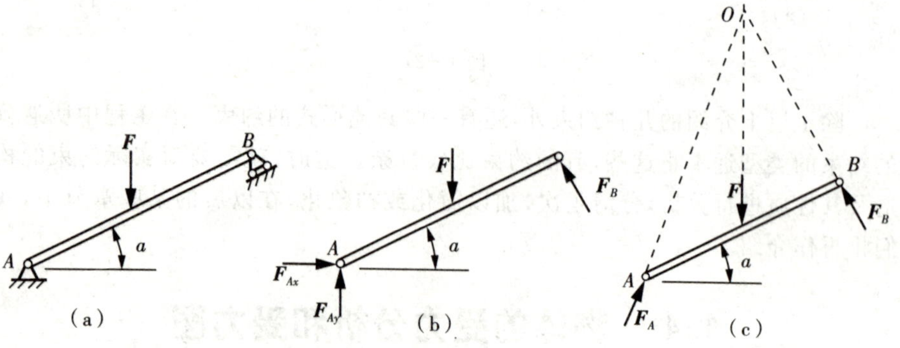

图1-22

【解】 (1) 取梁 AB 为研究对象:将梁 AB 从支座 A、B 处分离出来,并画出梁 AB 的简图。

(2) 画主动力:作用于梁上的主动力只有一个力 $\boldsymbol{F}$。

(3) 画约束力:B 端为可动铰支座,其约束力 $\boldsymbol{F}_B$ 垂直于光滑支撑面。A 端为固定铰支座，其约束力可用通过 A 点的大小未定的两个正交分力 $\boldsymbol{F}_{Ax}$、$\boldsymbol{F}_{Ay}$ 表示。其受力图如图 1-22b 所示。

进一步讨论：支座 A 对梁 AB 的约束力实质上只有一个。因此，梁 AB 实际上是受不平行的三个力作用而平衡，现已知力 $\boldsymbol{F}$ 与 $\boldsymbol{F}_B$ 相交于 O 点，根据三力平衡汇交定理，则第三个力 $\boldsymbol{F}_A$ 亦必通过 O 点，即约束力 $\boldsymbol{F}_A$ 的作用线沿 A、O 两点连线。故梁 AB 的受力图亦可画成图 1-22c。

【例 1-2】 如图 1-23a 所示，水平梁 AB 用斜杆 CD 支撑，A、C、D 三处均为光滑铰链连接。均质梁重 P_1，其上放置一重为 P_2 的电动机。如不计杆 CD 的自重，分别绘出杆 CD 和梁 AB(包括电动机)的受力图。

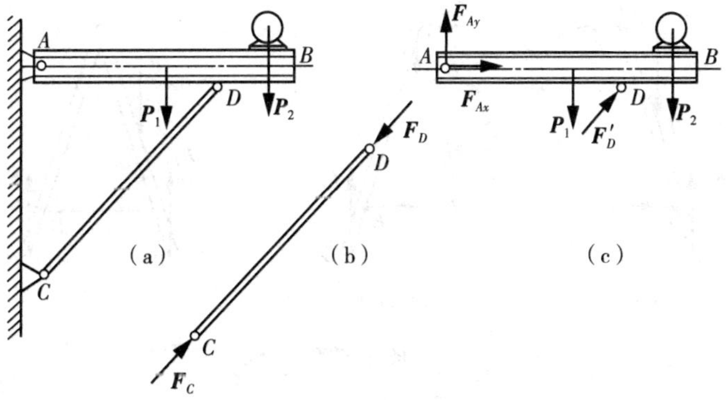

图 1-23

【解】 (1) 先分析斜杆 CD 的受力：斜杆 CD 的两端为光滑铰链，自重不计，则杆 CD 为二力杆。由经验判断，此处杆 CD 受压力，其受力如图 1-23b 所示。

(2) 再分析梁 AB(包括电动机)的受力：它受有 $\boldsymbol{P}_1$、$\boldsymbol{P}_2$ 两个主动力的作用。梁在铰链 D 处受二力杆 CD 对它的约束力 $\boldsymbol{F}'_D$ 的作用，根据作用和反作用定律，$\boldsymbol{F}'_D=-\boldsymbol{F}_D$。梁在 A 处受固定铰支座对它的约束力的作用，由于方向未知，可用两个大小未定的正交分力 $\boldsymbol{F}_{Ax}$ 和 $\boldsymbol{F}_{Ay}$ 表示。梁 AB 的受力图如图 1-23c 所示。

【例 1-3】 如图 1-24a 所示，一个梯子放在光滑的地面上，不计自重。在 D 和 E 两点用绳子相连。在 AB 上的 H 点作用一力 $\boldsymbol{F}$。画出梯子各部分和整个系统的受力图。

【解】 (1) 绳子 DE 的受力分析：绳子两端 D、E 分别受到梯子对它的拉力 $\boldsymbol{F}_D$、$\boldsymbol{F}_E$ 的作用(见图 1-24b)。

(2) 梯子 AB 部分的受力分析：它在 H 处受载荷 $\boldsymbol{F}$ 的作用，在铰链 A 处受 AC 部分对它的约束力 $\boldsymbol{F}_{Ax}$ 和 $\boldsymbol{F}_{Ay}$ 的作用。在 D 处受绳子对它的拉力 $\boldsymbol{F}'_D$ 作用，$\boldsymbol{F}'_D=-\boldsymbol{F}_D$。在 B 处受光滑地面对它的法向约束力 $\boldsymbol{F}_B$ 的作用。梯子 AB 部分的

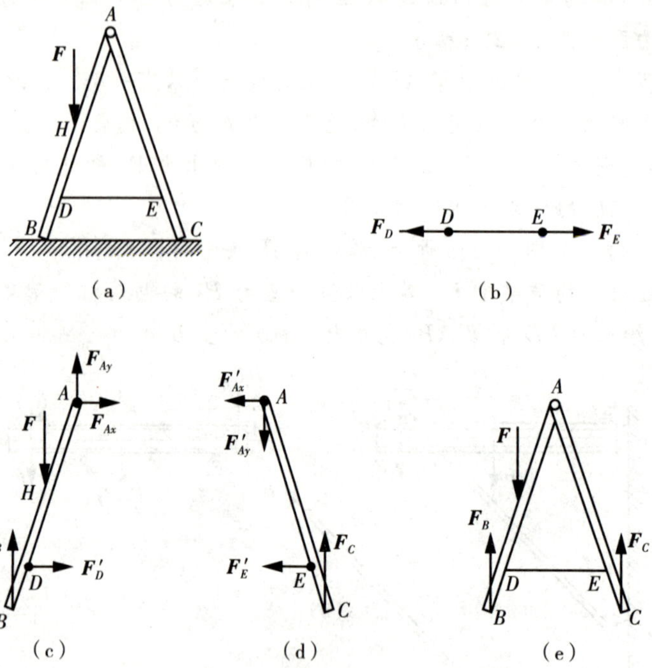

图 1－24

受力如图 1－24c 所示。

(3) 梯子 AC 部分的受力分析：在铰链 A 处受 AB 部分对它的作用力 $\boldsymbol{F}'_{Ax}$ 和 $\boldsymbol{F}'_{Ay}$（分别与 $\boldsymbol{F}_{Ax}$ 和 $\boldsymbol{F}_{Ay}$ 互为作用力和反作用力）。在点 E 受绳子对它的拉力 $\boldsymbol{F}'_{E}$（与 $\boldsymbol{F}_{E}$ 互为作用力和反作用力）。在 C 处受光滑地面对它的法向约束力 $\boldsymbol{F}_{C}$。梯子 AC 部分的受力图如图 1－24d 所示。

(4) 整个系统的受力分析：由于铰链 A 处所受的力互为作用力与反作用力关系，即 $\boldsymbol{F}_{Ax}=-\boldsymbol{F}'_{Ax}$，$\boldsymbol{F}_{Ay}=-\boldsymbol{F}'_{Ay}$；绳子与梯子连接点 D 和 E 所受的力也分别互为作用力与反作用力关系，即 $\boldsymbol{F}_{D}=-\boldsymbol{F}'_{D}$，$\boldsymbol{F}_{E}=-\boldsymbol{F}'_{E}$，这些力都成对地作用在整个系统内，是系统内各物体之间相互作用的力，称为内力。每对内力都是系统的一个平衡力系，对系统的作用效应相互抵消。因此，去掉内力，并不影响整个系统的平衡，故内力在受力图上不必画出。在受力图上只需画出系统以外的物体给系统的作用力，这种力称为外力。这里，载荷 $\boldsymbol{F}$ 和约束力 $\boldsymbol{F}_{B}$、$\boldsymbol{F}_{C}$ 都是作用于整个系统的外力。整个系统的受力图如图 1－24e 所示。

注意，内力与外力的区分不是绝对的。例如，当我们把梯子的 AC 部分作为研究对象时，$\boldsymbol{F}'_{Ax}$、$\boldsymbol{F}'_{Ay}$ 和 $\boldsymbol{F}'_{E}$ 均属外力，但取整体为研究对象时，$\boldsymbol{F}'_{Ax}$、$\boldsymbol{F}'_{Ay}$ 和 $\boldsymbol{F}'_{E}$ 又成为内力。可见，内力与外力的区分，只有相对于某一确定的研究对象才有意义。

请读者考虑：梯子的 AC 部分的受力图是否还有不同的画法？

【例 1-4】 如图 1-25a 所示的平面构架，由杆 AB、DE 及 DB 铰接而成。A 为可动铰链支座，E 为固定铰链支座。钢绳一端拴在 K 处，另一端绕过定滑轮 Ⅰ 和动滑轮 Ⅱ 后拴在销钉 B 上。物重为 W，各杆及滑轮的自重不计。

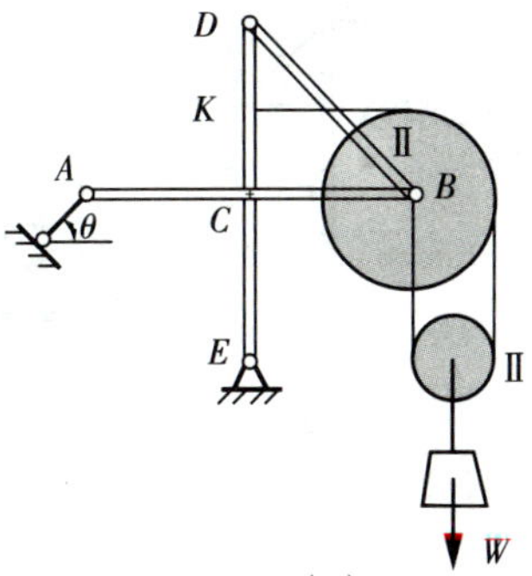

(a)

图 1-25

(1) 分别画出各杆、各滑轮、销钉 B 以及整个系统的受力图；

(2) 画出销钉 B 与滑轮 Ⅰ 一起的受力图；

(3) 画出杆 AB、滑轮 Ⅰ、Ⅱ、钢绳和重物作为一个系统时的受力图。

【解】 (1) 取杆 BD 为研究对象（B 处未附销钉）：由于杆 BD 为二力杆，故在铰链中心 D、B 处分别受 $\boldsymbol{F}_{DB}$、$\boldsymbol{F}_{BD}$ 两力的作用，其中 $\boldsymbol{F}_{BD}$ 为销钉 B 对杆 BD 的约束力，杆 BD 的受力如图 1-25b 所示。

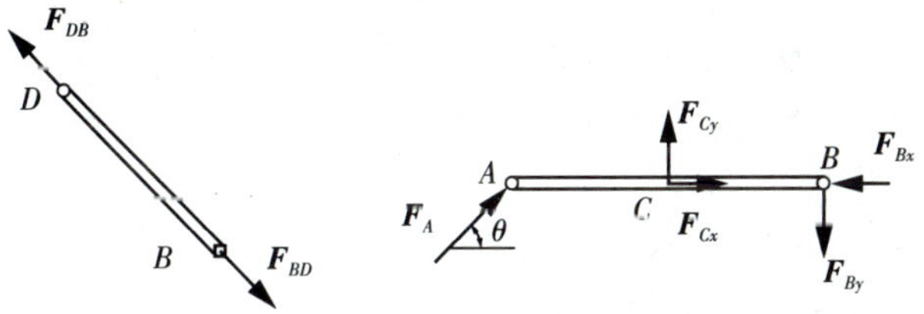

(b)　　　　(c)

图 1-25

取杆 AB 为研究对象（B 处未附销钉）：杆 AB 在 A 铰处受可动铰支座的约束力 $\boldsymbol{F}_A$ 的作用；C 为铰链约束，其约束力可用两个正交分力 $\boldsymbol{F}_{Cx}$、$\boldsymbol{F}_{Cy}$ 表示；在 B 铰处受销钉作用的约束力，亦可用两个正交分力 $\boldsymbol{F}_{Bx}$、$\boldsymbol{F}_{By}$ 表示，方向假设。杆 AB 的受力如图 1-25c 所示。

取杆 DE 为研究对象：杆 DE 在 D 铰处受二力杆 BD 给它的约束力 $\boldsymbol{F}'_{DB'}$ 作用；K 处受钢绳的拉力 $\boldsymbol{F}_K$ 作用，铰链 C 处受到反作用力 $\boldsymbol{F}'_{Cx}$ 与 $\boldsymbol{F}'_{Cy}$ 作用；E 为固定铰链支座，其约束力可用两个正交分力 $\boldsymbol{F}_{Ex}$ 与 $\boldsymbol{F}_{Ey}$ 表示。杆 DE 的受力如图 1-25d 所示。

取轮 Ⅰ 为研究对象（B 处为没有销钉的孔）：其上作用有两段钢绳的拉力 $\boldsymbol{F}'_K$、$\boldsymbol{F}'_{\mathrm{T1}}$ 和销钉 B 对轮 Ⅰ 的约束力 $\boldsymbol{F}_{B1x}$ 及 $\boldsymbol{F}_{B1y}$，轮 Ⅰ 的受力如图 1-25e 所示。

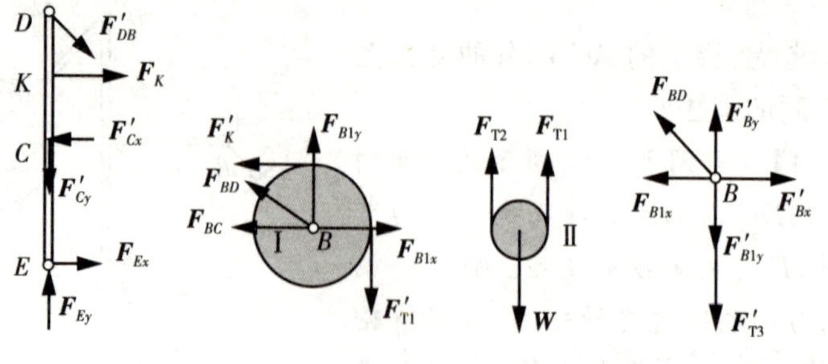

(d) (e) (f) (g)

图 1-25

取轮 Ⅱ 为研究对象:其上作用有三段钢绳的拉力 $\boldsymbol{F}_{T1}$、$\boldsymbol{F}_{T2}$、$\boldsymbol{F}_{T3}$,轮 Ⅱ 的受力如图 1-25f 所示。

单独取销钉 B 为研究对象:它与杆 DB、AB、轮 Ⅰ 及钢绳等四个物体连接,因此这四个物体对销钉都有力的作用。二力杆 DB 对它的约束力为 $\boldsymbol{F}'_{BD}$;杆 AB 对它的约束力为 $\boldsymbol{F}'_{Bx'}$、$\boldsymbol{F}'_{By'}$;轮 Ⅰ 给销钉 B 的约束力为 $\boldsymbol{F}'_{B1x'}$ 与 $\boldsymbol{F}'_{B1y'}$;另外还受到钢绳对销钉 B 的拉力 $\boldsymbol{F}'_{T3'}$。销钉 B 的受力如图 1-25g 所示。

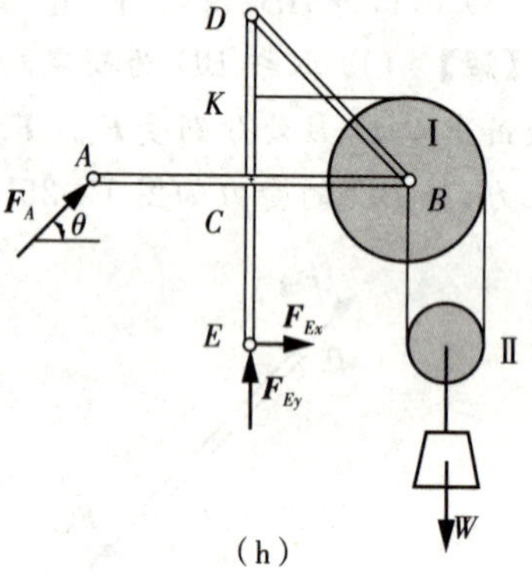

(h)

图 1-25

取整体为研究对象:铰链 B、C、D 处受力及钢绳的拉力均为内力,故可不画。系统的外力除主动力 W 外,还有约束力 $\boldsymbol{F}_A$ 与 $\boldsymbol{F}_{Ex}$、$\boldsymbol{F}_{Ey}$。整体的受力如图 1-25h 所示。

(2) 取销钉 B 与滑轮 Ⅰ 一起为研究对象:销钉 B 与滑轮 I 之间的作用力与作用力为内力,故可不画。其上除受三绳拉力 $\boldsymbol{F}'_K$、$\boldsymbol{F}'_{T1'}$ 及 $\boldsymbol{F}'_{T3'}$ 外,还受到二力杆 BD 及杆 AB 在 B 处对它的约束力 $\boldsymbol{F}'_{BD}$ 及 $\boldsymbol{F}'_{Bx}$、$\boldsymbol{F}'_{By}$。销钉 B 与滑轮 Ⅰ 的受力如图 1-25i 所示。

(3) 取杆 AB、滑轮 Ⅰ、Ⅱ 以及重物、钢绳(包括销钉 B)一起为研究对象销钉 B 处受力及轮 Ⅰ、轮 Ⅱ 间钢绳的拉力均为内力,故可不画。系统上的外力有主动力 W,约束力 $\boldsymbol{F}_A$、$\boldsymbol{F}'_{BD}$ 及 $\boldsymbol{F}_{Cx}$、$\boldsymbol{F}_{Cy}$ 外,还有 K 处的钢绳拉力 $\boldsymbol{F}'_K$。其受力如图 1-25j 所示。

本题较难,是由于销钉 B 与四个物体连接,销钉 B 与每个连接物体之间都有作用力与反作用力关系,故销钉 B 上受的力较多,因此必须明确每一个力的

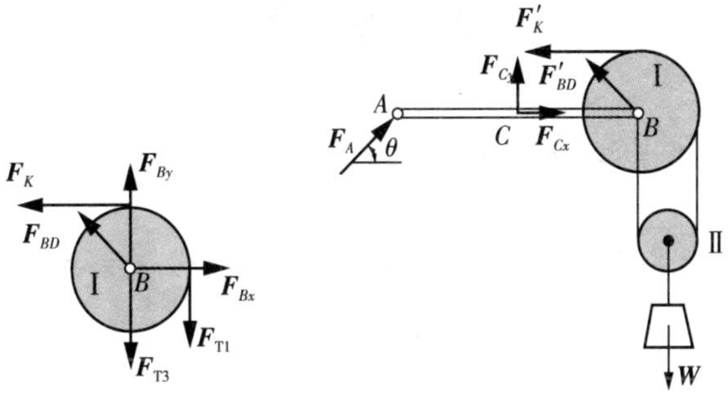

(i)　　　　(j)

图 1-25

施力物体。应当注意：当分析各物体在 B 处的受力时，应根据求解需要，将销钉单独画出或将它附于某一个物体。因为各研究对象在 B 处是否包括销钉，其受力图是不同的，如图 1-25e、图 1-25i 所示。以后凡遇到销钉与三个以上物体连接时，都应注意上述问题。

综合以上例题，为正确画出受力图，必须注意以下要点：

(1) 受力图上只画出作用于研究对象的主动力，和与研究对象直接相连的物体（约束）作用的约束力。因为力是物体之间的相互作用。物体系统中，其他与研究对象不直接相连的物体，是通过直接相连物体间接影响研究对象的，其影响已体现在直接相连物体对研究对象的约束力中。

(2) 受力图上画出的力要有依据。一般可先画已知的主动力，再画约束力。对每一个约束力都应明确是哪一个物体施加给研究对象的，既不能凭空产生，也不可漏画。凡是其他物体与研究对象接触的地方，都一定对研究对象作用有约束力。

(3) 正确画出约束力。第一，不同的约束类型，其约束性质不同，相应的约束力个数也不同。因此，约束力必须与约束类型相一致。第二，约束力的作用位置就在解除约束处，一般情况下不要随意移动（即使满足刚体上力的可传性原理）。第三，要特别注意铰链约束力的画法。被销钉连接的各物体之间没有直接的相互作用，它们分别与销钉发生相互作用。铰链约束力，实际上就是销钉对构件的作用力。其指向可任意假设，通常用两个正交分力表示。第四，同一约束的约束力，在同一问题不同的研究对象上的画法和符号应保持一致。

(4) 注意作用力与反作用力公理的应用。当分析两物体之间的相互作用力时，应遵循作用、反作用关系。若作用力的方向一经假定，则反作用力的方向应与之相反，且两力大小相等。当画整个系统的受力图时，由于内力成对出现，组成平衡力系，因此不必画出，只需画出全部外力。

思　考　题

一、是非题

1-1　刚体是真实物体的一种抽象化的力学模型，在自然界中并不存在。(　　)

1-2　作用在一个刚体上的任意两个力平衡的必要与充分条件是：两个力的作用线相同，大小相等，方向相反。(　　)

1-3　两个大小相等的力，对同一物体的作用效果相同。(　　)

1-4　凡是受两个力作用的刚体都是二力构件。(　　)

1-5　两端用光滑铰链连接的构件是二力构件。(　　)

1-6　加减平衡力系公理不但适用于刚体，还适用于变形体。(　　)

1-7　力是滑移矢量，力沿其作用线滑移不会改变对物体的作用效果。(　　)

1-8　作用于刚体的力可沿其作用线移动而不改变其对刚体的运动效应。(　　)

1-9　作用于刚体上三个力的作用线汇交于一点，该刚体必处于平衡状态。(　　)

1-10　约束力的方向总是与约束所能阻止的被约束物体的运动方向一致的。(　　)

1-11　圆柱铰链约束力实际上是一个力，用相互垂直的两个力表示是不正确的。(　　)

二、选择题

1-12　若作用在A点的两个大小不等的力$\boldsymbol{F}_1$和$\boldsymbol{F}_2$，沿同一直线但方向相反，如图所示。则其合力可以表示为________。

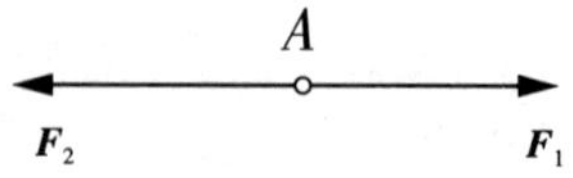

思考题 1-12 图

① $\boldsymbol{F}_1-\boldsymbol{F}_2$　② $\boldsymbol{F}_2-\boldsymbol{F}_1$　③ $\boldsymbol{F}_1+\boldsymbol{F}_2$

1-13　三力平衡定理是________。

① 共面不平行的三个力互相平衡必汇交于一点

② 共面三力若平衡，必汇交于一点

③ 三力汇交于一点，则这三个力必互相平衡

1-14　在下述公理、原理、法则中，只适用于刚体的有________。

① 二力平衡公理　　② 力的平行四边形法则

③ 加减平衡力系公理　　④ 力的可传性原理

⑤ 作用与反作用公理

1-15　如图所示，系统只受 $\boldsymbol{F}$ 作用而平衡。欲使 A 支座约束力的作用线与 AB 成 $30°$ 角，则斜面的倾角应为________。

①$0°$　　②$30°$

③$45°$　　④$60°$

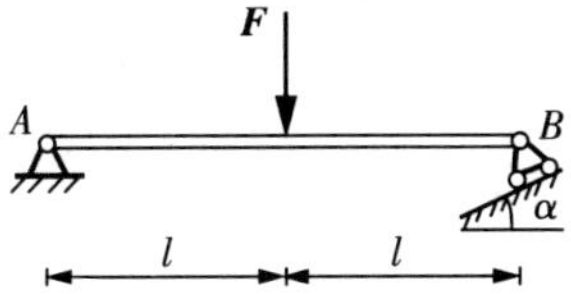

思考题1-15图

1-16　二力 $\boldsymbol{F}_A$、$\boldsymbol{F}_B$ 作用在刚体上且 $\boldsymbol{F}_A+\boldsymbol{F}_B=0$，则此刚体________。

① 一定平衡　　② 一定不平衡

③ 平衡与否不能判断

三、问答题

1-17　二力平衡和作用反作用公理中的两个力，都是等值、反向、共线的，所不同之处是什么？

1-18　作用于刚体上大小相等、方向相同的两个力对刚体的作用是否等效？

1-19　作用于刚体上的平衡力系，如果作用到变形体上，这变形体是否也一定平衡？

1-20　已知力 $\boldsymbol{F}$ 沿直线 AB 作用，其中一个分力的作用与 AB 成 $30°$ 角，若欲使另一个分力的大小在所有分力中为最小，则此二分力间的夹角为多少度？

1-21　物体受汇交于一点的三个力作用而处于平衡，此三力是否一定共面？为什么？

1-22　在平面约束中，由约束的类型(或性质)就可以确定约束力方位的约束有哪些？可以确定约束力方向的约束有哪些？方向不能确定的约束有哪些？(各写出两种约束)。

1-23　力的可传性原理的适用条件是什么？如图所示，能否根据力的可传性原理，将作用于杆 AC 上的力 $\boldsymbol{F}$ 沿其作用线移至杆 BC 上而成力 $\boldsymbol{F}'$？

1-24　如图所示，力 $\boldsymbol{F}$ 作用在销钉 C 上，试问销钉 C 对 AC 的力与销钉 C 对 BC 的力是否等值、反向、共线？为什么？

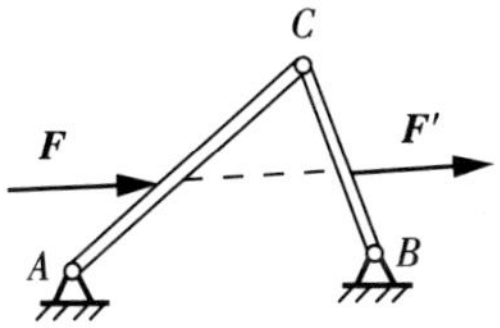

思考题1-23图

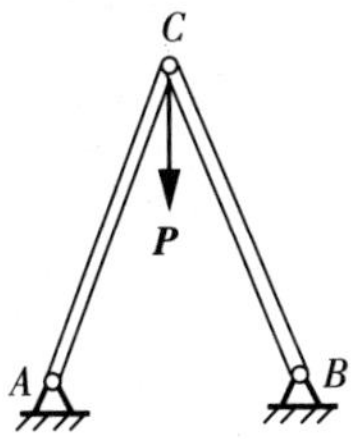

思考题1-24图

1-25 如图所示，物体在A、B两处设置约束，并受力**F**作用而平衡。其中A为固定铰支座，今欲使其约束力的作用线在AB成$\beta=135^{\circ}$角，则B处应设置何种约束?，如何设置？请举一种约束，并用图表示。

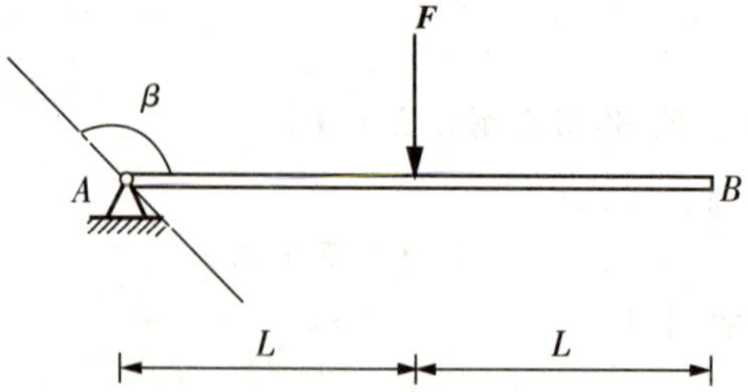

思考题1-25图

1-26 画出如图所示A、B两处约束力的方向(包括方位和指向)。

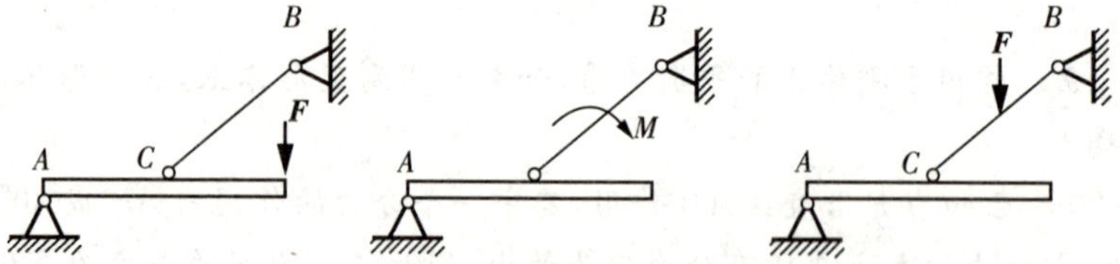

思考题1-26图

1-27 如图所示各物体受力图是否正确？若有错误试改正。

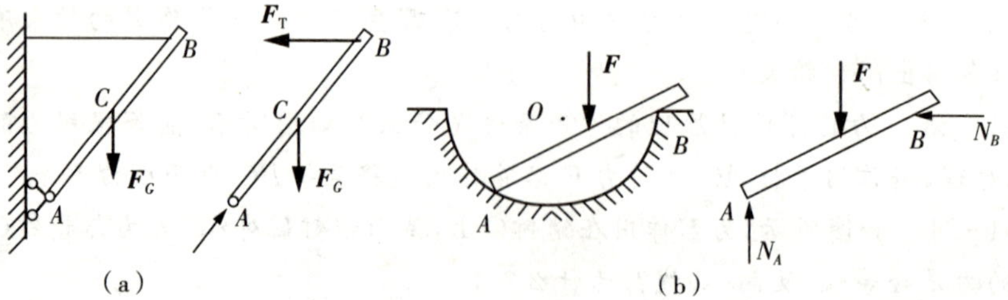

思考题1-27图

习 题

1-1 画出下列图中指定物体受力图。未画重力的物体不计自重，所有接触处均为光滑接触。

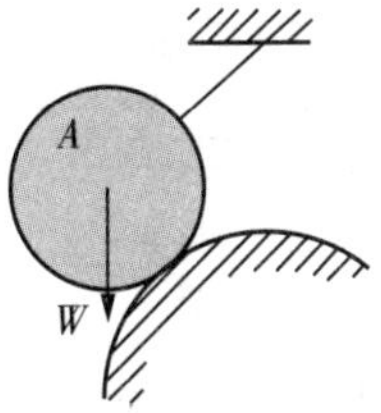

(a) 球A

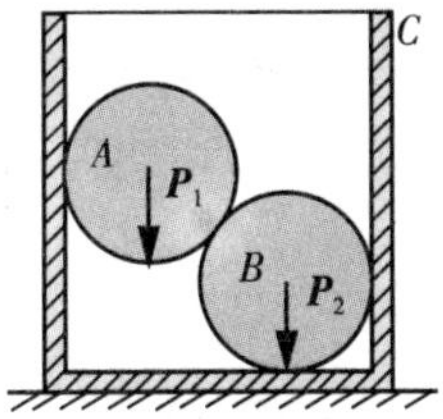

(b) 球A、球B、整体

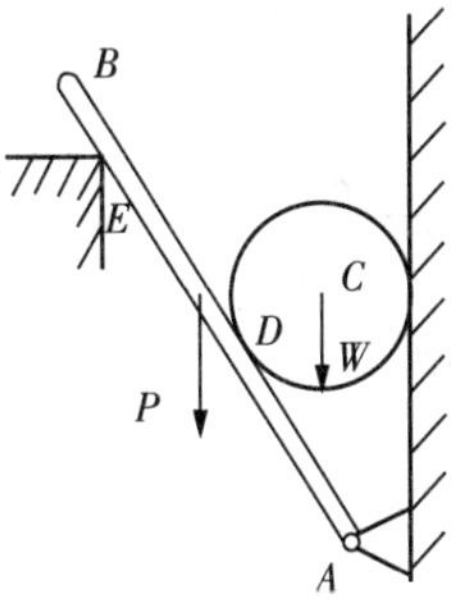

(c) 板AB

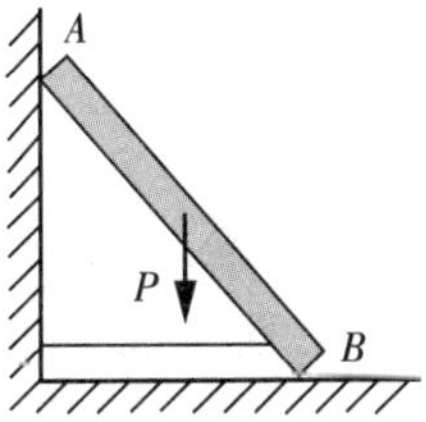

(d) 杆AB

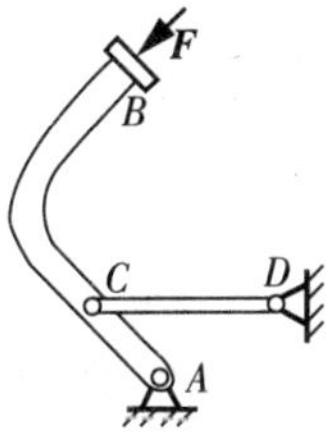

(e) 杆AB、CD、整体

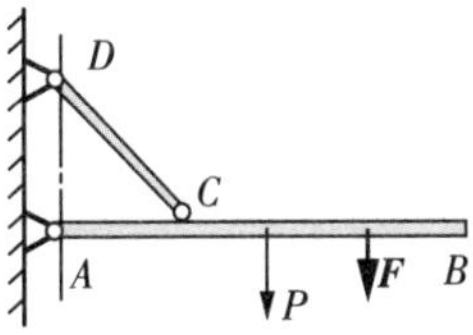

(f) 杆AB、CD、整体

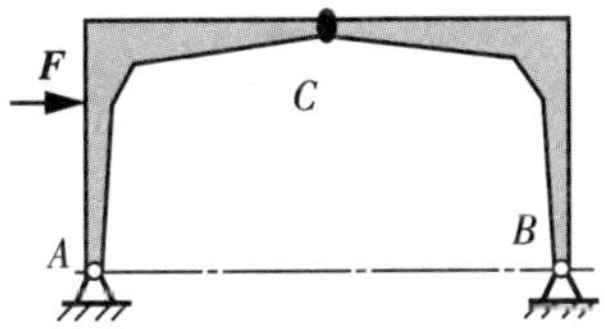

(g) 杆AC、CB、整体

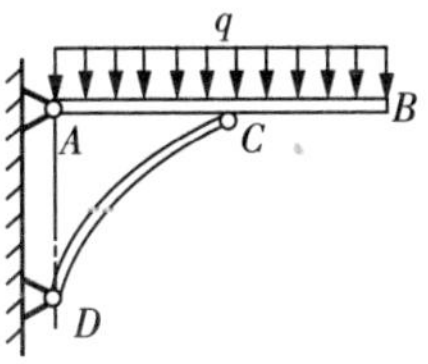

(h) 杆AC、CD、整体

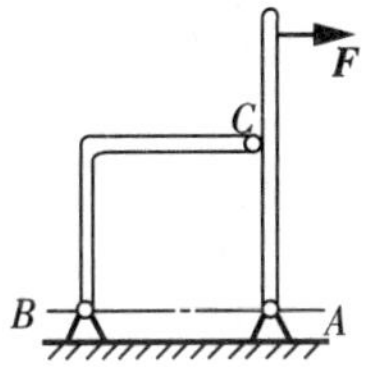

(i) 杆BC、杆AC、整体

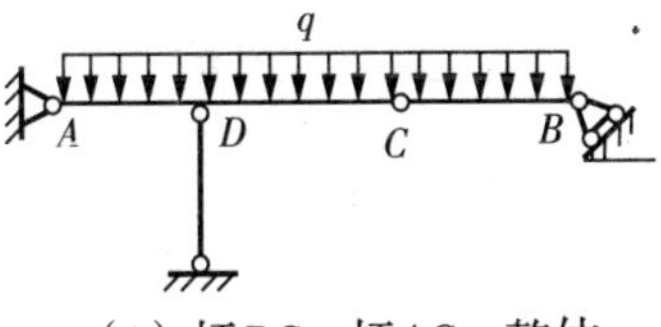

(j) 杆BC、杆AC、整体

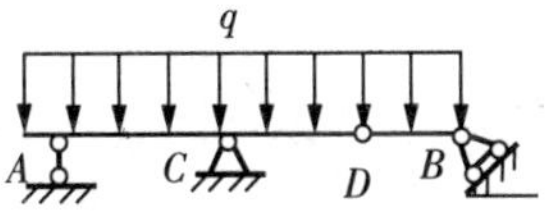

(k) 杆AD、杆DB、整体

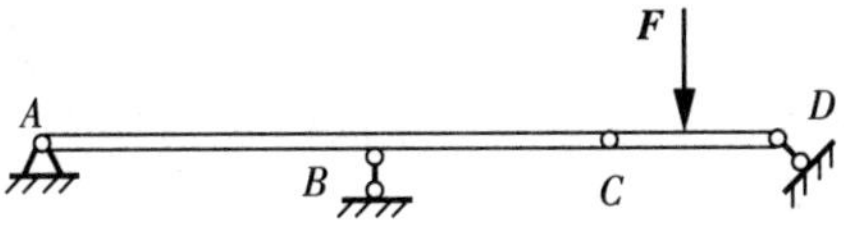

(l) 杆AC、杆CD、整体

习题 1-1 图

1-2　画出下列图中指定物体受力图。未画重力的物体不计自重，所有接触处均为光滑接触。

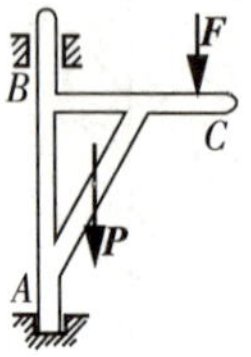

（a）支架*ABC*

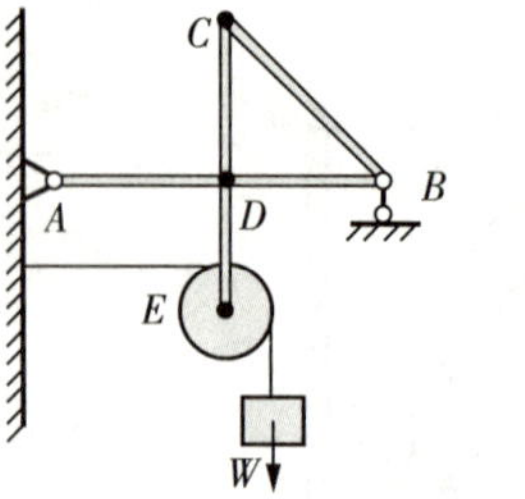

（b）杆*AB*、*BC*、轮*E*、整体

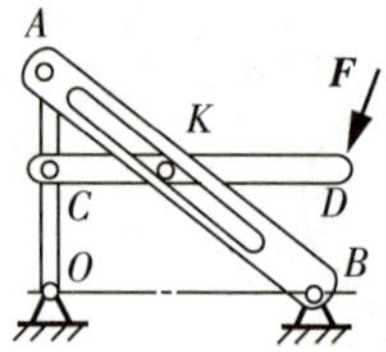

（c）杆*AB*、*CD*、整体

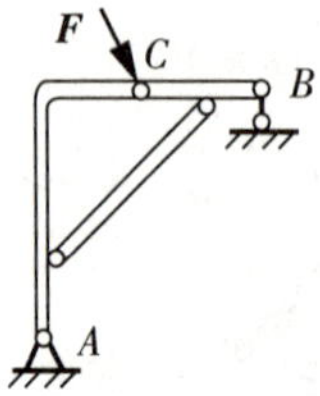

（d）杆*BC*带铰、杆*AC*、整体

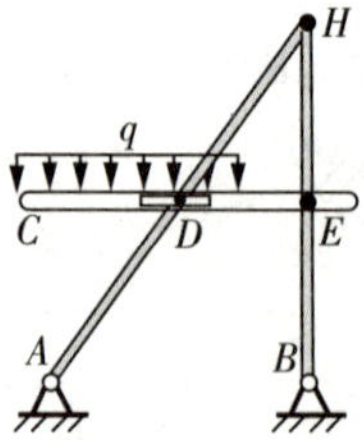

（e）杆*CE*、*AH*、整体

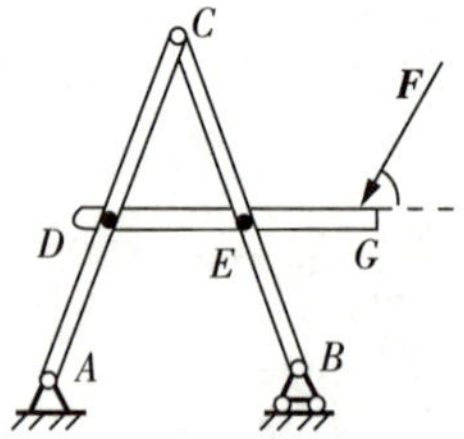

（f）杆*AC*、*BC*、*DG*、整体

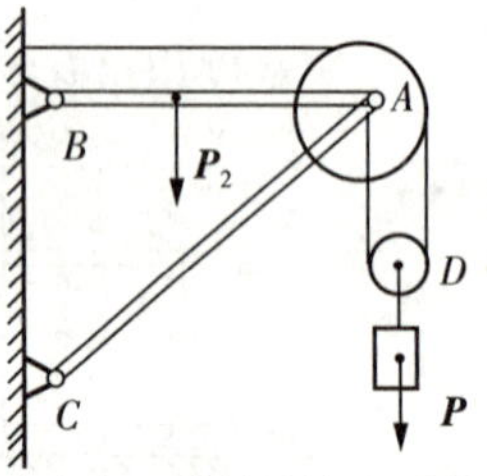

（g）杆*AB*带轮及铰*A*、整体

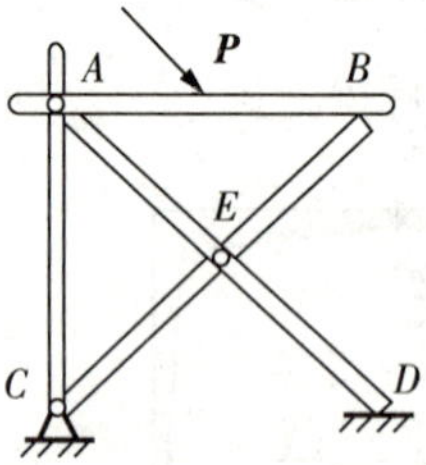

（h）杆*AB*、*AC*、*AD*、整体

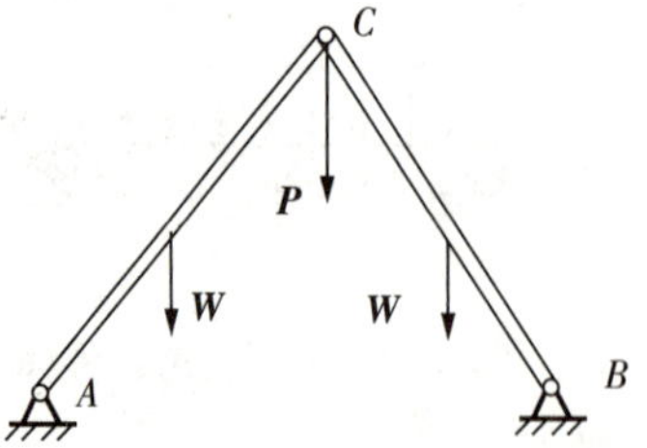

（i）杆*AC*、*BC*、铰链*C*、整体

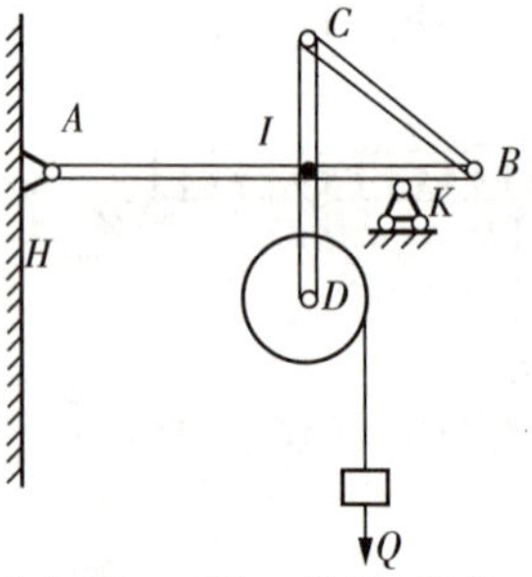

（j）杆*AB*、杆*CD*带轮、整体

习题 1-2 图

第 2 章　平面汇交力系、平面力偶系

根据各力作用线的位置，力系可分为平面力系和空间力系。所有各力的作用线都在同一平面内的力系称为平面力系；反之，则称为空间力系。平面力系和空间力系又可以分为汇交力系、平行力系和一般力系。各力作用线均汇交于一点的力系称为汇交力系；各力作用线都相互平行的力系称为平行力系；而各力作用线既不汇交于一点，又不相互平行的力系则是一般力系。

本章将研究平面汇交力系和平面力偶系的合成与平衡问题。它们是两种简单力系，是研究复杂力系的基础。

2.1　平面汇交力系合成与平衡的几何法

平面汇交力系，就是各个力的作用线位于同一平面内且汇交于一点的力系。工程中会经常遇到平面汇交力系的问题。如图 2-1 所示，起吊的钢梁受 $\boldsymbol{F}_{TB}$、$\boldsymbol{F}_{TD}$ 和 $\boldsymbol{P}$ 的作用，这三个力的作用线位于同一平面内且汇交于一点，是一个平面汇交力系。下面介绍研究平面汇交力系的合成与平衡问题的几何法。

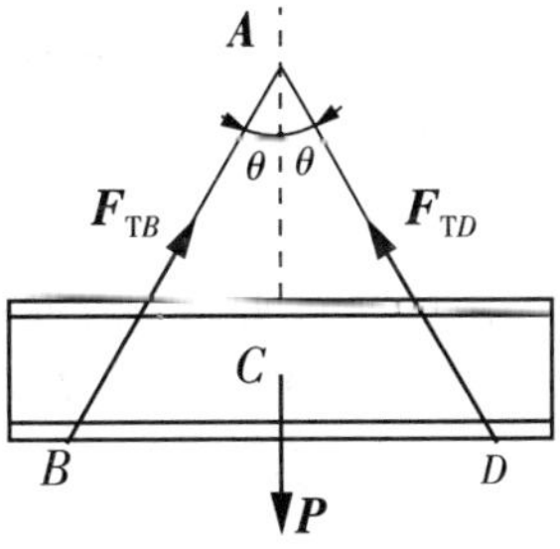

图 2-1

2.1.1　平面汇交力系合成的几何法

设一刚体受到平面汇交力系 $\boldsymbol{F}_1$、$\boldsymbol{F}_2$、$\boldsymbol{F}_3$、$\boldsymbol{F}_4$ 的作用，各力作用线汇交于点 A。为合成此力系，可连续应用力的平行四边形法则或力的三角形法则，最后可得到一个通过汇交点 A 的合力 $\boldsymbol{F}_R$。

首先，根据力的可传性，可将各力沿其作用线移至汇交点 A，如图 2-2a 所示。然后，根据力的平行四边形规则，逐步两两合成各力，最后求得一个通过汇交点 A 的合力。

还可以用更简便的三角形法则求此合力 $\boldsymbol{F}_R$ 的大小与方向。即按一定的力的比例尺，从任意点 a 作矢量 ab 等于力矢 $\boldsymbol{F}_1$，在其末端 b 作矢量 bc 等于力矢 $\boldsymbol{F}_2$，则虚矢量线 ac 表示力矢 $\boldsymbol{F}_1$ 和 $\boldsymbol{F}_2$ 的合力矢 $\boldsymbol{F}_{R1}$；再从点 C 作矢量 cd 等于力矢 $\boldsymbol{F}_3$，则矢量 ad 表示 $\boldsymbol{F}_R$ 和 $\boldsymbol{F}_3$ 的合力 $\boldsymbol{F}_{R2}$；最后从点 d 作矢量 de 代表等于 $\boldsymbol{F}_4$，则矢

量 ae 代表力矢 $\boldsymbol{F}_{R2}$ 与 $\boldsymbol{F}_4$ 的合力矢，也就是力 $\boldsymbol{F}_1$、$\boldsymbol{F}_2$、$\boldsymbol{F}_3$、$\boldsymbol{F}_4$ 的合力矢 $\boldsymbol{F}_R$，即

$$\boldsymbol{F}_R = \boldsymbol{F}_1 + \boldsymbol{F}_2 + \boldsymbol{F}_3 + \boldsymbol{F}_4$$

$\boldsymbol{F}_R$ 大小和方向如图 2-2b 所示，其作用线通过汇交点 A。

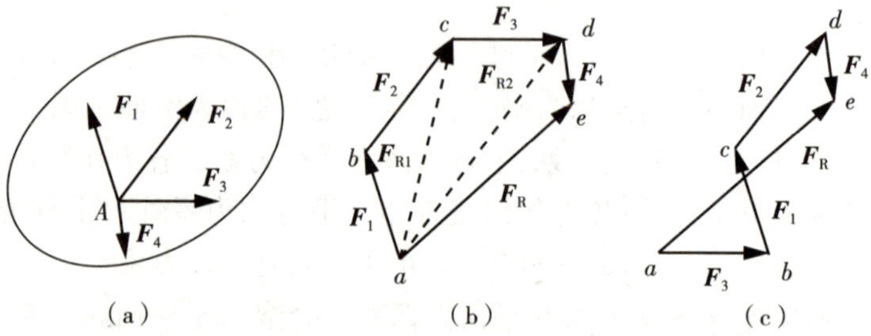

图 2-2

可以看出，作图 2-2b 时，虚线 ac 和 ad 不必画出，只需把各力矢首尾相连，得折线 $abcd$，则第一个力矢 $\boldsymbol{F}_1$ 的起点 a 向最后一个力矢 $\boldsymbol{F}_4$ 的终点 e 作矢量 ae，即得合力矢 $\boldsymbol{F}_R$。各分力矢与合力矢构成的多边形称为力多边形，表示合力矢的边 ae 称为力多边形的封闭边。这种以力多边形求合力矢的作图规则，称为力的多边形法则。这种方法称为几何法。

若改变各力矢的作图顺序，则作出的力多边形的形状则也随之改变，但并不影响最后所得的封闭边的大小和方向。应注意，各分力矢必须首尾相连，而合力矢则反向封闭力多边形，如图 2-2c 所示。

显然，无论平面汇交力系中力的数目有多少，都可以应用几何法求其合力。上述方法可以推广到由 n 个力 $\boldsymbol{F}_1$、$\boldsymbol{F}_2$、…、$\boldsymbol{F}_n$ 组成的平面汇交力系。

综上所述，可得结论：平面汇交力系合成的结果是一个合力，合力的作用线过力系的汇交点，合力的大小与方向由力多边形的封闭边来表示，即合力等于力系中各分力的矢量和(几何和)。

可用矢量式表示为

$$\boldsymbol{F}_R = \boldsymbol{F}_1 + \boldsymbol{F}_2 + \cdots + \boldsymbol{F}_n = \sum \boldsymbol{F}_i \qquad (2-1)$$

合力 $\boldsymbol{F}_R$ 与原力系对刚体的作用效应相同。因而，求合力的过程也称为力系的简化。

【例 2-1】 同一平面的三根钢索连结在一固定环上，如图 2-3a 所示，已知三钢索的拉力分别为：$\boldsymbol{F}_1 = 500\text{N}$，$\boldsymbol{F}_2 = 1000\text{N}$，$\boldsymbol{F}_3 = 2000\text{N}$。试用几何法求三根钢索在环上作用的合力。

【解】 先选定力的比例尺如图：1cm 表示 500N。首先，将各分力除以比例

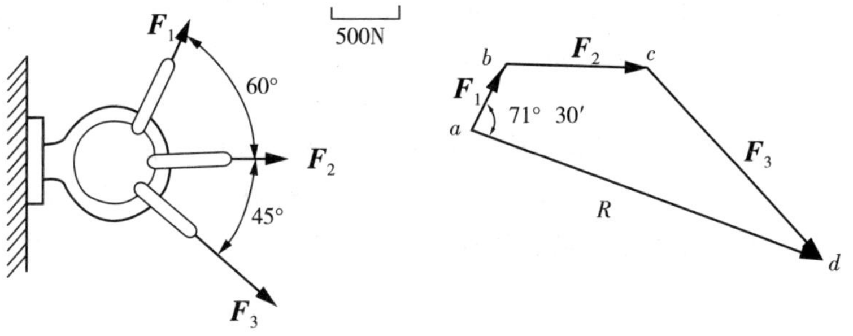

(a)　　　　(b)

图 2-3

尺得到表示各分力大小的长度；然后，按力多边形法则作出力多边形，如图 2-3b 所示。量得代表合力矢 **ad** 的长度为 5.4cm，则 $\boldsymbol{F}_R$ 的实际值为：

$$\boldsymbol{F}_R = 2700\text{N}$$

$\boldsymbol{F}_R$ 的方向矢序规则确定，$\boldsymbol{F}_R$ 与 $\boldsymbol{F}_1$ 的夹角为 71°31′。

2.1.2　平面汇交力系平衡的几何条件

平面汇交力系的合力 $\boldsymbol{F}_R$ 与原力系对刚体的作用效应相同，因而平面汇交力系可用其合力来代替。显然，若平面汇交力系平衡，则该力系的合力 $\boldsymbol{F}_R$ 一定等于零；反之，若力系的合力 $\boldsymbol{F}_R$ 等于零，则该力系必处于平衡状态。所以平面汇交力系平衡的必要和充分条件是：该力系的合力等于零。以矢量式表示为

$$\boldsymbol{F}_R = \sum \boldsymbol{F}_i = 0 \tag{2-2}$$

在几何法中，平面汇交力系的合力 $\boldsymbol{F}_R$，是以力多边形的封闭边表示的。当力系平衡，合力 $\boldsymbol{F}_R$ 等于零时，力多边形中最后一力的终点与第一力的起点重合，各力矢首尾相连形成一个自行封闭的力多边形，如图 2-4b 所示。所以，平面汇交力系平衡的几何条件是：力多边形自行封闭。

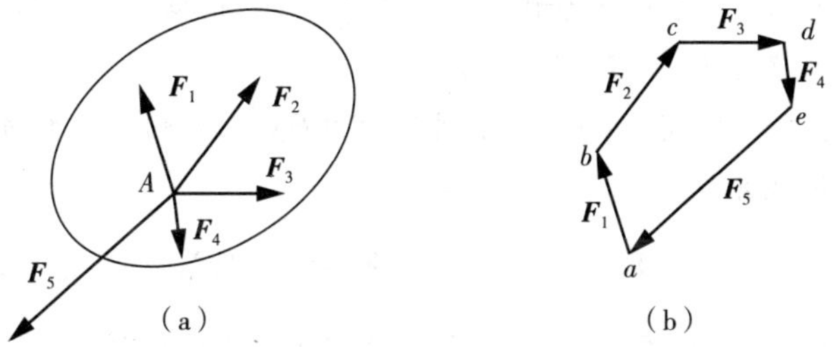

(a)　　　　(b)

图 2-4

应用几何法求解平衡问题时，先画出研究对象的受力图。根据受力图，按比例从已知力开始画力多边形，根据矢序规则和封闭特点，可确定两个未知力矢量。

【例 2-2】 支架的横梁 AB 与斜杆 DC 彼此以铰链 C 相连接，并各以铰链 A、D 连接于墙上。如图 2-5a 所示。已知 $AC=CB$；杆 DC 与水平线成 $45°$ 角；载荷 $P=10\text{kN}$，作用于 B 处。梁和杆的重量忽略不计，求铰链 A 的约束力和杆 DC 所受的力。

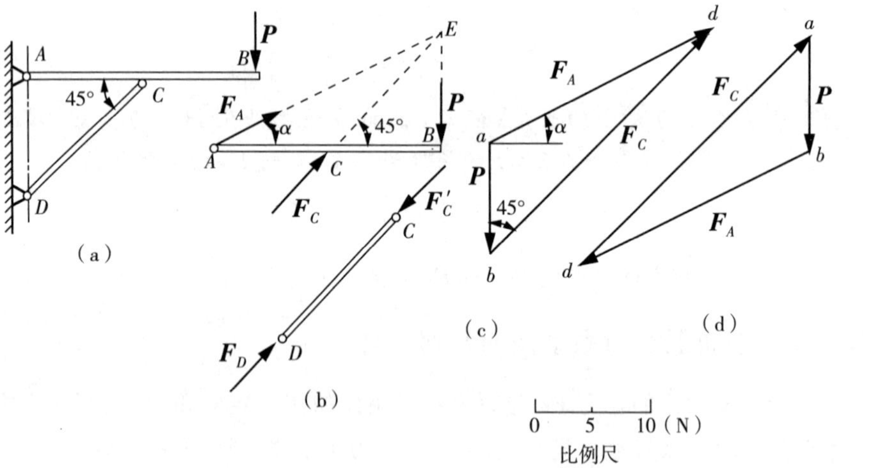

图 2-5

【解】 选取横梁 AB 为研究对象。横梁在 B 处受载荷 $\boldsymbol{P}$ 作用。DC 为二力杆，它对横梁的作用力 $\boldsymbol{F}_C$ 与横梁作用于 DC 杆的反作用力 $\boldsymbol{F}_C'$ 大小相等，方向相反。铰链 A 对横梁的约束力 $\boldsymbol{F}_A$ 的作用线，可根据三力平衡汇交定理确定，即通过 $\boldsymbol{F}_C$ 和 $\boldsymbol{P}$ 的交点 E，如图 2-5b 所示。

根据平面汇交力系平衡的几何条件，这三个力应组成一封闭的力三角形。按照图中力的比例尺，先画出已知力 $\boldsymbol{ab}=\boldsymbol{P}$，再由 a 点作直线平行于 AE，由 b 点作直线平行 CE，这两直线相交于 d 点，如图 2-5c。根据力三角形 abd 自行封闭的矢序规则，可确定 $\boldsymbol{F}_C$ 和 $\boldsymbol{F}_A$ 的指向。

在力三角形中，矢量 bd 和 da 分别表示力 $\boldsymbol{F}_C$ 和 $\boldsymbol{F}_A$ 的大小和方向，量出它们的长度，按比例换算得：

$$\boldsymbol{F}_C=28.3\text{kN},\quad \boldsymbol{F}_A=22.4\text{kN}$$

根据作用力和反作用力的关系，作用于杆 DC 的 C 端的力 $\boldsymbol{F}_C'$ 与 $\boldsymbol{F}_C$ 的大小相等，方向相反。由此可知杆 DC 受压力，如图 2-5b 所示。

应该指出，封闭力三角形也可以如图 2-5d 所示，同样可求得力 $\boldsymbol{F}_C$ 和 $\boldsymbol{F}_A$，且结果相同。

【例 2-3】 如图 2-6(a) 所示，A、B 和 C 为铰链连接，钢丝绳一端缠绕在绞车 D 上，另一端绕过滑轮 A，将重为 $P=20\text{kN}$ 的物体吊起。如两杆和滑轮的自重不计，并忽略摩擦，试求平衡时 AB 和 AC 杆所受的力。

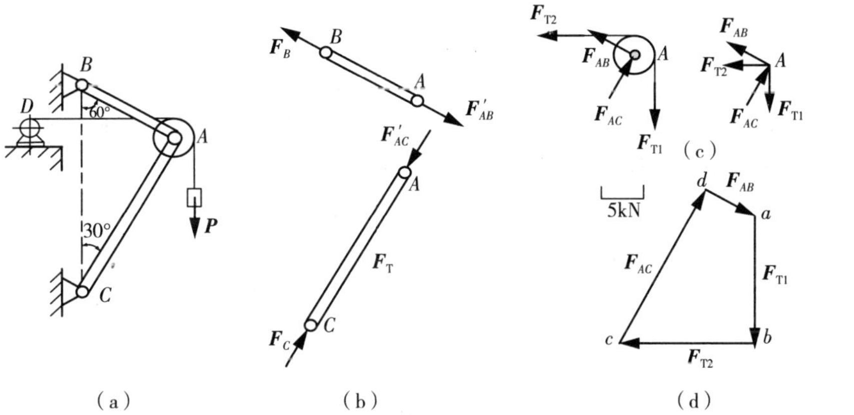

图 2-6

【解】 杆 AB 和 AC 均为二力杆，其受力如图 2-6b 所示，受力指向假设。

取滑轮 A（含销钉 A 和轮上的两段绳子）为研究对象。作用在它上面的力有：两段绳子的拉力都是 $\boldsymbol{F}_{T1}$ 和 $\boldsymbol{F}_{T2}$，大小都等于 P，AB 杆和 AC 杆对销钉 A 的约束力 $\boldsymbol{F}_{AB}$ 和 $\boldsymbol{F}_{AC}$。这四个力构成一平衡的平面汇交力系（销钉 A 的受力图如图 2-6c 所示）。

根据平面汇交力系平衡的几何条件，$\boldsymbol{F}_{T1}$、$\boldsymbol{F}_{T2}$、$\boldsymbol{F}_{AB}$ 和 $\boldsymbol{F}_{AC}$ 应形成闭合的力四边形。选取比例尺，先画已知力 $\boldsymbol{F}_{T1}=ab$，再过 b 点画力 $\boldsymbol{F}_{T2}=bc$，最后过 b、c 两点分别作直线平行于 $\boldsymbol{F}_{AB}$ 和 $\boldsymbol{F}_{AC}$ 交于 d 点，于是得力四边形 $abcd$。根据矢序规则，画出 cd 和 da 的指向，则矢量 da 和 cd 分别表示力 $\boldsymbol{F}_{AB}$ 和 $\boldsymbol{F}_{AC}$ 的大小和方向，如图 2-6d 所示。

从图 2-6c、2-6d 图可以看出，力 $\boldsymbol{F}_{AB}$ 和矢量 da 的指向相反，这说明力 $\boldsymbol{F}_{AB}$ 假设的指向与实际的指向相反，即 AB 杆实际受压。

量出线段 da 和 cd 的长度，按比例换算得：

$$\boldsymbol{F}_{AB}=7.32\text{kN},\quad \boldsymbol{F}_{AC}=27.32\text{kN}$$

AB 杆和 AC 杆所受的力分别与力 $\boldsymbol{F}_{AB}$ 和 $\boldsymbol{F}_{AC}$ 等值反向。因此，两杆均受压力。

应用几何法求解问题时，各力之间的关系非常清楚，具有直观、简单的优点。但直接测量求解未知力时，将会产生测量误差，从而影响结果的准确性。

2.2　平面汇交力系合成与平衡的解析法

对于汇交力系的合成与平衡问题，几何法不便于在理论上进行分析与讨论，工程设计中应用得更普遍的是解析法。解析法是以力在坐标轴上的投影为基础的。

2.2.1　力在坐标轴上的投影与分解

如图 2-7a 所示，设力 $\boldsymbol{F}$ 在直角坐标系 oxy 平面内，从力 $\boldsymbol{F}$ 的两个端点 A 和 B 分别向 x 轴作垂线，交 x 轴于点 a 和点 b，则线段 ab 为力 $\boldsymbol{F}$ 在 x 轴上的投影，用 F_x 表示。同理，线段 $a'b'$ 为力 $\boldsymbol{F}$ 在 y 轴上的投影，用 F_y 表示。设力 $\boldsymbol{F}$ 与 x、y 轴正向之间的夹角为 α、β，则力 $\boldsymbol{F}$ 在坐标轴上的投影分别为

$$\left.\begin{aligned} F_x &= F\cos\alpha \\ F_y &= F\cos\beta \end{aligned}\right\} \tag{2-3}$$

力在坐标轴上的投影是代数量。其正负号规定：力的投影，由始端到末端的指向与坐标轴正向一致时，投影为正，反之为负。显然，投影与力的大小及方向有关。

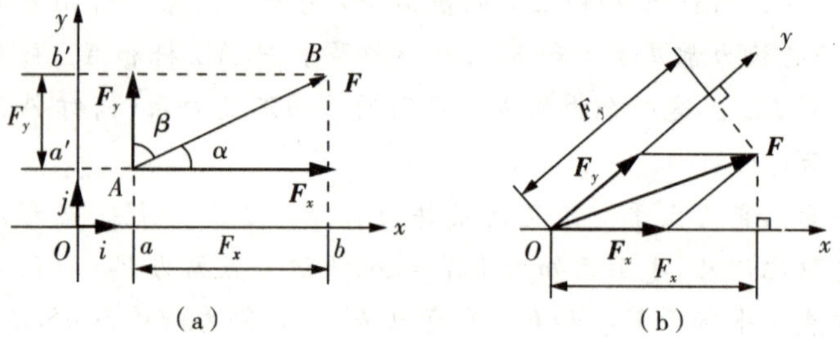

图 2-7

力沿坐标轴分解时，分力由力的平行四边形法则确定。由图 2-7a 可知，力 $\boldsymbol{F}$ 沿正交轴 x、y 轴可分解为两个分力 $\boldsymbol{F}_x$ 和 $\boldsymbol{F}_y$ 时，其分力与力的投影之间有下列关系

$$\boldsymbol{F}_x = F_x\boldsymbol{i},\quad \boldsymbol{F}_y = F_y\boldsymbol{j}$$

由此，力的解析表达式为

$$\boldsymbol{F} = \boldsymbol{F}_x + \boldsymbol{F}_y = F_x\boldsymbol{i} + F_y\boldsymbol{j} \tag{2-4}$$

其中，$\boldsymbol{i}$、$\boldsymbol{j}$ 分别为 x、y 轴的单位矢量。

反之，若已知力 $\boldsymbol{F}$ 在坐标轴上的投影 F_x、F_y，则该力的大小及方向余弦为

$$\left.\begin{aligned} &F=\sqrt{F_x{}^2+F_y{}^2} \\ &\cos\alpha=\frac{F_x}{\sqrt{F_x{}^2+F_y{}^2}},\qquad \cos\beta=\frac{F_y}{\sqrt{F_x{}^2+F_y{}^2}} \end{aligned}\right\} \tag{2-5}$$

必须注意，力的投影与力的分解是两个不同的概念，两者不可混淆。力在坐标轴上的投影 F_x 和 F_y 为代数量，而力沿坐标轴的分量 $\boldsymbol{F}_x$ 和 $\boldsymbol{F}_y$ 为矢量。当 x、y 两轴不相垂直时，分力 $\boldsymbol{F}_x$、$\boldsymbol{F}_y$ 和力在轴上的投影 F_x 和 F_y 在数值上也不相等，如图 2－7b 所示。

2.2.2　合力投影定理

设一平面汇交力系 $\boldsymbol{F}_1$、$\boldsymbol{F}_2$、$\boldsymbol{F}_3$ 作用于刚体上，其力的多边形 $ABCD$ 如图 2－8 所示，封闭边 AD 表示该力系的合力矢 $\boldsymbol{F}_R$。在力的多边形所在平面内建立坐标系 oxy，将各分力分别向 x 轴上投影，得：

$$F_{1x}=ab,\quad F_{2x}=bc,\quad F_{3x}=-cd$$

合力 $\boldsymbol{F}_R$ 在 x 轴上的投影：$F_{Rx}=ad$

从图 2－5(b) 可以看出：$ad=ab+bc-cd$

则

$$F_{Rx}=F_{1x}+F_{2x}+F_{3x}$$

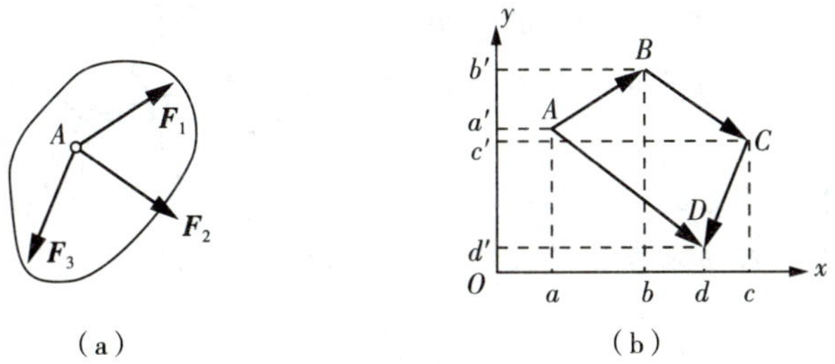

图 2－8　合力投影定理

同理可得合力 $\boldsymbol{F}_R$ 在 y 轴上的投影：

$$F_{Ry}=F_{1y}+F_{2y}+F_{3y}$$

其中，F_{1y}、F_{2y}、F_{3y} 分别为 $\boldsymbol{F}_1$、$\boldsymbol{F}_2$、$\boldsymbol{F}_3$ 在 y 轴上的投影。

上述合力投影与各分力投影之间的关系，可推广到由 n 个力 $\boldsymbol{F}_1$、$\boldsymbol{F}_2$、…、$\boldsymbol{F}_n$ 组成的平面汇交力系，可得

$$\left.\begin{aligned}F_{Rx}&=F_{1x}+F_{2x}+\cdots+F_{nx}=\sum_{i=1}^{n}F_{ix}=\sum F_x\\F_{Ry}&=F_{1y}+F_{2y}+\cdots+F_{ny}=\sum_{i=1}^{n}F_{iy}=\sum F_y\end{aligned}\right\}\qquad(2-6)$$

为简单起见，用 $\sum F_x$、$\sum F_y$ 分别表示各分力在 x 和 y 轴上投影的代数和。式(2－6)称为合力投影定理，即，合力在任一轴上的投影，等于各分力在同一轴上投影的代数和。

合力投影定理建立了合力的投影和力系中各分力投影之间的关系。这个定理还可推广到其他矢量的合成上，统称为合矢量投影定理。

2.2.3　合成的解析法

已知各分力投影，计算出合力的投影后，可由式(2－6)求得合力的大小和方向余弦：

$$\left.\begin{aligned}&F_R=\sqrt{F_{Rx}^{\ 2}+F_{Ry}^{\ 2}}=\sqrt{\left(\sum F_x\right)^2+\left(\sum F_y\right)^2}\\&\cos\alpha=\frac{\sum F_x}{\sqrt{\left(\sum F_x\right)^2+\left(\sum F_y\right)^2}},\qquad\cos\beta=\frac{\sum F_y}{\sqrt{\left(\sum F_x\right)^2+\left(\sum F_y\right)^2}}\end{aligned}\right\}\qquad(2-7)$$

其中，α、β 表示合力 $\boldsymbol{F}_R$ 与 x 轴、y 轴正向之间的夹角。

运用式(2－7)计算合力 $\boldsymbol{F}_R$ 的大小和方向，这种方法称为平面汇交力系合成的解析法。

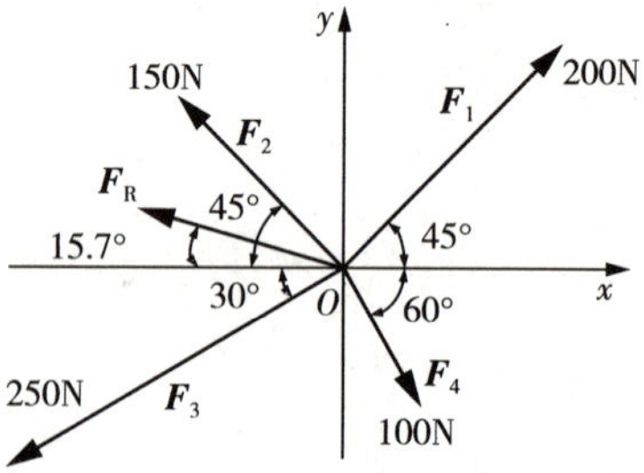

图 2－9

【例 2－4】　如图 2－9 所示的平面汇交力系，试用解析法求合力的大小和方向。

【解】　建立坐标系 oxy，如图 2－9 所示，各个力在 x 轴和 y 轴上的投影见表 2－1。

表 2－1

	$\boldsymbol{F}_1$	$\boldsymbol{F}_2$	$\boldsymbol{F}_3$	$\boldsymbol{F}_4$
F_{ix}	$F_1\cos 45°$	$-F_2\cos 45°$	$-F_3\cos 30°$	$F_4\cos 60°$
F_{iy}	$F_1\sin 45°$	$F_2\sin 45°$	$-F_3\sin 30°$	$-F_4\sin 60°$

由式(2-6)可得

$$F_{Rx}=\sum F_x=F_1\cos 45^\circ-F_2\cos 45^\circ-F_3\cos 30^\circ+F_4\cos 60^\circ$$
$$=200\cos 45^\circ-150\cos 45^\circ-250\cos 30^\circ+100\cos 60^\circ$$
$$=-131.1\text{N}$$

$$F_{Ry}=\sum F_y=F_1\sin 45^\circ+F_2\sin 45^\circ-F_3\sin 30^\circ-F_4\sin 60^\circ$$
$$=200\sin 45^\circ+150\sin 45^\circ-250\sin 30^\circ-100\sin 60^\circ$$
$$=35.9\text{N}$$

将 F_{Rx} 和 F_{Ry} 代入式(2-7),可得

$$F_R=\sqrt{F_{Rx}{}^2+F_{Ry}{}^2}=\sqrt{(-131.1\text{N})^2+(35.9\text{N})^2}=135.9\text{N}$$

$$\cos\alpha=\frac{-131.1}{135.9}=-0.9647$$

$$\cos\beta=\frac{35.9}{135.9}=0.2642$$

可得 $\alpha=164.3^\circ$,合力的指向如图 2-9 所示。

2.2.4　平面汇交力系平衡的解析法

由前面知道,平面汇交力系平衡的必要和充分条件是力系的合力等于零。根据式(2-7)则应有

$$F_R=\sqrt{\left(\sum F_x\right)^2+\left(\sum F_y\right)^2}=0$$

要使上式成立,须同时满足:

$$\left.\begin{aligned}\sum F_x=0\\ \sum F_y=0\end{aligned}\right\}\tag{2-8}$$

即,平面汇交力系平衡的必要和充分条件是:力系中各力在两个坐标轴上投影的代数和分别等于零。

式(2-8)称为平面汇交力系的平衡方程。这两个平衡方程是相互独立的,可求解两个未知量。

应用解析法求解平衡问题时,有些未知力的指向须先假设。解平衡方程求出未知力后,若为正值,说明其假设的指向与实际的指向一致;若为负值,说明

其假设的指向与实际的指向相反。

下面举例说明平面汇交力系平衡方程的实际应用。

【例 2-5】 用解析法求解例 2-2，如图 2-10a 所示。

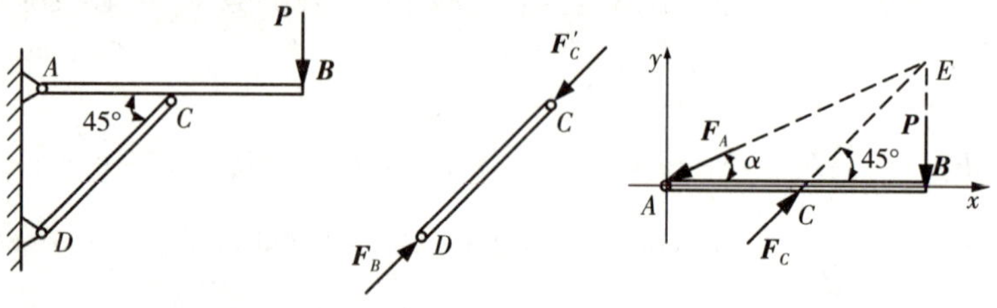

图 2-10

【解】 (1) 选取横梁 AD 为研究对象。

(2) 画受力图：横梁 AD 的受力如图 2-10b 所示。BC 杆为二力杆，它对横梁的约束力 $\boldsymbol{F}_C=-\boldsymbol{F}'_C$，方向如图。根据三力平衡汇交定理，铰链 A 的约束力 $\boldsymbol{F}_A$ 的作用线必通过 $\boldsymbol{F}_C$ 和 $\boldsymbol{F}$ 的作用线的交点 E，其方向假设如图。

(3) 列平衡方程：建立坐标系如图所示。由式(2-8)有

$$\sum F_x=0,\ -F_A\cos\alpha+F_C\cos 45^\circ=0 \tag{a}$$

$$\sum F_y=0,\ -F_A\sin\alpha+F_C\sin 45^\circ-F=0 \tag{b}$$

(4) 求解方程：根据横梁 AD 受力图的几何关系，可知：

$$\sin\alpha=\frac{1}{\sqrt{5}},\cos\alpha=\frac{2}{\sqrt{5}}$$

解方程组得

$$F_A=\sqrt{5}F=22.35\text{kN},\quad F_C=2\sqrt{2}F=28.28\text{kN}$$

$\boldsymbol{F}_A$、$\boldsymbol{F}_c$ 均为正值，说明其假设指向与实际指向相同。

【例 2-6】 简易绞车如图 2-11a 所示，支架由 AB 和 AC 杆构成，A、B 和 C 为铰链连接。钢丝绳一端缠绕在绞车 D 上，另一端绕过滑轮 A，将重为 $P=20\text{kN}$ 的物体吊起。如两杆和滑轮的自重不计，并忽略摩擦和滑轮的大小，求平衡时 AB 和 AC 杆所受的力。

【解】 (1) 确定研究对象：杆 AB、AC 均为二力杆，假设两杆均受压力作用，如图 2-11b 所示。为了求出这两个未知力，可通过对滑轮的受力分析来解决。因此选取滑轮 A 为研究对象。

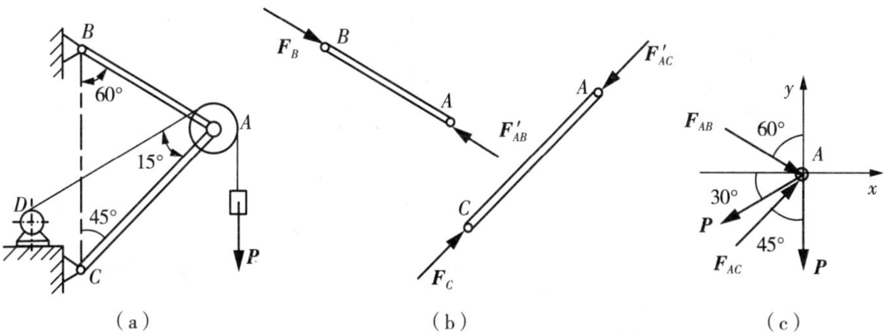

图 2-11

(2) 画受力图：滑轮 A 受到钢丝绳的拉力 $\boldsymbol{F}_1$ 和 $\boldsymbol{F}_2$（已知 $\boldsymbol{F}_1=\boldsymbol{F}_2=P$）。此外杆 AB 和 AC 对滑轮的约束力为 $\boldsymbol{F}_{AB}$ 和 $\boldsymbol{F}_{AC}$。由于滑轮的大小可忽略不计，故这些力可看作是汇交力系，如图 2-11c 所示。

(3) 列平衡方程：建立坐标系如图所示。为使每个未知力只在一个轴上有投影，在另一轴上的投影为零，坐标轴应尽量取在与未知力作用线相垂直的方向。这样在一个平衡方程中只有一个未知数，不必解联立方程，即

$$\sum \boldsymbol{F}_x=0, F_{AB}\sin 60°-P\cos 30°+F_{AC}\sin 45°=0 \tag{a}$$

$$\sum \boldsymbol{F}_y=0, -F_{AB}\cos 60°-P\sin 30°+F_{AC}\cos 45°-P=0 \tag{b}$$

解之得　　$F_{AB}=-9.3\text{kN}, F_{AC}=35.9\text{kN}$

所求结果，F_{AC} 为正值，表示该力的假设指向与实际指向相同，即杆 AC 受压。F_{AB} 为负值，表示该力的假设指向与实际指向相反，即杆 AB 受拉。

【例 2-7】 液压夹紧机构如图 2-12a 所示，其中 D 为固定铰链，B、C、E 为活动铰链。已知力 $\boldsymbol{F}$，机构平衡时角度如图，求此时工件 H 所受的压紧力。

【解】 根据机构的传动顺序，可先取轮子 B(附销钉)为研究对象，求出 BC 杆所受的力；然后以销钉 C 为研究对象，求出 CE 杆所受的力；最后，以压具 E 为研究对象，求出工件 H 所受的压紧力。

(1) 先选取轮子 B(附销钉)为研究对象，其受力图如图 2-12b 所示。其中，力 F 通过活塞和活塞杆作用于销钉 B 上，方向竖直向下；BC 为二力杆，所以 BC 杆作用于销钉 B 上的约束力 $\boldsymbol{F}_{BC}$ 沿铰链 B、C 中心的连线，指向如图；同时，轮子 B 还受到墙面的法向约束力 $\boldsymbol{F}_{NB}$，水平向右。这三个力中，力 $\boldsymbol{F}$ 是已知的，其余两个力是未知的。

取坐标轴如图 2-12b 所示，因为只需要求力 $\boldsymbol{F}_{BC}$，所以这里仅列 y 轴方向的

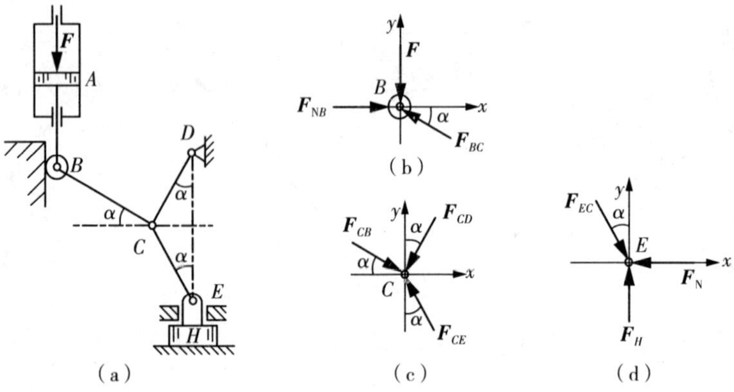

图 2-12

投影方程：

$$\sum F_y = 0, F_{BC}\sin\alpha - F = 0 \tag{a}$$

解得
$$F_{BC} = \frac{F}{\sin\alpha} \tag{b}$$

(2) 选销钉 C 为研究对象。其受力图如图 2-12c 所示。BC、CE、CD 杆都是二力杆，所以它们作用于销钉 C 上的力 $\boldsymbol{F}_{CB}$、$\boldsymbol{F}_{CE}$、$\boldsymbol{F}_{CD}$ 分别沿各杆铰链中心的连线，指向如图 2-12c 所示。

取坐标轴如图所示，列平衡方程：

$$\sum F_x = 0, F_{CB}\cos\alpha - F_{CE}\sin\alpha - F_{CD}\sin\alpha = 0 \tag{c}$$

$$\sum F_y = 0, F_{CE}\cos\alpha - F_{CB}\sin\alpha - F_{CD}\cos\alpha = 0 \tag{d}$$

因 $\boldsymbol{F}_{CB} = -\boldsymbol{F}_{BC}$，将(b) 式代入(c) 式，得

$$F_{CD} = \frac{\cos\alpha}{\sin^2\alpha}F - F_{CE} \tag{e}$$

将(b)、(e) 式代入(d) 式，得

$$F_{CE} = \frac{F}{\sin\alpha\sin 2\alpha} \tag{f}$$

(3) 选取压具 E 为研究对象，其受力图如图 2-12d 所示。作用于压具 E 的力分别有：工件的法向约束力 $\boldsymbol{F}_H$ 竖直向上，CE 杆的作用力 $\boldsymbol{F}_{EC} = -\boldsymbol{F}_{CE}$；挡板的法向约束力 $\boldsymbol{F}_N$，假设水平向左。

取坐标轴如图所示。因为只需求 $\boldsymbol{F}_{\mathrm{H}}$，这里仅列 y 轴方向的投影方程：

$$\sum F_y = 0, F_H - F_{EC}\cos\alpha = 0 \tag{g}$$

将(f) 式代入(g) 式，得

$$F_{\mathrm{N}} = \frac{F}{2\sin^2\alpha}$$

工件 H 所受的压紧力与 $\boldsymbol{F}_H$ 等值反向。

通过以上分析和求解过程可以看出，在求解平衡问题时，要恰当地选取研究对象，恰当地建立坐标系，以最简捷、合理的方法进行求解。尽量避免求解联立方程，以提高计算效率。这些方面都是求解平衡问题所必须注意的。

2.3　平面力对点之矩

力对刚体的运动效应包括移动和转动。其中，力对刚体的移动效应可用力矢来度量；而力对刚体的转动效应可用力对点的矩（简称力矩）来度量，即力矩是度量力对刚体转动效应的物理量。

2.3.1　力对点之矩(力矩)

由经验可知：用扳手转动螺母时（见图 2－13），螺母能否转动，不仅取决于作用在扳手上的力 $\boldsymbol{F}$ 的大小，而且还与 O 点到 $\boldsymbol{F}$ 的作用线的垂直距离 h 有关。力学上，用乘积 $F \cdot h$ 来量度力 $\boldsymbol{F}$ 使物体绕 O 点的转动效应。其中，O 点称为力矩中心（简称矩心）；O 点到力 $\boldsymbol{F}$ 作用线的垂直距离 h，称为力臂；转动有逆时针和顺时针两个方向。在平面问题中力对点之矩的定义如下：

力对点之矩是一个代数量，它的绝对值等于力的大小与力臂的乘积，它的正负可按力矩转向确定：即力使物体绕矩心逆时针方向转动时为正，反之为负。

力 $\boldsymbol{F}$ 对于 O 点之矩以符号 $M_O(\boldsymbol{F})$ 表示，则，

$$M_O(\boldsymbol{F}) = \pm F \cdot h \tag{2-9}$$

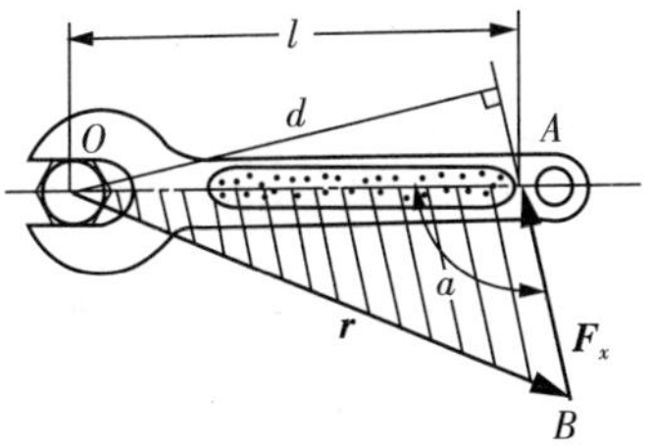

图 2－13

由图 2－13 容易看出，力 $\boldsymbol{F}$ 对 O 点之矩的大小也可用三角形 OAB 面积的两倍表示，即

$$M_O(\boldsymbol{F}) = \pm 2\Delta OAB \tag{2-9a}$$

如以 $\boldsymbol{r}$ 表示由矩心 O 到 B 点的矢径(图 2-13a),由矢量积定义,$\boldsymbol{r}\times\boldsymbol{F}$ 的大小就是三角形 OAB 面积的两倍。可见,矢积的模 $|\boldsymbol{r}\times\boldsymbol{F}|$ 就等于力 $\boldsymbol{F}$ 对 O 点之矩的大小,矢积的指向与力矩的转向符合右手法则,如图 2-13b 所示。

在国际单位制中,力矩的单位是牛顿·米(N·m)或千牛顿·米(kN·m)。

需要指出:力矩的概念是由力对物体上固定点的作用引出的。实际上,作用于物体上的力可以对任意点取矩。

由上述分析可得力矩的性质:

(1) 力的大小等于零或其作用线通过矩心时,力矩等于零。

(2) 力对任一点之矩,不因该力的作用点沿其作用线移动而改变,再次说明力是滑移矢量。

(3) 力对点之矩,不仅取决于力的大小,还与矩心的位置有关。力矩随矩心位置而变化,不能抛开矩心谈力矩。

2.3.2 合力矩定理

定理:平面汇交力系的合力对于平面内任一点之矩等于所有各分力对于该点之矩的代数和。

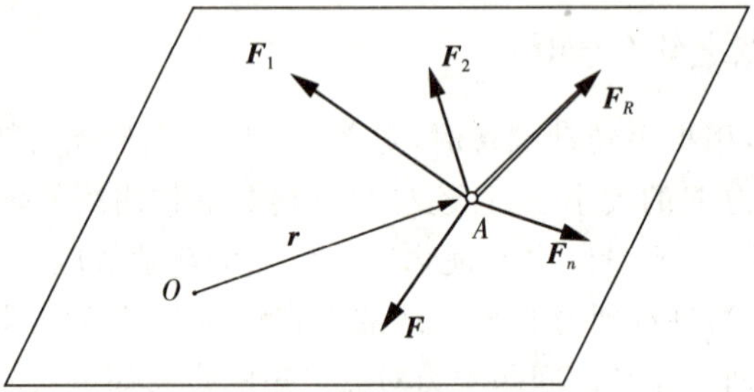

图 2-14

证明:如图 2-14 所示,$\boldsymbol{r}$ 为平面内任一点 O 到力系汇交点 A 的矢径,$\boldsymbol{F}_{\mathrm{R}}$ 为平面汇交力系 $\boldsymbol{F}_1,\boldsymbol{F}_2,\cdots\boldsymbol{F}_n$ 的合力,即

$$\boldsymbol{F}_{\mathrm{R}}=\boldsymbol{F}_1+\boldsymbol{F}_2+\cdots\boldsymbol{F}_n$$

以 $\boldsymbol{r}$ 对上式两端作矢积,有:

$$\boldsymbol{r}\times\boldsymbol{F}_{\mathrm{R}}=\boldsymbol{r}\times\boldsymbol{F}_1+\boldsymbol{r}\times\boldsymbol{F}_2+\cdots+\boldsymbol{r}\times\boldsymbol{F}_n$$

由于力 $\boldsymbol{F}_1,\boldsymbol{F}_2,\cdots,\boldsymbol{F}_n$ 与 O 点共面,上式中各矢积平行,因此各矢积之和可按代数求和计算。而各矢积之和的大小就是合力 $\boldsymbol{F}_{\mathrm{R}}$ 对 O 点之矩,即

$$M_O(\boldsymbol{F}_R)=M_O(\boldsymbol{F}_1)+M_O(\boldsymbol{F}_2)+\cdots+M_O(\boldsymbol{F}_n)=\sum_{i=1}^{n}M_O(\boldsymbol{F}_i) \qquad (2-10)$$

按力系等效概念，上式易于理解。

合力矩定理建立了合力对点之矩与各分力对同一点之矩的关系。应该指出，合力矩定理不仅适用于平面汇交力系，而且适用于其他任何有合力的力系。

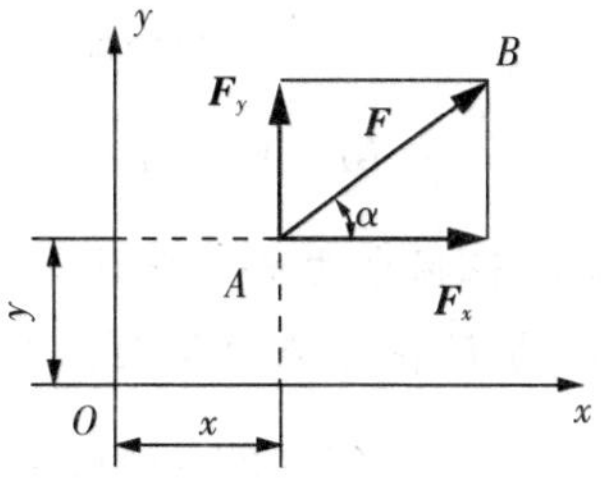

图 2-15

2.3.3　力矩与合力矩的解析表达式

如图 2-15 所示，将力 $\boldsymbol{F}$ 分解为两分力 $\boldsymbol{F}_x$ 与 $\boldsymbol{F}_y$。根据合力矩定理，力 $\boldsymbol{F}$ 对坐标原点 O 之矩为

$$M_O(\boldsymbol{F})=M_O(\boldsymbol{F}_y)+M_O(\boldsymbol{F}_x)=xF\sin\alpha-yF\cos\alpha$$

或

$$M_O(\boldsymbol{F})=xF_y-yF_x \qquad (2-11)$$

上式即为平面力矩的解析表达式。其中，x、y 为力 $\boldsymbol{F}$ 作用点的坐标；F_x、F_y 为力 $\boldsymbol{F}$ 在 x、y 轴上的投影。它们都是代数量，计算时必须注意各量的正负号。

将式(2-11) 代入式(2-10)，即可得合力 $\boldsymbol{F}_R$ 对坐标原点之矩的解析表达式，即

$$M_O(\boldsymbol{F}_R)=\sum_{i=1}^{n}(x_iF_{yi}-y_iF_{xi}) \qquad (2-11)'$$

【例 2-8】　如图 2-16 所示，曲杆上作用一力 $\boldsymbol{F}$，已知 $AB=a$，$CB=b$，计算力 $\boldsymbol{F}$ 对 A 点之矩。

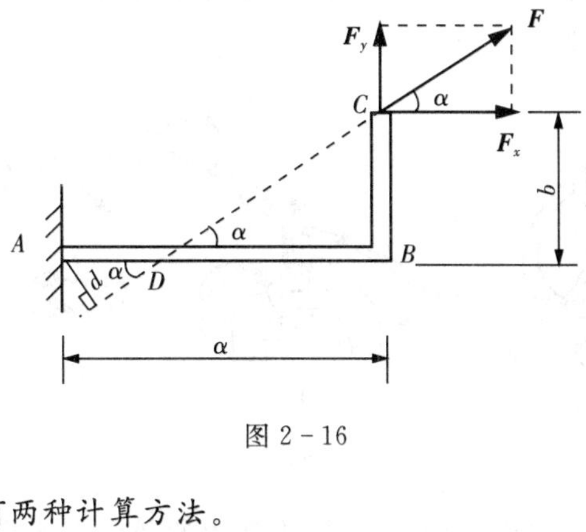

图 2-16

【解】　本题有两种计算方法。

(1) 由力矩的定义计算力 $\boldsymbol{F}$ 对 A 点之矩。

先求力臂 d。由图中几何关系有：

$$d = AD\sin\alpha = (AB - DB)\sin\alpha = (AB - BC\text{ctan}\alpha)\sin\alpha$$

$$= (a - b\text{ctan}\alpha)\sin\alpha = a\sin\alpha - b\cos\alpha$$

所以 $$M_A(\boldsymbol{F}) = F \cdot d = F(a\sin\alpha - b\cos\alpha)$$

(2) 根据合力矩定理计算力 $\boldsymbol{F}$ 对 A 点之矩。

将力 $\boldsymbol{F}$ 在 C 点分解为两个正交的分力 $\boldsymbol{F}_x$ 和 $\boldsymbol{F}_y$，由合力矩定理可得

$$M_A(\boldsymbol{F}) = M_A(\boldsymbol{F}_x) + M_A(\boldsymbol{F}_y) = -F_x \cdot b + F_y \cdot a$$

$$= -F(b\cos\alpha + a\sin\alpha) = F(a\sin\alpha - b\cos\alpha)$$

本例两种计算方法的计算结果相同。当力臂不易确定时，用后一种方法较为简便。

2.4 平面力偶

2.4.1 力偶与力偶矩

在日常生活和工程实际中，经常看到物体同时受动两个大小相等、方向相反，作用线互相平行的两个力作用。例如，司机用双手转动方向盘（见图 2-17a）；工人用丝锥攻螺纹（见图2-17b）；以及用两个手指拧动水龙头（见图 2-17c）等，都是在物体上作用了成对的等值、反向且不共线的平行力。这种由两个大小相等、方向相反且不共线的平行力组成的力系，称为力偶，记作($\boldsymbol{F}$, $\boldsymbol{F}'$)。力偶的两力之间的垂直距离 d 称为力偶臂，力偶所在的平面称为力偶的作用面，如图2-18 所示。

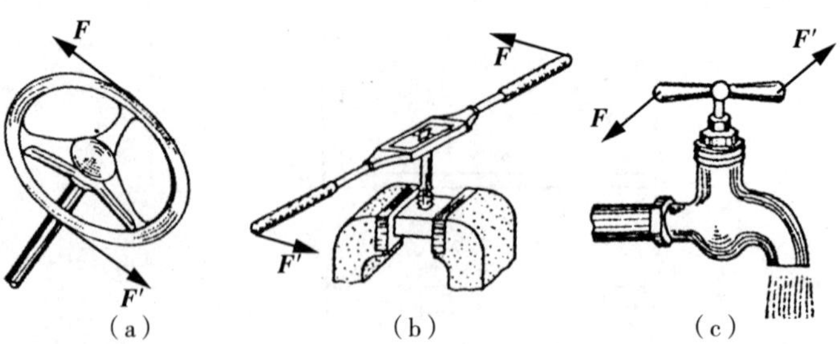

(a) (b) (c)

图 2-17

力偶是由两个力组成的特殊力系，力偶中的两个力不共线，不能满足二力

平衡条件。因此，一个力偶自身是不能平衡的，它只能与其他力偶平衡。

另外，力偶中的两个力在任意坐标轴上投影之和等于零。显然，力偶不能合成为一个力，即力偶不能与一个力等效，也不能与一个力平衡。故而力偶对物体不产生移动效应，只能产生转动效应。因此，力和力偶是静力学的两个基本要素。

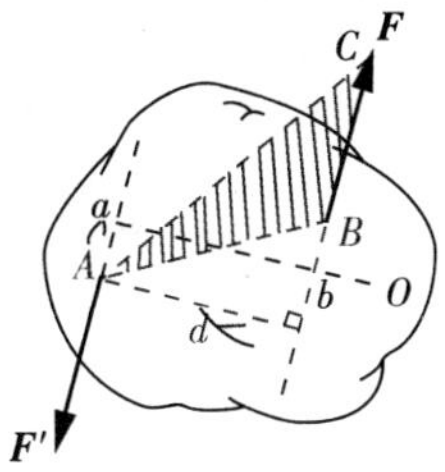

图 2-18

力偶对物体的转动效应，可用力偶的两个力对其作用面内某点之矩的代数和来度量。如图 2-18 所示，力偶对平面内 O 点之矩记为 $M_O(\boldsymbol{F},\boldsymbol{F}')$，则

$$M_O(\boldsymbol{F},\boldsymbol{F}')=M_O(\boldsymbol{F})+M_O(\boldsymbol{F}')=-F\cdot bo+F'\cdot ao=F(ao-bo)=Fd$$

矩心 O 是任意选取的。显然，力偶对其平面内任意一点的矩都是相等的，与矩心的位置无关。因此，将力与力偶臂的乘积称为力偶矩，记作 $M(\boldsymbol{F},\boldsymbol{F}')$，简记为 M。

力偶在平面内的转向不同，其作用效应也不相同。因此，平面力偶对物体的作用效应，取决于以下两个因素：

(1) 力偶矩的大小；

(2) 力偶在作用平面内的转向。

与力矩一样，力偶的转向也用正负号表示，即逆时针转向为正，反之为负。这样，力偶矩就是代数量，即

$$M=\pm F\cdot d \tag{2-12}$$

于是可得结论：力偶矩是一个代数量，其绝对值等于力的大小与力偶臂的乘积；正负号代表力偶的转向。

由图 2-18 可知，力偶矩也可用三角形面积表示，即

$$M=\pm 2\Delta ABC \tag{2-12}$$

2.4.2　平面力偶的等效

由力偶矩的定义可以看出，力偶对刚体的转动效应只取决于力偶矩。因此，在同平面内的两个力偶，如果力偶矩相等，则两力偶彼此等效，这即是平面力偶的等效定理。这个定理给出了平面力偶的等效条件，据此可得平面力偶的两个推论：

(1) 力偶可在其作用面内任意移动，而不改变它对刚体的作用(见图 2-19)。因此，力偶对刚体的作用与它在作用面内的位置无关。

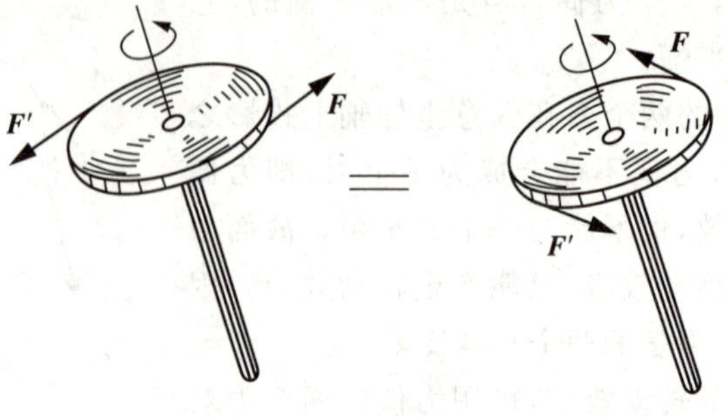

（a）　（b）

图 2-19

（2）在保持力偶矩大小和转向不变的条件下，可以同时改变力偶中力的大小和力偶臂的长短，而不会改变力偶对刚体的作用。

图 2-20

因此，力偶臂和力的大小都不是力偶的特征量，只有力偶矩才是力偶作用的唯一量度。今后常用图 2-20 所示的符号表示力偶，其中，可以用一带箭头的弧线来表示力偶，箭头表示力偶的转向，M 表示力偶矩。

2.5　平面力偶系的合成与平衡

作用在刚体同一平面内的各力偶组成平面力偶系，本节研究平面力偶系的合成与平衡。

2.5.1　平面力偶系的合成

先研究最简单的平面力偶系的合成。如图 2-21a 所示，作用于同一平面内的两个力偶$(\boldsymbol{F}_1, \boldsymbol{F'}_1)$和$(\boldsymbol{F}_2, \boldsymbol{F'}_2)$，力偶臂分别为 d_1 和 d_2，力偶矩分别为 $M_1 = F_1 d_1$ 和 $M_2 = -F_2 d_2$，下面分析其合成问题。

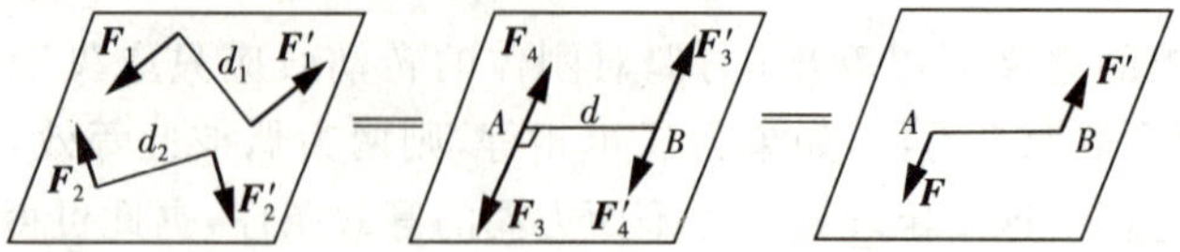

（a）　（b）　（c）

图 2-21

如图 2-21b 所示，在力偶作用的平面内任取一线段 $AB=d$，在保持力偶矩不变的条件下，将两力偶的力偶臂都变为 d；然后移动这两个臂长相同的力偶，使它们的力偶臂都与 AB 重合。这样，$(\boldsymbol{F}_3,\boldsymbol{F}'_3)$、$(\boldsymbol{F}_4,\boldsymbol{F}'_4)$ 分别与 $(\boldsymbol{F}_1,\boldsymbol{F}'_1)$、$(\boldsymbol{F}_2,\boldsymbol{F}'_2)$ 等效，其中 $\boldsymbol{F}_3$ 和 $\boldsymbol{F}_4$ 的大小可由下列等式计算出：

$$F_3=\frac{M_1}{d},\quad F_4=\frac{M_2}{d}$$

分别将作用在点 A 和 B 的力合成（设 $F_3>F_4$），得

$$\boldsymbol{F}=\boldsymbol{F}_3-\boldsymbol{F}_4,\quad \boldsymbol{F}'=\boldsymbol{F}'_3-\boldsymbol{F}'_4$$

由于 $\boldsymbol{F}$ 与 $\boldsymbol{F}'$ 大小相等，方向相反且平行，故而可组成一个力偶 $(\boldsymbol{F},\boldsymbol{F}')$。显然，力偶 $(\boldsymbol{F},\boldsymbol{F}')$ 就是与原力偶系等效的合力偶，如图 2-21c 所示，以 M 表示合力偶的矩，得

$$M=Fd=(F_3-F_4)d=F_3d-F_4d=M_1+M_2$$

若同一平面内有 n 个力偶作用，则上式可以推广为

$$M=M_1+M_2+\cdots+M_n$$

或记作

$$M=\sum_{i-1}^{n}M_i \tag{2-13}$$

由此可得到如下结论：

平面力偶系可以合成为一个合力偶，合力偶矩等于力偶系中各力偶的代数和。

2.5.2　平面力偶系的平衡条件

若平面力偶系平衡，则合力偶矩必等于零；反之，若合力偶矩等于零，则平面力偶系平衡。因此，平面力偶系平衡的必要和充分条件是：力偶系中各个力偶矩的代数和等于零。即

$$M=\sum_{i=1}^{n}M_i=0 \tag{2-14}$$

式(2-14) 是平面力偶系的平衡方程，可以求解一个未知量。

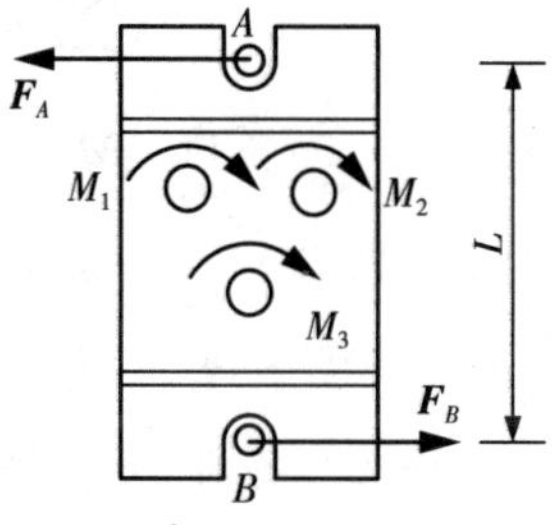

图 2-22

【例 2-9】　用多轴钻床在水平放置的工件上同时钻三个孔，$M_1=M_2=10\text{N}\cdot\text{m}$，$M_3=20\text{N}\cdot\text{m}$，固定螺柱 A 和 B 的距离为 200mm。求两个光滑螺柱所受的水平力。

【解】 取工件为研究对象。根据力偶系的合成定理，作用于工件上的三个主动力偶可合成为一个力偶，而工件平衡，故必有一约束力偶与它相平衡。因此螺柱A和B对工件的水平约束力$\boldsymbol{F}_A$和$\boldsymbol{F}_B$必组成一约束力偶，其方向假设如图所示。由力偶系的平衡方程

$$\sum M_i = 0,\quad F_A L - M_1 - M_2 - M_3 = 0$$

得
$$F_A = F_B = \frac{M_1 + M_2 + M_3}{L} = 200\text{N}$$

【例 2-10】 四连杆机构在图示位置时平衡，$\alpha = 30°$，$\beta = 90°$。求该机构平衡时M_1/M_2值。

【解】 本例属于机构的平衡问题。机构在图示位置时平衡，则机构中各杆均处于平衡状态。AB杆为二力杆，受力如图 2-23b 所示。

(1) 取AO_2杆为研究对象。AO_2杆上作用有主动力偶M_2，按照平面力偶系的平衡条件，则铰链A的约束力$\boldsymbol{F}'_A$和铰支座O_2的约束力$\boldsymbol{F}_{O_2}$必组成一约束力偶，与主动力偶M_2平衡，如图 2-23b 所示。

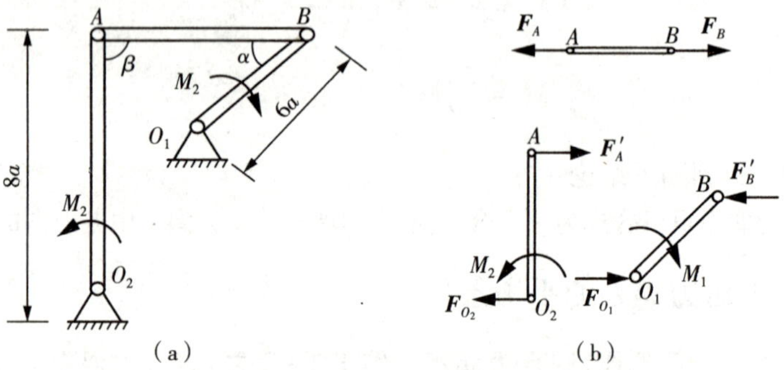

图 2-23

对AO_2杆，列平面力偶系的平衡方程

$$\sum M_i = 0,\quad M_2 - F'_A \times AO_2 = 0$$

可得
$$M_2 = F'_A \cdot 8a \tag{a}$$

(2) 再取BO_2杆为研究对象，受力分析同AO_2杆。由平面力偶系的平衡方程$\sum M_i = 0$得
$$M_1 = F'_B \cdot 6a \cdot \sin\alpha \tag{b}$$

AB杆为二力杆，再根据作用与反作用公理可知：$F_A = F'_A = F'_B = F_B$　　(c)

综合式(a)、(b)、(c)可得$\dfrac{M_1}{M_2} = \dfrac{3}{8}$

思　考　题

一、问答题

2-1　如图所示的力多边形中各个力的关系是什么？哪个力多边形是自行封闭的？哪个不是自行封闭的？

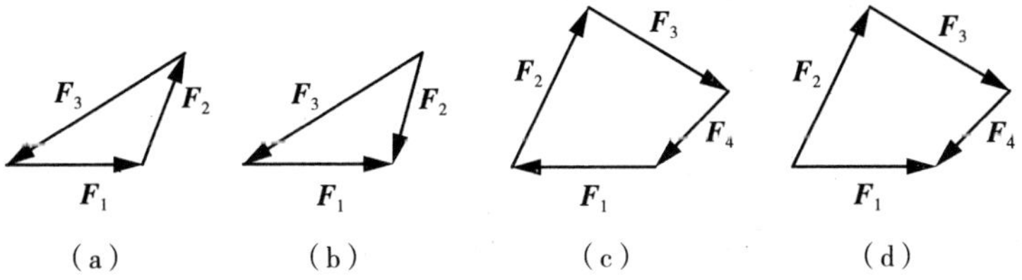

思考题 2-1 图

2-2　根据力的解析表达式 $\boldsymbol{F}=F_x\boldsymbol{i}+F_y\boldsymbol{j}$ 是否能确定力的大小和方向？能否确定力的作用线的位置？

2-3　应用解析法求解平面汇交力系的平衡问题时，若选择的坐标系 x、y 轴不垂直，且力系满足下列方程式：

$$\sum F_x=0,\qquad \sum F_y=0$$

那么，该力系是否平衡？为什么？

2-4　对于如图所示的平面汇交力系，若选择的坐标系 x、y 轴相互垂直，而 z 轴是任意的，且力系满足下列方程式：

$$\sum F_x=0,\qquad \sum F_y=0$$

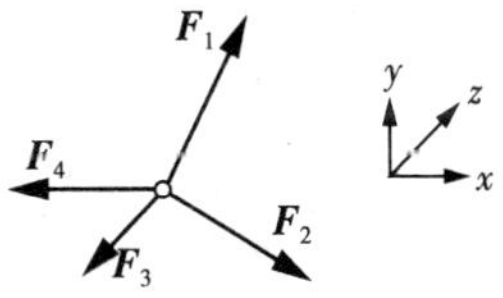

思考题 2-4 图

那么，该力系是否满足方程：$\sum F_z=0$，为什么？

2-5　由力偶理论知道，一个力不能与力偶平衡。但是为什么螺旋压榨机上，力偶却似乎可以用被压榨物体的反抗力 F_N 来平衡？为什么图所示的轮子上的力偶 M 似乎与重物的力 $\boldsymbol{P}$ 相平衡呢？这种说法错在哪里？

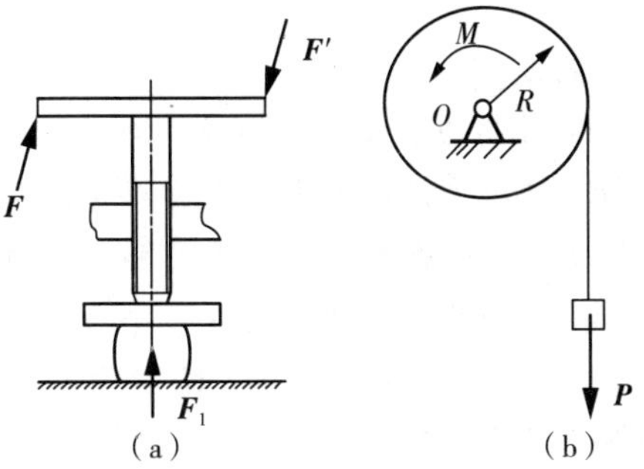

思考题 2-5 图

二、是非题

2-6 一个力在任意轴上投影的大小一定小于或等于该力的模，而沿该轴的分力的大小则可能大于该力的模。（ ）

2-7 力矩与力偶矩的单位相同，常用的单位为牛·米，千牛·米等。（ ）

2-8 只要两个力大小相等、方向相反，该两力就组成一力偶。（ ）

2-9 因为构成力偶的两个力满足 $\boldsymbol{F}=-\boldsymbol{F}'$，所以力偶的合力等于零。（ ）

2-10 力偶矩就是力偶。（ ）

2-11 同一个平面内的两个力偶，只要它们的力偶矩相等，这两个力偶就一定等效。（ ）

2-12 只要平面力偶的力偶矩保持不变，可将力偶的力和臂作相应的改变，而不影响其对刚体的效应。（ ）

2-13 力偶只能使刚体转动，而不能使刚体移动。（ ）

2-14 力偶中的两个力对于任一点之矩恒等于其力偶矩，而与矩心的位置无关（ ）

2-15 用解析法求平面汇交力系的合力时，若选用不同的直角坐标系，则所求得的合力不同。（ ）

2-16 平面汇交力系的主矢就是该力系之合力。（ ）

2-17 平面汇交力系平衡时，力多边形各力应首尾相接，但在作图时力的顺序可以不同。（ ）

2-18 若平面汇交力系构成首尾相接、封闭的力多边形，则合力必然为零。（ ）

三、选择题

2-19 作用在一个刚体上的两个力 $\boldsymbol{F}_A$、$\boldsymbol{F}_B$，满足 $\boldsymbol{F}_A=-\boldsymbol{F}_B$ 的条件，则该二力可能是________。

(A) 作用力和反作用力或一对平衡的力

(B) 一对平衡的力或一个力偶

(C) 一对平衡的力或一个力和一个力偶

(D) 作用力和反作用力或一个力偶

2-20 已知 $\boldsymbol{F}_1$、$\boldsymbol{F}_2$、$\boldsymbol{F}_3$、$\boldsymbol{F}_4$ 为作用于刚体上的平面共点力系，其力矢关系为如图所示的平行四边形，由此________。

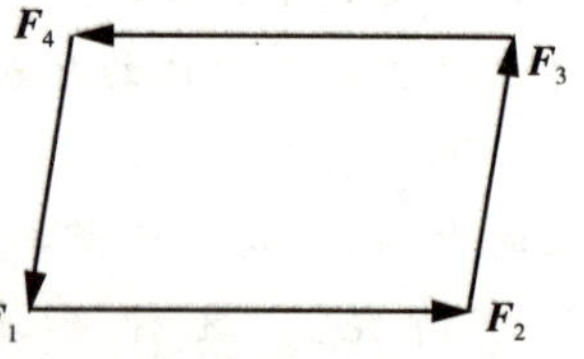

思考题 2-20 图

(A) 力系可合成为一个力偶

(B) 力系可合成为一个力

(C) 力系简化为一个力和一个力偶

(D) 力系的合力为零,力系平衡

2-21　如图所示结构受力 **P** 作用,杆重不计,则 A 支座约束力的大小为________。

(A) $P/2$　　(B) $\sqrt{3}P/3$

(C) P　　(D) 0

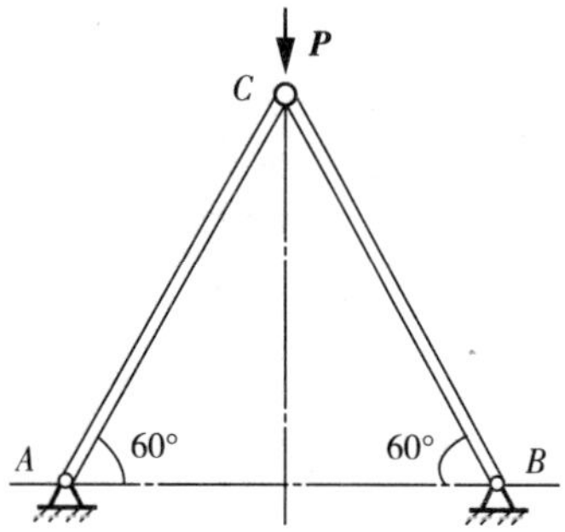

思考题 2-21 图

2-22　如图所示两个作用在三角形板上的平面汇交力系(图 a 汇交于三角形板中心,图 b 汇交于三角形板底边中点)。如果各力大小均不等于零,则图 a 所示力系________,图 b 所示力系________。

(A) 可能平衡　　(B) 一定不平衡

(C) 一定平衡　　(D) 不能确定

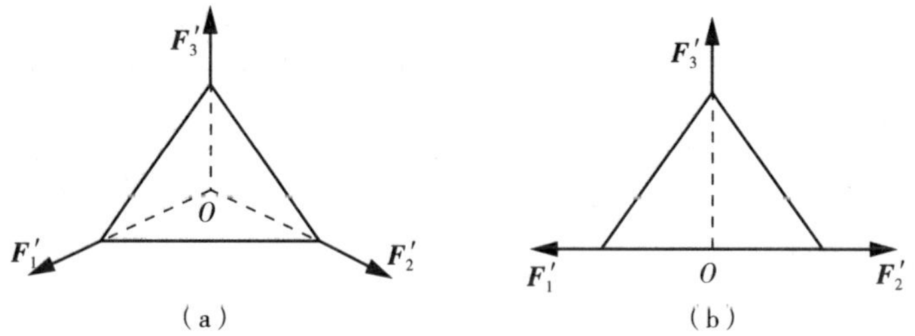

思考题 2-22 图

2-23　如图所示,带有不平行二槽的矩形平板上作用一矩为 M 的力偶。今在槽内插入两个固定于地面的销钉,若不计摩擦则________。

(A) 平板保持平衡　(B) 平板不能平衡

(C) 平衡与否不能判断

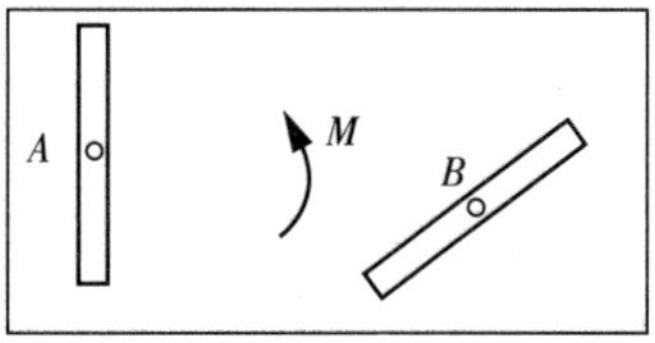

思考题 2-23 图

2-24　梁 AB 受载荷如图 a、b、c 所示,今分别用 F_{N1}、F_{N2}、F_{N3} 表示三种情况下支座 B 的约束力,则它们之间的关系应为________。

(A) $F_{N1} < F_{N2} = F_{N3}$　　(B) $F_{N1} > F_{N2} = F_{N3}$

(C) $F_{N1} = F_{N2} > F_{N3}$　　(D) $F_{N1} = F_{N2} < F_{N3}$

(E) $F_{N1} = F_{N2} = F_{N3}$

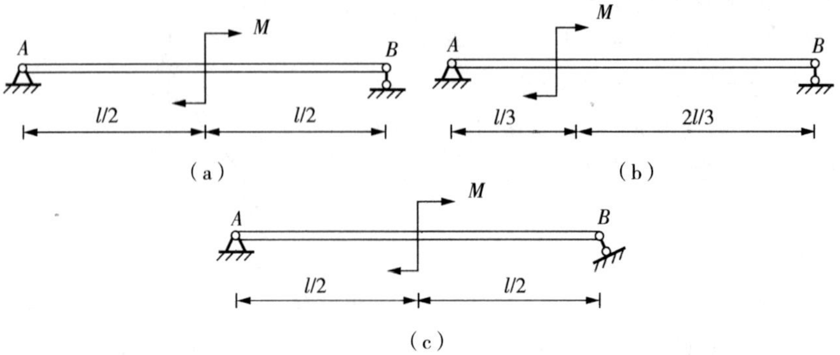

思考题 2-24 图

2-25 在如图所示结构中，如果将作用于构件 AC 上矩为 M 的力偶搬移到构件 BC 上，则 A、B、C 三处约束力的大小________。

(A) 都不变　　(B) A、B 处约束力不变，C 处约束力改变

(C) 都改变　　(D) A、B 处约束力改变，C 处约束力不变

2-26 杆 AB 和 CD 的自重不计，且在 C 处光滑接触，若作用在 AB 杆上的力偶的矩为 M_1，则欲使系统保持平衡，作用在 CD 杆上的力偶的矩 M_2 的转向如图所示，其矩值为________。

(A) $M_2 = M_1$　　(B) $M_2 = 4M_1/3$

(C) $M_2 = 2M_1$　　(D) $M_2 = \frac{1}{2}M_1$

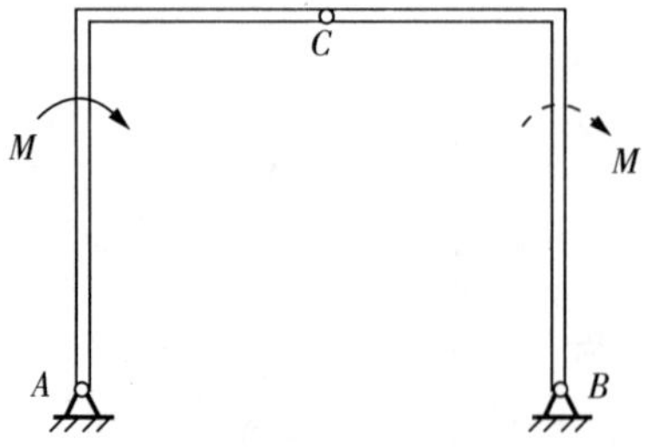

思考题 2-25 图

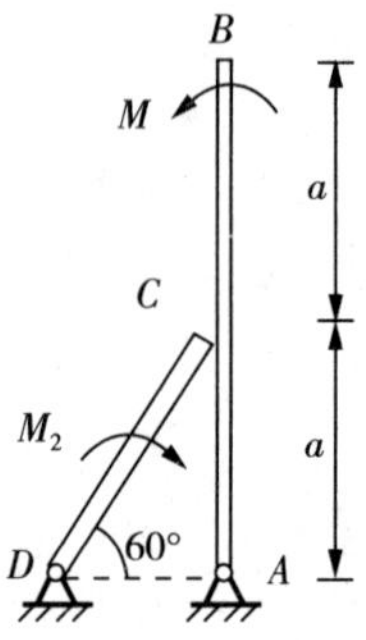

思考题 2-26 图

四、填空题

2-27 如图所示，两直角刚杆 ABC、DEF 在 F 处铰接，并支承如图。若各杆重不计，则当垂直 BC 边的力 $\boldsymbol{P}$ 从 B 点移动到 C 点的过程中，A 处约束力的作用线与 AB 方向的夹角从________度变化到________度。

2-28　如图所示结构受矩为 $M=10\text{kN}\cdot\text{m}$ 的力偶作用。若 $a=1\text{m}$，各杆自重不计。则固定铰支座 D 的约束力的大小为________，方向________。

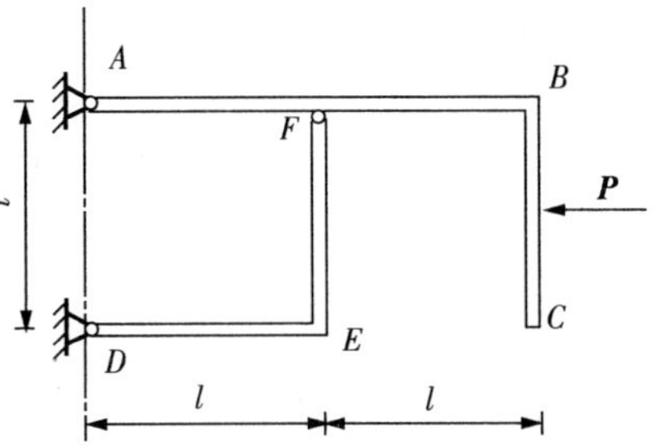

思考题 2-27 图

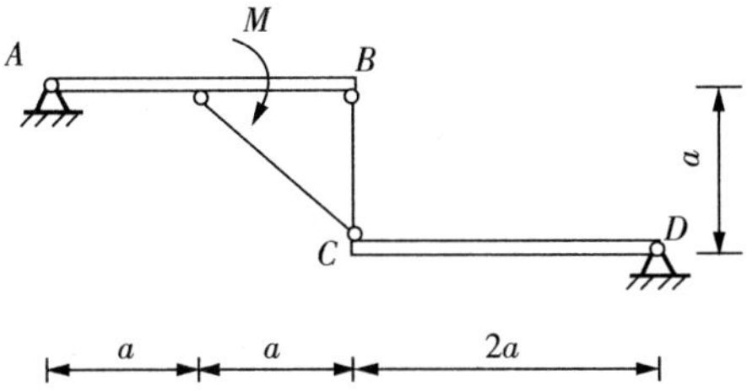

思考题 2-28 图

2-29　杆 AB、BC、CD 用铰 B、C 连结，其支承如图所示，受矩为 $M=10\text{kN}\cdot\text{m}$ 的力偶作用，不计各杆自重，则支座 D 处约束力的大小为________，方向________。

2-30　如图所示，结构不计各杆重量，受矩为 M 的力偶作用，则 E 支座约束力的大小为________，方向在图中表示。

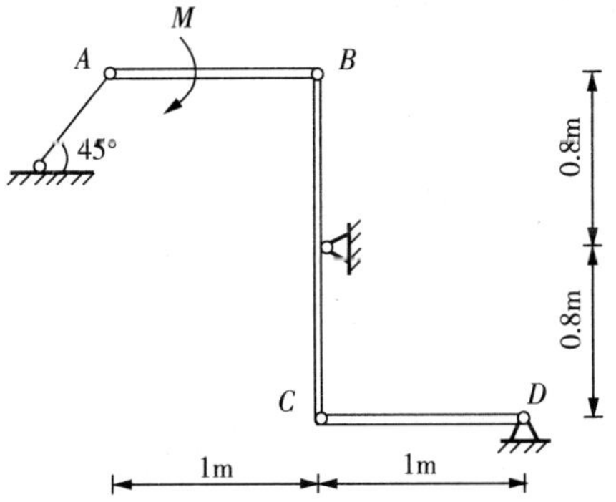

思考题 2-29 图

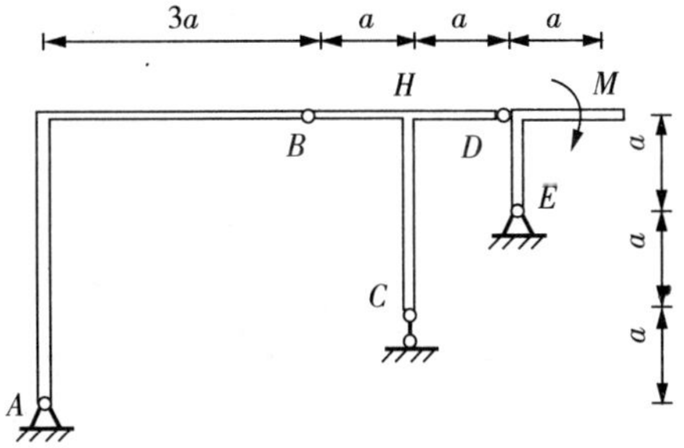

思考题 2-30 图

2-31　两不计重量的簿板支承如图所示，并受力偶矩为 M 的力偶作用。试画出支座 A、F 的约束力方向(包括方位与指向)。

2-32　不计重量的直角杆 CDA 和 T 字形杆 DBE 在 D 处铰接，其支承如图所示。若系统受力 $\boldsymbol{P}$ 作用，则 B 支座约束力的大小为________，方向________。

习　题

2-1　如图所示，铆接钢板在孔 A、B、C 处受三个力的作用。已知，$F_1=100\text{N}$，沿铅垂方向；$F_2=50\text{N}$，沿 AB 方向；$F_3=50\text{N}$，沿水平方向，并通过 A 点。

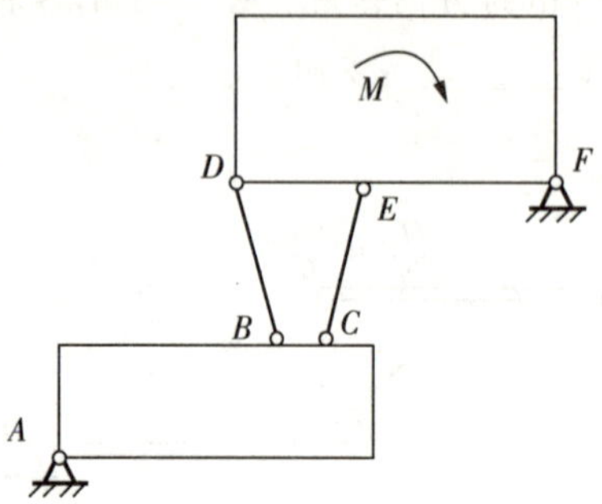

思考题 2-31 图

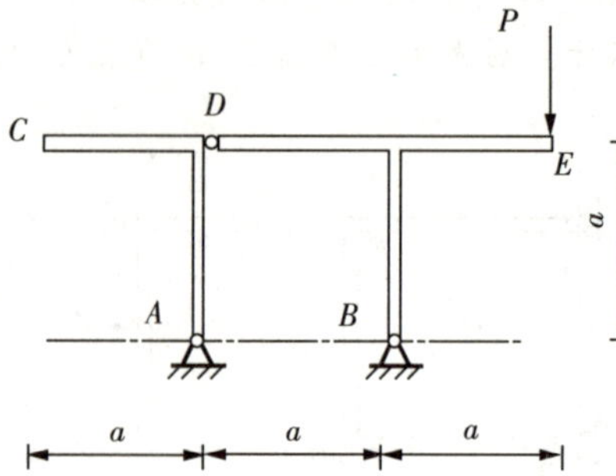

思考题 2-32 图

求此力系的合力。

2-2 如图所示,支架由杆 AB、AC 构成,A、B、C 均为铰链,在销钉 A 上作用力 $\boldsymbol{F}$。不计杆的自重,求 4 种情况下杆 AB 和 AC 所受的力。

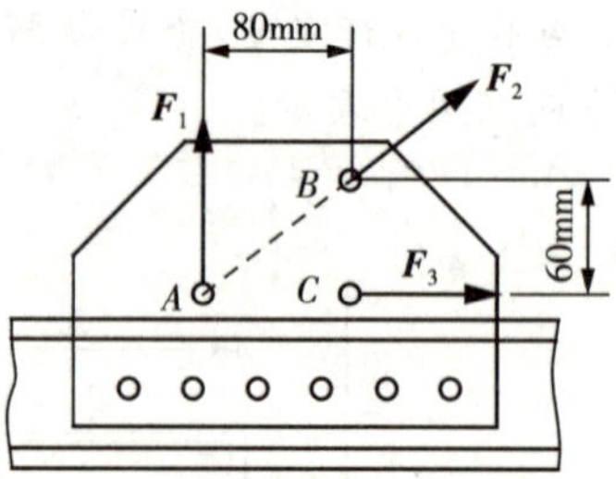

习题 2-1 图

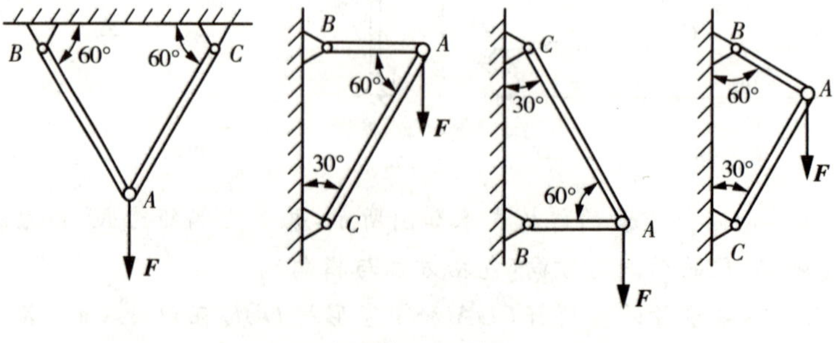

习题 2-2 图

2-3 如图所示,电动机重 $P=5\text{kN}$,放在横梁 AC 的中点处,A、B、C 均为铰链。不计梁和杆的自重,求 A 点反力和杆 BC 所受的力。

2-4 圆柱体 A 重 P,其中心系着两根绳子 AB 和 AC,分别经过滑轮 B 和 C,两端挂着重为 P_1 和 P_2 的物体,设 $P_1 < P_2$。求平衡时 AC 和水平线之间的夹

角 α 及 D 处的反力。

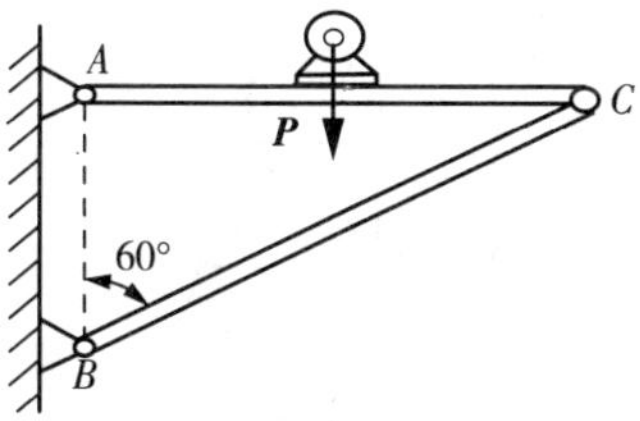

习题 2-3 图

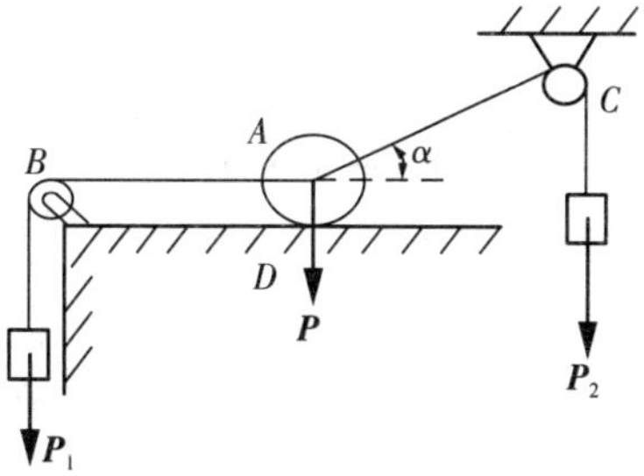

习题 2-4 图

2-5　夹具中所用的两种增力机构如图所示。已知推力 $\boldsymbol{P}$ 作用在 A 点，机构平衡时杆与水平线的夹角为 α。杆和滑块的自重不计，求 $\alpha=10°$ 时增力倍数 F/P。

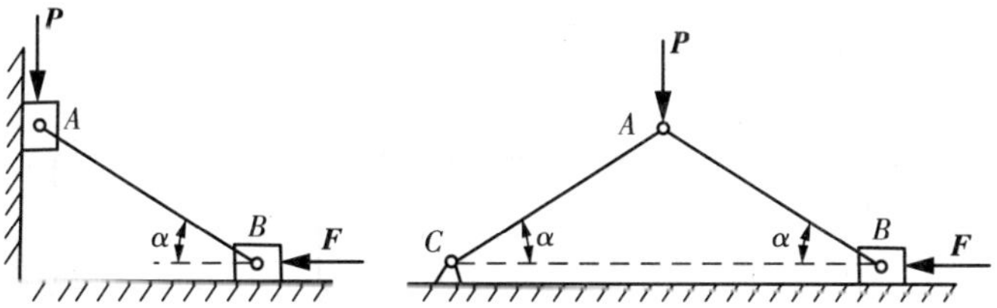

习题 2-5 图

2-6　如图所示，铰链四连杆机构 $ABCD$ 的 CD 边固定，在铰链 A、B 处作用有 $\boldsymbol{F}_1$、$\boldsymbol{F}_2$。该机构在图示位置平衡，不计杆重，求 $\boldsymbol{F}_1$ 和 $\boldsymbol{F}_2$ 的关系。

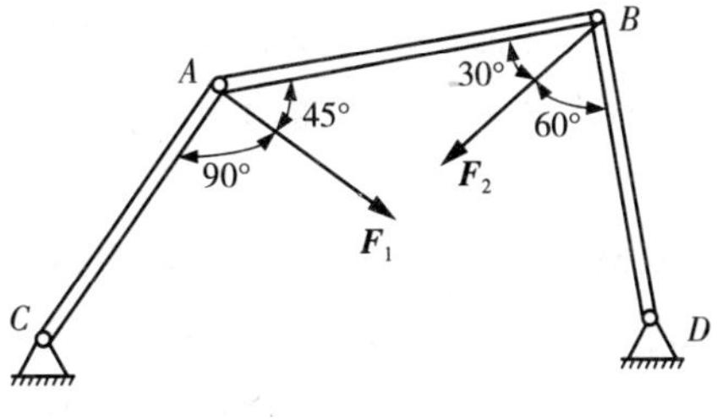

习题 2-6 图

2-7　三铰刚架如图所示，求在水平力 $\boldsymbol{F}$ 作用下支座 A、B 的约束力。不计刚架自重。

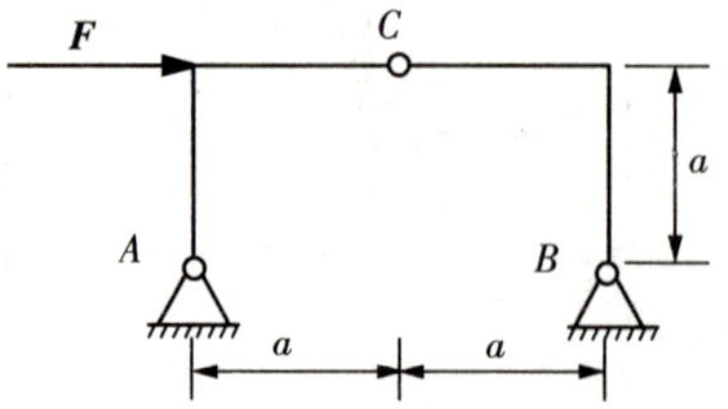

习题 2-7 图

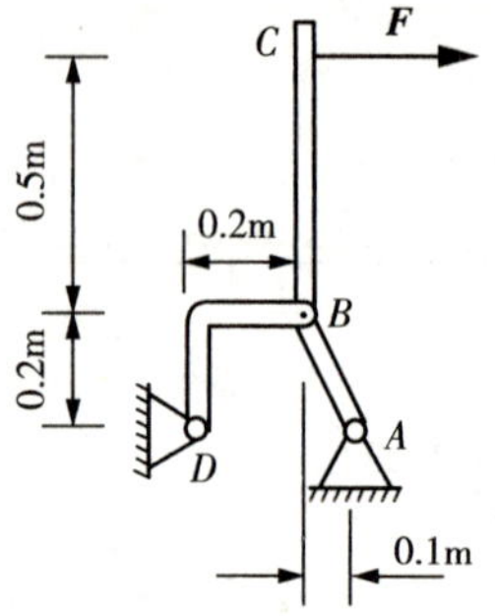

习题 2-8 图

2-8　如图所示，杠杆 ABC，在 A 点用铰链连接，在 B 点与一曲杆 BD 铰接。已知作用于 C 处的水平力 $F=400\mathrm{N}$，不计各杆自重，求 A 点所受的约束反力。

2-9　刚架由四部分绞接而成，其尺寸如图所示。刚架各杆自重不计，求在水平力 $\boldsymbol{F}$ 作用下支座 A、B、C、D 的约束反力。

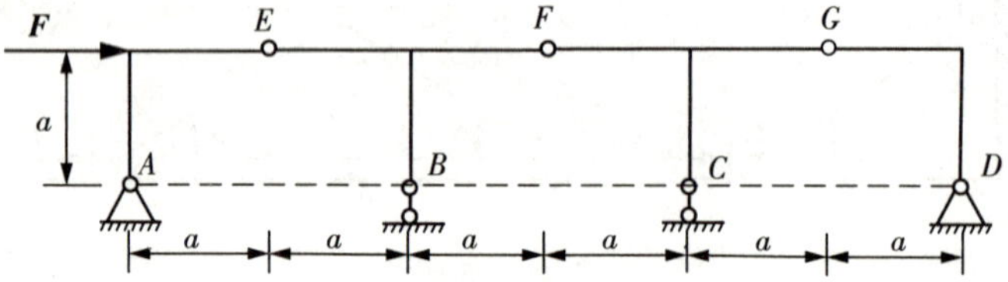

习题 2-9 图

2-10　如图所示一拔桩架，在桩上 A 点系上一绳，另一端固定在架上 C 点，在绳的 B 点系上另一绳 BE，其一端固定在架上 E 点。然后，在绳的 D 点用力 F 向下拉，即有比 F 大数倍的力将桩拔起。如果 AB 和 BD 分别为竖直和水平方向，BC 与竖直方向及 DE 与水平方向的夹角均为 $\alpha=4^{o}$，$P=400\mathrm{N}$，试求绳 AB 作用于桩上的拉力。

2-11　如图所示，在杆 AB 的两端用光滑绞与两轮中心 A、B 连接，并将其置于相互垂直的两个光滑斜面上。设两轮重量均为 P，杆 AB 的重量不计，求平衡时角 θ 之值。若轮 A 重量 $P_A=300\mathrm{N}$，欲使平衡时杆 AB 在水平位置，即 $\theta=0$，轮 B 重量 P_B 应为多少？

2-12　已知梁 AB 上作用一力偶，力偶矩为 M，梁长为 l，梁自重不计。求在图 a、b、c 三种情况下，支座 A 和 B 的约束力。

2-13　在题图所示结构中二曲杆自重不计，曲杆 AB 上作用有主动力偶，其力偶矩为 M，求支座 A 和 C 的约束力。

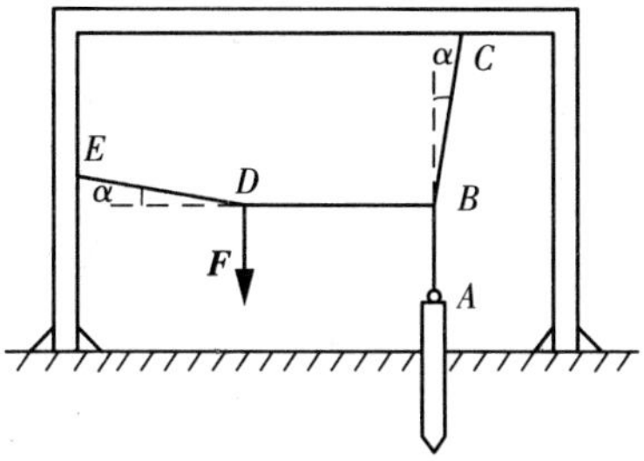

习题 2 - 10 图

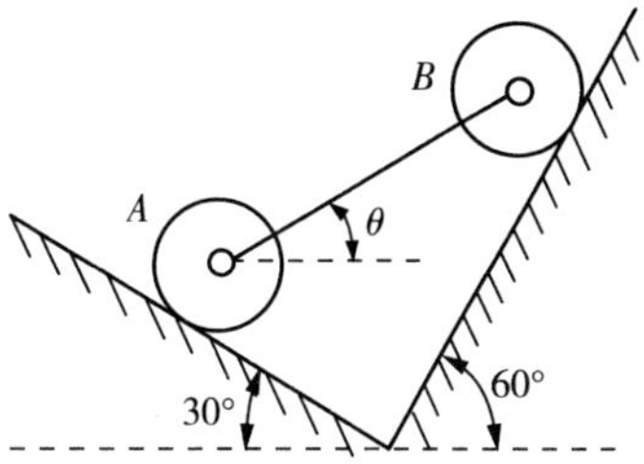

习题 2 - 11 图

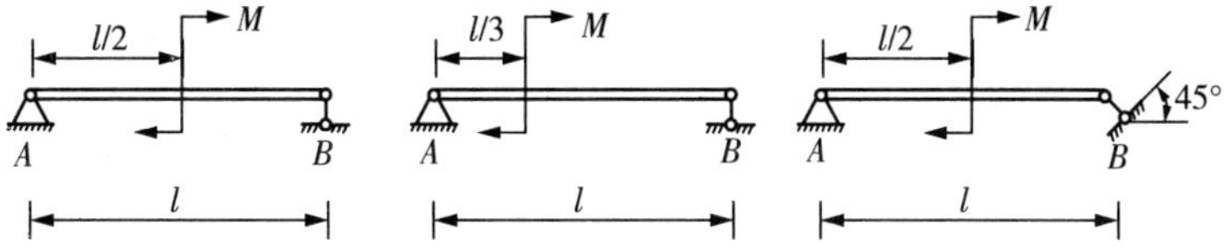

(a)　　(b)　　(c)

习题 2 - 12 图

2 - 14　齿轮箱的两个轴上作用的力偶如图所示，它们的力偶矩的大小分别为 $M_1 = 500\text{N}\cdot\text{m}$，$M_2 = 125\text{N}\cdot\text{m}$。求两螺栓 A 和 B 处的铅垂约束力。图中长度单位为 mm。

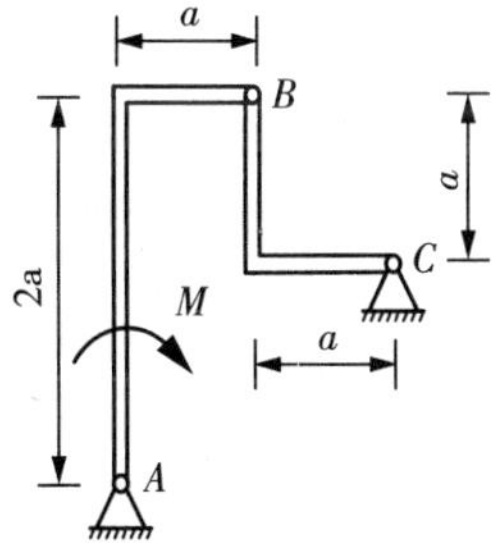

习题 2 - 13 图

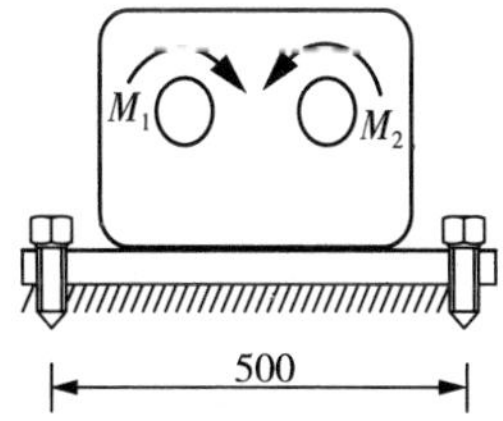

习题 2 - 14 图

2 - 15　机构 $OABO_1$ 在图示位置平衡，已知 $OA = 400\text{mm}$，$O_1B = 600\text{mm}$，作用在曲柄上的力偶矩大小为 $M_1 = 1\text{N}\cdot\text{m}$，不计杆自重；求力偶矩 M_2 的大小及连杆 AB 所受的力。

2 - 16　在如图所示结构中，各构件的自重都不计，在构件 BC 上作用一力偶矩为 M 的力偶，各尺寸如图。求支座 A 的约束力。

2 - 17　已知 $F_1 = F_2 = F_3 = F_5 = 60\text{N}$，$F_4 = F_6 = 40\text{N}$，图中长度单位为 mm。求图示平面力偶系合成结果。

2 - 18　求图示结构中杆 1,2,3 的受力。

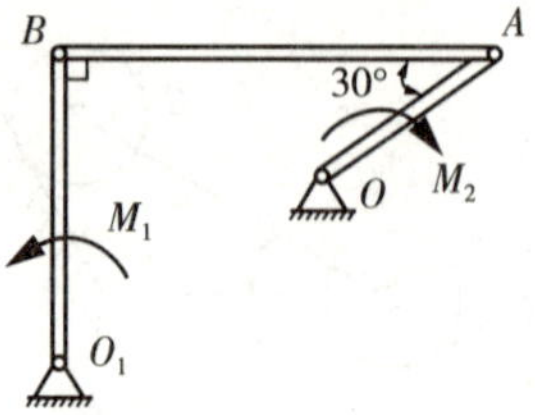

习题 2-15 图

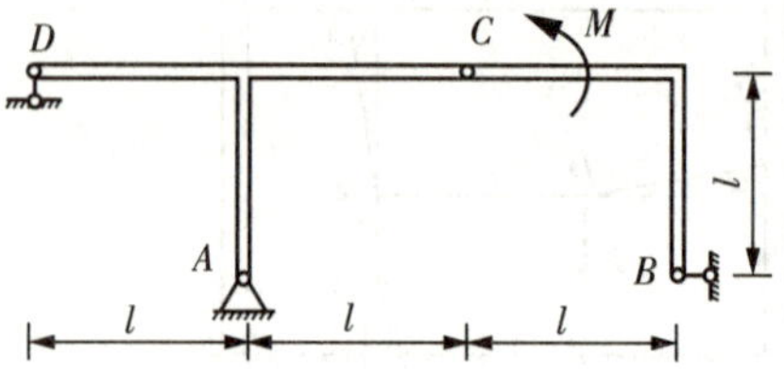

习题 2-16 图

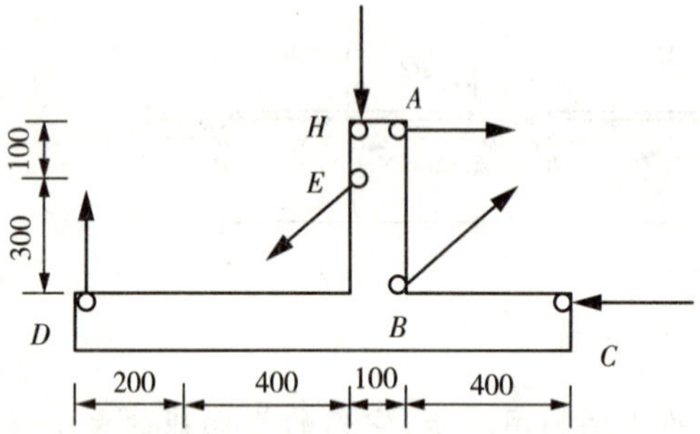

习题 2-17 图

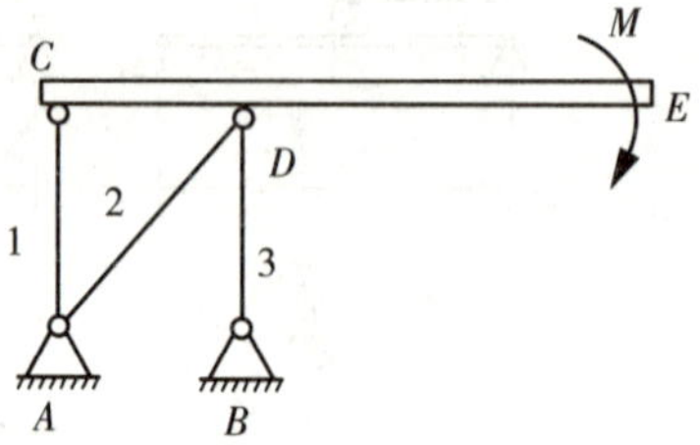

习题 2-18 图

2-19　求机构的滑块在图示位置保持平衡时，两个主动力偶 M_1 和 M_2 的关系。

2-20　在图示曲柄滑道机构中，杆 AE 上又以导槽，套在杆 BD 的销钉 C 上，销钉 C 可在光滑的导槽内滑动。已知 $M_1=4\text{kN}\cdot\text{m}$，转向如图所示，$AB=2\text{m}$，机构在如图所示的位置平衡 $\theta=30°$，求 M_2 及铰链 A 和 B 的约束反力。

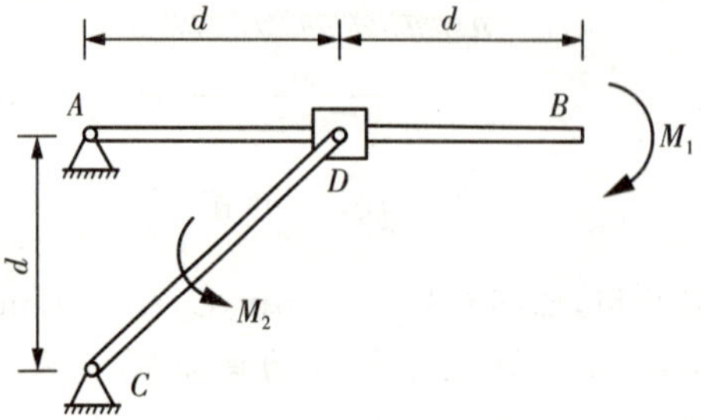

习题 2-19 图

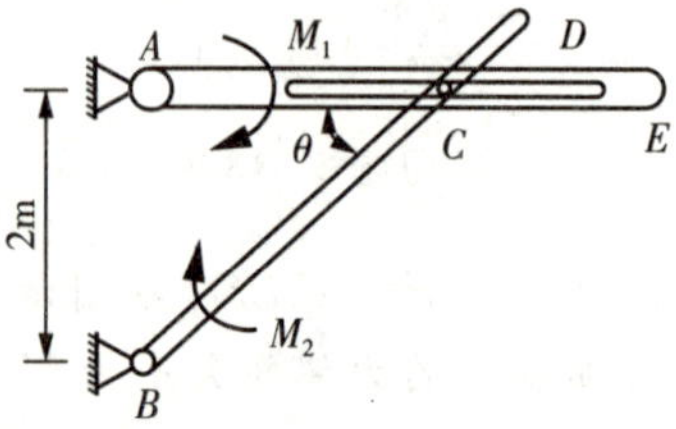

习题 2-20 图

2-21　如图所示，AB 杆上作用矩为 M 的力偶，设 $AC=2R$，R 为轮 C 的半径，各物体的重量及摩擦不计。求绳子的拉力和铰 A 对 AB 杆的约束反力及地面对轮 C 的反力。

2-22　如图所示为曲柄连杆机构。主动力 $F=400\mathrm{N}$ 作用在活塞上。不计构件自重，求在曲柄上应加多大的力偶矩 M 方能使机构在图示位置平衡？

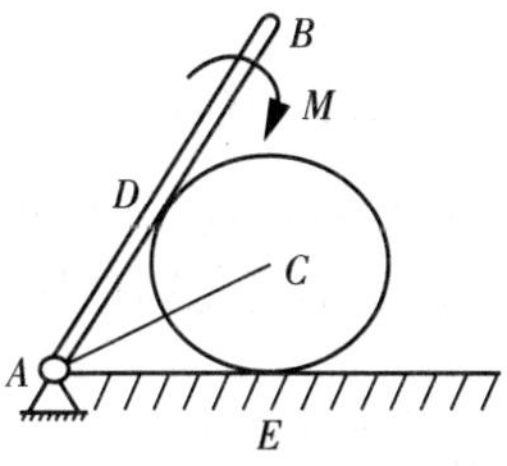

习题 2-21 图

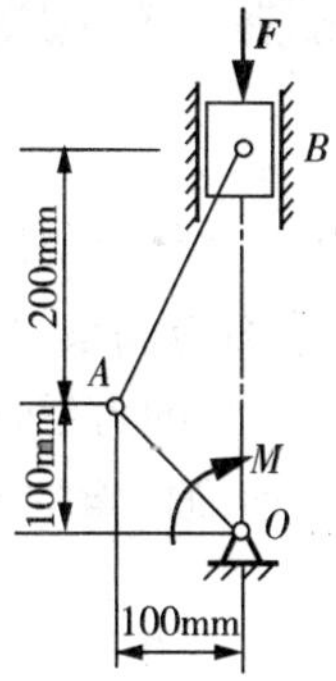

习题 2-22 图

第 3 章　平面一般力系

如果作用于物体上的所有力的作用线都位于同一平面内，但它们既不汇交于一点，也不是平面力偶系，则这种力系称为平面一般力系，简称平面力系。平面力系是工程上最常见的力系，很多实际问题的力学模型都可简化为平面力系。

本章将在前面两章的基础上，研究平面一般力系的简化和平衡问题。

3.1　平面一般力系的简化

对于平面一般力系，通常是将力系向平面内一点简化，这种方法较为简便而且具有普遍性，空间力系的简化也采用这种方法。其理论基础是力平移定理。

3.1.1　力平移定理

定理：作用于刚体上的力 $\boldsymbol{F}$ 可以平行移动到刚体上的任意一点，但必须同时附加一个力偶，此附加力偶的矩等于原力 $\boldsymbol{F}$ 对平移点之矩。

证明：如图 3-1a 所示，力 $\boldsymbol{F}$ 作用于刚体的 A 点。在刚体上任取一点 B，并在 B 点加上一平衡力系（$\boldsymbol{F}'$，$\boldsymbol{F}''$），使它们与力 $\boldsymbol{F}$ 平行，且 $\boldsymbol{F}'=\boldsymbol{F}$，如图 3-1b 所示，则新力系（$\boldsymbol{F}$、$\boldsymbol{F}'$、$\boldsymbol{F}''$）与原力 $\boldsymbol{F}$ 等效。新力系（$\boldsymbol{F}$、$\boldsymbol{F}'$、$\boldsymbol{F}''$）又可看作是由一个作用在 B 点的力 $\boldsymbol{F}'$ 和一个力偶（$\boldsymbol{F}$，$\boldsymbol{F}''$）组成。这样，就如同是将作用于 A 点的力 $\boldsymbol{F}$ 平移到 B 点，但同时附加上一个相应的力偶，这个力偶称为附加力偶（见图 3-1c）。显然，附加力偶的矩为

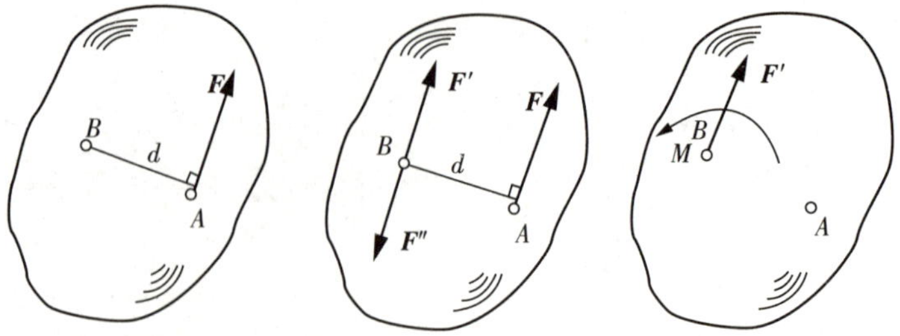

（a）　（b）　（c）

图 3-1

$$M=F\cdot d=M_B(\boldsymbol{F}) \tag{3-1}$$

即，附加力偶矩等于力 $\boldsymbol{F}$ 对平移点 B 之矩。定理得证。

力的平移定理表明，一个力可等效于一个力和一个力偶，或者说一个力可分解为作用在同平面内的一个力和一个力偶；反过来，也可以将同平面内的一个力和一个力偶合成为一个力。应该注意，力的平移定理只适用于刚体，而不适用于变形体，并且只能在同一刚体上平行移动。

力的平移定理不仅是力系简化的依据，而且可用来解释一些实际问题。例如，乒乓球运动员用球拍打球时，如果力 $\boldsymbol{F}$ 的作用线过球中心 C 时，球向前移动，如图 3-2a 所示。如果力 $\boldsymbol{F}$ 的作用线偏离球中心，如图 3-2b 所示，力 $\boldsymbol{F}$ 与过 C 点的力 $\boldsymbol{F}'$、力偶 M 等效（见图 3-2c），力 $\boldsymbol{F}'$ 使球向前移动，力偶 M 使球产生转动，因此球既移动，又转动。乒乓球运动员之所以能打出“旋球”，就是基于这个道理。

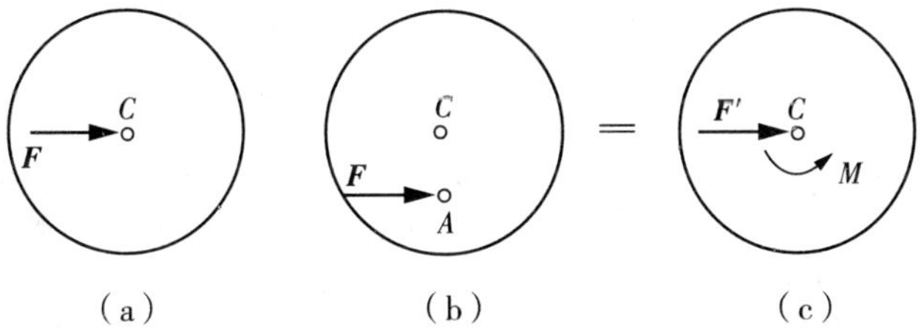

图 3-2

【例 3-1】 利用力的平移定理简化两个同向的平行力。

【解】 设 $\boldsymbol{F}_1$、$\boldsymbol{F}_2$ 分别作用于刚体表面的 A、B 两点，如图 3-3a 所示，A、B 两点间的距离为 l。将 $\boldsymbol{F}_1$、$\boldsymbol{F}_2$ 分别向距 A 点为 x 的 C 点平移，并附加力偶 M_1、M_2，则：

$$M_1=F_1x,\quad M_2=-F_2(l-x)$$

显然，在 AB 之间总可以找到一点 O，使其满足：

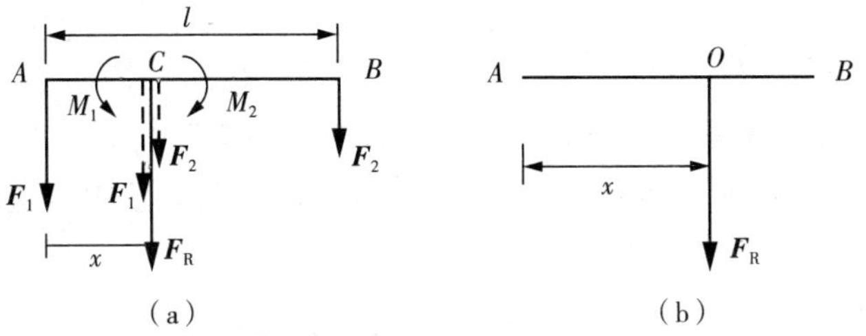

图 3-3

$$M_1 + M_2 = 0$$

即当力平移到 O 点时两个附加力偶相互抵消，即有：

$$F_1 x - F_2 (l - x) = 0$$

可得 O 点到 A 点的距离：

$$x = \frac{F_2}{F_1 + F_2} l$$

这样，原力系即简化为一个作用于 O 点的力 $\boldsymbol{F}_R$，如图 3-3b 所示。O 点称为无主矩简化中心，或称合力作用点，合力的大小为 $F_R = F_1 + F_2$。

3.1.2　平面一般力系向一点简化

将平面一般力系向一点简化，实质上是依据力的平移定理，将平面一般力系分解为两个基本力系：平面汇交力系和平面力偶系。然后，再将这两个基本力系分别合成。

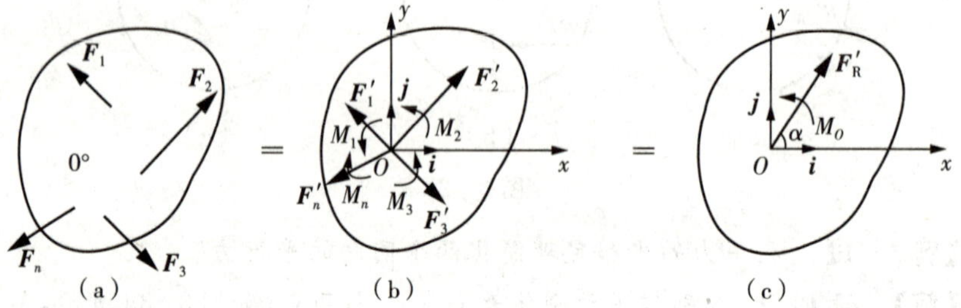

图 3-4

设刚体受平面一般力系 $\boldsymbol{F}_1, \boldsymbol{F}_2, \cdots, \boldsymbol{F}_n$ 的作用，如图 3-4a 所示。在力系所在的平面内任取一点 O，O 点称为简化中心。根据力的平移定理，分别将各力平移到 O 点，得到一个作用于 O 点的平面汇交力系 $\boldsymbol{F}'_1, \boldsymbol{F}'_2, \cdots, \boldsymbol{F}'_n$，和一个相应的附加力偶系 M_1、M_2、…、M_n，这些附加力偶矩分别为

$$M_i = M_O(\boldsymbol{F}_i) \qquad (i = 1, 2, \cdots, n)$$

这样，原力系就分解为一个平面汇交力系和一个附加的平面力偶系，如图 3-4b 所示。其中，平面汇交力系中各力矢分别与原力系中对应的各力矢相同，即

$$\boldsymbol{F}'_1 = \boldsymbol{F}_1, \boldsymbol{F}'_2 = \boldsymbol{F}_2, \cdots, \boldsymbol{F}'_n = \boldsymbol{F}_n$$

平面汇交力系可以合成为一个合力 $\boldsymbol{F}'_R$，作用于 O 点，力矢 $\boldsymbol{F}'_R$ 等于各力矢

$\boldsymbol{F}'_1, \boldsymbol{F}'_2, \cdots, \boldsymbol{F}'_n$的矢量和，即

$$\boldsymbol{F}'_{\mathrm{R}} = \boldsymbol{F}_1{}' + \boldsymbol{F}'{}_2 + \cdots + \boldsymbol{F}_n{}' = \boldsymbol{F}_1 + \boldsymbol{F}_2 + \cdots + \boldsymbol{F}_n = \sum \boldsymbol{F}_i \tag{3-2}$$

力矢 $\boldsymbol{F}'_{\mathrm{R}}$等于原力系中各力的矢量和，称为原力系的主矢，简称主矢。

附加力偶系 M_1、M_2、…、M_n 可合成为一个合力偶，合力偶矩 M_O 等于各附加力偶矩的代数和。即

$$M_O = M_1 + M_2 + \cdots + M_n = M_O(\boldsymbol{F}_1) + M_O(\boldsymbol{F}_2) + \cdots M_O(\boldsymbol{F}_n) = \sum M_O(\boldsymbol{F}_i) \tag{3-3}$$

合力偶矩 M_O 等于原力系中各力对 O 点之矩的代数和，称为原力系对于简化中心 O 点的主矩，简称主矩。

综上所述，可得如下结论：平面一般力系向作用面内任一点简化，可得一个力和一个力偶。这个力的作用线过简化中心，其力矢等于原力系的主矢；这个力偶的矩等于原力系对简化中心的主矩。

注意，主矢等于原力系中各力的矢量和，它是由原力系中各力的大小和方向决定的，所以，它与简化中心的位置无关。而主矩等于原力系中各力对简化中心之矩的代数和，简化中心不同时，通常各力对简化中心的矩也不同，所以在一般情况下主矩与简化中心的位置有关。因此，说到主矩时，必须指出是力系对哪一点的主矩。

主矢 $\boldsymbol{F}'_{\mathrm{R}}$可用解析法求得。如图 3-4c 所示，按所选定的坐标系 Oxy，有：

$$F'_{\mathrm{R}x} = \sum F_x, F'_{\mathrm{R}y} = \sum F_y$$

因此，主矢的大小和方向为

$$F'_{\mathrm{R}} = \sqrt{F'^2_{\mathrm{R}x} + F'^2_{\mathrm{R}y}} = \sqrt{\left(\sum F_x\right)^2 + \left(\sum F_y\right)^2} \tag{3-4}$$

$$\tan\alpha = \frac{\sum F_y}{\sum F_x}$$

其中，α 表示主矢与 x 轴间夹角。

下面应用平面力系的简化理论，分析固定端约束的约束力。

工程中有些构件，如夹持在卡盘上的工件（见图 3-5a），固定在飞机机身上的机翼（见图 3-5b），插入地基中的电线杆（见图 3-5c）等。它们与周围物体固结为一体，其空间的相对位置被完全固定，它们周围物体构成这些构件的约束。这种约束具有共同的特点：既能限制物体的相对移动，又能限制物体的相

对转动。这类实际约束均可抽象为固定端约束，又称为固定端支座，其简图如图 3－5c、d 所示。

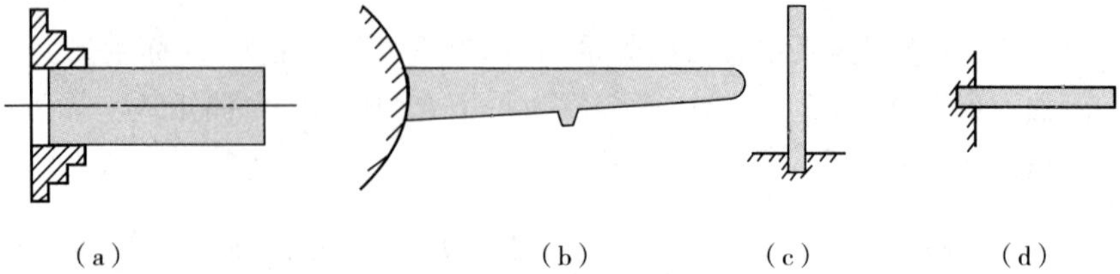

图 3－5

固定端对物体运动的限制，是通过固定端作用在二者接触面上的一群约束力产生的。在平面问题中，这些力组成一平面力系，如图 3－6a 所示。根据力系简化理论，将这群力向作用平面内 A 点简化，得到一个力和一个力偶，如图 3－6b 所示。这个力的大小和方向均为未知量，可用方向假设的两个正交分力来表示。因此，在平面问题中，固定端 A 处的约束力可简化为两个正交约束力 $\boldsymbol{F}_{Ax}$、$\boldsymbol{F}_{Ay}$ 和一个约束力偶 M_A，如图 3－6c 所示。

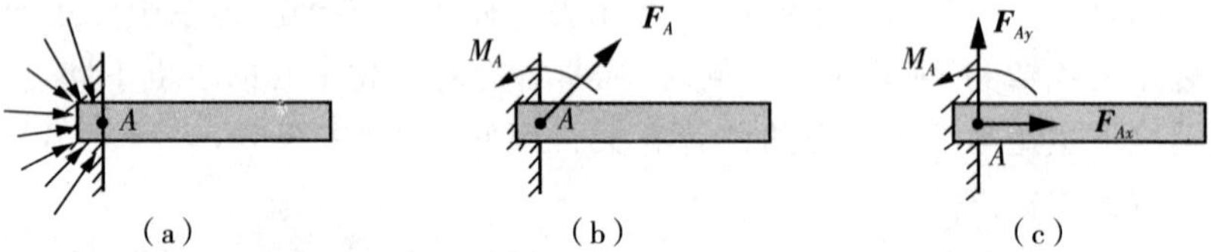

图 3－6

与固定铰支座的约束性质相比，固定端支座不仅限制物体在平面内任意方向的移动，还能限制物体在平面内的转动；而固定铰支座不能限制物体在平面内的转动，所以，它没有约束力偶作用于物体。

3.1.3 平面一般力系的简化结果分析

平面一般力系向作用面内一点简化的结果，有以下四种可能：

(1) 平面力系简化为一个力偶

$\boldsymbol{F}'_{\mathrm{R}}=0, M_O \neq 0$ 时，原力系简化为一个力偶，力偶矩等于原力系对于简化中心的主矩。

因为力偶对于平面内任意一点的矩都相同，因此当力系简化为一个力偶时，主矩与简化中心的位置无关。

(2) 平面力系简化为一个合力

① $\boldsymbol{F}'_{\mathrm{R}} \neq 0, M_O=0$ 时，显然，原力系简化为一个合力，合力矢等于主矢，合力

的作用线通过简化中心 O。

② $F'_R \neq 0, M_O \neq 0$时，由力的平移定理的逆过程，原力系仍可简化为一个合力。

设图 3-7a 为某平面一般力系向 O 点简化的结果。将矩为 M_O 的力偶用两个力 $\boldsymbol{F}_R$ 和 $\boldsymbol{F}''_R$ 表示，并使 $\boldsymbol{F}'_R = \boldsymbol{F}_R = \boldsymbol{F}''_R$，$\boldsymbol{F}''_R$ 作用在 O 点，$\boldsymbol{F}_R$ 作用在 O' 点，如图 3-7b 所示。$\boldsymbol{F}'_R$与 $\boldsymbol{F}''_R$ 组成一平衡力系，将其去掉，于是就得到一个作用在 O' 点的力 $\boldsymbol{F}_R$，与原力系等效。因此力 $\boldsymbol{F}_R$ 就是原力系的合力，合力矢等于主矢；合力的作用线在O点的哪一侧，应根据主矢和主矩的方向确定；合力作用线到O点的距离 d，可按下式算得

$$d = \frac{M_O}{F_R}$$

从上面的分析，可以证明合力矩定理。由图 3-7c 可见，合力 $\boldsymbol{F}_R$ 对 O 点之矩为

$$M_O(\boldsymbol{F}_R) = F_R d$$

又

$$M_O = \sum M_O(\boldsymbol{F}_i)$$

可得

$$M_O(\boldsymbol{F}_R) = \sum M_O(\boldsymbol{F}_i) \tag{3-5}$$

由于简化中心 O 是任意选取的，式(3-5) 具有普遍意义。于是得到合力矩定理：平面一般力系的合力对其作用面内任一点之矩等于力系中各力对同一点之矩的代数和。

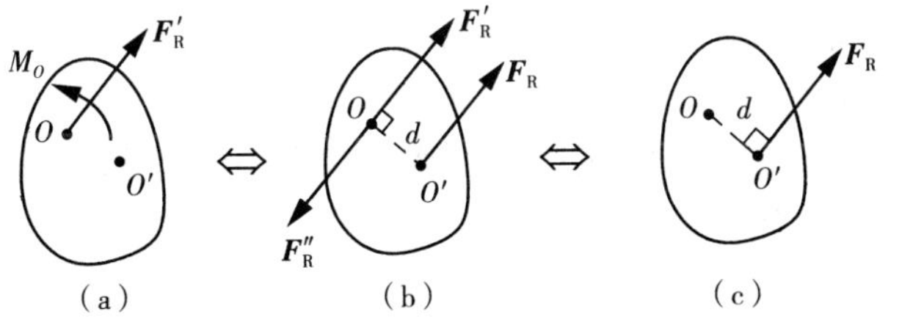

图 3-7

(3) 平面力系平衡

$\boldsymbol{F}'_R = 0, M_O = 0$ 时，表明原力系平衡，这种情形将在下节详细讨论。

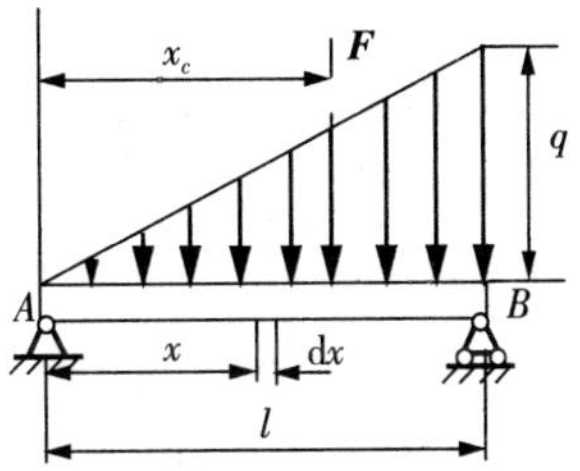

图 3-8

【例3-2】 如图3-8所示，水平梁 AB 上作用有三角形分布载荷，分布载荷的最大值为 q(N/m)，梁长 l。应用合力矩定理，求合力的大小及其作用线位置。

解 (1) 先求合力的大小。

如图3-8所示，在梁上距A端为x处取微段$\mathrm{d}x$，其上作用力大小为$q_x\mathrm{d}x$。其中q_x为该处的载荷强度，根据几何关系，$q_x=\frac{q}{l}x$。因此分布载荷的合力的大小为

$$F=\int_0^l q_x\mathrm{d}x=\int_0^l \frac{q}{l}x\,\mathrm{d}x=\frac{ql}{2}$$

(2) 再求合力作用线位置。

设合力$\boldsymbol{F}$的作用线距A端的距离为x_C，如图所示。微段$\mathrm{d}x$上的作用力对A点的力矩为$x\cdot q_x\mathrm{d}x$，则全部分布载荷对A点之矩的代数和可用积分求出，根据合力矩定理可得

$$F_{x_C}=\int_0^l q_x\cdot x\cdot\mathrm{d}x=\int_0^l \frac{q}{l}x^2\mathrm{d}x=\frac{1}{3}ql^2$$

得
$$x_C=\frac{2}{3}l$$

计算结果说明：合力大小等于三角形线分布载荷的面积，合力作用线通过该三角形的几何中心。该结论适用于任意形状的线分布载荷。

3.2 平面一般力系的平衡方程

本节讨论静力学的重要内容，即平面一般力系的平衡问题。

由上节可知，若$\boldsymbol{F}'_{\mathrm{R}}=0$，$M_O=0$，则力系必平衡；反之，若力系平衡，则必有$\boldsymbol{F}'_{\mathrm{R}}=0$，$M_O=0$。于是，平面一般力系平衡的必要和充分条件是：力系的主矢和对于任一点的主矩都等于零。即

$$F'_{\mathrm{R}}=\sqrt{\left(\sum F_x\right)^2+\left(\sum F_y\right)^2}=0$$

$$\sum M_O(\boldsymbol{F}_i)=0$$

用解析式表示，可得

$$\left.\begin{aligned}&\sum F_x=0\\&\sum F_y=0\\&\sum M_O(\boldsymbol{F}_i)=0\end{aligned}\right\}\tag{3-6}$$

即,平面一般力系平衡的解析条件是:力系中各力在两个正交坐标轴上的投影的代数和分别等于零,以及各力对于任意一点之矩的代数和也等于零。

式(3-6)称为平面一般力系的平衡方程,它是平面力系平衡方程的基本形式。

应用平衡方程求解平衡问题时,为了使计算简化,通常将矩心选在多个未知力的交点上,而坐标轴则尽可能与该力系中多数未知力的作用线垂直。

【例3-3】 图3-9所示的水平横梁 AB,长度为 $4a$,梁重 P,作用在梁的中点 C。在梁的 AC 段上受均布载荷 q 作用,在梁的 CB 段上受力偶作用,力偶矩 $M=Pa$。求 A 和 B 处的支座约束力。

【解】 取梁 AB 为研究对象,其受力如图3-9所示。建立坐标系如图,列出平衡方程

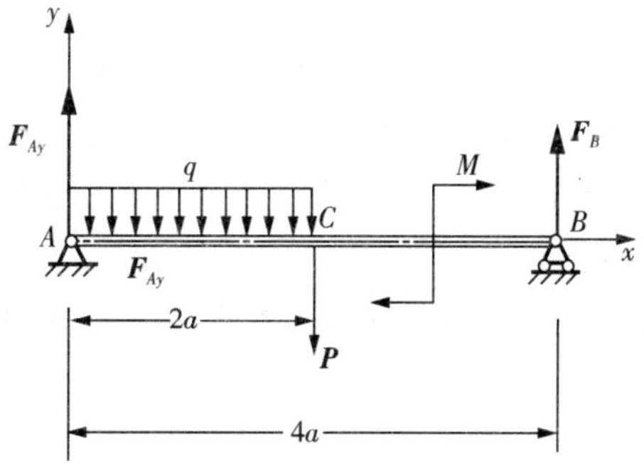

图3-9

$$\sum F_x = 0,\quad F_{Ax} = 0$$

$$\sum F_y = 0,\quad F_{Ay} - q \cdot 2a - P + F_B = 0$$

$$\sum M_A(\boldsymbol{F}) = 0,\quad F_B \cdot 4a - M - P \cdot 2a - q \cdot 2a \cdot a = 0$$

解得

$$F_{Ax} = 0$$

$$F_{Ay} = \frac{P}{4} + \frac{3}{2}qa$$

$$F_B = \frac{3}{4}P + \frac{1}{2}qa$$

F_{Ay}、F_B 为正值,说明其假设指向与实际指向一致。

【例 3-4】 在图 3-10a 所示刚架中，$q=3\text{kN/m}$，$F=62\text{kN}$，$M=10\text{kN}\cdot\text{m}$，不计刚架的自重。求固定端 A 的约束力。

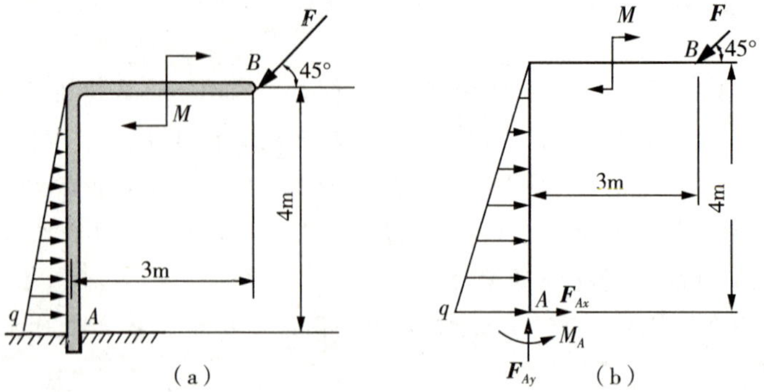

图 3-10

【解】 (1) 取刚架 AB 为研究对象，受力如图 3-10b 所示。A 处为固定端支座，其约束用两个正交约束力 $\boldsymbol{F}_{Ax}$、$\boldsymbol{F}_{Ay}$ 和一个约束力偶 M_A 表示，方向假设。

(2) 选取矩心、建立坐标系。为使每个方程中未知量尽可能少，取 A 点为矩心，建立直角坐标系 Axy。

(3) 列平衡方程并求解。力 $\boldsymbol{F}$ 对 A 点之矩，按定义计算比较麻烦，可用合力矩定理计算。

$$\sum F_x=0,\quad F_{Ax}+\frac{1}{2}q\times 4m-F\cos45^\circ=0$$

$$\sum F_y=0,\quad FAy\cdot F\sin45^\circ=0$$

$$\sum M_A=0,\quad M_A-\frac{1}{2}q\times 4m\times\frac{4}{3}m-M-F\sin45^\circ\times 4m=0$$

解得

$$F_{Ax}=0$$

$$F_{Ay}=6\text{kN}$$

$$M_A=12\text{kN}\cdot\text{m}(逆)$$

F_{Ay}、M_A 为正值，说明它们假设的方向与实际方向一致。

【例 3-5】 图 3-11a 所示为一悬臂吊车，A、B、C 都是铰链连接。横梁 AB 长 $l=2.5\text{m}$，自重 $P=1.2\text{kN}$，作用在梁的中点，提升重量 $F=7.5\text{kN}$。拉杆 CB 倾斜角 $\alpha=30^\circ$，质量不计。求图示位置 $a=2m$ 时，支座 A 的约束力和杆 BC 所受的力。

【解】 取横梁 AB 为研究对象，受力如图 3-11b 所示。A 处为固定铰支座，

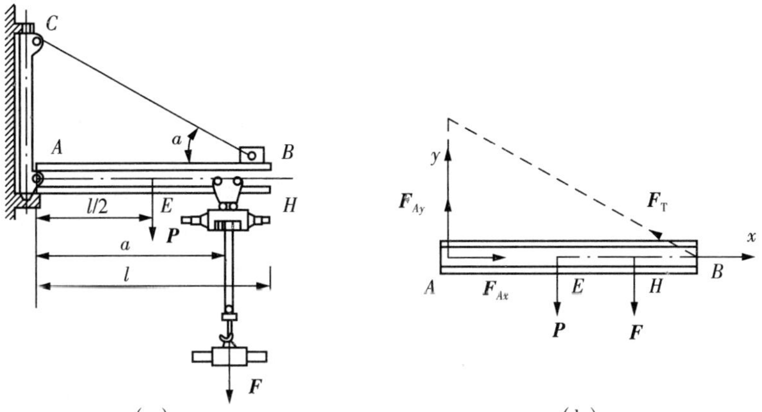

图 3－11

其约束力用两正交分力表示，杆 BC 为二力杆，它作用于横梁的约束力沿 B 铰和 C 铰的连线方向，假设为拉力。建立图示坐标系，列平衡方程：

$$\sum F_x = 0, F_{Ax} - F_T\cos\alpha = 0$$

$$\sum F_y = 0, F_{Ay} - P - F + F_T\sin\alpha = 0$$

$$\sum M_A(\boldsymbol{F}) = 0, F_T\sin\alpha \cdot l - P \cdot \frac{l}{2} - F \cdot a = 0$$

解方程，求得
$$F_T = \frac{1}{l\sin\alpha}\left(P \cdot \frac{l}{2} + F \cdot a\right) = 13.2\text{kN}$$

$$F_{Ax} = F_T\cos\alpha = 11.43\text{kN}$$

$$F_{Ay} = P + F - F_T\sin\alpha = 2.1\text{kN}$$

结果为正值，说明未知力假设方向与实际方向一致。

从上面的计算过程可以看出，杆 CB 所受拉力和铰链 A 的约束力，是随载荷位置不同而改变的，因此应根据其最大值对构件进行设计。

在本例中，如写出对 A、B 两点的力矩平衡方程和对 x 轴的投影平衡方程，同样可以求解。即

$$\sum F_x = 0, F_{Ax} - F_T\cos\alpha = 0$$

$$\sum M_A(\boldsymbol{F}) = 0, F_T\sin\alpha \cdot l - P \cdot \frac{l}{2} - F \cdot a = 0$$

$$\sum M_B(\boldsymbol{F})=0, P\cdot\frac{l}{2}-F_{Ay}\cdot l+F\cdot(l-a)=0$$

解此方程组，所得结果与前面相同。

如写出对 A、B、C 三点的力矩平衡方程，也同样可以求解。即

$$\sum M_A(\boldsymbol{F})=0,\quad F_T\sin\alpha\cdot l-P\cdot\frac{l}{2}-F\cdot a=0$$

$$\sum M_B(\boldsymbol{F})=0,\quad P\cdot\frac{l}{2}-F_{Ay}\cdot l+F\cdot(l-a)=0$$

$$\sum M_C(\boldsymbol{F})=0,\quad F_{Ax}\, tan\alpha\cdot l-P\cdot\frac{l}{2}-F\cdot a=0$$

所得结果也与前面相同。

从上例的分析可以看出，平面一般力系的平衡方程，除了由简化结果直接得出的基本形式(3-6)外，还有二力矩式和三力矩式。

二力矩式的平衡方程形式：

$$\left.\begin{array}{l}\sum F_{x(y)}=0\\ \sum M_A(\boldsymbol{F})=0\\ \sum M_B(\boldsymbol{F})=0\end{array}\right\}\qquad(3-7)$$

其中，A、B 两点的连线不能与 $x(y)$ 轴垂直。

因为上式中 $\sum M_A(\boldsymbol{F})=0$ 表示力系对 A 点的主矩等于零，说明力系不能简化为一个力偶，只能简化为经过 A 点的一个合力或者平衡。同理，$\sum M_B(\boldsymbol{F})=0$ 表示力系或者平衡，或者简化为经过 B 点的一个合力。因此，两个主矩都等于零，则表示力系或平衡，或简化为一个作用线通过 A、B 两点的合力。而 $\sum Fx(y)=0$ 表明，若力系简化合力，则此合力必与 $x(y)$ 轴垂直。因此，这样三个方程是不能保证力系一定平衡的，需要补充附加条件，即，A、B 两点的连线不能与 $x(y)$ 轴垂直，则 $\sum Fx(y)=0$，即表示合力一定等于零，即力系一定是平衡的。

三力矩式平衡方程形式：

$$\left.\begin{array}{l}\sum M_A(\boldsymbol{F})=0\\ \sum M_B(\boldsymbol{F})=0\\ \sum M_C(\boldsymbol{F})=0\end{array}\right\}\qquad(3-8)$$

其中，A、B、C 三点不能共线。读者可参照对式(3-7)的解释自行证明。

平衡方程的三种形式是等价的，都可求解平面力系的平衡问题。对于一个确定的平面力系的平衡问题，不论选用哪一组方程，只能列出三个独立的平衡方程，求解三个未知量。在实际应用时，需根据具体情况选用，力求使一个方程只包含一个未知量，以避免求解联立方程组。

【例3-6】 如图3-12a所示，梁 AC 用三根链杆支撑，受力 $\boldsymbol{F}_1$、$\boldsymbol{F}_2$ 作用，已知 $F_1=20\text{kN}$，$F_2=40\text{kN}$，求各根链杆所受的力。

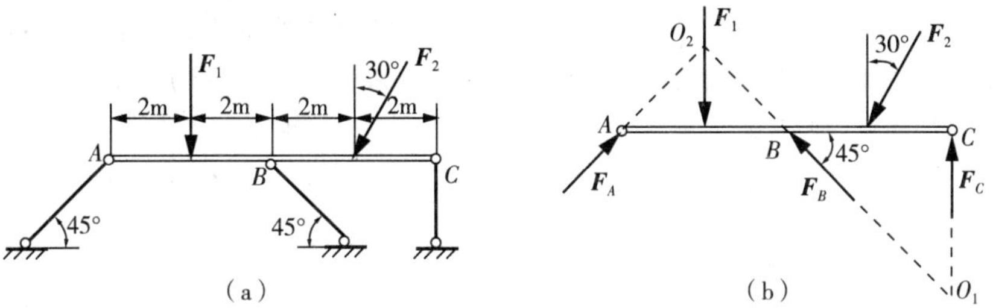

图3-12

【解】 (1) 链杆是二力杆，但取链杆为研究对象并不能求出它们所受的力，需要取梁 AC 为研究对象。作用于梁 AC 上的力有主动力 $\boldsymbol{F}_1$、$\boldsymbol{F}_2$ 和三根链杆的约束力 $\boldsymbol{F}_A$、$\boldsymbol{F}_B$、$\boldsymbol{F}_C$，约束力分别沿各杆轴线，假设为压力，受力如图3-12b所示。

(2) 列平衡方程并求解。因为 $\boldsymbol{F}_A$、$\boldsymbol{F}_B$ 和 $\boldsymbol{F}_1$ 交于 O_2 点，$\boldsymbol{F}_B$、$\boldsymbol{F}_C$ 交于 O_1 点，宜选用二力矩式或三力矩式的平衡方程。下面列二力矩式的平衡方程。

$$\sum F_x=0, F_A\cos45°-F_B\cos45°-F_2\sin30°=0$$

$$\sum M_{O1}=0, 6F_1+2F_2\cos 30°+4F_2\sin 30°-8F_A\sin 45°-4F_A\cos 45°=0$$

$$\sum M_{O2}=0, -4F_2\cos30°-2F_2\sin30°-6\boldsymbol{F}_C=0$$

解得

$$F_A=\frac{6F_1+2F_2\cos 30°+4F_2\sin 30°}{8F_A\sin 45°+4F_A\cos 45°}=31.74\text{kN}$$

$$F_C=\frac{4F_2\cos 30°+2F_2\sin 30°}{6}=29.76\text{kN}$$

$$F_B=\frac{F_A\cos 45°-F_2\sin 30°}{\cos 45°=3.46\text{kN}}$$

F_A、F_B、F_C 为正值，说明其假设方向与实际方向一致，即三根链杆都受压。

当然，本题也可列出三力矩形式的平衡方程进行求解，达到一个方程解一个未知量的目的。

另外，本题如果列基本形式的平衡方程，可首先由$\sum M_{O1}=0$求得F_A后，再由投影方程$\sum F_x=0$求F_B，最后列方程$\sum F_y=0$，求出F_C。

3.3 平面平行力系的平衡方程

平面平行力系是平面一般力系的一种特殊情形。所谓平面平行力系，就是各力的作用线都在同一平面内且互相平行的力系，如图 3－13 所示。若选取x轴与各力垂直，则不论力系是否平衡，每一个力在x轴上的投影恒等于零，则$\sum F_x\equiv 0$。于是，平面平行力系的独立平衡方程的数目只有两个，即

$$\left.\begin{aligned}\sum F_y=0\\ \sum M_O(\boldsymbol{F})=0\end{aligned}\right\}\tag{3-9}$$

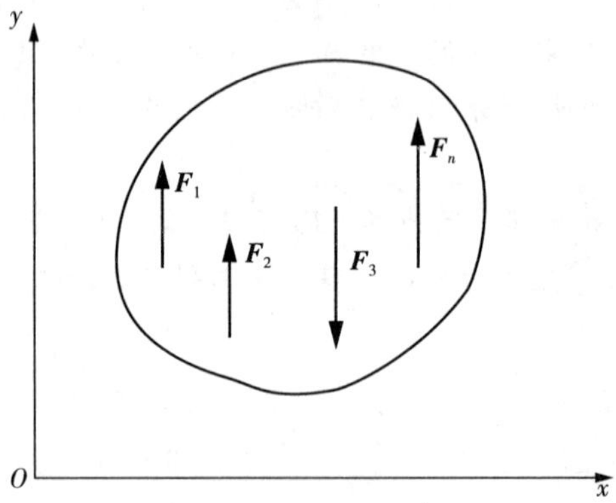

图 3－13

平面平行力系的平衡方程，也可以采用二力矩式的平衡方程，即

$$\sum M_A(\boldsymbol{F})=0,\quad \sum M_B(\boldsymbol{F})=0\tag{3-10}$$

其中，两个矩心A、B的连线不能与力的作用线平行。

平面平行力系有两个独立的平衡方程，可以求解两个未知量。

【例 3－7】 水平外伸梁如图 3－14a 所示。若均布载荷$q=20\text{kN/m}$，$P=20\text{kN}$，力偶矩$M=16\text{kN}\cdot\text{m}$，$a=0.8\text{m}$，求$A$、$B$支座处的约束力。

【解】 (1) 取梁AB为研究对象。作用于梁AB上作用有均布载荷q、力$\boldsymbol{P}$

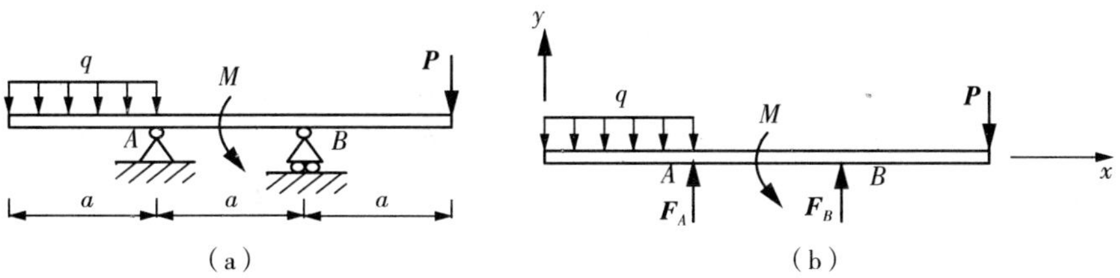

图 3-14

和力偶 M，它们组成一平行的主动力系（力偶对其无影响）；可动铰支座 B 作用于梁 AB 上的约束力 $\boldsymbol{F}_B$ 和主动力系平行；固定铰支座 A 的约束力可用两个正交分力表示，但考虑约束力和主动力的关系，约束力取决于主动力，显然，固定铰支座 A 处的约束力必与其他力平行，只用一个约束力 $\boldsymbol{F}_A$ 表示即可。这样，作用于 AB 梁上的所有力，包括全部的主动力和约束力，组成一个平面平行力系，其受力如图 3-14b 所示。

(2) 列平衡方程

$$\sum F_y = 0, -q \cdot a - P + F_A + F_B = 0$$

$$\sum M_A(\boldsymbol{F}) = 0, m + qa \cdot \frac{a}{2} - P \cdot 2a + F_B \cdot a = 0$$

解方程，得　　$F_A = 24\text{kN}, \quad F_B = 12\text{kN}$

结果为正，说明未知力假设方向与实际方向一致。

【例 3-8】 塔式起重机如图 3-15 所示。机身重 $P = 220\text{kN}$，作用线过塔架的中心。已知最大起吊重量 $P_1 = 50\text{kN}$，起重悬臂长 12m，轨道 A、B 的间距为 4m，平衡配重 P_2 至机身中心线的距离为 6m。求：(1) 确保起重机不至翻倒的平衡配重 P_2 的大小；(2) 当 $P_2 = 30\text{kN}$，而起重机满载时，轨道 A、B 对起重机的约束力。

【解】 取起重机整体为研究对象。作用于起重机的力有：机身重力 $\boldsymbol{P}$，最大载重 $\boldsymbol{P}_1$，平衡配重 $\boldsymbol{P}_2$，轨道约束力 $\boldsymbol{F}_A$、$\boldsymbol{F}_B$。其正常工作时受力如图所示。

(1) 分析确保起重机不至翻倒的平衡配重 $\boldsymbol{P}_2$ 的大小。

起重机满载时有顺时针转向翻倒的可能，则 A 轮离开轨道，$F_A = 0$。因此，要保证机身满载时不翻倒，则必须满足：

$$F_A \geqslant 0$$

$$\sum M_B = 0, P_2(6 + 2) + 2P - 4F_A - P_1(12 - 2) = 0$$

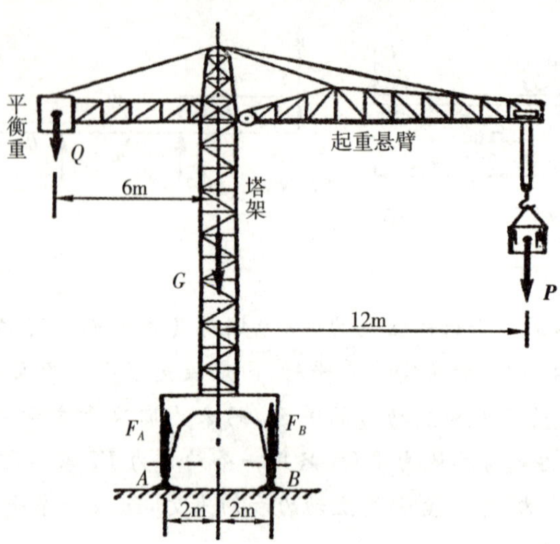

图 3-15

解得 $$P_2 \geqslant (5P_1 - P)/4 = 7.5\text{kN}$$

起重机空载时有逆时针转向翻倒的可能，则 B 轮离开轨道，$F_B = 0$。因此，要保证机身空载时不翻倒，则必须满足下列条件：

$$F_B \geqslant 0$$

$$\sum M_A = 0 \quad , \quad P_2(6-2) + 4F_B - 2P = 0$$

解得 $$P_2 \leqslant P/2 = 110\text{kN}$$

因此保证起重机能够正常工作而不发生翻倒时，平衡配重 $\boldsymbol{P}_2$ 应满足的条件为

$$7.5\text{kN} \leqslant P_2 \leqslant 110\text{kN}$$

(2) 当 $P_2 = 30\text{kN}$，分析满载时轨道的约束力 $\boldsymbol{F}_A$、$\boldsymbol{F}_B$ 的大小。

$$\sum M_B = 0, \quad P_2(6+2) + 2P - 4F_A - P_1(12-2) = 0$$

解得 $$F_A = (4P_2 + P - 5P_1)/2 = 45\text{kN}$$

由 $$\sum F_y = 0, F_A + F_B - P_2 - P - P_1 = 0$$

解得 $$F_B = P_2 + P + P_1 - F_A = 255\text{kN}$$

请思考在本例中如何确定 $\boldsymbol{F}_{A\max}$、$\boldsymbol{F}_{B\max}$？

3.4　静定和超静定问题

从前面的讨论已经知道,对每一种力系来说,独立平衡方程的数目是一定的(平面一般力系有三个,平面汇交力系和平面平行力系有两个,平面力偶系有一个),能求解的未知量的数目也是一定的。对于一个平衡物体,若独立平衡方程的数目与未知量的数目恰好相等,则全部未知量可由平衡方程求出,这样的问题称为静定问题。我们前面所讨论的都属于这类问题。但工程上有时为了增加结构的刚度或坚固性,常设置多余的约束,从而使未知量的数目多于独立方程的数目,未知量不能由平衡方程全部求出,这样的问题称为超静定问题(或静不定问题)。

下面列举一些静定与超静定问题的例子。

图 3-16a、b 所示的平面汇交力系,均有两个平衡方程。但图 3-16a 用两根绳子悬挂一重物,有两个未知的约束力,属于静定问题;图 3-16b 用三根绳子悬挂重物,有三个未知的约束力,因此是超静定问题。

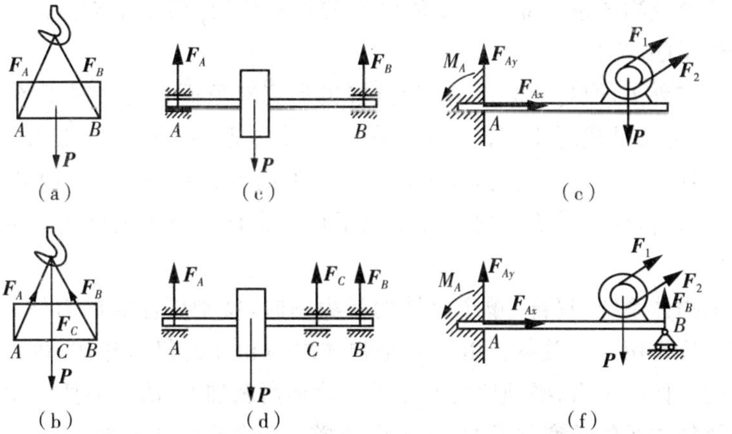

图 3-16

图 3-16c、d 所示的平面平行力系,均有两个平衡方程。图 3-16c 中,轴受两个轴承支承,有两个未知的约束力,属于静定问题。图 3-16d 中,为减小轴的弯曲变形,用三个轴承支承,则有三个未知的约束力,就成为超静定问题。

图 3-16e 和 f 所示的平面一般力系,均有三个平衡方程,图 3-16e 中有三个未知数,因此是静定的;而图 3-16f 中有四个未知数,是超静定的。

理论力学只研究静定问题。对于超静定问题,需要考虑物体受力后的变形情况,列出补充方程,再结合平衡方程予以求解,这些内容将在材料力学和结构力学进行讨论。

3.5　物体系的平衡

工程结构或机构，一般都是由若干个构件通过适当的连接方式(约束)组成的系统，称为物体系统，简称物体系。如多跨梁、三铰拱、组合构架、曲柄滑块机构等都可看作物体系。

只有当物体系统是静定系统时，才能应用平衡方程求解其平衡问题。一般若系统由n个物体组成，每个平面力系作用的物体，最多可列出三个独立的平衡方程，而整个系统共有不超过$3n$个独立的平衡方程。若系统中的未知力的数目等于或小于能列出的独立的平衡方程的数目时，属于静定问题；否则就是超静定问题。

研究物体系的平衡问题时，必须综合考察整体与局部的平衡。当物体系平衡时，组成该系统的任何一个局部系统和任何一个物体也必然处于平衡状态。因此，研究物体系统的平衡，不仅要研究物体系以外的物体对该物体系的作用，同时还要研究物体系内部各个物体之间的相互作用，前者是物体系的外力，后者是物体系的内力。

内力与外力的区分是相对于所选择的研究对象而言的。对于整个物体系统来说，内力总是成对出现的，相互平衡，对物体系的作用相互抵消。因此，在分析整个物体系统的平衡时，无须考虑系统的内力。而当取系统内某一部分为研究对象时，作用于系统上的内力变成了作用在该部分上的外力，必须在受力图中画出。

在画物体系统、局部、单个物体的受力图时，特别要注意施力体与受力体、作用力与反作用力的关系。由于力是物体之间相互的机械作用，因此，对于受力图上的任何一个力，必须明确它是哪个物体所施加的，决不能凭空臆造

求解物体系的平衡问题时，首先应选择一个合理的研究对象。可以取整个系统，也可以取局部系统，或者取系统中的单个物体。总之，选择的原则是：先选取运用平衡方程能确定某些未知量的部分为研究对象。此外，在选择平衡方程时，应尽可能避免联立求解。

【例 3－9】　图 3－17a 为一井架，它由两个桁架组成，其间用铰链连接。两桁架的重心如图所示，它们的重量均为G。在左边桁架上作用着水平的风压力$\boldsymbol{P}$。尺寸l、H、h和a均为已知，求铰链A、B、C三点的约束力。

【解】　(1) 先判断物体系是否是静定系统：物体系具有六个独立平衡方程及六个未知量，是静定系统。

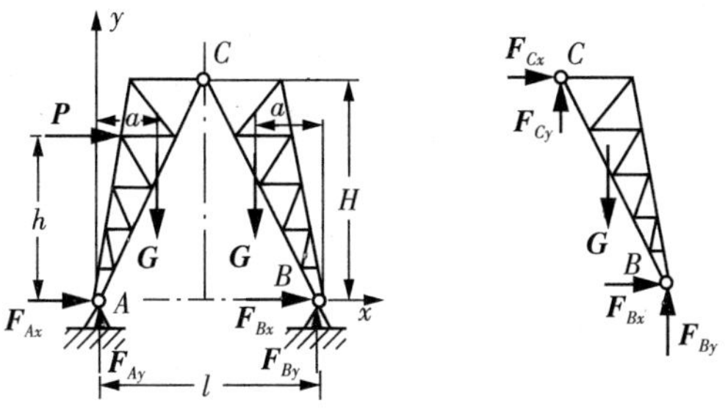

(a)　　　　　　(b)

图 3 - 17

(2) 恰当选取研究对象：通常物体系的未知约束力不是很多，可先选取整个系统为研究对象，求出部分未知量；若是系统的未知约束力比较多，需要将系统拆开，选取未知量最少的部分为研究对象。本例中，虽然整个系统有四个未知量，但 A、B 两点分别是三个未知力的作用线的交点，便于应用二力矩式的平衡方程进行求解，故而可以先选取整个系统为研究对象。作用于此系统的力有 $\boldsymbol{P}$、$\boldsymbol{G}$、$\boldsymbol{F}_{Ax}$、$\boldsymbol{F}_{Ay}$、$\boldsymbol{F}_{Bx}$ 和 $\boldsymbol{F}_{By}$，这些力都是外力。在 C 铰处左右桁架相互作用的力是系统内力，分析整个系统的平衡时，不必画出，其受力如图 3 - 17(a) 所示。列平衡方程：

$$\sum M_A(\boldsymbol{F})=0,\quad F_{By}l-Ga-G(l-a)-Ph=0 \tag{a}$$

$$\sum M_B(\boldsymbol{F})=0,\quad -F_{Ay}l-ph+G(l-a)+Ga=0 \tag{b}$$

$$\sum F_x=0,\quad F_{Ax}+F_{Bx}+P=0 \tag{c}$$

由式(a) 解得

$$F_{By}=\frac{1}{l}(Gl+Ph)$$

由式(b) 解得

$$F_{Ay}=\frac{1}{l}(Gl-Ph)$$

(3) 再以桁架 BC 为研究对象：其上所受的力有 $\boldsymbol{G}$、$\boldsymbol{F}_{Bx}$、$\boldsymbol{F}_{By}$、$\boldsymbol{F}_{Cx}$ 和 $\boldsymbol{F}_{Cy}$（注意：此时 C 铰处的约束力是研究对象的外力，必须画出），其受力如图 3 - 17b 所示。列平衡方程：

$$\sum M_C(\boldsymbol{F})=0,\quad F_{By}\cdot\frac{l}{2}+F_{Bx}\cdot H-G\left(\frac{l}{2}-a\right)=0 \tag{d}$$

$$\sum F_x = 0, \quad F_{Bx} + F_{Cx} = 0 \tag{e}$$

$$\sum F_y = 0, \quad F_{By} + F_{Cy} - G = 0 \tag{f}$$

解得
$$F_{Bx} = -\frac{1}{2H}(2Ga + Ph)$$

$$F_{Cx} = \frac{1}{2H}(2Ga + Ph)$$

$$F_{Cy} = -\frac{Ph}{l}$$

再将 F_{Bx} 的值代入式(c)得

$$F_{Ax} = \frac{1}{2H}(2Ga + Ph - 2PH)$$

F_{Bx}、F_{Cy} 为负值表示这些力的假设指向与实际指向相反。

【例3-10】 如图3-18a所示的组合梁(不计自重)由AC和CE铰链连接而成。已知$F=5\text{kN}$,$q=4\text{kN/m}$,$M=10\text{kN}\cdot\text{m}$,$H$为$AB$中点,求固定端$A$处、支座$E$支座的约束力。

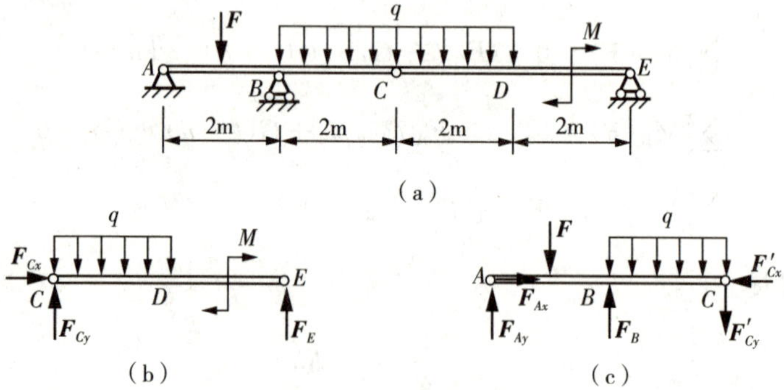

图 3-18

【解】 (1) 先判断物体系是否是静定系统:物体系具有六个独立平衡方程及六个未知量,是静定系统。

(2) 恰当选取研究对象:如先取整个系统为研究对象,则未知量较多,不易求解。将组合梁在C铰处拆开,因梁CE上作用有3个未知力,可列3个独立平衡方程,故先取梁CE为研究对象,受力如图3-18b所示。

列平衡方程:

$$\sum M_C = 0, \quad F_B \times 4 - M - q \times 2 \times 1 = 0$$

$$\sum F_x, \quad F_{Cx}=0$$

$$\sum F_y, \quad F_{Cy}=0$$

解得

$$F_B=\frac{M+q\times 2\times 1}{4}=4.5\text{kN}$$

$$F_{Cy}=2q-F_E=3.5\text{kN}$$

(2) 再取梁 AC 为研究对象，受力如图 3-18(c) 所示，列平衡方程：

$$\sum F_x=0, \quad F_{Ax}-F'_{Cx}=0$$

$$\sum F_y=0, \quad F_{Ay}-F-q\times 2-F'_{Cy}=0$$

$$\sum M_A=0, \quad M_A-F\times 1-q\times 2\times 3-F'_{Cy}\times 4=0$$

解得

$$F_{Ax}=F'_{cx}=0$$

$$F_{Ay}=F+q\times 2+F'_{Cy}=16.5\text{kN}$$

$$M_A=F\times 1+q\times 2\times 3+F'_{Cy}\times 4=43\text{kN}$$

此题也可先取梁 CE 为研究对象，仅列一个方程，求得 $\boldsymbol{F}_E$ 后，再以整体为研究对象，求出 $\boldsymbol{F}_{Ax}$、$\boldsymbol{F}_{Ay}$ 和 M_A。这样避免求解 C 铰处的约束力，计算过程更加简单。

【例 3-11】 如图 3-19a 所示，起重机置于组合梁 AC、BC 上，各梁的自重不计，已知：起吊重物 $P=10\text{kN}$，$Q=50\text{kN}$，CE 铅垂，求支座 A、B 和 D 的约束力。（设梁与起重机光滑接触）

【解】 (1) 先判断物体系是否是静定系统：物体系由起重机和组合梁 AC、BC 组成，有 8 个独立平衡方程及 8 个未知量，是静定系统。

(2) 恰当选取研究对象：起重机上作用的未知力最少，应先取起重机为研究对象，受力如图 3-19b 所示。列平衡方程：

$$\sum M_F(\boldsymbol{F})=0, \quad Q\cdot 1-F_G\cdot 2+P\cdot 5=0$$

解得

$$F_G=\frac{Q\cdot 1+P\cdot 5}{2}=50\text{kN}$$

(3) 再取梁 CD 为研究对象，受力如图 3-19c 所示。列平衡方程：

$$\sum M_C(\boldsymbol{F})=0, -F'_G\cdot 1+F_D\cdot 6=0$$

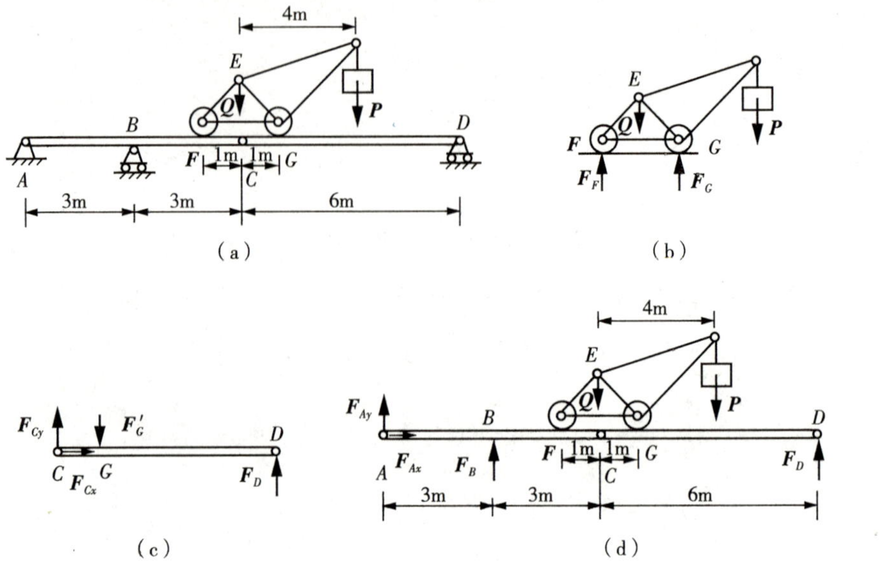

图 3-19

解得
$$F_D=\frac{F'_G}{6}=8.33\text{kN}$$

(4) 最后取整体为研究对象，受力如图 3-19d 所示。列平衡方程：

$$\sum F_x=0,F_{Ax}=0$$

$$\sum F_y=0,F_{Ay}+F_B-Q-P+F_D=0$$

$$\sum M_A(\boldsymbol{F})=0,F_B\cdot 3-Q\cdot 6-P\cdot 10+F_D\cdot 12=0$$

解得
$$F_{Ax}=0,\quad F_{Ay}=-48.33\text{kN},\quad F_B=100\text{kN}$$

【例 3-12】 如图 3-20a 所示构架，由直杆 BC，CD 及直角弯杆 AB 组成，各杆自重不计，载荷分布及尺寸如图。销钉 B 链接 AB 及 BC 两构件，铅垂力 $\boldsymbol{F}$ 作用于销钉 B 上。已知 q、a、M，且 $M=qa^2$。求固定端 A 的约束力及销钉 B 对杆 BC，杆 AB 的作用力。

【解】 (1) 先判断物体系是否是静定系统：系统由直杆 BC，CD 及直角弯杆 AB 组成，有 9 个独立平衡方程及 9 个未知量，是静定系统。

(2) 恰当选取研究对象：若分别取整体或直角弯杆 AB 为研究对象，则各有五个未知量，不容易求解。可先取直杆 BC 或 CD 为研究对象，虽然分别都有四个未知量，但有的未知量不必求出。如取直杆 CD 为研究对象，受力如图 3-20e

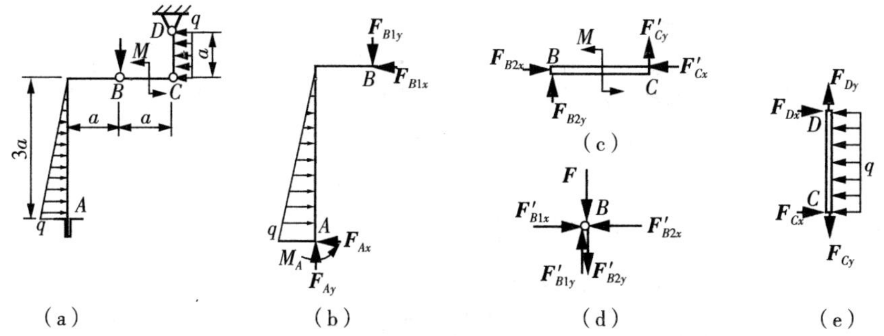

图 3 - 20

所示。列平衡方程：

$$\sum M_D = 0 \quad F_{Cx} \cdot a - q \cdot a \cdot \frac{a}{2} = 0$$

解得　　$F_{Cx} = qa/2$

(3) 再取直杆 BC(销钉 B 没有附在杆 BC 上)为研究对象，受力如图 3 - 20c 所示。列平衡方程：

$$\sum M_D = 0, \quad M - F_{B2y} \cdot a = 0$$

$$\sum F_x = 0, \quad F_{B2x} - F'_{Cx} = 0$$

解得

$$F_{B2y} = M/a = qa$$

$$F_{B2y} = F'\,Cx = qa/2$$

(4) 然后取销钉 B 为研究对象，受力如图 3 - 20d 所示。列平衡方程：

$$\sum F_x = 0, \quad F'_{B1x} - F'_{B2x} = 0$$

$$\sum F_y = 0, \quad F'_{B1y} - F'_{B2y} - F = 0$$

解得

$$F'_{B1x} = F'_{B2x} = qa/2$$

$$F'_{B1y} = F'_{B2y} + F = qa + F$$

(5) 最后取直角弯杆 AB 为研究对象(销钉 B 没有附在直角杆 AB 上)，受力如图 3 - 20b 所示。列平衡方程：

$$\sum F_x = 0, \quad \frac{1}{2} q \times 3a - F_{B1x} - F_{Ax} = 0,$$

$$\sum F_x = 0,\quad F_{Ay} - F_{B1y} = 0$$

$$\sum M_A = 0,\quad -\frac{3qa}{2}\cdot a - F_{B1y}\cdot a + F_{B1x}\times 3a + M_A = 0$$

解得

$$F_{Ax} = qa$$

$$F_{Ay} = F_{B1y} = F + qa$$

$$M_A = (F + qa)a$$

本题也可以先取直杆 BC 为研究对象，读者不妨尝试。

通过以上例题，可将物体系平衡问题的解法和步骤总结如下：

(1) 根据已知条件和待求的未知量，选择恰当的研究对象。对于物体系的平衡问题，如果系统的约束力未知量总数不超过三个，或虽超过三个但而仍能由整体平衡条件求得部分未知量时，可先选择整个系统作为研究对象（如例 3-9）。否则就以解题简便为原则，尽量选择受力情况较简单的某些物体为研究对象（如例 3-10，3-11，3-12）。

(2) 正确画出研究对象的受力图。在画受力图时，着重考虑与研究对象连接的约束类型，然后确定相应的约束力，只画外力，不画内力。须注意，外力与内力的区分是相对于所选择的研究对象而言的。另外，在将物体系拆开时，应牢记在系统的拆开处，系统的两部分之间的相互作用力必须符合作用力与反作用力公理。

(3) 根据受力图列出必需的平衡方程。为解题方便，应选择适当的投影轴和矩心，尽量避免联立解方程。

思　考　题

一、问答题

3-1　某平面力系向 A、B 两点简化的主矩皆为零，此力系化简的最终结果可能是一个力吗？可能是一个力偶吗？可能平衡吗？

3-2　某平面力系向同平面内任一点简化，其结果都相同，此力系简化的最终结果可能是什么？

3-3　司机操纵方向盘驾驶汽车时，可用双手对方向盘施加一个力偶，也可用单手对方向盘施加一个力，这两种方式能否得到同样的效果？这是否说明一个力与一个力偶等效？为什么？

3-4　判断如图所示各问题是静定的，还是超静定的，并确定超静定的次数。

二、是非题

3-5　平面力系的主矢是力系的合力。（　　）

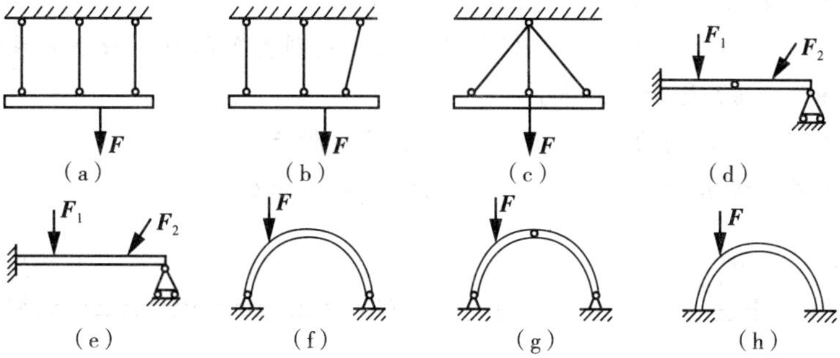

思考题 3-4 图

3-6　作用在刚体上的一个力，可以从原来的作用位置平行移动到该刚体内任意指定点，但必须附加一个力偶，附加力偶的矩等于原力对指定点的矩。(　　)

3-7　某一平面力系，如其力多边形不封闭，则该力系一定有合力，合力作用线与简化中心的位置无关。(　　)

3-8　某一平面力系，如其力多边形不封闭，则该力系对任意一点的主矩都不可能为零。(　　)

3-9　平面一般力系，只要主矢 $F'_R \neq 0$，最后必可简化为一合力。(　　)

3-10　平面力系向某点简化之主矢为零，主矩不为零。则此力系可合成为一个合力偶，且此力系向任一点简化之主矩与简化中心的位置无关。(　　)

3-11　若平面力系对一点的主矩为零，则此力系不可能合成为一个合力。(　　)

3-12　当平面力系向某点的简化结果为力偶时，如果向另一点简化，则其结果是一样的。(　　)

3-13　当平面力系的主矢为零时，其主矩一定与简化中心的位置无关。(　　)

3-14　在平面一般力系中，若其力多边形自行闭合，则力系平衡。(　　)

3-15　若一平面力系对某点之主矩为零，且主矢亦为零，则该力系为一平衡力系。(　　)

三、选择题

3-16　平面内一非平衡汇交力系和一非平衡力偶系，最后可能合成的情况是(　　)

(A) 合力偶　　(B) 一合力　　(C) 相平衡　　(D) 无法进一步合成

3-17　将平面力系向平面内任意两点简化，所得的主矢相等，主矩也相等，且主矩不为零，则该力系简化的最后结果为(　　)。

(A) 一个力　(B) 一个力偶　(C) 平衡

3-18　已知杆 AB 长 2m，C 是其中点。分别受如图所示四个力系作用，则(　　)和(　　)是等效力系。

(A) 图 a 所示的力系　(B) 图 b 所示的力系

(C) 图 c 所示的力系　(D) 图 d 所示的力系

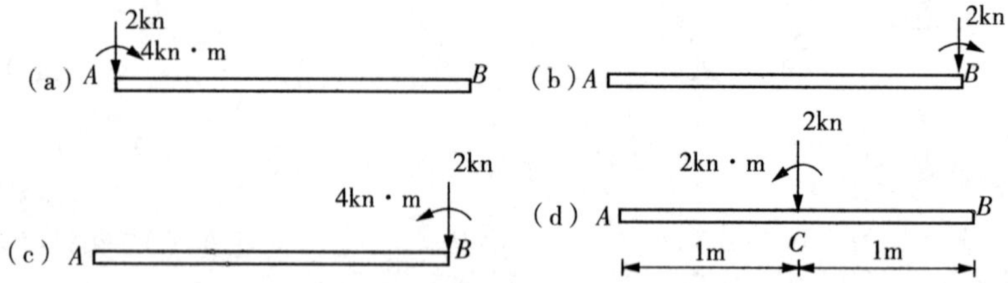

思考题 3-18 图

3-19　某平面任意力系向 O 点简化，得到如图所示的一个力 $\boldsymbol{F}'_R$ 和一个力偶矩为 M_O 的力偶，则该力系的最后合成结果为(　　)。

(A) 作用在 O 点的一个合力　(B) 合力偶

(C) 作用在 O 点左边某点的一个合力

(D) 作用在 O 点右边某点的一个合力

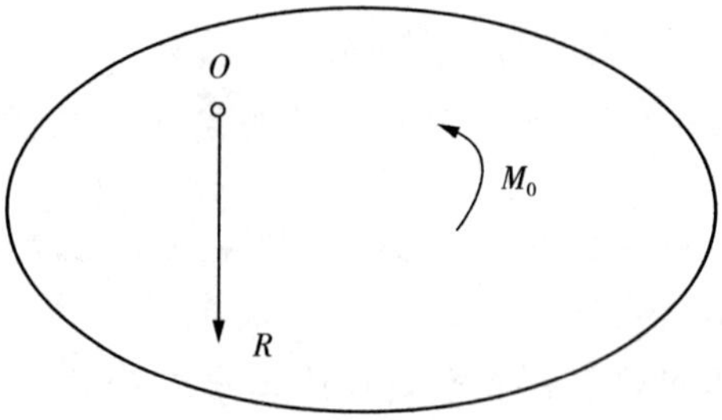

思考题 3-19 图

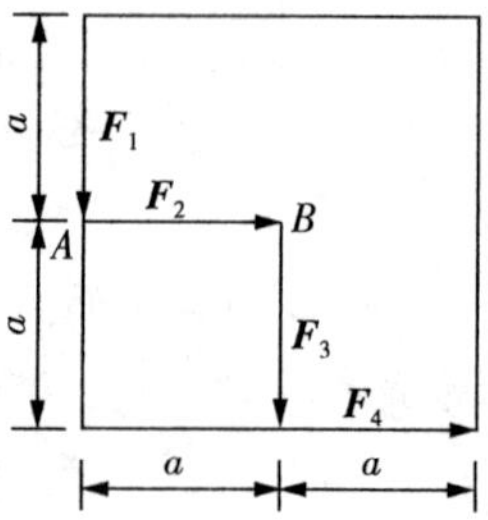

思考题 3-20 图

3-20　平面力系如图所示，且 $F_1=F_2=F_3=F_4$。试问该力系向 A 点的简化结果是(　　)，向 B 点的简化结果是(　　)。

(A) 一个力　(B) 一个力偶

(C) 一个力和一个力偶　(D) 平衡

四、填空题

3-21　如图所示，平面平行力系的五个力分别为 $F_1=10(\mathrm{N})$，$F_2=4(\mathrm{N})$，$F_3=8(\mathrm{N})$，$F_4=8(\mathrm{N})$，$F_5=10(\mathrm{N})$，则该力系简化的最后结果为________。

3-22　如图所示，某平面力系向 O 点简化，得图示主矢 $F'_R=20\mathrm{kN}$，主矩 M_O

=10kN·m。图中长度单位为m，则向点$A(3,2)$简化得________，向点$B(-4,0)$简化得____________（计算出大小，并在图中画出该量）。

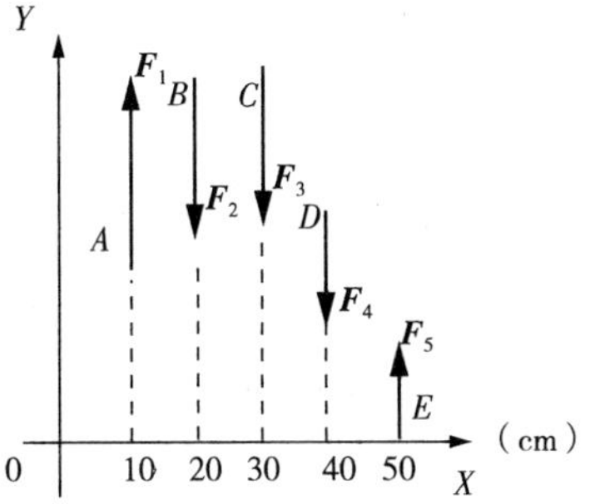

思考题3-21图

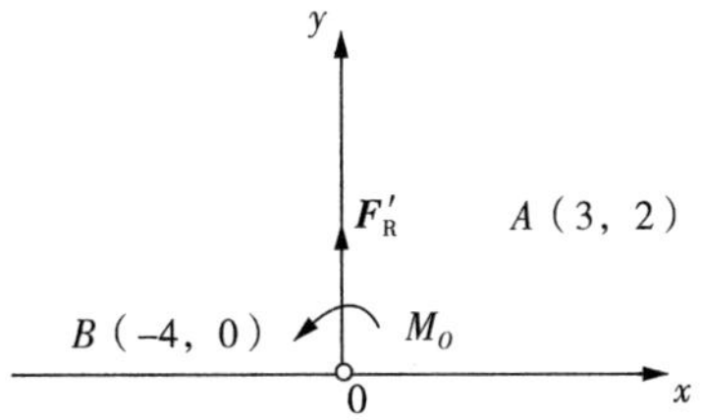

思考题3-22图

3-23　如图所示正方形$ABCD$，边长为a(cm)，在刚体A、B、C三点上分别作用了三个力：$\boldsymbol{F}_1$、$\boldsymbol{F}_2$、$\boldsymbol{F}_3$，而$F_1=F_2=F_3=F(N)$。则该力系简化的最后结果为____________并用图表示。

3-24　如图所示，有一平面力系，对A、B点的力矩为$\sum M_A(\boldsymbol{F}_i)=\sum M_B(\boldsymbol{F}_i)=20\text{kN}\cdot\text{m}$，且$\sum F_{xi}=-5\sqrt{2}\text{kN}$，则该力系的最后简化结果为________并用图表示。

3-25　如图所示力系中力$F_1=100\text{kN}$，$F_2=200\text{kN}$，$F_3-300\text{kN}$，分别沿边长为30cm的等边三角形的每一边作用。则该力系简化的最后结果为________并用图表示。

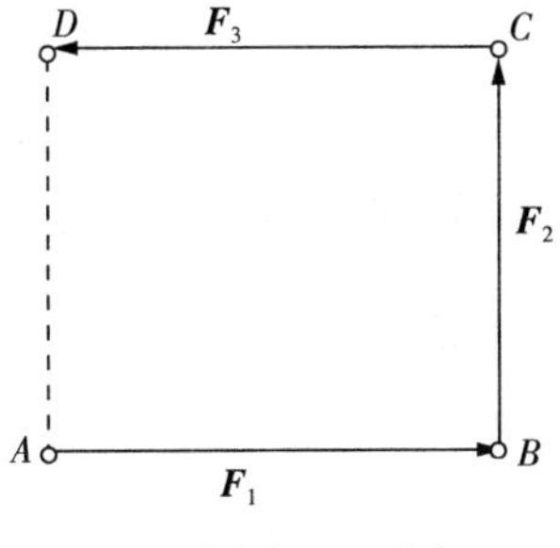

思考题3-23图

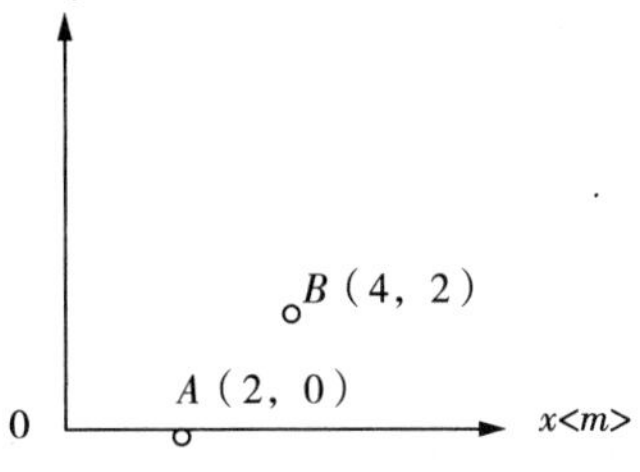

思考题3-24图

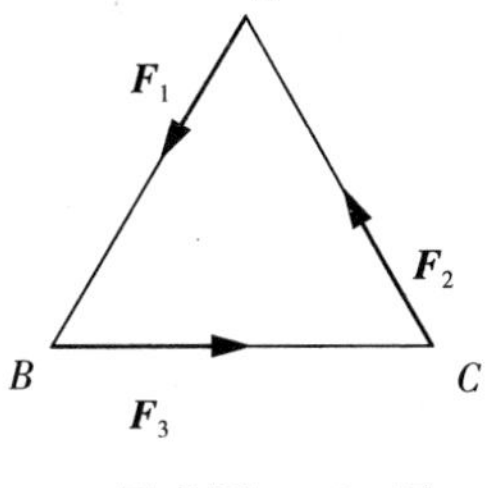

思考题3-25图

习　题

3-1　在图示平面力系中，已知：$F_1=10\text{N}$，$F_2=40\text{N}$，$F_3=40\text{N}$，$M=30\text{N}\cdot\text{m}$。求其合力，并画在图上(图中长度单位为米)。

3-2　图示平面任意力系中$F_1=40\sqrt{2}\text{N}$，$F_2=80\text{N}$，$F_3=40\text{N}$，$F_4=110\text{N}$，M

$=2000\text{N}\cdot\text{mm}$。各力作用位置如图所示,图中尺寸的单位为 mm。

求:(1) 力系向 O 点简化的结果;(2) 力系的合力。

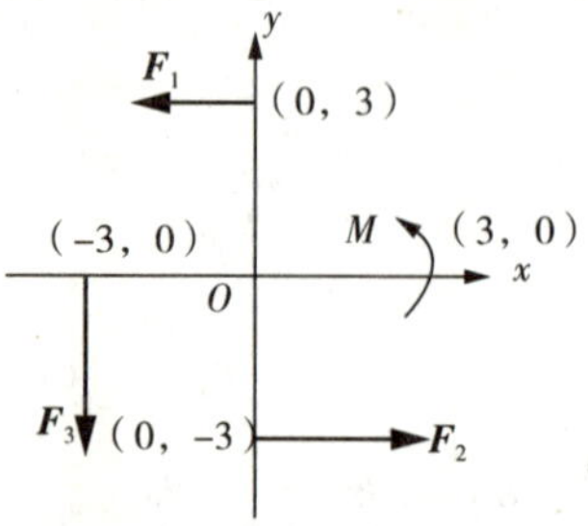

习题 3-1 图

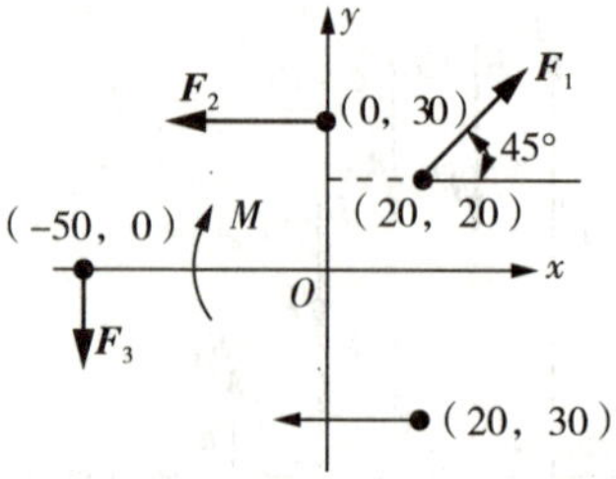

习题 3-2 图

3-3 如图所示平面力系,已知:$F_1=F_2=F_3=F_4=F$,$M=Fa$,a 为三角形边长,若以 A 为简化中心,求合成的最后结果,并在图中画出。

3-4 如图所示平面力系,已知:$P=200\text{N}$,$Q=200\text{N}$,$M=300\text{N}\cdot\text{m}$,欲使力系的合力 $\boldsymbol{F}_\text{R}$ 通过 O 点,求作用在 D 点的水平力 $\boldsymbol{T}$ 为多大。

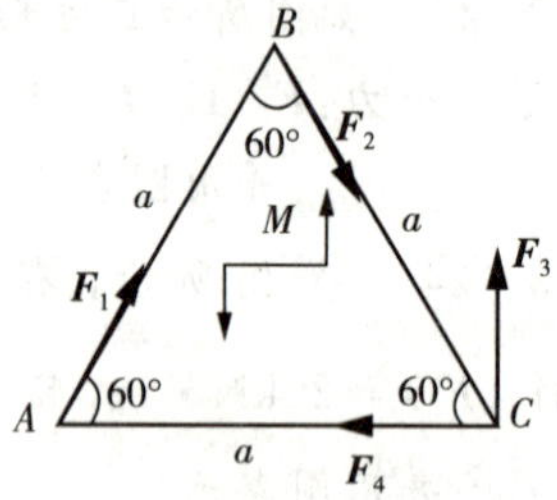

习题 3-3 图

3-5 某桥墩顶部受到两边桥梁传来的铅直力 $P_1=1940\text{kN}$,$P_2=800\text{kN}$ 及制动力 $T=193\text{kN}$,桥墩自重 $W=5280\text{kN}$,风力 $Q=140\text{kN}$。各力作用线位置如图所示,求将这些力向基底截面中心 O 简化的结果,如能简化为一合力,求出合力作用线的位置。

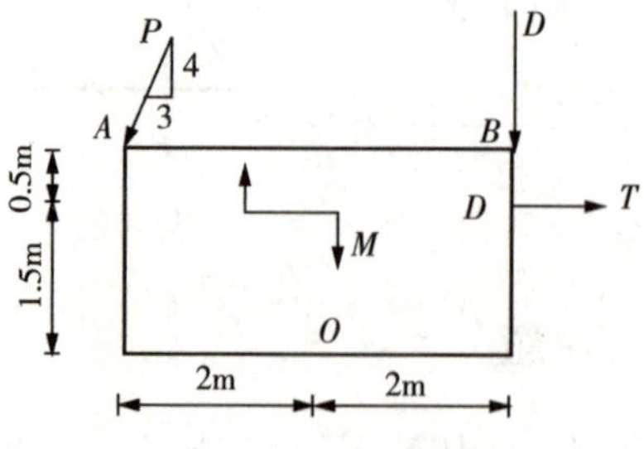

习题 3-4 图

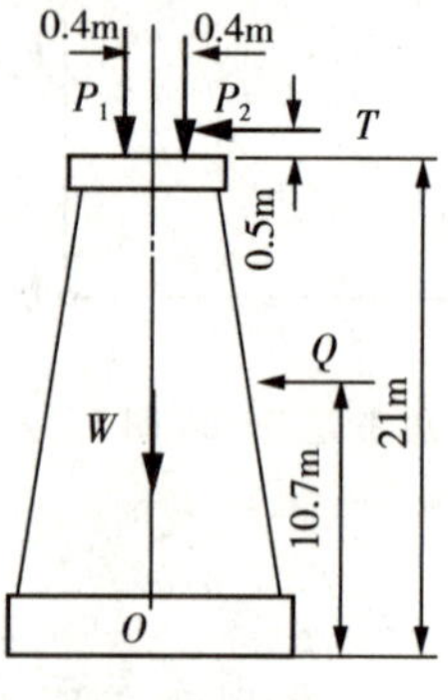

习题 3-5 图

3-6 求图中梁的支座约束力。已知 $q=2\text{kN/m}$,$M=2\text{kN}\cdot\text{m}$。

3-7　求图中梁的支座约束力。已知 $F=6\text{kN}$，$q=2\text{kN/m}$。

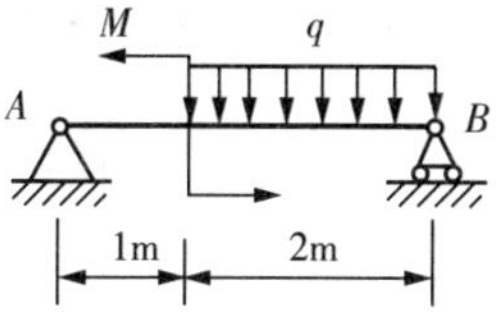

习题 3-6 图

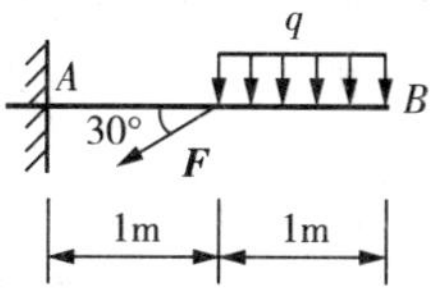

习题 3-7 图

3-8　水平梁 AB 由铰链 A 和杆 BC 所支持，如图所示。在梁上 D 处用销子安装一半径为 $r=0.1\text{m}$ 的滑轮。跨过滑轮的绳子一端水平地系于墙上，另一端悬挂有重 $W=1800\text{N}$ 的重物。如 $AD=0.2\text{m}$，$BD=0.4\text{m}$，$\alpha=45°$，且不计梁、杆、滑轮和绳子的重量。求铰链 A 和杆 BC 对梁的约束力。

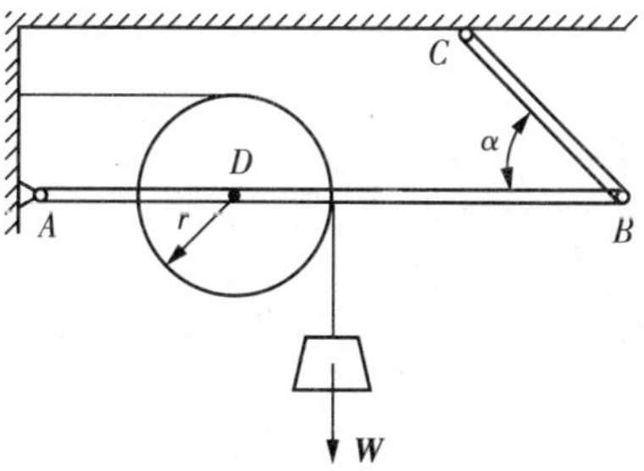

习题 3-8 图

3-9　外伸梁的支承和载荷如图所示。已知 $F=2\text{kN}$，$M=2.5\text{kN}\cdot\text{m}$，$q=1\text{kN/m}$。不计梁重，求梁的支座约束力。

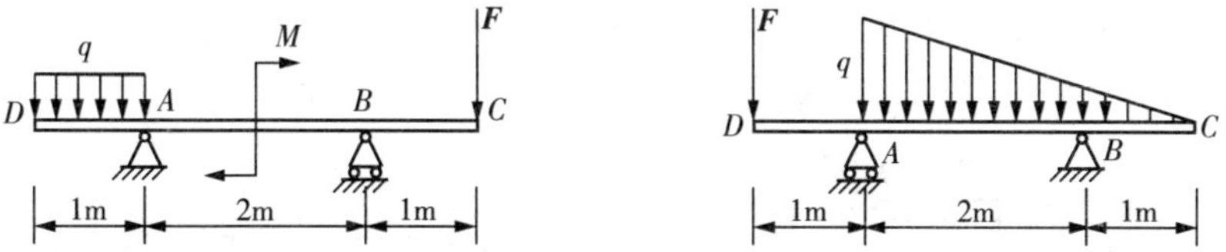

（a）　（b）

习题 3-9 图

3-10　如图所示，铁路式起重机重 $W=500\text{kN}$，其重心在离右轨 1.5m 处。起重机的起重量为 $W_1=250\text{kN}$，突臂伸出离右轨 10m。跑车本身重量忽略不计，欲使跑车满载或空载时起重机均不致翻倒，求平衡锤的最小重量 W_2 以及平衡锤到左轨的最大距离 x。

3-11　梁 AB 用三根支杆支承，如图所示。已知 $F_1=30\text{kN}$，$F_2=40\text{kN}$，$M=30\text{kN}\cdot\text{m}$，$q=20\text{N/m}$，求三根支杆的约束力。

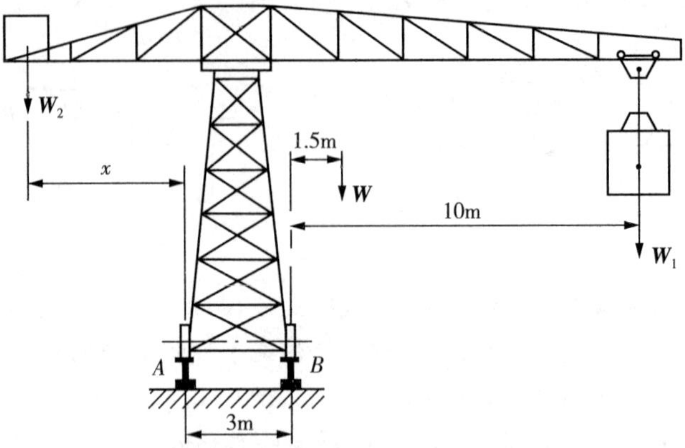

习题 3－10 图

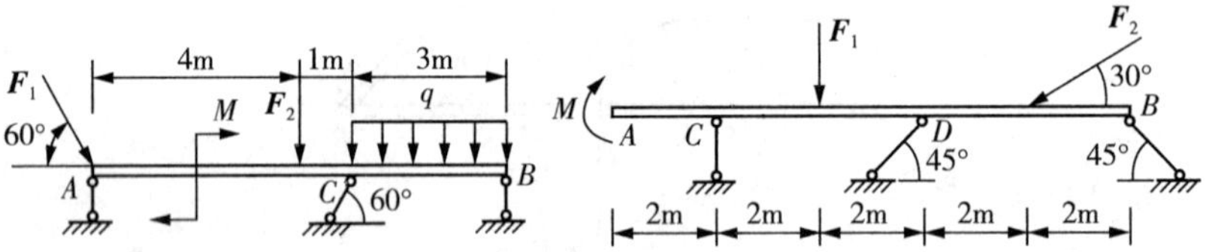

（a）　　　　　　　　　　　（b）

习题 3－11 图

3－12　在所示平面刚架中，已知 $q=3\text{kN/m}$，$F=6\sqrt{2}\,\text{kN}$，$M=10\text{kN}\cdot\text{m}$ 不计刚架自重。求固定端 A 的约束力。

3－13　平面刚架的受力及各部分如图所示，A 端为固定端约束。若图中 $\boldsymbol{q}$、$\boldsymbol{F}_1$、M、l 等均为已知，求 A 端的约束力。

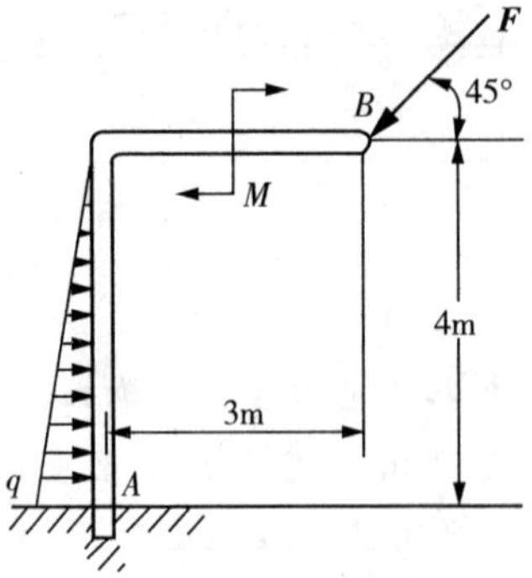

习题 3－12 图

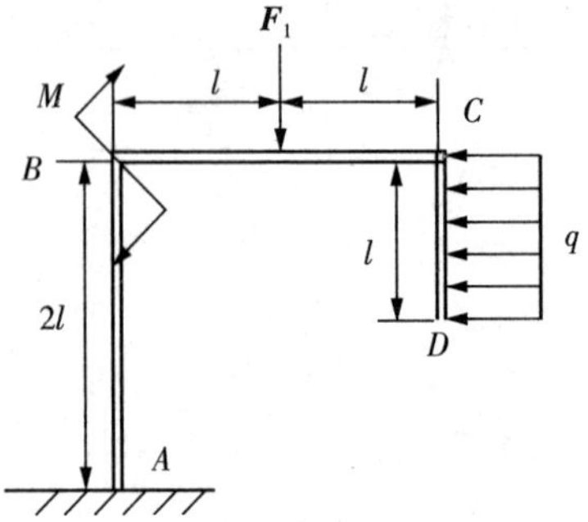

习题 3－13 图

3－14　组合梁如图所示，已知集中力 $\boldsymbol{F}$、分布载荷集度 $\boldsymbol{q}$ 和力偶矩 M，求梁的支座约束力和铰 C 处所受的力。

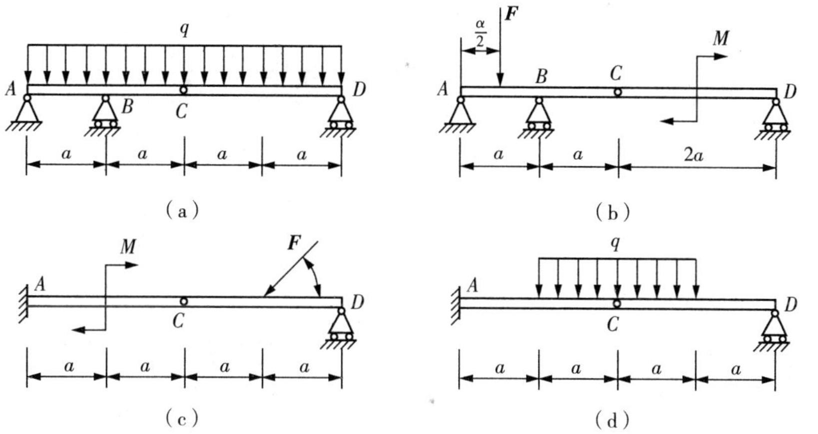

习题 3－14 图

3－15　组合梁 ACD 的约束和受力情况如图所示。已知力偶矩 $M=40\text{kN}\cdot\text{m}$，$q=10\text{kN/m}$，不计梁重。求支座 A、B、D 的约束力和铰链 C 的约束力。

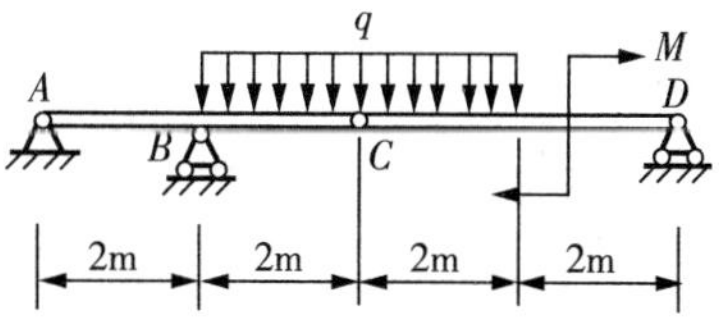

习题 3－15 图

3－16　在图示多跨梁中，各梁自重不计，已知：q、P、M、L。求：图 a 中支座 A、B、C 的约束力，图 b 中支座 A、B 的约束力。

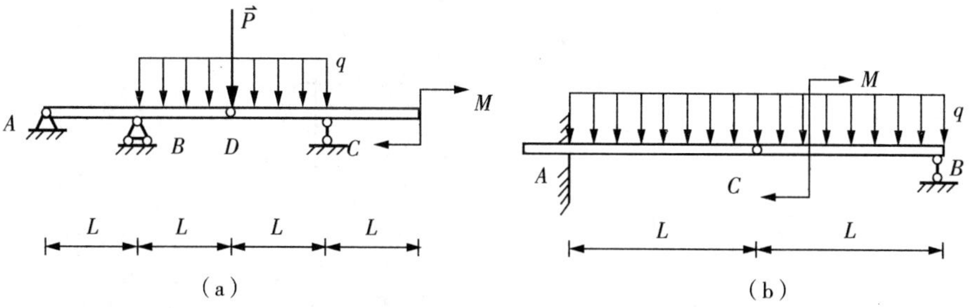

习题 3－16 图

3－17　求图示多跨静定梁的支座约束力。

3－18　三铰拱如图所示，跨度 $l=8\text{m}$，$h=4\text{m}$。求支座 A、B 的约束力。

(1) 在图 a 中，拱顶部受均布载荷 $q=20\text{kN/m}$ 作用，拱的自重忽略不计；

(2) 在图 b 中，拱顶部受集中力 $F=20\text{kN}$ 作用，拱每一部分的重量 $W=40\text{kN}$。

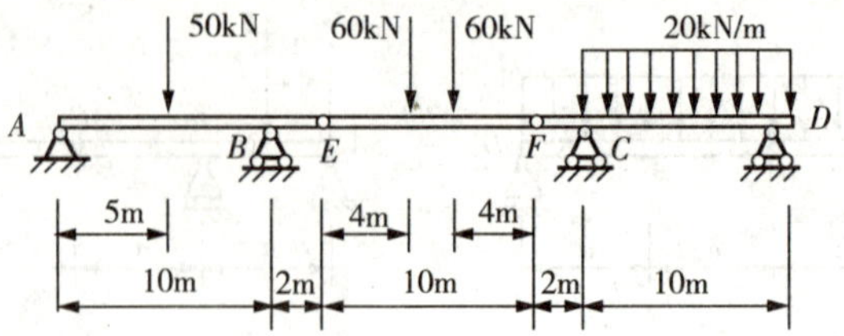

习题 3-17 图

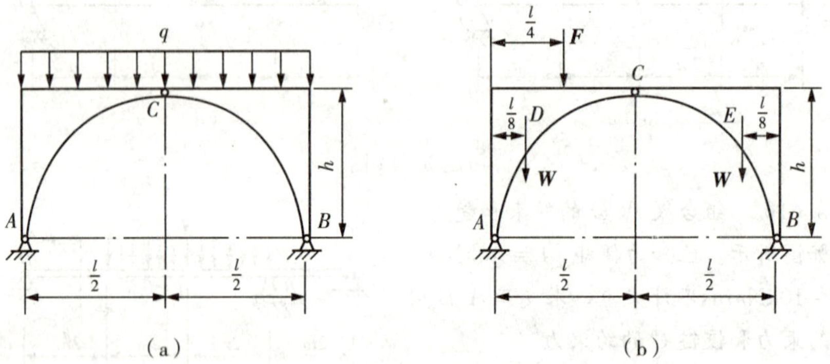

习题 3-18 图

3-19　在如图所示结构计算简图中，已知 $q=15\text{kN/m}$，求 A、B、C 铰处的约束力。

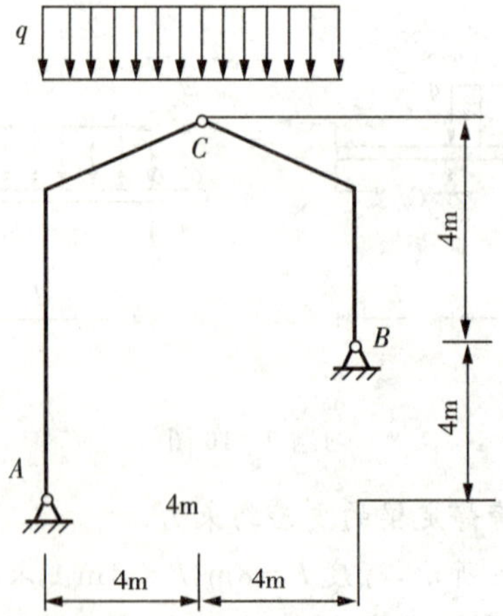

习题 3-19 图

3-20　结构如图所示，C 处为铰链，自重不计。已知：$P=100\text{kN}$，$q=$

$20\text{kN/m}, M=50\text{kN}\cdot\text{m}$。求 A、B 两支座的约束力。

3-21　如图所示平面结构，自重不计，C 处为光滑铰链。已知：$P_1=100\text{kN}, P_2=50\text{kN}, \theta=60°, q=50\text{kN/m}, L=4\text{m}$。求固定端 A 的约束力。

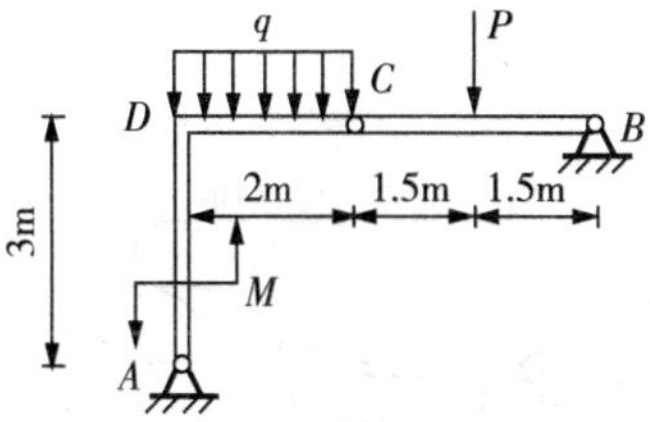

习题 3-20 图

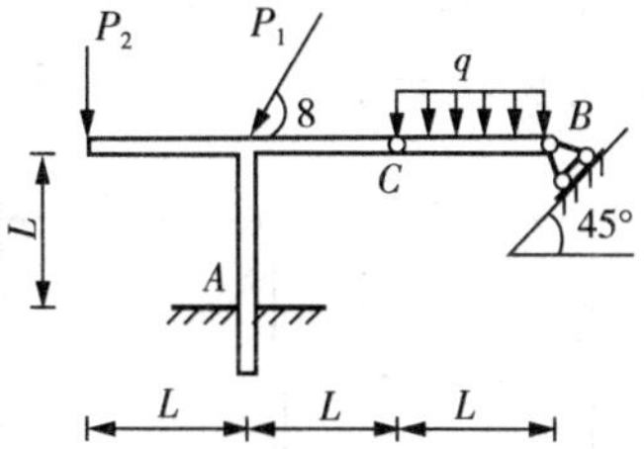

习题 3-21 图

3-22　如图所示曲柄摇杆机构，在摇杆的 B 端作用一水平阻力 R，已知：$OC=r$，$AB=L$，各部分自重及摩擦均忽略不计，欲使机构在图示位置（OC 水平）保持平衡，求在曲柄 OC 上所施加的力偶的力偶矩 M，并求支座 O、A 的约束力。

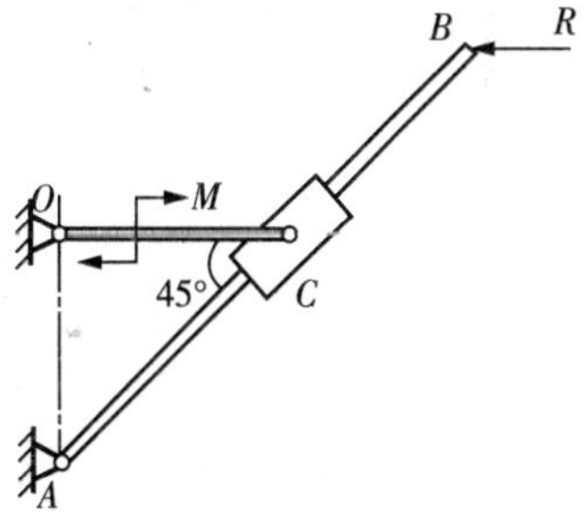

题 3-22 图

3-23　如图所示平面结构，自重不计，由 AB、BD、DFE 三杆铰接组成，已知：$P=50\text{kN}, M=40\text{kN}\cdot\text{m}, q=20\text{kN/m}, L=2\text{m}$，求固定端 A 的约束力。

3-24　如图所示结构中各杆自重不计，D、E 处为铰链，B、C 为链杆约束，A 为固定端，已知：$q_G=1\text{kN/m}, q=1\text{kN/m}, M=2\text{kN}\cdot\text{m}, L_1=3\text{m}, L_2=2\text{m}$，求支座 A、B、C 处的约束力。

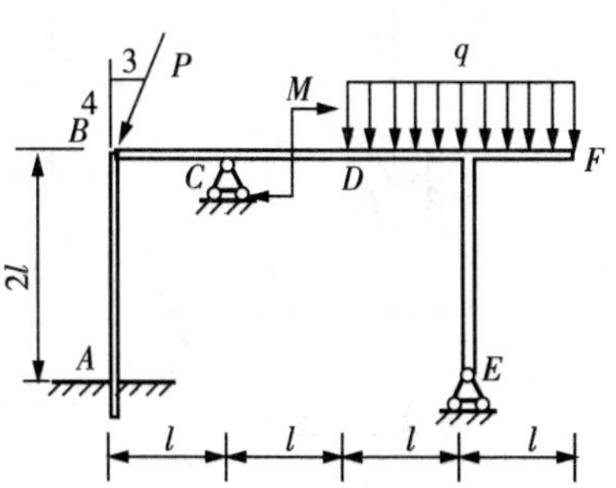

习题 3-23 图

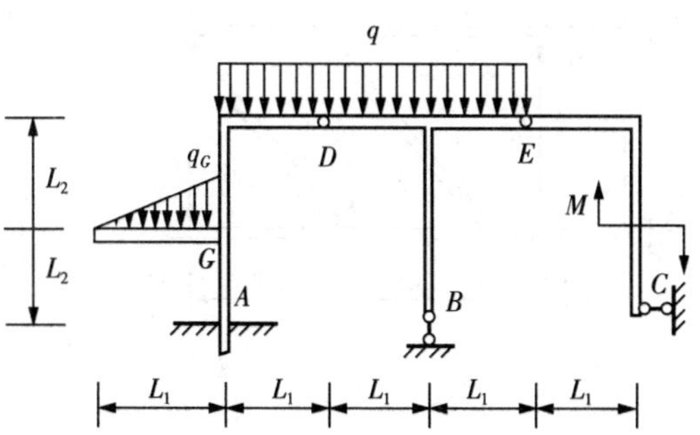

习题 3-24 图

3-25　在如图所示的构架中，物体重 $W=1200\text{N}$，由细绳跨过滑轮 E 而水平系于墙上，尺寸如图。不计杆和滑轮的重量，求支座 A、B 处的约束力和杆 BC 所受的力。

3-26　支架由两杆 AO、CE 和滑轮等组成，O、B 处为铰链，A、E 是固定铰支座，尺寸如图，已知：$r=20\text{cm}$，在滑轮上吊有重 $Q=1000\text{N}$ 的物体，杆及轮重均不计，求支座 A 和 E 以及 AO 杆上的 O 处的约束力。

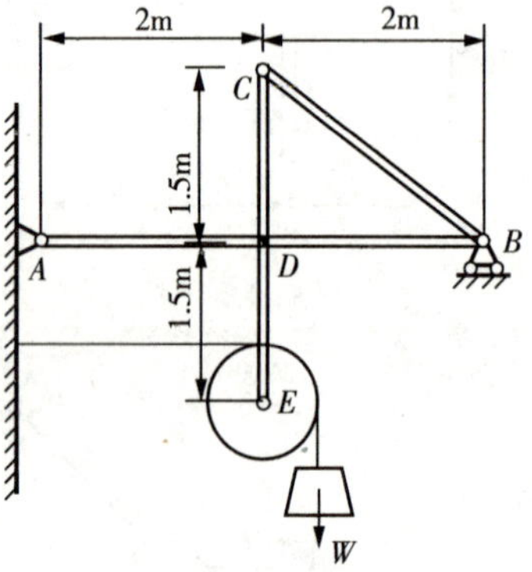

习题 3-25 图

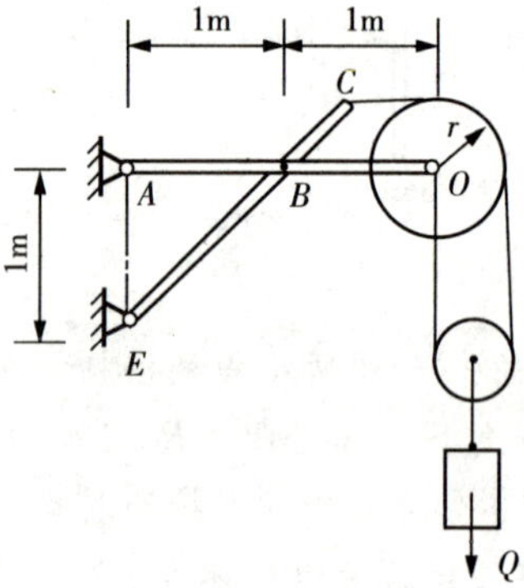

习题 3-26 图

3-27　如图所示的构架，已知 $F=1\text{kN}$，不计各杆重量，杆 ABC 与杆 DEF 平行，尺寸如图，求铰支座 A、D 的约束力。

3-28　在如图所示结构中，已知：$P_1=1\text{kN}$，$P_2=0.5\text{kN}$，$q=1\text{kN/m}$，$L_1=4\text{m}$，$L_2=3\text{m}$，各构件自重不计。求：(1) 固定端 A 的约束力；(2) 杆 BD 所受的力。

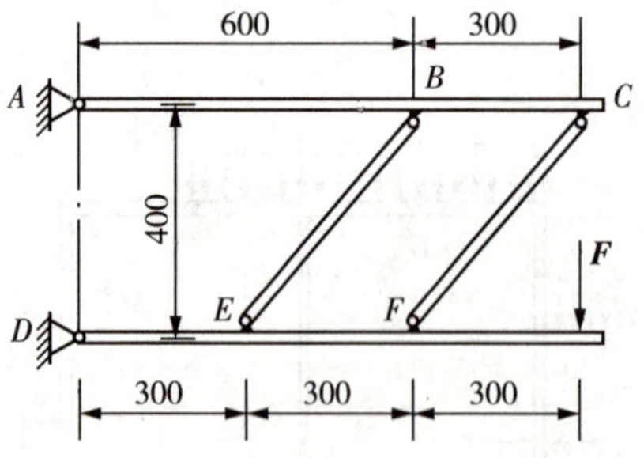

习题 3-27 图

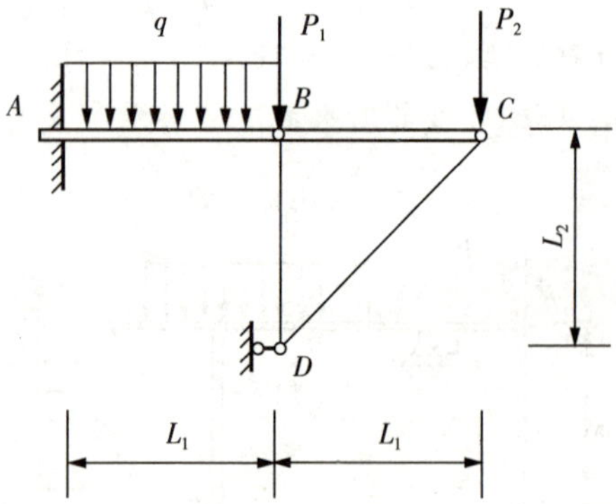

习题 3-28 图

3-29　如图所示平面结构，销钉 E 固接在水平杆 DG 上，并置于 BC 杆的光滑槽内，各杆重及各处摩擦均不计。已知：$a=2\text{m}$，$F_1=10\text{kN}$，$F_2=20\text{kN}$，$M=30\text{kN}\cdot\text{m}$，求固定端 A、活动铰支座 B 及铰 C 的约束力。

3-30　结构尺寸如图，B、C 为光滑铰链，各构件自重不计，已知 $P=2\text{kN}$，$M=4\text{kN}\cdot\text{m}$，$q=4\text{kN/m}$，求固定端 D 及支座 A 的约束力。

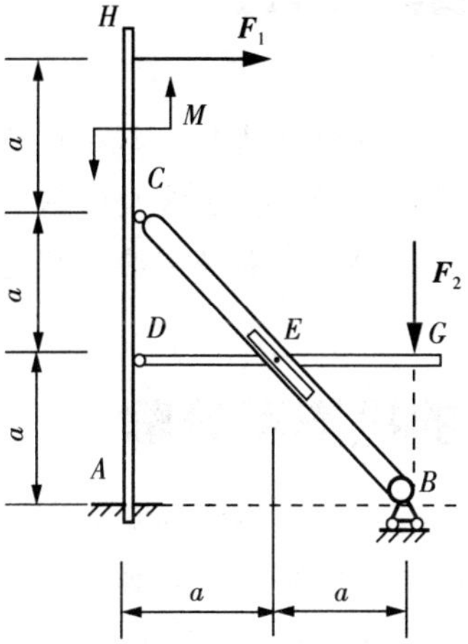

习题 3-29 图

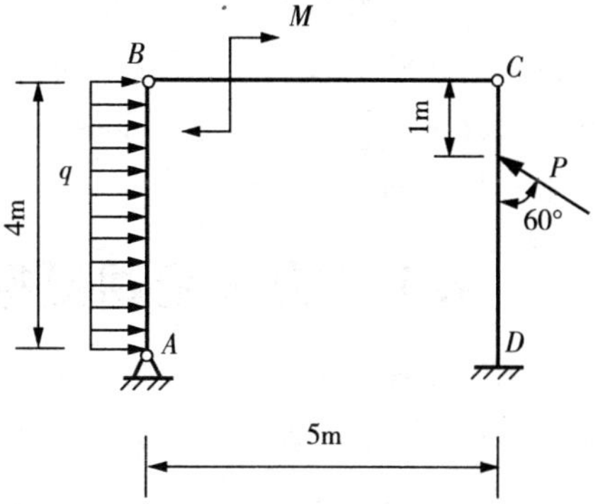

习题 3-30 图

第 4 章　空间力系

空间力系是最一般、最普遍的力系，平面力系是其特殊情况。本章在研究平面力系的基础上，进一步研究空间力系的简化和平衡问题，所涉及的基本理论和方法仅是平面力系的进一步推广。另外，本章还将介绍物体重心的概念和确定重心位置的方法。

4.1　力在空间坐标轴上的投影和分解

作用于物体上的力系，当各力的作用线呈空间分布，且不能简化到同一平面时，称之为空间力系。在工程实际中，有许多问题都属于这种情况。如图 4－1 所示的车床主轴，其上作用有刀具的切削力 $\boldsymbol{F}_x$、$\boldsymbol{F}_y$、$\boldsymbol{F}_z$、齿轮的圆周力 $\boldsymbol{F}_t$、径向力 $\boldsymbol{F}_r$ 以及轴承 A、B 处的约束力，这些力构成一个空间力系。

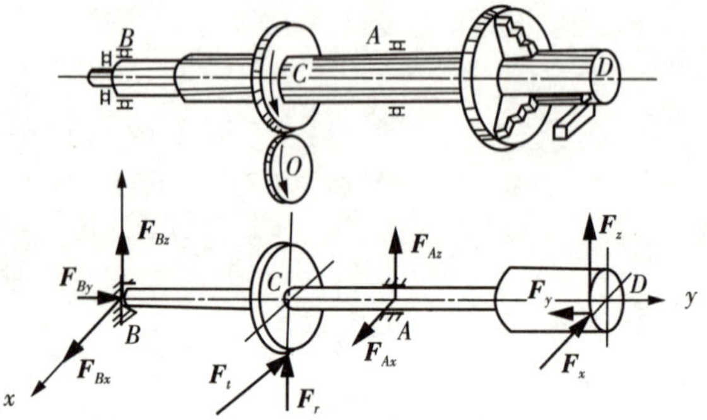

图 4－1

与研究平面力系相似，研究空间力系时，同样需要计算力在空间直角坐标轴上的投影。

4.1.1　力在直角坐标轴上的投影

在平面力系中，常将作用于物体上某点的力向坐标轴 x、y 上投影。同理，在空间力系中，也可将作用于空间某一点的力向坐标轴 x、y、z 上投影。具体作法如下：

(1) 直接投影法

如图 4－2a 所示，当力 $\boldsymbol{F}$ 与空间直角坐标系三个坐标轴正向的夹角已经确定，则可直接将力 $\boldsymbol{F}$ 向三个坐标轴投影，得

$$\left.\begin{aligned} F_x &= F\cos\alpha \\ F_y &= F\cos\beta \\ F_z &= F\cos\gamma \end{aligned}\right\} \tag{4-1}$$

其中，α、β、γ 分别为力 $\boldsymbol{F}$ 与 x、y、z 三坐标轴正向的夹角。

(2) 二次投影法

当力 $\boldsymbol{F}$ 与 x、y 坐标轴间的夹角不易确定时，可先将力 $\boldsymbol{F}$ 投影到坐标平面 xoy 上，得投影 F_{xy}，进一步再将 F_{xy} 向 x、y 轴上投影，如图 4-2b 所示。设 γ 为力 $\boldsymbol{F}$ 与 z 轴正向的夹角，φ 为 F_{xy} 与 x 轴正向之间的夹角，则力 $\boldsymbol{F}$ 在三个坐标轴上的投影为

$$\left.\begin{aligned} F_x &= F_{xy}\cos\varphi = F\sin\gamma\cos\varphi \\ F_y &= F_{xy}\sin\varphi = F\sin\gamma\sin\varphi \\ F_z &= F\cos\gamma \end{aligned}\right\} \tag{4-2}$$

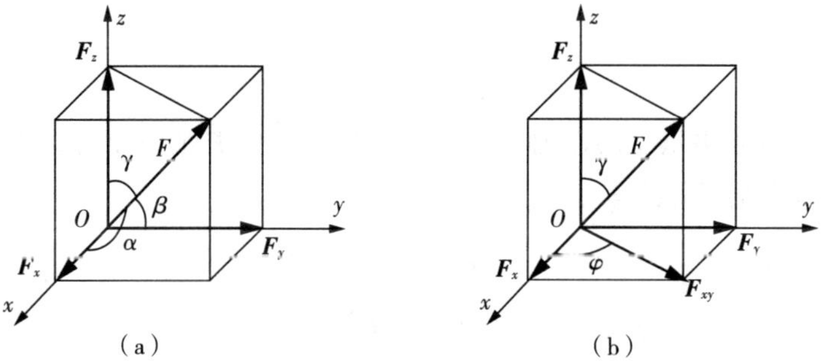

图 4-2

具体计算时，可根据问题的实际情况选择一种适当的投影方法。

力和它在坐标轴上的投影是一一对应的。如果已知力 $\boldsymbol{F}$ 的大小和方向，则它在选定的坐标系的三个轴上的投影是确定的；反之，如果已知力 $\boldsymbol{F}$ 在三个坐标轴上的投影 F_x、F_y、F_z 的值，则力 $\boldsymbol{F}$ 的大小和方向余弦也可以求出，其形式如下：

$$F = \sqrt{F_x^2 + F_y^2 + F_z^2}$$

$$\left.\begin{aligned} \cos\alpha &= \frac{F_x}{F} \\ \cos\beta &= \frac{F_y}{F} \\ \cos\gamma &= \frac{F_z}{F} \end{aligned}\right\} \tag{4-3}$$

其中，α、β、γ 分别为力 $\boldsymbol{F}$ 与 x、y、z 三坐标轴正向的夹角。

须注意，力在坐标轴上的投影为代数量。其正负号，要根据投影的方向与坐标轴正向是否一致来判断，一致时投影为正，反之为负。

4.1.2 力沿直角坐标轴的分解

如图 4-3 所示，设力 $\boldsymbol{F}$ 沿直角坐标轴的分力分别为 $\boldsymbol{F}_x$、$\boldsymbol{F}_y$、$\boldsymbol{F}_z$，则

$$\boldsymbol{F}=\boldsymbol{F}_x+\boldsymbol{F}_y+\boldsymbol{F}_z$$

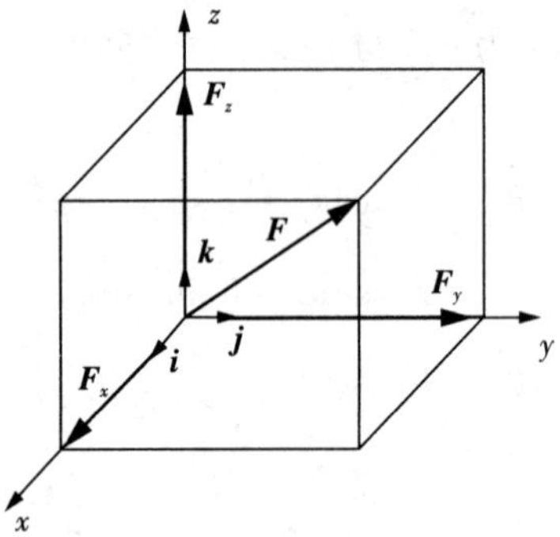

图 4-3

其中 $\boldsymbol{i}$,$\boldsymbol{j}$,$\boldsymbol{k}$,分别表示 x,y,z 轴的正向单位矢量。力 $\boldsymbol{F}$ 的三个分力可以用它在三个相应轴上的投影来表示：

$$\left.\begin{aligned}&\boldsymbol{F}_x=F_x\boldsymbol{i},\quad \boldsymbol{F}_y=F_y\boldsymbol{j},\quad \boldsymbol{F}_z=F_z\boldsymbol{k}\\ \text{则}\quad &\boldsymbol{F}=F_x\boldsymbol{i}+F_y\boldsymbol{j}+F_Z\boldsymbol{k}\end{aligned}\right\}\tag{4-4}$$

式(4-4)称为力 $\boldsymbol{F}$ 的解析表达式。

【例 4-1】 在边长为 a 的正六面体的对角线上作用一力 $\boldsymbol{F}$，如图 4-4a 所示。求该力分别在 x、y、z 轴上的投影。

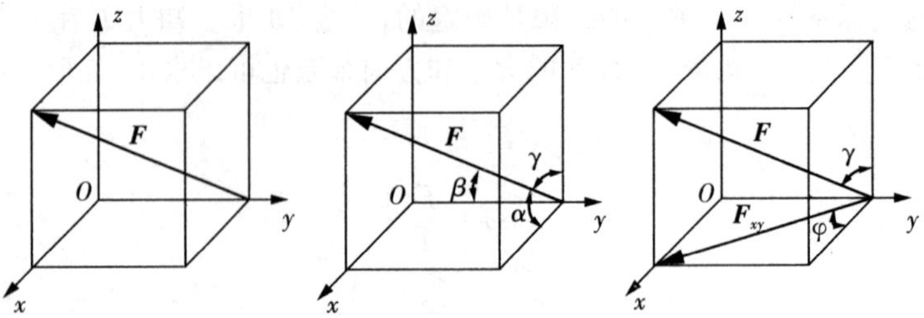

(a) (b) (c)

图 4-4

【解】 如图4-4b所示，力 $\boldsymbol{F}$ 与三个坐标轴之间的夹角分别为 α、β、γ，由空间几何关系可得

$$\cos\alpha=\frac{\sqrt{3}}{3},\quad \cos\beta=\frac{\sqrt{3}}{3},\quad \cos\gamma=\frac{\sqrt{3}}{3}$$

代入式(4-1)，得力在三个坐标轴的投影为

$$F_x=F\cos\alpha=\frac{\sqrt{3}}{3}F,\quad F_y=-F\cos\beta=\frac{-\sqrt{3}}{3}F,\quad F_z=F\cos\gamma=\frac{\sqrt{3}}{3}F$$

显然，上面是应用直接投影法计算的，当然也可应用二次投影法。

如图4-4c所示，力 $\boldsymbol{F}$ 与 z 轴正向之间的夹角为 γ，其在 oxy 面上的投影 Fxy 与 x 轴正向之间的夹角为 φ，由空间几何关系可得

$$\sin\gamma=\frac{\sqrt{2}\,a}{\sqrt{3}\,a}=\sqrt{\frac{2}{3}},\quad \cos\gamma=\frac{a}{\sqrt{3}\,a}=\frac{\sqrt{3}}{3},\quad \sin\varphi=\cos\varphi=\frac{\sqrt{2}}{2}$$

代入式(4-2)，则力在三轴上的投影为

$$F_x=F\sin\gamma\cos\varphi=\frac{\sqrt{3}}{3}F,\quad F_y=-F\sin\gamma\sin\varphi=-\frac{\sqrt{3}}{3}F,\quad F_z=F\cos\gamma=\frac{\sqrt{3}}{3}F$$

无疑，两种方法的计算结果完全相同。

4.2 空间汇交力系

如果一个空间力系的各个力的作用线汇交于同一点，则该力系即为空间汇交力系。本节研究空间汇交力系的合成与平衡问题。

4.2.1 空间汇交力系的合成

仿照平面汇交力系的做法，将平面汇交力系的合成法则扩展到空间，即：空间汇交力系可以合成为一个合力，合力的作用线通过汇交点，合力矢为

$$\boldsymbol{F}_{\mathrm{R}}=\sum\boldsymbol{F}_i=\boldsymbol{F}_1+\boldsymbol{F}_2+\cdots+\boldsymbol{F}_n$$

也可以用几何法求合力，但由于力多边形是空间图形，不便于应用，一般采用解析法。

根据合力投影定理，合力 $\boldsymbol{F}_{\mathrm{R}}$ 在任意轴上的投影等于力系中各力在同一轴上投影的代数和，有：

$$\left.\begin{aligned} F_{Rx} &= \sum_{i=1}^{n} F_{ix} = \sum F_x \\ F_{Ry} &= \sum_{i=1}^{n} F_{iy} = \sum F_y \\ F_{Rz} &= \sum_{i=1}^{n} F_{iz} = \sum F_z \end{aligned}\right\}$$

为简单起见，用 $\sum F_x$、$\sum F_y$ 分别表示各分力在 x 和 y 轴上投影的代数和。

由此可确定合力 $\boldsymbol{F}_R$ 的大小和方向：

$$F_R = \sqrt{(\sum F_x)^2 + (\sum F_y)^2 + (\sum F_z)^2}$$

$$\cos\alpha = \frac{\sum F_x}{F_R}$$

$$\cos\beta = \frac{\sum F_y}{F_R}$$

$$\cos\gamma = \frac{\sum F_z}{F_R} \tag{4-5}$$

其中，α、β、γ 分别是合力 $\boldsymbol{F}_R$ 与 x、y、z 轴正向之间的夹角。

4.2.2 空间汇交力系的平衡

空间汇交力系平衡的必要和充分条件是该力系的合力等于零，即：

$$\sum F_i = 0$$

要使上式成立，须

$$\left\{\begin{aligned} \sum F_x &= 0 \\ \sum F_y &= 0 \\ \sum F_z &= 0 \end{aligned}\right. \tag{4-6}$$

即，空间汇交力系平衡的解析条件是：力系中各力在直角坐标系中每一轴上投影的代数和都等于零。式(4-6)即为空间汇交力系的平衡方程，是相互独立的方程。

应用解析法求解空间汇交力系的平衡问题，其步骤与平面汇交力系问题相同，只不过需列出三个平衡方程，可求解三个未知量。

【例 4-2】 如图 4-5a 所示，三角支架由三杆 AB、AC 和 AD 铰接而成，三根杆分别用球铰支座 B、C 和 D 固定在地面上，设铰 A 上悬挂一重物，$P=500\text{N}$，结构尺寸 $a=2\text{m}$，$b=3\text{m}$，$c=1.5\text{m}$，$h=2.5\text{m}$，若杆的自重均不计，求各杆所受的力。

【解】 取 A 铰为研究对象。由题中条件可知，AB、AC 和 AD 杆均为二力杆。这样，作用于 A 铰上的力构成一空间汇交力系，受力如图 4-6b 所示。

建立坐标系如图所示。列平衡方程

$$\sum F_x=0,\quad F_{AC}\cos\gamma\sin\alpha-F_{AD}\cos\gamma\sin\alpha=0$$

$$\sum F_y=0,\quad -F_{AC}\cos\gamma\cos\alpha-F_{AD}\cos\gamma\cos\alpha-F_{AB}\cos\beta=0$$

$$\sum F_z=0,\quad -F_{AC}\sin\gamma-F_{AD}\sin\gamma-F_{AB}\sin\beta-P=0$$

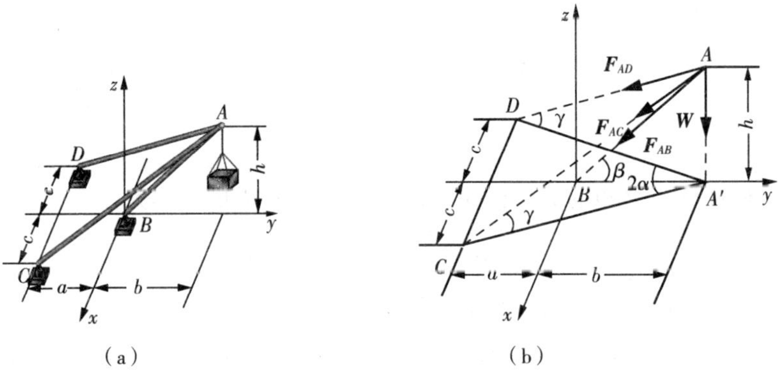

图 4-5

求解上面的三个平衡方程，得

$$F_{AD}=F_{AC}=869\text{N},\quad F_{AB}=-1950\text{N}$$

F_{AD}、F_{AC} 为正值，说明图中 F_{AD}、F_{AC} 假设的方向与实际方向一致，AC 杆、AD 杆受拉力。F_{AB} 为值负，说明图中 F_{AB} 假设的方向与实际方向相反，AB 杆受压力。

4.3　空间力对点之矩与对轴之矩

4.3.1　空间力对点之矩

在平面问题中，力 $\boldsymbol{F}$ 与矩心 O 在同一平面内，用代数量 $M_O(\boldsymbol{F})$ 就能够概括

力对 O 点之矩的全部要素。但在空间问题中，由于各力与矩心 O 所组成的平面（力矩的作用面）可能不同，从而导致各力使刚体绕同一点转动的方位也可能不同。因此，决定空间力对矩心转动效应的要素，不仅包括力矩的大小和转向，还应包括力矩作用面的方位。代数量不能完整表示这三个因素，这三个因素可以用一个矢量来表示：矢量的模等于力的大小与矩心到力作用线的垂直距离 h（力臂）的乘积；矢量的方位与该力和矩心组成的平面的法线的方位相同（即垂直于力矩的作用面）；矢量的指向与物体由该力所引起的转向符合右手螺旋规则，如图 4－6 所示。

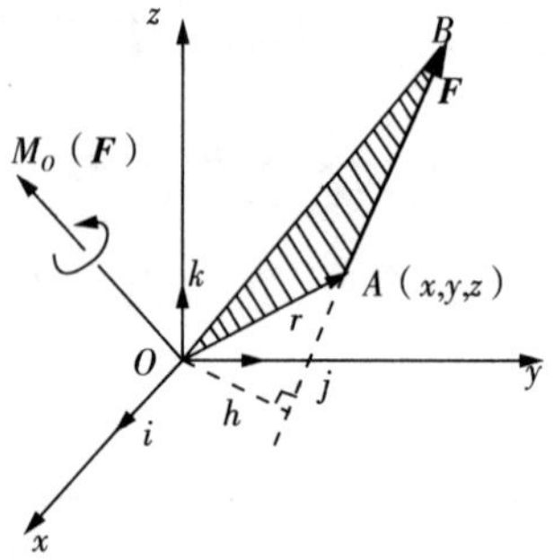

图 4－6

力 $\boldsymbol{F}$ 对 O 点之矩的矢量记作 $\boldsymbol{M}_O(\boldsymbol{F})$。则力矩矢的大小为

$$|\boldsymbol{M}_O(\boldsymbol{F})| = Fh = 2\Delta OAB$$

其中，ΔOAB 为三角形 OAB 的面积。

由以上定义可见，力矩矢 $\boldsymbol{M}_O(\boldsymbol{F})$ 的大小和方向与矩心 O 的位置有关，即力矩矢 $\boldsymbol{M}_O(\boldsymbol{F})$ 是一个定位矢量。力矩矢 $\boldsymbol{M}_O(\boldsymbol{F})$ 的始端在矩心 O 点。

力矩矢 $\boldsymbol{M}_O(\boldsymbol{F})$ 还可以用另一种数学形式来表示。如图 4－6 所示，如用 $\boldsymbol{r}$ 表示 O 点到力 $\boldsymbol{F}$ 作用点 A 的矢径，则矢积 $\boldsymbol{r}\times\boldsymbol{F}$ 也是一个矢量：其大小等于 ΔOAB 面积的两倍，其方位垂直于力矩作用面，指向与力矩转向也符合右手法则。因此可得

$$\boldsymbol{M}_O(\boldsymbol{F}) = \boldsymbol{r}\times\boldsymbol{F} \tag{4-7}$$

上式为力对点之矩的矢积表达式，即：力对点的矩矢等于矩心到该力作用点的矢径与该力的矢量积。

如图 4－6 所示，以矩心 O 为原点，做空间直角坐标系 $Oxyz$。设力作用点 A 的坐标是 $A(x,y,z)$，力 $\boldsymbol{F}$ 在三个轴上的投影分别为 F_x,F_y,F_z，则矢径 $\boldsymbol{r}$ 和力 $\boldsymbol{F}$ 分别表示为

$$\boldsymbol{r}=x\boldsymbol{i}+y\boldsymbol{j}+z\boldsymbol{k}$$

$$\boldsymbol{F}=F_x\boldsymbol{i}+F_y\boldsymbol{j}+F_z\boldsymbol{k}$$

所以

$$\boldsymbol{M}_O(\boldsymbol{F})=\boldsymbol{r}\times\boldsymbol{F}=\begin{vmatrix}\boldsymbol{i} & \boldsymbol{j} & \boldsymbol{k}\\ x & y & z\\ F_x & F_y & F_z\end{vmatrix}$$

$$=(F_zy-F_yz)\boldsymbol{i}+(F_xy-F_zx)\boldsymbol{j}+(F_yx-F_xy)\boldsymbol{k} \qquad (4-8)$$

于是 $\boldsymbol{M}_O(\boldsymbol{F})$ 在 x、y、z 轴上的投影分别为

$$\left.\begin{aligned}[\boldsymbol{M}_0(\boldsymbol{F})]_x&=F_zy-F_yz\\ [\boldsymbol{M}_0(\boldsymbol{F})]_y&=F_xz-F_zx\\ [\boldsymbol{M}_0(\boldsymbol{F})]_z&=F_yx-F_xy\end{aligned}\right\} \qquad (4-9)$$

4.3.2　空间力对轴之矩

刚体绕定轴转动的情形是经常会被遇到的，为了度量力使物体绕定轴转动的作用效应，需要建立力对轴之矩的概念。这里，从用手推门的实例来引入力对轴之矩的定义。

如图 4－7a 所示，在门边的 A 点作用　力 $\boldsymbol{F}$，为了研究力 $\boldsymbol{F}$ 使门绕 z 轴转动的效应，可将力分解为两个分力 $\boldsymbol{F}_z$ 和 $\boldsymbol{F}_{xy}$，其中 $\boldsymbol{F}_z$ 与 z 轴平行，$\boldsymbol{F}_{xy}$ 与 z 轴垂直。实践证明，分力 $\boldsymbol{F}_z$ 不能使门转动，只有分力 $\boldsymbol{F}_{xy}$ 才能使门绕 z 轴转动。

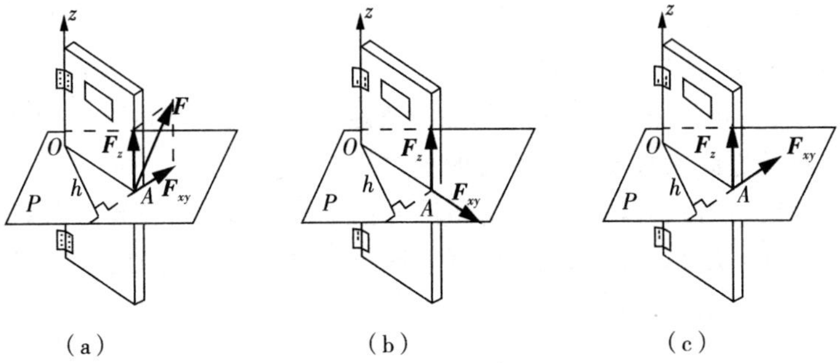

图 4－7

过 A 点作平面 P 与 z 轴垂直，并与 z 轴相交于 O 点。分力 $\boldsymbol{F}_{xy}$ 产生使门绕 z 轴转动的效应，相当于在平面 P 中力 $\boldsymbol{F}_{xy}$ 使门绕矩心 O 转动的效应。即力 $\boldsymbol{F}$ 对 z

轴之矩与其分力$\boldsymbol{F}_{xy}$对O点之矩等效，其效应强度可用力$\boldsymbol{F}_{xy}$的大小与O点到力$\boldsymbol{F}_{xy}$的作用线的距离h（力臂）的乘积来度量，其转向可用正负号加以区分。因此力对轴之矩是一个代数量，可用下式表示：

$$M_z(\boldsymbol{F})=M_O(\boldsymbol{F}_{xy})=\pm F_{xy}h \tag{4-10}$$

于是，可得力对轴之矩的定义：力对轴之矩是力使刚体绕该轴转动效应的量度，是一个代数量，其大小等于力在垂直于该轴的平面上的分力对这个平面与该轴的交点的矩；其正负号规定为：从轴的正向看，力使物体绕该轴逆时针转动时，取正号；反之取负号。正负号也可按右手法则确定：即以右手四指自然弯曲方向表示力$\boldsymbol{F}$使刚体绕轴的转动方向，则大拇指指向与轴的正向一致，取正号，反之取负号，如图 4-8 所示。

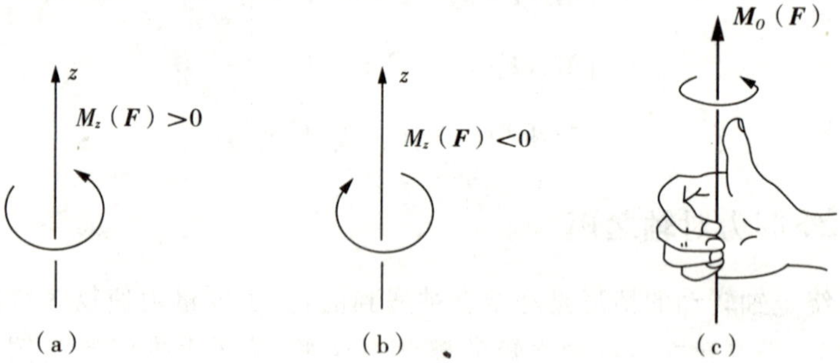

图 4-8

力对轴之矩的单位是牛·米(N·m)或千牛·米(kN·m)。

从力对轴之矩的定义容易看出：当力的作用线与轴平行($\boldsymbol{F}_{xy}=0$)或相交($h=0$)时，力对该轴的矩都必为零。即，当力的作用线与轴线共面时，力对该轴之矩为零。图 4-7 中的力$\boldsymbol{F}_z$、$\boldsymbol{F}_{xy}$都与z轴共面，因此它们对z轴之矩都为零，这两个力都不可能使门绕z轴转动。

从图 4-7c 可以看出，在平面问题中所定义的力对平面内某点O之矩，实际上就是力对通过此点且与平面垂直的轴之矩。因此平面力系的合力矩定理，也可以推广到空间力系对轴之矩的情形。可叙述为：若$\boldsymbol{F}_{\mathrm{R}}$为空间力系$\boldsymbol{F}_1$、$\boldsymbol{F}_2$、…、$\boldsymbol{F}_n$的合力，则合力$\boldsymbol{F}_{\mathrm{R}}$对某轴之矩，等于各分力对同一轴之矩的代数和，即

$$M_z(\boldsymbol{F}_{\mathrm{R}})=M_z(\boldsymbol{F}_1)+M_z(\boldsymbol{F}_2)+\cdots+M_z(\boldsymbol{F}_z) \tag{4-11}$$

在计算力对某轴之矩时，经常应用合力矩定理，将力分解为三个方向的分力，分别计算各分力对这个轴之矩，再求其代数和，即得此力对该轴之矩。

如图 4-9 所示，将作用于点$O(x,y,z)$的力$\boldsymbol{F}$沿坐标轴方向分解为$\boldsymbol{F}_x$、$\boldsymbol{F}_y$、$\boldsymbol{F}_z$三个互相垂直的分力，以F_x、F_y、F_z分别表示$\boldsymbol{F}$在三个坐标轴上的投影。则

由合力矩定理可得力 $\boldsymbol{F}$ 对 x 轴之矩：

$$\begin{aligned} M_x(\boldsymbol{F}) &= M_x(\boldsymbol{F}_x) + M_x(\boldsymbol{F}_y) + M_x(\boldsymbol{F}_z) \\ &= 0 - zF_y + yF_z \\ &= yF_z - zF_y \end{aligned}$$

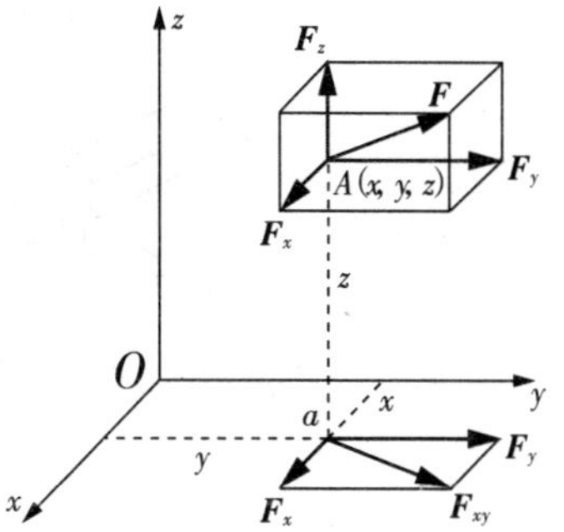

图 4-9

同理可求出 $M_y(\boldsymbol{F})$ 和 $M_Z(\boldsymbol{F})$。将此三式合写为

$$\left.\begin{aligned} M_x(\boldsymbol{F}) &= yFz - zFy \\ M_y(\boldsymbol{F}) &= zFx - xFz \\ M_Z(\boldsymbol{F}) &= xFy - yFx \end{aligned}\right\} \quad (4-12)$$

以上三式是计算力对轴之矩的解析式。式中 x,y,z,F_x、F_y、F_z 都是代数量。

4.3.3　力对点之矩与力对轴之矩的关系

比较式(4-9)和式(4-12)，我们可以建立力对点之矩与力对通过该点的轴之矩的关系：

$$\left.\begin{aligned} [\boldsymbol{M}_O(\boldsymbol{F})]_x &= M_x(\boldsymbol{F}) \\ [\boldsymbol{M}_O(\boldsymbol{F})]_y &= M_y(\boldsymbol{F}) \\ [\boldsymbol{M}_O(\boldsymbol{F})]_z &= M_Z(\boldsymbol{F}) \end{aligned}\right\} \quad (4-13)$$

即，空间力对某点的力矩矢在通过该点的任意轴上的投影，等于此力对该轴之矩。在理论分析时用力对点的矩矢较简便，而在实际计算中常用力对轴的矩，所以建立它们二者之间的关系是很有必要的。

求出了力 $\boldsymbol{F}$ 对三个坐标轴的矩之后，根据式(4-13)，即可得 $\boldsymbol{M}_O(\boldsymbol{F})$ 的大小和方向。

$$\left.\begin{aligned} & M_O(\boldsymbol{F}) = \sqrt{[M_x(\boldsymbol{F})]^2 + [M_y(\boldsymbol{F})]^2 + [M_z(\boldsymbol{F})]^2} \\ & \cos\alpha = \frac{M_x(\boldsymbol{F})}{M_O(\boldsymbol{F})}, \quad \cos\beta = \frac{M_y(\boldsymbol{F})}{M_O(\boldsymbol{F})}, \quad \cos\gamma = \frac{M_z(\boldsymbol{F})}{M_O(\boldsymbol{F})} \end{aligned}\right\} \quad (4-14)$$

其中，α、β、γ 为力矩矢与 x、y、z 轴正向的夹角。

【例 4-3】　如图 4-10 所示，铅直力 $F=500\text{N}$，作用于曲柄上。求此力对轴 x、y、z 之矩及对原点 O 之矩。

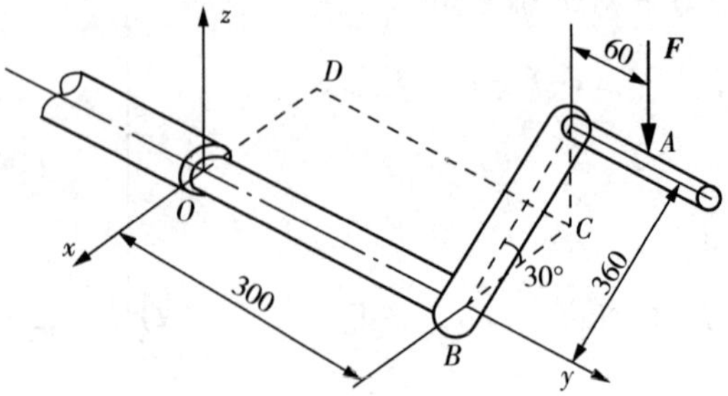

图 4-10

【解】　首先，根据力对轴之矩的定义，求出力 $\boldsymbol{F}$ 对轴 x、y、z 之矩：

$$M_x(\boldsymbol{F}) = -F(300+60) = -500\times 360\text{N}\cdot\text{mm} = -180\text{N}\cdot\text{mm}$$

$$M_y(\boldsymbol{F}) = -F\times 360\cos 30^\circ = -500\times 360\times\frac{\sqrt{3}}{2}\text{N}\cdot\text{mm} = -155.9\text{N}\cdot\text{mm}$$

$$M_z(\boldsymbol{F}) = 0$$

由式(4-14)得力 $\boldsymbol{F}$ 对原点 O 之矩的大小为

$$|\boldsymbol{M}_O(\boldsymbol{F})| = \sqrt{(-180)^2+(-155.9)^2}\text{N}\cdot\text{mm} = 238.1\text{N}\cdot\text{mm}$$

其方向余弦为

$$\cos\alpha = \frac{-180}{238.1} = -0.756 \quad \cos\beta = \frac{-155.9}{238.1} = -0.6548 \quad \cos\gamma = 0$$

可见，$\boldsymbol{M}_O(\boldsymbol{F})$ 位于 Oxy 平面内的第三象限，它与 x、y 轴正向间的夹角分别为

$$\alpha = \arccos(-0.7560) = 180^\circ + 40.9^\circ = 220.9^\circ$$

$$\beta = \arccos(-0.6548) = 180^\circ - 49.1^\circ = 130.9^\circ$$

本题也可先求出力在三坐标轴上的投影及力作用点 A 的坐标 x、y、z，再代入式(4-12)求出力 $\boldsymbol{F}$ 对各坐标轴之矩，请自行计算。

4.4　空间力偶系

4.4.1　力偶矩矢

在平面问题中，力偶对刚体的转动效应，取决于代数量力偶矩 M。但在空间问题中，由于各力偶的作用平面可能不同，导致各力偶使刚体转动的方位也

可能不同。如图 4-11 所示的三个力偶，分别作用在三个同样的物块上，力偶矩都等于 200N·m。前两个力偶的转向相同，作用面相互平行，能够使物块绕 x 轴转动，显然，这两个力偶对物体的转动效应相同（见图 4-11a、b）。第三个力偶作用在如图 4-11c 所示平面上，虽然其力偶矩大小与前两个力偶相同，但它使物块绕 y 轴转动，显然与前两个力偶对物块的转动效应不同。

因此，空间力偶对刚体的转动效应，除了与力偶矩大小有关外，还与其作用面的方位及力偶的转向有关。

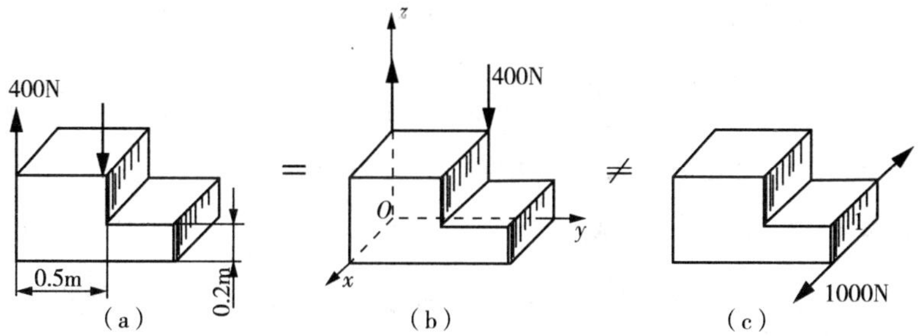

图 4-11

由此可见，空间力偶对刚体的转动效应决定于下面三个要素：

(1) 力偶矩的大小；

(2) 力偶作用面的方位；

(3) 力偶的转向。

空间力偶的三要素可用一个矢量表示，称为力偶矩矢，记作 $\boldsymbol{M}$ 或 $\boldsymbol{M}(\boldsymbol{F},\boldsymbol{F}')$。其表示方法为：力偶矩矢 $\boldsymbol{M}$ 的长度表示力偶矩的大小；其方位与力偶作用面的法线方位相同（即垂直于力偶的作用面）；其指向与力偶的转向符合右手螺旋法则。即，以力偶的转向为右手螺旋的转动方向，则拇指的方向即为力偶矩矢的指向；或从力偶矩矢的末端看去，力偶的转向应是逆时针转向，如图 4-12c 所示。力偶对刚体的作用完全由力偶矩矢所决定。

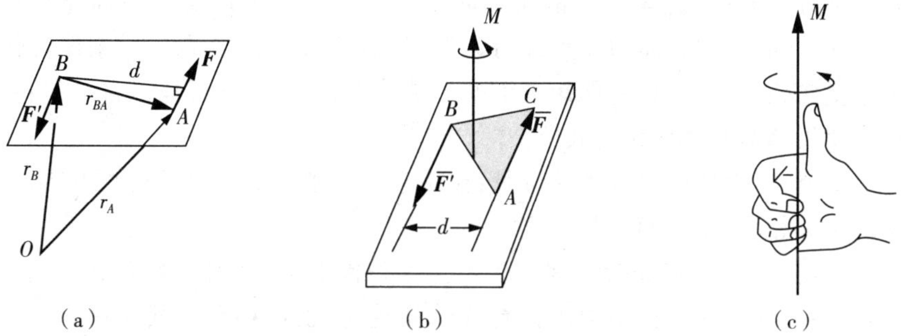

图 4-12

下面讨论力偶矩矢的定义。如图 4-12a 所示，空间力偶($\boldsymbol{F},\boldsymbol{F}'$)的力偶臂为 d，力偶中的两个力对空间任一点 O 的矩的矢量和，以 $\boldsymbol{M}_O(\boldsymbol{F},\boldsymbol{F}')$ 表示：

$$\boldsymbol{M}_O(\boldsymbol{F},\boldsymbol{F}') = \boldsymbol{M}_O(\boldsymbol{F}) + \boldsymbol{M}_O(\boldsymbol{F}') = \boldsymbol{r}_A \times \boldsymbol{F} + \boldsymbol{r}_B \times \boldsymbol{F}'$$

其中，$\boldsymbol{r}_A$ 与 $\boldsymbol{r}_B$ 分别为由 O 点到两个力的作用点 A，B 的矢径。将 $\boldsymbol{F}' = -\boldsymbol{F}$ 代入上式，可得

$$\boldsymbol{M}_O(\boldsymbol{F},\boldsymbol{F}') = \boldsymbol{r}_A \times \boldsymbol{F} + \boldsymbol{r}_B \times \boldsymbol{F}' = (\boldsymbol{r}_A - \boldsymbol{r}_B) \times \boldsymbol{F} = (\boldsymbol{r}_A - \boldsymbol{r}_B) \times \boldsymbol{F} = \boldsymbol{r}_{BA} \times \boldsymbol{F}$$

其中，$\boldsymbol{r}_{BA} \times \boldsymbol{F}$ 的大小等于 Fd；$\boldsymbol{r}_{BA} \times \boldsymbol{F}$ 的方位和指向与力偶($\boldsymbol{F},\boldsymbol{F}'$)的力偶矩矢 $\boldsymbol{M}$ 一致。

考虑到 O 点是任意选择的，以上计算表明：力偶对空间任一点的力矩矢都等于力偶矩矢，与矩心位置无关。所以可定义力偶矩矢如下：

$$\boldsymbol{M} = \boldsymbol{M}(\boldsymbol{F},\boldsymbol{F}') = (\boldsymbol{r}_A - \boldsymbol{r}_B) \times \boldsymbol{F} \tag{4-15}$$

由图 4-13b 所示，空间力偶($\boldsymbol{F},\boldsymbol{F}'$)的力偶臂为 d，则空间力偶矩的大小为

$$M = Fd = 2A\Delta ABC$$

应该指出，由于力偶可以在同平面内任意移转，而不改变它对刚体的作用效果，故力偶矩矢可以平行搬移，且不需要确定它的初端位置，这样的矢量称为自由矢量。

4.4.2 空间力偶的等效条件

在平面力偶理论中，我们已经证明，力偶矩相等的两个力偶等效。对空间力偶，我们同样可以证明，力偶矩矢相等的两个力偶等效。实践经验还告诉我们，力偶的作用面也可以平移。例如用螺丝刀拧螺钉时，只要力偶矩的大小和力偶的转向保持不变，长螺丝刀或短螺丝刀的效果是一样的。即力偶的作用面可以垂直于螺丝刀的轴线平行移动，而并不影响拧螺钉的效果。又如图 4-11a、b 所示的两个力偶既然等效，故可将其认为是同一个力偶的作用面作平行移动。由此可知，空间力偶的作用面可以平行移动，而不改变力偶对刚体的作用效果。换句话说，在保持力偶矩矢不变的条件下，空间力偶可任意移动和转动，而不改变力偶对刚体的作用效应。

综上所述，力偶的等效条件可是：作用于同一刚体上的两个空间力偶，如果其力偶矩矢相等，则它们彼此等效。

这一定理表明：在保持力偶矩矢不变的条件下，可同时改变力和力偶臂的大小，空间力偶可在其作用面内任意移动和转动，也可移至与其作用面平行的任意平面上，而不改变力偶对刚体的作用效应。应该指出，该结论只适用于研

究力偶的运动效应，不适用于变形效应。可见，力偶矩矢是空间力偶对刚体作用效应的唯一度量。

4.4.3　空间力偶系的合成与平衡

由于力偶矩矢是自由矢量，所以可将空间力偶系中的每一个力偶矩矢都平行移动至空间同一点。然后，根据矢量合成定理，空间力偶系也可以合成，即：在空间任意分布的力偶系，可以合成为一个合力偶，合力偶矩矢等于各分力偶矩矢的矢量和。即

$$\boldsymbol{M}=\sum \boldsymbol{M}_i \tag{4-16}$$

合力偶矩矢的解析表达式为

$$\boldsymbol{M}=M_x\boldsymbol{i}+M_y\boldsymbol{j}+M_z\boldsymbol{k} \tag{4-17}$$

其中，$\boldsymbol{M}_x$、$\boldsymbol{M}_y$、$\boldsymbol{M}_z$ 为合力偶矩矢在 x、y、z 轴上的投影。将式(4-16)分别向 x、y、z 轴投影，有

$$\left.\begin{aligned}\boldsymbol{M}_x&=\boldsymbol{M}_{1x}+\boldsymbol{M}_{2x}+\cdots+\boldsymbol{M}_{nx}=\sum_{i=1}^{n}\boldsymbol{M}_{ix}=\sum\boldsymbol{M}_x\\ \boldsymbol{M}_y&=\boldsymbol{M}_{1y}+\boldsymbol{M}_{2y}+\cdots+\boldsymbol{M}_{ny}=\sum_{i=1}^{n}\boldsymbol{M}_{iy}=\sum\boldsymbol{M}_y\\ \boldsymbol{M}_z&=\boldsymbol{M}_{1z}+\boldsymbol{M}_{2z}+\cdots+\boldsymbol{M}_{nz}=\sum_{i=1}^{n}\boldsymbol{M}_{iz}=\sum\boldsymbol{M}_z\end{aligned}\right\} \tag{4-18}$$

为简单起见，用 $\sum\boldsymbol{M}_x$、$\sum\boldsymbol{M}_y$、$\sum\boldsymbol{M}_z$ 分别表示各力偶矩矢在 x、y、z 轴上投影的代数和。式(4-18)表明合力偶矩矢在 x、y、z 轴上的投影等于各力偶矩矢在相应轴上投影的代数和。

可进一步计算合力偶矩矢的大小和方向余弦，即

$$\boldsymbol{M}=\sqrt{\left(\sum\boldsymbol{M}_x\right)^2+\left(\sum\boldsymbol{M}_y\right)^2+\left(\sum\boldsymbol{M}_z\right)^2}$$

$$\left.\begin{aligned}\cos(\boldsymbol{M},\boldsymbol{i})&=\frac{\sum M_x}{M}\\ \cos(\boldsymbol{M},\boldsymbol{j})&=\frac{\sum M_y}{M}\\ \cos(\boldsymbol{M},\boldsymbol{k})&=\frac{\sum M_z}{M}\end{aligned}\right\} \tag{4-19}$$

由于空间力偶系可以等效为一个合力偶,故其平衡的必要和充分条件是:该力偶系的合力偶矩矢等于零,即所有力偶矩矢的矢量和等于零。用公式表示为

$$\sum \boldsymbol{M}_i = 0$$

由(4－19)式,可得

$$M = \sqrt{\left(\sum M_x\right)^2 + \left(\sum M_y\right)^2 + \left(\sum M_z\right)^2} = 0$$

即

$$\sum M_x = 0,\quad \sum M_y = 0,\quad \sum M_z = 0 \tag{4-20}$$

式(4－20)为空间力偶系的平衡方程。

也就是说,空间力偶系平衡的解析分条件是:该力偶系中各力偶矩矢在三个坐标轴上投影的代数和分别等于零。

式(4－20)为三个独立的平衡方程,可求解三个未知量。

4.5 空间一般力系向一点的简化

与平面一般力系相似,当空间力系中各力的作用线既不汇交于一点,又不相互平行,这种力系即为空间一般力系,简称空间力系。空间一般力系是工程中最常见、最普遍的力系。本节将研究空间力系的简化问题。

4.5.1 空间一般力系的简化

与平面一般力系的简化方法一样,应用力的平移定理,依次将作用于刚体上的空间力系的各力向简化中心 O 平移,同时附加一个相应的力偶。这样,原来的空间一般力系被分解为一个作用于 O 点的空间汇交力系和一个附加的空间力偶系,如图 4－13a、b 所示。附加力偶系中各力偶矩矢记为 $\boldsymbol{M}_1,\boldsymbol{M}_2,\cdots,\boldsymbol{M}_n$,分别等于原来的力对简化中心 O 的力矩矢,即

$$\boldsymbol{M}_i = \boldsymbol{M}_O(\boldsymbol{F}_i)$$

其中,空间汇交力系可以合成为一个合力 $\boldsymbol{F}'_{\mathrm{R}}$,合力的作用线通过 O 点,其大小和方向等于力系的主矢,即

$$\boldsymbol{F}'_{\mathrm{R}} = \sum_{i=1}^{n} \boldsymbol{F}'_i = \sum_{i=1}^{n} \boldsymbol{F}_i \tag{4-21}$$

换句话说,力系的主矢就是原力系中各力的矢量和。因此,力系的主矢与

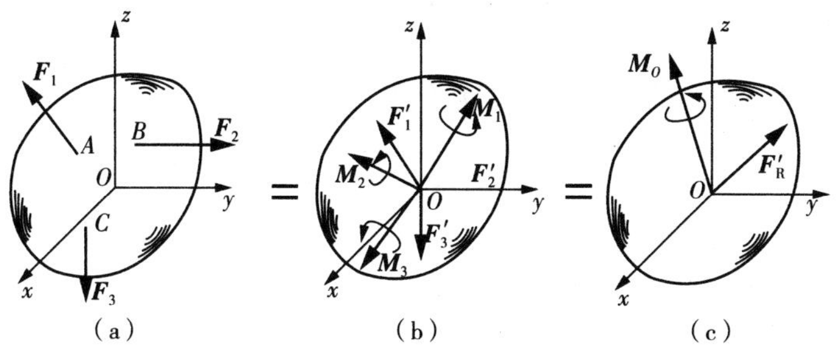

图 4-13

简化中心的位置无关。

由式(4-21),此力系主矢的大小和方向余弦为

$$F'_R=\sqrt{F'_{Rx}+F'_{Ry}+F'_{Rz}}$$

$$=\sqrt{\left(\sum F_x\right)^2+\left(\sum F_y\right)^2+\left(\sum F_z\right)^2}$$

$$\left.\begin{aligned}\cos(\boldsymbol{F}'_R,\boldsymbol{i})&=\frac{\sum F_x}{F'_R}\\\cos(\boldsymbol{F}'_R,\boldsymbol{j})&=\frac{\sum F_y}{F'_R}\\\cos(\boldsymbol{F}'_R,\boldsymbol{k})&=\frac{\sum F_z}{F'_R}\end{aligned}\right\}\tag{4-22}$$

对于附加的空间力偶系,可以合成为一个合力偶(图 4-13c)。以 $\boldsymbol{M}_O$ 表示合力偶矩矢,则

$$\boldsymbol{M}_O=\sum_{i=1}^{n}\boldsymbol{M}_i=\sum_{i=1}^{n}\boldsymbol{M}_O(\boldsymbol{F}_i)\tag{4-23}$$

由于 $\boldsymbol{M}_O$ 等于原力系中各力对 O 点之矩的矢量和,故将 $\boldsymbol{M}_O$ 称为原力系对简化中心 O 的主矩。可见,主矩一般与简化中心的位置有关。

以简化中心 O 为坐标原点建立坐标系,将主矩 $\boldsymbol{M}_O$ 向 x,y,z 轴投影,由式(4-23)可得

$$M_{Ox}=\sum M_x(F)$$

$$M_{Oy}=\sum M_y(F)$$

$$M_{Oz} = \sum M_z(F)$$

这样，主矩 $\boldsymbol{M}_O$ 的大小和方向余弦可表示为

$$M_O = \sqrt{[\sum M_x(F)]^2 + [\sum M_y(F)]^2 + [\sum M_z(F)]^2}$$

$$\left.\begin{aligned} \cos(\boldsymbol{M}_O, \boldsymbol{i}) &= \frac{\sum M_x(F)}{M_O} \\ \cos(\boldsymbol{M}_O, \boldsymbol{j}) &= \frac{\sum M_y(F)}{M_O} \\ \cos(\boldsymbol{M}_O, \boldsymbol{k}) &= \frac{\sum M_z(F)}{M_O} \end{aligned}\right\} \tag{4-24}$$

于是可得结论：空间一般力系向任一点 O 简化，可得一个力和一个力偶。这个力的大小和方向等于该力系的主矢，作用线通过简化中心 O；这个力偶的矩矢等于该力系对简化中心的主矩。主矢与简化中心的位置无关，主矩一般与简化中心的位置有关。

4.5.2 空间一般力系的简化结果

空间一般力系向任一点简化的结果可能有下列四种情况：

(1) $\boldsymbol{F}'_R = 0, \boldsymbol{M}_O = 0$

当 $\boldsymbol{F}'_R = 0, \boldsymbol{M}_O = 0$ 时，此空间任意力系平衡，这种情形将在下节详细讨论。

(2) $\boldsymbol{F}'_R = 0, \boldsymbol{M}_O \neq 0$

当 $\boldsymbol{F}'_R = 0, \boldsymbol{M}_O \neq 0$ 时，空间力系简化为一个合力偶。显然，该力偶与原力系等效，其力偶矩矢等于原力系对简化中心的主矩。由于力偶矩矢是自由矢量，因此，在 $\boldsymbol{F}'_R = 0$ 的情况下，主矩与简化中心的位置无关。

(3) $\boldsymbol{F}'_R \neq 0, \boldsymbol{M}_O = 0$

当 $\boldsymbol{F}'_R \neq 0, \boldsymbol{M}_O = 0$ 时，空间力系简化为一个合力。显然，该力与原力系等效，其作用线通过简化中心 O 点，其矢量等于力系的主矢。

(4) $\boldsymbol{F}'_R \neq 0, \boldsymbol{M}_O \neq 0$，

当 $\boldsymbol{F}'_R \neq 0, \boldsymbol{M}_O \neq 0$ 时，根据 $\boldsymbol{F}'_R$ 和 $\boldsymbol{M}_O$ 之间的几何关系，又分为三种情况。

第一种情况，$\boldsymbol{F}'_R \perp \boldsymbol{M}_0$，如图 4-14a 所示。当 $\boldsymbol{F}'_R \perp \boldsymbol{M}_0$ 时，可将主矩矢 $\boldsymbol{M}_O$ 表示为力偶 $(\boldsymbol{F}''_R, \boldsymbol{F}_R)$，并使 $\boldsymbol{F}_R = \boldsymbol{F}'_R$，如图 4-14b 所示。将力 $\boldsymbol{F}'_R$ 和力偶 $(\boldsymbol{F}''_R, \boldsymbol{F}_R)$ 进一步合成得到一个作用于 O' 点的力 $\boldsymbol{F}_R$，如图 4-14c 所示。此力即为原力系的合力，其大小和方向等于原力系的主矢，其作用线到简化中心 O 的距离为

$$d=\frac{M_O}{F_R} \tag{4-25}$$

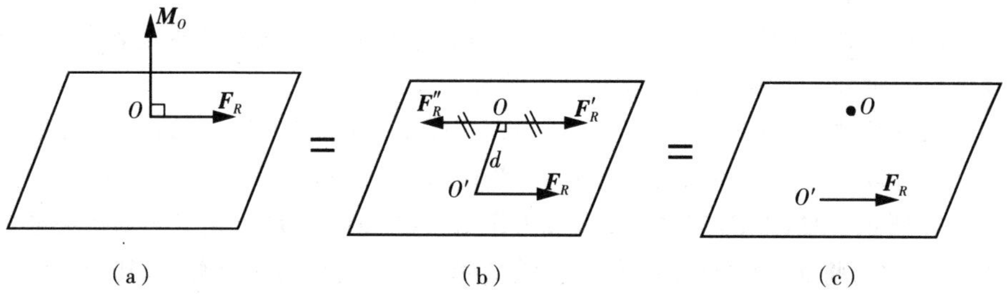

图 4 - 14

由图 4 - 15b 可知，力偶(F''_R，F_R）的矩 M_O 等于合力 F'_R对点 O 的矩，即

$$\boldsymbol{M}_O=\boldsymbol{M}_O(\boldsymbol{F}_R)$$

又根据主矩的定义：

$$\boldsymbol{M}_O=\sum \boldsymbol{M}_O(\boldsymbol{F})$$

于是，可得关系式：

$$\boldsymbol{M}_O(\boldsymbol{F}_R)=\sum \boldsymbol{M}_O(\boldsymbol{F}) \tag{4-26}$$

又根据力对点之矩与力对轴之矩的关系，把上式投影到通过 O 点的任一坐标轴，如 z 轴上，可得

$$M_z(\boldsymbol{F}_R)=\sum M_z(F) \tag{4-27}$$

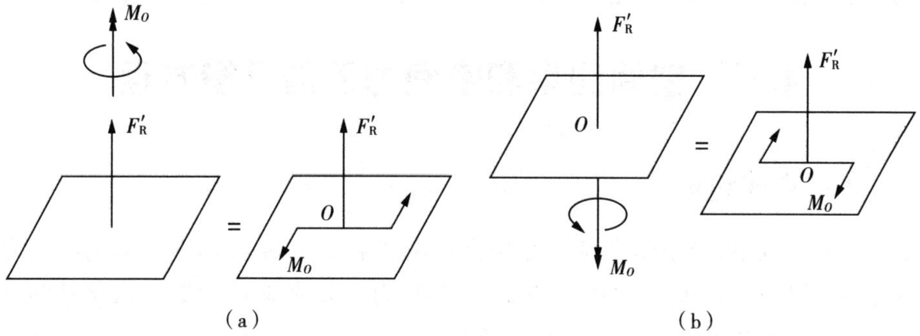

图 4 - 15

式(4-26)、(4-27)表明，空间力系的合力对于任一点(或轴)的矩等于各分

力对同一点(或轴)的矩的矢量(或代数)和。这就是空间力系的合力矩定理。

第二种情况,$\boldsymbol{F}'_{\mathrm{R}} // \boldsymbol{M}_O$,如图 4-15 所示。当$\boldsymbol{F}'_{\mathrm{R}} // \boldsymbol{M}_O$ 时,$\boldsymbol{F}'_{\mathrm{R}}$和$\boldsymbol{M}_O$ 不能进一步合成。即合成的最终结果就是由一力和一力偶组成的力系,其中的力垂直于力偶的作用面,这种力系称为力螺旋。例如,钻孔时的钻头对工件的作用,以及拧螺钉时螺丝刀对螺钉的作用都是力螺旋。

第三种情况,当 $\boldsymbol{F}'_{\mathrm{R}} \neq 0$,$\boldsymbol{M}_O \neq 0$,且两者既不平行,又不垂直,如图 4-16a 所示。此时,可将 $\boldsymbol{M}_O$ 分解为两个分力偶 $\boldsymbol{M}''_O$和 $\boldsymbol{M}'_O$,它们分别垂直和平行于 $\boldsymbol{F}'_{\mathrm{R}}$,如图 4-16b 所示。$\boldsymbol{M}''_O$和 $\boldsymbol{F}'_{\mathrm{R}}$可进一步合成为作用于$O'$ 点的力 $\boldsymbol{F}'_{\mathrm{R}}$。由于力偶矩矢是自由矢量,故可将 $\boldsymbol{M}'_O$平行移动,使之与 $\boldsymbol{F}'_{\mathrm{R}}$共线。这样便得到一力螺旋,其中心轴不通过简化中心 O,而是通过另一点 O',如图 4-16c 所示。O、O' 两点间的距离为

$$d=\frac{M_O\sin\alpha}{F'_{\mathrm{R}}} \tag{4-28}$$

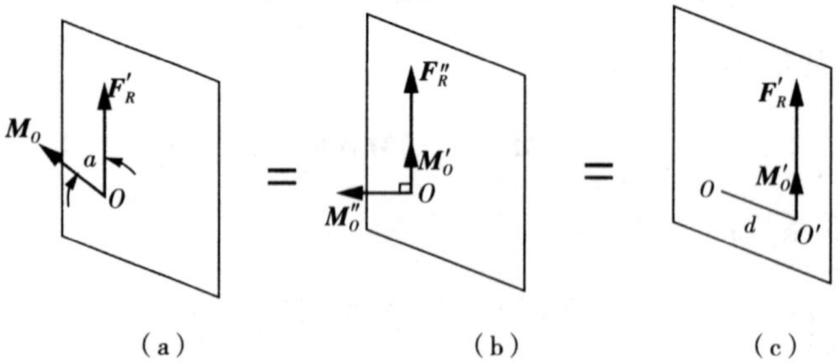

图 4-16

综上所述,空间力系合成的最终结果有四种可能:平衡力系(零力系)、合力、合力偶和力螺旋。对于特殊力系(汇交、平行、力偶系)或者给定力系,其合成结果只能是四者之一,是唯一的。一般情形下空间力系可合成为力螺旋。

4.6 空间约束和空间力系的平衡方程

4.6.1 空间约束

一般情况下,当刚体受到空间力系作用时,在每个约束处,其未知的约束力可能有 1 到 6 个。决定每种约束的未知约束力个数的基本方法是:观察被约束物体在空间可能的 6 种独立的位移中(沿 x、y、z 三轴的移动和绕此三轴的转动),有哪几种位移被约束所阻碍,阻碍移动的是约束力;阻碍转动的是约束力偶。分析空间力系的平衡方问题时,常遇到各种空间约束,现将常见的空间约

束及其相应的约束力综合列表，如表 4-1 所示。

表 4-1　空间约束的类型及其约束力举例

<table>
<tr><th colspan="2">约束类型</th><th>简图</th><th>约束力</th></tr>
<tr><td>径向轴承</td><td>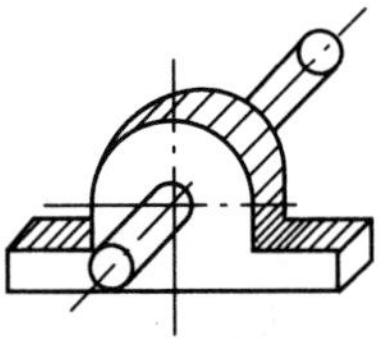</td><td></td><td rowspan="3">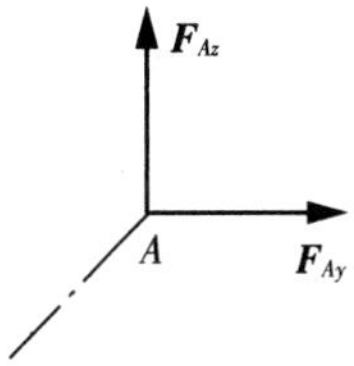
</td></tr>
<tr><td>蝶形铰链</td><td>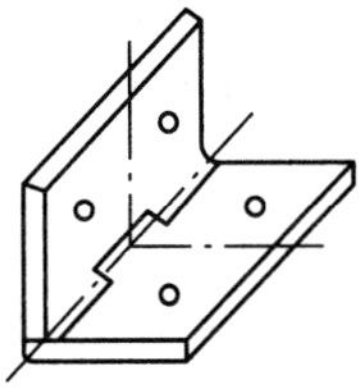</td><td>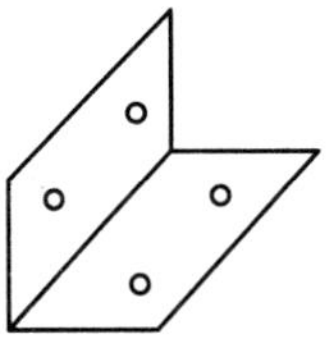</td></tr>
<tr><td>圆柱铰链</td><td>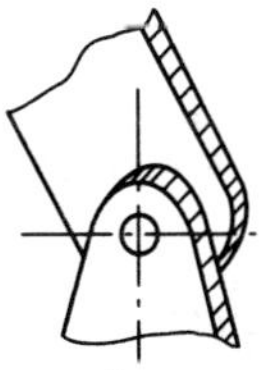</td><td></td></tr>
<tr><td>球形铰链</td><td>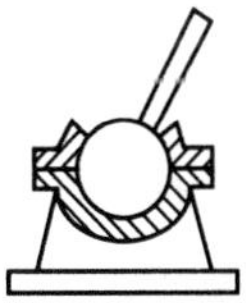</td><td>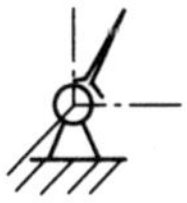</td><td rowspan="2">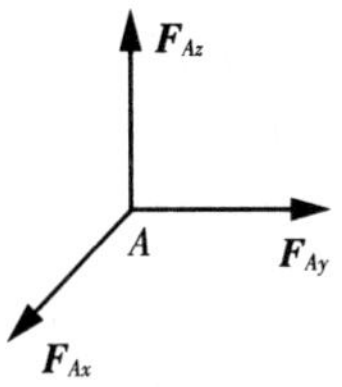
</td></tr>
<tr><td>止推轴承</td><td>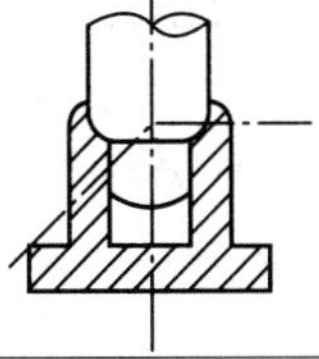</td><td>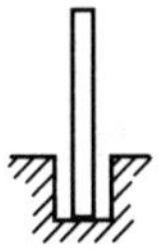</td></tr>
<tr><td>空间固定端</td><td>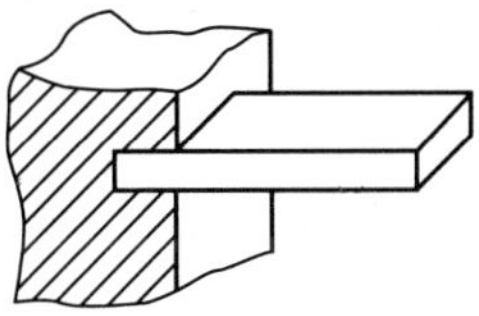</td><td>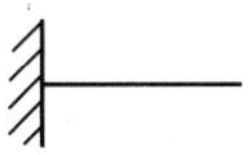</td><td>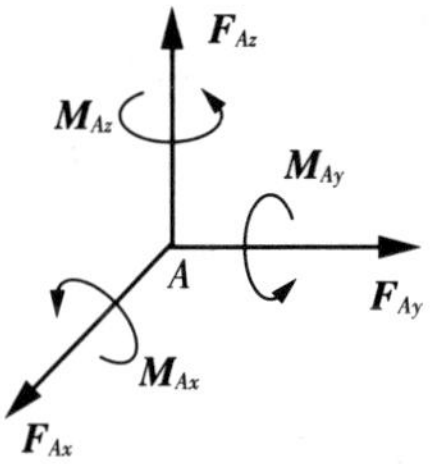
</td></tr>
</table>

分析实际的约束时，有时要忽略一些次要因素，抓住主要因素，做一些合理的简化。例如，一般柜门都装有两个合页，如表 4-1 中的蝶铰链，它主要限制物体沿 y，z 方向的移动，因而有两个约束力 $\boldsymbol{F}_{Ay}$ 和 $\boldsymbol{F}_{Az}$。合页不限制物体绕轴的转动，单个合页对物体绕 y，z 轴转动的限制作用也很小，因而没有约束力偶。而当物体受到沿合页轴向力作用时，则两个合页中的一个将限制物体沿轴向移动，应视为止推轴承。

如果刚体只受平面力系的作用，则垂直于该平面的约束力和绕平面内两轴的约束力偶都应为零，将减少相应约束力的数目。如表 4-1 中的固定端，在空间力系作用下，固定端的约束力共有 6 个，即 $\boldsymbol{F}_{Ax}$、$\boldsymbol{F}_{Ay}$、$\boldsymbol{F}_{Az}$、$\boldsymbol{M}_{Ax}$、$\boldsymbol{M}_{Ay}$、$\boldsymbol{M}_{Az}$；而在 yz 平面内受平面力系作用时，固定端的约束力就只有 3 个，即 $\boldsymbol{F}_{Ay}$、$\boldsymbol{F}_{Az}$、$\boldsymbol{M}_{Ax}$。

4.6.2 空间一般力系的平衡方程

从空间力系的简化结果可以知道，空间一般力系平衡的必要和充分条件是力系的主矢和对任一点的主矩都等于零，即

$$\boldsymbol{F}'_{\mathrm{R}}=0,\quad M_O=0$$

将上述条件用其解析式表达，可得空间一般力系的平衡方程

$$\sum F_x=0,\quad \sum F_y=0,\quad \sum F_z=0$$

$$\sum M_x(\boldsymbol{F})=0,\quad \sum M_y(\boldsymbol{F})=0,\quad \sum M_z(\boldsymbol{F})=0 \qquad (4-29)$$

即，空间一般力系平衡的解析条件是：力系中各力在三个坐标轴上投影的代数和等于零，各力对每一轴之矩的代数和也等于零。

式(4-29)包含六个独立的平衡方程，可以求解六个未知量，它是解决空间力系平衡问题的基本方程。与平面力系相似，空间力系的平衡方程也有其他的形式。例如，可以写出四矩式、五矩式或六矩式而少写或不写投影式。

从空间一般力系的平衡方程，很容易导出空间汇交力系和空间平行力系的平衡方程。如图 4-17a 所示，设物体受一空间汇交力系的作用，若选择空间汇交力系的汇交点为坐标系 $Oxyz$ 的原点，则不论此力系是否平衡，各力对三轴之矩恒为零，即 $\sum M_x(\boldsymbol{F})\equiv 0$，$\sum M_y(\boldsymbol{F})\equiv 0$，$\sum M_z(\boldsymbol{F})\equiv 0$。因此，可得空间汇交力系的平衡方程为

$$\sum F_x=0,\quad \sum F_y=0,\quad \sum F_z=0$$

上式与式(4-6)的形式完全相同。

如图 4-17b 所示，设物体受一空间平行力系的作用。令 z 轴与这些力平行，

则各力对于 z 轴的矩恒等于零；又由于 x 轴和 y 轴都与这些力垂直，所以各力在这两个轴上的投影也恒等于零。即 $\sum M_z(\boldsymbol{F}) \equiv 0$，$\sum F_x \equiv 0$，$\sum F_y \equiv 0$。因此，可得空间平行力系的平衡方程为

$$\sum F_z = 0, \quad \sum M_x(\boldsymbol{F}) = 0, \quad \sum M_y(\boldsymbol{F}) = 0 \tag{4-30}$$

空间汇交力系和空间平行力系分别只有三个独立的平衡方程，因此只能求解三个未知数。

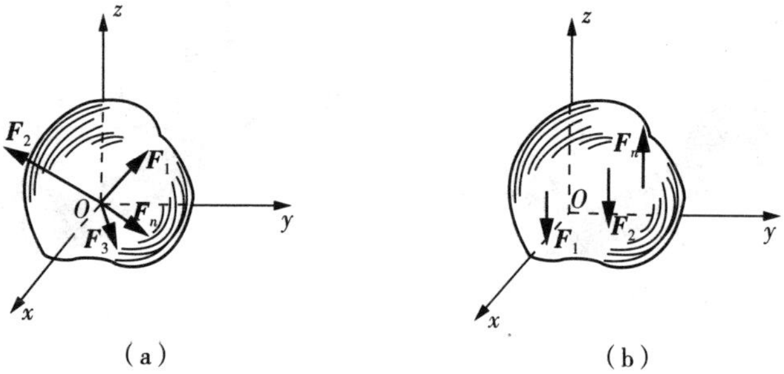

图 4-17

空间力系平衡问题的分析方法和步骤，与平面问题相似。即，首先确定研究对象，对其进行受力分析，作出受力图；然后，建立适当的坐标系，列出平衡方程，并求解未知量。

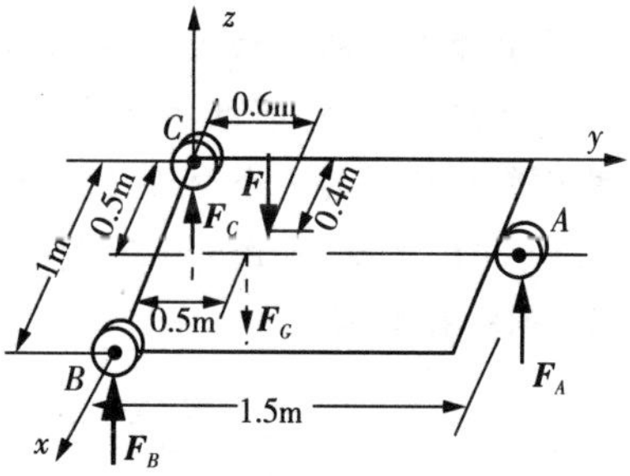

图 4-18

【例 4-4】 一辆三轮货车自重 $F_G = 5\text{kN}$，载重 $F = 10\text{kN}$，作用点位置如图 4-18 所示。求货车静止时地面对轮子的约束力。

【解】 以货车为研究对象，受力如图 4-18 所示。其中 $\boldsymbol{F}_G$ 和 $\boldsymbol{F}$ 是主动力，$\boldsymbol{F}_A$、$\boldsymbol{F}_B$ 和 $\boldsymbol{F}_C$ 为地面的约束力，此 5 个力相互平行，组成空间平行力系。取坐标系 $Oxyz$ 如图 4-18 所示，列出三个平衡方程：

$$\sum F_Z = 0, \quad F_A + F_B + F_C - F_G - F = 0 \tag{a}$$

$$\sum M_x(\boldsymbol{F}) = 0, \quad 1.5F_A - 0.5F_G - 0.6F = 0 \tag{b}$$

$$\sum M_y(\boldsymbol{F}) = 0, \quad -0.5F_A - 1F_B + 0.5F_G + 0.4F = 0 \tag{c}$$

由式(b) 解得 $F_A = 5.67\text{kN}$

将 F_A 代入式(c)，解得 $F_B = 5.66\text{kN}$

将 F_A、F_B 代入式(a)，解得 $F_C = 3.67\text{kN}$

【例 4-5】 如图 4-19 所示，镗刀杆的刀头在镗削工件时受到切向力 $\boldsymbol{F}_z$、径向力 $\boldsymbol{F}_y$ 和轴向力 $\boldsymbol{F}_x$ 的作用。各力的大小 $F_z = 5\text{kN}$，$F_y = 1.5\text{kN}$，$F_x = 0.75\text{kN}$，刀尖 B 的坐标 $x = 200\text{mm}$，$y = 75\text{mm}$，$z = 0$。求镗刀杆根部约束力。

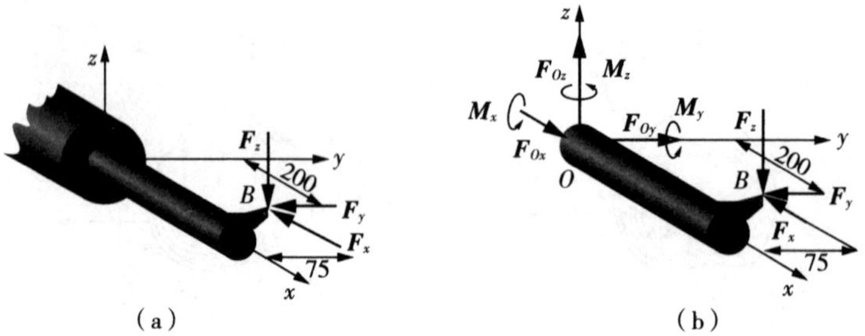

图 4-19

【解】 (1) 取镗刀杆为研究对象，分析其受力。镗刀杆根部是固定端约束，由于作用于镗刀杆的主动力是空间力系，因此当镗刀杆平衡时，固定端的约束力也是一个空间力系，将此力系向点 O 简化，得到一约束力和一约束力偶。约束力用直角坐标轴的三个分量 F_{Ox}、F_{Oy}、F_{Oz} 表示，约束力偶用三个正交分力偶矩 M_x、M_y、M_z 表示，如图 4-20 所示。

(2) 列平衡方程：

$$\sum F_x = 0,\quad F_{Ox} - F_x = 0$$

$$\sum F_y = 0,\quad F_{Oy} - F_y = 0$$

$$\sum F_z = 0,\quad F_{Oz} - F_z = 0$$

$$\sum M_x(\boldsymbol{F}) = 0,\quad M_x - 0.075F_z = 0$$

$$\sum M_y(\boldsymbol{F}) = 0,\quad M_y + 0.2F_z = 0$$

$$\sum M_z(\boldsymbol{F}) = 0,\quad M_z + 0.075F_x - 0.2F_y = 0$$

解得 $F_{Ox} = 0.75\text{kN}$，$F_{Oy} = 1.5\text{kN}$，$F_{Oz} = 5\text{kN}$

$M_x = 0.375\text{kN}\cdot\text{m}$，$M_y = -1\text{kN}\cdot\text{m}$，$M_z = 0.244\text{kN}\cdot\text{m}$

【例 4-6】 某厂房柱子下端固定，柱顶承受力 $\boldsymbol{F}_1$，牛腿上承受铅直力 $\boldsymbol{F}_2$ 及水平力 $\boldsymbol{F}_3$，取坐标系如图 4-20 所示。$\boldsymbol{F}_1$、$\boldsymbol{F}_2$ 在 yoz 平面内，与 z 轴的距离分别为 $e_1=0.1\text{m}$，$e_2=0.34\text{m}$；$\boldsymbol{F}_3$ 平行于 x 轴。已知 $F_1=120\text{kN}$，$F_2=300\text{kN}$，$F_3=25\text{kN}$，柱子自重 $F_G=40\text{kN}$，$h=6\text{m}$。求基础的约束力。

【解】 取柱子为研究对象，柱子基础为固定端约束，柱子受力如图 4-20 所示，该约束力与柱子上各荷载组成空间力系。

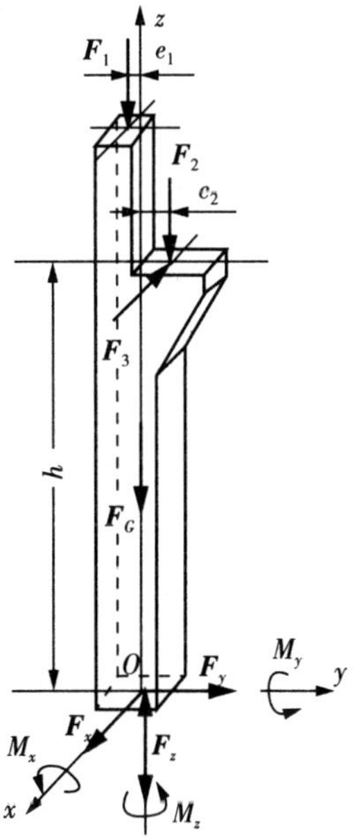

图 4-20

列平衡方程：

$$\sum F_x=0,\quad F_x-F_3=0$$

$$\sum F_y=0,\quad F_y=0$$

$$\sum F_z=0,\quad F_z-F_1-F_2-F_G=0$$

$$\sum M_x(\boldsymbol{F})=0,\quad M_x+F_1e_1-F_2e_2=0$$

$$\sum M_y(\boldsymbol{F})=0,\quad M_y-F_3h=0$$

$$\sum M_z(\boldsymbol{F})=0,\quad M_z+F_3e_2=0$$

将已知数值代入以上方程，解得

$$F_x=25\text{kN},\quad F_y=0,\quad F_z=460\text{kN}$$

$$M_x=90\text{kN}\cdot\text{m},\quad M_y=150\text{kN}\cdot\text{m}$$

$$M_z=-8.5\text{kN}\cdot\text{m}$$

【例 4-7】 电动机通过联轴器传递驱动转矩 $M=20\text{N}\cdot\text{m}$ 来带动皮带轮轴，如图 4-21 所示。已知带轮直径 $d=160\text{mm}$，距离 $a=200\text{mm}$，皮带斜角 $\alpha=30°$，带轮两边拉力 $F_{\text{T2}}=2F_{\text{T1}}$。求 A、B 两轴承的约束力。

【解】 (1) 取轮轴为研究对象，其上作用有主动力偶 M，皮带拉力 F_{T1}、F_{T2}，和轴承 A、B 的约束力，共同组成一空间力系，其受力如图 4-21 所示。

(2) 取轴线为 y 轴，建立坐标系如图 4-21 所示。

(3) 列平衡方程：

$$\sum M_y=0,\quad (F_{\text{T2}}-F_{\text{T1}})\frac{d}{2}-M=0$$

又

$$F_{\text{T2}}=2F_{\text{T1}}$$

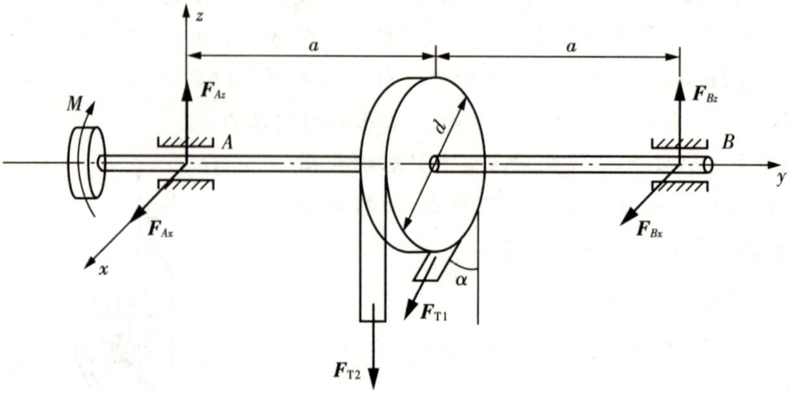

图 4－21

解得 $$F_{T1}=\frac{2M}{d}=\frac{2\times 20}{0.16}\text{N}=250\text{N},\quad F_{T2}=2F_{T1}=500\text{N}$$

$$\sum M_z=0,\quad -F_{Bx}2a-F_{T1}\sin\alpha\times a=0$$

解得 $$F_{Bx}=-0.5F_{T1}\sin\alpha=-0.5\times 250\times\sin 30^\circ\text{N}=-62.5\text{N}$$

$$\sum M_x=0,\quad F_{Bz}2a-F_{T2}a-F_{T1}\cos\alpha\times a=0$$

解得 $$F_{Bz}=0.5(F_{T2}+F_{T1}\cos\alpha)$$

$$=0.5(500+250\times\cos 30^\circ)\text{N}=358.3\text{N}$$

$$\sum F_x=0,\quad F_{Ax}+F_{Bx}+F_{T1}\sin\alpha=0$$

解得 $$F_{Ax}=-F_{T1}\sin\alpha-F_{Bx}$$

$$=[-250\times\sin 30^\circ-(-62.5)]\text{N}=-62.5\text{N}$$

$$\sum F_z=0,\quad F_{Az}+F_{Bz}-F_{T2}-F_{T1}\cos\alpha=0$$

解得 $$F_{Az}=F_{T2}+F_{T1}\cos\alpha-F_{Bz}$$

$$=(500+250\times\cos 30^\circ-358.3)\text{N}=358.2\text{N}$$

空间一般力系的平衡方程有六个，所以对于在空间一般力系作用下平衡的物体，只能求解六个未知量，如果未知量多于六个，就是超静定问题；对于在空间平行力系作用下平衡的物体，则只能求解三个未知量。因此，在解题时必须先分析物体的受力情况。

4.7　物体的重心

地球表面附近的物体，都受到地球引力的作用。如果把物体看成是由许多微小部分组成的，则每一微小的部分都受到地球的引力，这些引力汇交于地球的中心，形成一个空间汇交力系。但由于我们所研究的物体尺寸与地球的直径相比要小得多，因此，可以将物体受到的地球引力近似地看成是空间平行力系，该力系的合力即为物体的重力，重力的大小称为物体的重量。

由实践可知，一个不变形的物体(刚体)在地球表面无论如何放置，其平行分布的重力的合力作用线，都通过该物体上一个确定的点，这一点就称为物体的重心。重心相对于物体的位置是固定不变的。

重心在工程中具有重要的意义。例如，挡土墙、重力坝的重心位置关系到这些建筑物能否维持平衡和稳定；飞机的重心位置设计不当就不能安全稳定地飞行；构件截面的重心(形心)位置将影响构件在载荷作用下的内力分布规律，与构件受力后能否安全工作有着紧密的联系；机械的转动部分如偏心轮，为利用其偏心作用，应使其重心离转动轴有一定距离；而对于一般的高速转动物体，为避免引起强烈的振动，又必须使其重心尽可能不偏离转动轴。总之，重心与物体的平衡、物体的运动以及构件的内力分布是密切相关的。因此，我们需要理解重心的概念和如何确定物体重心的位置。

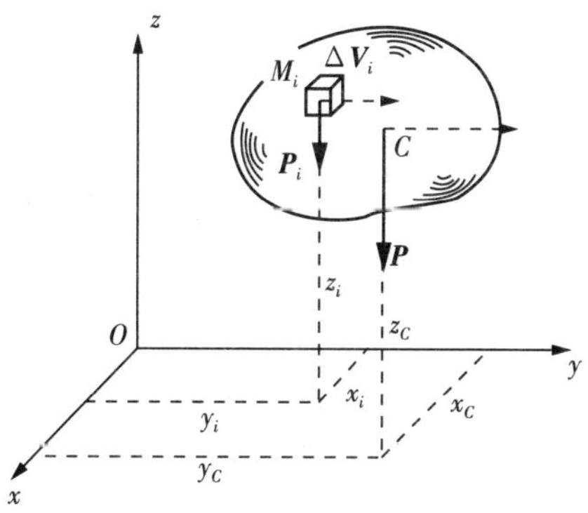

图 4－22

4.7.1　重心坐标的一般公式

下面通过平行力系的合力推导物体重心的坐标公式。如图 4－22 所示，将物体分割成许多微小部分，每一微小部分所受重力为 $\boldsymbol{P}_i$。这些重力组成平行力系，其合力 $\boldsymbol{P}$ 的大小就是整个物体的重量，即

$$\boldsymbol{P}=\sum \boldsymbol{P}_i \qquad (4-31)$$

取直角坐标系 $Oxyz$，使 z 轴与其重力平行。设任一微小部分的坐标为。x_i, y_i, z_i，重心 C 的坐标为 x_C, y_C, z_C。根据合力矩定理，对 x 轴取矩，有

$$-Py_C=-(P_1y_1+P_2y_2+\cdots+P_ny_n)=-\sum P_iy_i$$

再对 y 轴取矩，有

$$Px_C = P_1x_1 + P_2x_2 + \cdots + P_nx_n = \sum P_ix_i$$

为了求坐标 z_C，可将坐标系连同物体一起绕 x 轴旋转 $90°$，使 y 轴铅垂向下，重心位置不变。这样各重力 $\boldsymbol{P}_i$ 及其合力 $\boldsymbol{P}$ 都与 y 轴平行，如图 4-22 中虚线箭头所示。这时，再对 x 轴取矩，得

$$-Pz_C = -(P_1z_1 + P_2z_2 + \cdots + P_nz_n) = -\sum P_iz_i$$

由以上三式可得重心坐标的一般公式，为

$$\left.\begin{aligned} x_C &= \frac{\sum_{i=1}^{n} P_ix_i}{P_i} = \frac{\sum P_ix_i}{P} \\ y_C &= \frac{\sum_{i=1}^{n} P_iy_i}{P_i} = \frac{\sum P_iy_i}{P} \\ z_C &= \frac{\sum_{i=1}^{n} P_iz_i}{P_i} = \frac{\sum P_iz_i}{P} \end{aligned}\right\} \tag{4-32}$$

物体分割得越多，即每一微小部分的体积越小，则按式(4-32)计算的重心位置愈准确。在极限情况下可用积分计算。

在上式中，如果以 $P_i = m_ig$，$P = mg$ 代入，在分子和分母中消去 g，可得

$$\left.\begin{aligned} x_C &= \frac{\sum m_ix_i}{m} \\ y_C &= \frac{\sum m_iy_i}{m} \\ z_C &= \frac{\sum m_iz_i}{m} \end{aligned}\right\} \tag{4-33}$$

式(4-33)称为质心(质量中心)坐标公式，在均质重力场中，质心与其重心位置重合。质心坐标公式将在动力学中用到。

需要指出，质心和重心是两个不同的概念。重心是地球对物体作用的平行引力的合力(物体重力)的作用点，它只在重力场中才有意义，一旦物体离开重力场，重心就没有任何意义；而质心是反映质点系质量分布情况的一个几何点，它与作用力无关，无论质点系是否在重力场中，质心总是存在的。

4.7.2　均质物体的重心坐标公式

如果物体是均质的，则物体单位体积的重量为 γ 为常量，以 V_i 表示微小部分的体积，物体总体积为 $V=\sum V_i$。将 $P_i=\gamma V_i$ 代入式(4-32)，得

$$\left.\begin{aligned} x_C&=\frac{\sum x_iV_i}{\sum V_i}=\frac{\sum x_iV_i}{V}\\ y_C&=\frac{\sum y_iV_i}{\sum V_i}=\frac{\sum y_iV_i}{V}\\ z_C&=\frac{\sum z_iV_i}{\sum V_i}=\frac{\sum z_iV_i}{V}\end{aligned}\right\}\tag{4-34}$$

上式的极限为

$$x_C=\frac{\int_V x\,\mathrm{d}V}{V},\ y_C=\frac{\int_V y\,\mathrm{d}V}{V},\ z_C=\frac{\int_V z\,\mathrm{d}V}{V}\tag{4-34}$$

式(4-34)表明，对均质物体而言，物体的重心与其重量无关，只取决于物体的几何形状和尺寸。这个由物体的几何形状和尺寸所决定的物体的几何中心，称为物体的形心。它是一个几何概念，只有均质物体的重心和形心才重合于同一点。

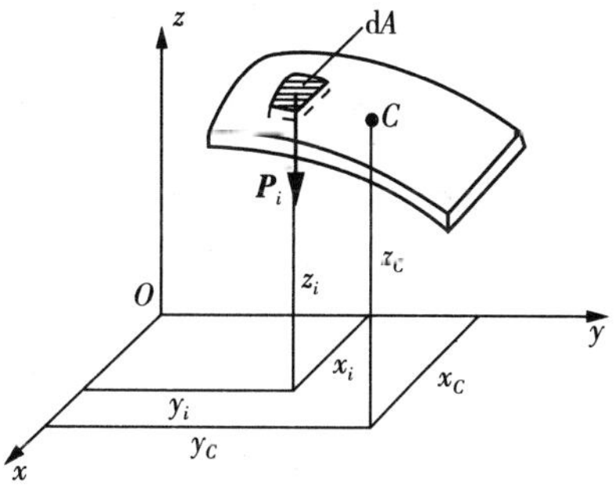

图 4-23

对于工程中常采用薄壳结构，例如厂房的顶壳、薄壁容器、飞机机翼等，其厚度与其表面积 A 相比是很小的，如图 4-23 所示。若薄壳是均质等厚的，则其重心公式为

$$\left.\begin{aligned} x_C&=\frac{\sum x_iA_i}{A}=\frac{\int_A x\,\mathrm{d}A}{A}\\ y_C&=\frac{\sum y_iA_i}{A}=\frac{\int_A y\,\mathrm{d}A}{A}\\ z_C&=\frac{\sum z_iA_i}{A}=\frac{\int_A z\,\mathrm{d}A}{A}\end{aligned}\right\}\tag{4-35}$$

这样的重心称为面积的重心。曲面的重心一般不在曲面上，相对于曲面位于确定的一点。

对于均质平面薄板的重心，只需求两个坐标既可。其重心坐标公式为

$$\left.\begin{aligned} x_C &= \frac{\sum x_i A_i}{A} \\ y_C &= \frac{\sum y_i A_i}{A} \end{aligned}\right\} \tag{4-35}$$

显然，根据式(4－35)可得，$\sum y_i A_i = y_C A$，该式称为平面图形对 x 轴的静矩。静矩的概念将在材料力系中用到。

如果物体是均质等截面的细长线段，其截面尺寸与其长度 l 相比是很小的，如图 4－24 所示。则其重心公式为

$$\left.\begin{aligned} x_C &= \frac{\sum x_i l_i}{l} = \frac{\int_l x\,\mathrm{d}l}{l} \\ y_C &= \frac{\sum y_i l_i}{l} = \frac{\int_l y\,\mathrm{d}l}{l} \\ z_C &= \frac{\sum z_i l_i}{l} = \frac{\int_l z\,\mathrm{d}l}{l} \end{aligned}\right\} \tag{4-36}$$

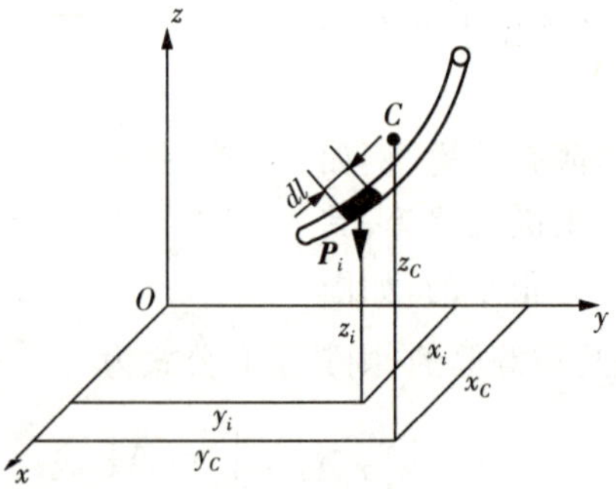

图 4－24

这样的重心称为线段的重心，曲线的重心一般不在曲线上。

由式(4－34)、(4－35)、(4－36)可知，均质物体的重心与其形心重合。

一些简单几何形状的均质物体的重心(形心)，都可由积分公式求得。表 4－2 列出了几种常用物体的重心(形心)，可供查用。工程中常用的型钢(如工字钢、角钢、槽钢等)的截面的形心，可从机械设计手册中查得。

表4-2　常用简单几何图形的形心坐标及面积公式

名称	图形	形心坐标	线长、面积、体积
三角形	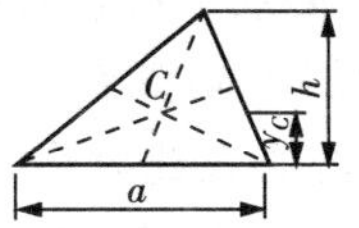	在三中线交点 $y_C = \frac{1}{3}h$	面积 $A = \frac{1}{2}ah$
梯形	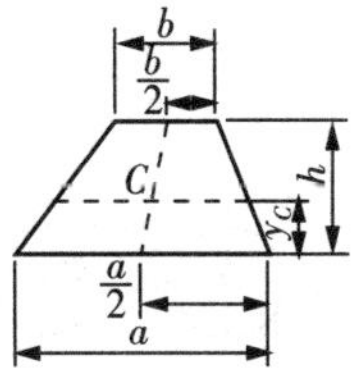	在上、下底边中线连线上 $y_C = \frac{h(a+2b)}{3(a+b)}$	面积 $A = \frac{h}{2}(a+b)$
圆弧	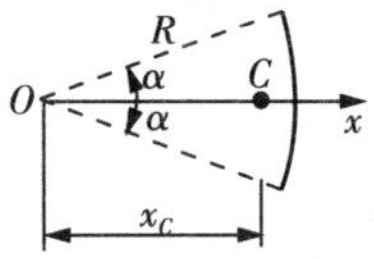	$x_C = \frac{R\sin\alpha}{\alpha}$（α 以弧度计） 半圆弧（$\alpha = \frac{\pi}{2}$）$x_C = \frac{2R}{\pi}$	弧长 $l = 2\alpha \times R$
扇形	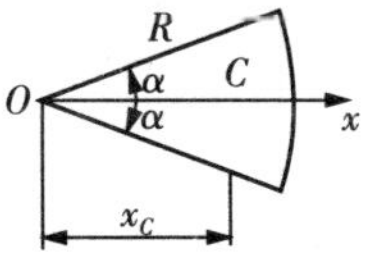	$x_C = \frac{2R\sin\alpha}{\alpha}$（α 以弧度计） 半圆弧（$\alpha = \frac{\pi}{2}$）$x_C = \frac{4R}{3\pi}$	面积 $A = \alpha R^3$
弓形	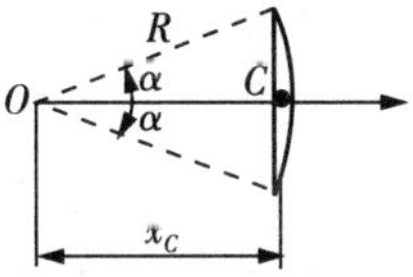	$x_C = \frac{4R\sin^3\alpha}{3(2\alpha - \sin 2\alpha)}$	面积 $A = \frac{R^2(2\alpha - \sin 2\alpha)}{2}$
抛物线面	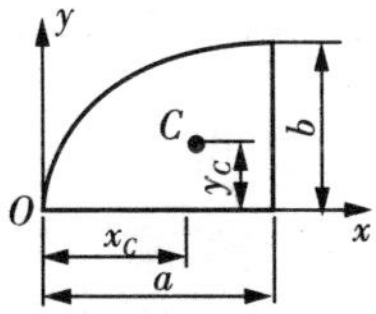	$x_C = \frac{3}{5}\alpha$ $y_C = \frac{3}{8}b$	面积 $A = \frac{2}{3}ab$
抛物线面	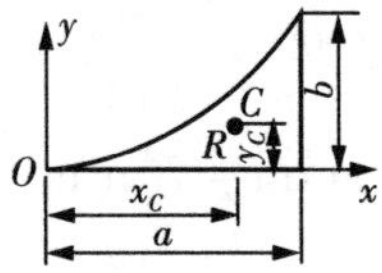	$x_C = \frac{3}{4}\alpha$ $y_C = \frac{3}{10}b$	面积 $A = \frac{1}{3}ab$
半球形体	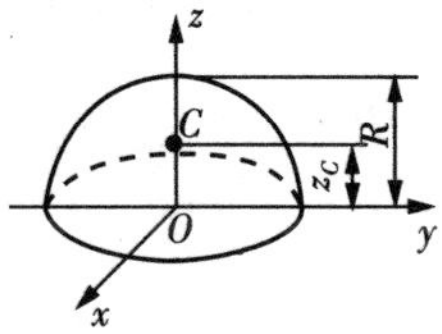	$z_C = \frac{3}{8}b$	面积 $V = \frac{2}{3}\pi R^3$

4.7.3 确定物体重心位置的方法

前面所述的重心和形心的坐标公式,是确定重心或形心位置的基本公式。在实际问题中,可视具体情况灵活应用。对于均质物体,如在几何形体上具有对称面、对称轴或对称中心,则该物体的重心或形心必在此对称面、对称轴或对称中心上。如图 4 - 25 所示。下面介绍几种工程中常用的确定重心位置的方法。

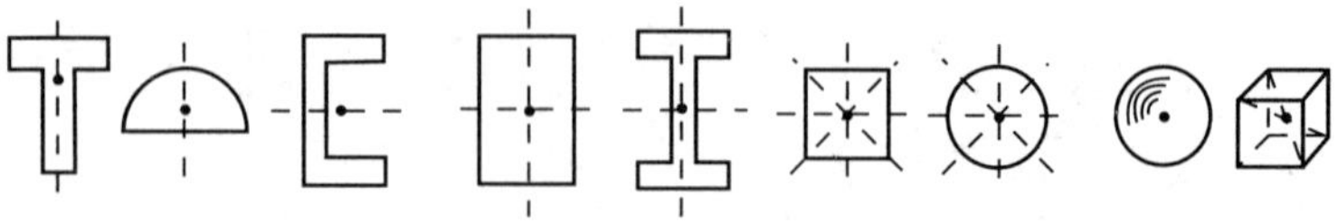

图 4 - 25

(1) 组合法

工程中有些物体虽然比较复杂,但往往是由一些形状简单的物体组成的,这些简单物体的重心通常是已知的或易求的,这样整个组合物体的重心就可用式(4 - 35) 直接求得。

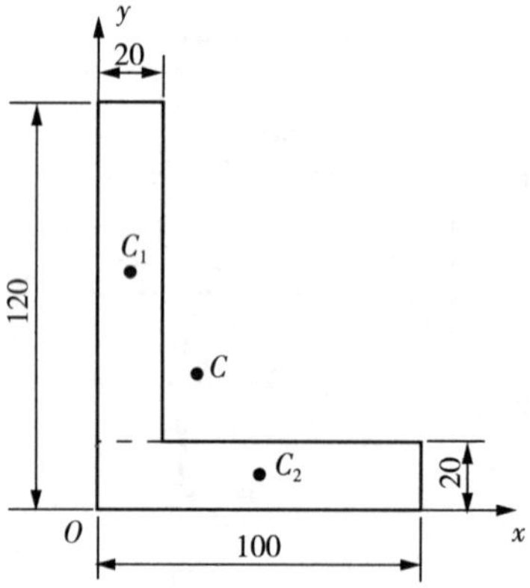

图 4 - 26

【例 4 - 8】 角钢截面的尺寸如图 4 - 26 所示,求其形心的位置。

【解】 建立 Oxy 坐标系如图 4-26 所示。将截面分割成为两个矩形如图中虚线所示。

第一个矩形的面积和形心 C_1 的坐标为

$$A_1 = (120 - 20) \cdot 20\text{mm}_2 = 2000\text{mm}^2$$

$$x_1 = 10\text{mm} \quad y_1 = (20 + \frac{120-20}{2})\text{mm} = 70\text{mm}$$

第二个矩形的面积和形心 C_2 的坐标为

$$A_2 = 100 \times 20\text{mm}_2 = 2000\text{mm}^2 x_2 = 50\text{mm} \quad y_2 = 10\text{mm}$$

由式(4 - 35) 可得截面的形心坐标为

$$x_C = \frac{\sum A_i x_i}{A} = \frac{A_1 x_1 + A_2 x_2}{A_1 + A_2} = \frac{2000 \times 10 + 2000 \times 50}{2000 + 2000}\text{mm} = 30\text{mm}$$

$$x_C = \frac{\sum A_i y_i}{A} = \frac{A_1 y_1 + A_2 y_2}{A_1 + A_2} = \frac{2000 \times 70 + 2000 \times 10}{2000 + 2000}\text{mm} = 40\text{mm}$$

(2) 负面积法

如果在形状规则物体上切去一部分，例如钻一个孔等，则在求这类形体的重心时，可以认为原形体是完整的，只是把切去的部分视为负值(负体积或负面积)，仍可利用式(4-35)来求形体的重心。

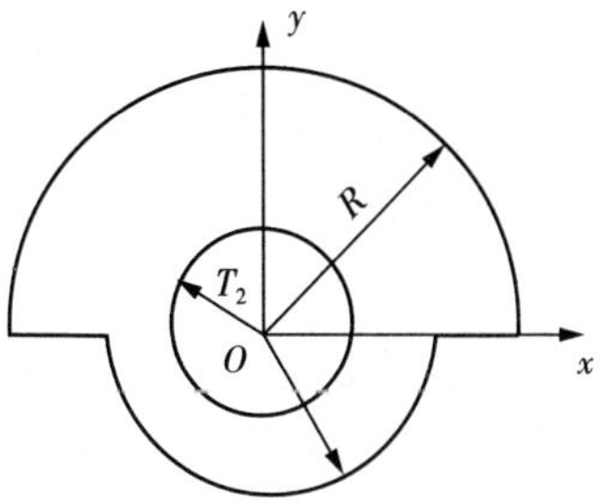

图 4-27

【例 4-9】 如图 4-27 所示振动器用的偏心块，已知 R=100mm，r_1=30mm，r_2=17mm。求偏心块的形心位置。

【解】 建立坐标系 Oxy 如图 4-27 所示。偏心块可看作由三部分组成：半径为 R 的半圆 A_1，半径为 r_1 的半圆 A_2，被挖去的半径为 r_2 的圆 A_3。

大半圆的面积和形心 C_1 的坐标为

$$A_1 = \frac{\pi R^2}{2} = 5000\pi\,\text{mm}^2,\quad x_1 = 0,\quad y_1 = \frac{4R}{3\pi} = \frac{400}{3\pi}\text{mm}$$

小半圆的面积和形心 C_2 的坐标为

$$A_2 = \frac{\pi \gamma^2}{2} = 450\pi\,\text{mm}^2,\quad x_2 = 0,\quad y_2 = \frac{4\gamma_1}{3\pi} = \frac{40}{\pi}\text{mm}$$

小圆的面积和形心 C_3 的坐标为

$$A_3 = -\pi r_2^2 = -289\pi\,\text{mm}^2,\quad x_3 = 0, y_3 = 0$$

由式(4-35)可得偏心块的形心坐标为

$$x_C = 0$$

$$y_C = \frac{\sum A_i y_i}{A} = \frac{5000\pi \times \frac{400}{3\pi} + 450\pi \times (\frac{40}{\pi}) + (-280\pi) \times 0}{5000\pi + 450\pi - 289\pi}\text{mm}$$

$$= \frac{648667}{5161\pi}\text{mm} = 40\text{mm}$$

本例中，由于偏心块图形关于 y 轴对称，故其重心一定位于 y 轴上，其 x_C 一定等于零。因此，也可以只求 y_C。

(3) 实验法(平衡法)

如物体的形状不是由规则图形组成，过于复杂或质量分布不均匀，其重心常用实验方法来确定，通常应用的有悬挂法和称重法。

① 悬挂法

对于形状复杂的薄平板，确定重心位置时，可将板悬挂于任一点 A，如图 4 - 28a 所示。根据二力平衡原理，板的重力与绳的张力必在同一直线上，故物体的重心一定在铅垂挂绳的延长线 AB 上。重复使用上法，将板挂于 D 点，可得 DE 线。显然，平板的重心即为 AB 与 DE 两线的交点 C，如图 4 - 28b 所示。

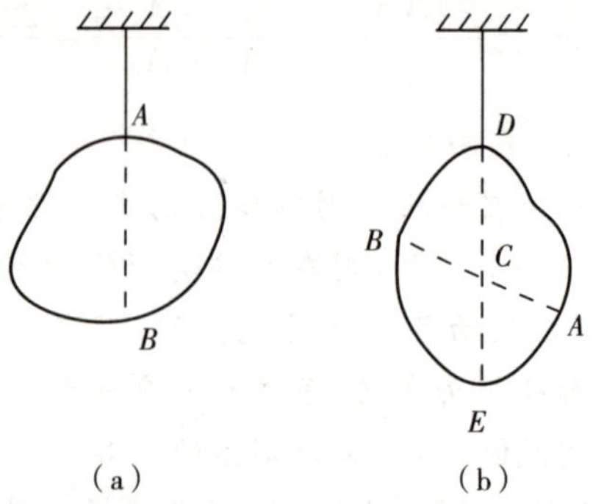

图 4 - 28

② 称重法

对于形状复杂的零件、体积庞大的物体以及由许多构件组成的机械，常用此法确定其重心的位置。如图 4 - 29 所示，连杆本身具有两个相互垂直的纵向对称面，其重心必在这两个平面的交线，即连杆的中心线 AB 上。所以，只要确定重心在线段 AB 上的位置 xC 即可。方法如下：将连杆一端支于固定支点 A，另一端支于磅秤上，使 AB 处于水平位置，读出磅秤上读数 F_B，即连杆在 B 端受到的约束力。因连杆处于平衡状态，故可列平衡方程：

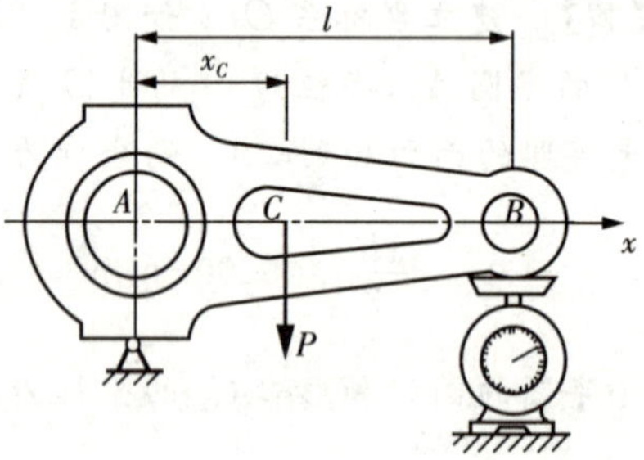

图 4 - 29

$$\sum M_A = 0, \quad F_B l - P x_C = 0$$

解得

$$x_C = \frac{F_B l}{P}$$

其中，两支点间的水平距离 l 和连杆的重量 P 均可测得。由上式，即可求得 xC 的数值。

思 考 题

一、问答题

4-1 设一个力 $\boldsymbol{F}$，并选取 x 轴，问力 $\boldsymbol{F}$ 与 x 轴在何种情况下 $F_x = 0, M_x(\boldsymbol{F}) = 0$？在何种情况下 $F_x = 0, M_x(\boldsymbol{F}) \neq 0$？又在何种情况下 $F_x \neq 0, M_x(\boldsymbol{F}) = 0$？

4-2 如果力 $\boldsymbol{F}$ 与 y 轴的夹角为 β，问在什么情况下此力在 z 轴上的投影为

$F_z = F\sin\beta$？并求此时该力在 x 轴上的投影。

4-3　位于两相交平面内的两力偶能否等效，能否组成平衡力系？

4-4　为什么说力偶矩矢是自由矢量？力矩矢是自由矢量吗？试说明其理由。

二、是非题

4-5　一个力沿任一组坐标轴分解所得的分力的大小和这力在该坐标轴上的投影的大小相等。(　　)

4-6　在空间问题中，力对轴的矩是代数量，而对点的矩是矢量。(　　)

4-7　力对于一点的矩在一轴上投影等于该力对于该轴的矩。(　　)

4-8　当力与轴共面时，力对该轴之矩等于零。(　　)

4-9　在空间问题中，力偶对刚体的作用完全由力偶矩矢决定。(　　)

4-10　将一空间力系向某点简化，若所得的主矢和主矩正交，则此力系简化的最后结果为一合力。(　　)

4-11　一个空间力系向某点简化后，得主矢 $\boldsymbol{F}'_R$、主矩 $\boldsymbol{M}_O$，若 $\boldsymbol{F}'_R$ 与 $\boldsymbol{M}_O$ 平行，则此力系可进一步简化为一合力。(　　)

4-12　某一力偶系，若其力偶矩矢构成的多边形是封闭的，则该力偶系向一点简化时，主矢一定等于零，主矩也一定等于零。(　　)

4-13　某空间力系由两个力构成，此二力既不平行，又不相交，则该力系简化的最后结果必为力螺旋。(　　)

4-14　一空间力系，若各力的作用线不是通过固定点 A，就是通过固定点 B，则其独立的平衡方程只有5个。(　　)

4-15　一个空间力系，若各力作用线平行某一固定平面，则其独立的平衡方程最多有3个。(　　)

4-16　某力系在任意轴上的投影都等于零，则该力系一定是平衡力系。(　　)

4-17　空间汇交力系在任选的三个投影轴上的投影的代数和分别等于零，则该汇交力系一定平衡。

4-18　物体的重心可能不在物体之内。(　　)

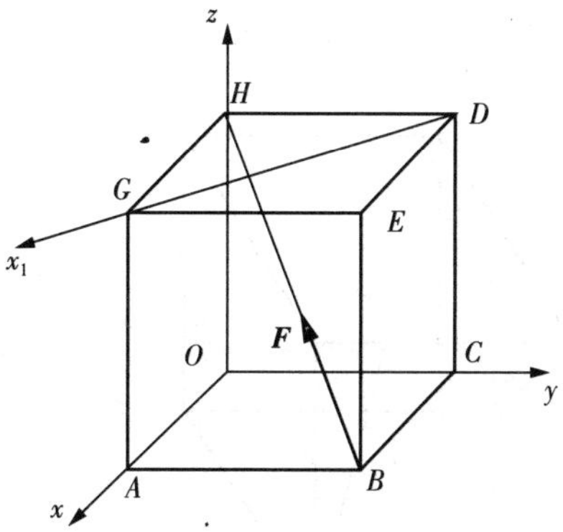

思考题4-19图

三、选择题

4-19　已知一正方体，各边长 a，沿对角线 BH 作用一个力 $\boldsymbol{F}$，如图所示，则

该力在 X_1 轴上的投影为________。

(A)0 (B)$F/\sqrt{2}$

(C)$F/\sqrt{6}$ (D)$-F/\sqrt{3}$

4-20 空间力偶矩是________。

(A) 代数量 (B) 滑动矢量

(C) 定位矢量 (D) 自由矢量

4-21 作用在刚体上仅有二力 $\boldsymbol{F}_A$、$\boldsymbol{F}_B$，且 $\boldsymbol{F}_A+\boldsymbol{F}_B=0$，则此刚体________作用在刚体上仅有二力偶，其力偶矩矢分别为 $\boldsymbol{M}_A$、$\boldsymbol{M}_B$，且 $\boldsymbol{M}_A+\boldsymbol{M}_B=0$，则此刚体________。

(A) 一定平衡 (B) 一定不平衡

(C) 平衡与否不能判断

4-22 如图所示，边长为 a 的立方框架上，沿对角线 AB 作用一力，其大小为 P；沿 CD 边作用另一力，其大小为 $\sqrt{3}P/3$，此力系向 O 点简化的主矩大小为________。

(A) $\sqrt{6}\,Pa$ (B) $\sqrt{3}\,Pa$

(C) $\sqrt{6}\,Pa/6$ (D) $\sqrt{3}\,Pa/3$

4-23 如图所示的空间平行力系，设力线平行于 OZ 轴，则此力系的相互独立的平衡方程为________。

(A) $\sum M_x(\boldsymbol{F})=0$，$\sum M_y(\boldsymbol{F})=0$，$\sum M_z(\boldsymbol{F})=0$

(B) $\sum F_x=0$，$\sum F_y=0$，和 $\sum M_x(\boldsymbol{F})=0$

(C) $\sum F_z=0$，$\sum M_x(\boldsymbol{F})=0$，和 $\sum M_y(\boldsymbol{F})=0$

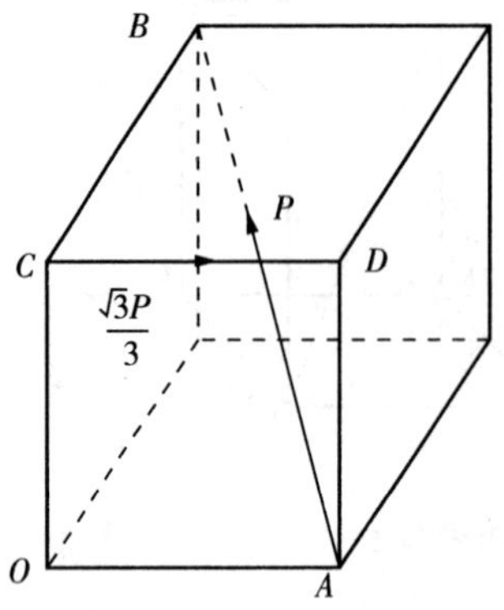

思考题 4-22 图

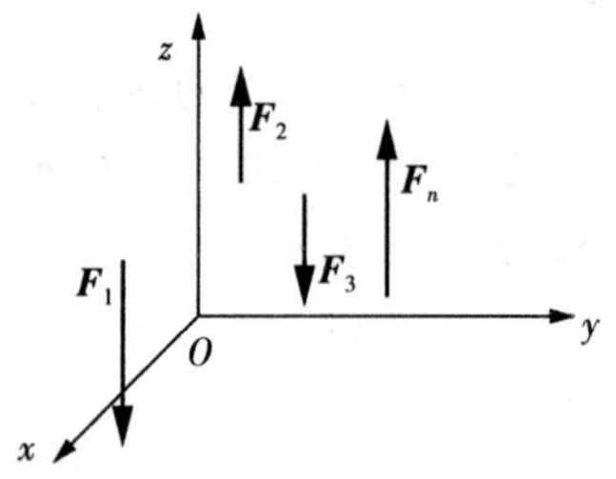

思考题 4-23 图

4－24　如图所示，边长为 $2a$ 的均质正方形簿板，截去四分之一后悬挂在 A 点，今欲使 BC 边保持水平，则点 A 距右端的距离 $x=$________。

(A) a　　(B) $3a/2$

(C) $5a/2$　　(D) $5a/6$

四、填空题

4－25　如图所示，已知 $F=100\text{N}$，则其在三个坐标轴上的投影分别为：$Fx=$________；$Fy=$________；$Fz=$________。

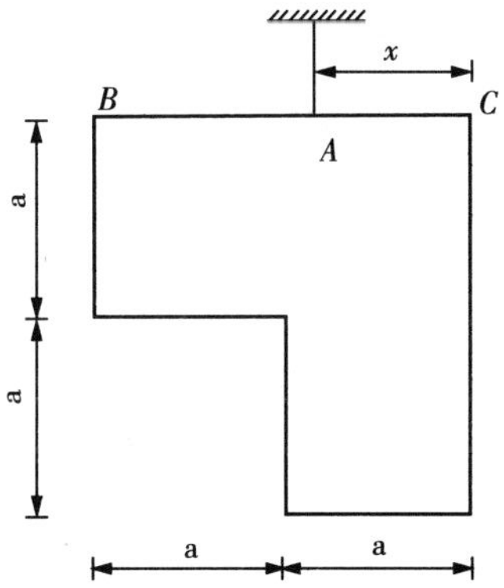

思考题 4－24 图

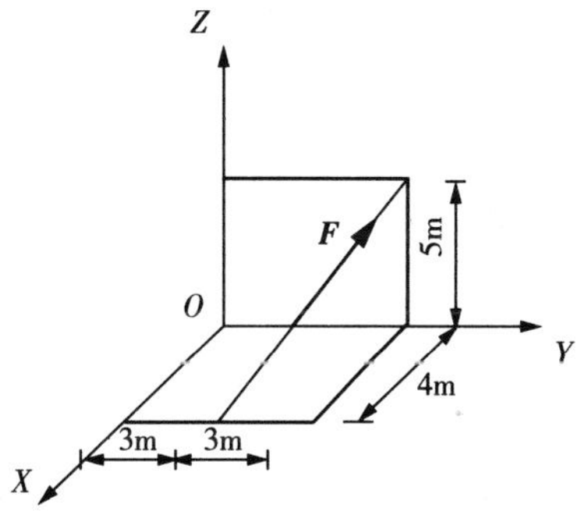

思考题 4－25 图

4－26　如图所示，已知力 $\boldsymbol{F}$ 的大小，角度 φ 和 θ，以及长方体的边长 a,b,c，则力 F 在轴 z 和 y 上的投影：$F_z=$________；$F_y=$________；$\boldsymbol{F}$ 对 x 轴的矩 $Mx(\boldsymbol{F})=$________。

4－27　如图所示，力 $\boldsymbol{F}$ 通过 $A(3,4,0)$，$B(0,4,4)$ 两点（长度单位为米），若 $F=100\text{N}$，则该力在 x 轴上的投影为________，对 x 轴的矩为________。

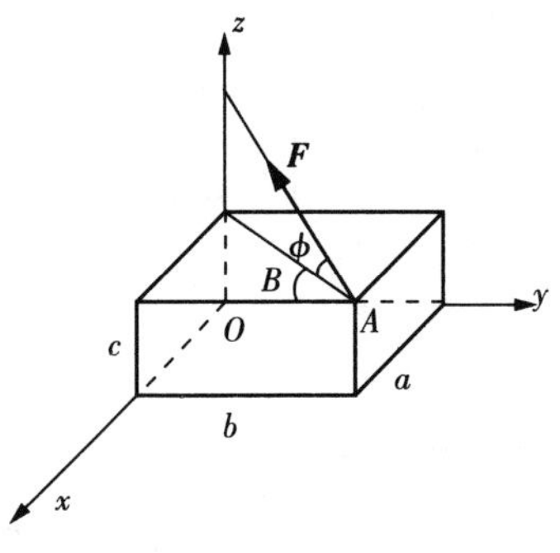

思考题 4－26 图

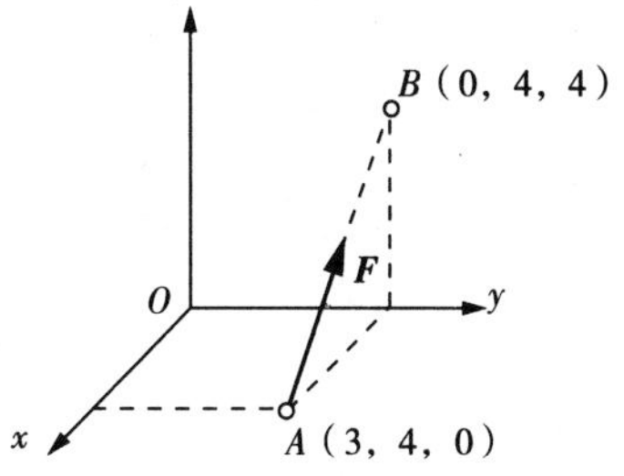

思考题 4－27 图

4－28　如图所示，正三棱柱的底面为等腰三角形，已知 $OA=OB=a$，在平

面 $ABED$ 内有沿对角线 AE 的一个力 F，图中 $\alpha=30°$，则此力对各坐标轴之矩为 $M_x(\boldsymbol{F})=$________；$M_y(\boldsymbol{F})=$________；$M_z(\boldsymbol{F})=$________。

4-29　如图所示，已知力 $\boldsymbol{F}$ 的大小为 60(N)，则力 $\boldsymbol{F}$ 对 x 轴的矩为________；对 z 轴的矩为________。

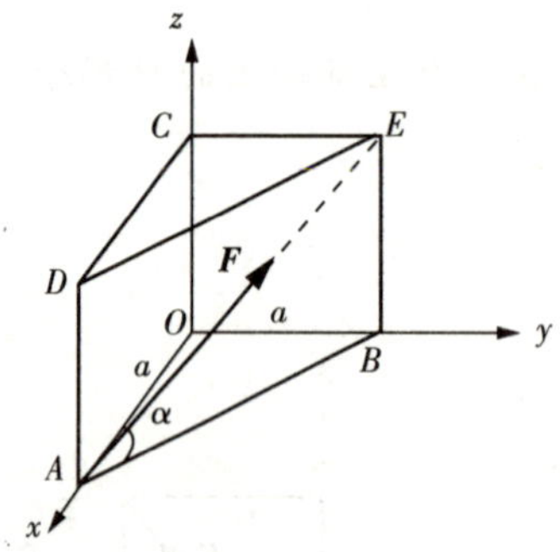

思考题 4-28 图

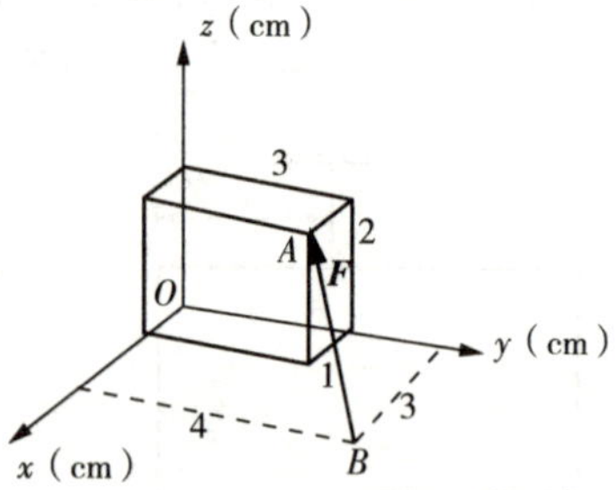

思考题 4-29 图

习　　题

4-1　在边长为 a 的正六面体上作用有三个力，如图所示，已知：$F_1=6\text{kN}$，$F_2=2\text{kN}$，$F_3=4\text{kN}$。求各力在三个坐标轴上的投影。

4-2　如图所示，已知六面体尺寸为 400mm × 300mm × 300mm，正面有力 $F_1=100\text{N}$，中间有力 $F_2=200\text{N}$，顶面有力偶 $M=20\text{N}\cdot\text{m}$ 作用。求各力及力偶对 z 轴之矩的和。

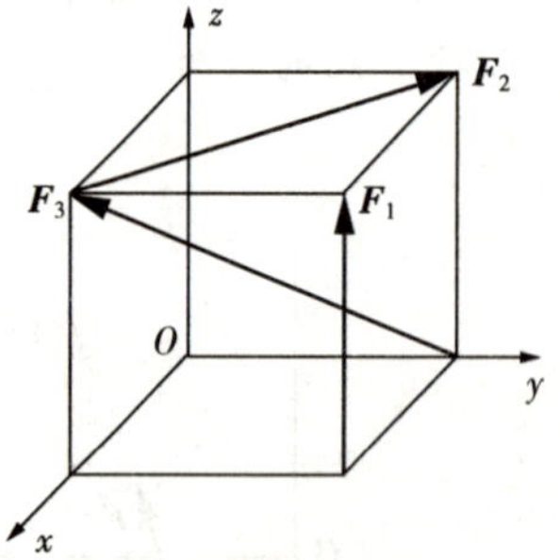

习题 4-1 图

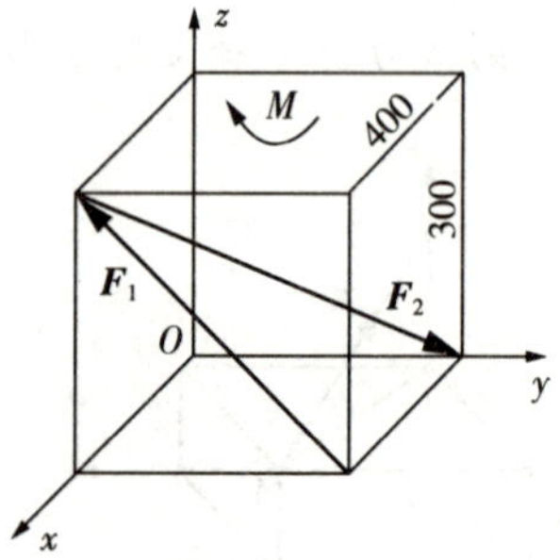

习题 4-2 图

4-3　长方体的顶角 A 和 B 分别作用力 F_1 和 F_2，如图所示，已知：$F_1=500\text{N}$，$F_2=700\text{N}$。求该力系向 O 点简化的主矢和主矩。

4-4　力系中，$F_1=100\text{N}$，$F_2=300\text{N}$，$F_3=200\text{N}$，各力作用线的位置如图所示（单位：mm）。将力系向原点 O 简化。

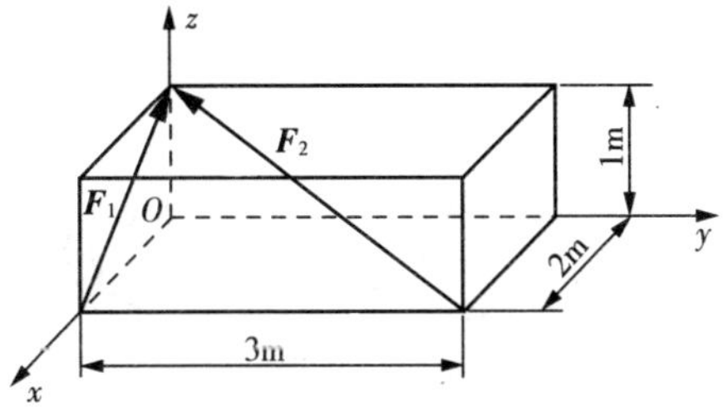

习题 4-3 图

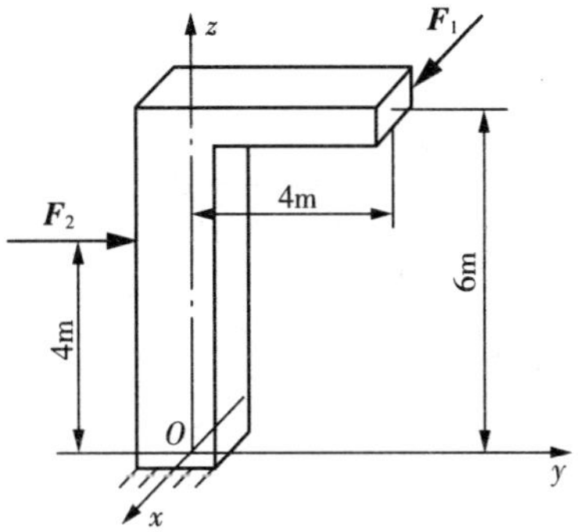

习题 4-4 图

4-5　沿长方体的不相交且不平行的棱边作用三个大小相等的力，问边长 a,b,c 满足什么条件，这力系才能简化为一个力。

4-6　曲杆 $OABCD$ 的 OB 段与 Y 轴重合，BC 段与 X 轴平行，CD 段与 Z 轴平行，已知：$P_1=50\text{N}$，$P_2=50\text{N}$；$P_3=100\text{N}$，$P_4=100\text{N}$，$L_1=100\text{mm}$，$L_2=75\text{mm}$。求以 B 点为简化中心将此四个力简化成最简单的形式，并确定其位置。

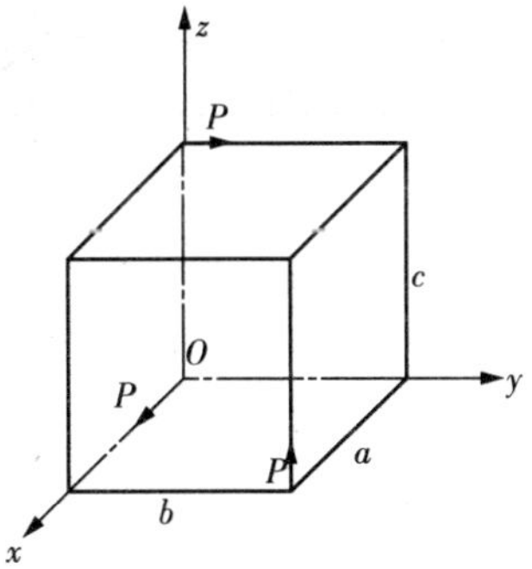

习题 4-5 图

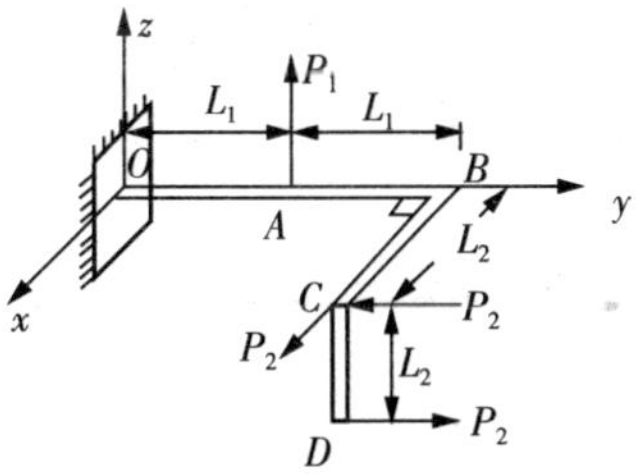

习题 4-6 图

4-7　如图所示的悬臂刚架，作用有分别平行于 x、y 轴的力 F_1 和 F_2。已知：$F_1=5\text{kN}$，$F_2=4\text{kN}$，刚架自重不计。求固定端 O 处的约束力和约束力偶。

4-8　水平圆盘的半径为 r，外缘 C 处作用力 F。力 F 位于铅垂平面内，力 $\boldsymbol{F}\perp OC$，且与 C 处圆盘切线夹角为 60^0，其他尺寸如图所示。求力 F 对 x，y，z 轴之矩。

4-9　如图所示空间构架由三根无自重直杆组成，在 D 端用球铰链连接，如图所示。A、B 和 C 端则用球铰链固定在水平地板上。如果挂在 D 端的物重 $P=10\text{kN}$，求铰链 A、B 和 C 的约束力。

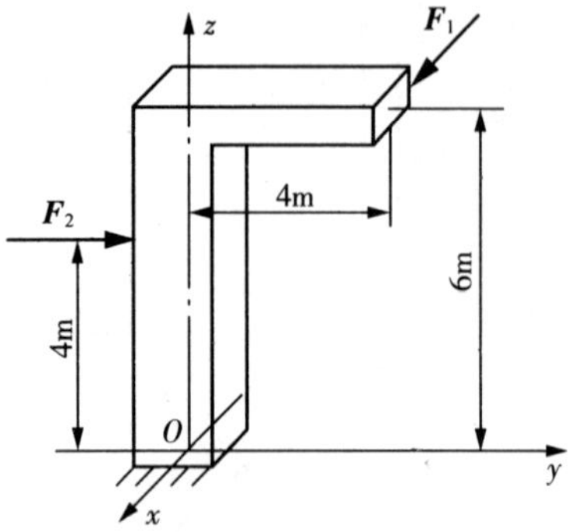

习题 4-7 图

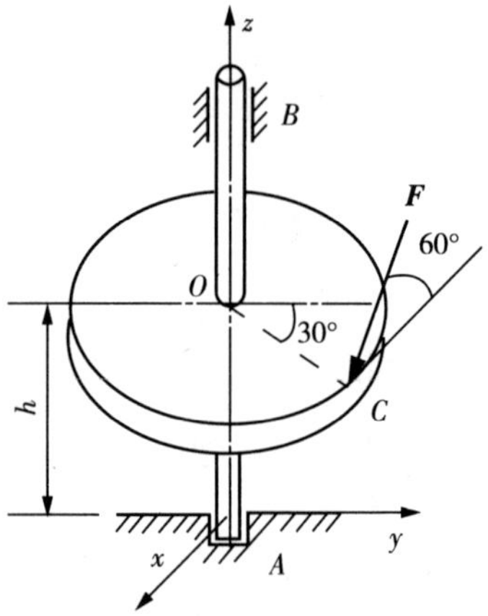

习题 4-8 图

4-10 挂物架如图所示，三杆的重量不计，用球铰链连接于 O 点，平面 BOC 为水平面，且 $OB=OC$，角度如图。若在 O 点挂一重物 G，重为 1000N，求三杆所受的力。

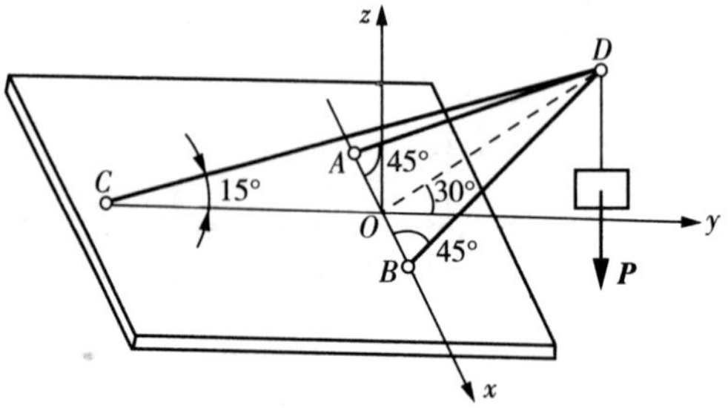

习题 4-9 图

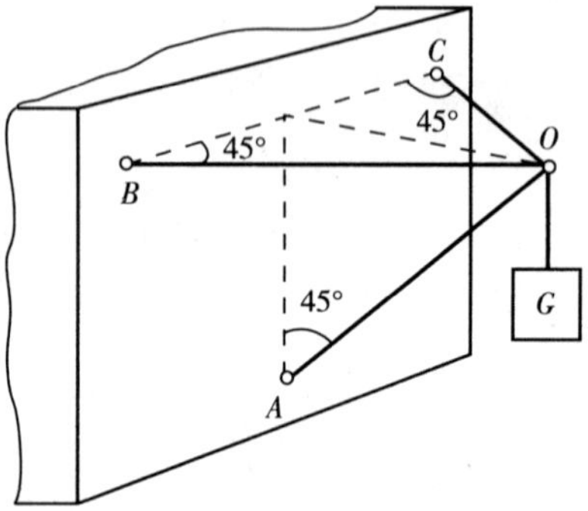

习题 4-10 图

4-11 如图所示六杆支撑一水平板，在板角处受铅直力 $\boldsymbol{F}$ 作用。设板和杆自重不计，求各杆的内力。

4-12 空间桁架如图所示。力 $\boldsymbol{F}$ 作用在 $ABDC$ 平面内，且与铅垂线成 45° 角，$\triangle EAK \cong \triangle FBM$，等腰三角形 $\triangle EAK$、$\triangle FBM$ 和 $\triangle NDB$ 在顶点 A、B 和 D 处均为直角，又 $EC=CK=FD=DM$。若 $F=10\text{kN}$，求各杆的受力。

4-13 如图所示均质三棱柱 $ABCDEF$ 重 $W=100\text{kN}$，已知：$AE=ED$，$\angle AED=90°$，在 $CDEF$ 平面内作用有一力偶，其矩 $M=50\sqrt{2}\,\text{KN}\cdot\text{m}$，$L=2\text{m}$。求：1，2，3 杆的内力。

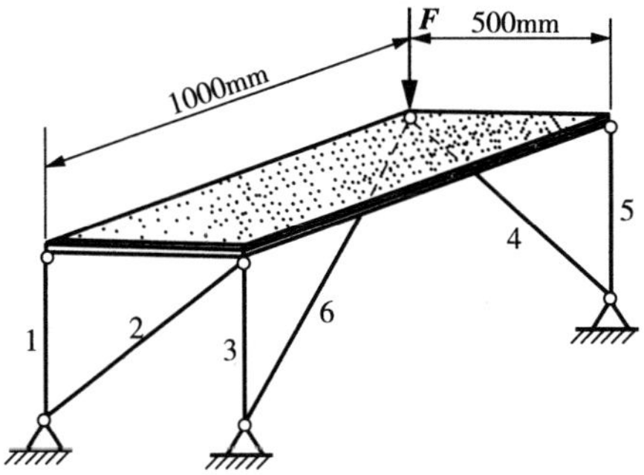

习题 4 - 11 图

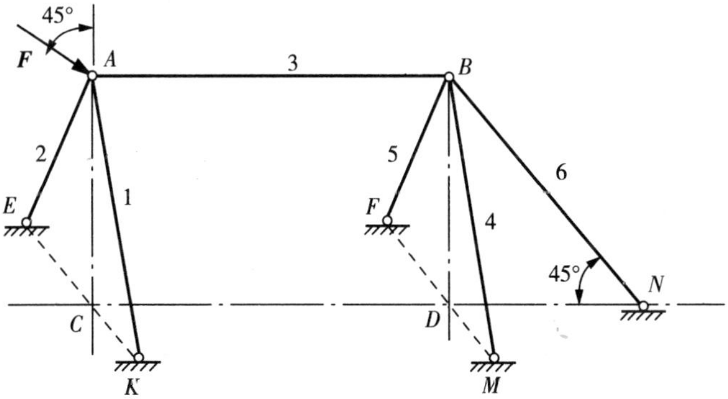

习题 4 - 12 图

4-14　起重绞车的轴装在向心止推轴承 A 和向心轴承 B 上，已知作用在手柄上的力的大小 $P=500\text{N}$，求当匀速提示重物时，重物的重量 Q 和轴承 A、B 约束力。图中长度单位为 cm，绞车轮子半径为 10cm。

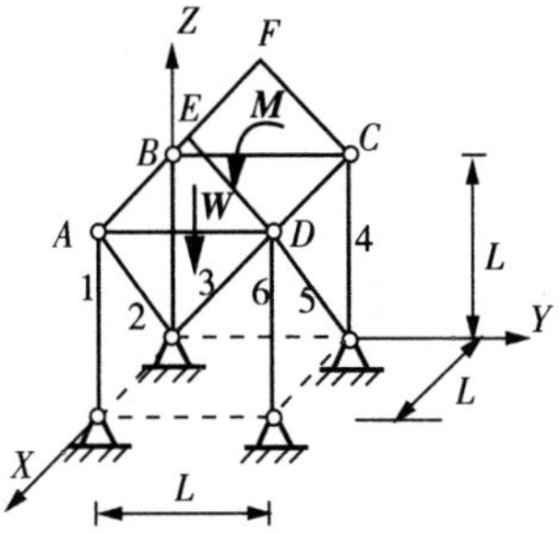

习题 4 - 13 图

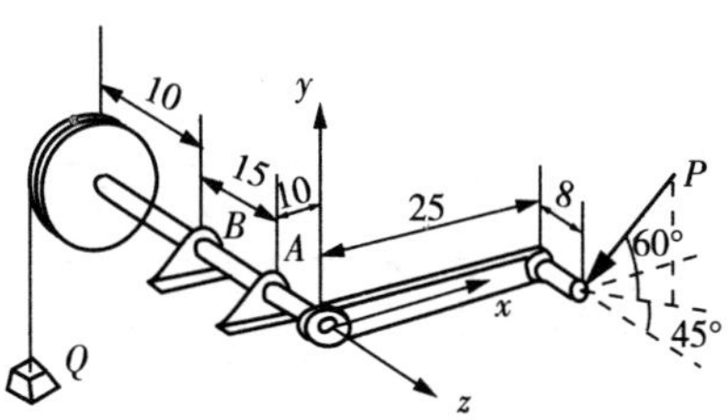

习题 4 - 14 图

4 - 15　求图中型材剖面的形心位置。图中长度为 mm。

4 - 16　求图中阴影部分图形的形心坐标。

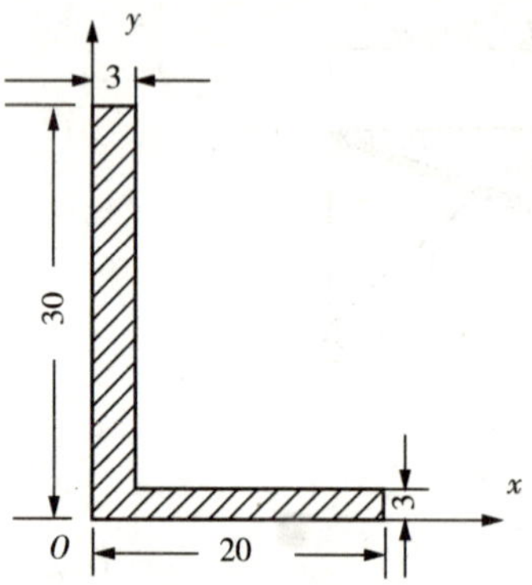

习题 4－15 图

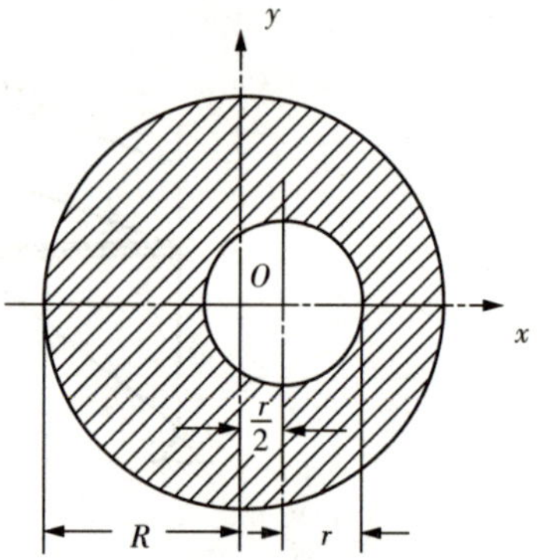

习题 4－16 图

4－17 求弓形图形形心的位置。已知弓形的半径为 r，圆心角为 2α。

4－18 如图所示平面图形中每一方格的边长为 20mm，求挖去一圆后剩余部分面积形心的位置。

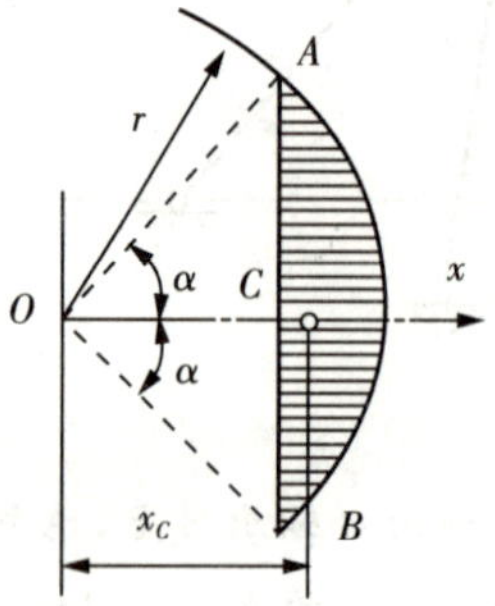

习题 4－17 图

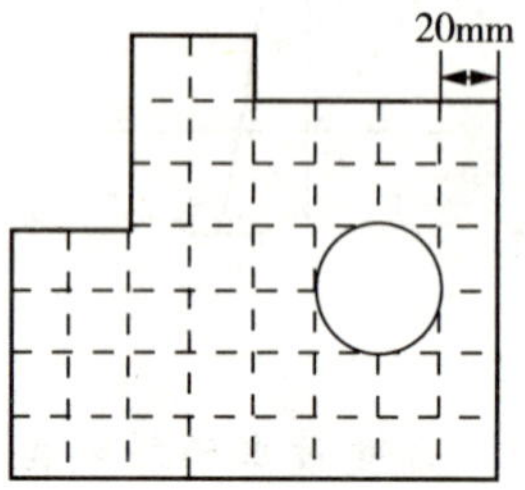

习题 4－18 图

4－19 均质块尺寸如图所示，求其重心的位置。

4－20 求如图所示均质等截面金属细弯管的重心坐标。

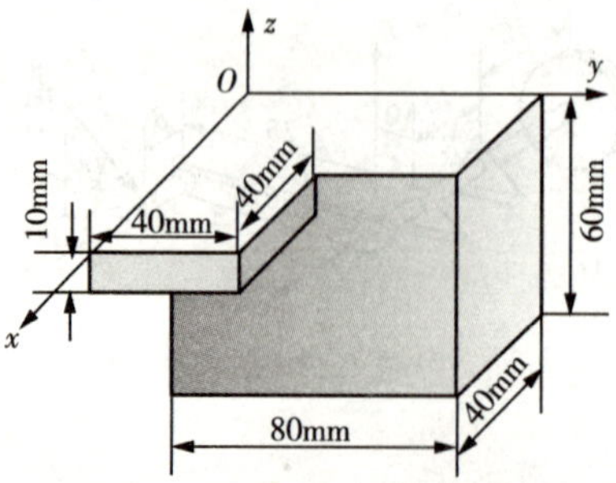

习题 4－19 图

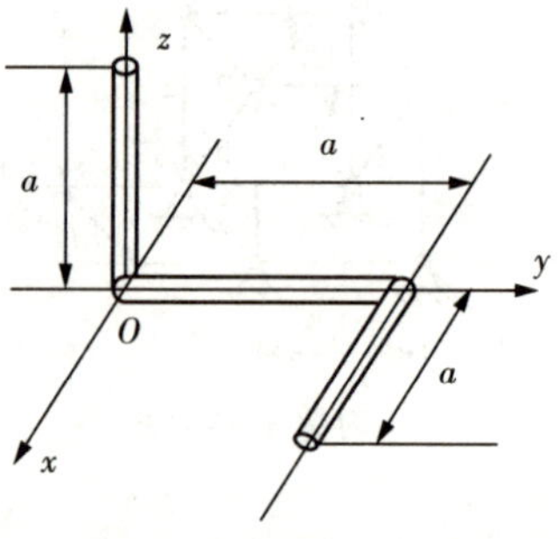

习题 4－20 图

第5章　摩　擦

摩擦是一种极其复杂的物理现象，摩擦机理已超出本书的研究范围。本章只讨论工程中常用的摩擦近似理论，主要介绍滑动摩擦定律和滚动摩阻定律，重点研究有摩擦存在时物体的平衡问题。

5.1　工程中的摩擦问题

在前几章中，我们在研究物体的平衡问题时，都把物体表面看作是绝对光滑的，忽略了物体之间摩擦的影响。实际上，完全光滑的表面是不存在的，有时摩擦还起着决定性的作用，必须要加以考虑。例如，摩擦制动器（见图 5-1a）、皮带传动（见图 5-1b）、摩擦轮传动（见图 5-1c）等，都是依靠摩擦力来进行工作的。

图 5-1 反映了摩擦有利的一面，但摩擦也有其不利的一面。例如，对于各种机械，摩擦会产生多余的阻力，从而消耗能量、降低效率。我们研究摩擦的目的就是掌握摩擦的规律，以便充分利用其有利的一面，尽可能地克服其不利的一面。

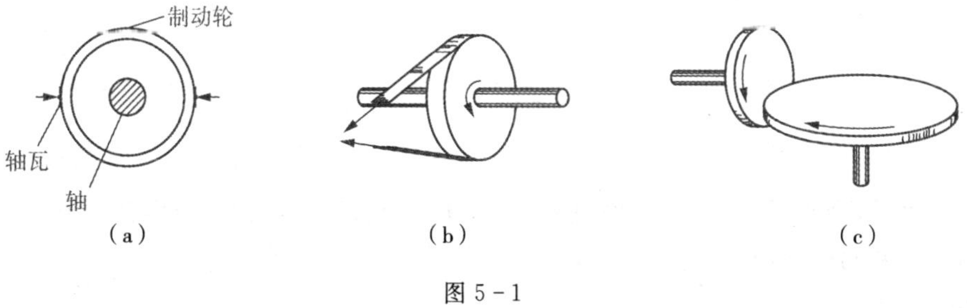

图 5-1

按照相互接触的物体之间可能发生的相对运动（相对滑动或相对滚动），摩擦可分为滑动摩擦和滚动摩阻两类。又根据物体之间是否有良好的润滑剂，滑动摩擦又可分为干摩擦和湿摩擦。本章只研究干摩擦问题。

5.2　滑动摩擦

两个表面粗糙的物体，当其接触表面之间有相对滑动趋势或相对滑动时，彼此作用有阻碍相对滑动的阻力，即滑动摩擦力，简称摩擦力。两物体开始相对滑动之前的摩擦力，称为静摩擦力；滑动之后的摩擦力，称为动摩擦力。

由于摩擦力作用于相互接触处，阻碍两物体之间的相对滑动，故其方向与相对滑动的趋势或相对滑动的方向相反，它的大小根据主动力作用的不同，可以分为三种情况，即静滑动摩擦力 $\boldsymbol{F}_S$，最大静滑动摩擦力 $\boldsymbol{F}_{max}$ 和动滑动摩擦力 $\boldsymbol{F}_d$。

5.2.1 静滑动摩擦力

如图 5-2a 所示，在粗糙的水平面上放置一重为 $\boldsymbol{P}$ 的物块，该物块在重力 $\boldsymbol{P}$ 和法向约束力 $\boldsymbol{F}_N$ 的作用下处于静止状态。现在该物块上施加一水平力 $\boldsymbol{F}_T$，如图 5-2b 所示，当拉力 $\boldsymbol{F}_T$ 由零值逐渐增加但不是很大时，物体仍保持静止，可见支承面对物块的约束力除法向力 $\boldsymbol{F}_N$ 外，还有一个阻碍物体沿水平面向右滑动的切向力，此力即静滑动摩擦力，简称静摩擦力，以 $\boldsymbol{F}_S$ 表示，方向向左，如图 5-2b 所示。

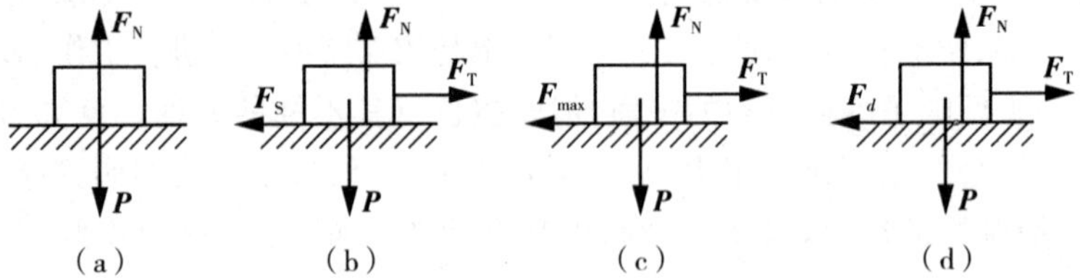

图 5-2

由
$$\sum F_x = 0$$
得
$$F_S = F_T$$

可见，当水平力 $\boldsymbol{F}_T$ 增大时，静摩擦力 $\boldsymbol{F}_S$ 亦随之增大，这是静摩擦力和一般约束力共同的性质。

5.2.2 最大静滑动摩擦力

静摩擦力又与一般约束力不同，它并不随水平力 $\boldsymbol{F}_T$ 无限度地增大。当力 $\boldsymbol{F}_T$ 增大到一定数值时，物块处于将要滑动、但尚未开始滑动的临界状态。当物块处于平衡的临界状态时，静摩擦力达到最大值，即为最大静滑动摩擦力，简称最大静摩擦力，以 $\boldsymbol{F}_{max}$ 表示。如图 5-2c 所示。此后，如果 $\boldsymbol{F}_T$ 再继续增大，静摩擦力将不再随之增大，物块将失去平衡而开始滑动。这就是静摩擦力的特点。

综上所述可知，静摩擦力的大小随主动力的情况而改变，但介于零与最大

值之间，即

$$0 \leqslant F_{S} \leqslant F_{max} \tag{5-1}$$

大量实验证明：最大静摩擦力的大小与两物体间的正压力(即法向约束力)成正比，即

$$F_{max} = f_{S} F_{N} \tag{5-2}$$

其中，f_S 是比例常数，称为静摩擦因数，无量纲。它与接触物体的材料和表面情况(如粗糙度、温度和湿度等)有关，可由实验测定，也可在机械工程手册中查到。

式(5-2)称为静摩擦定律，又称库仑摩擦定律。

需要指出，式(5-2)只是一个近似公式，它远不能完全反映出静摩擦的复杂现象。但由于它比较简单，计算方便，并且又有足够的准确性，故在工程实际中被广泛应用。

静摩擦定律给我们指出了利用摩擦和减少摩擦的途径。要增大最大静摩擦力，可以通过加大正压力或增大摩擦系数来实现。例如，汽车一般都用后轮驱动，因为后轮正压力大于前轮，这样可以产生较大的向前推动的摩擦力。又例如，火车在下雪后行驶时，要在铁轨上洒细沙，以增大摩擦系数，避免打滑，等等。

5.2.3　动滑动摩擦定律

如图 5-2d 所示，当静滑动摩擦力达到了最大值后，若主动力 $\boldsymbol{F}_T$ 再继续加大，接触面间将出现相对滑动。这时，两个相接触的物体之间依然作用着阻碍其相对滑动的阻力，称为动滑动摩擦力，简称动摩擦力，以 $\boldsymbol{F}_d$ 表示。实验表明：动摩擦力的大小与接触体间的正压力成正比，即

$$F_d = f F_{N} \tag{5-3}$$

f 称为动滑动摩擦因数，简称动摩擦因数。它与接触物体的材料和表面情况有关。

动摩擦力与静摩擦力不同，没有变化范围。一般情况下，动摩擦系数小于静摩擦系数，即

$$f < f_{S}$$

在机器中，往往用降低接触表面的粗糙度或加人润滑剂等方法，降低动摩擦因数，以减小摩擦和磨损。

表 5 - 1 给出了一些常用材料的摩擦因数。

表 5 - 1 常用材料的摩擦因数

材料名称	摩擦系数			
	静摩擦系数(f_S)		动摩擦系数(f)	
	无润滑剂	有润滑剂	无润滑剂	有润滑剂
钢 —— 钢	0.15	0.10 ~ 0.12	0.15	0.05 ~ 0.10
钢 —— 铸铁	0.30		0.18	0.05 ~ 0.15
钢 —— 青铜	0.15	0.10 ~ 0.15	0.15	0.10 ~ 0.15
铸铁 —— 铸铁		0.18	0.15	0.07 ~ 0.12
铸铁 —— 青铜			0.15 ~ 0.20	0.07 ~ 0.15
青铜 —— 青铜		0.10	0.20	0.07 ~ 0.10
皮革 —— 铸铁	0.30 ~ 0.50	0.15	0.60	0.15
橡木 —— 铸铁			0.80	0.50
木 —— 木	0.40 ~ 0.60	0.10	0.20 ~ 0.50	0.07 ~ 0.15

此表摘自《机械设计手册》(燃料化工出版社)

综上所述,摩擦力与水平拉力、物体运动状态之间的关系如图 5 - 3 所示。当物体受水平拉力作用而处于平衡状态时,摩擦力等于水平拉力并随其变化;当物块开始滑动时,摩擦力从 $\boldsymbol{F}_{max}$ 突变至动摩擦力 $\boldsymbol{F}_d$($\boldsymbol{F}_d$ 略低于 $\boldsymbol{F}_{max}$);此后,如 F_T 继续增加,摩擦力 F 基本上保持常值 $\boldsymbol{F}_d$。若速度更高,则 $\boldsymbol{F}_d$ 值下降。

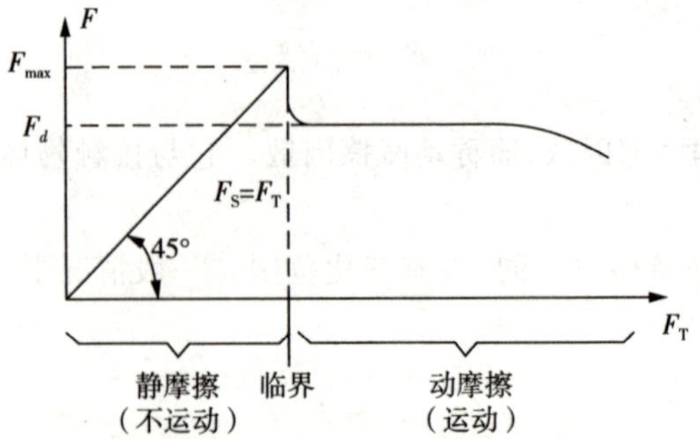

图 5 - 3

5.3　摩擦角和自锁现象

5.3.1　摩擦角

首先介绍摩擦角的概念。如图 5-4a 所示物体处于平衡状态，当有摩擦时，支承面对物体的约束力包括：法向约束力 $\boldsymbol{F}_{\mathrm{N}}$ 和静摩擦力 $\boldsymbol{F}_{\mathrm{S}}$。这两个力的合力 $\boldsymbol{F}_{RA}=\boldsymbol{F}_{\mathrm{N}}+\boldsymbol{F}_{\mathrm{S}}$，称为支承面的全约束力，其作用线与接触面的公法线成一夹角 φ。φ 将随着摩擦力 F_{S} 的增大而增大，在临界状态即 F_{S} 达到最大值 $F_{\max}$ 时，夹角 φ 也达到最大值 φ_{f}。我们就把全约束力与法线间夹角的最大值 φ_{f} 称为摩擦角。由图 5-4b 可得

$$\tan\varphi_{\mathrm{f}}=\frac{F_{\max}}{F_{\mathrm{N}}}=\frac{f_{\mathrm{S}}\cdot F_{\mathrm{N}}}{F_{\mathrm{N}}}=f_{\mathrm{S}} \tag{5-4}$$

即，摩擦角的正切等于静摩擦因数。可见，摩擦角与摩擦因数都是表示材料摩擦性质的物理量。

可以想象，当物块的滑动趋势方向改变时，全约束力作用线的方位也随之改变；在临界状态下，$\boldsymbol{F}_{RA}$ 的作用线将画出一个以接触点 A 为顶点的锥面，称为摩擦锥。若物体与支承面之间的摩擦因数沿任何方向都相同，则摩擦锥将是一个顶角为 $2\varphi_{\mathrm{f}}$ 的正圆锥，如图 5-4c 所示。

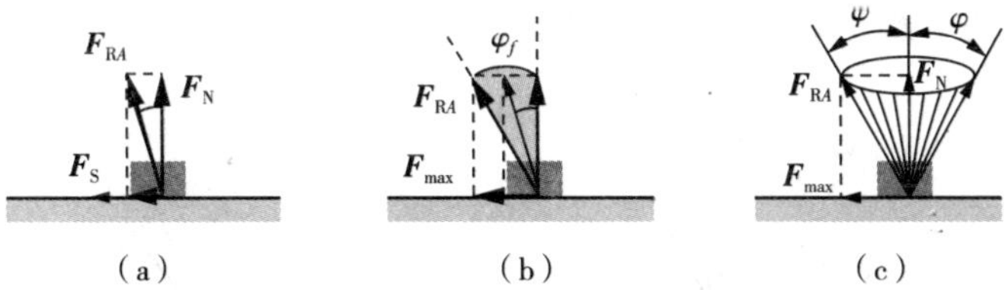

图 5-4

利用摩擦角的概念，可用简单试验测定静摩擦因数。

如图 5-5 所示，把要测定的两种材料分别做成斜面和物块，把物块放在斜面上，并逐渐从零起增大斜面的倾角 α，直到物块刚开始下滑时为止。这时的斜面倾角 α 角就是要测定的摩擦角 φ_{f}，则测定的静摩擦因数为

$$f_{\mathrm{S}}=\tan\varphi_{\mathrm{f}}=\tan\alpha$$

5.3.2　自锁现象

当物体处于平衡时，静摩擦力不一定达到最大值，可在零和最大值 $\boldsymbol{F}_{\max}$ 之

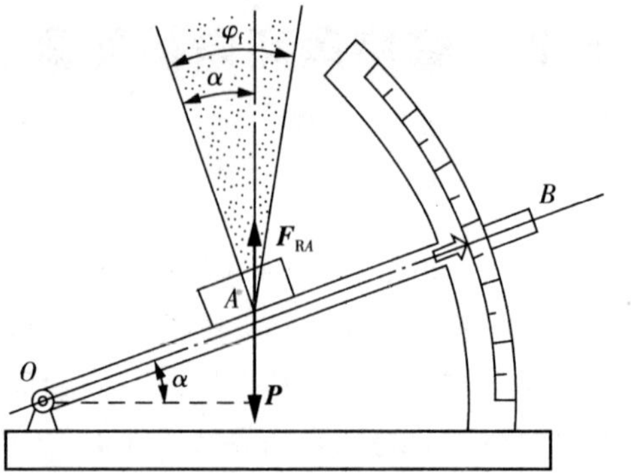

图 5-5

间变化，所以全约束力与法线间夹角 φ 也在零和 φ_f 之间变化，即 $0 \leqslant \varphi \leqslant \varphi_f$，也即全约束力的作用线不可能超出摩擦角。

如图 5-6 所示，设主动力的合力为 $\boldsymbol{F}_R$，其作用线与法线间的夹角为 θ，下面研究当 θ 的取值不同时，物体平衡的可能性。

(1) 如图 5-6a 所示，$\theta \leqslant \varphi_f$，即主动力的合力 $\boldsymbol{F}_R$ 的作用线在摩擦角 φ_f 之内时，则无论 $\boldsymbol{F}_R$ 多大，$\boldsymbol{F}_R$ 和 $\boldsymbol{F}_{RA}$ 总能满足二力平衡条件，物体必然静止平衡。

(2) 如图 5-6b 所示，$\theta > \varphi_f$，即主动力的合力 $\boldsymbol{F}_R$ 的作用线在摩擦角 φ_f 之外时，则无论 $\boldsymbol{F}_R$ 怎样小，$\boldsymbol{F}_R$ 和 $\boldsymbol{F}_{RA}$ 不能满足二力平衡条件，物体一定会滑动。

这种与力的大小无关而与摩擦角有关的平衡条件称为自锁条件。物体在这种条件下的平衡现象称为自锁现象。

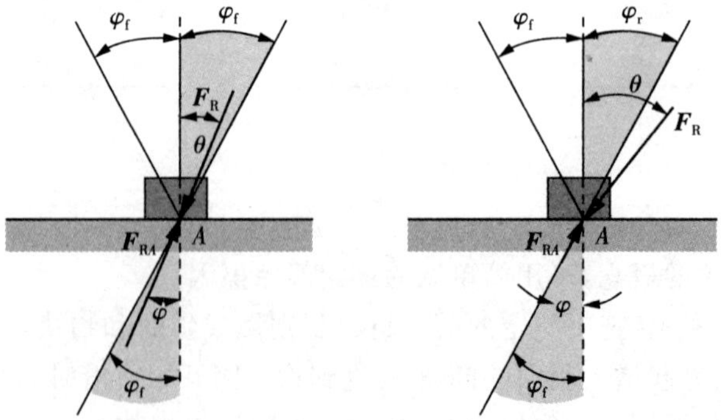

图 5-6

自锁现象被广泛地应用于工程实践。如螺旋千斤顶在被升起的重物重力作用下，不会自动下降，则千斤顶的螺旋升角必须小于摩擦角。又如轴上斜健的自锁以及机床上各类夹具的自锁等等，都是应用自锁现象的实例。但有时也要避免自锁的发生，例如，在导轨中的工作台要求能顺利滑动，不允许发生卡死现象（即自锁）。

5.4　考虑摩擦时物体的平衡问题

考虑摩擦时，求解物体平衡问题的步骤与前面几章大致相同，不同的是，在进行受力分析时，需要考虑摩擦力的作用。求解此类问题时，最重要的是判断摩擦力的方向和计算摩擦力的大小。由于摩擦力并不完全等同于一般的约束力，因此，考虑摩擦时物体平衡问题具有如下一些特点：

（1）分析物体受力时，作用于物体上的力系，应包括摩擦力 $\boldsymbol{F}_S$ 在内。摩擦力 $\boldsymbol{F}_S$ 的方向应根据相关物体接触面的相对滑动趋势预先判断，一般不能任意假设，必要时先假设物体的相对滑动或相对滑动趋势的方向。必须记住：摩擦力的方向总是与物体的相对滑动或其趋势方向相反。

（2）摩擦力是变力，只有在临界状态时，$F_{max}=f_SF_N$ 才成立。在临界状态下讨论有摩擦的平衡问题时，除应满足平衡条件外，还须满足摩擦的物理条件（补充方程），即 $F_{max}=f_SF_N$，补充方程的数目与摩擦力的数目相同。

（3）由于物体平衡时摩擦力有一定的范围（$0\leqslant \boldsymbol{F}_S\leqslant \boldsymbol{F}_{max}$），故一般情况下有摩擦的平衡问题的解也有一定的范围，而不是一个确定的值。但为了计算方便，一般先在临界状态下计算，求得结果后再分析、讨论其解的平衡范围。

【例5-1】 如图5-7所示，物块重 $P=1500\text{N}$，放置于倾角为30°的斜面上，物块与斜面之间的静摩擦因数为 $f_S=0.2$，动摩擦因数为 $f=0.18$。当物块受水平力 $F=400\text{N}$ 作用时，问物块处于什么状态，并求此时摩擦力的大小和方向。

【解】 本题需判断物体是否处于平衡状态。求解此类问题的思路是：先假设物体静止和摩擦力的方向，再应用平衡方程求解；将求得的摩擦力与最大摩擦力比较，判断物体是否静止。

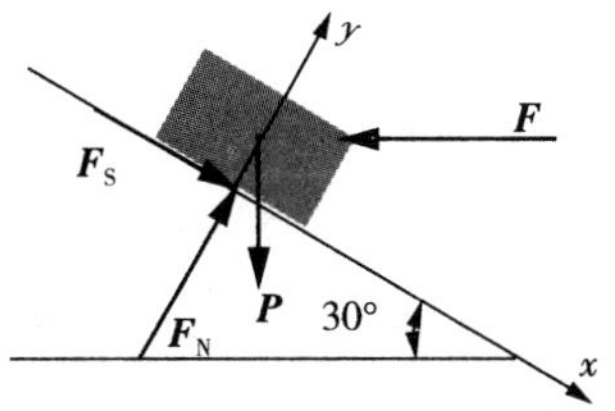

图5-7

取物块为研究对象，假定物体处于静止状态且有沿斜面向上的滑动趋势，即摩擦力的方向沿斜面向下，受力如图5-7所示。建立坐标系如图，列平衡方程

$$\sum F_x=0,\quad F_S-F\cos30°+P\sin30°=0$$

$$\sum F_y = 0,\quad -F\sin 30^\circ - P\cos 30^\circ + F_N = 0$$

解得

$$F_S = -403.6\text{N},\quad F_N = 1499\text{N}$$

F_S 为负值，说明若物块平衡，则摩擦力的方向与假设的相反，即沿斜面向上。

下面讨论物块能否平衡。计算最大摩擦力为

$$F_{max} = f_S F_N = 299.8\text{N}$$

结果表明，为保持平衡需有 $|F_S| > F_{max}$，这是不可能的。说明物块不可能在斜面上静止，而是向下滑动。此时的摩擦力应为动滑动摩擦力，方向沿斜面向上，大小为

$$F_d = f F_N = 269.8\text{N}$$

【例 5-2】 两物块 A、B 放置如图 5-8a 所示。物块 A 重 $P_1 = 5\text{kN}$，物块 B 重 $P_2 = 2\text{kN}$，物块 A 用拉紧的倾角为 30° 的绳子系在固定点。物块 A、B 之间的静摩擦因数 $f_{S1} = 0.25$，B 与固定水平面之间的静摩擦因数 $f_{S2} = 0.20$。求拉动物块 B 所需的最小水平力 $\boldsymbol{F}$。

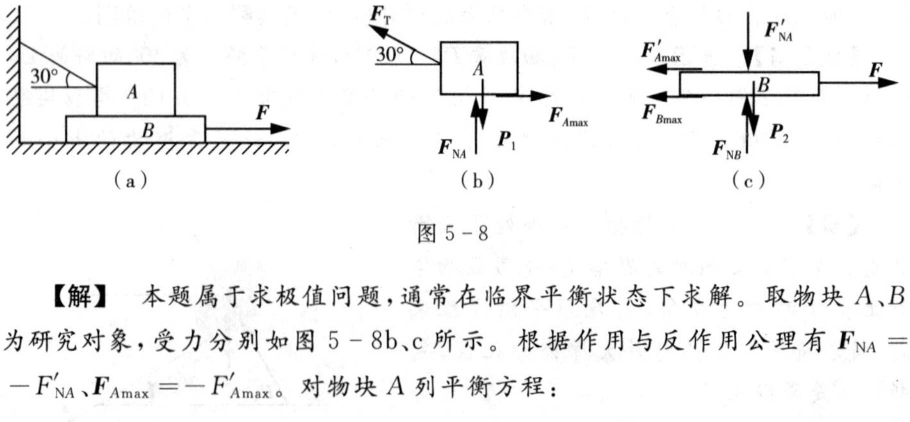

图 5-8

【解】 本题属于求极值问题，通常在临界平衡状态下求解。取物块 A、B 为研究对象，受力分别如图 5-8b、c 所示。根据作用与反作用公理有 $\boldsymbol{F}_{NA} = -\boldsymbol{F}'_{NA}$、$\boldsymbol{F}_{Amax} = -\boldsymbol{F}'_{Amax}$。对物块 A 列平衡方程：

$$\sum F_x = 0,\quad F_A - F_T\cos 30^\circ = 0 \tag{1}$$

$$\sum F_y = 0,\quad F_T\sin 30^\circ - P_1 + F_{NA} = 0 \tag{2}$$

补充库仑摩擦方程： $F_A = F_{Amax} = f_{S1} \cdot F_{NA}$ (3)

对物块 B 列平衡方程：

$$\sum F_x = 0, F - F'_A - F_B = 0 \tag{4}$$

$$\sum F_y = 0, F_{NB} - P_2 - F'_{NA} = 0 \tag{5}$$

补充库仑摩擦方程：　$F_B = F_{B\max} = f_{S2} \cdot F_{NB}$　(6)

联立求解方程(1)－(6)，得

$$F = \frac{f_{S1} + f_{S2}}{f_{S1}\tan 30° + 1}P_1 + f_{S2}P_2 = 2.366\text{kN}$$

这是向右拉动物块 B 的最小水平力。如果从右向左推，则绳子将放松，物块 A 和 B 将作为一个整体运动。这时所需的最小水平推力为

$$F = f_{S2}(P_1 + P_2) = 1.4\text{kN}$$

这里需要强调，在临界状态下求解有摩擦的平衡问题时，必须根据相对滑动的趋势，正确判断摩擦力的方向，不能像例 5－1 那样任意假设。这是因为在解题过程中引用了摩擦方程，其中法向约束力 $\boldsymbol{F}_N$ 的方向总是确定的，即 $\boldsymbol{F}_N$ 恒为正值，因而 $\boldsymbol{F}_{\max}$ 也应为正值，即摩擦力 $\boldsymbol{F}_{\max}$ 的方向不能任意假定，必须按真实方向画出。

【例 5－3】 攀登电线杆时用的套钩如图 5－9a 所示，已知套钩的尺寸 b、电线杆直径 d、摩擦因数 f_S。求套钩不致下滑时，人的重力 P 的作用线与电线杆中心线的距离 l。

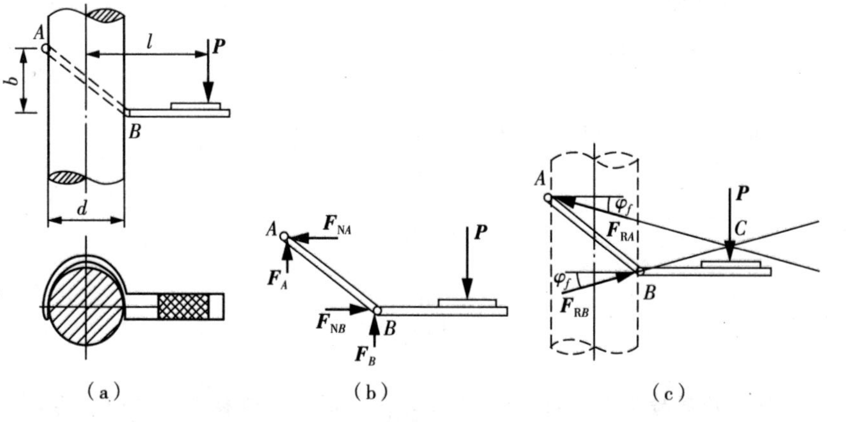

图 5－9

【解】 本题分别应用解析法和几何法求解。首先应用解析法。

以套钩为研究对象，其受力如图 5－9b 所示。套钩在 A、B 两处都受摩擦力

作用，分析套钩平衡的临界状态，两处将同时达到最大静摩擦力。列平衡方程：

$$\sum F_x = 0, F_{NB} - F_{NA} = 0 \tag{1}$$

$$\sum F_y = 0, F_A + F_B - P = 0 \tag{2}$$

$$\sum M_A = 0, F_{NB}b + F_B d - P(l + \frac{d}{2}) = 0 \tag{3}$$

A、B 两处的补充方程：

$$F_A = F_{A\max} = f_S \cdot F_{NA}, \quad F_B = F_{B\max} = f_S \cdot F_{NB} \tag{4}$$

联立求解，可得套钩不致下滑的临界条件为

$$l = \frac{b}{2f_S}$$

经过判断，得套钩不致下滑时 l 的范围为

$$l \geqslant \frac{b}{2f_S}$$

在此再次强调，在临界状态下求解有摩擦的平衡问题时，必须根据相对滑动的趋势，正确判断出摩擦力的方向，而不能随意假设。

下面应用几何法进行分析。

仍分析套钩平衡的临界状态，现 A、B 两处的约束力分别用全约束力 $\boldsymbol{F}_{RA}$、$\boldsymbol{F}_{RB}$ 表示，套钩的受力如图 5-9c 所示。套钩在 $\boldsymbol{F}_{RA}$、$\boldsymbol{F}_{RB}$、P 三力作用下处于临界平衡状态，故三力必相交于一点 C，从图中几何关系可得

$$(l - \frac{d}{2})\tan\varphi_f + (l + \frac{d}{2})\tan\varphi_f = b$$

即
$$2l\tan\varphi_f = b$$

解得
$$l = \frac{b}{2\tan\varphi_f} = \frac{b}{2f_S}$$

判断套钩保持平衡，不致下滑时 l 的变化范围。根据摩擦角的概念，全约束力 $\boldsymbol{F}_{RA}$、$\boldsymbol{F}_{RB}$ 只能在各自的摩擦角范围内；同时，由三力平衡汇交定理，力 P 必须通过 $\boldsymbol{F}_{RA}$、$\boldsymbol{F}_{RB}$ 的交点。因此，人的重力 P 的作用点必须位于图 5-9c 所示的三角形阴影区域内。即

$$l \geqslant \frac{b}{2f_S}$$

【例5-4】 如图5-10a所示，均质圆轮重$P=100\text{N}$，半径为r，搁在不计自重的斜杆AB和水平面之间。杆AB长为l，A端为光滑铰链，B端作用一垂直于杆的力$\boldsymbol{F}_B$，其大小$F_B=50\text{N}$。圆轮与杆间的静摩擦因数为$f_{SC}=0.4$。当$\alpha=60°$时，$AC=CB=l/2$。当D处静摩擦因数f_{SD}分别为0.3和0.15时，求保持系统静止需作用于轮心O的最小水平推力$\boldsymbol{F}$。

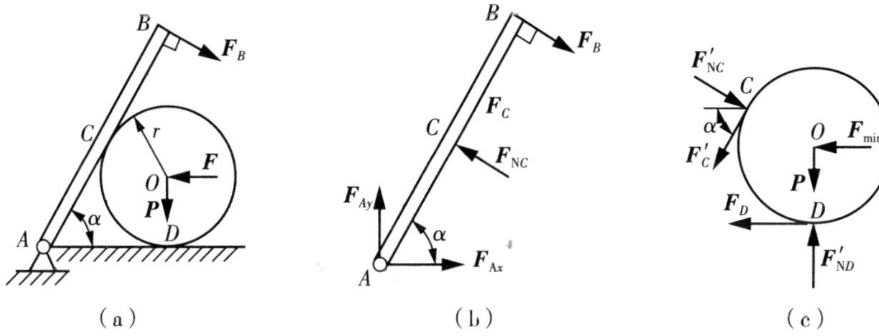

图5-10

【解】 本题仍然属于求极值问题，但存在两种临界平衡状态的可能，应根据题意展开讨论，分别判断。

由图5-10a可知，若推力$\boldsymbol{F}$太大，圆轮将向左滚动；而推力太小，圆轮将向右滚动。在后者的临界平衡状态下，得到的水平推力$\boldsymbol{F}$即为维持系统平衡的最小值$\boldsymbol{F}_{\min}$。另外，圆轮在C、D两处都受摩擦作用，两个摩擦力之中只要有一个达到最大值，系统即处于即将运动的临界状态，其推力$\boldsymbol{F}$即为最小值。

(1) 先假设C处的静摩擦力达到最大值。当推力$\boldsymbol{F}$为最小时，圆轮有沿水平面向右滚动的趋势，因此圆轮上点C相对于杆AB有向右上方滑动的趋势，作用于圆轮和杆的摩擦力$\boldsymbol{F}'_C$和$\boldsymbol{F}_C$如图5-10c、b所示。设D处摩擦力$\boldsymbol{F}_d$尚未达到最大值，其方向可假设向左，如图5-10c所示。

取杆AB为研究对象，列出平衡方程：

$$\sum M_A=0, F_{NC}\frac{l}{2}-F_BL=0$$

C处到达临界状态，补充方程为

$$F_C=F_{C\max}=f_{SC}F_{NC}$$

解得

$$F_{NC}=100\text{N},\quad F_C=40\text{N}$$

取圆轮为研究对象，列平衡方程：

$$\sum F_x = 0,\quad F'_{NC}\sin60° - F'_C\cos60° - F - F_D = 0$$

$$\sum F_y = 0,\quad -F'_{NC}\cos 60^0 - F'_C\sin 60^0 - P + F_{ND} = 0$$

$$\sum M_O = 0,\quad F_D r - F'_C r = 0$$

解得

$$F_D = F'_C = F_C = 40\text{N}$$

$$F = 26.6\text{N}$$

$$F_{ND} = (100\cos60° + 40\sin60° + 100)\text{N} = 184.6\text{N}$$

当 $f_{SD} = 0.3$ 时，D 处最大静摩擦力为

$$F_{D\max} = f_{SD}F_{ND} = 55.38\text{N}$$

由于 $F_D = 40\text{N} < F_{D\max}$，可见 D 处无滑动。故 $\boldsymbol{F} = 26.6\text{N}$ 为保持系统平衡的最小水平推力。

(2) 当 $f_{SD} = 0.15$ 时，$F_{D\max} = f_{SD}F_{ND} = 27.69\text{N} < F_D = 40\text{N}$

说明此时 D 处先达到临界状态。为此，应假设 D 处静摩擦力达到最大值，再进行上述讨论。

再假设 D 处静摩擦力达到最大值。当推力为最小时，杆 AB 与轮的受力图仍如图 5-8b、c 所示。有补充方程：

$$F_D = F_{D\max} = f_{SD}F_{ND}$$

而其他方程不变。可解得

$$F_D = F'_C = \frac{f_{SD}(F'_{NC}\cos 60^0 + P)}{1 - f_{SD}\sin 60^0} = 25.86\text{N}$$

最小水平推力为

$$F = F'_{NC}\sin60° - F_D(1 + \cos60°) = 47.81\text{N}$$

此时 C 处的最大静摩擦力 $F_{C\max} = f_{SC}F_{NC} = 40\text{N}$，由于 $F'_C < F_{C\max}$，可见 C 处无滑动。因此，当 $f_{SD} = 0.15$ 时，维持系统平衡的最小推力应为 $\boldsymbol{F} = 47.81\text{N}$。

类似地，可求出维持系统平衡时，作用于轮心 O 的最大水平推力。请读者自行分析。

【例 5-5】 如图 5-11a 所示，在平面曲柄连杆滑块机构中，曲柄 OA 长 r，作用有一矩为 M 的力偶，滑块 B 与水平面之间的静摩擦因数为 f_S。OA 水平，连

杆与铅垂线的夹角为 θ，力 $\boldsymbol{P}$ 与水平面的夹角为 β。求机构在图示位置保持平衡时力 $\boldsymbol{P}$ 的值。（不计机构自重，$\boldsymbol{\theta} > \boldsymbol{\varphi}_{\mathrm{f}} = \arctan f$）

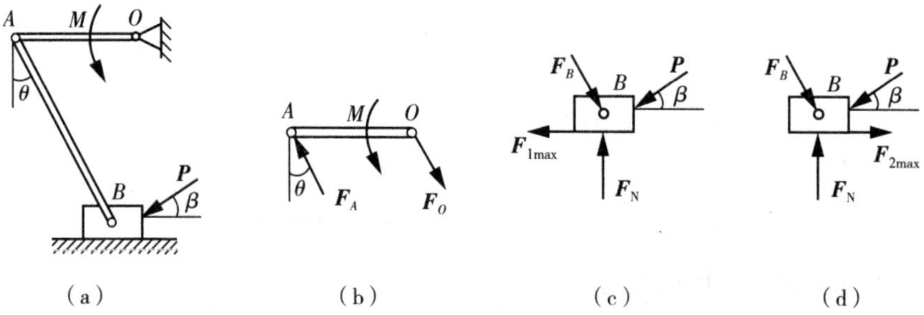

图 5－11

【解】 本题属于求解物体的平衡范围问题。在力偶矩 M 一定的条件下，若力 $\boldsymbol{P}$ 太小，滑块 B 为有向右运动的趋势；若力 $\boldsymbol{P}$ 太大，则滑块 B 为有向左运动的趋势。因此，机构在图示位置保持平衡时力 $\boldsymbol{P}$ 的值应在一定范围之内。

(1) 先取曲柄 OA 为研究对象，受力如图 5－11b 所示，列平衡方程

$$\sum M_O = 0,\quad M - F_A\cos\theta r = 0 \Rightarrow F_A = \frac{M}{r\cos\theta}$$

(2) 求力 $\boldsymbol{P}$ 的最小值。取滑块 B 为研究对象，设其处于向右运动的临界状态，受力如图 5－11c 所示，列平衡方程

$$\sum F_x = 0, F_B\sin\theta - P\cos\beta - F_{1\max} = 0$$

$$\sum F_y = 0, F_{\mathrm{N}} - P\sin\beta - F_B\cos\theta = 0$$

又杆 AB 为二力杆，则 $$F_B = F_A$$

补充方程： $$F_{1\max} = f_S \cdot F_{\mathrm{N}}$$

解得 $$P_{\min} = \frac{M}{r\cos\theta} \cdot \frac{\sin\theta - \cos\theta f}{\cos\beta + \sin\beta f} = \frac{M\sin(\theta - \varphi_{\mathrm{f}})}{r\cos\theta\cos(\beta - \varphi_{\mathrm{f}})}$$

(3) 求力 $\boldsymbol{P}$ 的最大值。再取滑块 B 为研究对象，设其处于向左运动的临界状态，受力如图 5－11d 所示，列平衡方程

$$\sum F_x = 0,\quad F_B\sin\theta - P\cos\beta + F_{2\max} = 0$$

$$\sum F_y = 0,\quad F_{\mathrm{N}} - P\sin\beta - F_B\cos\theta = 0$$

补充方程：
$$F_{2\max}=f\cdot F_{\mathrm{N}}$$

解得

$$P_{\max}=\frac{M}{r\cos\theta}\cdot\frac{\sin\theta+\cos\theta f}{\cos\beta-\sin\beta f}=\frac{M\sin(\theta+\varphi_{\mathrm{f}})}{r\cos\theta\cos(\beta+\varphi_{\mathrm{f}})}$$

所以，机构保持平衡时力 $\boldsymbol{P}$ 的取值范围为

$$\frac{M\sin(\theta-\varphi_{\mathrm{f}})}{r\cos\theta\cos(\beta-\varphi_{\mathrm{f}})}\leqslant P\leqslant\frac{M\sin(\theta+\varphi_{\mathrm{f}})}{r\cos\theta\cos(\beta+\varphi_{\mathrm{f}})}$$

考虑摩擦时物体的平衡问题，一般可归纳为以下两类：

(1) 判断物体是否平衡的问题。这类问题，通常先假设物体处于平衡状态，根据平衡方程求出物体平衡时需要的摩擦力 $\boldsymbol{F}$ 和相应接触面之间的正压力。然后，再根据库仑摩擦定律求出相应于正压力的最大静摩擦力 $F_{\max}$，并将平衡需要的摩擦力与之对比。若 $F\leqslant F_{\max}$，说明接触面能够提供足够的摩擦力，使物体处于平衡状态，已经求得的摩擦力 $\boldsymbol{F}$ 就是物体受到的实际的摩擦力。否则，物体不会平衡。这里，通常犯的错误是，在尚未清楚物体所处的状态之前，就应用摩擦定律进行计算。因此，再次强调：非临界状态的平衡，摩擦力是由平衡方程求出的(包括大小和方向，方向可以假设)；只有在临界状态时，摩擦力的大小才能应用摩擦定律计算，其方向应根据运动趋势判断，不能任意假设。

(2) 分析物体的平衡范围问题。一般先分别确定平衡范围的两个极值，此时，物体均处于临界平衡状态，摩擦力是最大静摩擦力，应用摩擦定律计算。两个极值之间就是物体的平衡范围。

5.5 滚动摩阻的概念

由实践知道，用滚动代替滑动，可以明显地提高效率，减轻劳动强度，因而被广泛地采用。例如，搬运笨重物体时，常在物体下面垫上一排钢管，这样要比将重物直接放在地面上推动起来要省力得多。

用滚动代替滑动为什么会省力？当物体滚动时，依然存在摩擦阻力，这种摩擦阻力的性质又如何？下面用一个简单的实验来研究这些问题。

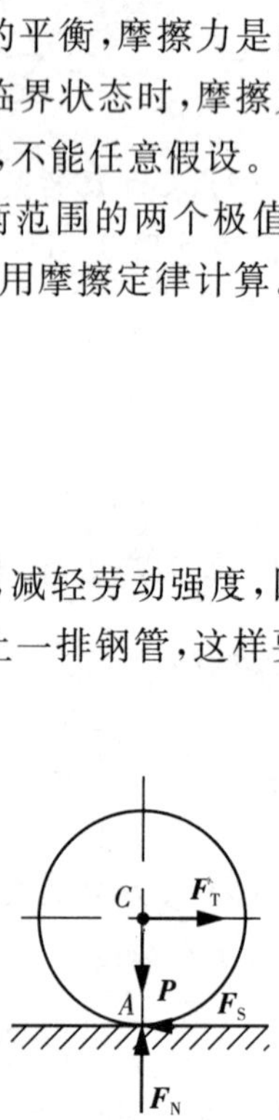

图 5-12

如图 5-12 所示，重为 $\boldsymbol{P}$ 的圆轮置于水平面上，其中心处作用一水平拉力 $\boldsymbol{F}_{\mathrm{T}}$。如将轮不改变水平面间的接触视为绝对刚性约束，则二者仅在 A 点接触。

对轮子进行受力分析。在轮子与平面接触的 A 点

有法向约束力$\boldsymbol{F}_{\mathrm{N}}$和静摩擦力$\boldsymbol{F}_{\mathrm{S}}$，其中$\boldsymbol{F}_{\mathrm{N}}$与$\boldsymbol{P}$等值反向共线；$\boldsymbol{F}_{\mathrm{S}}$阻止滚子滑动，它与$\boldsymbol{F}_{\mathrm{T}}$等值反向。不难看出，轮上的力系等效于一力偶($\boldsymbol{F}_{\mathrm{T}}$，$\boldsymbol{F}_{\mathrm{S}}$)，即不管轮子有多重，只要施加一微小的拉力$\boldsymbol{F}_{\mathrm{T}}$，轮子都不可能保持平衡，而将在力偶($\boldsymbol{F}_{\mathrm{T}}$，$\boldsymbol{F}_{\mathrm{S}}$)作用下发生滚动。

然而，实际上，当拉力$\boldsymbol{F}_{\mathrm{T}}$较小时，轮子仍保持静止，只有当$\boldsymbol{F}_{\mathrm{T}}$达到一定数值时，轮子才开始滚动。产生这一矛盾的原因是，轮不改变平面间的接触并不是绝对刚性的，在重力$\boldsymbol{P}$作用下，轮子和平面都会发生微小的接触变形，从而影响约束力的分布。因此，在这种情况下，不能将轮－面约束看成是绝对刚性的，而必须考虑变形的影响。

作为一种简化，仍将轮子视为绝对刚体，而将平面视为具有接触变形的柔性体，当轮受到较小的水平拉力$\boldsymbol{F}_{\mathrm{T}}$作用时，轮－面间的约束力在接触面上不是均匀分布地，如图5－13a所示。该分布的约束力系必汇交于一点，求得其合力$\boldsymbol{F}_{\mathrm{R}}$，如图5－13b所示。将$\boldsymbol{F}_{\mathrm{R}}$分解为法向反力$\boldsymbol{F}_{\mathrm{N}}$和静摩擦力$\boldsymbol{F}_{\mathrm{S}}$，$\boldsymbol{F}_{\mathrm{R}}=\boldsymbol{F}_{\mathrm{N}}+\boldsymbol{F}_{\mathrm{S}}$，此时$\boldsymbol{F}_{\mathrm{N}}$已偏离$AC$一微小距离$\delta$，当增加拉力$\boldsymbol{F}_{\mathrm{T}}$时，$\delta$随之增大。将$\boldsymbol{F}_{\mathrm{N}}$、$\boldsymbol{F}_{\mathrm{S}}$向$A$点简化，则除$\boldsymbol{F}_{\mathrm{N}}$、$\boldsymbol{F}_{\mathrm{S}}$外，还有一力偶$M_{\mathrm{f}}$，如图5－13c所示，$M_{\mathrm{f}}$称为滚动摩阻力偶。

与滑动摩擦相似，当力$\boldsymbol{F}_{\mathrm{T}}$增加到某个值时，$\delta$达到其最大值，如图5－13d所示，此时，轮子处于将滚未滚的临界平衡状态，滚动摩阻力偶达到最大值，称为最大滚动摩阻力偶，用$M_{\max}$表示。若力$\boldsymbol{F}_{\mathrm{T}}$再增人一点，轮子即开始滚动。

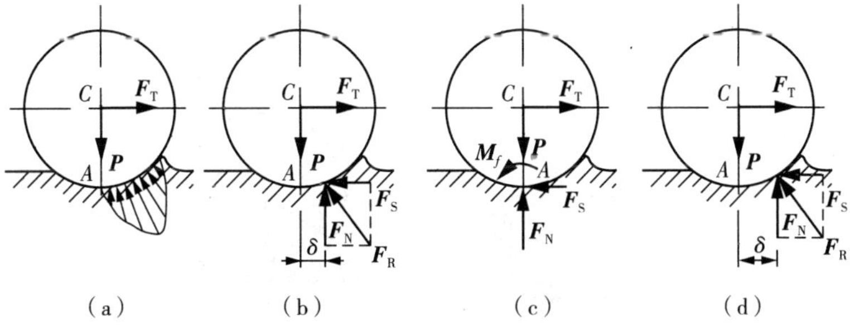

图5－13

由以上讨论可知，滚动摩阻力偶M_{f}的大小介于零与最大值之间，即

$$0 \leqslant M_f \leqslant M_{\max}$$

由图5－13c、d可知，最大滚动摩阻力偶$M_{\max}$与滚子半径无关，而与支承面的法向约束力成正比，即

$$M_{\max}=\delta \cdot F_{\mathrm{N}} \qquad (5-5)$$

这就是滚动摩阻定律，其中 δ 为比例常数，称为滚动摩阻系数，具有长度量纲，单位一般用 mm。

滚动摩阻系数 δ 与接触物体材料的硬度和湿度等有关，可由实验测定，有些也可在机械工程手册中查到，如钢质车轮在钢轨上滚动时，$\delta \approx 0.05\text{mm}$，而橡胶轮胎在地面上滚动时的 $\delta = 2 \sim 10\text{mm}$。由于滚动摩阻系数较小，因此，在大多数情况下滚动摩阻是可以忽略不计的。

下面分析滚动比滑动省力的道理。

如图 5-14a 所示，欲使重为 P 的物块滑动所需的拉力为

$$F_{T1} = F_{max} = f_S F_N = f_S P$$

而在图 5-14b 中，由平衡方程 $\sum M_A = 0$ 可求得使同样重 P 的轮子滚动所需的拉力为

$$F_{T2} = F_S = \frac{M_{max}}{r} = \frac{\delta}{r} F_N = \frac{\delta}{r} P$$

一般情况下，$\frac{\delta}{r} \ll f_S$，故 $\boldsymbol{F}_{T2} \ll \boldsymbol{F}_{T1}$，因此使轮子滚动要比滑动省力得多。例如，半径为 450mm 的充气橡胶轮胎在混凝土路面上滚动时，$\delta \approx 3.15\text{mm}$，$f_S = 0.7$，则

$$F_{T2} = F_S = \frac{F_{T1}}{F_{T2}} = \frac{f_S}{\delta / r} \approx 100$$

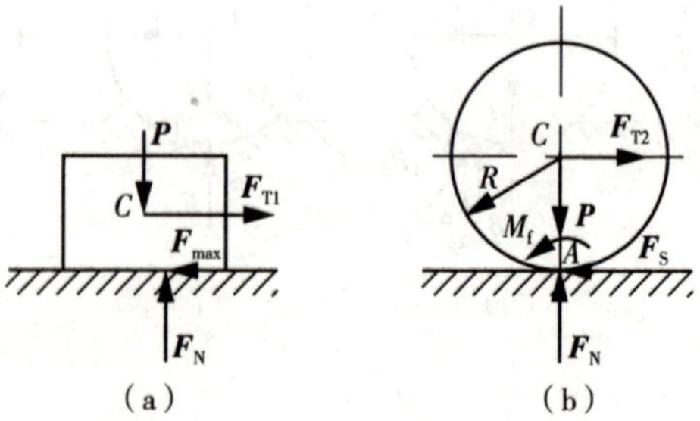

图 5-14

这说明使轮子滑动的力是使轮子滚动的力的 100 倍。因此，通常情况下滚动摩阻可忽略不计。

【例 5-6】 如图 5-15a 所示，半径为 R 的滑轮 B 上作用有力偶 M_B，轮上绕有细绳拉住半径为 R、重量为 P 的圆柱。斜面倾角为 a，圆柱与斜面间的滚动摩阻系数为 δ。求使圆柱保持平衡时，力偶矩 M_B 的最大与最小值；并求能使圆柱

匀速滚动而不滑动时静滑动摩擦系数的最小值。

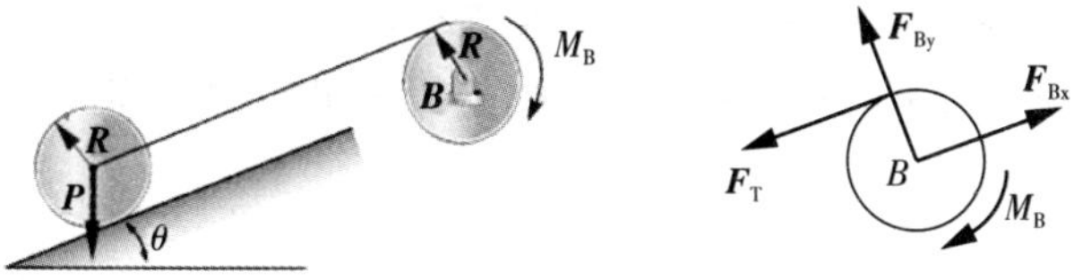

(a)　　(d)

图 5-15

【解】 取圆柱为研究对象,先求绳子拉力。圆柱在即将滚动的临界状态下,滚阻力偶达到最大值,即 $M_{max} = \delta F_N$,其转向与滚动趋势相反。当绳子拉力为最小值时,圆柱有向下滚动的趋势,当绳拉力为最大值时,圆柱有向上滚动的趋势。

(1) 先求 F'_{min},圆柱受力如图 5-15b 所示,列平衡方程:

$$\sum M_A(\boldsymbol{F}) = 0,\quad P\sin\alpha \cdot R - F'_{min}R - M_{max} = 0$$

$$\Sigma F_y = 0,\quad F_N - P\cos\alpha = 0$$

临界状态下,补充方程为　$M_{max} = \delta F_N$

解得最小拉力为　$F'_{min} = P(\sin\alpha - \dfrac{\delta}{R}\cos\alpha)$

(2) 再求 F'_{max},圆柱受力如图 5-15c 所示,列平衡方程:

$$\sum M_A(\boldsymbol{F}) = 0,\quad P\sin\alpha \cdot R - F'_{max}R + M_{max} = 0$$

$$\Sigma F_y = 0,\quad F_N - P_{\cos}\alpha = 0$$

临界状态下,补充方程为　$M_{max} = \delta F_N$

联立解得最大拉力为　$F'_{max} = P(\sin\alpha + \dfrac{\delta}{R}\cos\alpha)$

(3) 以滑轮 B 为研究对象,受力如图 5-15d 所示,列平衡方程:

$$\sum M_B(\boldsymbol{F}) = 0,\quad F_R - M_B = 0$$

当绳子拉力分别为 F'_{max} 或 F'_{min} 时,得力偶矩的最大与最小值为

$$M_{Bmax} = F'_{max}R = P(R\sin\alpha + \delta\cos\alpha)$$

$$M_{Bmin} = F'_{min}R = P(R\sin\alpha - \delta\cos\alpha)$$

圆柱平衡时,力偶矩 M_B 的取值范围为

$$P(R\text{Sin}\alpha - \delta\cos\alpha) \leqslant M_B \leqslant P(R\sin\alpha + \delta\cos\alpha)$$

(4) 求圆柱只滚不滑时静滑动摩擦系数的最小值 $f_{\min}$。

取圆柱为研究对象，当它向上滚动时，受力如图 5-15c 所示。列平衡方程：

$$\sum M_O(\boldsymbol{F}) = 0, \quad F_S R - M_{\max} = 0$$

$$\Sigma F_y = 0, \quad F_N - P\cos\alpha = 0$$

补充方程为 $$M_{\max} = \delta F_N$$

联立解得 $$F_S = \frac{\delta}{R} P\cos\alpha$$

因此，满足只滚不滑的力学条件为

$$F_S \leqslant f_S F_N = f_S P\cos\alpha$$

比较上述结果，可得 $$f_S \geqslant \frac{\delta}{R}$$

即，圆柱只滚动而不滑动时，静滑动摩擦系数的最小值应为 δ/R。

当圆柱向下只滚动不滑动时，由图 5-15b，可得到同样的结果，希望读者自己验证。

思　考　题

一、问答题

5-1　能否说只要受力物体是处于平衡状态，摩擦力的大小一定是 $F_S = f_S \cdot F_N$？为什么？

5-2　正压力 F_N 是否一定等于物体的重力？为什么？

5-3　如图所示，重为 W_1 的物体置于斜面上，已知当斜面倾角 α 小于摩擦角 φ_f 时，物体静止于斜面上。如欲使物体下滑，于其上另加一重为 W_2 的物体，并使两重物固结在一起，问能否达到下滑的目的？为什么？

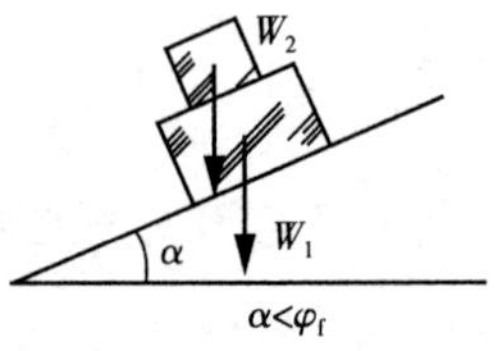

思考题 5-3 图

5-4　滑动摩擦因数与滚动摩擦因数有何不同？

5-5　汽车行驶时，前轮受汽车车身施加的向前推力，而后轮受一主动力偶的作用，试画出前、后轮的受力图

5-6　如果两个粗糙接触面间有正压力作用，能否说该接触面间一定出现摩擦力？

5-7　静摩擦因数,动摩擦因数,滚动摩擦因数,这三者有什么意义?又有什么异同?

二、判断是非

5-8　摩擦力的方向总是和物体运动的方向相反。(　　)

5-9　摩擦力是未知约束力,其大小和方向完全可以由平衡方程来确定。(　　)

5-10　当考虑摩擦时,支承面对物体的法向约束力 $\boldsymbol{F}_N$ 和摩擦力 $\boldsymbol{F}$ 的合力 $\boldsymbol{F}_R$ 与法线的夹角 φ 称为摩擦角。(　　)

5-11　只要两物体接触面之间不光滑,并有正压力作用,则接触面处摩擦力一定不为零。(　　)

5-12　在求解有摩擦的平衡问题(非临界平衡情况)时,静摩擦力的方向可以任意假定,而其大小一般是未知的。(　　)

5-13　当一物体上有几处与周围物体接触时,这几个接触面的摩擦力同时达到临界平衡状态。(　　)

三、选择题

5-14　如图所示,斜面倾角为 α,物体与斜面间的摩擦因数为 f_S,欲使物体能静止在斜面上,则必须满足的条件是____。

(A) $tg\ f_S \leqslant \alpha$　　　(B) $tg\ f_S > \alpha$

(C) $tg\ \alpha \leqslant f_S$　　　(D) $tg\ \alpha > f_S$

5-15　如图所示,已知杆 OA 重 W,物块 M 重 Q。杆与物块间有摩擦,而物体与地面间的摩擦略去不计。当水平力 P 增大而物块仍然保持平衡时,杆对物体 M 的正压力____。

(A) 由小变大　　　(B) 由大变小

(C) 不变

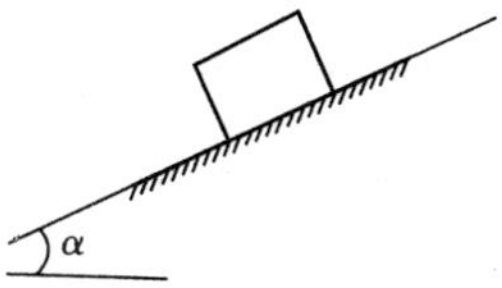

思考题5-14图

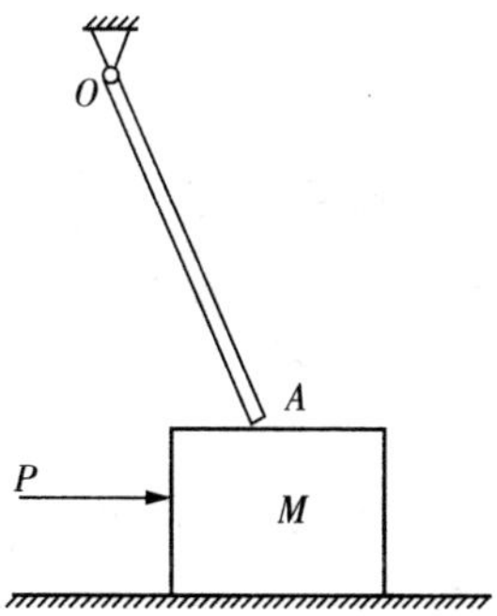

思考题5-15图

5-16　如图所示，物 A 重 100kN，物 B 重 25kN，A 物与地面的摩擦因数为 0.2，滑轮处摩擦不计。则物体 A 与地面间的摩擦力为____。

(A)20kN　　(B)16kN

(C)15kN　　(D)12kN

5-17　如图所示，四本相同的书，每本重 G，设书与书间的摩擦因数为 0.1，书与手间的摩擦因数为 0.25，欲将四本书一起提起，则两侧应加之 P 力应至少大于____。

(A)10G　　(B)8G

(C)4G　　(D)12.5G

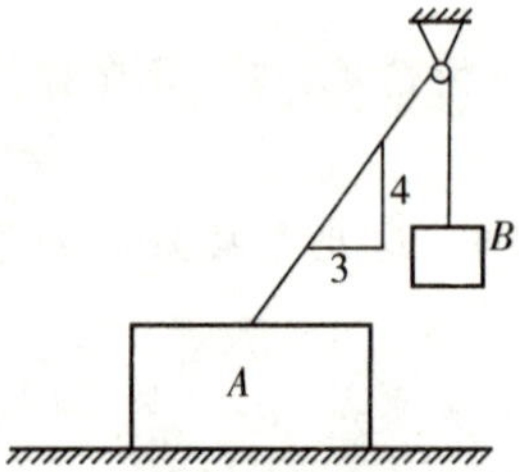

思考题 5-16 图

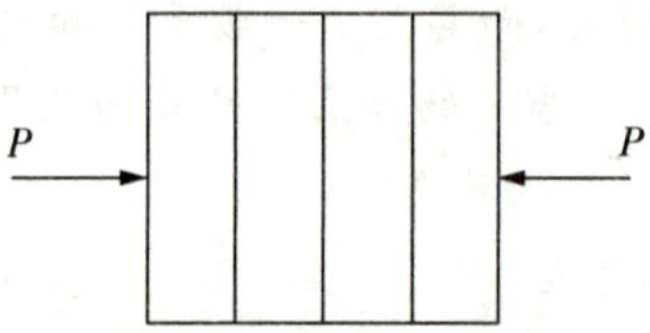

思考题 5-17 图

四．填空题

5-18　物体受摩擦作用时的自锁现象是指__________。

5-19　已知砂石与皮带间的摩擦因数为 $f_S=0.5$，则皮带运输机的输送送带的最大倾角 α __________。

5-20　如图所示，物块重 $W=50$N，与接触面间的摩擦角 $\varphi_f=30°$，受水平力 Q 作用，当 $Q=50N$ 时物块处于__________(只要回答处于静止或滑动)状态。当 $Q=$__________N 时，物块处于临界状态。

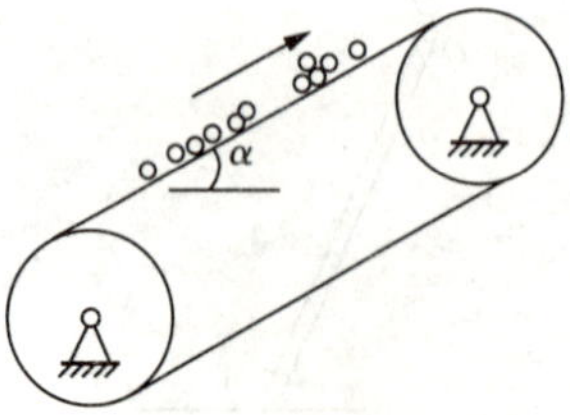

思考题 5-19 图

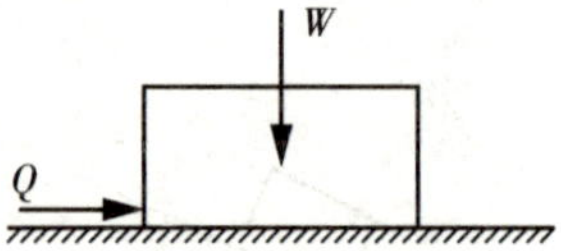

思考题 5-20 图

5-21　如图所示，物块重 $W=100$kN，自由地放在倾角在 30° 的斜面上，若物体与斜面间的静摩擦因数 $f_S=0.3$，动摩擦因数 $f=0.2$，水平力 $P=50$kN，则作用在物块上的摩擦力的大小为__________。

5-22　如图所示，均质立方体重 P，置于 30° 倾角的斜面上，二者的静摩擦因数 $f_S=0.25$，开始时在拉力 T 作用下物体静止不动，逐渐增大力 T，则物体先__________（填滑动或翻倒）；又，物体在斜面上保持静止时，T 的最大值为__________。

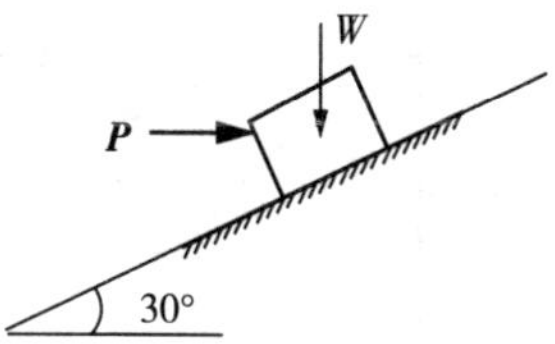

思考题 5-21 图

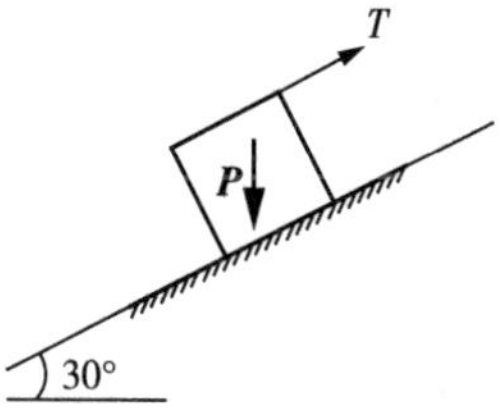

思考题 5-22 图

习　　题

5-1　一物块重为 $Q=400\text{N}$，置于水平地面上，受到大小为 $80N$ 的拉力作用，如图所示，假设拉力 T 与水平夹角为 $\alpha=45^\circ$，物块与地面的摩擦因数为 $f_S=0.2$，求：

(1) 判断物块是否发生移动，并确定此时的摩擦力大小；

(2) 要使物块发生移动，拉力至少要多大？

5-2　半圆柱体重 P，重心 C 到圆心 O 点的距离为 $\alpha=4R/(3\pi)$，其中 R 为半圆柱半径，如半圆柱体与水平面间的静摩擦因数为 f_S。求半圆柱体刚被拉动时所偏过的角度 θ。

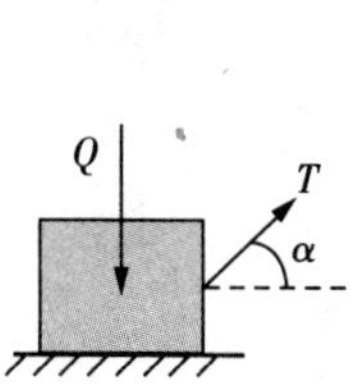

习题 5-1 图

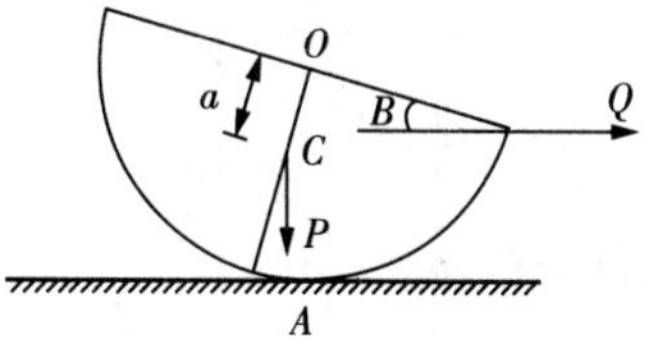

习题 5-2 图

5-3　如图所示均质杆 AB，其 A 端支承在粗糙墙面上，已知：$AB=40\text{cm}$，$BC=15\text{cm}$，$AD=25\text{cm}$，系统平衡时 $\theta\text{min}=45^\circ$。求接触面处的静摩擦因数。

5-4　梯子 AB 长为 $2a$，重为 P，其一端置于水平面上，另一端靠在铅垂墙上，如图所示。设梯子与地和墙的静摩擦因数均为 f_S，问梯子与水平线的夹角 α 多大时，梯子能处于平衡？

5-5　如图所示,置于V型槽中的棒料上作用一力偶,力偶的矩$M=15\text{N}\cdot\text{m}$时,刚好能转动此棒料。已知棒料重$W=400\text{N}$,直径$D=0.25\text{m}$,不计滚动摩阻。求棒料与V形槽间的静摩擦因数$f_S$。

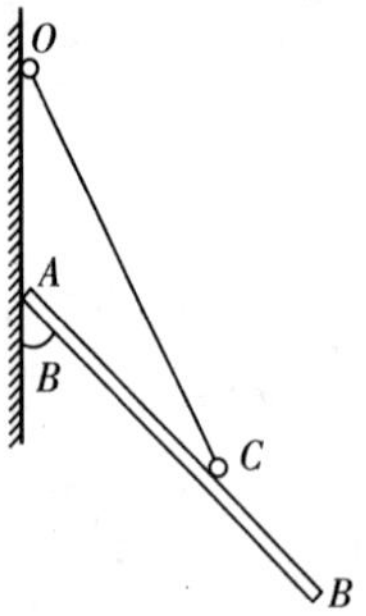

习题5-3图

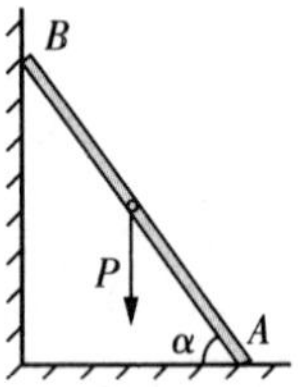

习题5-4图

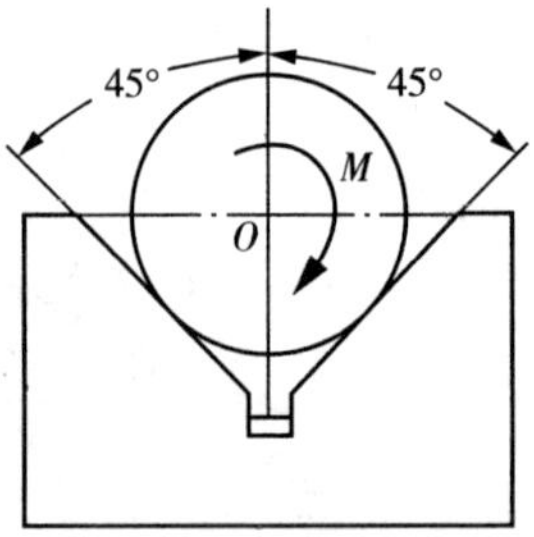

习题5-5图

5-6　鼓轮B重500N,放在墙角里,如图所示。已知鼓轮与水平地板间的摩擦系数为0.25,而铅直墙壁则假定是绝对光滑的。鼓轮上的绳索下端挂着重物。设半径$R=200\text{mm}$,$r=100\text{mm}$,求平衡时重物A的最大重量。

5-7　如图所示,A块重500N,轮轴B重1000N,A块与轮轴的轴以水平绳连接。在轮轴外绕以细绳,此绳跨过一光滑的滑轮D,在绳的端点系一重物C。如A块与平面间的摩擦因数为0.5,轮轴与平面间的摩擦因数为0.2,不计滚动摩阻,求使系统平衡时物体C的重量P的最大值。

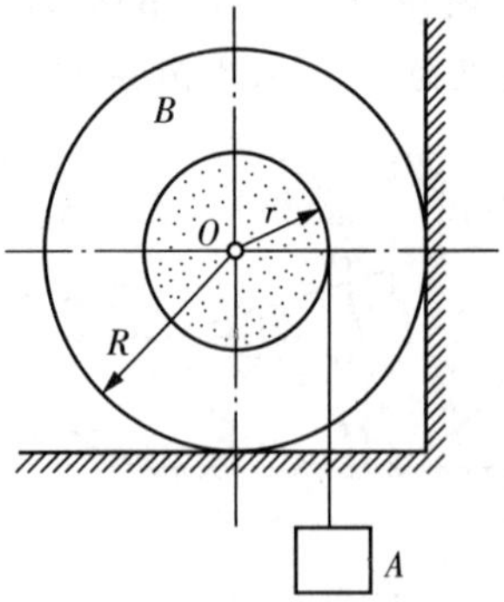

习题5-6图

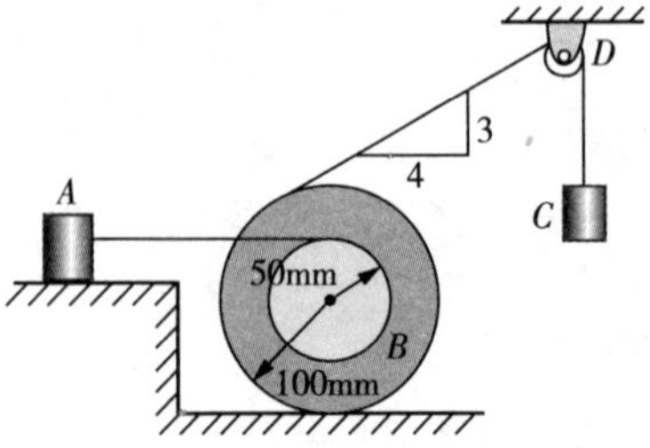

习题5-7图

5-8　一均质物体尺寸如图所示,重$P=1\text{kN}$,作用在C点,已知:物体与水平地面的静摩擦因数$f_S=0.3$。求使物体保持平衡所需的水平力Q的最大值。

5-9　已知:$G=100\text{N}$,$Q=200\text{N}$,A与C间的静摩擦因数$f_{S1}=1.0$,C与D之间的静摩擦因数$f_{S2}=0.6$。求欲拉动木块C的$P_{min}=$?

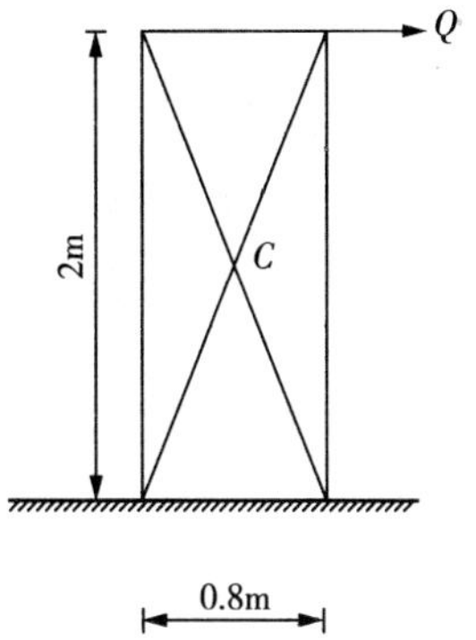

习题 5-8 图

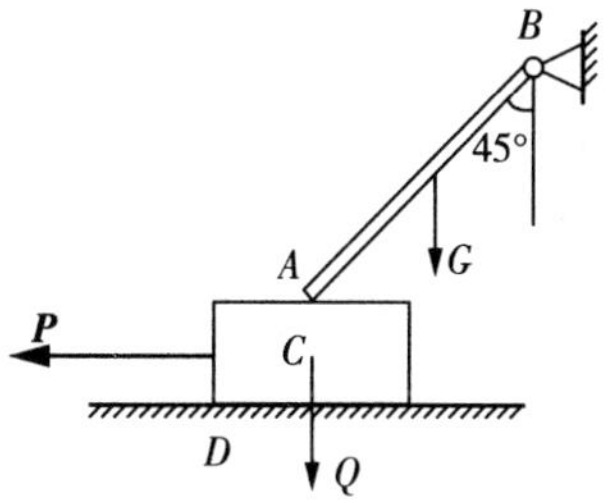

习题 5-9 图

5-10 曲柄连杆机构中 $OA=AB$，不计 OA 重量，均质杆 AB 重 P，铰 A 处作用铅垂荷载 $2P$，滑块 B 重为 Q，与滑道间静滑动摩擦因数为 f_S，求机构在铅垂平面内保持平衡时的最小角度 φ。

5-11 均质箱体 A 的宽度 $b=1\text{m}$，高 $h=2\text{m}$，重 $P=200\text{kN}$，放在倾角 $\alpha=20°$ 的斜面上。箱体与斜面之间的摩擦因数 $f_S=0.2$。今在箱体的 C 点系一无重软绳，方向如图所示，绳的另一端绕过滑轮 D 挂一重物 E。已知 $BC=a=1.8\text{m}$。求使箱体处于平衡的重物 E 的重量。

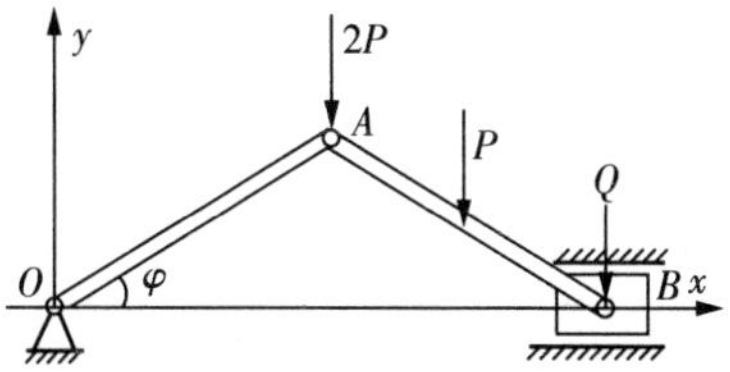

习题 5-10 图

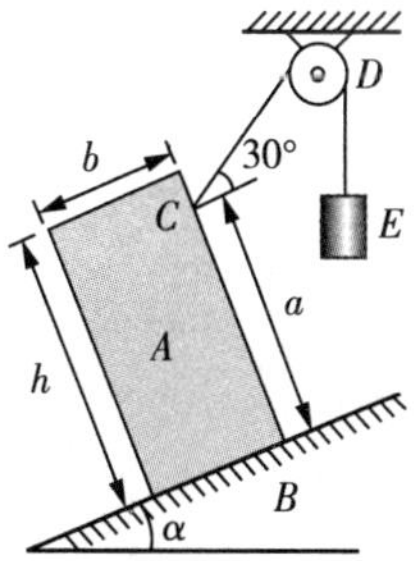

习题 5-11 图

5-12 如图所示，一轮半径为 R，在其铅直直径的上端 B 点作用水平力 F，轮与水平面间的滚阻系数为 δ。问使轮只滚不滑时，轮与水平面的摩擦系数 f_S 需满足什么条件？

5-13 在半径为 r、重为 W_1 的两个滚子上放一木板，木板上放一重物，板与重物共重 W_2 如图，在水平力 F 的作用下，木板与重物以匀速沿直线缓慢运动。设木板与滚子之间及滚子与地面之间的滚动摩擦因数分别为 δ' 及 δ，并且无相对滑动，求力 F 的大小。

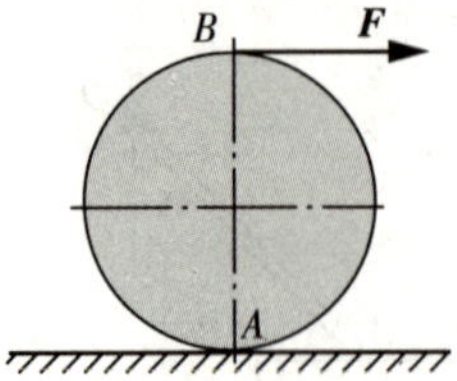

习题 5－12 图

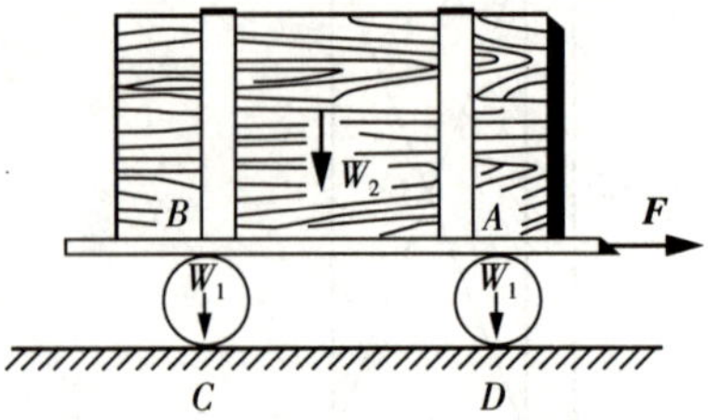

习题 5－13 图

[第二篇] 运动学

引 言

运动学是从几何方面来研究物体的机械运动,即研究物体运动的几何性质,如运动方程、轨迹、速度和加速度,而不考虑运动和作用力的关系。在力学中,把这部分内容称为运动学。学习运动学有两个方面的意义:一方面是为动力学的学习打下基础;另一方面运动学又有其独立的意义,如在一些工程问题中,对某些机构无须考虑其受力,而只须使其运动符合一定的要求。

运动是绝对的,但对运动的描述则是相对的。例如,坐在行驶的列车上的乘客,相对于车厢是静止的,而相对于地面是运动。因此,当我们描述一个物体的运动时,必须指出是相对于哪一个物体,也就是相对于哪一个参考系而言的。有时为了确定物体的空间位置随时间的变化,还需要在参考系上固结一坐标系。在一般的工程问题中,通常都以地面为参考系。

在描述物体的运动时,常用到瞬时和时间间隔的概念。瞬时是指物体在运动过程中的某一时刻,对应于运动的瞬时状态。时间间隔则是指两个瞬时相间隔的时间,对应于运动的某一过程。

运动学的研究对象是点和刚体。如果物体的大小和形状,对所研究的问题并不是主要因素时,物体的运动就可简化为点的运动。例如,研究人造地球卫星的运行轨道时,就可将卫星的运动简化为一个点的运动。由于刚体可视为无数个点的组合,所以点的运动学既有其独立的应用,又是刚体运动学的基础。

第 6 章　点的运动学

点在空间运动的路径，称为点的轨迹。根据运动轨迹，可把点的运动分为直线运动和曲线运动。表示点的几何位置随时间变化规律的数学方程，称为点的运动方程。点的运动学主要研究点的运动规律，包括确定点在任一时刻的位置以及它的轨迹、运动方程、速度和加速度等。

研究点的运动的方法主要有矢量法、直角坐标法和自然坐标法等。

6.1　矢量法

6.1.1　运动方程

设动点 M 沿一曲线运动。选取参考系上某确定点 O 为坐标原点，自 O 点向动点 M 作矢量 $\boldsymbol{r}$，称 $\boldsymbol{r}$ 为动点 M 相对原点 O 的位置矢量，简称矢径。这样，任一瞬时动点 M 在空间的位置可由其矢径来确定（见图 6-1）。当动点 M 运动时，矢径 $\boldsymbol{r}$ 随时间而变化，并且是时间的单值连续函数，即

$$\boldsymbol{r}=\boldsymbol{r}(t) \tag{6-1}$$

上式为以矢量表示的点的运动方程。

动点 M 运动时，其矢径的末端描绘出一条连续曲线，称为矢端曲线。显然，矢径 $\boldsymbol{r}$ 的矢端曲线就是动点 M 的运动轨迹（图 6-1）。

6.1.2　速度

点的速度是表示点运动快慢和方向的物理量。

设动点作曲线运动，在瞬时 t，动点在 M 处，其矢径是 $\boldsymbol{r}$。经过 Δt 的时间间隔后，即在瞬时 $t=t+\Delta t$，点运动到 M' 点处，其矢径是 $\boldsymbol{r}'$，（见图 6-2）。这样，在 Δt 的时间间隔内，动点矢径的增量为

$$\Delta\boldsymbol{r}=\boldsymbol{r}'-\boldsymbol{r}$$

$\Delta\boldsymbol{r}$ 是由 M 指向 M' 的矢量，是点在 Δt 时间间隔内的位移。位移 $\Delta\boldsymbol{r}$ 与时间间隔 Δt 的比，称为动点在 Δt 时间内的平均速度，以 $\boldsymbol{v}^*$ 表示，即

$$\boldsymbol{v}^*=\frac{\Delta\boldsymbol{r}}{\Delta t}$$

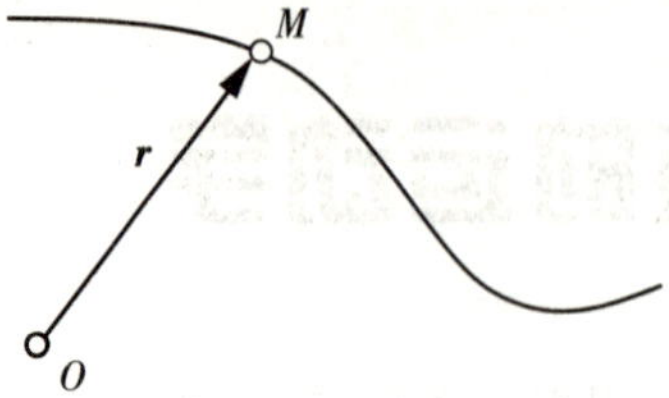

图 6 - 1

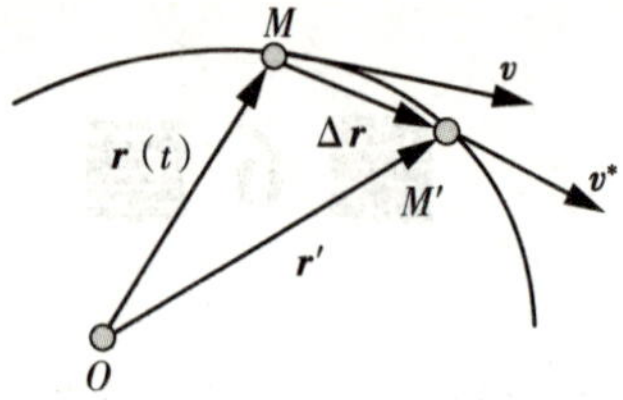

图 6 - 2

当 $\Delta t\to 0$ 时，平均速度 $\boldsymbol{v}^*$ 的极限就是动点在瞬时 t 的速度，用 $\boldsymbol{v}$ 表示，即

$$\boldsymbol{v}=\lim_{\Delta t\to 0}\frac{\Delta \boldsymbol{r}}{\Delta t}=\frac{\mathrm{d}\boldsymbol{r}}{\mathrm{d}t} \tag{6-2}$$

即，速度是矢量，动点的速度矢等于其矢径对时间的一阶导数，其大小为 $\left|\frac{\mathrm{d}\boldsymbol{r}}{\mathrm{d}t}\right|$，表示点运动的快慢；方向沿动点运动轨迹的切线，并指向动点运动的一方。

在国际单位制中，速度的单位是米 / 秒(m/s)。

6.1.3 加速度

点的加速度是表示速度大小和方向变化的物理量。

设动点沿一曲线运动，瞬时 t，动点在 M 处，速度是 $\boldsymbol{v}$。瞬时 $(t+\Delta t)$，动点运动到 M' 处，其速度是 $\boldsymbol{v}'$，(见图 6-3)。这样，动点在 Δt 的时间间隔内，其速度的增量为

$$\Delta \boldsymbol{v}=\boldsymbol{v}'-\boldsymbol{v}$$

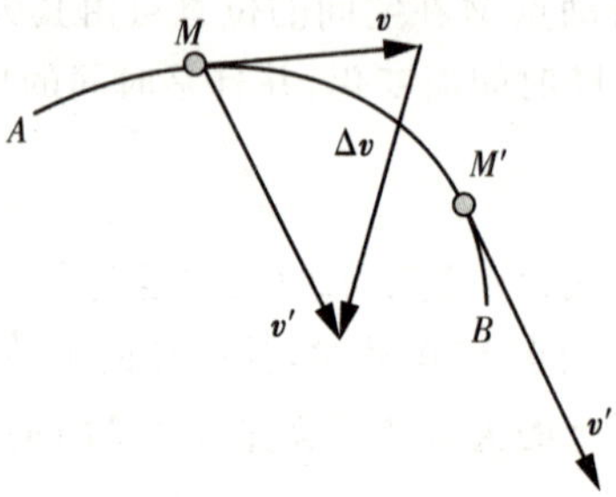

图 6 - 3

$\Delta \boldsymbol{v}$ 与时间间隔 Δt 的比，称为动点在 Δt 时间内的平均加速度，以 $\boldsymbol{a}*$ 表示，则

$$\boldsymbol{a}^*=\frac{\Delta \boldsymbol{v}}{\Delta t}$$

当 $\Delta t\to 0$ 时，平均加速度的极限就是动点在瞬时 t 的加速度，用 $\boldsymbol{a}$ 表示，则

$$\boldsymbol{a}=\lim_{\Delta t\to 0}\frac{\Delta \boldsymbol{v}}{\Delta t}=\frac{\mathrm{d}\boldsymbol{v}}{\mathrm{d}t}=\frac{\mathrm{d}}{\mathrm{d}t}\left(\frac{\mathrm{d}\boldsymbol{r}}{\mathrm{d}t}\right)=\frac{\mathrm{d}^2\boldsymbol{r}}{\mathrm{d}t^2} \tag{6-3}$$

即，加速度是矢量，动点的加速度矢等于其速度矢对时间的一阶导数，又等于其矢径对时间的二阶导数。

如在空间任意取一点 O，把动点 M 在不同瞬时的速度 $\boldsymbol{v}_1, \boldsymbol{v}_2, \boldsymbol{v}_3, \cdots$ 都平行地移到点 O，连接各矢量的端点 $M_1, M_2, M_3, \cdots$，就构成了速度矢量 $\boldsymbol{v}$ 端点的连续曲线，称为速度矢端曲线，如图 6－4 所示。动点的加速度矢量 $\boldsymbol{a}$ 的方向平行于速度矢端曲线上相应点 M 的切线。

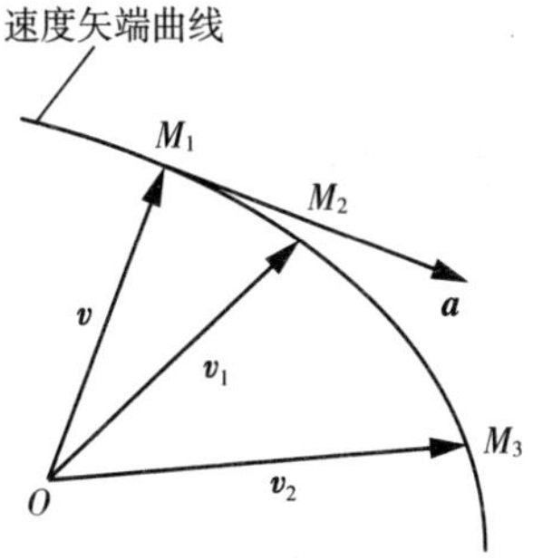

图 6－4

在国际单位制中，加速度的单位是米/秒²（m/s^2）。

有时为了方便，在字母上方加“·”表示该量对时间的一阶导数，加“··”表示该量对时间的二阶导数。因此，式(6－2)、(6－3)又可记为

$$\boldsymbol{v} = \dot{\boldsymbol{r}}, \quad \boldsymbol{a} = \dot{\boldsymbol{v}} = \ddot{\boldsymbol{r}}$$

6.2　直角坐标法

6.2.1　运动方程

如图 6－5 所示，建立直角坐标系 $oxyz$，则任一瞬时 t，动点 M 的位置可用它的坐标 x, y, z 来确定。当点运动时，其坐标 x, y, z 是时间 t 的单值连续函数，即

$$x = f_1(t), \quad y = f_2(t), \quad z = f_3(t) \tag{6-4}$$

这组方程是点的直角坐标形式的运动方程。

式(6－4)是时间 t 的参数方程，消去时间 t，可得点的轨迹方程

$$f(x, y, z) = 0 \tag{6-5}$$

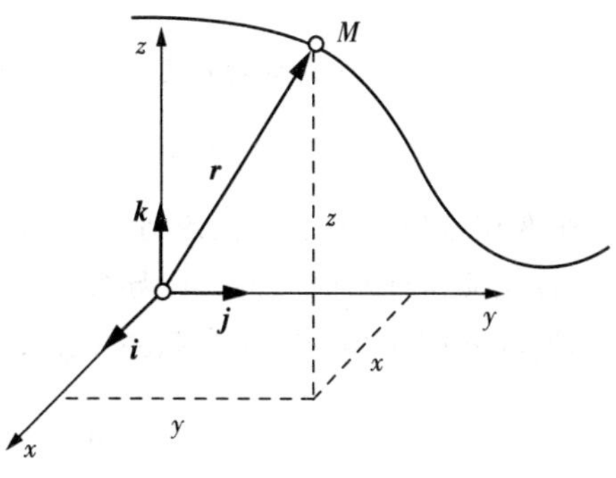

图 6－5

显然，动点在任一瞬时的位置还可以用它相对于坐标原点 O 的矢径 $\boldsymbol{r}$ 确定。由于直角坐标系的原点和矢径的原点重合，因此二者之间有如下关系：

$$\boldsymbol{r}=x\boldsymbol{i}+y\boldsymbol{j}+z\boldsymbol{k} \tag{6-6}$$

其中，$\boldsymbol{i}$，$\boldsymbol{j}$，$\boldsymbol{k}$ 分别为沿三个坐标轴的单位矢量。

6.2.2 速度

将式(6-6)代入到式(6-2)中，并注意到 $\boldsymbol{i}$、$\boldsymbol{j}$、$\boldsymbol{k}$ 为大小、方向都不变的常矢量，则

$$\boldsymbol{v}=\dot{\boldsymbol{r}}=\dot{x}\boldsymbol{i}+\dot{y}\boldsymbol{j}+\dot{z}\boldsymbol{k} \tag{6-7}$$

设动点的速度在直角坐标轴上的投影为 v_x、v_y、v_z，则

$$\boldsymbol{v}=v_x\boldsymbol{i}+v_y\boldsymbol{j}+v_z\boldsymbol{k} \tag{6-8}$$

比较式 6-7) 和(6-8)，有

$$v_x=\dot{x} \quad v_y=\dot{y} \quad v_z=\dot{z} \tag{6-9}$$

即，速度在各坐标轴上的投影等于动点的各对应坐标对时间的一阶导数。

速度 $\boldsymbol{v}$ 的大小和方向余弦可由它的三个投影完全确定，即

$$v=\sqrt{v_x^2+v_y^2+v_z^2}$$

$$\cos(\boldsymbol{v},\boldsymbol{i})=\frac{v_x}{v}, \quad \cos(\boldsymbol{v},\boldsymbol{j})=\frac{v_y}{v}, \quad \cos(\boldsymbol{v},\boldsymbol{k})=\frac{v_z}{v} \tag{6-10}$$

6.2.3 加速度

和分析速度的方法一样，动点的加速度为

$$\boldsymbol{a}=a_x\boldsymbol{i}+a_y\boldsymbol{j}+a_z\boldsymbol{k} \tag{6-11}$$

设 a_x、a_y、a_z 分别为动点的加速度在直角坐标轴上的投影，则

$$a_x=\dot{v}_x=\ddot{x}a_y=\dot{v}_y=\ddot{y}, \quad a_z=\ddot{v}_z=\ddot{z} \tag{6-12}$$

即，加速度在各坐标轴上的投影等于动点速度的相应投影对时间的一阶导数，或等于各相应坐标对时间的二阶导数。

加速度 $\boldsymbol{a}$ 的大小和方向余弦亦可由它的三个投影完全确定，即

$$a=\sqrt{a_x^2+a_y^2+a_z^2}$$

$$\cos(\boldsymbol{a},\boldsymbol{i})=\frac{v_x}{v}, \quad \cos(\boldsymbol{a},\boldsymbol{j})=\frac{v_y}{v}, \quad \cos(\boldsymbol{a},\boldsymbol{k})=\frac{v_z}{v} \tag{6-13}$$

工程实际中，若动点作平面曲线运动，以轨迹平面为坐标平面 oxy；若动点

作直线运动，以直线轨迹本身为坐标轴 ox。两种情况下，运动方程的数量、速度和加速度在坐标轴上投影的数量分别与动点坐标参量的数量一致。

【例 6-1】 图 6-6 为偏心驱动油泵中的曲柄导杆机构。设曲柄 OA 长为 r，自水平位置开始以匀角速度 ω 转动，即 $\varphi=\omega t$。滑槽 $K-K$ 与导杆 $B-B$ 制成一体。曲柄端点 A 通过滑块在滑槽 $K-K$ 中滑动，从而带动导杆 $B-B$ 作上下直线运动。求导杆的运动方程，速度和加速度。

【解】 (1) 分析运动：因滑槽 $K-K$ 与导杆 $B-B$ 制成一体，且作直线运动，故而滑槽中点 M 的运动即可代表导杆的运动，因此取点 M 为动点。

(2) 列运动方程：取 M 点的直线轨迹为 x 轴，曲柄的转动中心 O 为坐标原点。根据图示的几何关系，M 点的坐标为

$$x=OM=OA\sin\varphi=r\sin\varphi$$

将 $\varphi=\omega t$ 带入上式，得

$$x=r\sin\omega t \tag{a}$$

上式即是 M 点的运动方程。它的位置随时间按正弦规律变化，称为简谐运动。

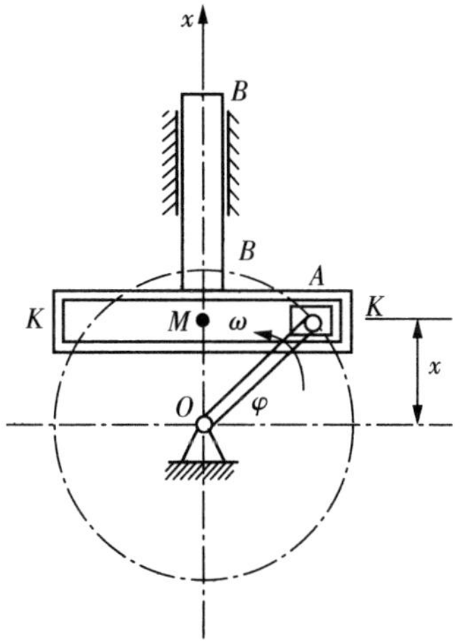

图 6-6

根据点的运动方程，可求出点的速度和加速度。将(a)式对时间 t 求一阶导数和二阶导数得

$$v=\dot{x}=r\omega\cos\omega t \tag{b}$$

$$a=\dot{v}=\ddot{x}=-r\omega^2\sin\omega t \tag{c}$$

【例 6-2】 曲柄连杆机构是由曲柄、连杆及滑块组成的机构，如图 6-7 所示。当曲柄 OA 绕 O 轴转动时，由于连杆 AB 带动，滑块沿直线作往复运动。曲柄连杆机构在工程上有广泛的应用，能够完成回转运动和往复直线运动的相互转换。如压气机、往复式水泵、锻压机等，能将转动转换成直线平移；或如蒸汽机、内燃机等，将直线平移转换为转动。

设曲柄 OA 长为 r，以角速度 ω 绕 O 轴转动，即 $\varphi=\omega t$。连杆 AB 长为 l。求滑块 B 的运动方程、速度和加速度。

【解】 (1) 分析运动：滑块 B 作往复直线运动。

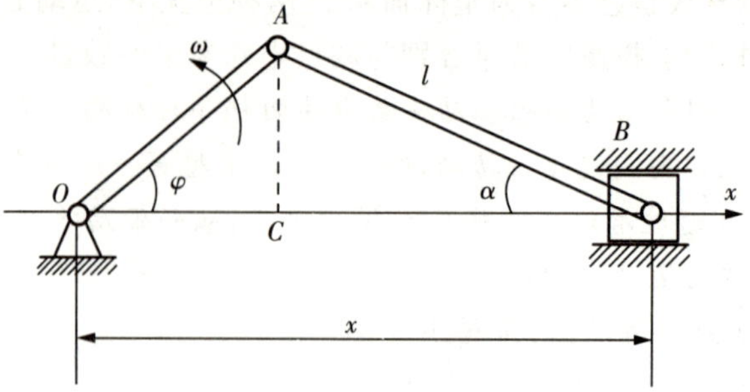

图 6 - 7

(2) 列运动方程：取滑块 B 的直线轨迹为 x 轴，曲柄的转动中心 O 为坐标原点。设开始运动 t 秒后，曲柄 OA 与 x 轴的夹角为 φ。根据几何关系，此时 B 点的坐标为

$$x = OB = OC + CB = r\cos\varphi + l\cos\alpha \tag{a}$$

其中，$\varphi = \omega t$。为了将 x 表示为时间 t 的函数，需将上式中的 α 也表示为时间 t 的函数，为此应求出 φ 与 α 的关系。由图示的几何关系，得

$$r\sin\varphi = l\sin\alpha$$

故
$$\sin\alpha = \frac{r}{l}\sin\varphi = \lambda\sin\varphi$$

其中，$\lambda = \dfrac{r}{l}$，表示曲柄与连杆长度之比，则

$$\cos\alpha = \sqrt{1-\sin^2\alpha} = \sqrt{1-\lambda^2\sin^2\varphi} \tag{b}$$

将(b)式和 $\varphi = \omega t$ 代入(a)，即得到滑块 B 的运动方程：

$$x = r\cos\omega t + l\sqrt{1-\lambda^2\sin^2\omega t} \tag{c}$$

为简化(c)式，可将$\sqrt{1-\lambda^2\sin^2\omega t}$展开为级数，即

$$\sqrt{1-\lambda^2\sin^2\omega t} = 1 - \frac{1}{2}\lambda^2\sin^2\omega t - \frac{1}{8}\lambda^4\sin^4\omega t - \cdots$$

通常 $\lambda = \dfrac{r}{l} < 0.2$，上式等号右侧第三项的系数

$$\frac{1}{8}\lambda^4 < 0.0002 \ll 1$$

在一般的工程精度情况下，可以略去此项及其后的各项，由三角函数倍角公式并化简可得滑块 B 的运动方程：

$$x=l\left(1-\frac{\lambda^2}{4}\right)+r\left(\cos\omega t+\frac{\lambda}{4}\cos2\omega t\right) \tag{d}$$

将(d) 式对时间 t 求一阶导数和二阶导数得：

$$v=\dot{x}=-r\omega\left(\sin\omega t+\frac{\lambda}{2}\sin2\omega t\right) \tag{e}$$

$$a=\dot{v}=-r\omega^2(\cos\omega t+\lambda\cos2\omega t) \tag{f}$$

【例 6-3】 如图 6-8 所示，半径为 R 的轮子沿直线轨道纯滚动(无滑动地滚动)。设轮子保持在同一竖直平面内运动，$\varphi=\omega t$，分析轮子边缘一点 M 的运动。

【解】 (1) 分析运动：车轮沿直线轨道滚动，M 点作平面曲线运动。

(2) 列运动方程，求未知量：设 M 点最初接地时的位置 A 为坐标原点，建立直角坐标系如图 6-8 所示。设瞬时 t，轮子转过角 φ，轮子与轨道的接触点为 C。根据图 6-8 的几何关系，M 点的坐标为

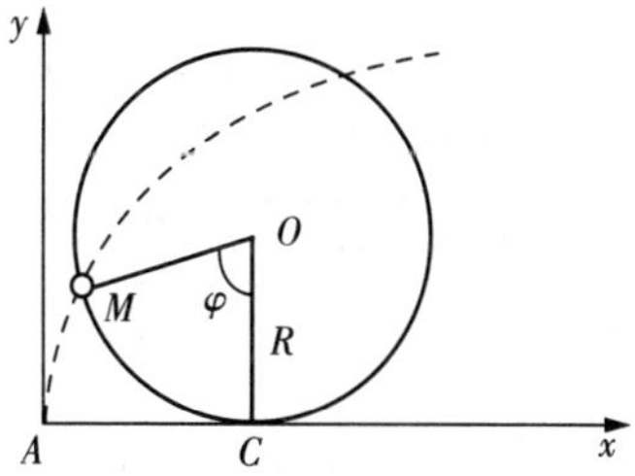

图 6-8

$$\left.\begin{aligned}x&=AC-OM\sin\varphi\\y&=OC-OM\cos\varphi\end{aligned}\right\} \tag{a}$$

由于车轮沿轨道作纯滚动，则

$$AC=MC=R\varphi=R\omega t$$

将 $\varphi=\omega t$ 及 R 代入式(a)，得

$$\left.\begin{aligned}x&=R\varphi-R\sin\varphi=R(\omega t-\sin\omega t)\\y&=R(1-\cos\omega t)\end{aligned}\right\} \tag{b}$$

这就是 M 点的直角坐标形式的运动方程，也是旋轮线的参数方程。

(b) 式对时间求一阶导数，得

$$v_x=\dot{x}=R\omega(1-\cos\omega t)$$

$$v_y=\dot{y}=R\omega\sin\omega t$$

故 M 点速度是大小为

$$v=\sqrt{v_x^2+v_y^2}=R\omega\sqrt{2(1-\cos\omega t)}$$

又

$$a_x=\dot{v}_x=R\omega^2\sin\omega t$$

$$a_y=\dot{v}_y=R\omega^2\cos\omega t$$

故 M 点加速度是大小为

$$a=\sqrt{a_x^2+a_y^2}=R\omega^2$$

讨论：当 M 点与地面接触，即 $\varphi=2k\pi$ 时，M 点速度等于零。此时 M 点的加速度是否为零？为什么？此时，轮心的速度是多少？

6.3　自然坐标法

若已知点的运动轨迹时，可在点的运动轨迹上建立弧坐标和自然坐标系，并用它们来描述和研究点的运动，这种方法称为自然坐标法。自然坐标法是研究点的运动的一种常用方法。

6.3.1　运动方程

设动点 M 的轨迹为图 6－9 所示的已知曲线，在轨迹上任选一点 O 为参考点，并规定沿轨迹的一边为正向，另一边为负向。这样，任一瞬时动点 M 在轨迹上的位置可用弧长 s 来确定，s 称为动点在轨迹上的弧坐标。当动点 M 运动时，s 随着时间变化，是时间 t 的单值连续函数，即

$$s=f(t) \tag{6-14}$$

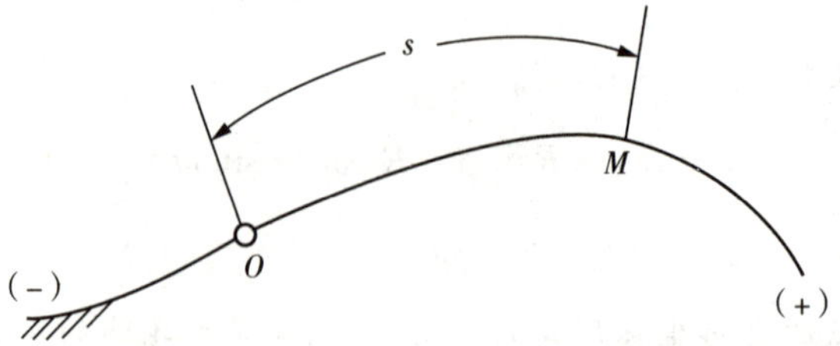

图 6－9

上式为点的自然坐标形式的运动方程，或点的弧坐标形式的运动方程。如果已知点的运动方程(6－14)，则任一瞬时点的弧坐标 s 的值，也即该瞬时动点在轨迹上的位置也就确定了。

6.3.2　自然坐标系

如图 6 - 10 所示，在点的轨迹曲线上取极为接近的两点 M 和 M_1，这两点切线的单位矢量分别为 $\boldsymbol{\tau}$ 和 $\boldsymbol{\tau}_1$，其指向与弧坐标正向一致。将 $\boldsymbol{\tau}_1$ 平移到点 M，则 $\boldsymbol{\tau}$ 和 $\boldsymbol{\tau}_1$ 决定一平面。令 M_1 无限趋近点 M，则此平面趋近于某一极限位置，此极限位置的平面称为曲线在点 M 的密切面。过点 M 并与切线垂直的平面称为点 M 的法平面，法平面与密切面的交线称为主法线。令主法线的单位矢量为 $\boldsymbol{n}$，指向曲线内凹一侧。过点 M 且垂直于切线和主法线的直线称为副法线，其单位矢量为 $\boldsymbol{b}$，指向与 $\boldsymbol{\tau}$、$\boldsymbol{n}$ 构成右手系，即

$$\boldsymbol{b}=\boldsymbol{\tau}\times\boldsymbol{n}$$

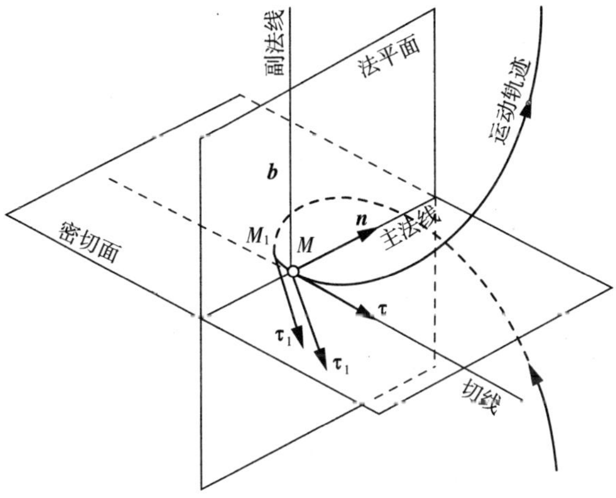

图 6 - 10

以点 M 为原点，以点 M 处的切线、主法线和副法线为坐标轴组成的正交坐标系称为曲线在点 M 的自然坐标系，这三个轴称为自然轴。当点 M 在轨迹上运动时，$\boldsymbol{\tau}$、$\boldsymbol{n}$、$\boldsymbol{b}$ 的方向也随之变化，因此，自然坐标系是随 M 点沿曲线变化的游动坐标系。

6.3.3　速度

根据矢量法，动点的速度为

$$v=\frac{\mathrm{d}\boldsymbol{r}}{\mathrm{d}t}$$

将此式的分子和分母分别乘以 $\mathrm{d}s$，得

$$\boldsymbol{v}=\frac{\mathrm{d}\boldsymbol{r}}{\mathrm{d}t}=\frac{\mathrm{d}\boldsymbol{r}}{\mathrm{d}s}\cdot\frac{\mathrm{d}s}{\mathrm{d}t}$$

上式右端是两个导数的积，现分别分析这两个导数。

(1) $\dfrac{\mathrm{d}\boldsymbol{r}}{\mathrm{d}s}=\lim\limits_{\Delta t\to 0}\dfrac{\Delta\boldsymbol{r}}{\Delta s}$

如图 6－11 所示，M 和 M' 点是点的运动轨迹上相距很近的两个点，这两点矢径的差为 $\Delta\boldsymbol{r}$，对应的弧长为 Δs。当 $\Delta t\to 0$ 时，$\Delta s\to 0$，$\left|\dfrac{\Delta\boldsymbol{r}}{\Delta S}\right|\to 1$，其方向趋近于轨迹的切线，并指向轨迹的正向，即切线单位矢量 $\boldsymbol{\tau}$ 的方向，故

$$\frac{\mathrm{d}\boldsymbol{r}}{\mathrm{d}s}=\boldsymbol{\tau}$$

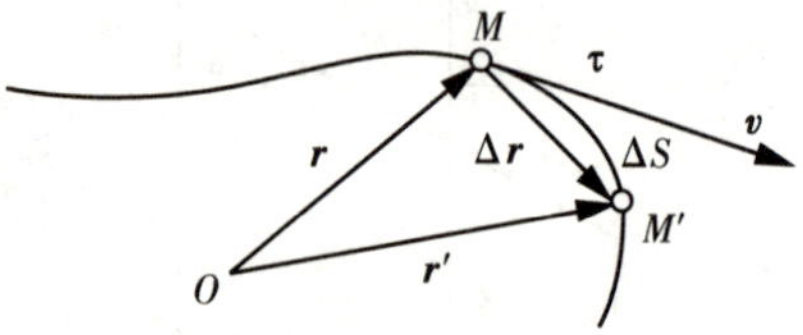

图 6－11

(2) $\dfrac{\mathrm{d}s}{\mathrm{d}t}=\lim\limits_{\Delta t\to 0}\dfrac{\Delta s}{\Delta t}$

由图 6－11 可知，当 $\Delta t\to 0$ 时，$|\Delta\boldsymbol{r}|=|\Delta s|$

则
$$\left|\frac{\mathrm{d}s}{\mathrm{d}t}\right|=\lim_{\Delta t\to 0}\left|\frac{\Delta s}{\Delta t}\right|=\lim_{\Delta t\to 0}\left|\frac{\Delta\boldsymbol{r}}{\Delta t}\right|=|\boldsymbol{v}|$$

即，弧坐标对时间的一阶导数的绝对值等于速度的大小。

弧坐标对时间的一阶导数$\dfrac{\mathrm{d}s}{\mathrm{d}t}$是一代数量，称为速度的代数值，用 v 表示，则

$$v=\frac{\mathrm{d}s}{\mathrm{d}t}=\dot{s}\tag{6-15}$$

当 $\dot{s}>0$ 时，s 随时间增加而增大，说明点沿轨迹的正向运动；当 $\dot{s}<0$ 时，s 随时间增加而减小，说明点沿轨迹的负向运动。因此，速度的正负号与点运动的方向相互对应。

综合两个导数的意义，点的速度可表示为

$$\boldsymbol{v}=v\boldsymbol{\tau}\tag{6-16}$$

其中，v 和 $\boldsymbol{\tau}$ 分别表示速度的大小与方向。

由此，可得结论：点沿已知轨迹运动时，其速度是一个矢量。速度的方向沿轨迹的切线方向；速度的代数值 v 等于弧坐标对时间的一阶导数，表示速度的大小。

6.3.4　加速度

为了应用自然坐标法来研究动点的加速度，先简要介绍一下曲率的概念。

如图 6-12 所示，设动点沿其运动轨迹由 M 点运动至 M' 点，其间的弧长为 Δs，$\boldsymbol{\tau}$ 和 $\boldsymbol{\tau}'$ 分别为这两点的切向单位矢量，$\boldsymbol{\tau}$ 和 $\boldsymbol{\tau}'$ 的夹角为 $\Delta\varphi$，$\Delta\varphi$ 表示在弧长 Δs 范围内曲线弯曲的程度。当 $M' \to M$ 时，$\left|\frac{\Delta\varphi}{\Delta s}\right|$ 将趋近于一个极限值，称为曲线在 M 点的曲率，表示曲线在 M 点处的弯曲程度，用 k 表示，即

$$k = \lim_{\Delta S \to 0}\left|\frac{\Delta\varphi}{\Delta s}\right| = \left|\frac{d\varphi}{ds}\right| \tag{6-17}$$

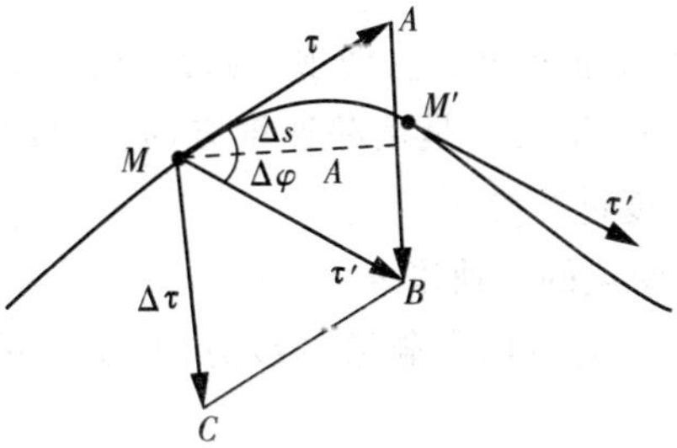

图 6-12

M 点曲率的倒数，称为曲线在该点的曲率半径，以 ρ 表示，即

$$\rho = \frac{1}{k}$$

曲率半径的圆心 O 点，称为 M 点的曲率中心。

圆弧形曲线的曲率半径即为圆的半径，直线的曲率半径可视为 ∞。

下面根据图 6-12 分析矢量 $\frac{d\boldsymbol{\tau}}{ds}$ 的大小和方向。$\frac{d\boldsymbol{\tau}}{ds}$ 将用于法向加速度的推导。

根据图 6-12 中的几何关系，得

$$|\Delta\boldsymbol{\tau}| = 2|\boldsymbol{\tau}|\sin\frac{\Delta\varphi}{2} = 2\sin\frac{\Delta\varphi}{2}$$

又 $\Delta s \to 0$ 时，$\Delta\varphi \to 0$，则 $\sin\frac{\Delta\varphi}{2} = \frac{\Delta\varphi}{2}$，所以

$$|\Delta\boldsymbol{\tau}|=\Delta\varphi$$

这样
$$\left|\frac{\mathrm{d}\boldsymbol{\tau}}{\mathrm{d}s}\right|=\lim_{\Delta s\to 0}\left|\frac{\Delta\boldsymbol{\tau}}{\Delta s}\right|=\lim_{\Delta s\to 0}\frac{\Delta\varphi}{\Delta s}=\frac{\mathrm{d}\varphi}{\mathrm{d}s}=k=\frac{1}{\rho}$$

由图 6-12 可以看出 $\angle CMA=90^{\circ}+\dfrac{\Delta\varphi}{2}$。因此，当 $\Delta s\to 0$ 时，$\Delta\varphi\to 0$，$\angle CMA\to 90^{\circ}$。说明瞬时 t 时，矢量$\dfrac{\mathrm{d}\boldsymbol{\tau}}{\mathrm{d}s}$与轨迹的切线垂直，位于法线上，并指向内法线方向，即法向单位矢量 $\boldsymbol{n}$ 的方向。

所以
$$\frac{\mathrm{d}\boldsymbol{\tau}}{\mathrm{d}s}=\frac{1}{\rho}\boldsymbol{n} \tag{b}$$

下面分析加速度。根据加速度的定义，将式(6-16)对时间求导，得

$$\boldsymbol{a}=\frac{\mathrm{d}\boldsymbol{v}}{\mathrm{d}t}=\frac{\mathrm{d}}{\mathrm{d}t}(v\boldsymbol{\tau})=\frac{\mathrm{d}v}{\mathrm{d}t}\boldsymbol{\tau}+v\frac{\mathrm{d}\boldsymbol{\tau}}{\mathrm{d}t}=\dot{v}\boldsymbol{\tau}+v\dot{\boldsymbol{\tau}} \tag{6-18}$$

式(6-18)表明，加速度 $\boldsymbol{a}$ 可分为两项，均为矢量。第一项是反映速度大小变化的加速度，用 $\boldsymbol{a}_\tau$ 表示；第二项是反映速度方向变化的加速度，用 $\boldsymbol{a}_n$ 表示。下面分别对着两个加速度进行分析。

(1) 反映速度大小变化的加速度 $\boldsymbol{a}_\tau$

由于$\boldsymbol{a}_\tau=\dot{v}\boldsymbol{\tau}$，所以 $\boldsymbol{a}_\tau$ 的方向沿轨迹切线方向，即 $\boldsymbol{\tau}$ 的方向，故称为切向加速度。

由式(6-18)可以看出，$\dot{v}$ 是加速度$\boldsymbol{a}$ 在切线上的投影，是一代数量，用 a_τ 表示，即

$$a_\tau=\dot{v}=\ddot{s} \tag{6-19}$$

当 $a_\tau>0$，$\boldsymbol{a}_\tau$ 的方向和$\boldsymbol{\tau}$ 一致；当 $a_\tau<0$，$\boldsymbol{a}_\tau$ 的方向和$\boldsymbol{\tau}$ 反向。当 a_τ 与 v 同号时，点作加速运动。a_τ 与 v 异号，点作减速运动。

(2) 反映速度方向变化的加速度 $\boldsymbol{a}_n$

由于$a_n=v\dot{\boldsymbol{\tau}}$，它反映速度方向 $\boldsymbol{\tau}$ 对时间的变化率。$\boldsymbol{a}_n$ 可改写为

$$a_n=v\frac{\mathrm{d}\boldsymbol{\tau}}{\mathrm{d}t}=v\frac{\mathrm{d}\boldsymbol{\tau}}{\mathrm{d}s}\frac{\mathrm{d}s}{\mathrm{d}t}=v^2\frac{\mathrm{d}\boldsymbol{\tau}}{\mathrm{d}s} \tag{a}$$

又
$$\frac{\mathrm{d}\boldsymbol{\tau}}{\mathrm{d}s}=\frac{1}{\rho}\boldsymbol{n}$$

所以
$$\boldsymbol{a}_n=\frac{v^2}{\rho}\boldsymbol{n} \tag{6-20}$$

式(6-20)表明,$\boldsymbol{a}_n$ 的方向沿轨迹内法线的方向,即沿 $\boldsymbol{n}$ 的方向,故称 $\boldsymbol{a}_n$ 为法向加速度;其大小为 $a_n=\dfrac{v^2}{\rho}$,是加速度 $\boldsymbol{a}$ 在法向的投影,恒为正值。

综上所述,可得

$$\boldsymbol{a}=\boldsymbol{a}_\tau+\boldsymbol{a}_n=a_\tau\boldsymbol{\tau}+a_n\boldsymbol{n}=\frac{\mathrm{d}v}{\mathrm{d}t}\boldsymbol{\tau}+\frac{v^2}{\rho}\boldsymbol{n} \tag{6-21}$$

因为 $\boldsymbol{\tau}$ 和 $\boldsymbol{n}$ 都在密切面内,所以加速度 $\boldsymbol{a}$ 也在密切面内。表明加速度 $\boldsymbol{a}$ 沿副法线上的投影为零,即

$$a_b=0$$

如图6-13所示,全加速度的大小和方向可由下式求出:

大小　$$a=\sqrt{a_\tau^2+a_n^2} \tag{6-22}$$

方向　$$\tan\theta=\frac{a_\tau}{a_n} \tag{6-23}$$

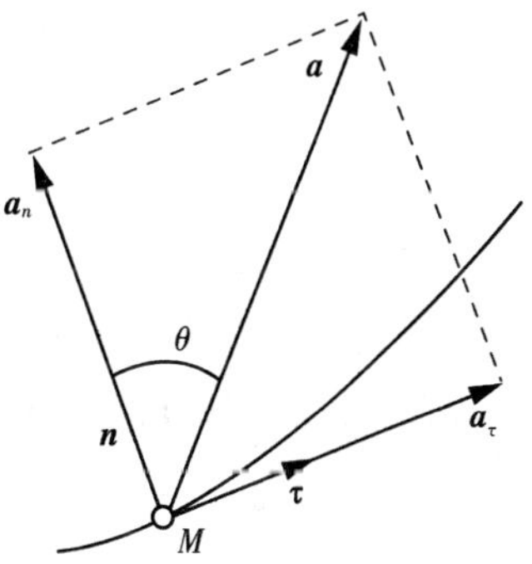

图6-13

其中,θ 是全加速度与法线的夹角。

综上所述,点作曲线运动时,其加速度由两部分组成:

① 切向加速度 $\boldsymbol{a}_\tau$。它表示速度大小的变化率,其代数值等于速度的代数值对时间的一阶导数,或等于弧坐标对时间的二阶导数,其方向沿轨迹的切线。

② 法向加速度 $\boldsymbol{a}_n$。它表示速度方向的变化率,其大小等于速度的平方除以曲率半径,其方向沿轨迹的法线(曲率半径),指向曲率中心。

6.3.5　几种特殊情况

(1) 匀变速曲线运动

如果动点切向加速度的代数值保持不变,即 $a_\tau=$ 常量,则动点的运动称为匀变速曲线运动。现在来分析它的运动规律。

由 $a_\tau=\dfrac{\mathrm{d}v}{\mathrm{d}t}$,得

$$\mathrm{d}v=a_\tau\mathrm{d}t$$

两边积分,得

$$v=v_0+a_\tau t \tag{6-24}$$

式中 v_0 是 $t=0$ 时点的速度。

将 $v=\frac{\mathrm{d}s}{\mathrm{d}t}$ 代入上式，得

$$\frac{\mathrm{d}s}{\mathrm{d}t}=v_0+a_\tau t$$

再两边积分，得

$$s=s_0+v_0t+\frac{1}{2}a_\tau t^2 \tag{6-25}$$

此式即是点作匀变速曲线运动时的运动方程。式中 s_0 是 $t=0$ 时点的弧坐标。

由(6-24)和(6-25)式消去时间 t，可得

$$v^2=v_0^2+2a_\tau(s-s_0) \tag{6-26}$$

(2) 匀速曲线运动

如果动点速度的代数值保持不变，即 $\boldsymbol{v}=$ 常量，则动点的运动称为匀速曲线运动。现在来分析它的运动规律。

由 $v=\frac{\mathrm{d}s}{\mathrm{d}t}$，可得

$$\mathrm{d}s=v\mathrm{d}t$$

两边积分，得

$$s=s_0+vt \tag{6-27}$$

此式即是点作匀速曲线运动时的运动方程。式中 s_0 是 $t=0$ 时点的弧坐标。

(3) 直线运动

由于直线的曲率半径 $\rho=\infty$，因此，$a_n=0$，$a=a_\tau=\frac{\mathrm{d}v}{\mathrm{d}t}$，即仅有表示速度大小变化的加速度。

直线运动为曲线运动的一种特殊情况，其运动公式与曲线运动的公式完全相同，只不过，点作直线运动时，式中的加速度是 $\boldsymbol{a}$，而曲线运动时是 $\boldsymbol{a}_\tau$。

为便于对比和学习，现将直线运动、曲线运动中匀速和匀变速运动的公式列表 6-1 如下。

表 6 - 1

运动状态		加速度			速度	运动方程
		a_τ	a_n	a		
直线运动	匀速	0	0	0	$v=$常量	$x=x_0+vt$
	匀变速	$a=a_\tau$	0	$a=$常量	$v=v_0+at$	$x=x_0+v_0t+\frac{1}{2}at^2$
曲线运动	匀速	0	$a_n=\frac{v^2}{\rho}$	$a=a_n$	$v=$常量	$s=s_0+vt$
	匀变速	$a_\tau=$常量	$a_n=\frac{v^2}{\rho}$	$a=\sqrt{a_\tau^2+a_n^2}$	$v=v_0+a_\tau t$	$s=s_0+v_0t+\frac{1}{2}a_\tau t^2$

【例 6-4】 料斗提升机示意图如图 6-14 所示。料斗 A 通过钢丝绳由绕轴 O 的卷筒提升，假设钢丝绳不可伸长。已知：卷筒的半径为 $R=160\text{mm}$，料斗沿铅垂提升的运动方程为 $y=20t^2$，y 以 mm 记，t 以 s 计。求卷筒边缘一点 M 在 $t=4\text{s}$ 时的速度和加速度。

【解】 (1) 分析运动：卷筒边缘 M 点沿半径为 R 作圆周运动，料斗作直线运动。

(2) 列运动方程：设 $t=0$ 时，料斗在 A_0 处，M 点在 M_0 点处；而在瞬时 t 时，料斗在 A 处，M 点到达 M' 点处。取 M_0 点为弧坐标原点，由于钢丝绳不可伸长，则

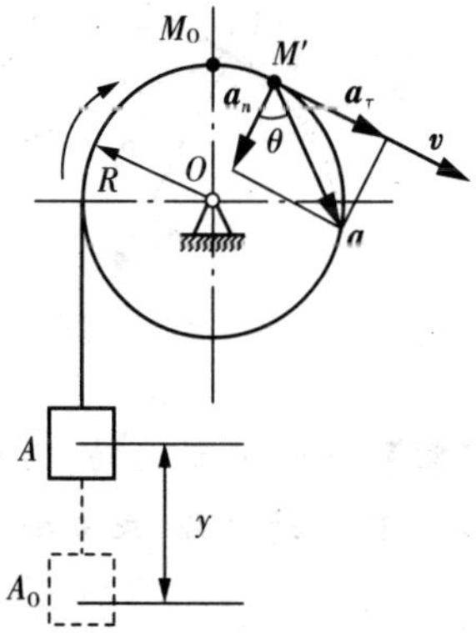

图 6 - 14

M 点的弧坐标为

$$s=M_0M'=y=20t^2$$

这就是 M 点沿已知轨迹的运动方程。

于是，M 点的速度为

$$v=\frac{ds}{dt}=40t$$

当 $t=4\text{s}$ 时，　$v=40\times4=160\text{mm/s}$

这时，M 点的切向加速度为

$$a_\tau=\frac{dv}{dt}=40\text{mm/s}^2$$

法向加速度为

$$a_n = \frac{v^2}{R} = \frac{160^2}{160} = 16\,\mathrm{mm/s^2}$$

M 点的全加速度为

大小 $$a = \sqrt{a_\tau^2 + a_n^2} = \sqrt{40^2 + 160^2} = 165\,\mathrm{mm/s^2}$$

方向 $$\tan\theta = \left|\frac{a_\tau}{a_n}\right| = \frac{40}{160} = 0.25$$

$$\theta = \arctan 0.25 = 14°2'$$

【例 6-5】 列车沿曲线轨道行驶，初速度 $v_1 = 18\mathrm{km/h}$，速度均匀增加，行驶 $s = 1km$ 后，速度增加到 $v_2 = 54\mathrm{km/h}$，若铁轨曲线形状如图 6-15 所示。在 M_1、M_2 点的曲率半径分别为 $\rho_1 = 600\mathrm{m}$，$\rho_2 = 800\mathrm{m}$。求列车从 M_1 点到 M_2 点所需的时间和经过 M_1 点到 M_2 点的加速度。

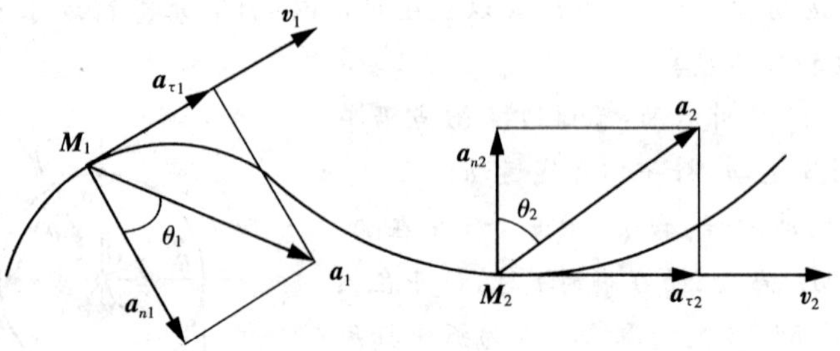

图 6-15

【解】 (1) 分析运动：列车作匀变速曲线运动。

(2) 列运动方程，求未知量：根据已知条件知

$$a_\tau = \frac{\mathrm{d}v}{\mathrm{d}t} = 常量$$

则 $$v_2 = v_1 + a_\tau t \tag{a}$$

$$v_2^2 = v_1^2 + 2a_\tau s \tag{b}$$

已知：$v_1 = 18\mathrm{km/h} = 5\mathrm{m/s}$，$v_2 = 54\mathrm{km/h} = 15\mathrm{m/s}$，$s = 1000\mathrm{m}$，代入(b)式得

$$a_\tau = \frac{v_2^2 - v_1^2}{2s} = \frac{15^2 - 5^2}{2 \times 1000} = 0.1\mathrm{m/s^2}$$

代入(a) 式得

$$t=\frac{v_2-v_1}{a_\tau}=\frac{15-5}{0.1}=100\text{s}$$

列车经过 M_1 和 M_2 点的法向加速度分别为

$$a_{n1}=\frac{v_1^2}{\rho_1}=\frac{5^2}{500}\text{m/s}^2=0.05\text{m/s}^2$$

$$a_{n2}=\frac{v_2^2}{\rho_2}=\frac{15^2}{800}\text{m/s}^2=0.281\text{m/s}^2$$

列车经过 M_1 点的加速度为

$$a_1=\sqrt{a_\tau^2+a_{n1}^2}=\sqrt{0.1^2+0.05^2}\,\text{m/s}^2=0.112\text{m/s}^2$$

$$\tan\theta_1=\left|\frac{a_\tau}{a_{n1}}\right|=\frac{0.1}{0.05}=2.0$$

$$\theta_1=\arctan 2.0=63.4^\circ$$

列车经过 M_2 点的加速度为

$$a_2=\sqrt{a_\tau^2+a_{n2}^2}=\sqrt{0.1^2+0.281^2}\,\text{m/s}^2=0.293\text{m/s}^2$$

$$\tan\theta_2=\left|\frac{a_\tau}{a_{n2}}\right|=\frac{0.1}{0.281}=0.355$$

$$\theta_2=\arctan 0.355=19.5^\circ$$

思　考　题

一. 问答题

6-1　点的运动方程和轨迹方程有何区别？由点的运动方程可求轨迹方程吗？反之，由轨迹方程能否求运动方程？

6-2　平均速度和瞬时速度有何不同？在什么情况下相同？

6-3　什么是切向加速度和法向加速度？各自的物理意义又是什么？什么样的运动既无 a_τ，又无 a_n？什么样的运动只有 a_τ，没有 a_n？什么样的运动既有 a_τ，又有 a_n？

6-4　加速度 $\boldsymbol{a}$ 的方向是否表示点的运动方向？加速度 $\boldsymbol{a}$ 的大小 a 是否表

示点的运动快慢？

6-5 $\frac{d\boldsymbol{v}}{dt}$ 和 $\frac{dv}{dt}$，$\frac{d\boldsymbol{r}}{dt}$ 和 $\frac{dr}{dt}$ 是否相同？

6-6 点作曲线运动，其轨迹如图所示。试就以下三种情况，判断加速度的大致方向。

(1) 在 M_1 处作减速运动； (2) 在 M_2 处作匀速运动；

(3) 在 M_3 处作加速运动。

6-7 如图所示，点 M 沿螺旋线自内向外运动，其弧长与时间的一次方成正比，试问点的加速度是越来越大，还是越来越小？该点越跑越块，还是越跑越慢？

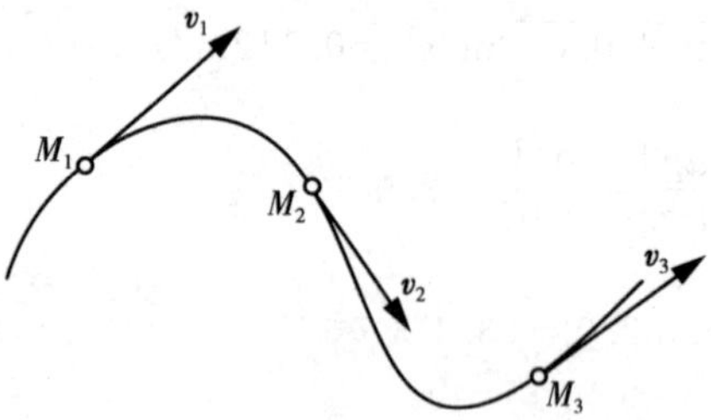

思考题 6-6 图

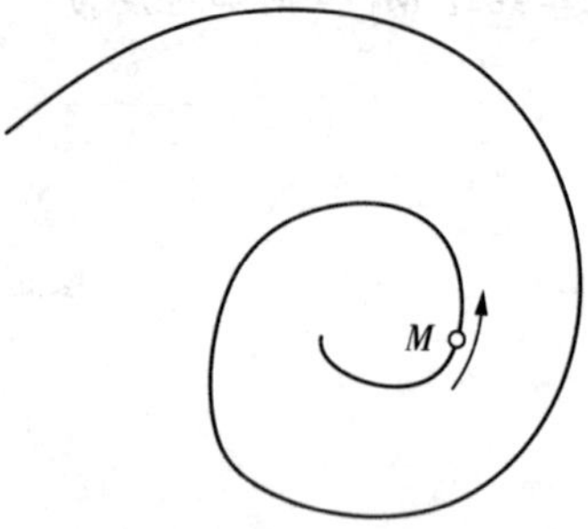

思考题 6-7 图

6-8 作曲线运动的两个点，其初速度相同，运动轨迹相同，运动中两点的法向加速度也相同。试判断下列说法是否正确？

(1) 任一瞬时两动点的切向加速度必然相同；

(2) 任一瞬时两动点的速度必然相同；

(3) 两动点的运动方程必然相同。

6-9 点作曲线运动时，试判断下列说法是否正确？

(1) 若切向加速度为正，则点作加速运动；

(2) 若切向加速度与速度符号相同，则点作加速运动；

(3) 若切向加速度为零，则速度为常矢量。

二. 是非题

6-10 已知直角坐标描述的点的运动方程为 $x=f_1(t)$，$y=f_2(t)$，$z=f_3(t)$，则任一瞬时点的速度、加速度即可确定。（ ）

6-11 一动点如果在某瞬时的法向加速度等于零，而其切向加速度不等于零，尚不能决定该点是作直线运动还是作曲线运动。（ ）

6-12 由于加速度 $\boldsymbol{a}$ 永远位于轨迹上动点处的密切面内，故 $\boldsymbol{a}$ 在副法线上

的投影恒等于零。(　　)

6-13　在自然坐标系中,如果速度 v=常数,则加速度 $\boldsymbol{a}=0$。(　　)

三、选择题

6-14　动点作匀速曲线运动是指(　　)。

A. 点的加速度大小 a 是常量　　B. 点的加速度 $\boldsymbol{a}$ 是常量

C. 点的切向加速度大小 a_τ 是常量　　D. 点的切向加速度 $\boldsymbol{a}_\tau$ 是常量

6-15　已知点沿其轨迹的运动方程为 $s=b+ct$,式中 b、c 均为常量,则(　　)。

A. 点的轨迹必为直线　　B. 点的轨迹必为曲线

C. 点作匀速率运动　　D. 点的加速度必等于零

6-16　已知某点的运动方程为 $S=a+bt^2$(S 以米计,t 以秒计,a、b 为常数),则点的轨迹____。

A. 是直线　　B. 是曲线

C. 不能确定

6-17　动点在运动过程中,恒有 a_τ=常量,$a_n\neq0$,点做何种运动(　　)。

A. 加速曲线运动　　B. 匀变速曲线运动

C. 变速直线运动　　D. 匀变速直线运动

6-18　一动点作平面曲线运动,若其速率不变,则其速度矢量与加速度矢量____。

A. 平行　　B. 垂直

C. 夹角随时间变化

习　　题

6-1　某火车以100km/h的速度行驶,突然刹车,经过10s停下来。求刹车时的加速度和滑过的距离。

6-2　一气球以 2m/s^2 的加速度竖直上升,5s 的时候,从气球上落下一物体。试问物体经过多长时间落到地面上?($g=10\text{m/s}^2$)

6-3　一汽车沿直线行驶时,位移与时间的立方成正比,在开始的 30s 内汽车行驶过 90m。试求 $t=10$s 时,汽车的速度和加速度。

6-4　如图所示,一人高 h_2,在路灯下以匀速 v_1 行走,灯距地面的高为 h_1,求人影的顶端 M 沿地面移动的速度。

6-5　如图所示,半圆形凸轮以等速 $\boldsymbol{v}_0=0.01$m/s 沿水平方向向右运动,从而使活塞杆 AB 沿铅直方向运动。当运动开始时,活塞杆 B 端在凸轮的最低点处。若凸轮的半径 $R=80$mm,求活塞 A 的运动方程和速度。

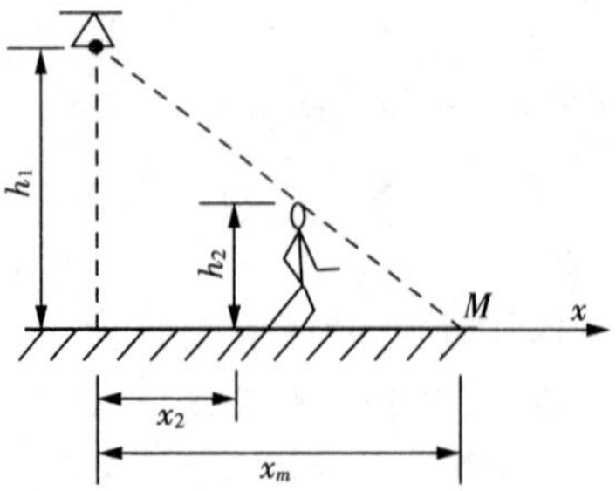

习题 6 - 4 图

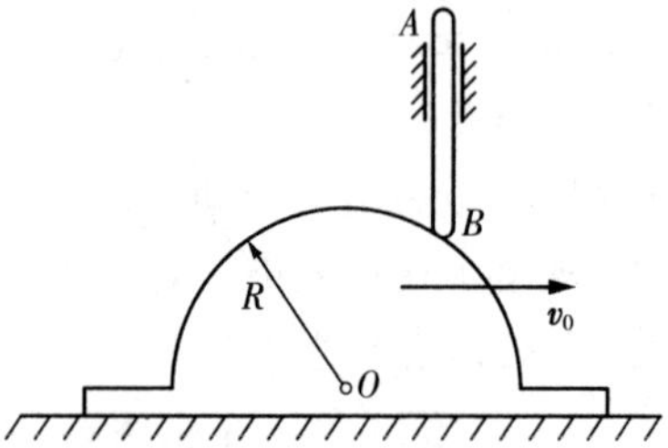

习题 6 - 5 图

6 - 6　如图所示曲线规尺，各杆长为 $OA=AB=200\,\mathrm{mm}$，$CD=DE=AC=AE=50\,\mathrm{mm}$。如杆 OA 以等角速度 $\omega=\frac{\pi}{5}\,\mathrm{rad/s}$ 绕 O 轴转动，并且当运动开始时，杆 OA 水平向右。求尺上点 D 的运动方程和轨迹。

6 - 7　如图所示，偏心轮的半径为 R，绕 O 轴转动，转角 $\varphi=\omega t$（ω 为常数），偏心转轴到轮心的偏心距 $OC=e$。求顶杆 AB 的运动规律和速度。

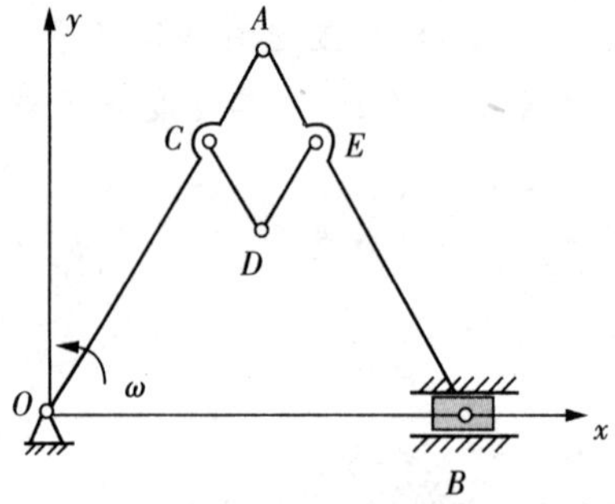

习题 6 - 6 图

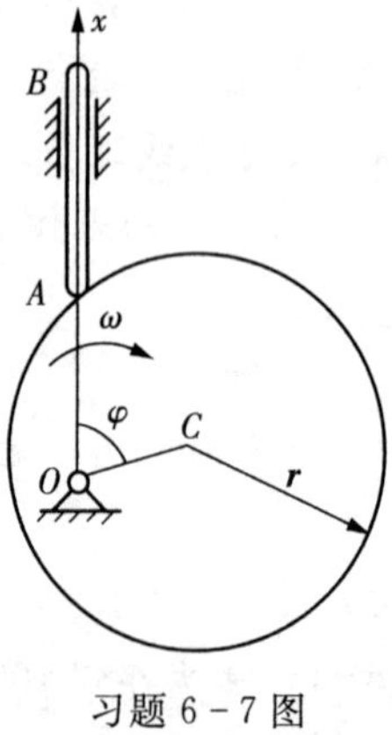

习题 6 - 7 图

6 - 8　如图所示，飞轮半径 $R=50\mathrm{cm}$，绕 O 轴转动，轮上直线 OM 与水平线 OA 间的夹角 φ 的变化规律为 $\varphi=2t^2$，求 M 点的运动方程。

6 - 9　如图所示杆 AB 绕 A 点转动时，带动套在半径为 R 的固定大圆环上的小护环 M 运动，已知 $\varphi=\omega t$（ω 为常数）。求小环 M 的运动方程、速度和加速度。

6 - 10　如图所示摇杆滑道机构中的滑块 M 同时在固定的圆弧槽 BC 和摇杆 OA 的滑道中滑动。如弧 BC 的半径为 R，

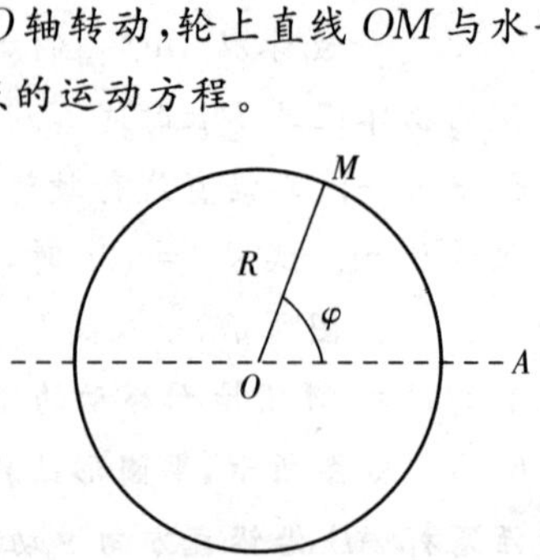

习题 6 - 8 图

摇杆 OA 的轴 O 在弧 BC 的圆周上。摇杆绕 O 轴以等角速度 ω 转动，当运动开始时，摇杆在水平位置。分别用直角坐标法和自然法给出点 M 的运动方程，并求其速度和加速度。

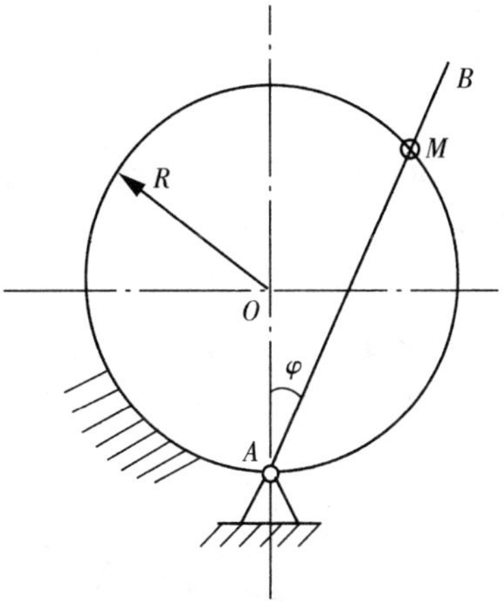

习题 6-9 图

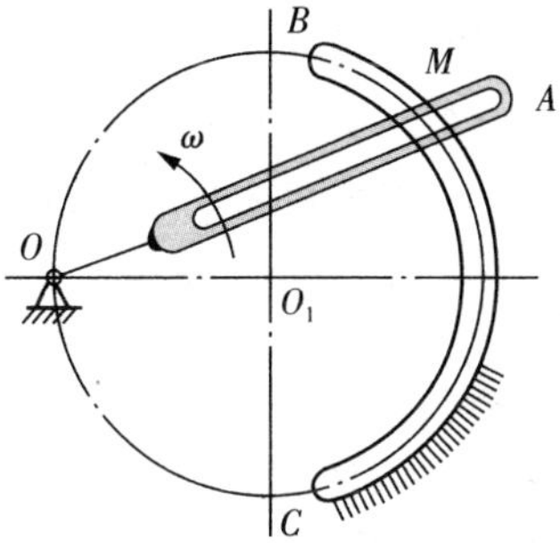

习题 6-10 图

6-11　椭圆规机构如图所示。椭圆规的曲柄 OC 可绕定轴 O 转动，其端点 C 与规尺 AB 的中点以铰链连接，从而带动规尺的两端分别在相互垂直的滑槽中运动。已知：$OC=AC=BC=r$，$BM=CM$，$\varphi=\omega t$，求尺规上点 A、B、C、M 的运动方程和运动轨迹。

6-12　如图所示，摇杆机构的滑杆 AB 以匀速 v 上升，并通过滑套 A 带动摇杆 OC 绕 O 轴转动。求摇杆 OC 上点 C 的运动方程，并求此点在 $\varphi=\dfrac{\pi}{4}$ 时速度的大小。假定初瞬时 $\varphi=0$，摇杆长 $OC=a$，距离 $OD=l$。

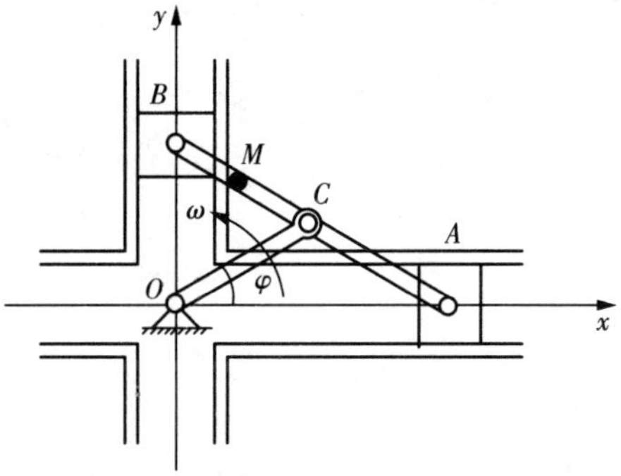

习题 6-11 图

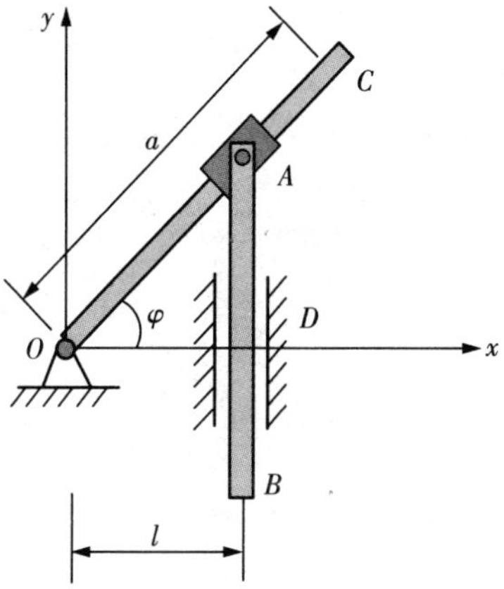

习题 6-12 图

6-13 已知点的运动方程：$x=50t$，$y=500-t^2$，单位为 m、s。求当 $t=0$ 时，点的切向加速度、法向加速度及轨迹的曲率半径。

6-14 一点作平面曲线运动，其速度在 x 轴上的投影始终为一常量 C。证明在此情形下，点的加速度大小为 $a=\dfrac{v^3}{C\rho}$。其中 v 为速度的大小，ρ 为轨迹的曲率半径。

6-15 小环 M 由作平动的丁字形杆 ABC 带动，沿着如图所示曲线轨道运动。设杆 ABC 的速度 $\dot{x}=v=$ 常数，曲线方程为 $y^2=2px$。求环 M 的速度和加速度的大小(写成杆的位移 x 的函数)。

6-16 点沿空间曲线运动，在点 M 处其速度为 $v=4i+3j$，加速度 $\boldsymbol{a}$ 与速度 $\boldsymbol{v}$ 的夹角 $\beta=30°$，且 $a=10\text{m/s}^2$。计算轨迹在该点密切面内的曲率半径 ρ 和切向加速度 a_τ。

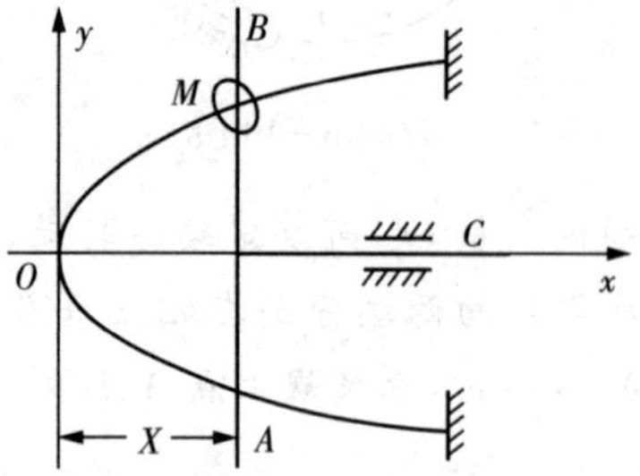

习题 6-15 图

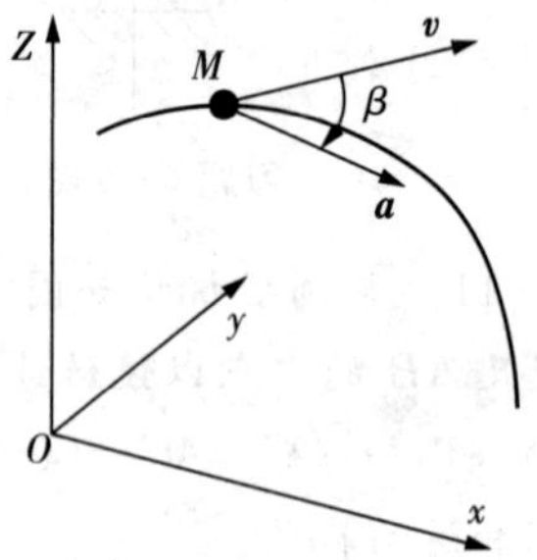

习题 6-16 图

第 7 章　刚体的简单运动

本章研究刚体的两种简单运动:平移和定轴转动,这两种简单运动是研究刚体复杂运动的基础。

一般情况下,运动刚体上各点的轨迹、速度和加速度是各不相同的,但彼此之间存在着一定的关系。因此,对于刚体的简单运动,首先研究刚体整体运动的特点和运动规律,然后研究刚体的整体运动与刚体上点的运动之间的关系。

7.1　刚体的平行运动

平行运动是刚体最简单的一种运动。例如,沿直线轨道行驶的火车车厢的运动(见图 7-1a);送料机上送料槽的运动(见图 7-1b)等,都是工程中常见的平行移动的实例。这些刚体运动的共同特征是:运动时,刚体上任一直线始终与它的初始位置平行。刚体的这种运动称为平行运动,简称平动。

刚体平动时,其上各点可以作直线运动,如图 7-1a 所示车厢上各点;也可以作曲线运动,如图 7-1b 所示料槽上各点。

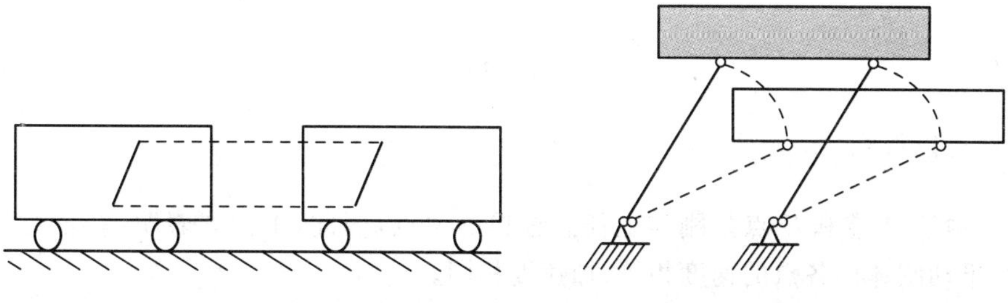

(a)　　(b)

图 7-1

如图7-2所示,在平动刚体上任取两点 A 和 B,设瞬时 t,两点的矢径分别为 $\boldsymbol{r}_A$ 和 $\boldsymbol{r}_B$,则点 A 和 B 的运动方程分别为

$$\boldsymbol{r}_A=\boldsymbol{r}_A(t)$$

$$\boldsymbol{r}_B=\boldsymbol{r}_B(t)$$

由图 7-2 可知：

$$\boldsymbol{r}_A=\boldsymbol{r}_B+\boldsymbol{r}_{BA}$$

当刚体平动时，线段 BA 的长度和方向都不随时间变化，即 $\boldsymbol{r}_{BA}$ 是常矢量。因此，在运动过程中，A、B 两点的轨迹曲线的形状完全相同，如图 7-2 所示。

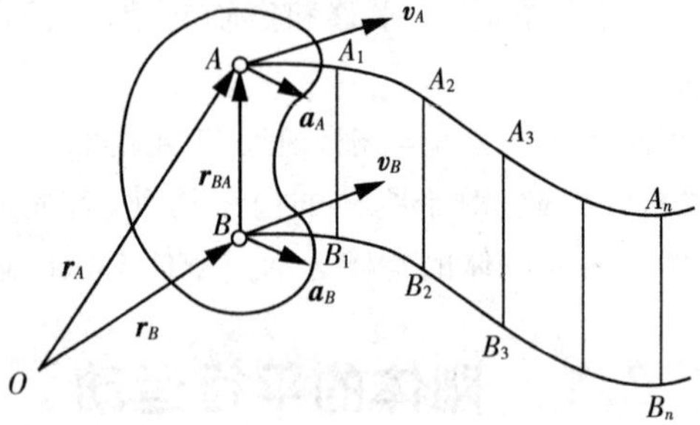

图 7-2

根据点的速度的定义，任一瞬时 t，A、B 两点的速度为

$$\boldsymbol{v}_A=\frac{\mathrm{d}\boldsymbol{r}_A}{\mathrm{d}t}=\frac{\mathrm{d}(\boldsymbol{r}_B+\boldsymbol{r}_{BA})}{\mathrm{d}t}=\frac{\mathrm{d}\boldsymbol{r}_B}{\mathrm{d}t}$$

$$\boldsymbol{v}_B=\frac{\mathrm{d}\,\boldsymbol{r}_B}{\mathrm{d}t}$$

可得 $$\boldsymbol{v}_A=\boldsymbol{v}_B$$

同样可以得到 $$\boldsymbol{a}_A=\boldsymbol{a}_B$$

由于 A 点和 B 点是刚体上任意选择的两点，因此，上两式表明：在任一瞬时，平动刚体内各点的速度相等、加速度相同。

综上所述，可得如下结论：刚体平动时，其上各点的轨迹形状相同；任一瞬时，各点的速度相等，加速度也相等。因此，刚体上任意一点的运动就可以代表整个刚体的运动，即刚体的平动可以归结为点的运动来研究。

7.2 刚体的定轴转动

定轴转动是工程中常见的一种运动形式，如电机的转子、机床中的主轴、齿轮和胶带轮等的运动，都是刚体绕定轴转动的例子。这些刚体运动的共同特征是：刚体运动时，刚体内有一直线始终固定不动，而这条直线之外的各点则绕该直线作圆周运动，刚体的这种运动称为定轴转动。固定不动的直线称为转轴。

7.2.1 刚体的转动方程

如图 7-3 所示，一刚体绕固定的 z 轴转动。为了确定刚体在任一瞬时的位置，过 z 轴作一固定平面 A，以及随同刚体一起转动的平面 B。这样，任一瞬时，刚体的位置，可以用动平面 B 和固定平面 A 之间的夹角 φ 来确定。夹角 φ 称为刚体的转角。

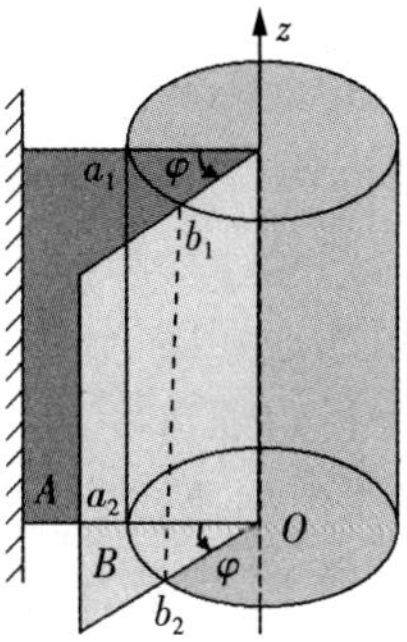

图 7-3

转角 φ 是代数量，其符号规定为：从 z 轴的正向往负向看，刚体逆时针转动，φ 为正值，反之为负值。转角 φ 的国际单位是 rad。

当刚体转动时，φ 随时间 t 变化，是时间 t 的单值连续函数，即

$$\varphi = \varphi(t) \tag{7-1}$$

式(7-1) 称为刚体绕定轴的转动方程。定轴转动的刚体，用转角 φ 即可确定其位置。因此，这样的刚体具有一个自由度。

7.2.2 角速度和角加速度

角速度是度量刚体转动的快慢和转向的物理量。同速度的定义相似，转角 φ 对时间 t 的一阶导数，称为刚体的角速度，用 ω 表示，即

$$\omega = \frac{\mathrm{d}\varphi}{\mathrm{d}t} = \dot{\varphi}(t) \tag{7-2}$$

若 ω 为正，则 $\mathrm{d}\varphi > 0$，说明刚体逆时针转动；若 ω 为负，则 $\mathrm{d}\varphi < 0$，说明刚体顺时针转动。即，角速度的正负号与刚体转动的方向是一一对应的，因此，角速度是一个代数量。

角速度的国际单位为 rad/s(弧度 / 秒)。

工程上常用转速 n(r/min) 来表示转动的快慢。角速度 ω 与转速之间 n 的换算关系为

$$\omega = \frac{2\pi n}{60} = \frac{\pi n}{30} \tag{7-3}$$

角加速度是表示角速度变化快慢的物理量。同加速度的定义相似，角速度 ω 对时间 t 的一阶导数，或转角 φ 对时间 t 的二阶导数，称为刚体的角加速度，用字母 α 表示，即

$$\alpha=\frac{\mathrm{d}\omega}{\mathrm{d}t}=\frac{d^2\varphi}{\mathrm{d}t^2}=\ddot{\varphi}(t) \tag{7-4}$$

若 $\alpha>0$，表示 α 的转向与转角 φ 的正向一致，是逆时针方向；若 $\alpha<0$，表示 α 的转向与转角 φ 的负向一致，是顺时针方向。即，角加速度的正负号与刚体转动的方向是一一对应的，因此，角加速度也是一个代数量。

角加速度的国际单位为 $\mathrm{rad/s^2}$（弧度 / 秒^2）。

分析角加速度正、负的意义，要和角速度的正、负联系起来。如果 ω 与 α 同号，刚体作加速转动；如果 ω 与 α 异号，刚体作减速转动。

习惯上，用带有箭头的弧线段表示 ω、α 的正、负，如图 7-4 所示。

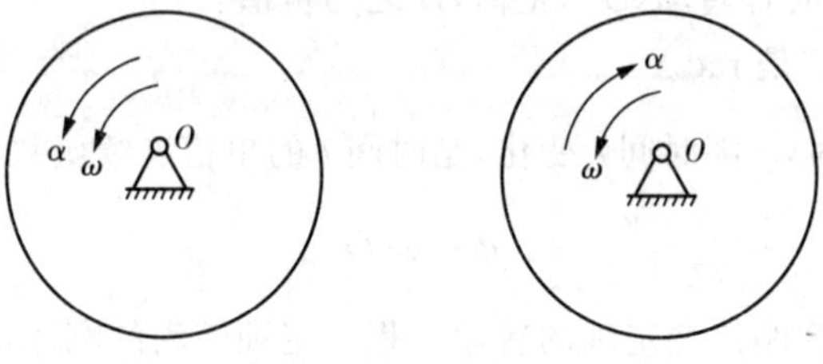

图 7-4

对于作定轴转动的刚体，如果知道刚体的转动方程，通过转动方程对 t 求导，可得到刚体在任意瞬时的角速度和角加速度；反之，如果知道刚体转动的角速度和角加速度方程，应用积分运算，可求得刚体的转动。但需要注意，积分运算中出现的积分常数应由初始条件，即刚体的初位置 φ_0 和初角速度 ω_0 确定。

7.2.3 匀变速转动和匀速转动

若刚体的角加速度不变，即 α 等于常量，则刚体作匀变速转动。参照点的运动公式的推导，可得

$$\omega=\omega_0+\alpha t$$

$$\varphi=\varphi_0+\omega t+\frac{1}{2}\alpha t^2 \tag{7-5}$$

$$\omega^2=\omega_0^2+2\alpha(\varphi-\varphi_0)$$

其中，ω_0 和 φ_0 分别是 $t=0$ 时的角速度和转角。

对于匀速转动，$\alpha=0$，$\omega=$ 常量，则有

$$\varphi=\varphi_0+\omega t \tag{7-6}$$

由本节的公式可以看出，转动刚体的转角、角速度、角加速度和时间之间的关系与点的运动中坐标、速度、加速度和时间之间的关系完全相似。

【例7-1】 计算机硬盘驱动器的马达以匀变速转动，启动后为了能尽快达到最大工作转速，要求在3s内转速从0增加到3000r/min，求马达的角加速度及转过的转数。

【解】 已知，马达的初始角速度 $\omega_0=0$，3s后的角速度为

$$\omega=\frac{\pi n}{30}=\frac{3000\pi}{30}=100\pi(\text{rad/s})$$

(1) 分析运动：马达作匀变速转动。

(2) 列出匀变速转动公式，求未知量：根据式(7-5)，得

$$\alpha=\frac{\omega-\omega_0}{t}=\frac{100\pi}{3}(\text{rad/s}^2)$$

$$\omega^2=\omega_0^2+2\alpha\varphi\ (\varphi_0=0)$$

将 ω_0、ω、a 值代入上式

$$(100\pi)^2=2\times\frac{100\pi}{3}\times\varphi$$

得

$$\varphi=\frac{1}{2}\times\frac{3}{100\pi}\times(100\pi)^2=150\pi(\text{rad})$$

转过的转数

$$n=\frac{\varphi}{2\pi}=\frac{150\pi}{2\pi}=75(\text{转})$$

7.3　定轴转动刚体内各点的速度和加速度

在工程中，不仅要知道刚体的转动规律，而且还需要知道转动刚体上任一点的运动。例如，为了计算皮带输送机的运输能力，就需要知道它的传送速度，也就是要知道皮带轮轮缘上一点的速度。

刚体绕定轴转动时，转轴固定不动，其他各点都在通过该点并垂直于转轴的平面内作圆周运动，圆心在转轴上。设刚体内某一点到转轴的垂直距离为 r，称 r 为该点的转动半径。下面用自然法研究转动刚体上任一点的运动(速度、加速度)与转动刚体的运动(角速度、角加速度)之间的关系。

设刚体由固定平面 A 绕定轴 O 转动任一角度 φ，到达平面 B 的位置，其上任

一点由M_0运动到M,如图7-5所示。以固定点M_0为弧坐标s的原点,按φ角的正向来规定弧坐标的正向,这样,s与φ有如下关系

$$s=r\varphi \tag{7-7}$$

其中,r为M点的转动半径。

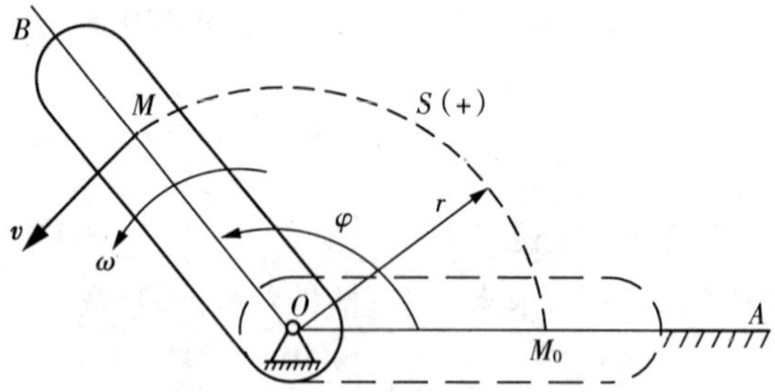

图 7-5

在该瞬时,M点的速度大小为

$$v=\frac{\mathrm{d}s}{\mathrm{d}t}=r\frac{\mathrm{d}\varphi}{\mathrm{d}t}=r\omega \tag{7-8}$$

即,转动刚体内任一点的速度大小等于该点的转动半径与刚体角速度的乘积,方向垂直于该点的转动半径,指向刚体转动的一方。为区别于角速度,转动刚体上点的速度称为线速度。

由上式可知,转动刚体内任一点的速度与其转动半径成正比(见图7-6a)。因此,转动刚体内与转轴垂直的任一平面上,在通过轴心的任一条直线上,各点的速度按线性规律分布,如图7-6b所示。

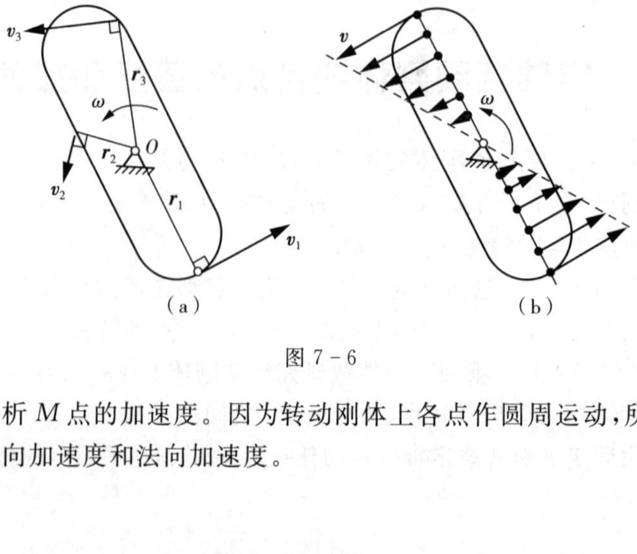

图 7-6

下面分析M点的加速度。因为转动刚体上各点作圆周运动,所以,点的加速度包括切向加速度和法向加速度。

在该瞬时，M 点的切向加速度和法向加速度分别为

$$\left.\begin{aligned} a_\tau &= \frac{\mathrm{d}v}{\mathrm{d}t} = \frac{\mathrm{d}}{\mathrm{d}t}(r\omega) = r\frac{\mathrm{d}\omega}{\mathrm{d}t} = r\alpha \\ a_n &= \frac{v^2}{\rho} = \frac{(r\omega)^2}{r} = r\omega^2 \end{aligned}\right\} \tag{7-9}$$

即，转动刚体内任一点的切向加速度的大小等于该点的转动半径与刚体角加速度的乘积，方向垂直于转动半径，指向与角加速度 α 的转向一致；法向加速度的大小等于该点的转动半径与刚体角速度平方的乘积，方向沿转动半径指向转轴。如图 7－7a 所示。

这样，M 点的全加速度 $\boldsymbol{a}$ 的大小和方向为

$$\left.\begin{aligned} a &= \sqrt{a_\tau^2 + a_n^2} = \sqrt{(r\alpha)^2 + (r\omega^2)^2} = r\sqrt{\alpha^2 + \omega^4} \\ \tan\theta &= \frac{|a_\tau|}{a_n} = \frac{|r\alpha|}{r\omega^2} = \frac{|\alpha|}{\omega^2} \end{aligned}\right\} \tag{7-10}$$

其中，θ 表示全加速度与转动半径之间的夹角，如图 7－7b 所示。

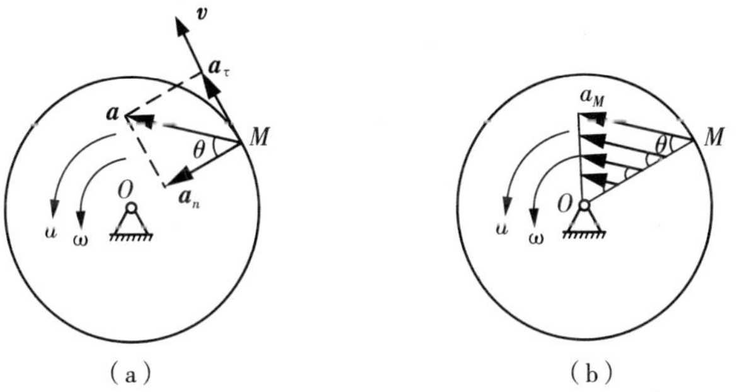

图 7－7

因为在每一瞬时，转动刚体上所有的点都具有相同的角速度和角加速度，所以，由上面的分析可知：

(1) 在每一瞬时，转动刚体内各点的切向加速度、法向加速度和全加速度的大小，都与该点的转动半径成正比。

(2) 在每一瞬时，转动刚体内各点的全加速度与其转动半径具有相同的夹角 θ，并偏向角加速度 α 转向的一方。全加速度分布规律如图 7－7b 所示。

【例 7－2】 如图 7－8 所示，三角形平板 ABM 悬链在两根相互平行的直杆上，并由 AA' 带动在铅垂平面内运动。已知 $AA'=BB'=0.1\text{m}$，且 $AB=A'B'$，设杆按 $\varphi=2t^2$(rad) 的规律转动，求 $t=1\text{s}$ 时板上 M 点的速度和加速度的大小。

【解】 (1) 分析运动：AA' 和 BB' 杆作定轴转动，平板作平动。因此，M 点和 A 点在任一瞬时的速度和加速度均相同，于是，只需求出 A 点在速度和加速度即可。

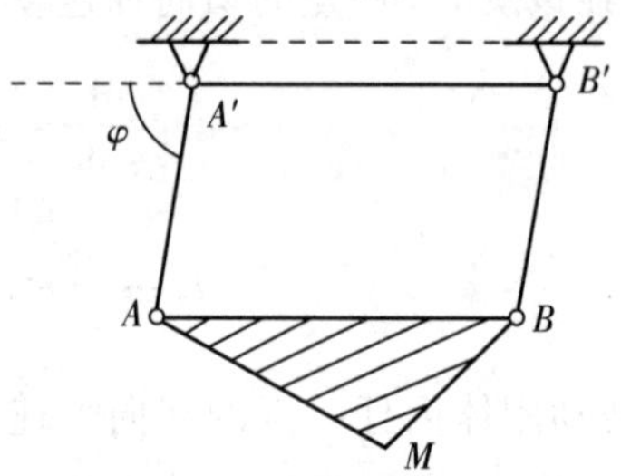

图 7-8

(2) 根据公式求未知量：由式(7-2)可得 $t=1\text{s}$ 时 AA' 杆的角速度：

$$\omega=\frac{\mathrm{d}\varphi}{\mathrm{d}t}=4t\big|_{t=1}=4(\mathrm{rad/s})$$

由式(7-4)可得该瞬时 AA' 杆的角加速度：

$$\alpha=\frac{\mathrm{d}\omega}{\mathrm{d}t}=4(\mathrm{rad/s^2})$$

由式(7-8)可得 $t=1\text{s}$ 时 A 点的速度：

$$v_A=v_M=AA'\omega=0.1\times4=0.4(\mathrm{m/s})$$

由式(7-9)和(7-10)可得该瞬时 A 点的加速度：

$$a_\tau=AA'\alpha=0.1\times4=0.4(\mathrm{m/s^2})$$

$$a_n=AA'\omega^2=0.1\times4^2=1.6(\mathrm{m/s^2})$$

$$a_A=a_M=\sqrt{a_\tau^2+a_n^2}=1.65(\mathrm{m/s^2})$$

(3) 讨论：虽然平板上各点的运动轨迹均为圆，但是平板并不作转动，而是作平动。因此，在分析中，需要注意刚体运动与刚体上点的运动的区别。

【例7-3】 绕固定轴 O 转动的圆轮，在其轮缘上缠绕一不可伸长的绳子，并在绳端挂一重物 A，如图图 7-9 所示。重物按匀变速直线运动规律上升，$y=at^2$，其中 a 是常数。求 A、M 点处加速度及圆轮的角速度和角加速度。

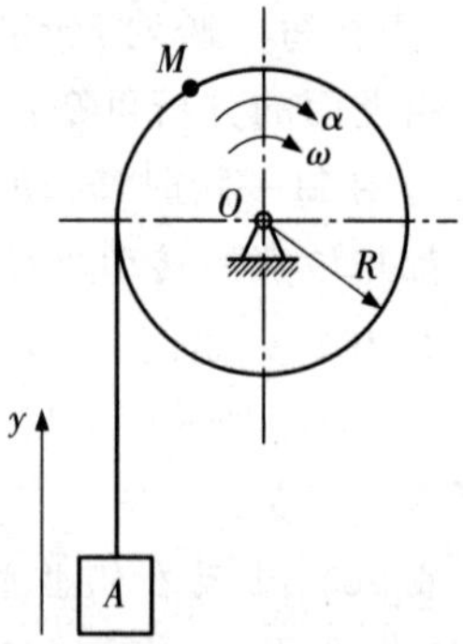

图 7-9

【解】 (1) 分析运动：圆轮定轴转动，重物平移。

(2) 根据公式求未知量：由重物的运动规律 $y=at^2$，可得重物的速度和加速度

$$v_A = v = \frac{\mathrm{d}y}{\mathrm{d}t} = 2at$$

$$a_A = a = \frac{\mathrm{d}v}{\mathrm{d}t} = 2a$$

重物的速度和加速度，也就是圆轮外缘上任一点 M 的速度和切向加速度。对 M 点，其速度又可表示为 $v_M = R\omega$，所以

$$\omega = \frac{v}{R} = \frac{2at}{R}$$

M 点的加

$$\boldsymbol{a}_M = \boldsymbol{a}_{M\tau} + \boldsymbol{a}_{Mn}$$

$$\boldsymbol{a}_{M\tau} = R\alpha = 2a$$

$$\boldsymbol{a}_{Mn} = R\omega^2 = 4Ra^2 + t^2$$

轮角加速度为

$$\alpha = \frac{2a}{R}$$

α 为常数，即圆轮也作匀变速转动。

7.4　定轴轮系的传动比

在机械设备中，不同机器的工作转速一般是不同的。为了符合工作转速的要求，常用传动系统来提高或降低机器的转速，最常见的传动系统有齿轮传动和皮带轮传动。为了表示转速的变化关系，将主动轮转速和从动轮转速的比值，称为传动比或转速比，即

$$i = \frac{n_{主}}{n_{从}} \quad 或 \quad i = \frac{\omega_{主}}{\omega_{从}}$$

下面讨论齿轮传动、皮带传动的传动比的计算问题。

7.4.1　齿轮传动

两个齿轮相互啮合，各自绕固定轴 O_1 和 O_2 转动时，两个齿轮之间没有相对滑动，它们的啮合圆相切。这种运动可视为半径分别为 R_1 和 R_2（齿轮的啮合圆半径）的两个摩擦轮的运动，这两个摩擦轮之间没有相对滑动，如图 7-12 所示。

设主动轮 Ⅰ 和从动轮 Ⅱ 的角速度分别为 ω_1 和 ω_2，两轮的接触点分别为 A 点和 B 点（见图 7-10）。由于两轮之间没有相对滑动，故 A、B 两点的速度相等，

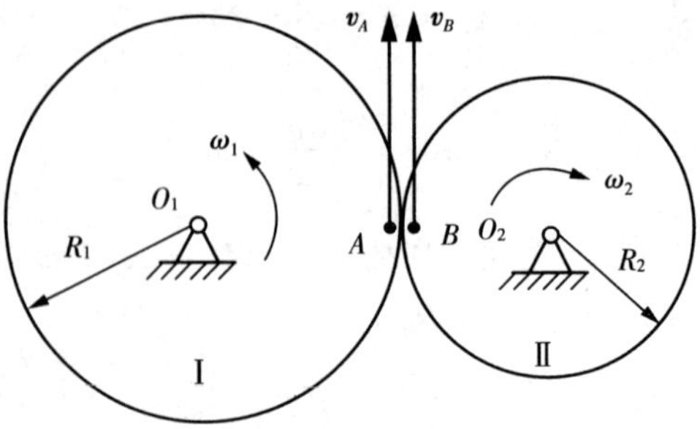

图 7-10

即 $v_A = v_B$，又 $v_A = \omega_1 R_1$，$v_B = \omega_2 R_2$，因此，得

$$\omega_1 R_1 = \omega_2 R_2$$

于是可得齿轮传动比的计算公式：

$$i_{12} = \frac{\omega_1}{\omega_2} = \frac{R_2}{R_1} \quad \text{或} \quad i_{12} = \frac{n_1}{n_2} = \frac{R_2}{R_1} \tag{7-18}$$

即，两齿轮的角速度(或转速)与其半径成反比。

由于齿轮在啮合圆上的齿距相等，故其齿数 z 与半径成正比。因此，传动比还可以写为

$$i_{12} = \frac{\omega_1}{\omega_2} = \frac{z_2}{z_1} \quad \text{或} \quad i_{12} = \frac{n_1}{n_2} = \frac{z_2}{z_1} \tag{7-19}$$

即，两齿轮的角速度(或转速)与其齿数成反比。

7.4.2 皮带轮传动

如图 7-11 所示，电动机上的皮带轮 Ⅰ 是主动轮，工作机上的皮带轮 Ⅱ 是从动轮，通过皮带将主动轮的运动传递给从动轮。在传动过程中，设皮带和皮带轮之间不存在“打滑”现象。这样，轮 Ⅰ 上的 A 点和皮带上的 A' 点具有相同的速度，轮 Ⅱ 上的 B 点和皮带上的 B' 也具有相同的速度。另外，假定皮带在运动中长度不发生变化，即皮带上各点速度的大小都相等。于是，皮带轮上 A 点和 B 点的速度大小相等，即 $v_A = v_B$。

设主动轮 Ⅰ 和从动轮 Ⅱ 的半径分别为 R_1 和 R_2，其角速度分别为 ω_1 和 ω_2，则

$$v_A = \omega_1 R_1, \quad v_B = \omega_2 R_2$$

因 $v_A = v_B$，所以

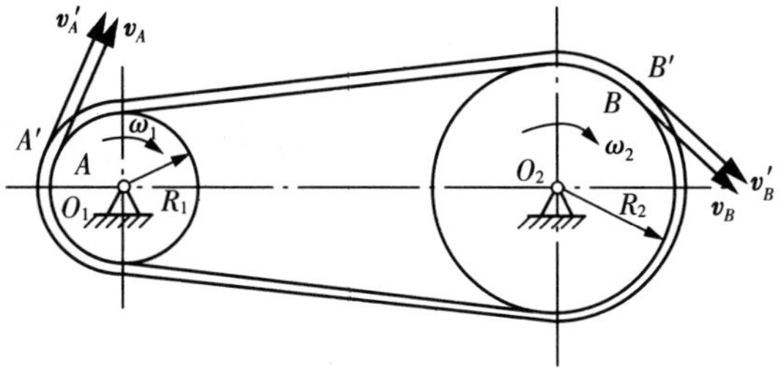

图 7-11

$$\omega_1 R_1 = \omega_2 R_2$$

于是可得皮带轮传动比的计算公式：

$$i_{12} = \frac{\omega_1}{\omega_2} = \frac{R_2}{R_1} \quad 或 \quad i_{12} = \frac{n_1}{n_2} = \frac{R_2}{R_1}$$

即，两轮的角速度(或转速)与其半径成反比。

【例 7-4】 如图 7-12 所示，两个齿轮组成的传动系统，已知 R_1、R_2、ω_1、α_1，求 ω_2、α_2。

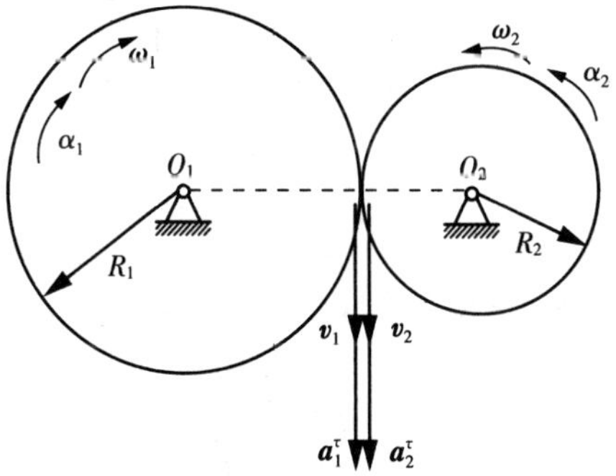

图 7-12

【解】 (1) 分析运动：各轮都作转动，是定轴轮系的传动计算问题。因啮合点处无相对滑动，所以

$$v_1 = v_2$$

又 $a_1^\tau = \frac{dv_1}{dt}$，$a_2^\tau = \frac{dv_2}{dt}$，则

$$a_1^\tau = a_2^\tau$$

(2) 根据公式，求未知量

由式(7-18)得

$$\omega_2 = \omega_1 \cdot \frac{R_2}{R_1}$$

又 $a_1^\tau = R_1\alpha_1$，$a_2^\tau = R_2\alpha_2$，所以有

$$\frac{\alpha_1}{\alpha_2} = \frac{R_2}{R_1}$$

则 $$\alpha_2 = \alpha_1 \cdot \frac{R_2}{R_1}$$

【例 7-5】 图 7-13 是一减速箱，它由四个齿轮组成，其齿数分别为 $z_1 = 10$，$z_1 = 60$，$z_3 = 15$，$z_4 = 90$。

(1) 求减速箱的总减速比 i_{13}；(2) 如果 $n_1 = 3000\text{r/min}$，求 n_3。

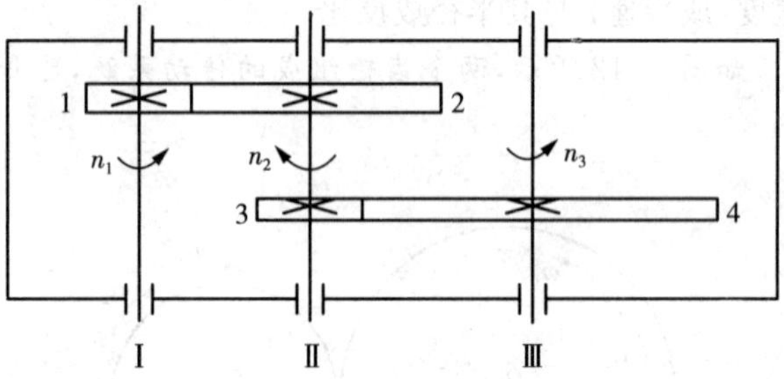

图 7-13

【解】 (1) 分析运动：各轮都作转动，是定轴轮系的传动计算问题。

(2) 根据公式，求未知量：先求 Ⅰ 轴与 Ⅱ 轴的传动比：

$$i_{12} = \frac{n_1}{n_2} = \frac{z_2}{z_1}$$

再求 Ⅱ 轴与 Ⅲ 轴的传动比：

$$i_{23} = \frac{n_2}{n_3} = \frac{z_4}{z_3}$$

从 Ⅰ 轴与 Ⅲ 轴的总传动比：

$$i_{13} = \frac{n_1}{n_3} = \frac{n_1}{n_2} \cdot \frac{n_2}{n_3} = \frac{z_2}{z_1} \cdot \frac{z_4}{z_3} = i_{12} \cdot i_{23}$$

即，传动系统的总传动比等于各级传动比的连乘积。

将各个齿轮的齿数代入上式，得

$$i_{13}=\frac{z_2}{z_1}\cdot\frac{z_4}{z_3}=\frac{60}{10}\cdot\frac{90}{15}=36$$

说明 Ⅰ 轴的转速是 Ⅲ 轴转速的 36 倍。

如果 Ⅰ 轴的转速 $n_1=3000\text{r/min}$，则 Ⅲ 轴的转速根据 $i_{13}=\frac{n_1}{n_3}$，得

$$n_3=\frac{n_1}{i_{13}}=\frac{3000}{36}\approx 83.3(\text{r/min})$$

思　考　题

7-1　刚体作平移时，其上各点的轨迹一定是直线或平面曲线吗？

7-2　刚体上各点都作圆周运动，可以确定刚体作定轴转动吗？

7-3　满足下列哪些条件的刚体运动一定是平移？

① 刚体运动时，其上有不在一条直线上的三点始终作直线运动；

② 刚体运动时，其上所有点到某固定平面的距离始终保持不变；

③ 刚体运动时，其上有两条相交直线始终与各自初始位置保持平行；

④ 刚体运动时，其上有不在一条直线上的三点的速度大小、方向始终相同。

7-4 "刚体绕定轴转动时，$\alpha>0$，表示加速转动；$\alpha<0$，表示减速转动"。这种说法正确吗？

7-5 "在定轴轮系中，因为主动轮和从动轮接触点的速度相等，所以其加速度也相等"。对吗？为什么？

7-6　如图所示的机构中，已知 OA 与 DB 平行且相等，试分别画出图 a、b 中板 $ABEF$ 的中点 C 的轨迹、速度和加速度的方向。

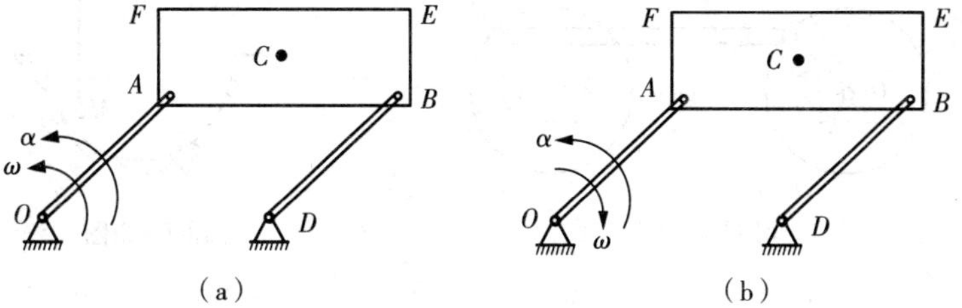

思考题 7-6 图

7－7　作匀速转动的飞轮，若其半径增大一倍，轮缘上点的速度和加速度也增大一倍吗？若飞轮转速增大一倍，轮缘上点的速度和加速度是否也增大一倍？

7－8　试推导刚体作匀速转动和匀加速转动的转动方程。

7－9　判断下列说法是否正确。

① 某瞬时，刚体上有两点的轨迹相同，则刚体作平动。（　　）

② 定轴转动刚体上与转动轴平行的任一直线上的各点加速度的大小相等，而且方向也相同。（　　）

③ 刚体作平动时，其上各点的轨迹可以是直线，可以是平面曲线，也可以是空间曲线。（　　）

④ 刚体作定轴转动时，垂直于转动轴的同一直线上的各点，不但速度的方向相同而且其加速度的方向也相同。（　　）

⑤ 两个作定轴转动的刚体，若其角加速度始终相等，则其转动方程相同。（　　）

⑥ 刚体平动时，若刚体上任一点的运动已知，则其他各点的运动随之确定。（　　）

习　　题

7－1　在如图所示的机构中，$O_1A=O_2B=r=0.2\text{m}$，$O_1O_2=AB$，曲柄绕轴按 $\varphi=15\pi t\text{rad}$ 的规律转动。求 $t=0.5\text{s}$ 时，AB 杆上 M 点的速度和加速度。

7－2　如图所示为一搅拌机构，$O_1A=O_2B=R=0.2\text{m}$，$O_1O_2=AB$，杆以不变转速 n 转动。分析 BAM 上 M 点的轨迹、速度和加速度。

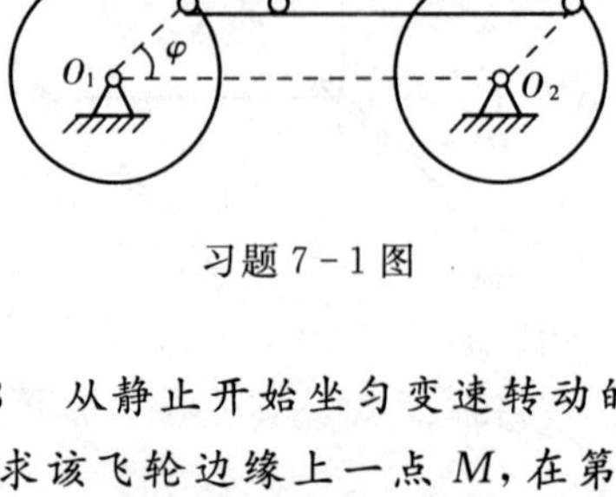

习题 7－1 图

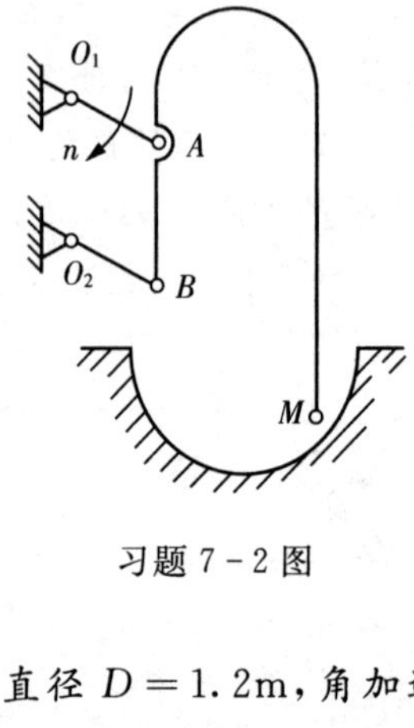

习题 7－2 图

7－3　从静止开始坐匀变速转动的飞轮，直径 $D=1.2\text{m}$，角加速度 $\alpha=3\text{rad/s}^2$；求该飞轮边缘上一点 M，在第 10s 末的速度、法向加速度和切向加速度。

7-4　齿条由两个节圆半径为 $r=0.25\text{m}$ 的齿轮带动。在某一瞬时，齿条具有向右的加速度 $a_A=0.5\text{m/s}^2$，齿轮节圆上任一点的全加速度 $a=8\text{m/s}^2$。求该瞬时齿条的速度 v_A。

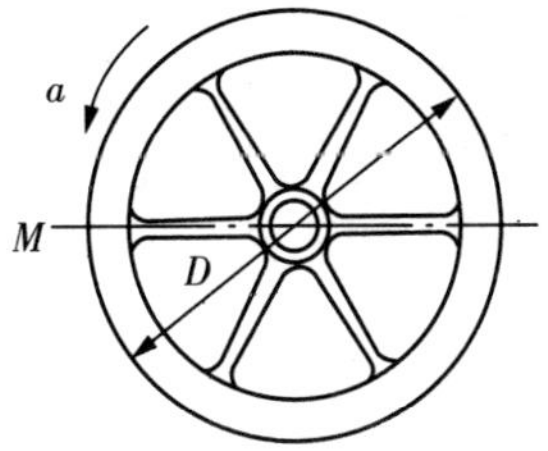

习题 7-3 图

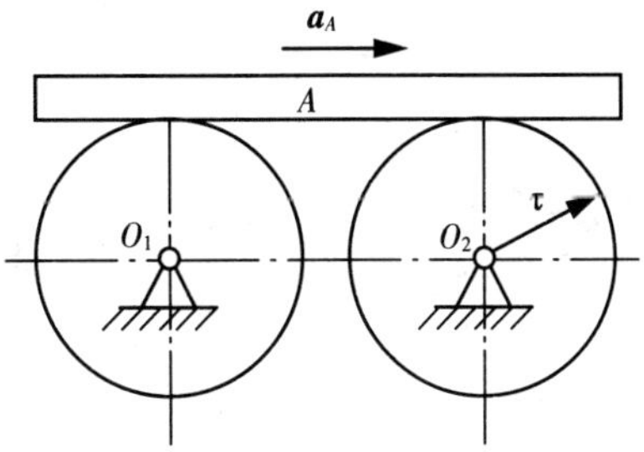

习题 7-4 图

7-5　如图所示的圆盘由三个曲柄支持，曲柄的支座 ABC 构成一等边三角形。设曲柄长 $l=15\text{cm}$，互相平行并以相同的转速 $n=45\text{r/min}$ 绕其支座转动。求圆盘中心 O 点的速度和加速度。

7-6　如图所示为辊子传送装置，已知辊子的直径 $d=0.2\text{m}$，转速为 $n=50\text{r/min}$。求辊子上钢板运动的速度和加速度，并求辊子上与钢板接触点的加速度。

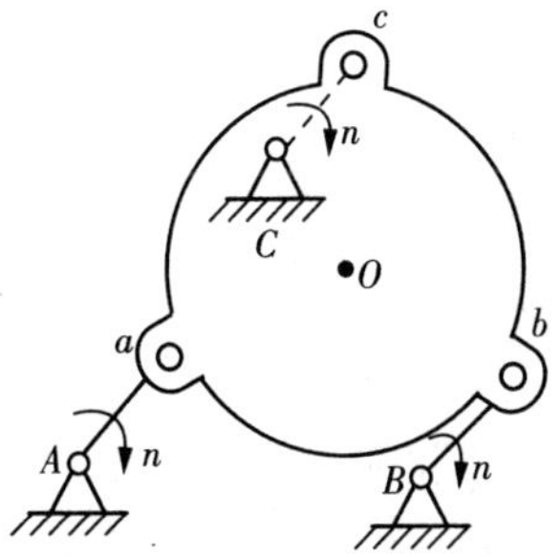

习题 7-5 图

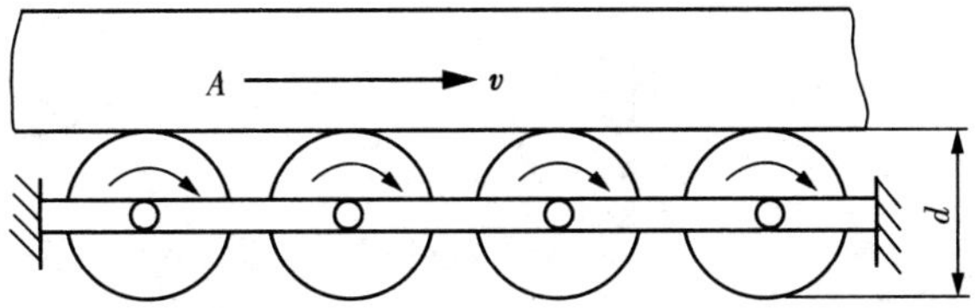

习题 7-6 图

7-7　如图所示为抛丸机的传动系统，已知 $n=1450\text{r/min}$。求抛丸轮边缘一点的速度。

7-8　如图所示为球磨机的传动机构简图，尺寸如图所示，求球磨机筒体的转速。

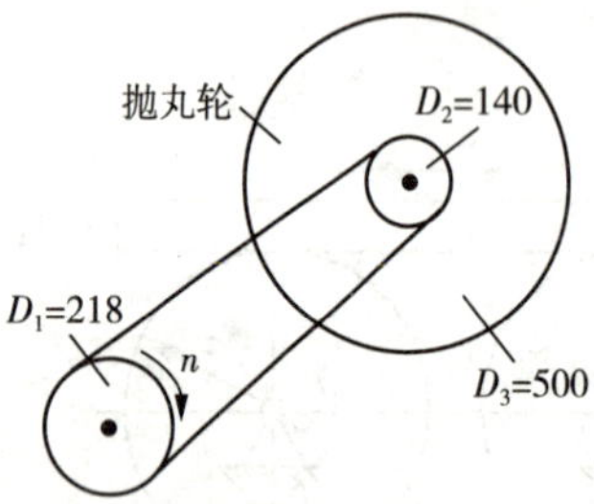

习题 7-7 图

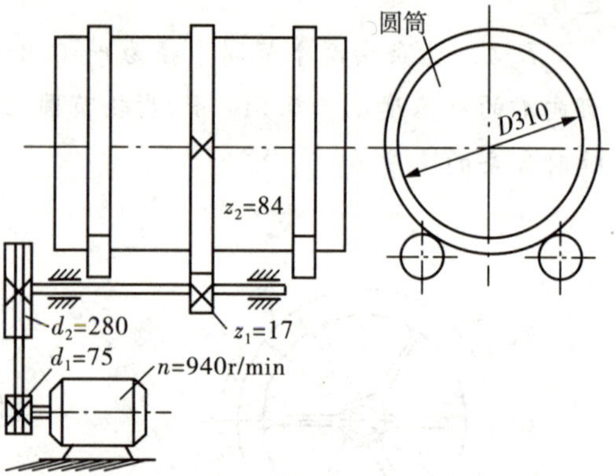

习题 7-8 图

7-9　如图所示，摩擦传动机构的主动轴Ⅰ的转速为 $n=600\text{r/min}$。轴Ⅰ的轮盘与轴Ⅱ的轮盘接触，并同时沿轴Ⅰ的轴向向左移动，移动规律为 $d=100-5t$，t 以 s 计，d 以 mm 计。已知 $r=50\text{mm}$，$R=150\text{mm}$。求(1) 以 d 表示轴Ⅱ的角加速度；(2) 当 $d=r$ 时，B 轮边缘上一点的全加速度。

7-10　纸盘由厚度为 a 的纸条卷成，令纸盘的中心不动，当纸条以等速被拉出时，求以纸盘的半径 r 来表示纸盘的角加速度。

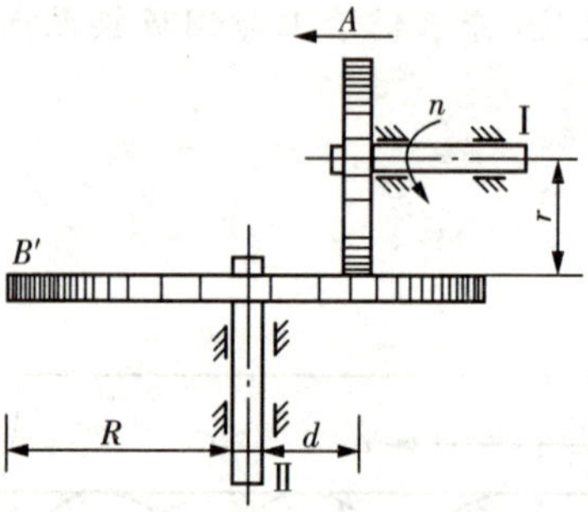

习题 7-9 图

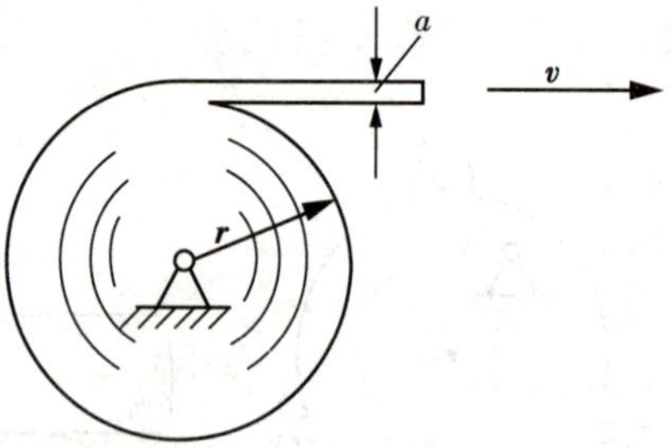

习题 7-10 图

7-11　两个物体和滑轮用不可伸长的绳连接。初瞬时滑轮有逆时针的角速度 0.8rad/s，并具有顺时针的匀角加速度 1.8rad/s^2，运动 5s 后，求物体 A、B 的速度及位置。

7-12　绞车传动系统由皮带轮 A 和塔轮 C 组成，塔轮 C 是由半径分别为 r_2 和 r_3 的鼓轮刚性地固定在同一轴上组成。各轮半径为：$r_1=5\text{cm}$，$r_2=15\text{cm}$，$r_3=7.5\text{cm}$，胶带轮 A 以角加速度 $a=6\text{rad/s}^2$ 从静止起动。试求重物 B 上升 $s=10m$ 时的速度。

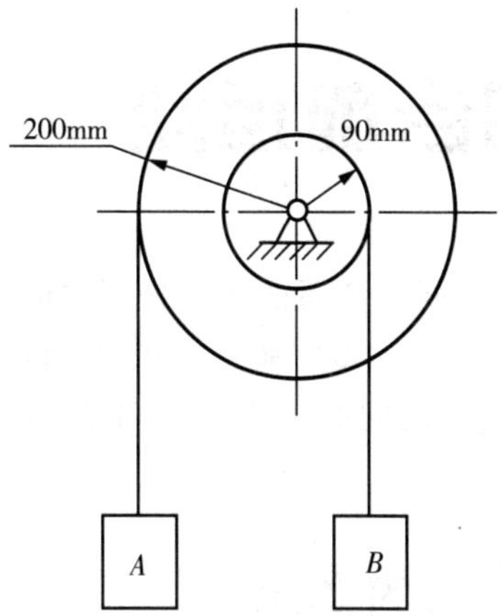

习题 7-11 图

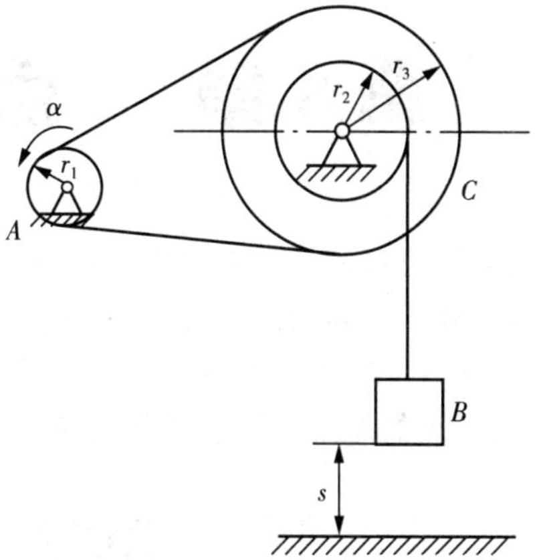

习题 7-12 图

7-13　如图所示机构中齿轮1紧固在 AC 杆上，$AB=O_1O_2$，齿轮1与半径为 r_2 的齿轮2啮合，齿轮2绕 O_2 轴转动且和曲柄 O_2B 没有联系。设 $O_1A=O_2B=l$，$\varphi=b\sin\omega t$，确定 $t=\dfrac{\pi}{2\omega}$ 时，齿轮2的角速度和角加速度。

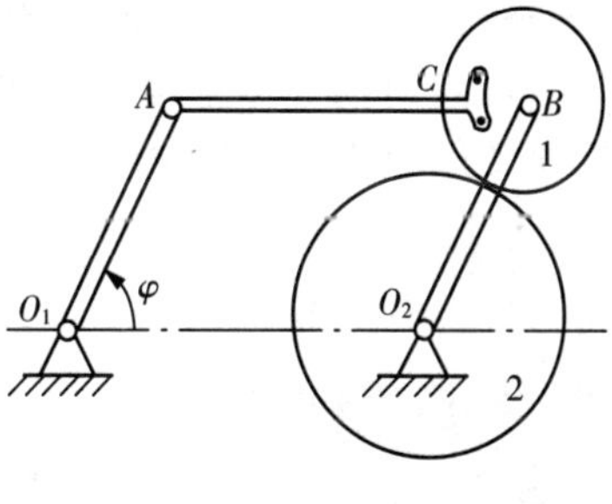

习题 7-13 图

第 8 章　点的合成运动

运动是绝对的又是相对的。物体相对于不同参考系的运动是不同的。前面两章研究了点和刚体相对于一个参考系的运动，本章将研究点相对于两个不同参考系的运动，以及点相对于不同参考系运动之间的关系，即点的运动合成理论，包括点的速度和加速度合成定理。

8.1　点的合成运动的概念

点的运动特征与参考体密切相关。前面在研究点和刚体的简单运动时，是相对于地球表面而言的。但在工程或生活中，描述同一个点的运动时，常常会同时相对于两个不同的参考体。如图 8-1 所示，沿直线道路行驶的车辆，其轮缘上点 P 的运动，对地面上的观察者来说，其轨迹是旋轮线，而对于车上的观察者来说，其轨迹是一个圆。又如图 8-2 所示，无风时，站在地面上观察雨滴的运动，是铅直下落的，但对于坐在行驶的车上的人而言，雨滴是倾斜向后的。这两个例子说明相对于不同的参考体，对同一个点运动的描述是不相同的，但是不同的描述都是正确的，都反映了运动的客观存在性。

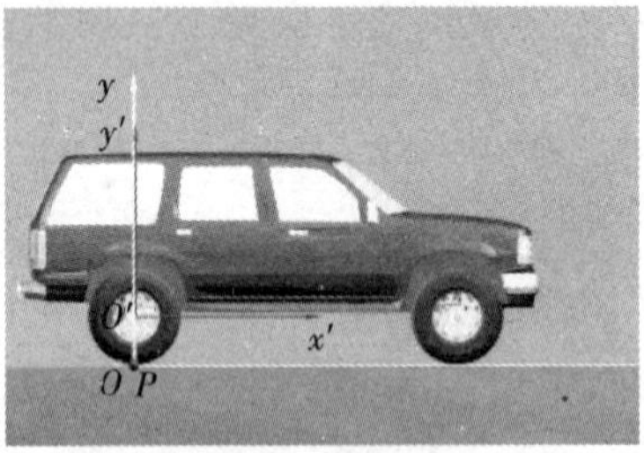

图 8-1

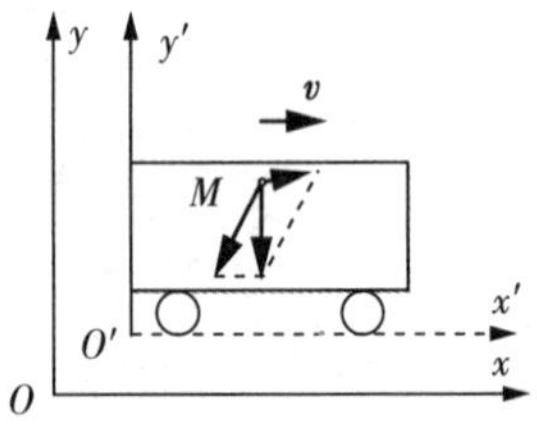

图 8-2

为了便于研究，把所研究的点称为动点。把固定于地球表面的坐标系称为固定参考系，简称定系，以 $Oxyz$ 表示。把固定于相对地球运动的物体上的坐标系称为动参考系，简称动系，以 $O'x'y'z'$ 表示。

为了区别动点相对于不同参考系的运动，把动点相对于固定参考系的运动，称为动点的绝对运动；动点相对于动参考系的运动，称为动点的相对运动；随动坐标系相对于固定参考系的运动，称为牵连运动。如图 8-3 为工厂中常见的桥式起重机，当起吊重物时，其横梁静止不动，由横梁上的行车来搬运重物。当研究重物的运动时，可取重物为动点，将动参考系固结于行车上，固定参考系固结于地面(或横梁）上。这样，重物相对于地面的运动是绝对运动，重物相对于行车的运动是相对运动，行车相对于地面的运动是牵连运动。若研究图 8-1 中轮缘上一点 P 的运动，可以 P 点为动点，固结于车厢的坐标系为动参考系，固结于地面的坐标系为固定参考系。这样，P 点相对于地面的运动，即旋轮线运动是绝对运动，P 点相对于车厢的运动，即圆周运动是相对运动，车厢相对于地面的运动是牵连运动。

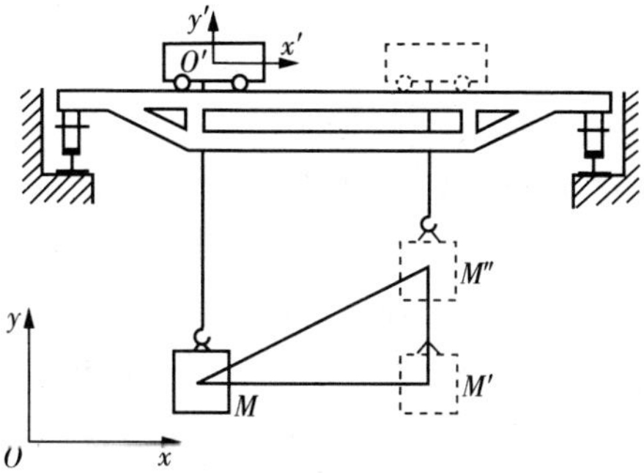

图 8-3

显然，如果没有牵连运动，则动点的相对运动就是它的绝对运动；如果没有相对运动，则动点随同动系的牵连运动就是它的绝对运动。因此，动点的绝对运动既与动点的相对运动有关，又与动系的牵连运动有关，它是这两种运动的合成，我们把这种类型的运动称为合成运动。例如，在上述的例子中，车轮上的 P 点对于车厢的运动是简单的圆周运动，车厢对于地面的运动是简单的平动，那么，P 点沿旋轮线的运动就是这两种简单运动的合成运动。

研究点的合成运动，实际上就是研究点的绝对、相对和牵连运动之间的关系。点的合成运动可分为两类基本问题：一是已知点的相对运动和动系的牵连运动，求点的绝对运动，这是运动合成问题；二是已知点的绝对运动求相对运动或牵连运动，这是运动分解问题。

应当注意：动点的绝对运动和相对运动都是指一个点的运动，可以是直线运动或曲线运动；而牵连运动是指动系的运动，实际上是与动系固结的刚体的运动，可以是平移、转动或其他较为复杂的运动。

8.2　速度合成定理

在点的合成运动中，动点对于不同参考系的运动是不同的，因此对于不同参考系运动的速度也随之不同。

动点在绝对运动中的速度，也就是动点相对于固定参考系运动的速度，称为动点的绝对速度，用 v_a 表示。动点在相对运动中的速度，也就是动点相对于动参考系运动的速度，称为动点的相对速度，用$\boldsymbol{v}_r$表示。

动点的牵连速度是动点随同动系一起运动的速度。由于动系的运动是刚体的运动而不是一个点的运动，所以必须明确指出，动点随同动系一起运动的速度，究竟指的是动系中哪一点的速度。因为，在某一瞬时，只有动系上与动点相重合的那一点，才“牵连”着动点的运动。所以，我们定义，在某一瞬时，动系上和动点相重合的那一点(又称为牵连点)的速度称为动点的牵连速度，用$\boldsymbol{v}_e$表示。当动系作平移时，动系中各点具有相同的速度，因此，动点的牵连速度等于动系中任一点的速度，即动系的速度。当动系转动时，动系中各点的速度各不相同。这种情况下，某瞬时，只有动系上与动点相重合的那一点的速度才是动点在该瞬时的牵连速度。

图 8-4 为一曲柄摇杆机构。曲柄 OA 的一端与滑块 A 铰接，当曲柄 OA 以匀角速 ω 作定轴转动时，通过滑块 A 带动摇杆 O_1B 绕固定轴 O_1 摆动。若取滑块 A 为动点，动系固结于摇杆 O_1B 上，定系固结于地面上。这样，滑块 A 沿摇杆的直线运动是动点的相对运动，相对速度$\boldsymbol{v}_r$的方向沿摇杆 O_1B；以曲柄 OA 为半径的圆周运动是动点的绝对运动，绝对速度$\boldsymbol{v}_a$的方向垂直于 OA，其大小为(设 $OA=r$)

$$v_a=\omega\cdot r$$

摇杆 O_1B 绕固定轴 O_1 的摆动是牵连运动，摇杆 O_1B 上与滑块 A 重合的那一点的速度，就是动点的牵连速度$\boldsymbol{v}_e$，它的方向垂直于 O_1B，其大小为

$$v_e=\omega_1\cdot O_1B$$

其中，ω_1 为摇杆的角速度。

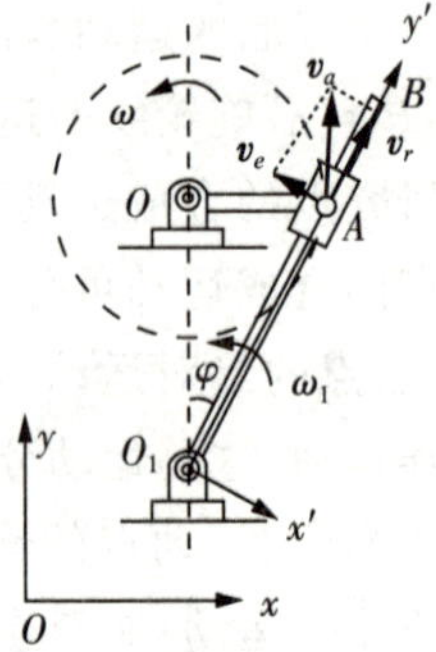

图 8-4

设动点沿曲线运动，而曲线又随动系运动，如图 8-5 所示。

设在瞬时 t，曲线位于位置 Ⅰ，动点位于曲线上的 M 点，经过时间间隔 Δt 后，曲线运动到新的位置 Ⅱ。如果动点不作相对运动，则动点随动系运动到 M_1 点，弧线 MM_1 称为动点的牵连轨迹。而动点在 Δt 时间内沿曲线作相对运动，最后到达 M' 点，弧线 MM' 称为动点的绝对轨迹。矢量 $\boldsymbol{MM}'$、$\boldsymbol{MM}_1$ 和 $\boldsymbol{M}_1\boldsymbol{M}'$ 分别为动点 M 在 Δt 时间内的绝对位移、牵连位移和相对位移。由图 8-5 可得位移矢量的关系为

$$\boldsymbol{MM}'=\boldsymbol{MM}_1+\boldsymbol{M}_1\boldsymbol{M}'$$

将上式两边除以 Δt，并求 $\Delta t \to 0$ 的极限，得

$$\lim_{\Delta t\to 0}\frac{\boldsymbol{MM'}}{\Delta t}=\lim_{\Delta t\to 0}\frac{\boldsymbol{MM}_1}{\Delta t}+\lim_{\Delta t\to 0}\frac{\boldsymbol{M}_1\boldsymbol{M'}}{\Delta t}$$

根据速度的定义，矢量 $\lim\limits_{\Delta t\to 0}\dfrac{\boldsymbol{MM'}}{\Delta t}$ 是动点 M 在瞬时 t 的绝对速度 $\boldsymbol{v}_a$，其方向沿绝对轨迹弧 MM' 上 M 点的切线方向。矢量 $\lim\limits_{\Delta t\to 0}\dfrac{\boldsymbol{MM}_1}{\Delta t}$ 是动点 M 在瞬时 t 的牵连速度 $\boldsymbol{v}_e$，即瞬时 t 动参考系上与动点相重合的 M 点（牵连点）的速度，其方向沿牵连轨迹弧 MM' 上 M 点的切向方向。矢量 $\lim\limits_{\Delta t\to 0}\dfrac{\boldsymbol{M}_1\boldsymbol{M'}}{\Delta t}$ 是动点 M 在瞬时 t 的相对速度 $\boldsymbol{v}_r$，其方向沿相对轨迹，即曲线上 M 点的切线方向。则上式可写为

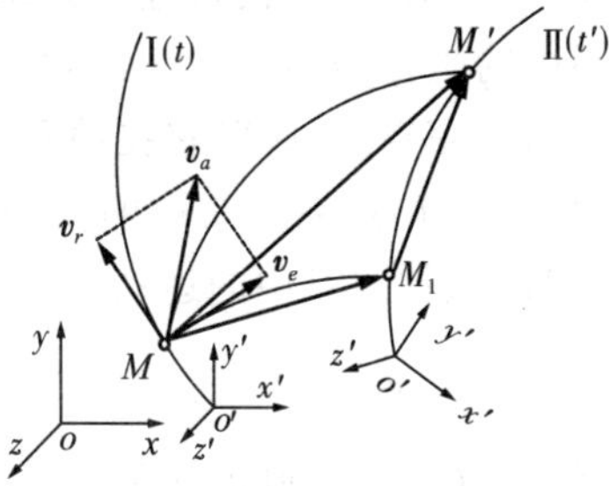

图 8-5

$$\boldsymbol{v}_a=\boldsymbol{v}_e+\boldsymbol{v}_r \tag{8-1}$$

式(8-1)称点的速度合成定理。即在任一瞬时，动点的绝对速度等于该瞬时的牵连速度和相对速度的矢量和。也就是，动点的绝对速度可以由牵连速度和相对速度为边所作的平行四边形的对角线来表示。这个平行四边形称为速度矢量图。

应用数学推导的方法证明速度合成定理如下：

如图 8-6 所示，某瞬时 t，动坐标系 $o'x'y'z'$ 的原点 o' 点在定坐标系中的矢径为 $\boldsymbol{r}'_O$，动点 M 在定系中的矢径为 $\boldsymbol{r}$，在动系中的矢径为 $\boldsymbol{r}'$，根据图中的几何关系，有

$$\boldsymbol{r}=\boldsymbol{r}'_O+\boldsymbol{r}' \tag{8-2}$$

而
$$\boldsymbol{r}'=x'\boldsymbol{i}'+y'\boldsymbol{j}'+z'\boldsymbol{k}'$$

其中，$\boldsymbol{i}'$，$\boldsymbol{j}'$，$\boldsymbol{k}'$ 分别为动系中三个坐标轴的单位矢量。$x'=f_1(t)$，$y'=f_2(t)$，$z'=f_3(t)$，为动点在动系中的坐标。

动点的相对速度 $\boldsymbol{v}_r$ 是矢径 $\boldsymbol{r}'$ 相对于动系的变化率，动系的三个单位矢量 $\boldsymbol{i}'$，$\boldsymbol{j}'$，$\boldsymbol{k}'$ 现，视为常矢量，用导数符号 $\dfrac{\tilde{\mathrm{d}}\boldsymbol{r}'}{\mathrm{d}t}$ 表示，称为 $\boldsymbol{r}'$ 的相对导数，以区别于 $\boldsymbol{r}'$ 对于定系的变化率 $\dfrac{\mathrm{d}\boldsymbol{r}'}{\mathrm{d}t}$，后者称为 $\boldsymbol{r}'$ 的绝对导数。即

$$\boldsymbol{v}_r=\frac{\tilde{\mathrm{d}}r'}{\mathrm{d}t}=\frac{\mathrm{d}x'}{\mathrm{d}t}\boldsymbol{i}'+\frac{\mathrm{d}y'}{\mathrm{d}t}\boldsymbol{j}'+\frac{\mathrm{d}z'}{\mathrm{d}t}\boldsymbol{k}' \tag{a}$$

设瞬时 t 动点 M 的牵连点为 M_1，则 M_1 在动系中的坐标为(x',y',z')。由于 M_1 是动系上的一固定点，所以它在动系中的坐标是常数。记 M_1 点在定系中的矢径为 $\boldsymbol{r}_1$，则瞬时 t，M_1 点在定系中的运动方程为

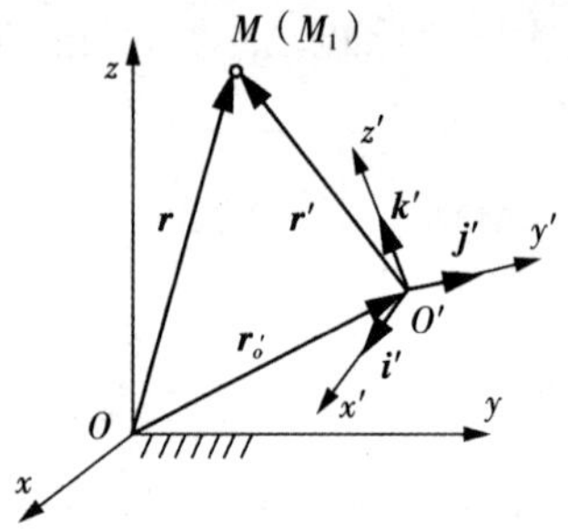

图 8－6

$$\boldsymbol{r}_1=\boldsymbol{r}\big|_{x',y',z'=c}$$

联系式(8－2)，则动点在该瞬时的牵连速度为

$$\boldsymbol{v}_e=\frac{\mathrm{d}\boldsymbol{r}_1}{\mathrm{d}t}=\frac{\mathrm{d}\boldsymbol{r}_o'}{\mathrm{d}t}+x'\frac{\mathrm{d}\boldsymbol{i}}{\mathrm{d}t}+y'\frac{\mathrm{d}\boldsymbol{j}}{\mathrm{d}t}+z'\frac{\mathrm{d}\boldsymbol{k}}{\mathrm{d}t} \tag{b}$$

动点的绝对速度为

$$\boldsymbol{v}_a=\frac{\mathrm{d}\boldsymbol{r}}{\mathrm{d}t}=\frac{\mathrm{d}\boldsymbol{r}_o'}{\mathrm{d}t}+\frac{\mathrm{d}\boldsymbol{r}'}{\mathrm{d}t}=\frac{\mathrm{d}\boldsymbol{r}_o'}{\mathrm{d}t}+x'\dot{\boldsymbol{i}}'+y'\dot{\boldsymbol{j}}'+z'\dot{\boldsymbol{k}}'+\dot{x}'\boldsymbol{i}'+\dot{y}'\boldsymbol{j}'+\dot{z}'\boldsymbol{k}' \tag{c}$$

联系式(a)、(b)、(c) 式可得

$$\boldsymbol{v}_a=\boldsymbol{v}_e+\boldsymbol{v}_r$$

应用速度合成定理分析具体问题时，首先要选择动点和动系，应注意两个原则：(1) 动点和动系不能选择在同一物体上，动点对于动系有相对运动；(2) 动点的相对运动轨迹应直观明显。

【例 8－1】 如图 8－7 所示，AB 杆在水平滑道中以匀速 v 运动，通过套管 A 带动 OC 杆绕 O 轴

转动，求当 OC 杆与水平线之间夹 θ 角时，OC 杆的端点 C 的速度。设此位置处 $OA=a$，$AC=b$。

【解】 (1) 选择动点和动系：当 AB 杆沿水平方向运动时，套管 A 与 OC 杆有相对运动，故取套管 A 为动点，动系固结于 OC 杆，定系固结于地面。

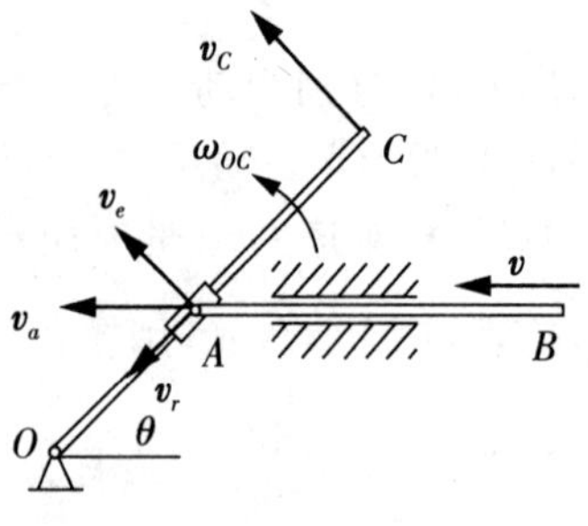

图 8－7

(2) 分析三种运动和三个速度：绝对运动：动点 A 相对于地面的运动，是沿水平方向的直线运动。故动点 A 绝对速度 $\boldsymbol{v}_a$ 的方向沿水平向左，大小为 v。

相对运动：动点 A 相对于动系的运

动，是动点 A 沿 OC 杆的直线运动。因此，相对速度 $\boldsymbol{v}_r$ 的方向沿 OC 杆的轴线，指向 O 轴，其大小未知。

牵连运动：是 OC 杆相对于地面的定轴转动。在图示位置，OC 杆上与动点 A 相重合的点转动的速度就是动点 A 的牵连速度 $\boldsymbol{v}_e$，其方向垂直于半径 OA，指向 OC 杆转动的一方，其大小为

$$v_e = a \cdot \omega_{OC} \tag{a}$$

其中，ω_{OC} 为图示位置时 OC 杆转动的角速度。因为 ω_{OC} 未知，故 $\boldsymbol{v}_e$ 的大小未知。

(3) 根据速度合成定理求未知量：由式(8-1) $v_a = v_e + v_r$ 可知，式中 3 个速度矢量，包括其大小和方向共有 6 个要素，现只有 $\boldsymbol{v}_e$ 和 $\boldsymbol{v}_r$ 的大小未知，故可作速度平行四边形如图 8-7 所示。由几何关系可求得动点 A 在图示位置的牵连速度：

$$v_e = v_a \sin\theta = v_a \sin\theta \tag{b}$$

由式(a)、(b) 可得

$$\omega_{OC} = \frac{v_a}{a}\sin\theta$$

则，此瞬时 OC 杆的端点 C 的速度 $\boldsymbol{v}_C$ 方向垂直于 OC 杆(见图 8-7)，其大小为

$$v_C = OC \cdot \omega_{OC} = \frac{a+b}{a} v_a \sin\theta = \left(1 + \frac{b}{a}\right) v_a \sin\theta$$

【例 8-2】 如图 8-8 所示，在偏心距为 e 的圆盘凸轮机构中，圆盘的半径为 r，以匀角速度 ω 绕 O 轴转动，从而推动杆 AB 在铅直滑道中上下运动，且 O 点和 AB 在一条直线上。求当 $OC \perp OA$ 时，导杆 AB 的速度。

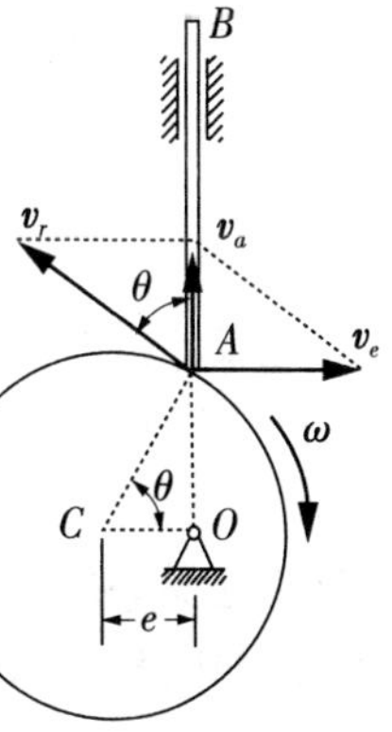

图 8-8

【解】 (1) 选择动点和动系：当凸轮作定轴转动时，杆 AB 作铅直方向的平移，所以其上各点的速度相同。由于杆上的 A 点与凸轮轮缘有相对运动，故取 A 点为动点，动系固结于凸轮，定系固结于地面。

(2) 分析三种运动和三个速度：绝对运动：动点 A 相对于地面的运动，是沿铅垂方向的直线运动。故 A 点绝对速度 $\boldsymbol{v}_a$ 的方向沿铅垂方向，指向向上，大小待求。

相对运动：动点 A 相对于动系的运动，即相对于圆盘的运动。因为运动时杆上的 A 点与凸轮轮缘保持接触，所以动点 A 在凸轮上的运动轨迹与凸轮轮缘

形状相同。因此，相对速度$\boldsymbol{v}_r$的方向沿凸轮曲线在A点的切线，指向于凸轮转动的方向相反，其大小未知。

牵连运动：凸轮相对于地面的定轴转动。在图示位置，凸轮上与动点A相重合的点转动的速度就是动点A的牵连速度$\boldsymbol{v}_e$，其方向垂直于半径OA，指向凸轮转动的一方，其大小为$v_e=\omega\cdot OA=\omega\sqrt{r^2-e^2}$

(3) 根据速度合成定理求未知量。由式(8-1)$\boldsymbol{v}_a=\boldsymbol{v}_e+\boldsymbol{v}_r$可知，式中3个速度矢量，包括大小和方向共有6个要素，现只有$\boldsymbol{v}_a$和$\boldsymbol{v}_r$的大小未知，故可作速度平行四边形如图8-8所示。由几何关系可求得动点A在图示位置的速度，即杆AB的速度为$v_a=v_e\tan\theta=\omega\cdot OA\cdot\dfrac{OC}{OA}=\omega e$

从上面两个例子可以看出，应用速度合成定理求解点的速度时，还需注意以下两点：

(1) 各种运动的速度都有大小和方向两个要素，三个速度共有六个要素，只有知道其中四个要素时才能作出速度平行四边形。

(2) 作速度平行四边形时，要使绝对速度成为其对角线，并利用速度平行四边形的几何关系求出未知量。

8.3 牵连运动为平动时点的加速度合成定理

在点的合成运动中，速度合成定理和牵连运动的形式无关，而加速度合成定理却和牵连运动的形式有关。这一节将研究牵连运动为平动时点的加速度合成定理。

与定义点的速度类似，定义：动点相对于定系运动的加速度称为动点的绝对加速度，用$\boldsymbol{a}_a$表示；动点相对于动系运动的加速度称为动点的相对加速度，用$\boldsymbol{a}_r$表示；在某一瞬时，动参考系上与动点相重合的那一点(即牵连点)的加速度称为动点在该瞬时的牵连加速度，用$\boldsymbol{a}_e$表示。

设动点沿曲线运动，而曲线又随动系平动，为简便起见，使动系和定系的对应坐标轴相互平行，如图8-9所示。设在瞬时t，动点M在动系中的坐标为(x',y',z')，在定系和动系中的矢径分别为$\boldsymbol{r}$和$\boldsymbol{r}'$，动系原点O'相对于动系原点O的矢径为$\boldsymbol{r}'_O$。有关系式

$$\boldsymbol{r}=\boldsymbol{r}'_O+\boldsymbol{r}'=\boldsymbol{r}'_O+x'\boldsymbol{i}'+y'\boldsymbol{j}'+z'\boldsymbol{k}' \quad \text{(a)}$$

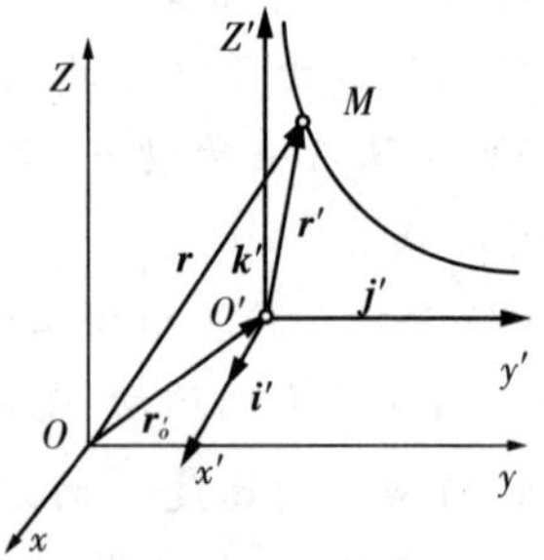

图 8-9

由于动系 $O'x'y'z'$ 作平动，故动系各轴向的单位矢量为常矢量。

式(a) 在定系中对时间 t 求二阶导数，有

$$\boldsymbol{a}_a=\frac{\mathrm{d}^2\boldsymbol{r}}{\mathrm{d}t^2}=\frac{\mathrm{d}^2\boldsymbol{r}'_O}{\mathrm{d}t^2}+\frac{\mathrm{d}^2x'}{\mathrm{d}t^2}\boldsymbol{i}'+\frac{\mathrm{d}^2y'}{\mathrm{d}t^2}\boldsymbol{j}'+\frac{\mathrm{d}^2z'}{\mathrm{d}t^2}\boldsymbol{k}'$$

其中，$\dfrac{\mathrm{d}^2\boldsymbol{r}'_O}{\mathrm{d}t^2}=\boldsymbol{a}'_O$ 为动系原点 O' 相对于定系运动的加速度。由于动系作平动，在瞬时 t 动点 M 的牵连加速度 $\boldsymbol{a}_e-\boldsymbol{a}'_O$。

动点的相对加速度为　$\boldsymbol{a}_r=\dfrac{\mathrm{d}^2x'}{\mathrm{d}t^2}\boldsymbol{i}'+\dfrac{\mathrm{d}^2y'}{\mathrm{d}t^2}\boldsymbol{j}'+\dfrac{\mathrm{d}^2z'}{\mathrm{d}t^2}\boldsymbol{k}'$

则有

$$\boldsymbol{a}_a=\boldsymbol{a}_e+\boldsymbol{a}_r \tag{8-3}$$

即，当牵连运动为平动时，动点的绝对加速度等于它的牵连加速度和相对加速度的矢量和。称牵连运动为平动时点的加速度合成定理。

【例 8-3】　如图 8-10 所示的曲柄滑道机构，已知曲柄 OA 绕 O 轴以匀角速 ω 转动，滑道 BCD 的圆弧轨道的半径 $R=OA$，求当曲柄 OA 与水平线之间夹 φ 时，滑道 BCD 的速度和加速度。

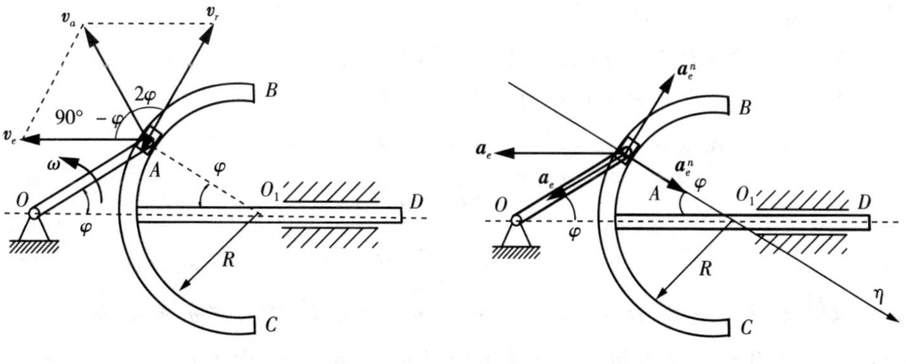

(a)　　　　(b)

图 8-10

【解】　(1) 选择动点和动系：曲柄 OA 绕 O 轴转动时，通过滑块 A 带动滑道 BCD 作水平直线平动。由于滑块 A 与滑道 BCD 的圆弧轨道有相对运动，故取滑块 A 为动点，动系固结于滑道 BCD，定系固结于地面。

(2) 分析三种运动和三个速度：绝对运动：动点 A 相对于地面的运动，是绕

O 轴的匀速圆周转动。故动点 A 的绝对速度$\boldsymbol{v}_a$，方向垂直于半径 OA，其大小为

$$v_a = R\omega$$

相对运动：动点 A 相对于滑道 BCD 的圆弧轨道的运动，其相对运动轨迹为圆弧 BC。于是，动点 A 的相对速度$\boldsymbol{v}_r$，方向垂直于半径 O_1A，大小未知。

牵连运动：滑道 BCD 相对于地面的直线平动。在图示位置，滑道 BCD 直线平动的速度即为动点 A 的牵连速度$\boldsymbol{v}_e$，方向水平向左，大小未知。

(3) 根据速度合成定理求未知量。由式(8-1) $\boldsymbol{v}_a = \boldsymbol{v}_e + \boldsymbol{v}_r$ 可知，式中 3 个速度矢量，包括大小和方向共 6 个要素，现只有$\boldsymbol{v}_e$ 和$\boldsymbol{v}_r$ 的大小未知，故可作速度平行四边形如图 8-10a 所示。分析几何关系，可求得动点 A 在图示位置的相对速度$\boldsymbol{v}_r$ 的大小为

$$v_r = v_a = R\omega$$

牵连速度$\boldsymbol{v}_e$ 的大小为

$$v_e = 2v_a\sin\varphi = 2R\omega\sin\varphi$$

(4) 分析三个加速度：由三种运动的分析可知，动点 A 的绝对加速度$\boldsymbol{a}_a$ 等于其法向加速度，方向沿半径 OA，指向 O 轴，其大小为

$$a_a = a_a^n = R\omega^2$$

由于动点 A 的相对运动轨迹为圆弧，所以，动点 A 的相对加速度$\boldsymbol{a}_r$ 可分解为切向加速度$\boldsymbol{a}_r^\tau$ 和法向加速度$\boldsymbol{a}_r^n$，设$\boldsymbol{a}_r^\tau$ 方向如图 8-10b 所示，大小未知；$\boldsymbol{a}_r^n$ 指向 O_1 点，大小为 $a_r^n = \dfrac{v_r^2}{R} = R\omega^2$

在图示位置，滑道 BCD 上与动点 A 相重合的点平动的加速度，就是动点 A 的牵连加速度$\boldsymbol{a}_e$，设其方向水平向左，大小未知。

(5) 根据加速度合成定理求未知量：由于牵连运动为平动，可得

$$\boldsymbol{a}_a = \boldsymbol{a}_e + \boldsymbol{a}_r$$

或

$$\boldsymbol{a}_a = \boldsymbol{a}_e + \boldsymbol{a}_r^\tau + \boldsymbol{a}_r^n \tag{a}$$

其中，4 个加速度矢量，包括大小和方向共有 8 个要素，现只有$\boldsymbol{a}_e$ 和$\boldsymbol{a}_r^\tau$ 的大小未知，故(a) 式可解。画出加速度矢量图如图 8-18b 所示，由于$\boldsymbol{a}_r^\tau$ 与求解问题无关，故选 η 轴与$\boldsymbol{a}_r^\tau$ 垂直，将(a) 式向 η 轴投影，由合矢量投影定理得

$$-a_a\cos2\varphi = -a_e\cos\varphi + a_r^n$$

解之得

$$a_e = \frac{a_r^n + a_a\cos2\varphi}{\cos\varphi} = 2R\omega^2\cos^2\varphi$$

其中，a_e 为正，表示滑道 BCD 在该位置时的加速度方向与图中假设的方向一致。

【例 8-4】 如图 8-11 所示的平底顶杆凸轮机构，偏心凸轮绕 O 轴转动，从而使顶杆 AB 沿导轨上下移动，O 轴位于顶杆轴线上。工作时顶杆的平底始终接触凸轮表面。该凸轮半径为 R，偏心距 $OC=e$，凸轮绕 O 轴转动的角速度为 ω，角加速度为 α。求 OC 与水平线夹 φ 角时顶杆的速度和加速度。

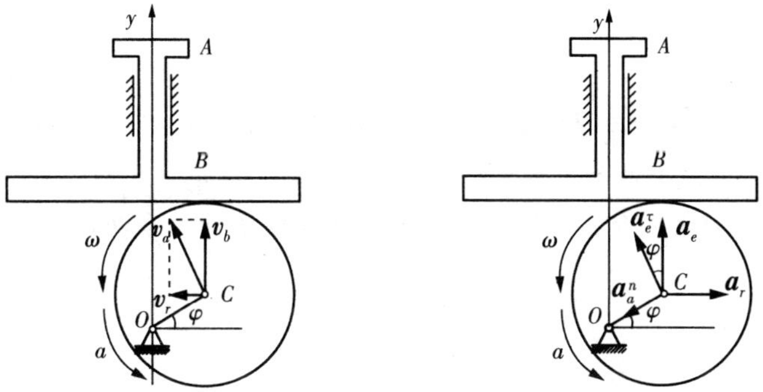

(a)　(b)

图 8-11

【解】 (1) 选择动点和动系：偏心轮绕 O 轴转动时，顶杆 AB 沿 y 轴上下平动。在该机构中，偏心凸轮和顶杆的接触点对于两物体来说，都不是确定的点。如取一物体上的瞬时接触点为动点，另一个物体为动系，则相对轨迹较难判断。注意到偏心凸轮轮心 C 到顶杆底边的垂直距离保持不变，因而可取轮心 C 为动点，动系固结于顶杆 AB，定系固结于地面。

(2) 分析三种运动和三个速度。

绝对运动：动点 C 相对于地面的运动，是绕 O 轴的匀变速圆周转动。故动点 C 的绝对速度 $\boldsymbol{v}_a$，方向垂直于半径 OC，如图 8-11a 所示，其大小为

$$v_a = e\omega$$

相对运动：动点 C 相对于动系的运动，即相对于顶杆 AB 的运动。因顶杆 AB 为平底，且 C 点到杆底边的垂直距离不变，故动点 C 的相对轨迹应与顶杆 AB 的底边平行，即为水平直线。可以看出，动点 C 的相对速度 $\boldsymbol{v}_r$ 的方向水平向左，大小未知。

牵连运动：顶杆 AB 相对于地面的运动，是沿 y 轴方向的直线平动。动点 C 在图示位置的牵连速度 $\boldsymbol{v}_e$，就是顶杆 AB 在该瞬时向上的直线平动速度，其大小未知。

(3) 根据速度合成定理求未知量。由式(8-1) $\boldsymbol{v}_a=\boldsymbol{v}_e+\boldsymbol{v}_r$ 可知，3 个速度矢量，包括大小和方向共有 6 个要素，现只有 $\boldsymbol{v}_r$ 和 $\boldsymbol{v}_e$ 的大小未知，故可作速度平行四边形如图 8-11a 所示。分析几何关系，可求得动点 C 在图示位置的牵连速度

$\boldsymbol{v}_e$ 的大小为 $v_e = v_a\cos\varphi = e\omega\cos\varphi$

(4) 分析三个加速度：由三种运动的分析可知，动点 C 的绝对加速度 $\boldsymbol{a}_a$ 可分解为切向加速度 $\boldsymbol{a}_a^\tau$ 和法向加速度 $\boldsymbol{a}_a^n$，方向如图 8－11b 所示，其大小分别为

$$a_a^\tau = e\alpha \quad a_a^n = e\omega^2$$

动点 C 的相对轨迹为水平直线，故设其相对加速度 $\boldsymbol{a}_r$ 沿水平向右，其大小未知。

动点 C 的牵连加速度 $\boldsymbol{a}_e$，就是导杆 AB 在该瞬时直线平动的加速度，设其方向铅直向上，而大小未知。

(5) 根据加速度合成定理求未知量由于牵连运动为平动，可得

$$a_a = a_e + a_r$$

或

$$a_a^\tau + a_a^n = a_e + a_r$$

其中，只有 $\boldsymbol{a}_e$ 和 $\boldsymbol{a}_r$ 的大小未知，故上式可解。画出加速度矢量图。由于 $\boldsymbol{a}_r$ 与所求的问题无关，故选 y 轴与 $\boldsymbol{a}_r$ 垂直，将上式中各矢量向 y 轴投影，由合矢量投影定理得 $a_a^\tau\cos\varphi - a_a^n\sin\varphi = a_e$

即

$$a_e = e\alpha\cos\varphi - e\omega^2\sin\varphi$$

从上式可以看出，$\boldsymbol{a}_e$ 随角度 φ 变化。当 $\varphi = 0o$ 时，$a_e > 0$，这时，其指向与图中假设的方向一致；当 $\varphi = 90o$ 时，$a_e < 0$，这时，其指向与图中假设的方向相反。

8.4 牵连运动为定轴转动时点的加速度合成定理

当牵连运动为转动时，上节得出的加速度合成定理是否还适用呢？为了回答这个问题，先分析一个简单的例子。

如图 8－12 所示，一圆盘以匀角速度 ω 绕 O 轴转动，设在半径为 r 的盘上圆槽内有一小球 M，相对于圆盘以匀速 $\boldsymbol{v}_r$ 沿圆槽作圆周运动。试分析小球的加速度。

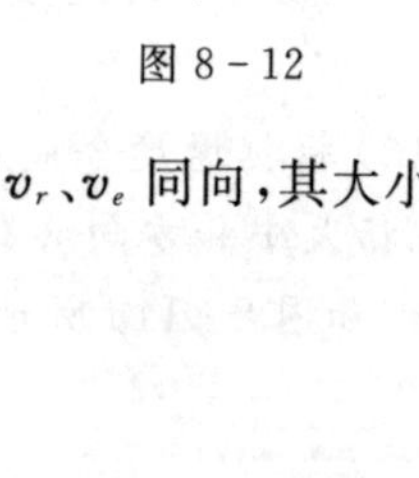

图 8－12

取小球为动点，动系固结于圆盘上，定系固结于地面上。动点的相对运动为沿圆槽的匀速圆周运动，牵连运动为定轴转动。任一瞬时，动点的牵连速度为 $v_e = r\omega$，方向与 $\boldsymbol{v}_r$ 相同。则动点的绝对速度一定与 $\boldsymbol{v}_r$、$\boldsymbol{v}_e$ 同向，其大小为

$$v_a = v_e + v_r = r\omega + v_r$$

可以看出，v_a为常数。因此，动点 M 的绝对运动是以半径为 r 的匀速圆周运动，其绝对加速度 $\boldsymbol{a}_a$ 的大小为

$$\boldsymbol{a}_a=\boldsymbol{a}_n=\frac{v_a^2}{r}=\frac{(r\omega+v_r)^2}{r}=r\omega^2+\frac{v_r^2}{r}+2\omega v_r \tag{a}$$

其中，$\boldsymbol{a}_a$ 的方向指向圆心 O。

动点 M 的相对运动和牵连运动都是绕圆盘中心的匀速圆周运动，因此，$\boldsymbol{a}_r$ 和 $\boldsymbol{a}_e$ 的方向也指向圆心 O。它们的大小分别为

$$a_r=a_r^n=\frac{v_r^2}{r} \tag{b}$$

$$a_e=a_e^n=\frac{v_a^2}{r}=r\omega^2 \tag{c}$$

比较式(a)、(b)、(c)，则有

$$a_a=a_e+a_r+2\omega v_r \tag{d}$$

式(d)中，M 点的绝对加速度 $\boldsymbol{a}_a$，不仅包含 $\boldsymbol{a}_r$ 和 $\boldsymbol{a}_e$ 外，还附加了一项 $2\omega\boldsymbol{v}_r$。

增加项，称科里奥利加速度，简称科氏加速度，用 $\boldsymbol{a}_c$ 表示：

$$a_c=2\omega v_r \tag{8-4}$$

式(d)写成

$$\boldsymbol{a}_a=\boldsymbol{a}_e+\boldsymbol{a}_r+\boldsymbol{a}_c \tag{8-5}$$

式(8-5)称牵连运动为定轴转动特点的加速度合定理。

【例 8-5】 刨床的急回机构如图 8-13 所示。曲柄 OA 以匀角速 ω 绕 O 轴转动，通过滑块 A 带动摇杆 CD 摆动。已知 $OA=r$，$OC=l$，求当 OA 水平时，摇杆 CD 的角速度和角加速度。

【解】 (1) 选择动点和动系：滑块 A 对于摇杆 CD 有相对运动，因而可取滑块 A 为动点，动系固结于摇杆 CD，定系固结于地面。

(2) 分析三种运动和三个速度：动点的绝对运动是滑块 A 以 r 为半径，绕 O 轴的匀速圆周转动，其绝对速度 $\boldsymbol{v}_a$ 垂直于半径 OA，其大小为

$$v_a=r\omega$$

动点的相对运动滑块 A 沿滑槽的直线运动，其相对速度 $\boldsymbol{v}_r$ 沿滑槽方向，大小未知。

牵连运动是摇杆 CD 绕 C 轴的摆动。在图示位置，摇杆 CD 上与 A 点重合的那一点转动的线速度，就是动点的牵连速度 $\boldsymbol{v}_e$，方向垂直于 CA，其大小未知。

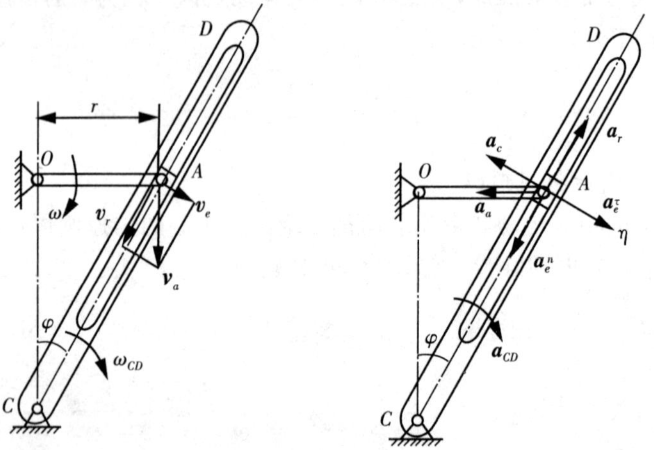

(a)　　　　　　(b)

图 8-13

(3) 根据速度合成定理求未知量：已知

$$\boldsymbol{v}_a=\boldsymbol{v}_e+\boldsymbol{v}_r$$

其中，只有$\boldsymbol{v}_r$ 和$\boldsymbol{v}_e$ 的大小未知，故可作速度平行四边形如图 8-13a 所示。分析几何关系，可求得动点 A 在图示位置的相对速度$\boldsymbol{v}_r$ 和牵连速度$\boldsymbol{v}_e$ 的大小分别为

$$v_r=v_a\cos\varphi=\frac{lr\omega}{\sqrt{r^2+l^2}}$$

$$v_e=v_a\sin\varphi=\frac{r^2\omega}{\sqrt{r^2+l^2}}$$

则摇杆 CD 的角速度为

$$\omega_{CD}=\frac{v_e}{\mathrm{CA}}=\frac{\omega r^2}{r^2+l^2}$$

(4) 分析三个加速度：曲柄 OA 匀角速转动，所以动点 A 的绝对加速度$\boldsymbol{a}_a$ 等于其法向加速度，大小已知。动点 A 的牵连加速度$\boldsymbol{a}_e$ 分解为切向加速度$\boldsymbol{a}_e^\tau$ 和法向加速度$\boldsymbol{a}_e^n$。其中，$\boldsymbol{a}_e^n$ 大小和方向已知；$\boldsymbol{a}_e^\tau$ 指向假设，大小未知。摇杆角加速度 α_{CD} 的指向是根据$\boldsymbol{a}_e^\tau$ 指向假设的。动点的相对加速度$\boldsymbol{a}_r$ 沿滑槽方向，指向假设，大小未知。由于牵连运动为转动，则有科氏加速度 $\boldsymbol{a}_c$，大小和方向已知。

各种加速度要素的分析结果见表 8-1。

表 8－1

	绝对 加速度 $\boldsymbol{a}_a$	牵连加速度 $\boldsymbol{a}_e$		相对 加速度 $\boldsymbol{a}_r$	科氏加速度 $\boldsymbol{a}_c$
		切向 加速度 $\boldsymbol{a}_e^\tau$	法向 加速度 $\boldsymbol{a}_e^n$		
加速度大小	$a_a = r\omega^2$	未知	$a_e^n = CA \cdot \omega_{CD}^2 = \dfrac{r^4\omega^2}{(r^2+l^2)^{3/2}}$	未知	$a_c = 2\omega_{CD} \cdot v_r = \dfrac{2r^3\omega^2 l}{(r^2+l^2)^{3/2}}$
加速度方向	已知	已知	已知	已知	已知

(5) 根据牵连运动为转动时加速度合成定理求未知量：

$$\boldsymbol{a}_a = \boldsymbol{a}_e + \boldsymbol{a}_r + \boldsymbol{a}_c$$

或
$$\boldsymbol{a}_a = \boldsymbol{a}_e^\tau + \boldsymbol{a}_e^n + \boldsymbol{a}_r + \boldsymbol{a}_c$$

其中，只有 $\boldsymbol{a}_e^\tau$ 和 $\boldsymbol{a}_r$ 的大小未知，故上式可解。将各加速度矢量画出，如图 8－16b 所示。由于 $\boldsymbol{a}_r$ 与所求的问题无关，故选 η 轴与 $\boldsymbol{a}_r$ 垂直，将上式中各矢量向 η 轴投影，由合矢量投影定理得

$$-a_a\cos\varphi = a_e^\tau - a_c$$

即
$$a_e^\tau = a_c - a_a\cos\varphi = \frac{rl(r^2-l^2)}{(r^2+l^2)^{3/2}}\omega^2 \tag{a}$$

摇杆 CD 的角加速度为

$$\alpha_{CD} = \frac{a_e^\tau}{CA} = \frac{rl(r^2-l^2)}{(r^2+l^2)^2}\omega^2 \tag{b}$$

本例中，若取 $r=0.1\text{m}$，$\varphi=30o$，$\omega=3\text{rad/s}$，代入(a)、(b) 式中可得

$$a_e^\tau = \frac{rl(r^2-l^2)}{(r^2+l^2)^{3/2}}\omega^2 = -0.389\text{m/s}^2$$

$$\alpha_{CD} = \frac{a_e^\tau}{CA} = -1.95\text{rad/s}^2$$

结果为负，说明 $\boldsymbol{a}_e^\tau$ 实际的指向与图中假设的方向相反，摇杆角加速度的转向与假设的方向相反。

【例 8－6】 如图 8－14 所示，直角弯杆 OBC 绕 O 轴匀角速转动，使套在其上的小环 M 沿固定直杆 OA 滑动。已知 $OB=10\text{cm}$，OB 与 BC 垂直，弯杆的角速度 $\omega=0.5\text{rad/s}$，求当 $\varphi=60o$ 时小环 M 的速度和加速度。

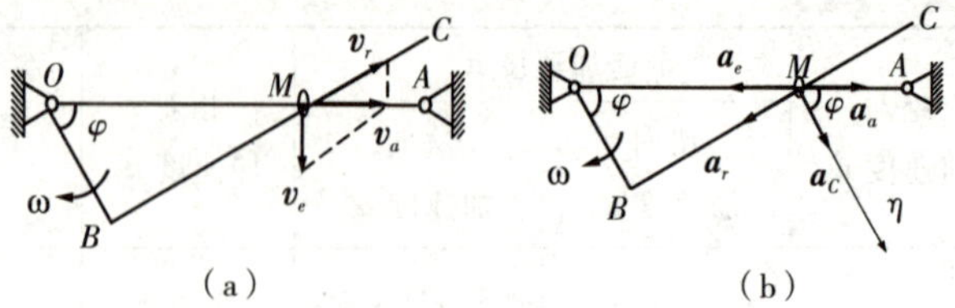

图 8-14

【解】 (1) 选择动点和动系：小环 M 对于弯杆 OBC 有相对运动，因而可取小环 M 为动点，动系固结于弯杆 OBC，定系固结于地面。

(2) 分析三种运动和三个速度：

动点的绝对运动为小环 M 沿 OA 杆的直线运动，其绝对速度 $\boldsymbol{v}_a$ 沿 OA 杆方向，大小未知。

动点的相对运动为小环 M 沿 BC 杆的直线运动，其相对速度 $\boldsymbol{v}_r$ 沿 BC 杆方向，大小未知。

牵连运动为弯杆 OBC 绕 O 轴的匀角速转动。在图示位置，弯杆 OBC 上与小环 M 相重合的那一点的速度，就是动点在该瞬时的牵连速度 $\boldsymbol{v}_e$，其方向垂直于 OM，大小为

$$v_e = OM \cdot \omega = 0.2 \times 0.5 = 0.1\text{m/s}$$

(3) 由速度合成定理：已知

$$\boldsymbol{v}_a = \boldsymbol{v}_e + \boldsymbol{v}_r$$

其中，只有 $\boldsymbol{v}_a$ 和 $\boldsymbol{v}_r$ 的大小未知，故可作速度平行四边形如图 8-14a 所示。分析几何关系，可求得动点在图示位置的绝对速度 $\boldsymbol{v}_a$ 和相对速度 $\boldsymbol{v}_r$ 的大小分别为

$$v_a = v_e \cdot \tan\varphi = 0.1 \times \tan 60° = 0.173\text{m/s}$$

$$v_r = \frac{v_e}{\cos\varphi} = \frac{0.1}{\cos 60°} = 0.2\text{m/s}$$

则

$$v_M = v_a = 0.173\text{m/s}$$

(4) 分析三个加速度：由三种运动的分析可知，动点的绝对加速度 $\boldsymbol{a}_a$ 沿 OA 杆方向，指向假设，大小未知；相对速度 $\boldsymbol{a}_r$ 沿 BC 杆方向，指向假设，大小未知；牵连加速度 $\boldsymbol{a}_e$ 等于弯杆 OBC 上与小环 M 相重合的那一点的加速度，其方向由 M 点指向 O 点，大小已知；由于牵连运动为转动，则有科氏加速度 $\boldsymbol{a}_c$，大小和方向已知。

各种加速度要素的分析结果见表 8-2。

表 8-2

	绝对加速度 $\boldsymbol{a}_a$	牵连加速度 $\boldsymbol{a}_e$	相对加速度 $\boldsymbol{a}_r$	科氏加速度 $\boldsymbol{a}_c$
加速度大小	未知	$a_e = a_n = OM \cdot \omega^2 = 0.05\text{m/s}^2$	未知	$a_c = 2\omega \cdot v_r = 2 \times 0.5 \times 0.2 = 0.2\text{m/s}^2$
加速度方向	已知	已知	已知	已知

(5) 由牵连运动为转动时加速度合成定理：已知

$$\boldsymbol{a}_a = \boldsymbol{a}_e + \boldsymbol{a}_r + \boldsymbol{a}_c$$

其中，只有 $\boldsymbol{a}_a$ 和 $\boldsymbol{a}_r$ 的大小未知，故上式可解。将各加速度矢量画出，如图 8-14b 所示。由于 $\boldsymbol{a}_r$ 与所求的问题无关，故选 η 轴与 $\boldsymbol{a}_r$ 垂直，将上式中各矢量向 η 轴投影，由合矢量投影定理得

$$a_a \cos\varphi = -a_e \cos\varphi + a_c$$

则
$$a_M = a_a = -a_e + \frac{a_c}{\cos\varphi} = -0.05 + \frac{0.2}{0.5} = 0.35\text{m/s}^2$$

从上面两例可以看出，应用加速度合成定理求解点的加速度时，其步骤与应用速度合成定理求解点的速度的步骤相似，但需注意以下几点：

(1) 根据选择的动系是否转动，确定有无科氏加速度。

(2) 各种运动的加速度都有大小和方向两个要素，须认真分析每一项，才可能正确地解决问题。尤其是所分析的问题中，点的绝对运动、相对运动和牵连运动可能是曲线运动。这种情况下，须将加速度分解为法向和切向加速度。法向加速度的方向都指向曲率中心，其大小可根据相应的速度大小和曲率半径求出；对于大小未知的切向加速度，须假设其指向，根据最后求出的结果正负，判断其实际的指向。科氏加速度的大小和方向可通过速度分析求出。

(3) 应用加速度合成定理，因为项数较多，采用解析法比较方便。即利用合矢量投影定理，将矢量式中各项投影到选定的轴上，得到投影式，可解出未知量。须注意，绝对加速度投影在等号一边，其他加速度投影在等号另一边。

思　考　题

8-1　举例说明什么是动点的绝对运动、相对运动和牵连运动？阐述这几种运动之间的关系。

8-2　牵连速度和牵连加速度的概念是什么？怎样正确分析动点的牵连速度和牵连加速度？

8-3 加速度合成定理的投影方程与静力学的平衡方程在形式上有什么不同？

8-4 设某瞬时动系上与动点 M 相重合的点为 P，那么此瞬时，动点 M 与点 P 是否有相同的绝对速度？为什么？

8-5 如图所示，A 车沿半径为 R 的圆弧道路匀速行驶，B 车沿直线道路匀速行驶，两车相距 l，试作出：(1) A 车相对 B 车的速度平行四边形；(2) B 车相对 A 车的速度平行四边形。

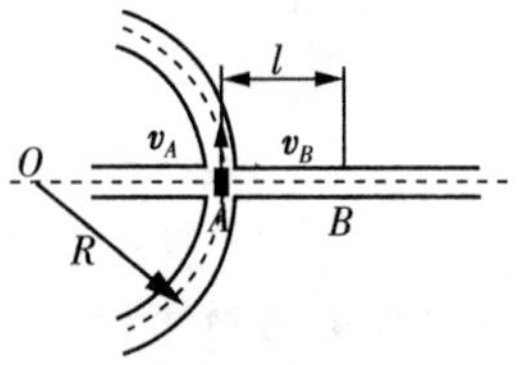

思考题 8-5 图

8-6 应用加速度合成定理时，为什么首先分析动点的速度，这给加速度的分析提供了什么信息？

8-7 点的速度合成定理 $v_a = v_e + v_r$ 对牵连运动是平动或转动都成立，将其两端对时间同时求导，得

$$\frac{\mathrm{d}v_a}{\mathrm{d}t} = \frac{\mathrm{d}v_e}{\mathrm{d}t} + \frac{\mathrm{d}v_r}{\mathrm{d}t}\text{，从而有 } a_a = a_e + a_r$$

因此此式对牵连运动是平动或转动都应该成立。

试指出上面的推导错在哪里？

8-8 科氏加速度产生的原因是什么？其大小和方向怎样确定？

8-9 如图所示，曲柄 OA 以匀角速转动。图 a 是以 OA 上的 A 点为动点，BC 为动系的；图 b 是以 BC 上的 A 点为动点，OA 为动系的。那些分析正确？为什么？

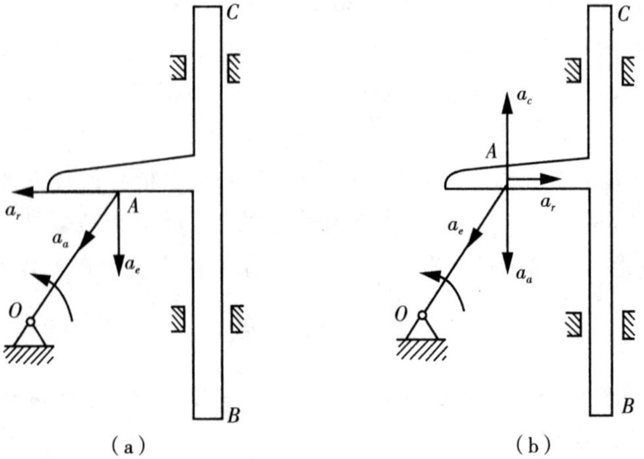

思考题 8-9 图

8-10 如下计算对吗?

$$a_{a\tau}=\frac{\mathrm{d}v_a}{\mathrm{d}t},a_{an}=\frac{v_a^2}{\rho_a}$$

$$a_{e\tau}=\frac{\mathrm{d}v_e}{\mathrm{d}t},a_{an}=\frac{v_e^2}{\rho_e}$$

$$a_{r\tau}=\frac{\mathrm{d}v_r}{\mathrm{d}t},a_{an}=\frac{v_r^2}{\rho_r}$$

其中,ρ_a、ρ_r 分别是绝对轨迹、相对轨迹上某处的曲率半径,ρ_e 为动参考系上与动点重合的那一点的轨迹在重合位置的曲率半径。

8-11 根据点的合成运动理论推导点的速度合成定理或加速度合成定理时,固定参考系是不动的,如果固定参考系本身也是运动的,如何分析这类问题?

习 题

8-1 河的两岸互相平行,如图所示。设各处河水流速均匀且不随时间变化,一船以匀速 u 由 A 点向对岸垂直行驶,经 10min 到达对岸。由于水流的影响,这时船到达 B 点的下游 C 点,C 点与 B 点相距 120m。为使船从 A 点到达对岸的 B 点,船应逆流并与 AB 成某一角度的方向行驶。在此情况下,船经 12.5min 到达对岸。求河宽 L、船对水的相对速度和水流的速度。

8-2 如图所示,水流在水轮机入口处的绝对速度为 $v_a=15\text{m/s}$,并与直径成 60° 角。工作轮的半径为 $R=2\text{m}$,转速 $n=30r/mi$。为避免水流与工作轮叶片相互冲击,叶片应恰当地安装,以使水流对工作轮的相对速度与叶片相切。求在工作轮外缘处水流对工作轮的相对速度的大小和方向。

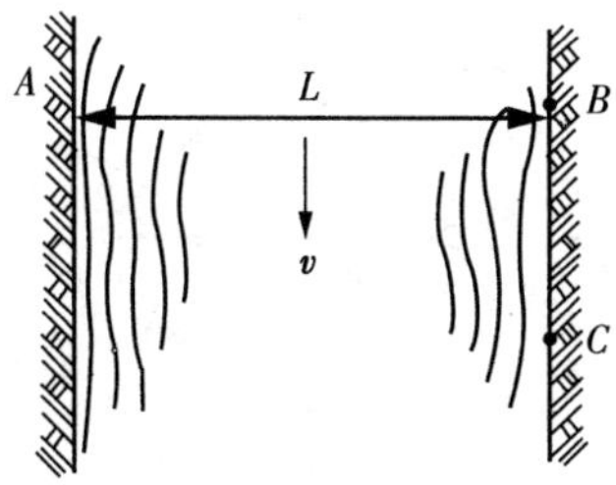

习题 8-1 图

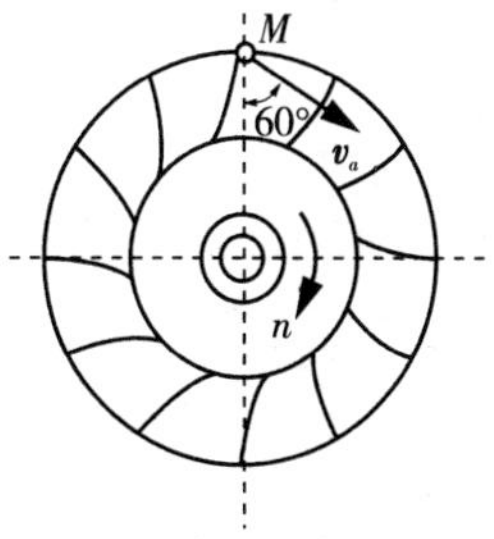

习题 8-2 图

8-3 如图所示,曲柄 OA 在瞬时以 ω_0 的角速度绕 O 轴转动,并带动直角杆 O_1BC 在图示平面内运动。若 d 为已知,求直角杆 O_1BC 的角速度。

8-4 汽阀凸轮机构如图所示,当凸轮绕 O 轴转动时,推导导杆 AB 沿铅直导槽内滑动。设凸轮以匀角速度 ω 转动，在图示位置，$OA=a$，凸轮轮缘在 A 点的法线与 OA 成 φ 角。求导杆 AB 在此瞬时的速度。

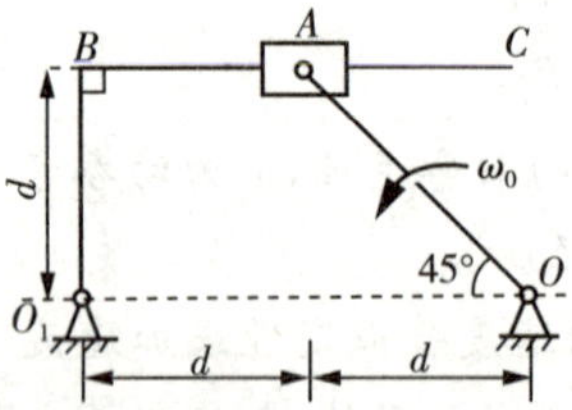

习题 8 - 3 图

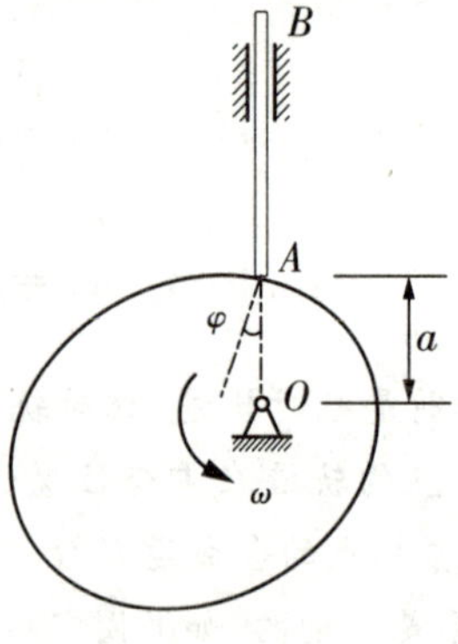

习题 8 - 4 图

8 - 5　如图所示为刨床的急回机构，曲柄 OA 的一端与滑块 A 铰接，当曲柄 OA 以匀角速 ω 绕 O 轴转动时，滑块可沿摇杆 O_1B 滑动，并带动摇杆 O_1B 绕 O_1 轴摆动。设曲柄 $OA=r$，

$OO_1=l$，求当 OA 水平时 O_1B 的角速度。

8 - 6　曲柄摇杆机构如图所示。曲柄 O_1A 以匀角速度 ω_1 绕 O_1 轴转动，已知 $O_1A=R$，$O_1O_2=b$，$OO_2=L$。求当 OA 处于水平位置时，BC 杆的速度。

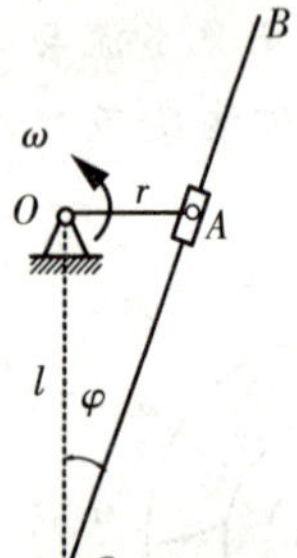

习题 8 - 5 图

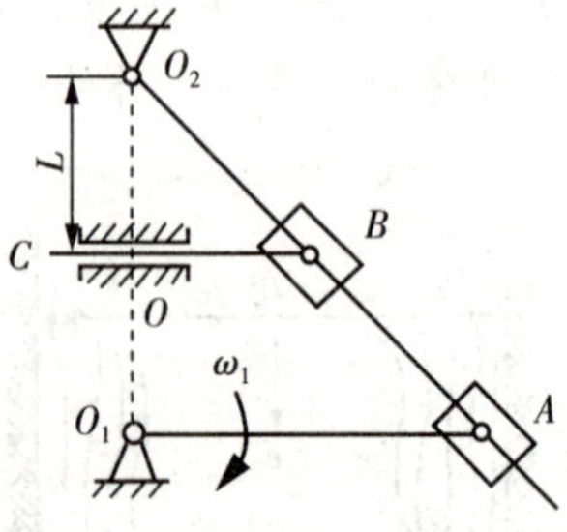

习题 8 - 6 图

8 - 7　如图所示，摇杆 OC 绕 O 轴转动，通过固定在齿条 AB 上的销子 K 带动齿条上下运动，而齿条又带动半径为 10cm 的齿轮 D 作定轴转动。如果 $l=40\text{cm}$，摇杆的角速度 $\omega=0.5\text{rad/s}$；求 $\varphi=30°$ 时齿轮的角速度。

8 - 8　如图所示，瓦特离心调速器以角速度 ω_1 绕铅直轴转动。由于机器负荷的变化，调速器重球以角速度 ω_2 向外张开。若 $\omega_1=10\text{rad/s}$，$\omega_2=1.2\text{rad/s}$，

球柄长 $l=50\text{cm}$，球柄悬挂轴之间的距离 $2e=10\text{cm}$，球柄与调速器轴夹角 $\varphi=30°$。求调速器重球的绝对速度。

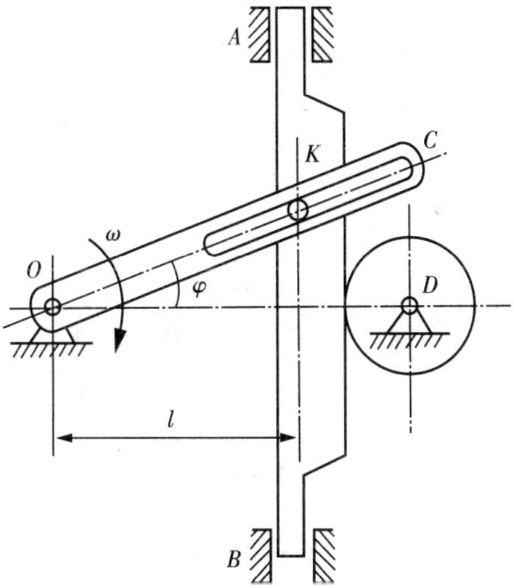

习题 8-7 图

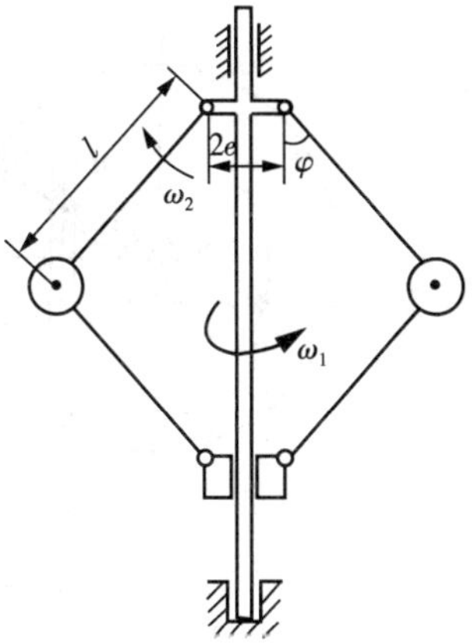

习题 8-8 图

8-9　如图所示，摇杆机构的滑杆 AB 以匀速 $\boldsymbol{u}$ 向上运动，O 点到 AB 的距离为 l。求当 $\varphi=45°$ 时，摇杆 OC 的角速度。

8-10　刨床机构如图所示，其尺寸为 $OA=R=20\text{cm}$，$l=20\sqrt{3}\,\text{cm}$，$L=40\sqrt{3}\,\text{cm}$。曲柄 OA 以角速度 $\omega=2\text{rad/s}$ 转动；求当 OA 在水平位置时，DE 杆移动的速度以及滑块 C 沿摇杆 O_1B 滑动的速度。

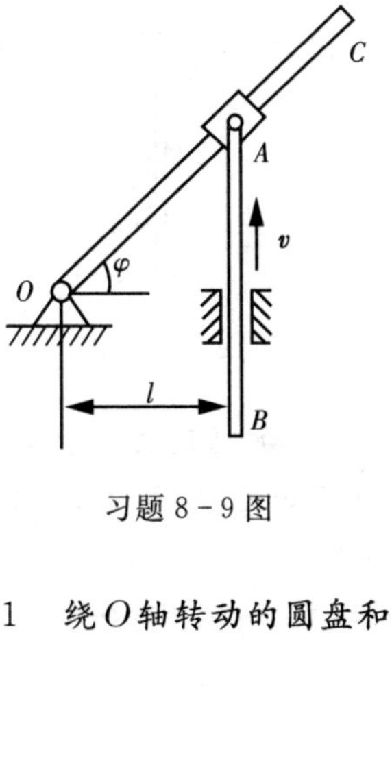

习题 8-9 图

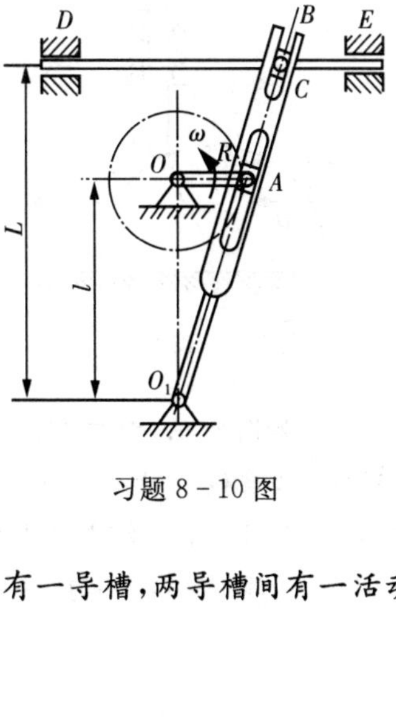

习题 8-10 图

8-11　绕 O 轴转动的圆盘和 OA 杆上均有一导槽，两导槽间有一活动的销

子 M，如图所示，$b=0.1\text{m}$。设在图示位置时，圆盘和杆的角速度分别为 $\omega_1=9\text{rad/s}$，$\omega_2=3\text{rad/s}$。求此瞬时销子 M 的速度。

8-12　水平直杆 AB 在半径为 r 的固定圆环上以匀速 $\boldsymbol{u}$ 竖直向下平移，如图所示。求套在该直杆和圆环交点处的小环 M 的速度和加速度。

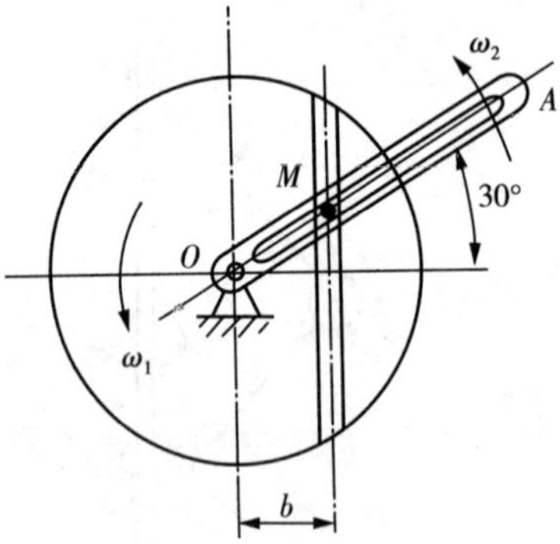

习题 8-11 图

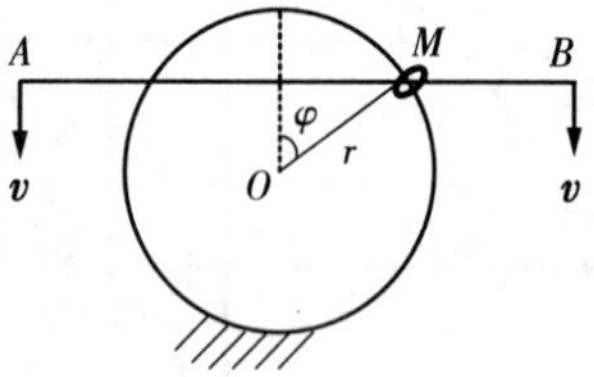

习题 8-12 图

8-13　半径为 R 的半圆形凸轮 D 沿水平方向向右运动，从而带动导杆 AB 沿铅直方向运动。在图示瞬时，凸轮平移的速度为 $v=60\text{cm/s}$，加速度 $\alpha=45\text{cm/s}^2$，$\varphi=30°$。求此瞬时导杆的速度和加速度。

8-14　图示铰接四边形机构中，$O_1A=O_2B=10\text{cm}$，又 $O_1O_2=AB$，杆 O_1A 以匀角速度 $\omega=2\text{rad/s}$ 绕 O_1 轴转动。AB 杆上有一套筒 C，并与 CD 杆铰接。机构中的各杆件都在同一平面内。求当 $\varphi=60°$ 时，CD 杆的速度和加速度。

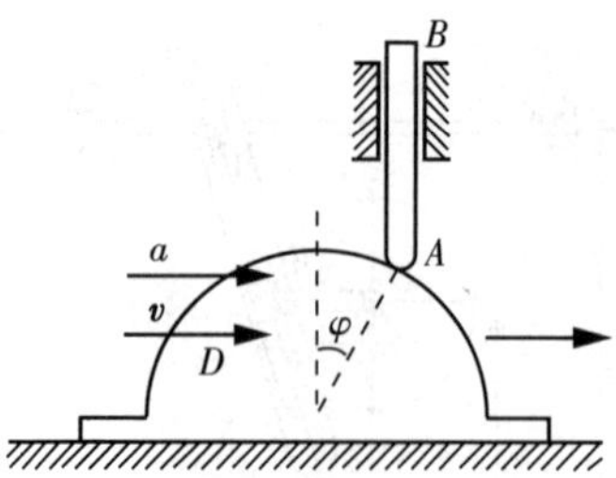

习题 8-13 图

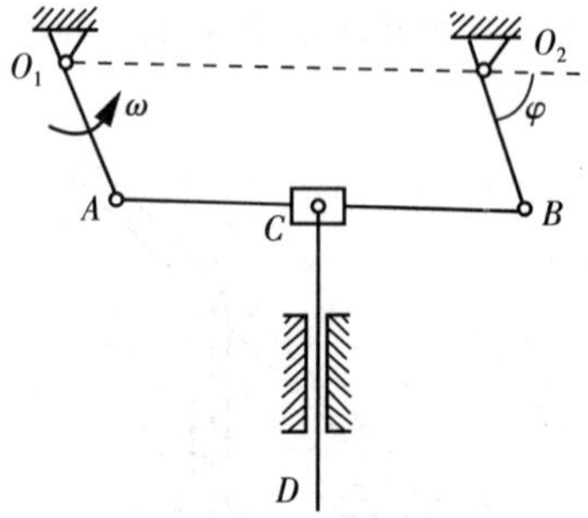

习题 8-14 图

8-15　如图所示，由于 DE 杆沿水平槽向右运动，通过固定于其上的销子 C 带动摇杆 OA 绕 O 轴转动。DE 杆从 $\theta=0°$ 静止开始运动，有向右的加速度 $\alpha=6\text{cm/s}^2$，求 OA 杆在 $t=2\text{s}$ 时的角速度和角加速度。

8-16　曲柄 OA 长 0.4m，以匀角速度 $\omega=0.5\text{rad/s}$ 绕 O 轴转动。由于曲柄

的 A 端推动水平板 B，而使滑杆 C 沿铅直方向运动。求当曲柄与水平线之间的夹角 $\varphi=30^\circ$ 时，滑杆 C 的速度和加速度。

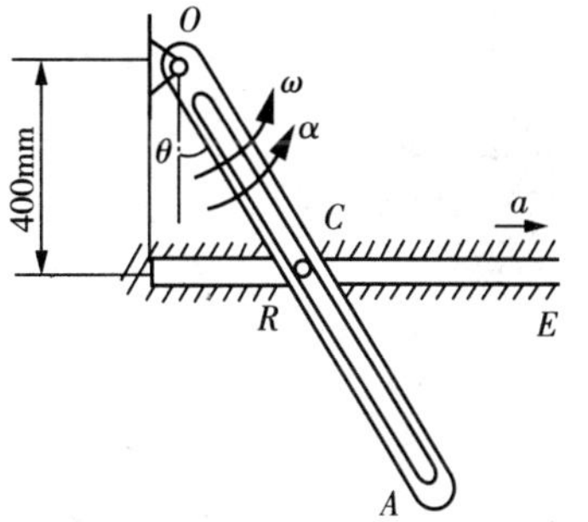

习题 8－15 图

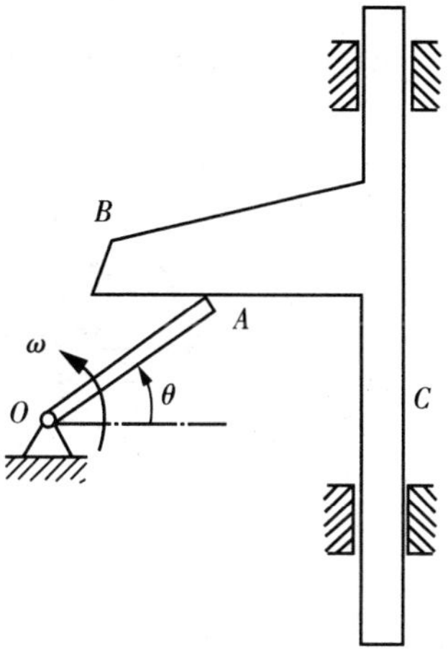

习题 8－16 图

8－17　如图所示，在 T 型杆上的两个滑块 A、B 与 AB 杆铰接。当 T 型杆绕竖直轴以 3rad/s 的角速度转动的同时，滑块 A 以 1.2m/s 的速度匀速下降；求滑块 B 的速度。

8－18　一半径为 $r=0.2\text{m}$ 的圆盘，绕垂直于图面的 A 轴转动。动点 M 以 $v_r=0.4\text{m/s}$ 沿圆盘边缘匀速运动。在图示位置，圆盘的角速度为 $\omega=2\text{rad/s}$，角加速度为 $\alpha=4\text{rad/s}^2$。求该瞬时动点 M 的绝对加速度。

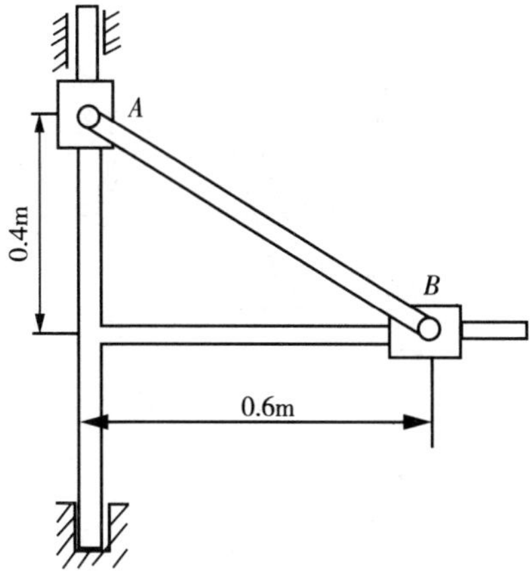

习题 8－17 图

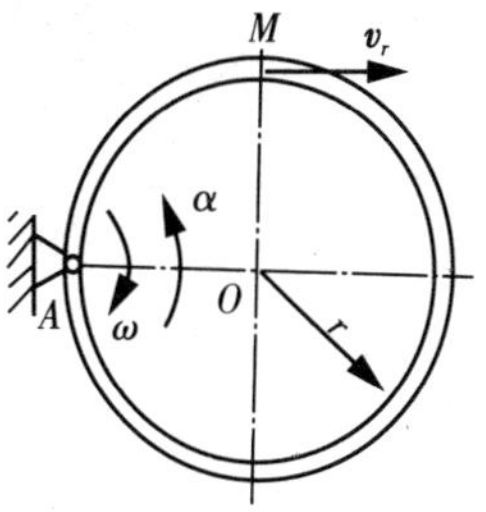

习题 8－18 图

8-19 图示机构中,圆盘以匀角速度$\omega_1=3\text{rad/s}$绕O_1轴转动,通过圆盘上的销子M_1带动于导槽AB固连的CD杆作往复直线运动。同时,CD杆上的销子M_2又带动摇杆O_2E绕O_2轴转动。已知:$r=0.2\text{m}$,$l=0.3\text{m}$,并设当$\theta=30°$时,$\varphi=30°$。求该瞬时摇杆O_2E的角速度和角加速度。

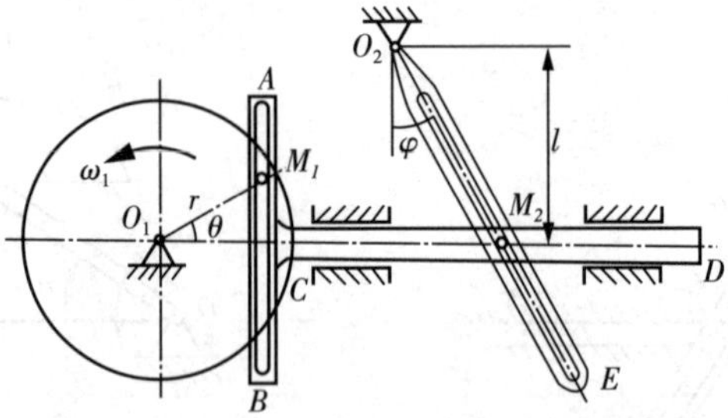

习题 8-19 图

8-20 如图所示是由两杆组成的双摆,两杆的绝对运动都是逆时针方向,AB杆有匀角速度$\omega_{AB}=3\text{rad/s}$,$BC$杆有匀角速度$\omega_{BC}=2\text{rad/s}$。求$C$点在图示位置时的速度和加速度。

8-21 如图所示为使用液压油缸打开大型窗户OA,若液压缸的活塞杆CB以恒定速度0.5m/s延伸,求窗户在开启到$\theta=30°$时的角速度和角加速度。

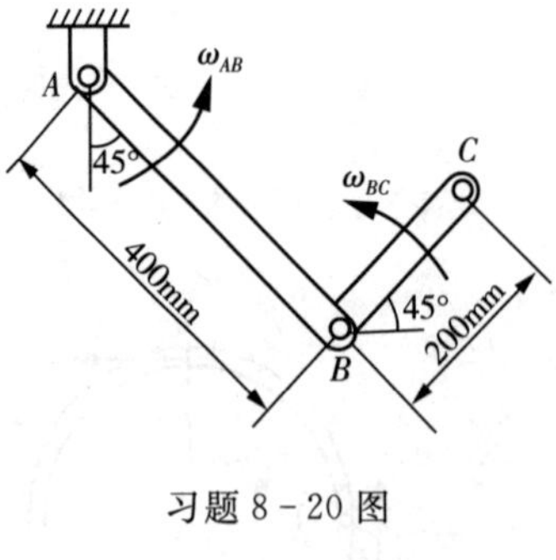

习题 8-20 图

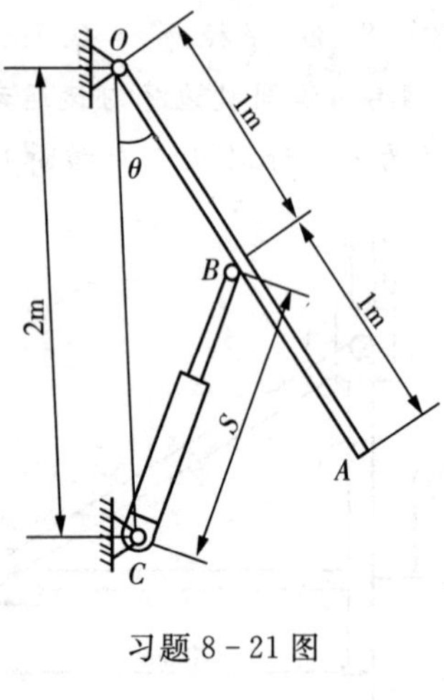

习题 8-21 图

第 9 章　刚体的平面运动

刚体的平面运动是工程中常见的一种复杂运动形式。本章以刚体的两种简单运动 —— 平动和转动理论为基础，研究刚体平面运动的简化与分解、刚体的角速度与角加速度，以及平面运动刚体上各点的速度与加速度。

9.1　刚体平面运动的概述和运动分解

工程中许多构件的运动，如曲柄连杆机构中连杆 AB 的运动(见图 9－1a)，行星齿轮机构中动齿轮 A 的运动(见图 9－1b)，以及沿直线轨道滚动的轮子等(见图 9－1b)，这些刚体的运动既不是平动也不是定轴转动，但它们有一个共同的特点：在运动中，刚体上的任意一点与某一固定平面的距离始终保持不变，这种运动称为刚体的平面运动。即刚体内各点都在平行于某一固定平面的一些平面内运动，具有这种特点的运动称为刚体的平面运动。

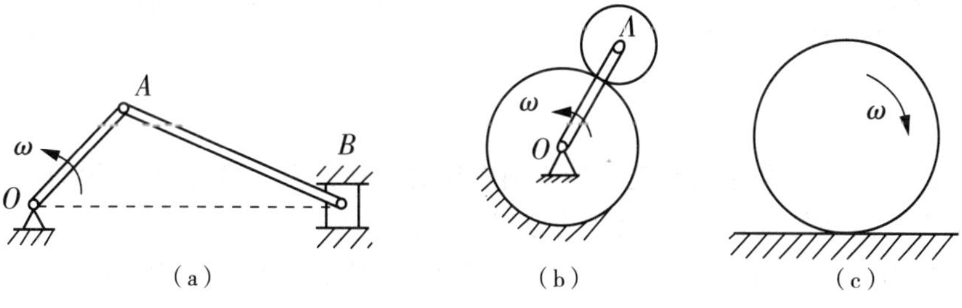

图 9－1

根据刚体平面运动的特点，可对其进行简化。

如图 9－2 所示，作平行于固定平面 Ⅰ 的平面 Ⅱ，该平面截刚体得到的截面 S，是一个平面图形。刚体运动时，平面图形 S 始终在平面 Ⅱ 内运动，即始终在其自身平面内运动。

在刚体内任取一与平面图形 S 垂直的线段 A_1A_2，它交截面于 A 点。显然，当刚体运动时，直线 A_1A_2 作平行于自身的运动，即平动。因此 A 点的运动，便可代表线段 A_1A_2 上所有各点的运动。显然，刚体内所有各点的运动，可由平面图形 S 内相应点的运动来代表，即刚体的平面运动可以简化为平面图形在其自身平面内的运动。

平面图形在其自身平面内运动时，其位置完全可由图形内任一线段 AB 的位置来确定（见图 9－3）。而线段 AB 的位置可由 A 点的两个坐标 x_A、y_A，以及线段与 x 轴的夹角 φ 来确定。当平面图形运动时，x_A、y_A 和 φ 都是时间 t 的单值连续函数，即

$$\left.\begin{aligned} x_A &= f_1(t) \\ y_A &= f_2(t) \\ \varphi &= f_3(t) \end{aligned}\right\} \qquad (9-1)$$

上式为平面图形的运动方程，也就是刚体平面运动的运动方程。若已知刚体平面运动方程，则刚体在任一瞬时的位置即可完全确定。

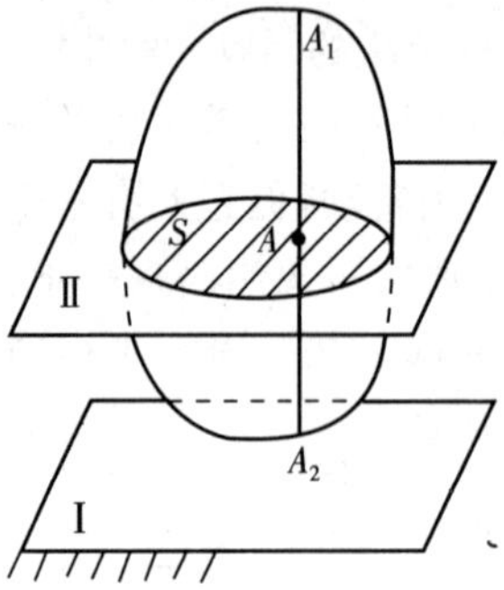

图 9－2

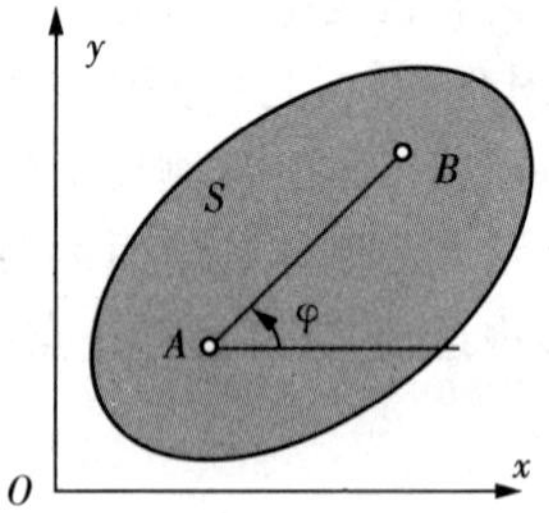

图 9－3

式(9－1)是用解析法建立的平面图形的运动方程。然而，更常用的方法是依据合成运动的概念，把平面运动分解为平移和转动。

如图 9－3 所示，图形运动时，若点 A 不动，则平面图形作定轴转动；若 φ 角不变，即线段 AB 的方位不变，则平面图形作平动。由此可见，刚体的平面运动包含着平动和转动这两种简单运动形式，或者说，刚体的平面运动可以分解成平动和转动。

进一步分析。如图 9－4 所示，在瞬时 t，线段 AB 在位置 Ⅰ，经过时间间隔 Δt 后，运动到位置 Ⅱ。在线段的 A 点假想地固定一个平移动坐标系 $Ax'y'$，称 A 点为基点。当平面图形运动时，该平移动坐标系随基点 A 作平动。则线段 AB 由位置 Ⅰ 到位置 Ⅱ 的运动，可以看成是先随固定在基点 A 的平移动坐标系平移到位置 $A'B''$，然后绕 A' 点相对于动坐标系转过角度 $\Delta\varphi_1$，然后线段 AB 到达位置 Ⅱ。也可将 B 点作为基点，这样，线段 AB 的运动，可以视为先随固定在基点 B 的平移动坐标系 $Bx''y''$ 平移到位置 $A''B'$，然后绕 B' 点相对于动坐标系转过角度 $\Delta\varphi_2$，使线段 AB 到达位置 Ⅱ。两种分解方法都不改变图形原来的运动

情况。然而,实际上平动和转动是同时进行的,只有当 Δt 取得很小时,这种分解才符合图形的运动情况。

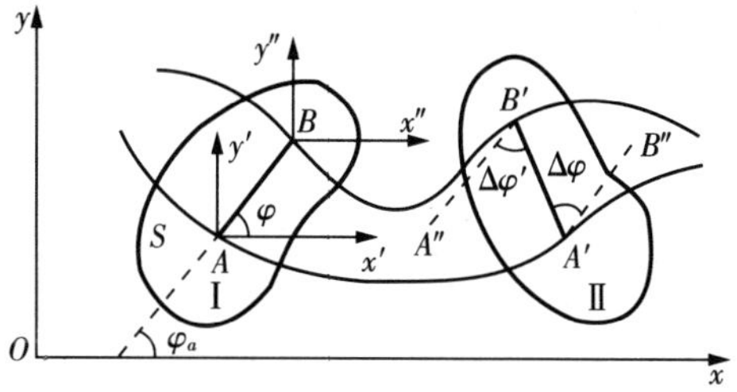

图 9-4

因此,平面图形的运动,可以看成是随同动系的平动(又称为随基点的平动)和绕基点相对于动系的转动这两种运动的合成,即平面图形的运动,可以分解为随基点的平动和绕基点的转动。

研究平面运动时,可以选择任一点作为基点。从图 9-4 中可以看出,选择不同的基点 A 或 B,则平动的位移 AA' 和 BB' 是不同的。显然,图形随 A 点或 B 点平动的速度和加速度也不相同。因此,图形的平动与基点的选择有关。但图形绕 A 点或 B 点转过的转角 $\Delta\varphi$ 和 $\Delta\varphi'$ 的大小和转向总是相同的,即 $\Delta\varphi = \Delta\varphi'$。由

$$\omega = \lim_{\Delta t \to 0} \frac{\Delta\varphi}{\Delta t} \quad \omega' = \lim_{\Delta t \to 0} \frac{\Delta\varphi'}{\Delta t}$$

和

$$\alpha = \frac{\mathrm{d}\omega}{\mathrm{d}t} \quad \alpha' = \frac{\mathrm{d}\omega'}{\mathrm{d}t}$$

可得结论:任一瞬时,图形绕平面内任意点转动的角速度和角加速度也相等。因此,平面图形的转动与基点的选择无关。

9.2　平面图形上点的速度

9.2.1　基点法

由上一节的分析可知,平面图形的运动可以分解为随基点的平动和绕基点的转动。随基点的平动是牵连运动,绕基点的转动是相对运动。所以,平面图形上任意一点的运动也是这两个运动的合成,其速度用速度合成定理分析。

如图 9-5 所示,设某一瞬时,已知平面图形的角速度 ω 和图形内 A 点的速度 $\boldsymbol{v}_A$,取 A 点为基点。则 B 点的运动可视为随基点 A 的牵连平动和绕基点 A 的

相对转动的合成运动。由速度合成定理得

$$\boldsymbol{v}_B = \boldsymbol{v}_e + \boldsymbol{v}_r \tag{a}$$

因为 B 点的牵连运动是随基点 A 的平动，所以 B 点的牵连速度 $\boldsymbol{v}_e$ 等于基点 A 的速度 $\boldsymbol{v}_A$，即

$$\boldsymbol{v}_e = \boldsymbol{v}_A \tag{b}$$

又因为 B 点的相对运动是绕基点 A 的转动，所以 B 点的相对速度就是 B 点绕 A 点转动的速度，用 $\boldsymbol{v}_{BA}$ 表示，即

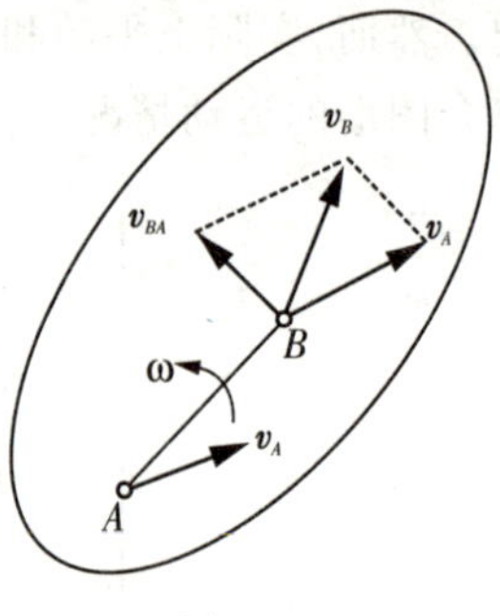

图 9－5

$$\boldsymbol{v}_r = \boldsymbol{v}_{BA} \tag{c}$$

其中，$\boldsymbol{v}_{BA}$ 的大小为 $v_{BA} = \omega \cdot AB$，AB 为 B 点绕 A 点的转动半径。$\boldsymbol{v}_{BA}$ 垂直于 AB 指向图形的转动的一方。

将(b)、(c)式代入(a)式，得

$$\boldsymbol{v}_B = \boldsymbol{v}_A + \boldsymbol{v}_{BA} \tag{9-2}$$

由此可得：平面图形上任一点的速度等于基点的速度与该点绕基点转动速度的矢量和。用点的速度合成定理来计算任一点的速度的方法称为基点法。

【例 9－1】 如图 9－6 所示的曲柄连杆机构中，已知曲柄 OA 长 0.2m，连杆 AB 长 1.0m，曲柄 OA 以匀角速度 $\omega = 10\text{rad/s}$ 绕 O 轴转动。求图示位置滑块 B 的速度和连杆 AB 的角速度。

【解】 (1) 分析运动，选择研究对象：曲柄 OA 作定轴转动，滑块 B 沿水平方向运动，连杆 AB 作平面运动，因此选择连杆 AB 为研究对象。

(2) 选择基点：由于连杆 AB 上 A 点的速度已知，故选择 A 点为基点。于是，B 点的运动，可视为随基点 A 的牵连平移和绕基点 A 的相对转动的合成运动。

(3) 用基点法求未知量：由式(9－2)得

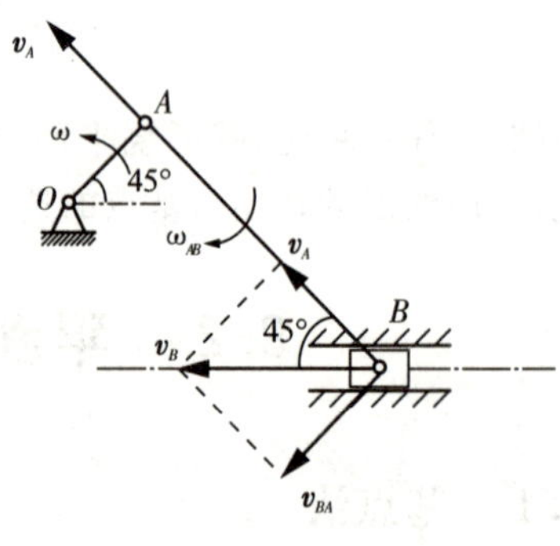

图 9－6

$$\boldsymbol{v}_B = \boldsymbol{v}_A + \boldsymbol{v}_{BA}$$

在本例中，已知 $\boldsymbol{v}_A$ 的大小为 $v_A = OA \cdot \omega = 0.2 \times 10 = 2\text{m/s}$，方向垂直于 OA。B 点的绝对速度 $\boldsymbol{v}_B$ 沿水平方向，大小待求；B 点绕 A 点转动的速度 $\boldsymbol{v}_{BA}$ 垂直于 AB 杆，大小未知。这样，可作出速度平行四边形，如图 9－6 所示。根据速度

矢量图的几何关系得

$$v_B=\frac{v_A}{\cos 45^\circ}=\sqrt{2}\,v_A=2.83\text{m/s}$$

$$v_{BA}=v_A=2\text{m/s}$$

根据$\boldsymbol{v}_{BA}$，可求出连杆 AB 的角速度为

$$\omega_{BA}=\frac{v_{BA}}{AB}=\frac{2.83}{1}\text{rad/s}=2.83\text{rad/s}$$

方向如图 9－6 所示。

【例 9－2】 如图 9－7a 所示的破碎机构中，已知曲柄 $OA=r=0.5\text{m}$，连杆 $AB=2r=1.0\text{m}$，曲柄 OA 以匀角速度$\omega=4\text{rad/s}$绕 O 轴转动。求图示位置，即$\angle ABC=90^\circ$，$\angle OCB=60^\circ$ 时，B 点的速度和 BC 杆的角速度。

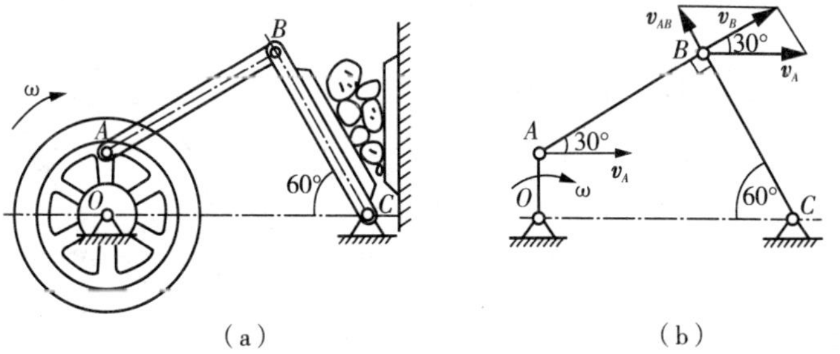

图 9－7

【解】 (1) 分析运动，选择研究对象：破碎机构简化后为一平面四连杆机构，如图 9－7b 所示。曲柄 OA 作定轴转动，BC 杆绕C 轴摆动，连杆 AB 作平面运动，因此选择连杆 AB 为研究对象。

(2) 选择基点：由于连杆 AB 上 A 点的速度已知，故选择 A 点为基点。则 B 点的运动，可视为随基点 A 的牵连平移和绕基点 A 的相对转动的合成运动。

(3) 用基点法求未知量：由式(9－2) 得

$$\boldsymbol{v}_B=\boldsymbol{v}_A+\boldsymbol{v}_{BA}$$

其中，$v_A=r\cdot\omega=0.5\times4=2\text{m/s}$，$\boldsymbol{v}_A$ 方向垂直 OA；由于 BC 杆绕定轴C 转动，故 B 点的绝对速度$\boldsymbol{v}_B$ 垂直于 BC 杆，大小待求；B 点绕 A 点转动的速度$\boldsymbol{v}_{BA}$ 垂直于连杆 AB，大小未知。

根据上面的分析作出速度平行四边形，如图 9－6 所示。由速度矢量图的几何关系得

$$v_B = v_A \cdot \cos 30° = 2 \times \frac{\sqrt{3}}{2} = 1.73 \text{m/s}$$

此瞬时，BC 杆的角速度为

$$\omega_{BC} = \frac{v_B}{BC} = \frac{1.73}{1.16} \text{rad/s} = 1.5 \text{rad/s}$$

9.2.2　速度投影定理

由基点法计算知，某一瞬时平面图形上任意两点的速度总是存在这样的关系：

$$\boldsymbol{v}_B = \boldsymbol{v}_A + \boldsymbol{v}_{BA}$$

将$\boldsymbol{v}_A$和$\boldsymbol{v}_B$所示矢量投影到直线AB上，如图9-8所示。由合矢量投影定理可得

$$(\boldsymbol{v}_B)_{AB} = (\boldsymbol{v}_A)_{AB} + (\boldsymbol{v}_{BA})_{AB}$$

因为$\boldsymbol{v}_{BA}$总是垂直于AB，所以$(\boldsymbol{v}_{BA})_{AB} = 0$，故

$$(\boldsymbol{v}_B)_{AB} = (\boldsymbol{v}_A)_{AB} \tag{9-3}$$

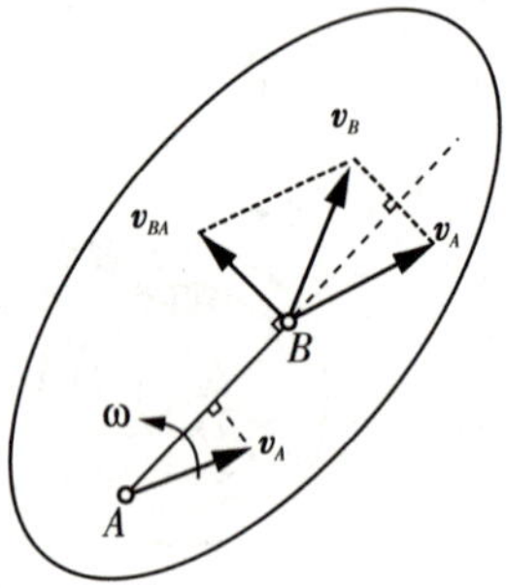

图 9-8

即，某一瞬时，平面图形上任意两点的速度在这两点连线上的投影相等，称速度投影定理。

应用速度投影定理求平面图形上任一点的速度，有时非常方便的。但由于式(9-3)中没有绕基点转动的速度$\boldsymbol{v}_{BA}$，故不能直接求解平面图形的角速度。

【例 9-3】 用速度投影定理求解例 9-1 滑块 B 的速度。

【解】 连杆AB上A、B两点速度的方向如图 9-9 所示，且$\boldsymbol{v}_A$的大小已知。由速度投影定理得

$$(\boldsymbol{v}_B)_{AB} = (\boldsymbol{v}_A)_{AB}$$

即　　$v_B \cos 45° = v_A \cos 0°$

将 $v_A = OA \cdot \omega = 0.2 \times 10 = 2\text{m/s}$ 代入上式，得

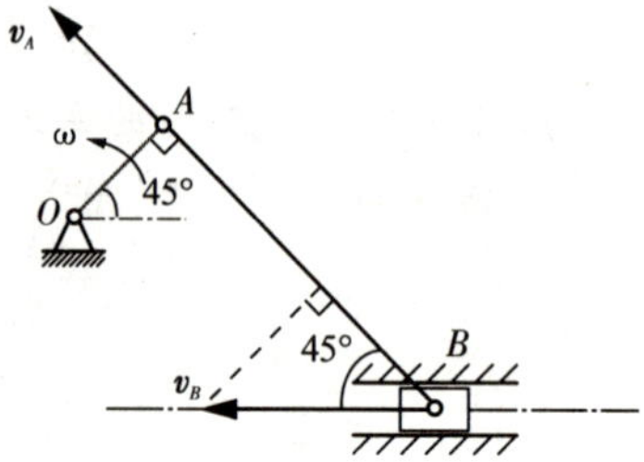

图 9-9

$$v_B = 2\sqrt{2}\ \text{m/s} = 2.83 \text{m/s}$$

9.2.3　速度瞬心法

由基点法可知,平面图形上任一点的速度等于基点的速度和该点绕基点转动的速度的矢量和。

在某一瞬时,选择不同的基点便有不同的牵连速度。因此,某一瞬时,若取平面图形上速度等于零的那个点作为基点,则该瞬时平面图形上任一点的速度就等于该点绕基点转动的速度,从而使问题得到简化。此种基点速度为零的计算方法称速度瞬心法。

平面运动中,速度在某一瞬时为零的点称速度瞬心,速度瞬心寻找原理如下:

如图 9-10 所示,A 点处$\boldsymbol{v}_A$已知,ω 已知,因此在与$\boldsymbol{v}_A$垂直的线A 上点C 处,$\boldsymbol{v}_{CA}=AC\cdot\omega$,根据速度合成法,垂线 AN 上任一点 C 的速度为

$$\boldsymbol{v}_C=\boldsymbol{v}_A+\boldsymbol{v}_{CA}$$

可以看出,$\boldsymbol{v}_A$ 与$\boldsymbol{v}_{CA}$ 反向共线。因此,在直线 AN 上一定存在一个速度为零的点。若 C 点就是该瞬时速度等于零的点,则

$$AC=\frac{v_A}{\omega}$$

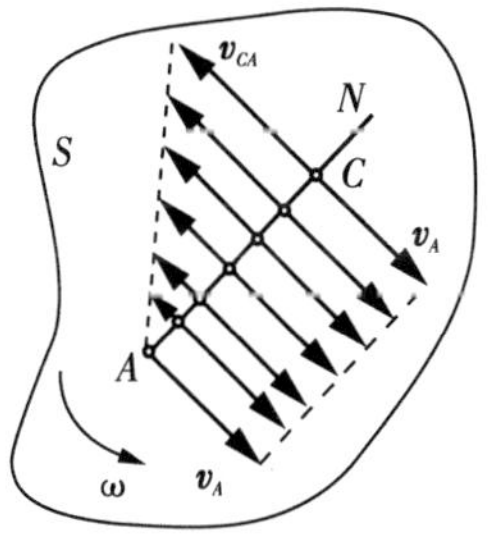

图 9-10

显然,这样的 C 点是唯一的。

在图 9-11 中,若取瞬心 C 为基点,则平面图形上 A、B、D 各点的速度可表示为

$$v_A=\omega\cdot CA,\qquad v_A\perp CA$$

$$v_B=\omega\cdot CB,\qquad v_B\perp CB$$

$$v_D=\omega\cdot CD,\qquad v_D\perp CD$$

可以看出,任一瞬时,图形内各点速度的大小与该点到速度瞬心的距离成正比,速度的方向垂直于该点到速度瞬心的连线,指向图形转动的一方。

显然,某瞬时,平面图形上各点速度的分布情况,与图形绕定轴转动时各点速度的分布情况相同见(图 9-12)。因此,任一瞬时,平面图形的运动可视为绕瞬心的瞬时转动。

必须指出:瞬心的位置随时间而改变;另外,某瞬时瞬心的速度等于零,但其加速度一般不等于零。因此,平面图形绕瞬心的瞬时转动与刚体绕定轴转动存在本质的区别。

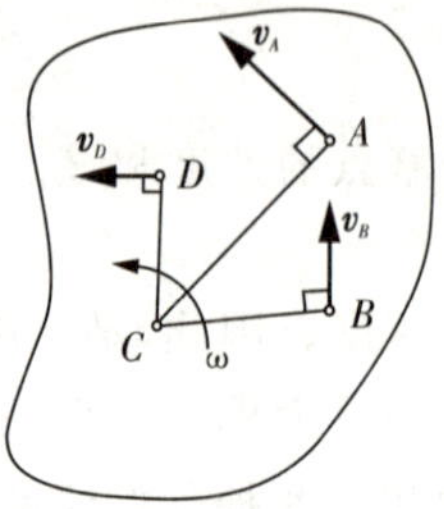

图 9-11

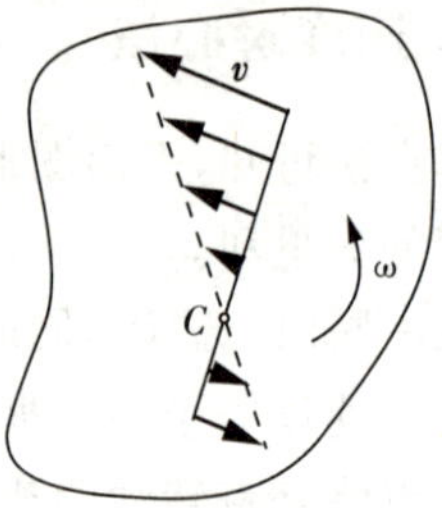

图 9-12

瞬心法应用的关键是确定瞬心的位置。下面介绍确定速度瞬心位置的几种情况：

(1) 若平面图形沿一固定表面作无滑动的滚动，则图形上与固定面接触的 C 点就是图形在该瞬时的速度瞬心。如图 9-13 所示，车轮在地面上作无滑动的滚动时，与地面接触的轮缘上 C 点即为车轮的速度瞬心。车轮在滚动过程中，轮缘上各点相继与地面接触而成为车轮在不同瞬时的速度瞬心。

(2) 已知某瞬时平面图形上 A，B 两点速度 $\boldsymbol{v}_A$、$\boldsymbol{v}_B$ 的方向，且 $\boldsymbol{v}_A$ 不平行 $\boldsymbol{v}_B$。过 A，B 两点分别作速度 $\boldsymbol{v}_A$、$\boldsymbol{v}_B$ 的垂线，交点即为平面图形在该瞬时的速度瞬心。

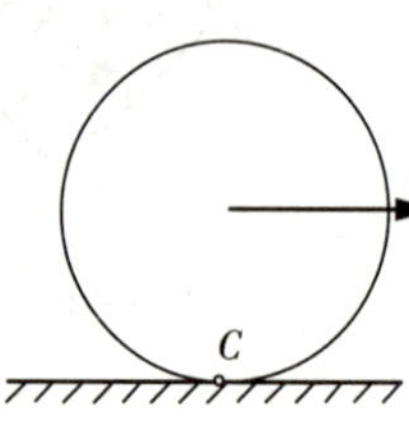

图 9-13

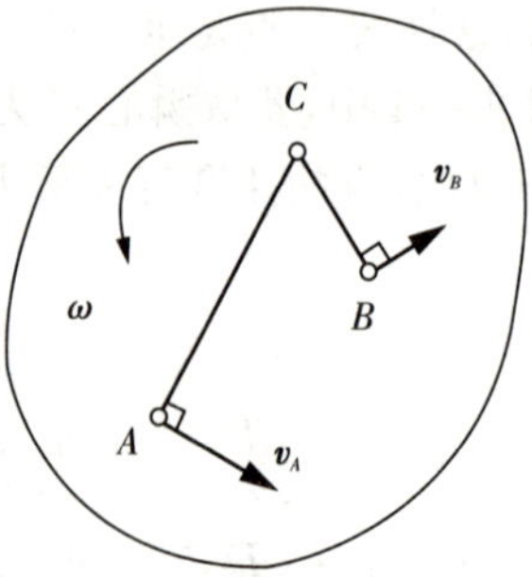

图 9-14

(3) 已知某瞬时图形上 A，B 两点速度 $\boldsymbol{v}_A$、$\boldsymbol{v}_B$ 的大小，且 $\boldsymbol{v}_A // \boldsymbol{v}_B$，$v_A \perp AB$。那么，连线 AB 与 $\boldsymbol{v}_A$ 和 $\boldsymbol{v}_B$ 矢端连线的交点就是图形在该瞬时的速度瞬心。

(4) 已知某瞬时平面图形上 A、B 两点的速度，且 $\boldsymbol{v}_A // \boldsymbol{v}_B$，$\boldsymbol{v}_A$ 和 $\boldsymbol{v}_B$ 与连线 AB 不相垂直，如图 9-16a 所示；或虽然 $\boldsymbol{v}_A$ 和 $\boldsymbol{v}_B$ 的方向与这两点的连线 AB 垂直，但 $\boldsymbol{v}_A = \boldsymbol{v}_B$，如图 9-16b 所示，则该瞬时图形的速度瞬心在无限远处，或无速度瞬心。此瞬时，图形的角速度 ω_{AB} 等于零，图形上各点的速度大小相等，方向相同，速度分布与刚体平动时相似。因此，图形的这种运动状态称为瞬时平动。

必须注意，瞬时平动只是刚体平面运动的一个瞬态。该瞬时，虽然图形的角速度为零，图形上各点的速度相等，但图形的角加速度一般不等于零，图形上各点的加速度也不相同。因此，刚体的瞬时平动与刚体的平动是两个本质不同的概念。

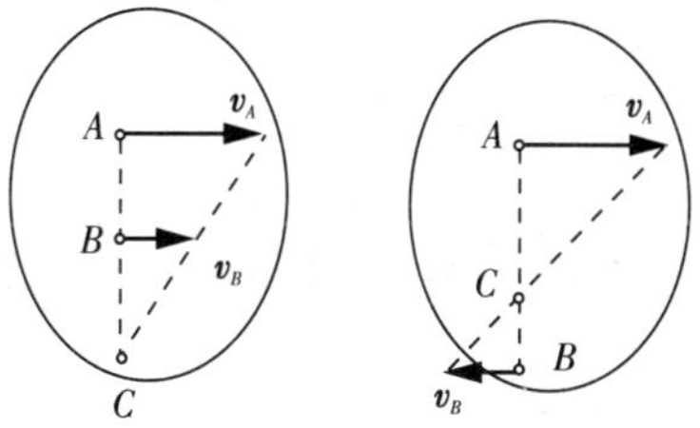

图 9－15

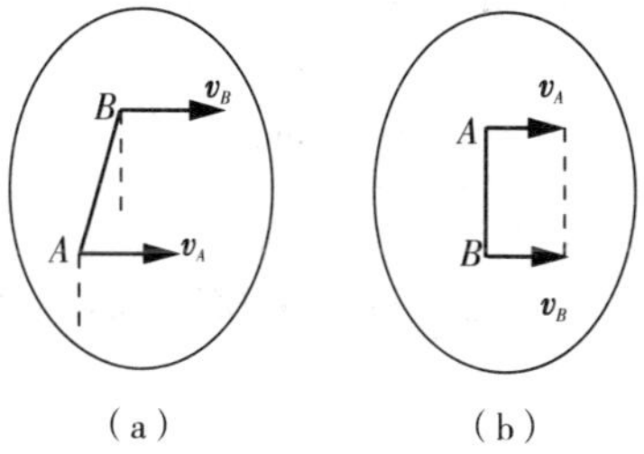

图 9－16

【例9－4】　椭圆规机构如图9－17所示。曲柄 OM 转动时，带动 AB 尺两端的滑块 A、B 在水平和铅直滑槽中运动。已知连杆 AB 的长度 $l=20\text{cm}$，滑块 A 的速度 $v_A=10\text{cm/s}$。求连杆 AB 与水平方向夹角为 $30°$ 时，滑块 B 和连杆中点 M 的速度。

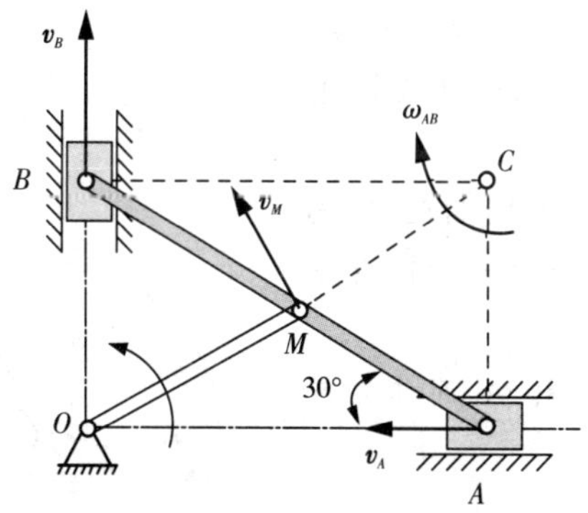

图 9－17

【解】　(1) 分析运动，选择研究对象：曲柄 OM 作定轴转动，滑块 A、B 沿水平和铅直方向运动，连杆 AB 作平面运动，因此选择连杆 AB 为研究对象。

(2) 确定连杆 AB 的瞬心：连杆 AB 上 A、B 点速度的方向已知，即分别沿水平和铅直方向。故通过 A、B 两点分别作 v_A、v_B 的垂线，则这两条垂线的交点 C 就是连杆 AB 在该瞬时的速度瞬心。

(3) 由瞬心法求未知量：设连杆的角速度为 ω_{AB}，因平面运动可视为绕瞬心的瞬时转动，故

$$v_A = \omega_{AB} \cdot AC$$

$$v_B = \omega_{AB} \cdot BC$$

$$v_M = \omega_{AB} \cdot MC$$

已知$v_A = 10\text{cm/s}$，从而得

$$\omega_{AB} = \frac{v_A}{AC} = \frac{v_A}{l\sin 30^\circ} = \frac{10 \times 2}{20} = 1.0\text{rad/s}$$

$$v_B = \omega_{AB} \cdot BC = \omega_{AB} \cdot l\cos 30^\circ = 1 \times 20 \times \frac{\sqrt{3}}{2} = 10\sqrt{3}\,\text{cm/s}$$

$$v_M = \omega_{AB} \cdot MC = \omega_{AB} \cdot \frac{l}{2} = 1 \times \frac{20}{2} = 10\text{cm/s}$$

对本例中滑块 B 的速度，同学们可尝试用其他两种方法来分析。

【例 9-5】 如图 9-18 所示，行星轮系机构中，曲柄 OA 以角速度ω_0绕 O 轴转动。其端点 A 铰接一半径为 r_2 的齿轮 Ⅱ，齿轮 Ⅱ 与固定在 O 轴上的齿轮 Ⅰ 啮合，齿轮 I 半径为 r_1。求齿轮 Ⅱ 的角速度 ω 及轮上 B、C 两点的速度。

【解】 (1) 分析运动，选择研究对象：齿轮 Ⅰ 固定，曲柄 OA 作定轴转动，齿轮 Ⅱ 作平面运动。因此选择齿轮 Ⅱ 为研究对象。

(2) 由瞬心法求未知量：齿轮 Ⅱ 与固定齿轮 I 的啮合点 D 点就是齿轮 Ⅱ 的瞬心。

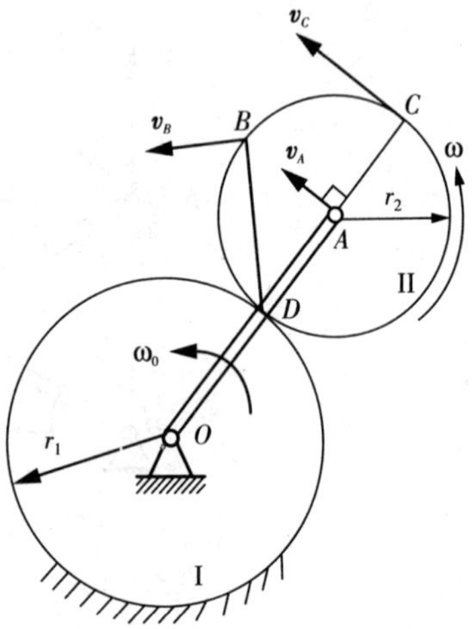

图 9-18

由曲柄 OA 的定轴转动，可求齿轮 Ⅱ 上 A 点的速度为

$$v_A = \omega_0 \cdot OA = \omega_0(r_1 + r_2)$$

因为 D 点为齿轮 Ⅱ 的瞬心，故齿轮 Ⅱ 的角速度为

$$\omega = \frac{v_A}{r_2} = \omega_0 \cdot \frac{r_1 + r_2}{r_2}$$

于是，B、C 两点的速度分别为

$$v_B = \omega \cdot BD = \omega_0 \cdot \frac{r_1 + r_2}{r_2} \cdot \sqrt{2}\,r_2 = \sqrt{2}\,\omega_0(r_1 + r_2)$$

$$v_C = \omega \cdot CD = \omega_0 \cdot \frac{r_1 + r_2}{r_2} \cdot 2r_2 = 2\omega_0 (r_1 + r_2)$$

$\boldsymbol{v}_B$ 垂直于 BD，$\boldsymbol{v}_C$ 垂直于 CD。

综上所述，对于平面运动刚体上点的速度，可用三种方法进行求解。

(1) 基点法是一种基本方法，可以求解图形上任一点的速度或图形的角速度，作图时必须保证所求点的速度为平行四边形的对角线；

(2) 若已知平面图形上两个点速度的方向，以及其中一点速度的大小时，用速度投影定理可方便地求得另一点速度的大小，但不能直接求出图形的角速度；

(3) 速度瞬心法既可求解平面图形的角速度，也可求解其上任一点的速度，是一种直观、方便的方法。

9.3　平面图形上点的加速度

根据平面运动的分解理论可知，平面图形上任一点的运动是由随基点的牵连平移和绕基点的相对转动的合成运动。因此，平面图形上任一点的加速度也可用加速度合成定理求出。

如图 9-19 所示，设某瞬时平面图形上 A 点的加速度为 $\boldsymbol{a}_A$，图形的角速度、角加速度分别为 ω 和 α。取 A 点为基点，则平面图形上任一点 B 的运动可以看成是随同基点 A 的牵连平动与绕基点 A 的相对转动的合成运动。

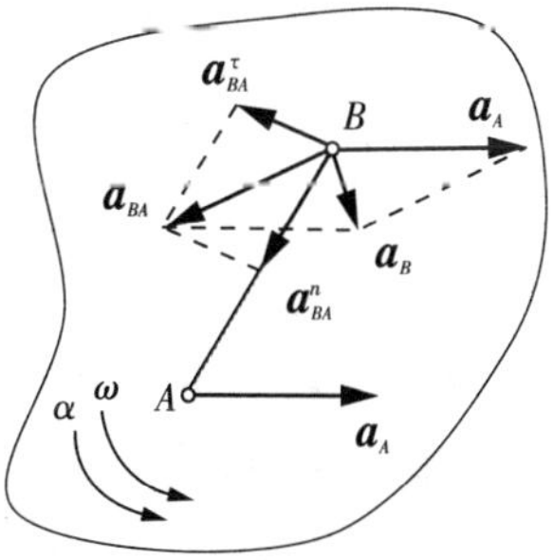

图 9-19

由于牵连运动是随同基点 A 的平动，所以 B 点的牵连加速度就等于基点 A 的加速度 $\boldsymbol{a}_A$；而点 B 的相对加速度就是点 B 随同图形绕基点 A 转动的加速度，用 $\boldsymbol{a}_{BA}$ 表示。根据牵连运动为平移时的加速度合成定理，有

$$\boldsymbol{a}_B = \boldsymbol{a}_A + \boldsymbol{a}_{BA} \tag{9-6}$$

因 B 点的相对轨迹是以 A 为圆心，AB 为半径的圆弧，所以上式中的相对加速度 $\boldsymbol{a}_{BA}$ 又可分解为相对切向加速度 $\boldsymbol{a}_{BA}^{\tau}$ 和相对法向加速度 $\boldsymbol{a}_{BA}^{n}$。则式(9-6)可表示为

$$\boldsymbol{a}_B = \boldsymbol{a}_A + \boldsymbol{a}_{BA}^{\tau} + \boldsymbol{a}_{BA}^{n} \tag{9-7}$$

即，任一瞬时，平面图形上任一点的加速度等于基点的加速度与该点随图形绕

基点转动的切向加速度和法向加速度的矢量和，此法称平面运动的加速度合成法，也称为基点法。

式(9－7)中，相对切向加速度 $\boldsymbol{a}_{BA}^{\tau}$ 的大小为 $a_{BA}^{\tau}=\alpha\cdot AB$，方向与 AB 垂直并指向 α 的转向；相对法向加速度 $\boldsymbol{a}_{BA}^{n}$ 的大小为 $a_{BA}^{n}=\omega^{2}\cdot AB$，指向基点 A。

式(9－7)是一平面矢量方程式，通常将此式向两个相交的坐标轴投影，得到两个代数方程式，可以求解两个未知量。

【例9－6】 平面四连杆机构如图9－20a所示。如果曲柄 AB 以等角速度 $\omega=1\text{rad/s}$ 绕 A 轴转动，求 C 点的加速度。(长度单位：mm)

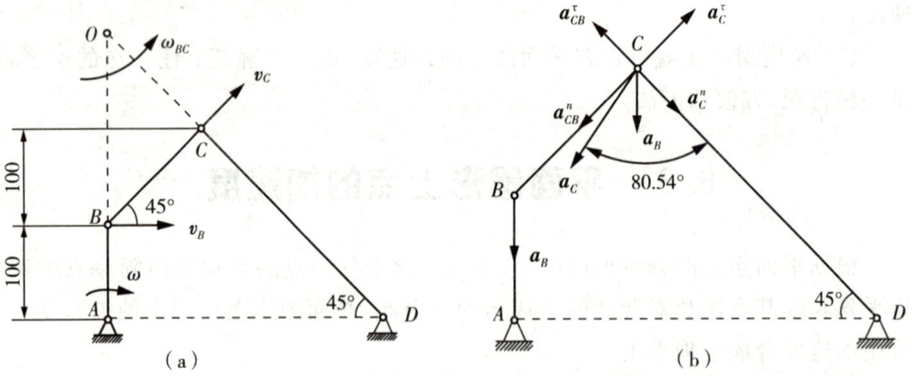

图9－20

【解】 (1) 分析运动，选择研究对象：机构中曲柄 AB 和杆 CD 作定轴转动，连杆 BC 作平面运动。因此选择连杆 BC 为研究对象。

(2) 由瞬心法求连杆 BC 的 ω_{BC} 及 C 点的速度 $\boldsymbol{v}_C$：由于 B、C 两点的运动轨迹为圆周，故可确定 $\boldsymbol{v}_B$ 和 $\boldsymbol{v}_C$ 的方向，过 B、C 点分别作 $\boldsymbol{v}_B$ 和 $\boldsymbol{v}_C$ 的垂线，其交点 O 即为该瞬时连杆 BC 的速度瞬心。由几何关系知：

$$OB=200\,\text{mm},\ BC=OC=100\sqrt{2}\,\text{mm},\ CD=200\sqrt{2}\,\text{mm}$$

于是，连杆 BC 的 ω_{BC} 及 C 点的速度 $\boldsymbol{v}_C$ 分别为

$$\omega_{BC}=\frac{v_B}{OB}=\frac{\omega\cdot AB}{OB}=0.5\text{rad/s}$$

$$v_C=\omega_{BC}\cdot OC=50\sqrt{2}\,\text{mm/s}$$

(3) 根据加速度合成法求 C 点的加速度 $\boldsymbol{a}_C$：

取 B 点为基点，则 C 点的加速度为

$$\boldsymbol{a}_C=\boldsymbol{a}_B+\boldsymbol{a}_{CB}^{\tau}+\boldsymbol{a}_{CB}^{n}$$

又 C 点的加速度 $\boldsymbol{a}_C$ 可分解为切向加速度 $\boldsymbol{a}_C^{\tau}$ 和法向加速度 $\boldsymbol{a}_C^{n}$。这样，上式又可表示为

$$\boldsymbol{a}_C^{\tau} + \boldsymbol{a}_C^{n} = \boldsymbol{a}_B + \boldsymbol{a}_{CB}^{\tau} + \boldsymbol{a}_{CB}^{n}$$

上式中各加速度矢量要素的分析情况见表 9－1。

表 9－1

	C点的切向加速度 $\boldsymbol{a}_C^{\tau}$	C点的法向加速度 $\boldsymbol{a}_C^{n}$	基点 B 的加速度 $\boldsymbol{a}_B$	C点相对基点 B 的切向加速度 $\boldsymbol{a}_{CB}^{\tau}$	C点相对基点 B 的法向加速度 $\boldsymbol{a}_{CB}^{n}$
加速度大小	未知	$a_C^n = \dfrac{v_C^2}{CD} = 17.68\mathrm{mm/s^2}$	$a_B = a_B^n = AB \cdot \omega^2 = 100\mathrm{mm/s^2}$	未知	$a_{CB}^n = BC \cdot \omega_{BC}^2 = 25\sqrt{2}\,\mathrm{mm/s^2}$
加速度方向	已知	已知	已知	已知	已知

由分析可以看出，只有两个未知要素，故可解。各加速度矢量如图所示，根据和矢量投影定理，将各加速度矢量向 BC 方向投影，得：

$$a_C^{\tau} = -a_{CB}^{n} - a_B^{n}\cos 45^{\circ} = -25\sqrt{2} - 100 \cdot \cos 45^{\circ} = -106.07\mathrm{mm/s^2}$$

负值表示 C 点的切向加速度 $\boldsymbol{a}_C^{\tau}$ 的实际方向与假设的方向相反。

于是，C 点的切向加速度 $\boldsymbol{a}_C$ 为

$$a_C = \sqrt{(a_C^{\tau})^2 + (a_C^{n})^2} = 107.5\mathrm{mm/s^2}$$

$$\theta = \arctan\left|\frac{a_C^{\tau}}{a_C^{n}}\right| = 80.54^{\circ}$$

9.4　运动学综合应用举例

工程中的机构都是由若干个物体组成的，各物体间通过连接点传递运动。为分析机构的运动，首先分析机构中各物体作什么运动，然后计算有关连接点的速度和加速度。

分析某一点的运动时，如能找到其位置与时间的函数关系，则可直接建立

运动方程，用解析法求其运动全过程的速度和加速度。如难以建立点的运动方程或只对机构某些瞬时位置的运动参数感兴趣时，可根据刚体的运动形式，确定此刚体的运动与其上某一点运动的关系。

平面运动理论用来分析平面运动刚体上两个不同点间的速度和加速度关系。当两个刚体相接触且有相对滑动时，则需用合成运动理论分析这两个不同刚体上相重合点的速度和加速度关系。

分析复杂机构的运动时，可能同时有平面运动和点的合成运动问题，应注意分别分析、综合应用有关理论。有时同一问题可能有多种分析方法，应经过分析、比较后，选择较简便的方法求解。

下面通过几个例题说明这些方法的综合应用。

【例 9-7】 如图 9-21a 所示的曲柄连杆机构中，曲柄 OA 绕 O 轴以匀角速度 $\omega=10\text{rad/s}$ 转动，从而带动 AD 杆运动。已知 $OA=r=5\text{cm}$，$AB=BD=l=10\text{cm}$。当曲柄在铅直位置，滑道与水平成 60° 夹角时，求此瞬时摇杆 O_1D 的角速度和角加速度。

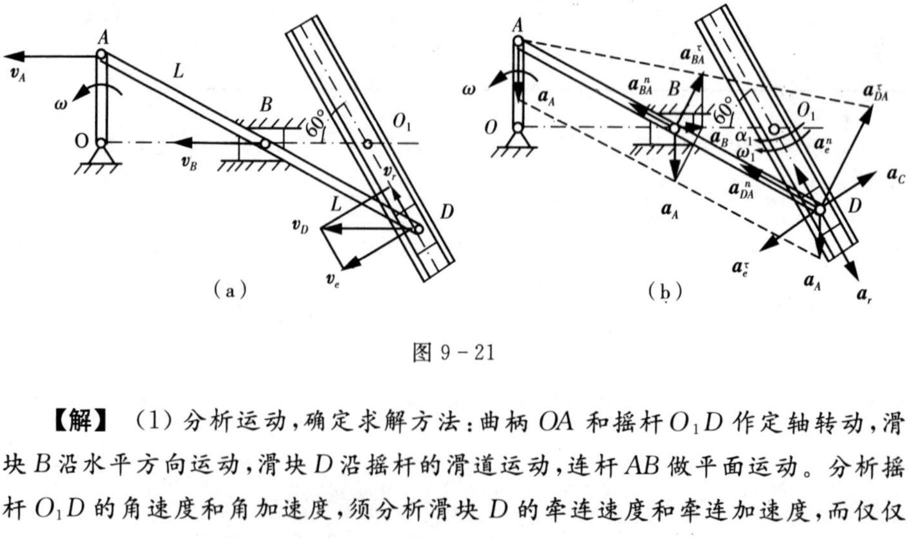

图 9-21

【解】 (1) 分析运动，确定求解方法：曲柄 OA 和摇杆 O_1D 作定轴转动，滑块 B 沿水平方向运动，滑块 D 沿摇杆的滑道运动，连杆 AB 做平面运动。分析摇杆 O_1D 的角速度和角加速度，须分析滑块 D 的牵连速度和牵连加速度，而仅仅根据点的合成理论，问题不能得到求解，还须同时考虑应用平面运动理论来求解问题。本例中，首先选连杆 AB 为研究对象，应用平面运动理论分析 D 点的速度和加速度。然后以滑块 D 为动点，应用合成运动理论分析摇杆 O_1D 的角速度和角加速度。

(2) 根据刚体平面运动理论求 D 点的速度和加速度：v_A 和 v_B 如图 9-21a 所示，由于 v_A 和 v_B 方向相同，且与连杆 AB 不垂直，故连杆 AB 作瞬时平移。则此瞬时，$\omega_{AB}=0$，D 点的速度为

$$v_D = v_A = v_B = \omega \cdot OA = 50\text{cm/s}$$

应用平面运动理论分析 D 点的加速度时，须先求连杆 AB 的角加速度。故可通过分析 B 点的加速度，求得连杆 AB 的角加速度。

以 A 点为基点，B 点的加速度分析如图 9－21b 所示，即

$$\boldsymbol{a}_B = \boldsymbol{a}_A + \boldsymbol{a}_{BA}^{\tau} + \boldsymbol{a}_{BA}^{n} \tag{a}$$

其中，$a_A = \omega^2 \cdot OA$，$a_{BA}^n = \omega_{AB}^2 \cdot AB = 0$

将(a) 式向 $\boldsymbol{a}_A$ 方向投影，得

$$a_{BA}^{\tau} = \frac{2}{\sqrt{3}} a_A \quad ,\alpha_{AB} = \frac{a_{BA}^{\tau}}{AB} = \frac{\omega^2}{\sqrt{3}}$$

以 A 点为基点，D 点的加速度分析如图 9－21b 所示，即

$$\boldsymbol{a}_D = \boldsymbol{a}_A + \boldsymbol{a}_{DA}^{\tau} + \boldsymbol{a}_{DA}^{n} \tag{b}$$

其中，$\boldsymbol{a}_d$ 的大小和方向未知，$a_{DA}^{\tau} = AD \cdot \alpha_{AB}$，$\boldsymbol{a}_{DA}^{n} = 0$。

(3) 根据点的合成运动理论求摇杆 O_1D 的角速度和角加速度：由于滑块 D 和摇杆 O_1D 之间有相对运动，故可取滑块 D 为动点，动系固结于摇杆 O_1D。动点 D 的速度分析如图 9－21a 所示，有

$$\boldsymbol{v}_D = \boldsymbol{v}_a = \boldsymbol{v}_e + \boldsymbol{v}_r$$

根据速度矢量图的几何关系，可得

$$v_r = v_a \cos 60° = 25\text{cm/s}$$

$$v_e = v_a \sin 60° = 25\sqrt{3}\,\text{cm/s}$$

又

$$O_1D = \frac{OA}{\cos 30^0} = \frac{5}{\frac{\sqrt{3}}{2}} = \frac{10}{\sqrt{3}}\text{cm}$$

则摇杆 O_1D 的角速度 ω_1 为

$$\omega_1 = \frac{v_e}{O_1D} = \frac{25\sqrt{3}}{10/\sqrt{3}} = 7.5\text{rad/s}$$

动点 D 的加速度分析如图 9－21b 所示，有

$$\boldsymbol{a}_a = \boldsymbol{a}_e^{\tau} + \boldsymbol{a}_e^{n} + \boldsymbol{a}_r + \boldsymbol{a}_c \tag{c}$$

其中，$a_e^n = \omega_1^2 \cdot O_1D$，$a_c = 2\omega_1 \cdot v_r$

(b)、(c) 式为 D 点加速度的不同表达式，故应相等，则

$$\boldsymbol{a}_A + \boldsymbol{a}_{DA}^{\tau} + \boldsymbol{a}_{DA}^{n} = \boldsymbol{a}_e^{\tau} + \boldsymbol{a}_e^{n} + \boldsymbol{a}_r + \boldsymbol{a}_c \tag{d}$$

其中，只有 $\boldsymbol{a}_e^{\tau}$、$\boldsymbol{a}_r$ 的大小未知，故可解。将(d) 式向 $\boldsymbol{a}_e^{\tau}$ 方向投影，得

$$a_A \cos 60° - a_{DA}^{\tau} \cos 30° = a_e^{\tau} - a_c$$

$$a_e^{\tau} = a_c + \frac{a_A}{2} - \frac{\sqrt{3}}{2} a_{DA}^{\tau}$$

则摇杆 O_1D 的角加速度 α_1 为

$$\alpha_1 = \frac{a_e^{\tau}}{O_1D} = \frac{a_c + \dfrac{a_A}{2} - \dfrac{\sqrt{3}}{2} a_{DA}^{\tau}}{O_1D} = \frac{2\omega_1 v_r + \dfrac{a_A}{2} - \dfrac{\sqrt{3}}{2} AD \cdot \alpha_{AB}}{O_1D}$$

$$= \left[2 \times 7.5 \times 0.25 + \frac{0.05 \times 10^2}{2} - \frac{\sqrt{3}}{2} \times 0.2 \times \frac{10^2}{\sqrt{3}}\right] \sqrt{3} / 10 \times 10^{-2}$$

$$= -123.4 \text{rad/s}^2$$

结果为负，说明摇杆 O_1D 角加速度 α_1 假设的转向与实际的转向相反。

【例 9-8】 如图 9-22a 所示，已知 $AB = l = 0.4$m，v_A 恒为 0.2m/s，当 AB 杆与水平线之间夹角为 30° 时，$AC = BC$。求 CD 杆在图示瞬时的速度和加速度。

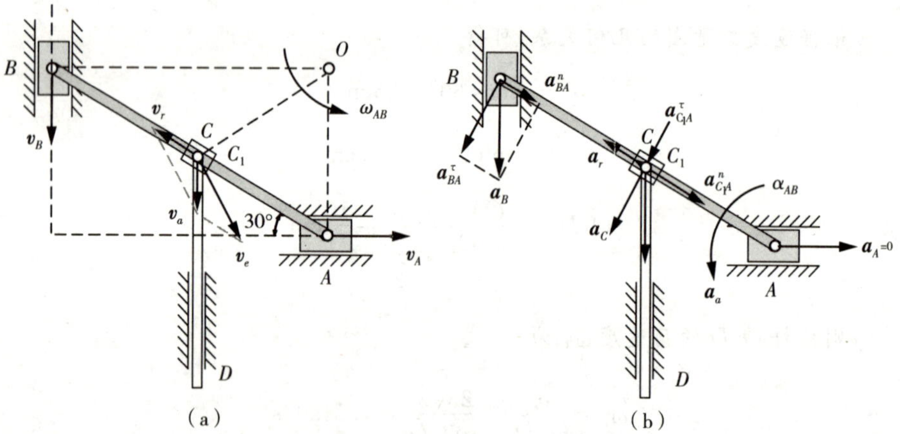

图 9-22

【解】 (1) 分析运动：曲柄 OA 和摇杆 O_1D 作定轴转动，滑块 A、B 分别沿水平和铅直滑道运动，通过套管 C 带动 CD 杆作平移，连杆 AB 作平面运动，并与套管 C 之间有相对运动。由于 CD 杆作平移，故该瞬时，套管 C 的速度和加速度就是 CD 杆的速度和加速度。

(2) 根据刚体平面运动理论求 AB 杆上与套管 C 重合的 C_1 点(图中未画出)的速度：$\boldsymbol{v}_A$ 和 $\boldsymbol{v}_B$ 如图 9-22a 所示，图中 O 点为连杆 AB 的瞬心，故 AB 杆的角速度 ω_{AB} 为

$$\omega_{AB}=\frac{v_A}{OA}=\frac{0.2}{0.2}=1.0\text{rad/s}$$

则 AB 杆上与套管 C 重合的 C_1 点的速度 $\boldsymbol{v}_{C1}$ 垂直于 OC，其大小为

$$v_{C1}=\omega_{AB}\cdot OC=0.2\text{m/s}=v_A$$

分析套管 C 的加速度，须先分析 AB 杆上与套管 C 重合的 C_1 点的加速度，而分析 C_1 点的加速度，需要知道 AB 杆的角加速度，为此须首先分析 B 点的加速度。以 A 点为基点，B 点的加速度分析如图 9-22b 所示，即

$$\boldsymbol{a}_B=\boldsymbol{a}_A+\boldsymbol{a}_{BA}^{\tau}+\boldsymbol{a}_{BA}^{n} \tag{a}$$

其中，$a_A=0$，$a_{BA}^n=l\omega_{AB}^2=0.4\text{m/s}^2$

将(a) 式向垂直于 $\boldsymbol{a}_B$ 的方向投影，得

$$0=a_{BA}^{\tau}\cos 60°-a_{BA}^{n}\cos 30°$$

解得
$$a_{BA}^{\tau}=\sqrt{3}\,l\omega_{AB}^2,\ \alpha_{AB}=\frac{a_{BA}^{\tau}}{l}=\frac{\sqrt{3}\,l\omega_{AB}^2}{l}=\sqrt{3}\,\text{rad/s}$$

以 A 点为基点，AB 杆上与套管 C 重合的 C_1 点的加速度 $\boldsymbol{a}_{C1}$ 分析如图 9-22b 所示，即

$$\boldsymbol{a}_{C1}=\boldsymbol{a}_A+\boldsymbol{a}_{C1A}^{\tau}+\boldsymbol{a}_{C1A}^{n} \tag{b}$$

其中，$a_{C1A}^{\tau}=AC\cdot\alpha_{AB}$，$a_{C1A}^{n}=AC\cdot\omega_{AB}^2$。

(3) 根据点的合成运动理论求摇杆 O_1D 的角速度和角加速度：

由于套管 C 和 AB 杆之间有相对运动，故可取套管 C 为动点，动系固结于 AB 杆。动点 C 的速度分析如图 9-22a 所示，有

$$\boldsymbol{v}_a=\boldsymbol{v}_e+\boldsymbol{v}_r$$

其中，$\boldsymbol{v}_e$ 为动点 C 的牵连速度，即 C_1 点的速度，故 $\boldsymbol{v}_e=\boldsymbol{v}_{C1}$，其大小为 $v_e=0.2\text{m/s}$。由几何关系可得套管 C 在图示瞬时的速度为

$$v_a=v_r=\frac{v_e}{2\cos 30°}=\frac{v_e}{\sqrt{3}}=\frac{1}{5\sqrt{3}}\text{m/s}$$

动点 C 的加速度分析如图 9-22b 所示，有

$$\boldsymbol{a}_a = \boldsymbol{a}_e + \boldsymbol{a}_r + \boldsymbol{a}_c \tag{c}$$

其中，$\boldsymbol{a}_e$ 为动点 C 的牵连加速度，即 C_1 点的加速度。根据上面的分析，可知 $\boldsymbol{a}_e = \boldsymbol{a}_{C1}$。将($b$) 式代入($c$) 式，动点 C 的加速度为

$$\boldsymbol{a}_a = \boldsymbol{a}_A + \boldsymbol{a}_{C1A}^{\tau} + \boldsymbol{a}_{C1A}^{n} + \boldsymbol{a}_r + \boldsymbol{a}_C \tag{d}$$

其中，只有 $\boldsymbol{a}_a$ 和 $\boldsymbol{a}_r$ 的大小未知，故可解。将(d) 式向 $\boldsymbol{a}_C$ 投影，得

$$a_a \cos 30° = a_{C1A}^{\tau} + a_C$$

$$a_a = \frac{\frac{l}{2}\alpha_{AB} + 2\omega_{AB} v_r}{\cos 30°} = \frac{\frac{0.4}{2} \times \sqrt{3} + 2 \times 1 \times \frac{1}{5\sqrt{3}}}{\cos 30°} = \frac{2}{3}\,\text{m/s}^2$$

【例 9-9】 如图 9-23c 所示的平面机构中，AC 杆在导轨中以匀速 $\boldsymbol{v}$ 平移，通过铰链 A 带动 AB 杆沿套管 O 运动，套管 O 与 AC 杆的距离为 l。图示瞬时 AB 杆与 AC 杆夹角为 $\varphi = 60°$，求此瞬时 AB 杆的角速度和角加速度。

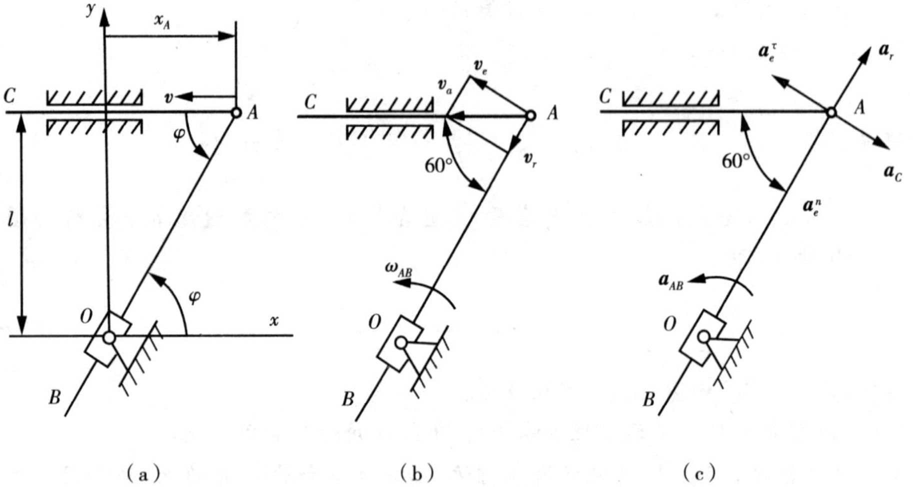

图 9-23

【解】 方法 1：

以 A 点为动点，动系固结于套管 O 上。动点 A 的绝对运动为沿 AC 方向的匀速直线运动，相对运动为动点 A 沿套管的运动，牵连运动为套管 O 的定轴转动。动点 A 的速度矢量如图 9-23a 所示，有

$$\boldsymbol{v}_a = \boldsymbol{v}_e + \boldsymbol{v}_r$$

由速度矢量图的几何关系可得

$$v_e = v_a \sin 60^\circ = \frac{\sqrt{3}}{2} v$$

$$v_r = v_a \cos 60^\circ = \frac{v}{2}$$

由于 AB 杆在套管 O 中滑动，因此 AB 杆与套管 O 有相同的角速度和角加速度。其角速度为

$$\omega_{AB} = \frac{v_e}{AO} = \frac{3v}{4l}$$

由于动点 A 为匀速直线运动，故其绝对加速度为零。动点 A 的相对运动为沿套管 O 的直线运动，因此 $\boldsymbol{a}_r$ 沿 AB 杆的方向，故有

$$0 = \boldsymbol{a}_e^\tau + \boldsymbol{a}_e^n + \boldsymbol{a}_r + \boldsymbol{a}_c \tag{a}$$

其中，$\boldsymbol{a}_e^\tau$、$\boldsymbol{a}_e^n$、$\boldsymbol{a}_r$、$\boldsymbol{a}_C$ 的方向如图 9－23b 所示，$\boldsymbol{a}_C$ 的大小为

$$a_c = 2\omega_{AB} \cdot v_r = \frac{3v^2}{4l}$$

将(a) 式向 $\boldsymbol{a}_e^\tau$ 方向投影，得

$$a_e^\tau = a_c = \frac{3v^2}{4l}$$

AB 杆的角加速度方向如图 9－23b 所示，其大小为

$$\alpha_{AB} = \frac{v_e^\tau}{AO} = \frac{3\sqrt{3}v^2}{8l^2}$$

方法 2：

以 O 点为坐标原点，建立如图 9－23c 所示的直角坐标系。由图可知：

$$x_A = l\cot\varphi$$

将上式两端对时间求导，并注意到 $\frac{\mathrm{d}x_A}{\mathrm{d}t} = -v$，则得

$$\frac{\mathrm{d}\varphi}{\mathrm{d}t} = \frac{v}{l}\sin^2\varphi \tag{b}$$

将上式再次对时间求导，得

$$\frac{\mathrm{d}^2\varphi}{\mathrm{d}t^2} = \frac{v^2}{l^2}\sin^2\varphi\sin 2\varphi \tag{c}$$

(b)、(c)式为 AB 杆的角速度 ω_{AB} 和角加速度 α_{AB} 与角 φ 之间的关系式。当 $\varphi=60^\circ$ 时，得

$$\omega_{AB}=\frac{\mathrm{d}\varphi}{\mathrm{d}t}=\frac{3v}{4l}$$

$$\alpha_{AB}=\frac{\mathrm{d}^2\varphi}{\mathrm{d}t^2}=\frac{3\sqrt{3}\,v^2}{8l^2}$$

两种解法结果相同。

此例中，AB 杆作平面运动，AB 杆上与 O 点相重合的点的速度应沿 AB 杆的方向。因此，也可用瞬心法求 AB 杆的角速度。然后，再用平面运动基点法求 AB 杆的角加速度。但这种方法不如前两种方法方便，建议同学们尝试一下。

从上面的例题可以看出：某些问题必须同时应用几种方法联合求解，某些问题又可用多种方法求解。解题时应注意，若所给的条件不是全过程的，而是图示瞬时的，这时，就无法用运动方程及微积分方法求解，如例 9-7。若给出的是适用于全过程的条件时，可利用点的运动学方法，建立点的运动方程，进行微积分运算，用解析法求解，如例 9-9。

思　考　题

9-1　平面图形的运动怎样分解为平移和转动？平移和转动这两种运动是否有时间上的先后顺序？怎样理解图形平移和转动与基点选择的关系？

9-2　研究机构运动时，在什么情况下用点的合成运动理论？在什么情况下用刚体平面运动理论？

9-3　“刚体作平面运动时，绕基点转动的角速度和角加速度与基点的选取无关。”对吗？

9-4　下列说法是否正确

(1) 某刚体作平面运动时，若 A 和 B 是其平面图形上的任意两点，则速度投影定理 $[\boldsymbol{V}_A]_{AB}=[\boldsymbol{V}_B]_{AB}$ 永远成立。(　　)

(1) 刚体作平面运动，若某瞬时其平面图形上有两点的加速度的大小和方向均相同，则该瞬时此刚体上各点的加速度都相同。(　　)

(2) 圆轮沿直线轨道作纯滚动，只要轮心作匀速运动，则轮缘上任意一点的加速度的方向均指向轮心。(　　)

(3) 刚体平行移动一定是刚体平面运动的一个特例。(　　)

9-5　如图所示，平面图形上 A、B 两点速度的方向可能是这样的吗？为什么？

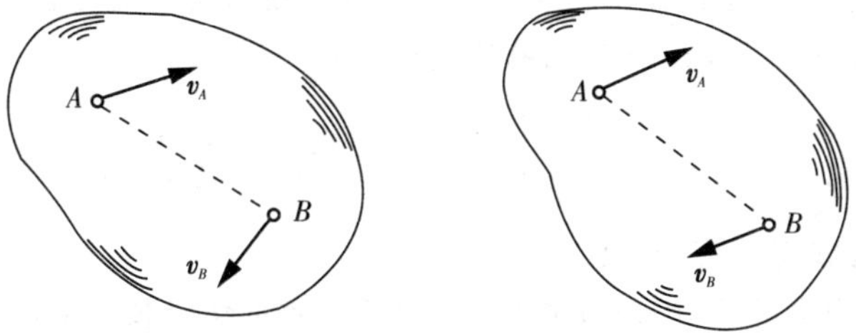

思考题 9-5 图

9-6　AB 杆作平面运动，已知 B 点的速度 $\boldsymbol{v}_B$。图 a 中，若以 A 点为基点，那么，B 点相对于 A 点转动的速度 $\boldsymbol{v}_{BA}$ 的大小是否等于 $v_B \cdot \sin\varphi$？若 A 点的速度已知，v_{BA} 又如何求得？图 b 中，若 A、B 点的速度都已知，则其中点 C 的速度 $\boldsymbol{v}_C$ 如何求得？

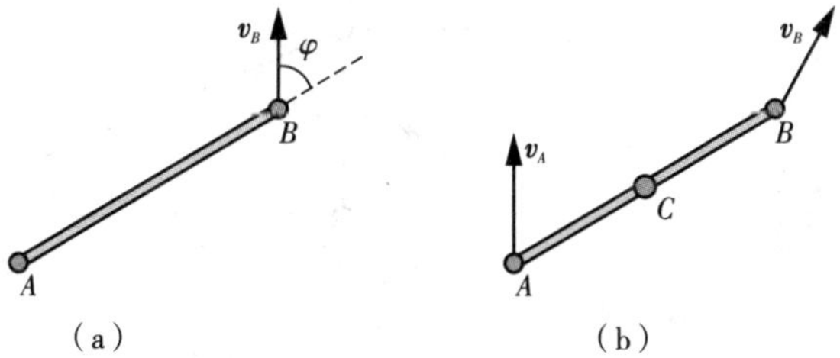

思考题 9-6 图

9-7　试确定图中平面运动刚体在图示位置的瞬心位置。

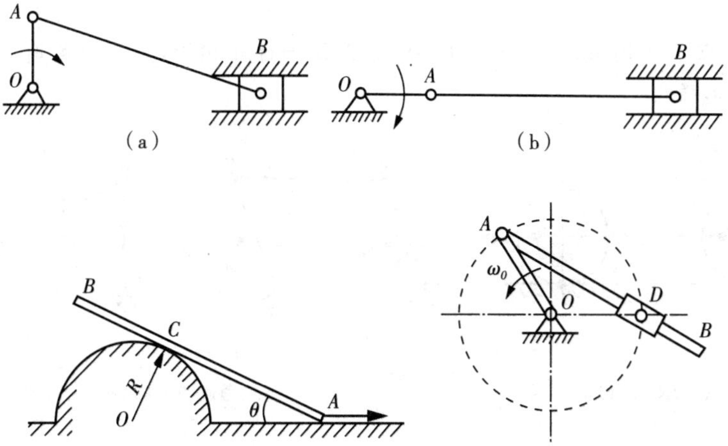

思考题 9-7 图

9-8 分别用基点法和速度瞬心法求得的图形角速度是否相同？

9-9 如图所示，已知 B 点的速度$\boldsymbol{v}_B$。则

$$v_{BA}=v_B\sin\varphi,\quad \omega_{BA}=\frac{v_{BA}}{AB}=\frac{v_B\sin\varphi}{AB}$$

该计算过程有没有错误？

9-10 如图所示，已知曲柄 OA 以匀角速度ω 绕O 轴转动，则 $v_A=\omega r$ 为常量。在图示瞬时，则$\boldsymbol{v}_A=\boldsymbol{v}_B$，即 $v_B=\omega r$ 也为常量，故

$$\boldsymbol{a}_B=\frac{\mathrm{d}\,\boldsymbol{v}_B}{\mathrm{d}t}=0$$

这个分析与计算过程是否正确？为什么？

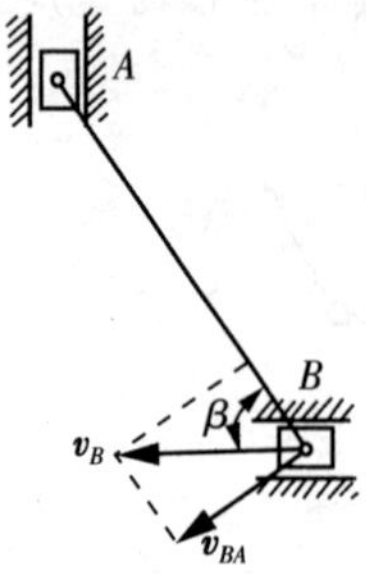

思考题 9-9 图

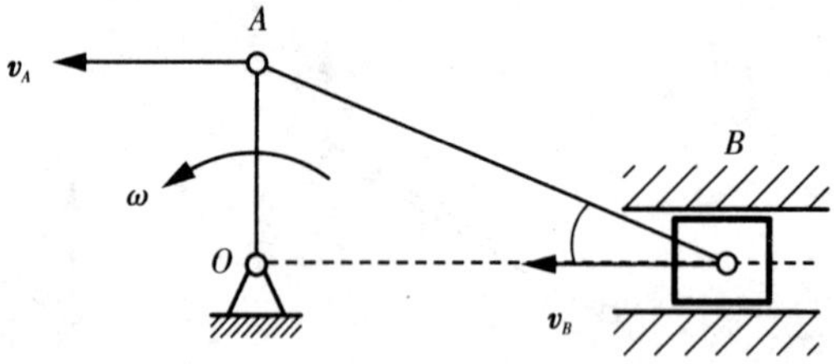

思考题 9-10 图

9-11 如图所示，一车轮沿直线轨道作纯滚动。若轮心作匀速运动时，试分析车轮瞬心的加速度？若轮心作匀加速运动时，车轮瞬心的加速度有无变化？

9-12 如图所示，已知杆 O_1A 与 O_2B 平行并相等，则图示瞬时 $\omega_1=\omega_2$、$\alpha_1=\alpha_2$，正确吗？

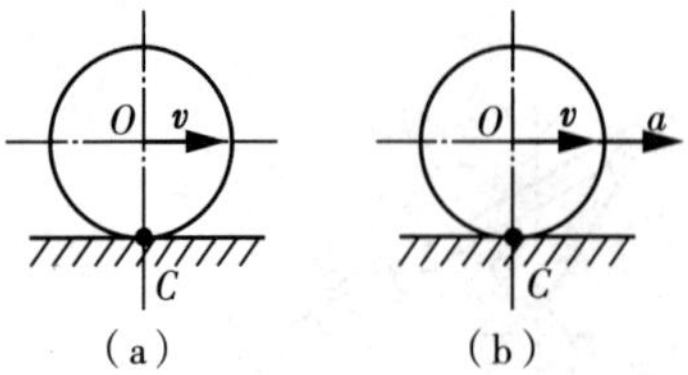

思考题 9-11 图

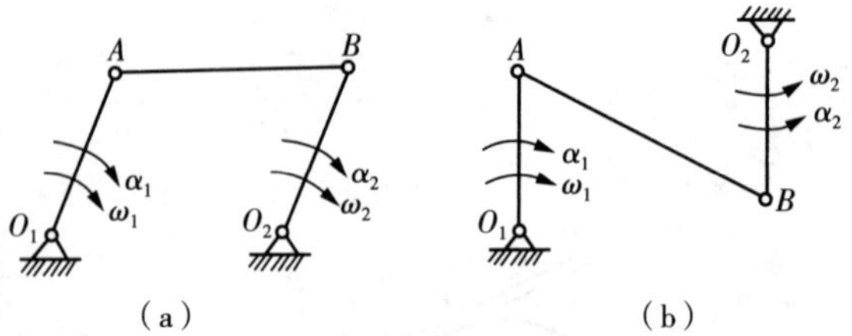

思考题 9-12 图

习 题

9-1 曲柄连杆机构如图所示。曲柄 OA 长 $r=30\mathrm{cm}$，以 $\omega=2\mathrm{rad/s}$ 绕 O 轴

匀角速转动；连杆 AB 长 $l=40\text{cm}$。求当 OA 垂直于 AB 时，滑块 B 的速度和连杆 AB 的角速度。

9－2　如图所示，已知轮子在地面上作纯滚动，轮心的速度为 v，半径为 r。求轮子上点 A_1、A_2、A_3、A_4 的速度。

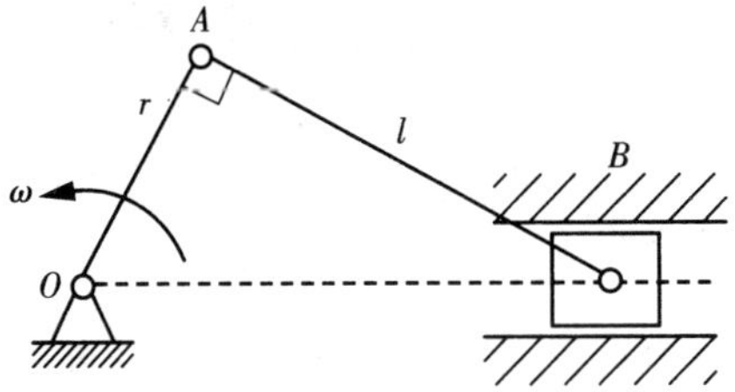

习题 9－1 图

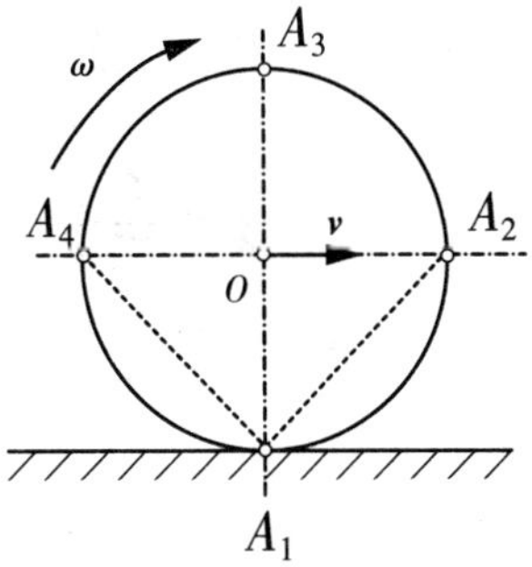

习题 9－2 图

9－3　履带式拖拉机以速度 v_0 沿直线轨道行驶(不滑动)，前后轮半径均为 R。求履带上点 M_1、M_2、M_3、M_4 的速度。

9－4　如图所示，筛子的摆动是由曲柄连杆机构的运动带动筛子摆动。已知曲柄 OA 长 $r=30\text{cm}$，以 $n=40\text{r/min}$ 绕 O 轴转动。当筛子 BC 运动到与 O 点在同一水平线上时，OA 垂直于 AB。求此瞬时筛子 BC 的速度。

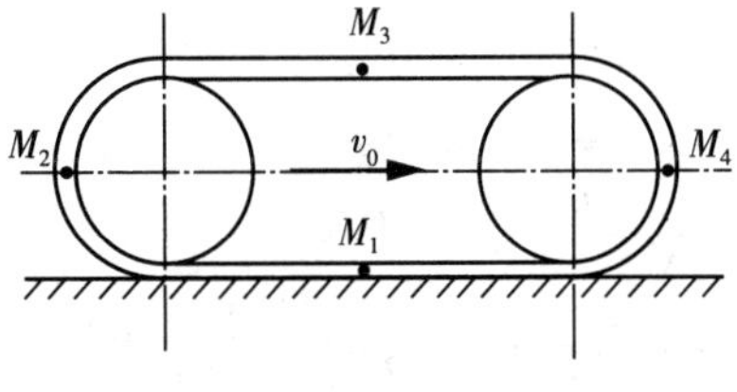

习题 9－3 图

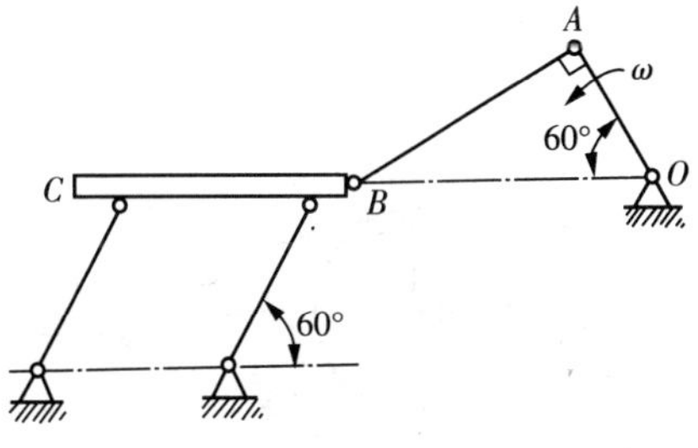

习题 9－4 图

9－5　如图所示，两齿条分别以速度 v_1 和 v_2 同方向运动。两齿条之间夹一齿轮，半径为 r，求齿轮的角速度及其中心 O 点的速度。

9－6　破碎机构如图所示。OE、EC、CD、DO 是一四连杆机构，曲柄 OE 绕 O 轴以 ω_0 匀速转动，通过连杆 EC 带动 CD 杆绕 D 点摆动。DC、CB、BA、AD 又是一四连杆机构，CD 杆绕摆动时，通过连杆 CB 带动 AB 板绕 A 点摆动，把矿石压碎。已知 $\omega_0=10\text{rad/s}$；各杆长度如图所示。求图示位置 AB 板摆动的角速度。

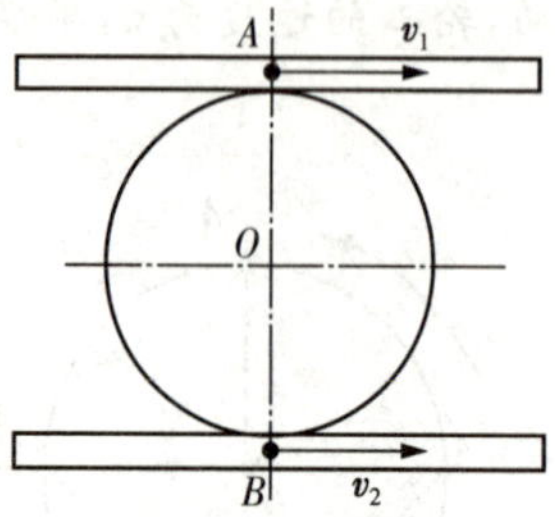

习题 9-5 图

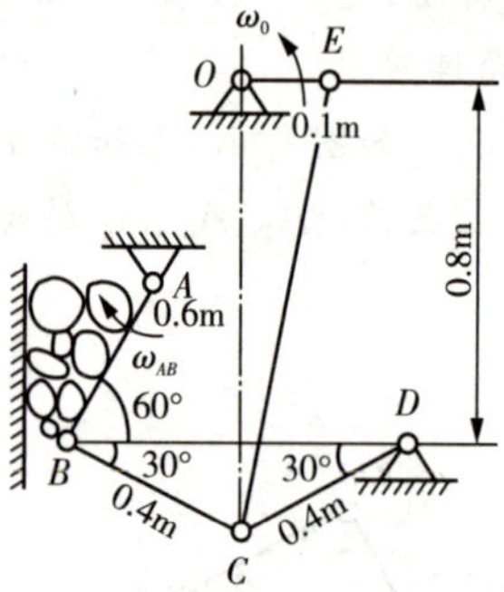

习题 9-6 图

9-7　如图所示，已知曲柄 $OA=30\text{cm}$，以 $\omega_0=0.5\text{rad/s}$ 绕 O 轴匀角速转动；半径 $R_2=20\text{cm}$ 的齿轮在半径 $R_1=10\text{cm}$ 的固定齿轮上滚动而不滑动，并带动连杆 BC，连杆 $AC=20\sqrt{26}\,\text{cm}$。求当半径 AB 垂直于曲柄 OA 时，连杆的角速度及 B 点和 C 点的速度。

9-8　如图所示，直杆 AB 与圆柱 O 相切于 D 点。已知圆柱半径 $r=10\text{cm}$，杆的 A 端以 $v_A=60\text{cm/s}$ 匀速向前滑动。若圆柱与地面、圆柱与直杆之间均无滑动，试求当 $\varphi=60°$ 时，圆柱的角速度。

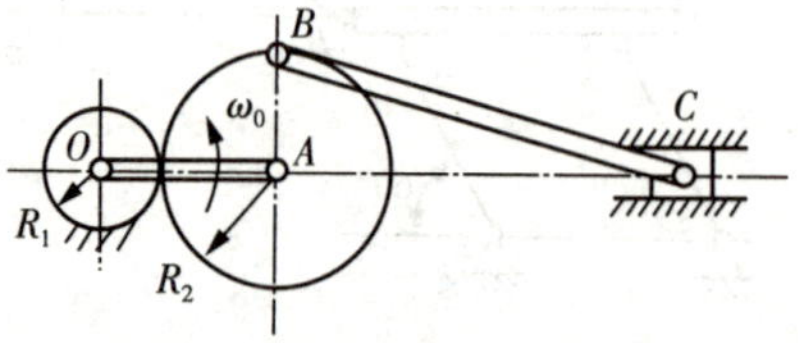

习题 9-7 图

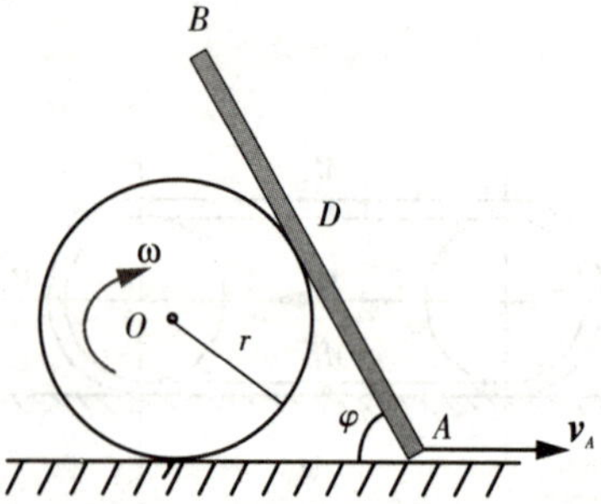

习题 9-8 图

9-9　已知四连杆机构中 $O_1B=l$，$AB=3l/2$，$AD=DB$，OA 以 ω 绕 O 轴转动。求：(1)AB 杆的角速度；(2)B 和 D 点的速度。

9-10　如图所示，在行星轮减速器中，曲柄 O_1O_2 绕 O_1 轴转动。其端点用销钉连接一半径为 r_2 的齿轮 Ⅱ，齿轮 Ⅱ 与半径为 r_3 的固定内齿轮 Ⅲ 相啮合，同时又与半径为 r_1 的齿轮 Ⅰ 相啮合。当曲柄转动时，同时带动齿轮Ⅰ和齿轮Ⅱ运动。若已知曲柄的转度 $\omega_0=152\text{rad/s}$，$r_3/r_1=11$；求齿轮 Ⅰ 的转速？

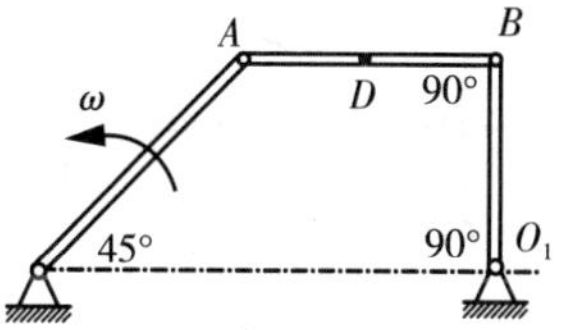

习题 9-9 图

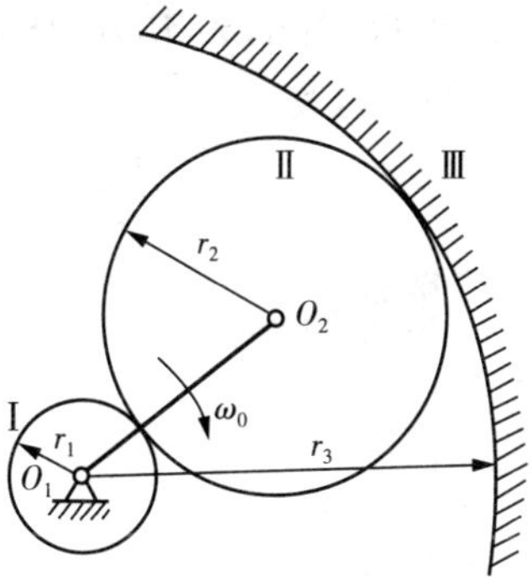

习题 9-10 图

9-11　冲床的曲柄四连杆机构如图所示。已知曲柄 $OA=r$,以匀角速度 ω 转动,$AB=BC=BD=l$,当曲柄 OA 与水平线成 30o 角时,连杆 AB 处于水平位置,而 DB 杆与铅垂线也成 30o 角。求图示位置时,AB、BC 杆的角速度以及滑块 C 的速度。

9-12　如图所示为小型精压机的传动机构,$OA=O1B=r=0.1\mathrm{m}$,$EB=BD=AD=l=0.4\mathrm{m}$。在图示瞬时,$OA\perp AD$,$O_1B\perp ED$,O_1D 在水平位置,OD 和 EF 在铅直位置。已知曲柄 OA 的转速 $n=120\mathrm{r/min}$,求此时压头 F 的速度。

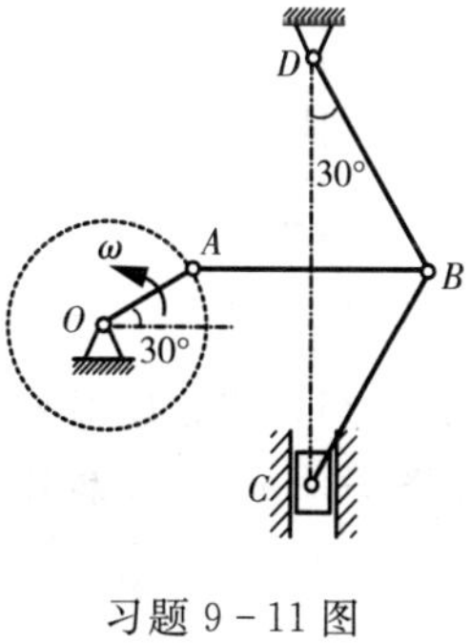

习题 9-11 图

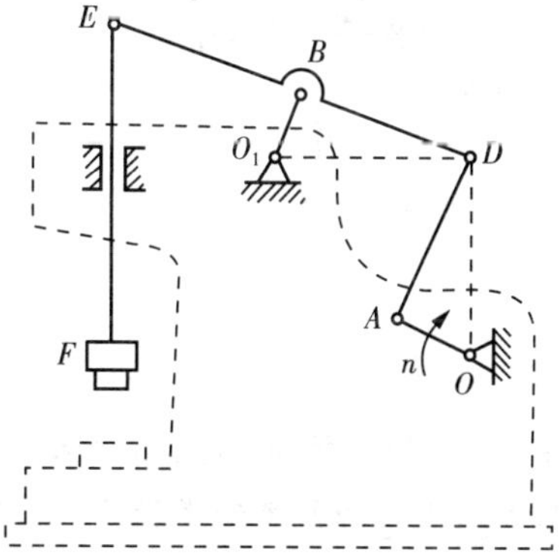

习题 9-12 图

9-13　如图所示的四连杆机构中,连杆 AB 上固连一块三角板 ABD,机构由曲柄 O_1A 带动。已知曲柄的角速度 $\omega=2\mathrm{rad/s}$,曲柄 $O_1A=0.1\mathrm{m}$,水平距离 $O_1O_2=0.05\mathrm{m}$,$AD=0.05\mathrm{m}$,当 $O_1A\perp O_1O_2$ 时,$AB\,/\!/\,O_1O_2$,且 AD 与 AO_1 在同一直线上,$\varphi=30o$。求三角板 ABD 的角速度和点 D 的速度。

9-14　如图所示为蒸汽机传动机构简图。已知:活塞的速度为 $\boldsymbol{v}$,$O_1A_1=a_1$,$O_2A_2=a_2$,$CB_1=b_1$,$CB_2=b_2$;齿轮半径分别为 r_1 和 r_2;且有 $a_1b_2r_2\neq$

$a_2b_1r_1$。当 EC 杆水平，B_1B_2 杆铅直，A_1，A_2 和 O_1，O_2 都在一条铅直线上时，求齿轮 O_1 的角速度。

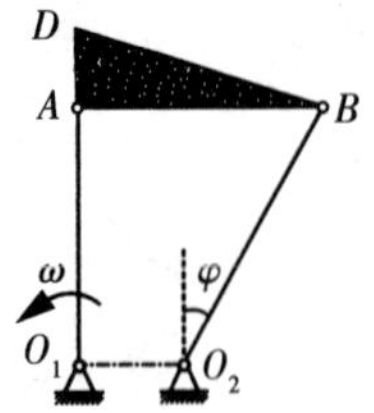

习题 9 - 13 图

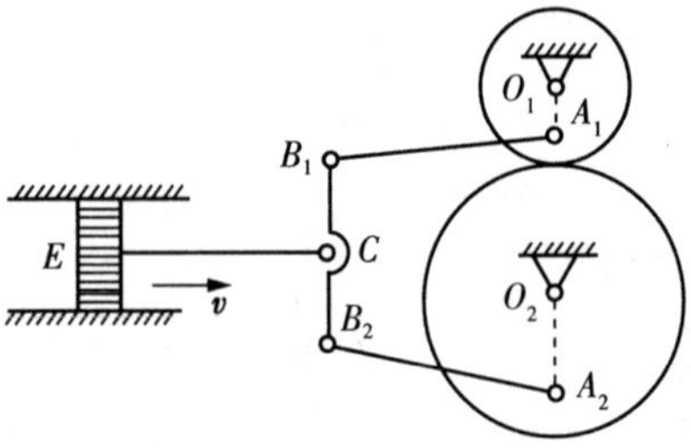

习题 9 - 14 图

9-15　如图所示为放大机构。杆Ⅰ和Ⅱ分别以速度v_1和v_2沿箭头方向运动，其位移分别以 x 和 y 表示。如杆Ⅱ与杆Ⅲ平行，距离为 a，求杆Ⅲ的速度和滑道Ⅳ的角速度。

9-16　如图所示，已知曲柄 $OA=r=20\text{cm}$，$O_1B=BC=100\text{cm}$，$AB=l=120\text{cm}$，曲柄 OA 以等角加速度$\alpha_0=5\text{rad/s}^2$ 绕 O 轴转动；当曲柄 OA 与 O_1B 处于铅直位置时，其角速度为 $\omega_0=10\text{rad/s}$，求此瞬时，B 点和 C 点的速度和加速度。

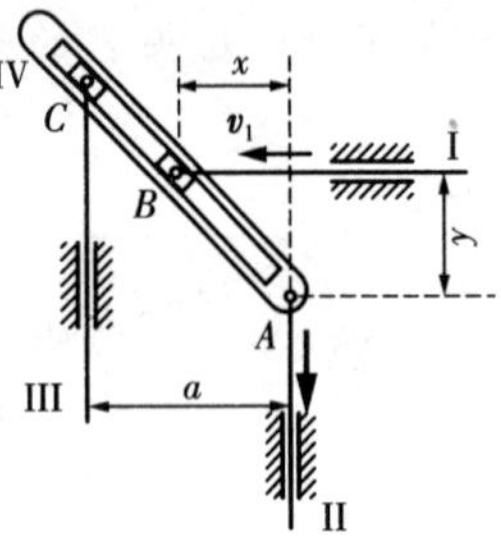

习题 9 - 15 图

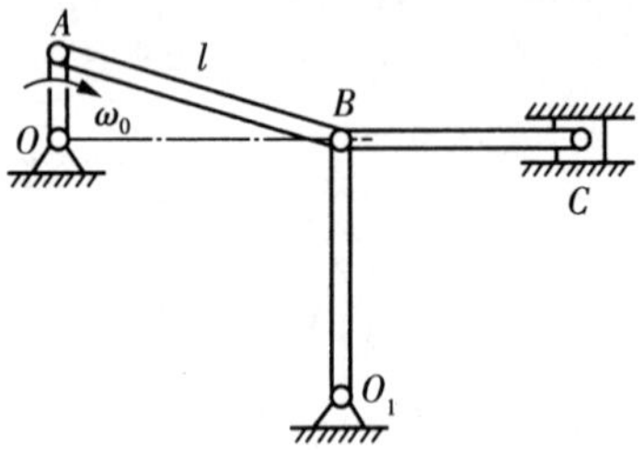

习题 9 - 16 图

9-17　如图所示，车轮在地面上作纯滚动。已知轮心 O 在图示瞬时的速度为v_O，加速度为 a_O，车轮半径为 r。求车轮的角速度和角加速度，以及轮缘与地面接触点 C 的加速度。

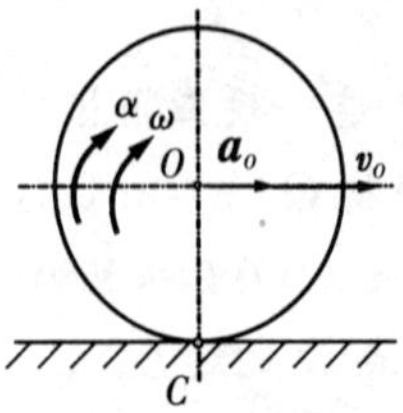

习题 9 - 17 图

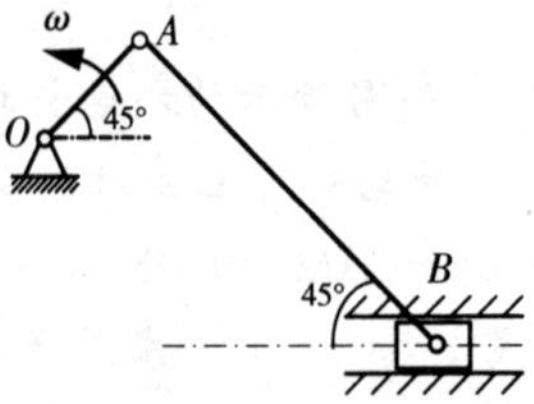

习题 9 - 18 图

9-18　如图所示的曲柄连杆机构中，已知曲柄 OA 长 0.2m，连杆 AB 长 1m，OA 以匀角速度 $\omega=10\text{rad/s}$ 绕 O 轴转动。求图示位置滑块 B 的加速度和 AB 杆的角加速度。

9-19　平面四连杆机构中，曲柄 OA 长 r，连杆 AB 长 $l=4r$。当曲柄和连杆成一直线时，此时曲柄的角速度为 ω，角加速度为 α，求摇杆 O_1B 的角速度和角加速度的大小及方向。

9-20　如图所示正方形薄板边长 20mm，在其平面内运动。某瞬时顶点 A 和 B 的加速度分别为 $a_A=40\sqrt{2}\ \text{mm/s}^2$，$a_B=80\text{mm/s}^2$，方向如图。求薄板的角速度和角加速度，以及 C 点的加速度。

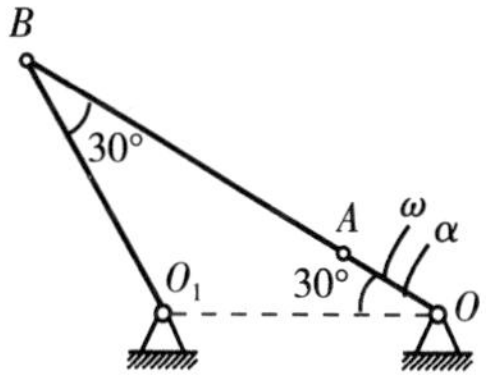

习题 9-19 图

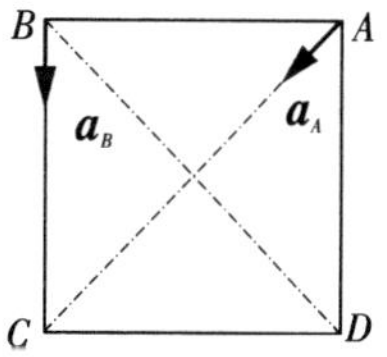

习题 9-20 图

9-21　如图所示，半径 $r=1m$ 的轮子，沿水平直线轨道作纯滚动，轮心具有匀加速度 $a_C=0.5\text{m/s}^2$，借助于铰接在轮缘 A 点上的滑块，带动杆 OB 绕垂直图面的 O 轴转动。在初瞬时($t=0$)轮子处于静止状态，当 $t=3\text{s}$ 时机构的位置如图。求杆 OB 在此瞬时的角速度和角加速度。

9-22　示机构中，曲柄 OA 长为 r，绕 O 轴以等角速度 ω_0 转动，$AB=6r$，$BC=3\sqrt{3}r$。求图示位置时滑块 C 的速度和加速度。

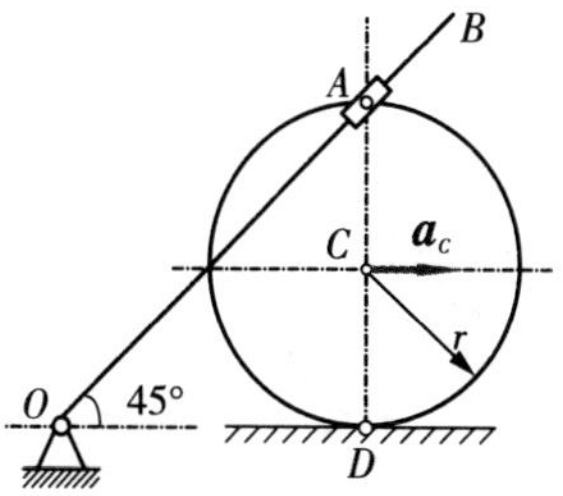

习题 9-21 图

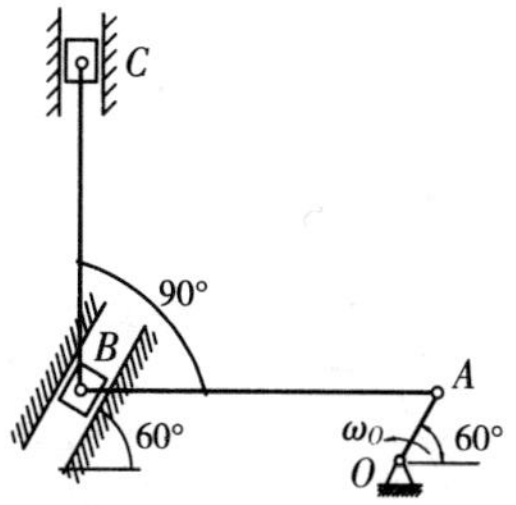

习题 9-22 图

9-23　曲柄 OA 以匀角速度 $\omega=2\text{rad/s}$ 绕 O 轴转动，通过连杆 AB 使半径为 r 的轮子在半径为 R 的圆槽中作无滑动的滚动。已知：$OA=AB=R=2r=1\text{m}$，求图示位置时 B 点和 C 点的速度和加速度。

9-24 塔轮的半径为 $r=0.1\text{m}$ 和 $R=0.2\text{m}$，绕 O 轴转动的规律是 $\varphi=t^2-3t$，并通过不可伸长的绳子卷动滑轮 C。假设绳子与塔轮和滑轮无相对滑动，求 $t=1\text{s}$ 时，滑轮 C 的角速度和角加速度以及 C 轮上 A、B、C 三点的速度和加速度。

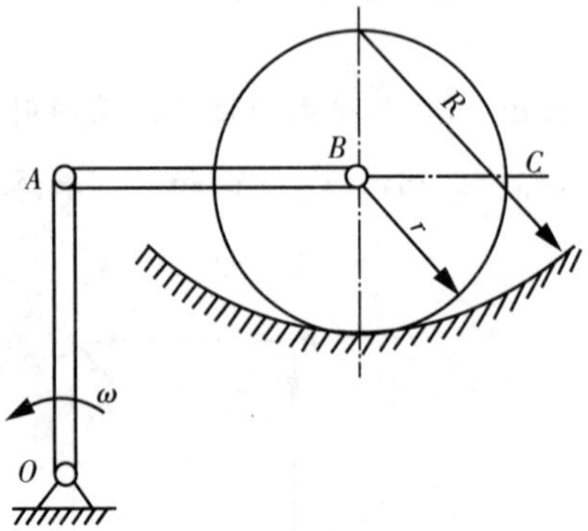

习题 9-23 图

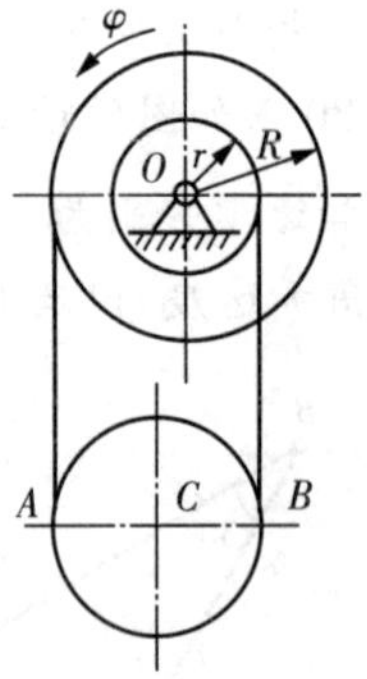

习题 9-24 图

9-25 平行四边形铰接机构中两个曲柄 OA 与 O_1D 用 AD 杆相连，BC 杆一端与曲柄 OA 铰接，另一端与沿 AD 杆滑动的滑块 C 铰接。已知 $OB=BA=0.1\text{m}$。在图示位置，曲柄角速度 $\omega=2\text{rad/s}$、角加速度 $\alpha=2\text{rad/s}^2$，求滑块 C 的速度和加速度。

9-26 如图所示平面机构中，AB 杆以匀速 v 沿水平方向运动，套管 B 与 AB 杆的端点铰接，并套在绕 O 轴转动的 OC 杆上，可沿该杆滑动。已知 AB 与 OE 两平行线间的垂直距离为 b。求在图示位置，即 $\gamma=60°$，$\beta=30°$，$OD=BD$ 时，OC 杆的角速度和角加速度、滑块 E 的速度和加速度。

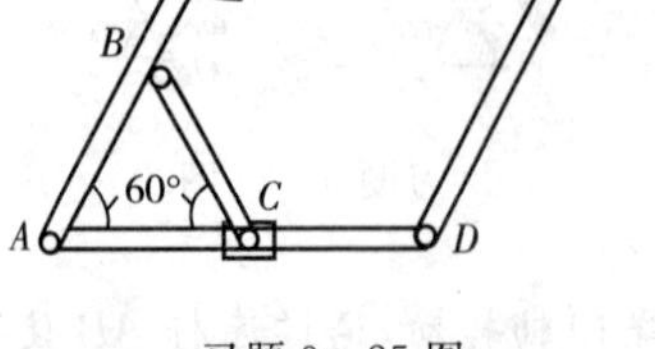

习题 9-25 图

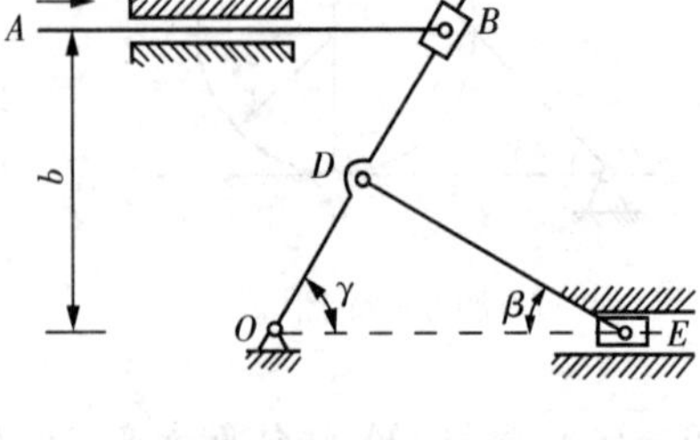

习题 9-26 图

9-27 如图所示的平面机构中，摇杆 AC 上铰接两个相互啮合的齿轮 F

和 G，齿轮 G 与曲柄 OD 在 D 点铰接；图示瞬时，曲柄角速度 $\omega = 4\text{rad/s}$、角加速度 $\alpha = 20\text{rad/s}^2$，方向如图所示。求齿轮 F 的角速度、AC 杆的角速度和角加速度。

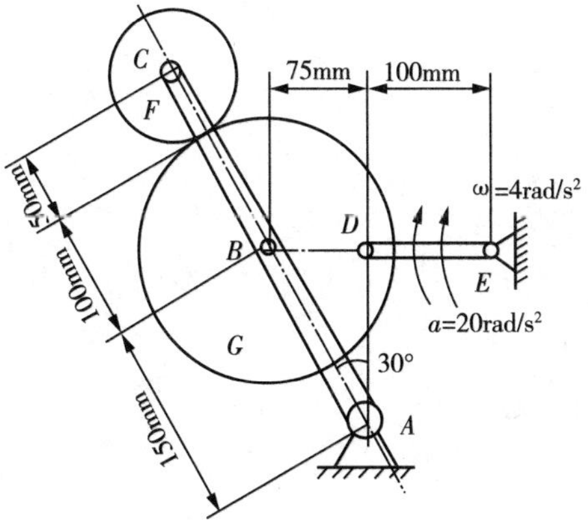

习题 9 - 27 图

[第三篇] 动力学

动力学概述

动力学研究作用于物体上的力和物体机械运动之间的关系。

静力学中,研究了物体的受力及其在力系作用下的平衡条件,但没有研究物体在不平衡力系作用下的运动状态。运动学中,只研究物体运动的几何性质,而未涉及物体运动状态改变的原因,即没有讨论物体所受的力。动力学则研究物体的机械运动与作用力之间的关系。

目前,工程中的动力计算在实践中得到越来越广泛的应用。如各种机械的动力分析问题,机器的震动和均衡问题,结构的抗震设计问题,以及运动构件的强度计算问题等,都是动力学的课题。动力学的基本知识是了解和处理这些问题的基础。因此对动力学基本理论的学习,具有十分重要的意义。

为了研究的方便,动力学的研究对象抽象为质点和质点系。质点是指具有一定质量而不考虑其形状大小的物体。而质点系是指由有限或无限个有着一定联系的质点组成的系统。

刚体是一个特殊的质点系,由无数个相互间保持距离不变的质点组成,又称为不变的质点系。动力学可分为质点动力学和质点系动力学,前者是后者的基础。

动力学研究的基本问题大体上可分为两类。第一类:已知物体的运动状况,求作用力;第二类:已知物体的受力状况,求物体的运动。还有一些综合性问题:已知部分力、部分运动,求另一部分力和运动;已知主动力,求运动,再由运动求约束力等。

动力学的研究方法有多种,如建立质点的运动微分方程,动力学普遍定理(包括动量定理、动量矩定理和动能定理),以及达朗贝尔定理和拉格朗日方程等。

第 10 章　质点动力学的基本方程

质点是动力学最简单、最基本的模型。本章根据动力学基本定律，即牛顿三定律，得出质点动力学的基本方程，进而阐释质点受力和运动之间的关系。并运用微积分方法，求解质点的动力学问题。

10.1　动力学的基本定律

质点动力学的理论基础概括为三个定律，即牛顿三定律。这些定律是牛顿在前人研究的基础上通过大量实验、观察和分析，在他的《自然哲学的数学原理》(1687 年) 一书中首先完整地提出，因而称为牛顿定律。

第一定律　惯性定律

不受力作用的质点，将保持其运动状态不变，即保持静止或匀速直线运动。质点保持其运动状态不变的性质称为惯性。匀速直线运动称为惯性运动。第一定律阐述了物体做惯性运动的条件，故又称为惯性定律。

第二定律　力与加速度的关系定律

第二定律为力与加速度之间的关系定律，可以表示为

$$m\boldsymbol{a}=\boldsymbol{F} \tag{10-1}$$

其中，m 为质点的质量，$\boldsymbol{F}$ 为质点所受的力，$\boldsymbol{a}$ 是在 $\boldsymbol{F}$ 作用下质点获得的加速度。即，质点的质量与加速度的乘积，等于质点所受的力，加速度的方向与力的方向相同。

第二定律建立了作用于质点的力和质点的运动状态变化(由加速度体现)以及质点的质量三者之间的定量关系。式(10-1) 称为质点动力学基本方程。

质量是质点惯性大小的度量。由式(10-1) 可以看出，如作用力相等，则质量大的质点加速度小，也就是说质点的质量越大，运动状态越不容易改变，也就是质点的惯性越大。

在地球表面，任何物体都受到重力 $\boldsymbol{P}$ 的作用。在重力作用下得到的加速度称为重力加速度，用 $\boldsymbol{g}$ 表示。根据第二定律有

$$\boldsymbol{P}=m\boldsymbol{g} \quad 或 \quad m=\frac{P}{g} \tag{10-2}$$

根据国际计量委员会规定的标准，重力加速度的数值为 $9.80665\mathrm{m/s^2}$（不同地区的数值有微小差别），一般取 $9.81\mathrm{m/s^2}$。

在国际单位制（SI）中，长度、质量和时间的单位是基本单位，分别为 m（米）、kg（千克）和 s（秒）。力的单位是导出单位。当质量为 1kg 的质点，获得 $1\mathrm{m/s^2}$ 的加速度时，作用于该质点上的力为 1N（牛顿），即

$$1\mathrm{N}=1\mathrm{kg}\times 1\mathrm{m/s^2}$$

第三定律　作用与反作用定律

任何两个物体之间相互作用的力，总是大小相等、方向相反，沿同一直线并分别作用在这两个物体上。这个定律在静力学中已叙述过，它对运动的情况仍然适用。也就是说，它不仅适用于平衡的物体，也适用于任何运动的物体，是分析两物体相互作用关系的依据。

质点动力学的三个基本定律只在一定范围内才适用，把基本定律适用的参考系称为惯性参考系。在一般的工程问题中，把固定于地面或相对地面做匀速直线运动的坐标系作为惯性参考系。在研究人造卫星的轨道，洲际导弹的弹道等问题时，必须选取以地心为圆心，三轴指向三个恒星的坐标系作为惯性参考系。在研究天体运动时，须取太阳为圆心，三轴指向恒星的坐标系作为惯性参考系。

10.2　质点的运动微分方程

质点动力学第二定律，建立了质点的加速度与作用力的关系，当质点同时受到几个力作用时，则有：

$$m\boldsymbol{a}=\sum_{i=1}^{n}\boldsymbol{F}_i \tag{10-3}$$

或

$$m\frac{d^2\boldsymbol{r}}{\mathrm{d}t^2}=\sum_{i=1}^{n}\boldsymbol{F}_i \tag{10-3a}$$

式（10－3a）是矢量形式的微分方程，在实际计算时需应用它的投影式。

10.2.1　质点运动微分方程在直角坐标轴上投影

设矢径 $\boldsymbol{r}$ 在直角坐标轴上的投影分别为 x，y，z，力 $\boldsymbol{F}_i$ 在直角坐标轴上的投影分别为 F_{ix}，F_{iy}，F_{iz}，则式（10－3a）在直角坐标轴上的投影式为

$$\left.\begin{aligned} m\frac{d^2x}{dt^2} &= \sum_{i=1}^{n} F_{ix} \\ m\frac{d^2y}{dt^2} &= \sum_{i=1}^{n} F_{iy} \\ m\frac{d^2z}{dt^2} &= \sum_{i=1}^{n} F_{iz} \end{aligned}\right\} \tag{10-4}$$

10.2.2　质点运动微分方程在自然轴上投影

点的全加速度 $\boldsymbol{a}$ 在切线与主法线构成的密切面内，点的加速度在副法线上的投影等于零，即

$$\boldsymbol{a} = a_\tau \boldsymbol{\tau} + a_n \boldsymbol{n}, \quad a_b = 0$$

其中，$\boldsymbol{\tau}$ 和 $\boldsymbol{n}$ 分别是沿轨迹切线和主法线的单位矢量，如图 10-1 所示。式(10-3a)在自然轴系上的投影式为

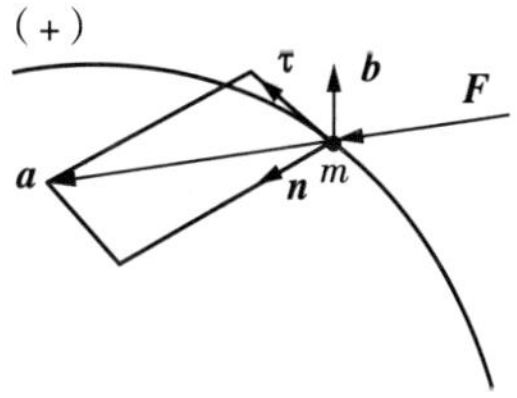

图 10-1

$$\left.\begin{aligned} m\frac{dv}{dt} &= \sum_{i=1}^{n} F_{it} \\ m\frac{v^2}{\rho} &= \sum_{i=1}^{n} F_{in} \\ 0 &= \sum_{i=1}^{n} F_{ib} \end{aligned}\right\} \tag{10-5}$$

其中，F_{it}、F_{in}，F_{ib} 分别为作用于质点上各力在切线、主法线和副法线上的投影；ρ 为运动轨迹在该点处的曲率半径；s 为质点沿已知轨迹的弧坐标；v 为质点的运动速度。

10.2.3　质点动力学的两类基本问题

在应用上述两种形式的质点运动微分方程去解决工程问题时，可根据具体条件，选择采用较方便的形式。但不管何种形式，它们都将质点的运动与作用力之间的关系联系起来了。如果已知点的运动，就可求出作用在质点上的力；相反，如果已知作用在质点上的力，也可求出质点的运动。这就是质点动力学的两类基本问题。动力学中还有些问题是这两类问题的综合。

第一类基本问题，即已知质点的运动，求作用于质点的力。对于第一类基

本问题，只需对质点已知的运动方程求两次导数，得到质点的加速度，代入质点的运动微分方程，即可求解第一类基本问题。

第二类基本问题，即已知作用于质点的力，求质点的运动。对于第二类基本问题，是解微分方程，即按作用力的函数规律进行积分，并根据问题的具体运动条件确定积分常数。

【例 10－1】 曲柄连杆机构如图 10－2a 所示。曲柄 OA 以匀角速度 ω 转动，$OA=r$，$AB=l$，当 $\lambda=r/l$ 比较小时，以 O 为坐标原点，滑块 B 的运动方程可近似写为

$$x=l(1-\frac{\lambda^2}{4})+r(\cos\omega t+\frac{\lambda}{4}\cos 2\omega t)$$

如滑块的质量为 m，忽略摩擦及连杆 AB 的质量，求当 $\varphi=\omega t=0$ 和 $\pi/2$ 时，连杆 AB 所受的力。

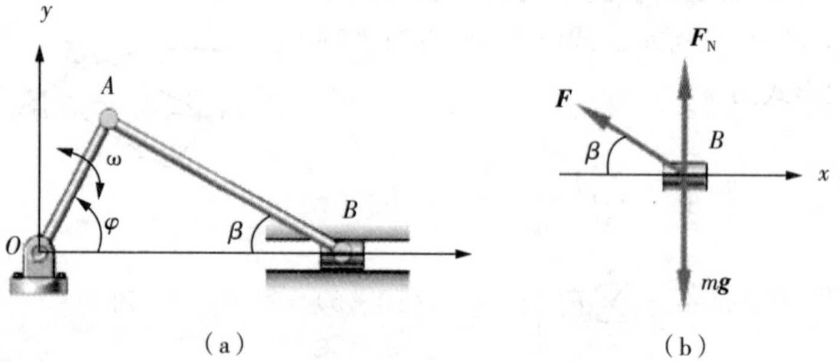

图 10－2

【解】 该问题属于动力学第一类基本问题。

(1) 选研究对象，画受力图：以滑块 B 为研究对象，当 $\varphi=\omega t$ 时，受力如图所示。

(2) 分析运动：已知滑块 B 的运动方程。

(3) 列运动微分方程，求未知量：建立图示的坐标系 Oxy，应用式(10－3)得滑块 B 沿 x 轴的运动微分方程为

$$ma_x=-F\cos\beta$$

已知滑块 B 的运动方程，通过微分求得

$$a_x=\frac{d^2x}{dt^2}=-r\omega^2(\cos\omega t+\lambda\cos 2\omega t)$$

当 $\varphi = \omega t = 0$ 时，有

$$a_x = -r\omega^2(1+\lambda)$$

且 $\beta = 0$，可得

$$F = mr\omega^2(1+\lambda)$$

$\varphi = 0$ 时，AB 杆受拉力。

当 $\omega t = \frac{\pi}{2}$ 时，有

$$a_x = r\omega^2\lambda$$

而 $\cos\beta = \frac{\sqrt{l^2 - r^2}}{l}$，则有

$$mr\omega^2\lambda = -\frac{F\sqrt{l^2 - r^2}}{l}$$

代 $\lambda = \frac{r}{l}$，得

$$F = -\frac{mr^2\omega^2}{\sqrt{l^2 - r^2}}$$

$\varphi = \frac{\pi}{2}$ 时，AB 杆受压力。

【例 10-2】　如图 10-3 所示，桥式吊车机构起吊质量为 m 的重物，重物以速度 v_0 作匀速直线运动（大桥不动）。由于突然刹车，重物因惯性而绕悬挂点 O 向前摆动，已知钢绳长为 l，求钢绳所受的最大拉力。

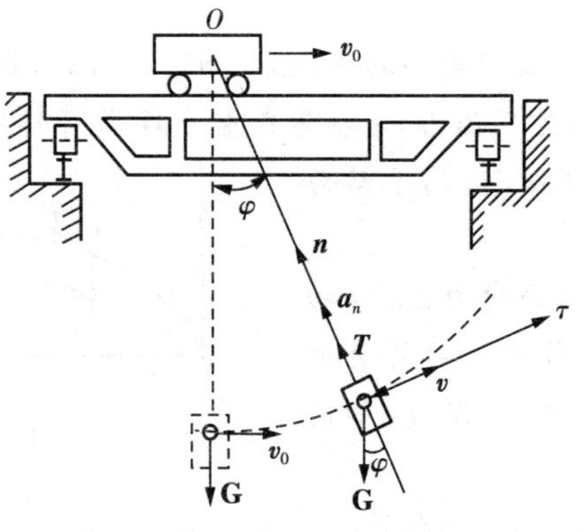

图 10-3

【解】 该问题属于动力学第一类基本问题。

(1) 选研究对象,画受力图:以重物为研究对象,其上作用有重力 $\boldsymbol{G}$,钢绳拉力 $\boldsymbol{T}$。

(2) 分析运动:刹车后,小车不动,但重物由于惯性,继续绕悬挂点 O 做摆动,即在以 O 为圆心的,以 l 为半径的一段圆弧上运动。

(3) 列运动微分方程,求未知量:由于运动轨迹已知,故应用式(10-3),得

$$\sum F_n = ma_n, \quad T - G\cos\varphi = \frac{mv^2}{l}$$

$$T = G\cos\varphi + m\frac{v^2}{l}$$

$$\sum F_\tau = ma_\tau, \quad -G\sin\varphi = ma_\tau$$

解得

$$a_\tau = -\frac{G\sin\varphi}{m}$$

因 a_τ 为负值,故重物作减速运动,即 $\varphi=0$ 时(初始位置)速度最大,$v_{\max}=v_0$。同时 $\varphi=0$ 时,$\cos\varphi$ 也最大,因而,当 $\varphi=0$ 时,钢绳拉力 $\boldsymbol{T}$ 最大,即

$$T_{\max} = m\left(g + \frac{v_0^2}{l}\right)$$

【例 10-3】 从某处抛射一物体,已知初速度为 v_0,抛射角即初速度对水平线的仰角为 α;如不计空气阻力,求物体在重力 $\boldsymbol{W}$ 单独作用下的运动规律。

【解】 从题意可知,这属于动力学第二类基本问题。

(1) 选研究对象,画受力图:以物体为研究对象,它在被抛出后的全部运动过程中,只受重力 $\boldsymbol{W}$ 作用,如图 10-4 所示。

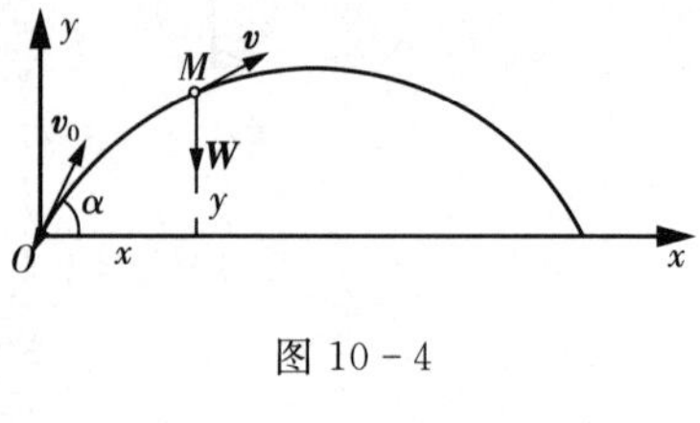

图 10-4

(2) 分析运动:抛出后,物体沿某一平面曲线运动,轨迹待求。

(3) 列运动微分方程,求未知量:由于运动轨迹未知,因此采用直角坐标法。坐标系如图 10-4 所示。应用式(10-4)得

$$m\frac{d^2x}{dt^2}=0,\quad m\frac{d^2y}{dt^2}=-W=-mg \tag{a}$$

因为，$v_x=\frac{dx}{dt}$，$v_y=\frac{dy}{dt}$；所以，式(a) 可写成

$$\frac{dv_x}{dt}=0,\quad \frac{dv_y}{dt}=-g \tag{b}$$

将(b) 式积分一次，得

$$v_x=\frac{dx}{dt}=c_1,\quad v_y=\frac{dy}{dt}=-gt+c_2 \tag{c}$$

再积一次分，得

$$x=c_1t+c_3,\quad y=-\frac{1}{2}gt^2+c_2t+c_4 \tag{d}$$

其中，c_1、c_2、c_3、c_4 为积分常数，可由运动的初始条件来确定。本题中运动的初始条件为：$t=0$ 时，$x=0$，$y=0$；$v_x=v_0\cos\alpha$，$v_y=v_0\sin\alpha$。将初始条件带入式(c) 和式(d) 中，得

$$c_1=v_0\cos\alpha,\quad c_2=v_0\sin\alpha,\quad c_3=0, c_4=0$$

最后得到物体的运动方程为

$$x=v_0t\cos\alpha,\quad y=v_0t\sin\alpha-\frac{1}{2}gt^2 \tag{e}$$

消去时间 t，即得物体轨迹方程为

$$y=x\tan\alpha-\frac{gx^2}{2v_0^2\cos^2\alpha} \tag{f}$$

可见，其轨迹为一平面抛物线。

【例 10-4】 质量为 m 的质点带有电荷 e，以速度 $v0$ 进入强度按 $E=A\cos kt$ 变化的均匀电场中，初速度方向与电场强度垂直，如图 10-5 所示。质点在电场中受力 $\boldsymbol{F}=-e\boldsymbol{E}$ 作用。已知常数 A，k，忽略质点的重力，求质点的运动轨迹。

【解】 从题意可知，这属于动力学第二类基本问题。

(1) 选研究对象，画受力图：以质点为研究对象，它在进入电场后的全部运

动过程中，只受电场力 **F** 作用，如图 10 - 5 所示。

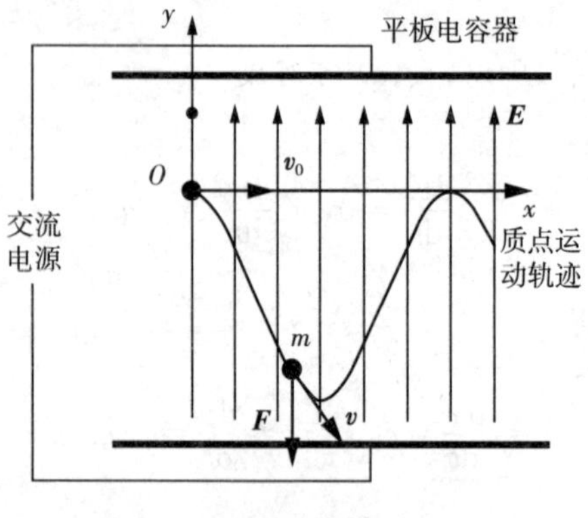

图 10 - 5

(2) 分析运动：因为力和初速度在 z 轴上的投影均等于零，质点的轨迹必为平面曲线。

(3) 列运动微分方程，求未知量：由于运动轨迹未知，因此采用直角坐标法。取质点的初始位置 O 点为坐标原点，x，y 轴如图所示。应用式(10 - 4) 得

$$
\left.\begin{aligned}
m\frac{\mathrm{d}^2x}{\mathrm{d}t^2}&=m\frac{\mathrm{d}v_x}{\mathrm{d}t}=0\\
m\frac{\mathrm{d}^2y}{\mathrm{d}t^2}&=m\frac{\mathrm{d}v_y}{\mathrm{d}t}=F=-eA\cos kt
\end{aligned}\right\}\tag{a}
$$

由 $t=0$ 时，$v_x=v_0$，$v_y=0$，式(a) 的定积分为

$$\int_{v_0}^{v_x}\mathrm{d}v_x=0,\quad \int_0^{v_y}\mathrm{d}v_y=-\frac{eA}{m}\int_0^t\cos kt\,\mathrm{d}t \tag{b}$$

解得

$$v_x=\frac{\mathrm{d}x}{\mathrm{d}t}=v_0,\quad v_y=\frac{\mathrm{d}y}{\mathrm{d}t}=-\frac{eA}{mk}\sin kt \tag{c}$$

由 $t=0$ 时，$x=y=0$，式(c) 的定积分为

$$\int_0^x\mathrm{d}x=\int_0^t v_0\,\mathrm{d}t,\quad \int_0^y\mathrm{d}y=-\frac{eA}{mk}\int_0^t\sin kt\,\mathrm{d}t \tag{d}$$

解得

$$x = v_0 t,\quad y = \frac{eA}{mk^2}(\cos kt - 1) \tag{e}$$

从式(e)中消去时间 t,得轨迹方程

$$y = \frac{eA}{mk^2}\left[\cos\left(\frac{k}{v_0}x\right) - 1\right] \tag{f}$$

轨迹为余弦曲线,如图 10-5 所示。

【例 10-5】 一圆锥摆,如图 10-6 所示。质量 $m=0.1\text{kg}$ 的小球系于长 $l=0.3\text{m}$ 的绳上,绳的另一端系在固定点 O,并与铅直线成 $\theta=60°$ 角。如小球在水平面内作匀速圆周运动,求小球的速度 $\boldsymbol{v}$ 与绳的张力 $\boldsymbol{F}$。

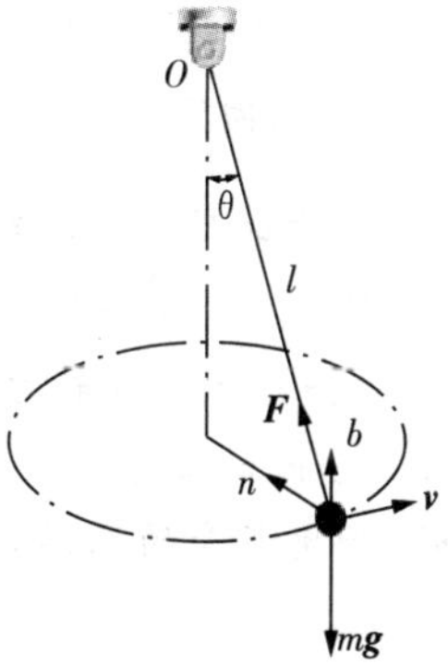

图 10-6

【解】 从题意可知,这属于动力学混合问题。

(1) 选研究对象,画受力图:以小球为研究对象,作用在小球上的力有重力 $m\boldsymbol{g}$ 和绳的拉力 $\boldsymbol{F}$,如图 10-6 所示。

(2) 分析运动:已知小球在水平面内作匀速圆周运动。

(3) 列运动微分方程,求未知量:由于运动轨迹已知,因此采用自然轴系法,如图所示。应用式(10-5)得

$$m\frac{v^2}{\rho} = F\sin\theta,\quad F\cos\theta - mg = 0$$

由 $\rho = l\sin\theta$ 得

$$F = \frac{mg}{\cos\theta} = 1.96\text{N},\quad v = \sqrt{\frac{Fl\ \sin^2\theta}{m}} = 2.1\ \frac{m}{s}$$

绳的张力与拉力 $\boldsymbol{F}$ 的大小相等。

思　考　题

10-1　物体受力的方向就是它的运动方向吗?

10-2　质点在常力作用下,是否一定作匀加速度运动?为什么?

10－3　试判断下面几种说法是否正确。

(1) 质点的运动方向，就是质点上所受合力的方向；

(2) 两个质量相同的质点，只要在一般位置受力相同，则运动微分方程也必相同；

(3) 质点的速度越大，所受的力也越大。

10－4　某人用枪瞄准了空中一悬挂的靶体。如在子弹射出的同时靶体开始自由下落，不计空气阻力，问子弹能否击中靶体？

习　题

10-1　质量 $m=6\text{kg}$ 的小球，放在倾角 $\alpha=30°$ 的光滑面上，并用平行于斜面的软绳将小球固定在图示位置。如斜面以 $a=\dfrac{g}{3}$ 的加速度向左运动，求绳之张力 F_T 及斜面的反力 F_N，欲使绳之张力为零，斜面的加速度 a 应该多大？

10－2　质量 $m=2\text{kg}$ 的物块 M 放在水平转台上，物块至铅直转动轴的距离 $r=1\text{m}$，如图所示。今转台从静止开始匀加速转动，角加速度 $\alpha=0.5\text{rad/s}^2$。如物块与转台间的摩擦系数 $f=1/3$，求：(1) 物块在转台上开始滑动的时间。(2) $t=2\text{s}$ 时，物块所受的摩擦力为多大？

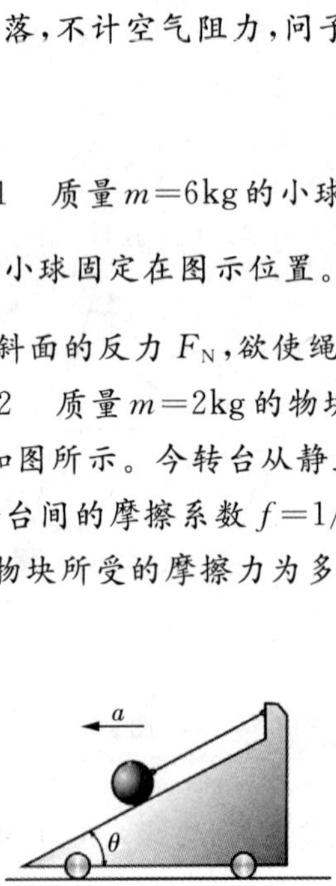

习题 10－1 图

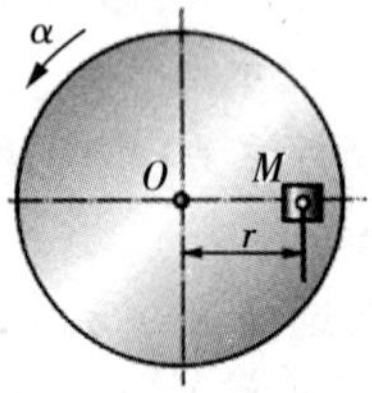

习题 10－2 图

10－3　小车以匀加速度 a 沿倾角为 α 斜面向上运动，在小车的平顶上放一重 P 的物块，随车一同运动，为使物体不从车上脱落，问物块与小车间的摩擦系数最小应为多少？

10－4　跳伞运动员质量为 70kg，从停留在空中的直升机跳出（初速度为零），落下 100m 后降落伞打开，开伞前的空气阻力不计，开伞后的空气阻力为常数，经 5 秒后跳伞者的速度减为 4m/s，求空气阻力的大小。

10－5　如图所示套管 A 的质量为 m，受绳子牵引沿铅直杆向上滑动。绳子的另一段绕过离杆距离为 l 的定滑轮 B 而缠在鼓轮上。鼓轮匀速转动，其轮缘各点的速度为 v_O，求绳子拉力 F_T 与距离 x 之间的关系。定滑轮的外径比较小，可视为一个点。

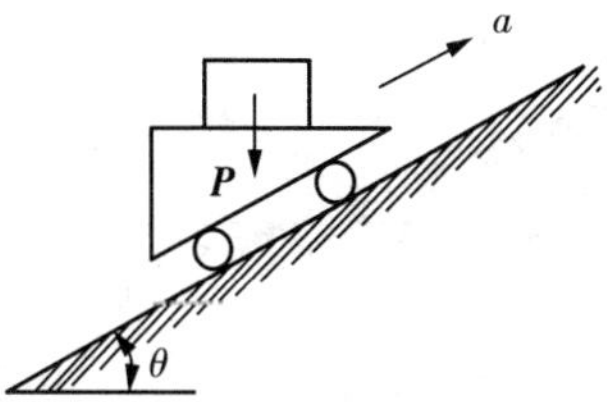

习题 10 - 3 图

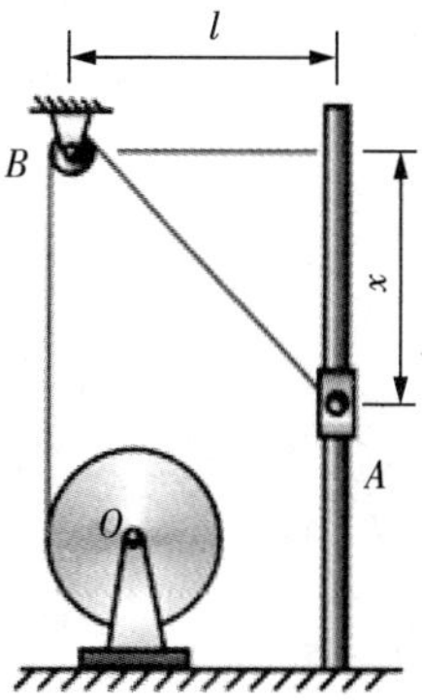

习题 10 - 5 图

10 - 6　半径为 r 的偏心轮绕 O 轴匀速转动，角速度为 ω，推动导板沿铅直轨道运动，如图示。导板顶部放置一质量为 m 的物块 A。设偏心距 $OC=e$，开始时 OC 连线为水平线。求：(1) 物块对导板的最大压力，(2) 使物块不离开导板的 ω 的最大值。

10 - 7　在曲柄滑道机构中，滑杆与活塞的质量为 50kg，曲柄长 30cm，绕 O 轴匀速转动，转速为 $n=120\text{rpm}$。求当曲柄 OA 运动至水平向右及铅垂向上两位置时，作用在活塞上的气体压力。曲柄质量不计。

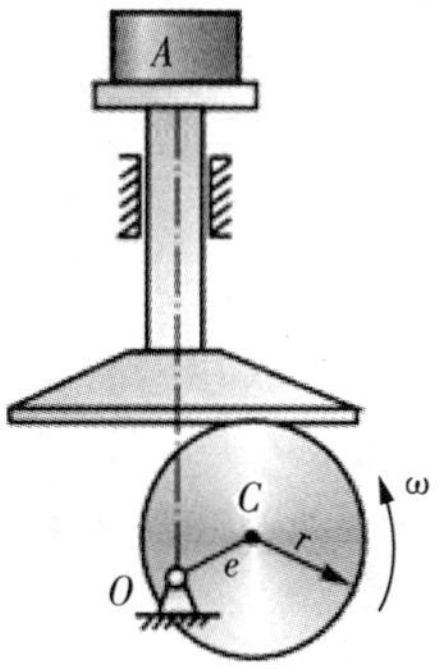

习题 10 - 6 图

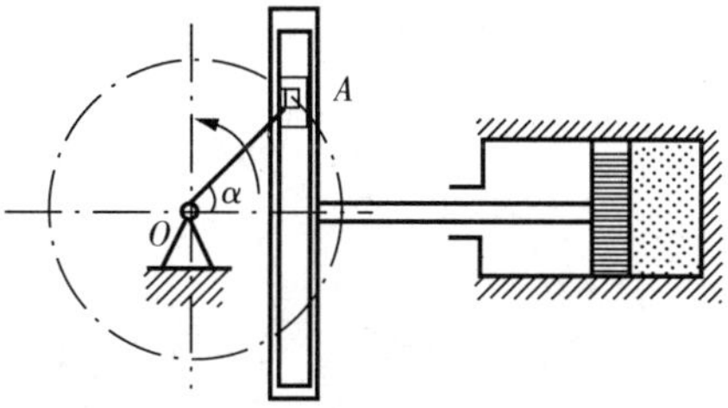

习题 10 - 7 图

10 - 8　重为 P 的球用两根各长 L 的杆支承如图所示，球和杆一起以匀角速度 ω 绕铅垂轴 AB 转动。如 $AB=2b$，杆的两端均为铰接，不计杆重，求杆所受的力。

10 - 9　两物体各重 P 和 G，用长为 L 的绳连接，此绳跨过一半径为 r 的滑轮，如开始时两物体的高差为 h，且 $Q>P$，不计滑轮与绳的质量；求由静止释放后，两物体达到相同高度时所需的时间。

10-10　在选矿机械中，两种不同矿物沿斜面滑下，在离开斜面B点时的速度分别为$v_1=1\text{m/s}$和$v_2=2\text{m/s}$；已知$h=1\text{m}$，$\alpha=300$，求两种不同矿物落在CD所隔的距离s。

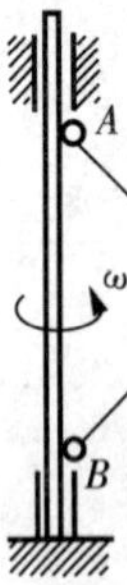

习题 10-8 图

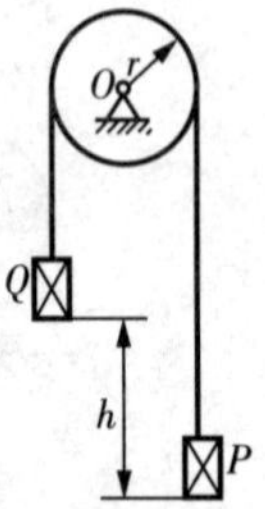

习题 10-9 图

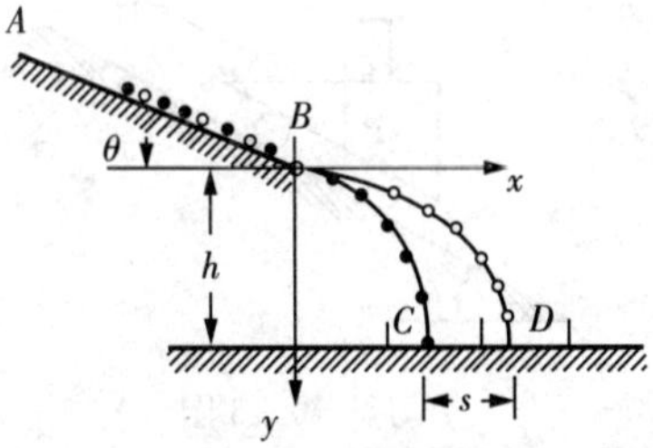

习题 10-10 图

第 11 章　动量定理

质点运动微分方程是求解质点动力学问题的基本方法。若研究对象是n个质点组成的质点系，则可列出 $3n$ 个运动微分方程，加上各质点之间相互联系的约束方程和运动的初始条件，可以求出各质点的运动情况，从而解决质点系的动力学问题。然而，求解微分方程的数学过程非常繁杂和困难；再者，对于某些动力学问题，往往不必求解各质点的运动情况，而只需要知道质点系整体的运动特征就够了。故质点系的动力学问题极少用微分方程求解，而用动力学普遍定理解决。

动力学普遍定理包括动量定理、动量矩定理和动能定理，这三大定理不仅避免了数学上求解的麻烦，更重要的是它们从不同角度建立了质点系的运动量(动量、动量矩、动能)与力的作用量(冲量、力矩、功)之间的关系。这些运动量和力的作用量具有明显的物理意义，因此，动力学普遍定理更加深刻地揭示了机械运动的基本规律以及机械运动与其他运动形式之间的关系。

11.1　动量和冲量

11.1.1　动量和质心

动量是表征物体机械运动强弱的物理量。质点的质量与速度的乘积定义为质点的动量，即质点运动的强弱程度不仅与速度有关，还与质点的质量(惯性)有关。质点的动量，记为 $m\boldsymbol{v}$ ，是一个矢量，其方向与质点速度的方向相同；同时，动量又是一个瞬时量，其大小和方向随时间发生变化。

在国际单位制中，动量的单位是 kg · m/s。

质点系运动时，各质点在每一瞬时均有各自的动量。质点系内各质点动量的矢量和，称为质点系的动量，用 $\boldsymbol{p}$ 表示，即

$$\boldsymbol{p}=\sum m_i\boldsymbol{v}_i \tag{11-1}$$

其中，$\boldsymbol{v}_i$ 为第 i 个质点的速度。质点系的动量也是矢量。

质点系的质心即质点系的质量中心，是表征质点系质量分布规律的一个几何点。取一固定点为原点，则

$$\boldsymbol{r}_C = \frac{\sum m_i \boldsymbol{r}_i}{m} \tag{11-2}$$

其中，$\boldsymbol{r}_C$ 为质心 C 的矢径，m_i 为第 i 个质点的质量，$\boldsymbol{r}_i$ 为该质点的矢径，m 为质点系的总质量，即 $m = \sum m_i$。

在计算质心位置时，常用上式在直角坐标系的投影形式

$$x_C = \frac{\sum m_i x_i}{m}, \quad y_C = \frac{\sum m_i y_i}{m}, \quad z_C = \frac{\sum m_i z_i}{m} \tag{11-3}$$

其中，x_C、y_C、z_C 为质心 C 的坐标，x_i、y_i、z_i 为第 i 个质点的坐标。式(11-3)与第四章中物体质心的直角坐标公式(4-33)完全相同。

速度 $\boldsymbol{v}_i = \dfrac{\mathrm{d}\boldsymbol{r}_i}{\mathrm{d}t}$，代入式(11-1)，因为质量 m_i 是不变的，则有

$$\boldsymbol{p} = \sum m_i \boldsymbol{v}_i = \sum m_i \frac{\mathrm{d}\boldsymbol{r}_i}{\mathrm{d}t} = \frac{\mathrm{d}}{\mathrm{d}t} \sum m_i \boldsymbol{r}_i$$

由式(11-2)可知 $\sum m_i \boldsymbol{r}_i = m\boldsymbol{r}_C$，代入上式得

$$\boldsymbol{p} = \frac{\mathrm{d}}{\mathrm{d}t} \sum m_i \boldsymbol{r}_i = \frac{\mathrm{d}}{\mathrm{d}t}(m\boldsymbol{r}_C) = m\frac{\mathrm{d}\boldsymbol{r}_C}{\mathrm{d}t} = m\boldsymbol{v}_C \tag{11-4}$$

其中，$\boldsymbol{v}_C$ 为质心的速度，$\boldsymbol{v}_C = \dfrac{\mathrm{d}\boldsymbol{r}_C}{\mathrm{d}t}$。即，质点系的动量等于质点系总质量与质心速度的乘积。

式(11-4)表明：若质点系的全部质量都集中在质心 C，则质心的动量即等于质点系的动量。

因为质心是刚体内某一确定点，对于质量均匀分布的刚体，质心就是其几何中心，用式(11-4)计算刚体的动量是非常方便的。例如，长为 l、质量为 m 的均质细杆，在平面内绕 O 点转动，角速度为 ω，如图 11-1a 所示。细杆质心的速度 $v_C = \dfrac{l}{2}\omega$，则细杆的动量为 $m v_C$，方向与 $\boldsymbol{v}_C$ 相同。图 11-1b 所示的均质滚轮，质量为 m，轮心速度为 $\boldsymbol{v}_C$，则其动量为 $m\boldsymbol{v}_C$。图 11-1c 所示的绕中心转动的均质轮，无论有多大的角速度和质量，由于其质心不动，其动量恒为零。

11.1.2　冲量

物体在力的作用下运动状态的变化，不仅和力的大小有关，而且也与力作用的时间有关。即力对物体作用的时间越长，则物体运动状态的改变也越大。

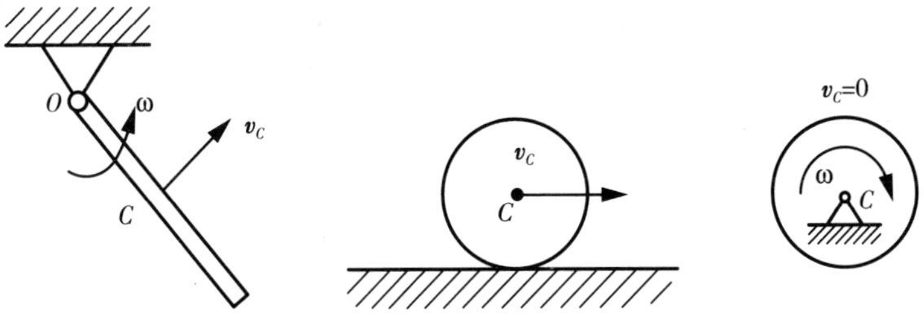

（a）　（b）　（c）

图 11 - 1

因此定义：力与其作用时间的乘积称力的冲量，用 $\boldsymbol{I}$ 表示，它是力对物体的作用在一段时间内的累积效应。

如果作用力 $\boldsymbol{F}$ 是变量，在微小时间间隔 dt 内，力 $\boldsymbol{F}$ 可视为常力。在 dt 内的冲量称为元冲量 d$\boldsymbol{I}$，即

$$\mathrm{d}\boldsymbol{I} = \boldsymbol{F}\mathrm{d}t$$

作用力 $\boldsymbol{F}$ 在时间间隔（$t_1 \sim t_2$）内的冲量为

$$\boldsymbol{I} = \int_{t_1}^{t_2} \boldsymbol{F}\mathrm{d}t \qquad (11-5)$$

当作用力 $\boldsymbol{F}$ 为常力时，有

$$\boldsymbol{I} = \boldsymbol{F}t \qquad (11-6)$$

冲量是矢量，方向与作用力的方向相同。但冲量不是瞬时量，而是一个过程量。

国际单位制中，冲量的单位是 N · s，可化为 kg · m/s，与动量单位一致。

11.2　动量定理

动量定理建立了动量的变化与作用力或其冲量之间的关系。

11.2.1　质点的动量定理

由质点动力学基本方程有

$$m\boldsymbol{a} = m\frac{\mathrm{d}\boldsymbol{v}}{\mathrm{d}t} = \frac{\mathrm{d}(m\boldsymbol{v})}{\mathrm{d}t} = \boldsymbol{F} \qquad (11-7\mathrm{a})$$

即，质点的动量对时间的导数，等于作用于质点上的力。此关系式可改写为

$$d(m\boldsymbol{v}) = \boldsymbol{F}dt \tag{11-7b}$$

即，质点动量的微分，等于作用于质点上的力的元冲量。式(11－7a)和(11－7b)称为质点的动量定理的微分形式。

若力在一段时间内作用，设时间由 t_1 变化到 t_2 时，质点速度由 $\boldsymbol{v}_1$ 变为 $\boldsymbol{v}_2$，对式(11－7b)积分，得

$$m\boldsymbol{v}_2 - m\boldsymbol{v}_1 = \int_{t_1}^{t_2} \boldsymbol{F}dt = \boldsymbol{I} \tag{11-8}$$

即在某一段时间内，质点动量的变化等于作用于质点的力在此段时间内的冲量。式(11－8)称质点动量定理的积分形式。

11.2.2 质点系的动量定理

设质点系由 n 个质点组成，其中第 i 个质点的质量为 m_i，速度为 $\boldsymbol{v}_i$，则质点的动量为 $m_i\boldsymbol{v}_i$。该质点受到的力可分为两部分：质点系内其他质点对该质点作用的力 $\boldsymbol{F}_i^{(i)}$，称为内力；质点系以外的物体对该质点作用的力 $\boldsymbol{F}_i^{(e)}$，称为外力。由质点的动量定理有

$$d(m_i\boldsymbol{v}_i) = (\boldsymbol{F}_i^{(e)} + \boldsymbol{F}_i^{(i)})dt = \boldsymbol{F}_i^{(e)}dt + \boldsymbol{F}_i^{(i)}dt$$

对于有 n 个质点的质点系，可以得到 n 个这样的方程。将 n 个方程两边分别相加，得

$$\sum d(m_i\boldsymbol{v}_i) = \sum \boldsymbol{F}_i^{(e)}dt + \sum \boldsymbol{F}_i^{(i)}dt$$

由于 $\boldsymbol{F}_i^{(i)}$ 为质点系内的内力，因而总是大小相等、方向相反地成对出现，可以相互抵消，即

$$\sum \boldsymbol{F}_i^{(i)}dt = 0$$

又因 $\sum d(m_i\boldsymbol{v}_i) = d\sum(m_i\boldsymbol{v}_i) = d\boldsymbol{p}$，是质点系动量的增量。则质点系动量定理的微分形式为

$$d\boldsymbol{p} = \sum \boldsymbol{F}_i^{(e)}dt = \sum d\boldsymbol{I}_i^{(e)} \tag{11-9}$$

即，质点系动量的增量，等于作用于质点系的外力元冲量的矢量和。

式(11－9)也可写成：

$$\frac{d\boldsymbol{p}}{dt} = \sum \boldsymbol{F}_i^{(e)} \tag{11-10}$$

即，质点系的动量对时间的导数，等于作用于质点系的外力的矢量和（或外力系的主矢）。

式(11-9)和(11-10)都是质点系的动量定理，是该定理的微分形式。它指出质点系动量的变化只取决于外力系的主矢，质点系的内力不能改变质点系的动量。

质点系动量定理是矢量方程，具体应用时常用投影形式。其在直角坐标系的投影为

$$\frac{\mathrm{d}p_x}{\mathrm{d}t}=\sum F_x^{(e)},\frac{\mathrm{d}p_y}{\mathrm{d}t}=\sum F_y^{(e)},\frac{\mathrm{d}p_z}{\mathrm{d}t}=\sum F_z^{(e)} \tag{11-11}$$

即，质点系的动量在某一坐标轴上的投影对时间的导数，等于作用于质点系的所有外力在同一轴上投影的代数和。

当时间由 t_1 变化到 t_2 时，质点系动量由 p_1 变为 p_2，将式(11-10)积分，得

$$\boldsymbol{p}_2-\boldsymbol{p}_1=\sum\int_{t_1}^{t_2}\boldsymbol{F}_i^{(e)}\mathrm{d}t-\sum\boldsymbol{I}_i^{(e)} \tag{11-12}$$

即，在某一时间段内，质点系动量的改变量，等于在该段时间内作用于质点系外力冲量的矢量和。上式为质点系动量定理的积分形式，又称为质点系的冲量定理。

将式(11-12)向三个直角坐标轴投影，得

$$p_{2x}-p_{1x}=\sum I_x^{(e)},p_{2y}-p_{1y}=\sum I_y^{(e)},p_{2z}-p_{1z}=\sum I_z^{(e)} \tag{11-13}$$

【例 11-1】 两均质杆 OA 和 AB 质量均为 m，长为 l，铰接于 A。图 11-2 所示位置时，杆 OA 角速度为 ω，AB 杆相对于杆 OA 角速度亦为 ω，求此瞬时系统的动量。

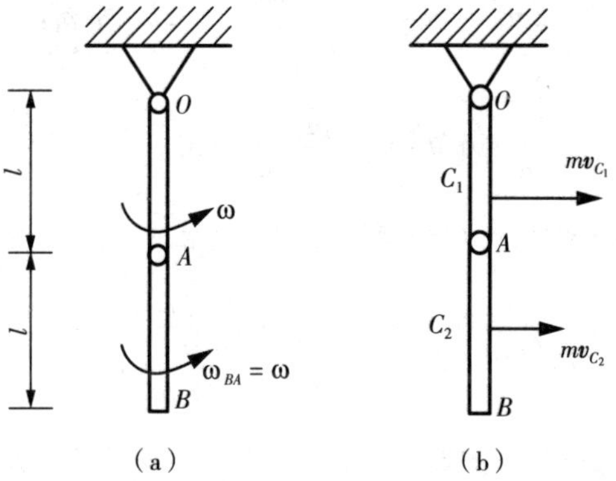

图 11-2

【解】 以两均质杆 OA 和 AB 为研究的质点系。显然，系统的动量等于两均质杆的动量之和。图示位置，杆 OA 的质心 C_1 的速度 $v_{C1}=\frac{l}{2}\omega$，方向水平向右。

杆 AB 作平面运动，B 相对 A 以角速度为 ω 转动，由基点法可得杆 AB 的质心 C_2 的速度

$$v_{C2}=v_A+v_{C_2A}=l\omega+\frac{l}{2}\omega=\frac{3}{2}l\omega$$

方向也是水平向右，如图 11－2b 所示。

由于在图示位置处，两均质杆质心的速度方向相同，故此瞬时系统的动量为

$$p=m\cdot\frac{1}{2}l\omega+m\cdot\frac{3}{2}l\omega=2ml\omega\text{（方向水平向右）}$$

【例 11－2】 图 11－3 所示曲柄滑块机构中，设曲柄 OA 受力偶作用以匀角速度 ω 转动，滑块 B 沿 x 轴转动。若 $OA=AB=l$，OA 和 AB 皆为均质杆，质量皆为 m_1，滑块 B 的质量为 m_2。求此系统的质心运动方程、轨迹以及此系统的动量。

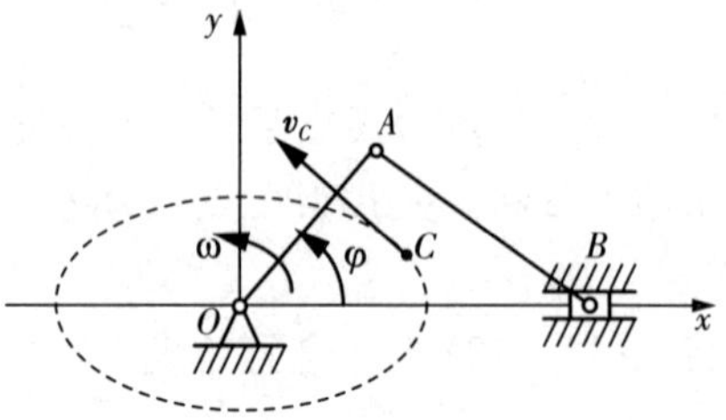

图 11－3

【解】 设 $t=0$ 时杆 OA 水平，则有 $\varphi=\omega t$。质心 C 的坐标为

$$\left.\begin{aligned}x_C&=\frac{m_1\dfrac{l}{2}+m_1\dfrac{3l}{2}+2m_2l}{2m_1+m_2}\cos\omega t=\frac{2(m_1+m_2)}{2m_1+m_2}l\cos\omega t\\ y_C&=\frac{2m_1\dfrac{l}{2}}{2m_1+m_2}\sin\omega t=\frac{m_1}{2m_1+m_2}l\sin\omega t\end{aligned}\right\}\tag{a}$$

上式也就是此系统质心 C 的运动方程。由上两式消去时间 t，得

$$\frac{x_C^2}{\left(\dfrac{2(m_1+m_2)l}{2m_1+m_2}\right)^2}+\frac{y_C^2}{\left(\dfrac{m_1l}{2m_1+m_2}\right)^2}=1\tag{b}$$

即，质心 C 的运动轨迹为一椭圆，如图 11－3 中虚线所示。应该指出，系统的质心一般不在其中某一物体上。

上面已经求得系统的质心运动方程，求导可得质心速度在坐标轴上的投影，进而可计算系统动量的投影，即

$$v_{Cx}=\dot{x}_C=\frac{-2(m_1+m_2)}{2m_1+m_2}l\omega\sin\omega t$$

$$v_{Cy}=\dot{y}_C=\frac{m_1}{2m_1+m_2}l\omega\cos\omega t$$

$$p_x=m\boldsymbol{v}_{Cx}=-2(m_1+m_2)l\omega\sin\omega t$$

$$p_y=m\boldsymbol{v}_{Cy}=m_1 l\omega\cos\omega t$$

则系统的动量

$$\boldsymbol{p}=p_x i+p_y j=[-2(m_1+m_2)l\omega\sin\omega t]i+[m_1 l\omega\cos\omega t]j$$

其大小为

$$p=\sqrt{p_x^2+p_y^2}=l\omega\sqrt{4\,(m_1+m_2)^2\,\sin^2\omega t+m_1^2\,\cos^2\omega t}$$

动量的方向沿质心轨迹的切线方向，可用其方向余弦表示。

11.2.3　质点系的动量守恒定律

如果作用于质点系上所有外力的主矢恒等于零，根据式(11－9)或(11－10)，则质点系的动量保持不变，即

$$\boldsymbol{p}=\text{恒矢量}$$

如果作用于质点系上的所有外力在某坐标轴上投影的代数和恒等于零，根据式(11－11)，则质点系的动量在该坐标轴上的投影保持不变。例如$\sum F_{ix}^{(e)}=0$，则

$$p_x=\text{恒量}$$

以上结论称为质点系的动量守恒定律。

【例 11－3】　物块 A 可沿光滑水平面自由滑动，其质量为 m_A；小球 B 的质量为 m_B，通过细杆与物块铰接，如图 11－4 所示。设杆长为 l，质量不计，初始时系统静止，并有初始摆角 φ_0；释放后，细杆近似以 $\varphi=\varphi_0\cos\omega t$ 规律摆动(ω 为已知常数)，求物块 A 的最大速度。

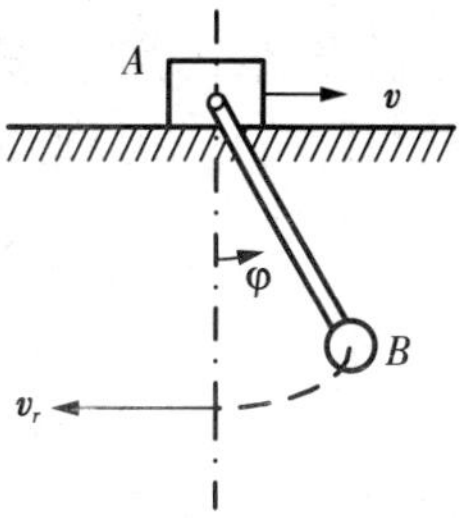

图 11－4

【解】　取物块和小球为研究对象，此系统水平方向不受外力作用，则沿水平方向动量守恒。

细杆角速度为 $\dot{\varphi}=-\omega\varphi_0\sin\omega t$，当 $\sin\omega t=1$ 时，其绝对值最大，此时应有 $\cos\omega t=0$，即 $\varphi=0$。由此，当细杆沿铅垂时小球相对于物块有最大的水平速度，其值为

$$\boldsymbol{v}_r=l\dot{\varphi}_{\max}=l\omega\varphi_0$$

当此速度 $\boldsymbol{v}_r$ 向左时，物块应有向右的绝对速度，设为 $\boldsymbol{v}$，而小球向左的绝对速度值为 $\boldsymbol{v}_a=\boldsymbol{v}_r-\boldsymbol{v}$。根据动量守恒条件，有

$$p_{x1}=m_A\boldsymbol{v}-m_B(\boldsymbol{v}_r-\boldsymbol{v})=p_{x0}=0$$

解出物块 A 的最大速度为

$$\boldsymbol{v}=\frac{m_B\boldsymbol{v}_r}{m_A+m_B}=\frac{m_Bl\omega\varphi_0}{m_A+m_B}$$

当 $\sin\omega t=-1$ 时，也有 $\varphi=0$。此时物块有向左的最大速度 $\frac{m_Bl\omega\varphi_0}{m_A+m_B}$。

11.3 质心运动定理

11.3.1 质心运动定理

上节已经得到质点系动量定理的微分形式：

$$\frac{\mathrm{d}\boldsymbol{p}}{\mathrm{d}t}=\frac{\mathrm{d}(m\boldsymbol{v}_C)}{\mathrm{d}t}=\sum\boldsymbol{F}_i^{(e)}$$

对于质量不变的质点系，有 $\frac{\mathrm{d}(m\boldsymbol{v}_C)}{\mathrm{d}t}=m\frac{\mathrm{d}\boldsymbol{v}_C}{\mathrm{d}t}=m\boldsymbol{a}_C$，则上式可改写为

$$m\boldsymbol{a}_C=\sum\boldsymbol{F}_i^{(e)} \tag{11-14}$$

其中，$\boldsymbol{a}_C$ 为质心的加速度。上式表明，质点系的质量与质心加速度的乘积等于作用于质点系外力的矢量和，这就是质心运动定理。

式(11-14)为质心运动定理的矢量形式，应用时常取其投影形式，即

$$ma_{cx}=\sum F_x^{(e)},\ ma_{cy}=\sum F_y^{(e)},\ ma_{cz}=\sum F_z^{(e)} \tag{11-15}$$

式(11-14)与质点运动微分方程 $m\boldsymbol{a}=\sum\boldsymbol{F}$ 相似，因此质心运动定理也可叙述如下：质点系质心的运动，可以看成为一个质点的运动，设想此质点集中了整个质点系的质量及其所受的外力。

由质心运动定理可知，质点系的内力不影响质心的运动，只有外力才能改变质心的运动。

【例 11-4】 均质曲柄 AB 长为 r，质量为 m_1，受力偶作用以不变角速度 ω 转动，并带动滑槽连杆以及与它固连的活塞 D，如图 11-5 所示。滑槽、连杆、活塞总质量为 m_2，质心在点 C。在活塞上作用一恒力 F。不计摩擦及滑块 B 的质量，求作用在曲柄轴 A 处的最大水平约束力 F_x。

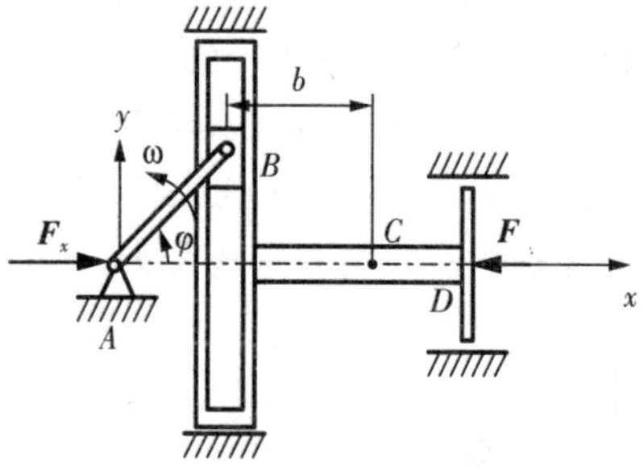

图 11-5

【解】 选取整个机构为研究的质点系。作用在水平方向的外力有 F 和 F_x，力偶不影响质心运动。由质心运动定理知

$$(m_1+m_2)a_{Cx}=F_x-F \tag{a}$$

为求质心的加速度在 x 轴上的投影，先计算质心的坐标，然后对时间取二阶导数，即

$$x_C=\left[m_1\frac{r}{2}\cos\varphi+m_2(r\cos\varphi+b)\right]\cdot\frac{1}{m_1+m_2}$$

$$a_{Cx}=\ddot{x}_C=\frac{-r\omega^2}{m_1+m_2}\left(\frac{m_1}{2}+m_2\right)\cos\omega t \tag{b}$$

将式(b) 代入式(a)，解得

$$F_x=F-r\omega^2\left(\frac{m_1}{2}+m_2\right)\cos\omega t$$

显然，最大水平约束力

$$F_{x\max}=F+r\omega^2\left(\frac{m_1}{2}+m_2\right)$$

11.3.2　质心运动守恒定律

由式(11-14) 可知，如果作用于质点系所有外力的主矢恒等于零，则质心作匀速直线运动；若开始时质心静止，则质心位置保持不变。

由式(11-15) 可知，如果作用于质点系的所有外力在某坐标轴上投影的代

数和恒等于零，则质心速度在该轴上的投影保持不变；若开始时速度投影等于零，则质心沿该轴的坐标保持不变。

以上结论，称为质心运动守恒定律。

【例 11-5】 如图 11-6a 所示，两根均质杆 AB 和 BD 在 D 处用光滑铰链相连。已知两杆的长度均为 l，质量分别为 m_1 和 m_2，且 $m_1 > m_2$。开始时，两杆竖直静止立于光滑的水平面上，两杆与地面的夹角均为 60°，然后在铅直平面内向两边分开倒下。求两杆倒地时 D 点的位置。

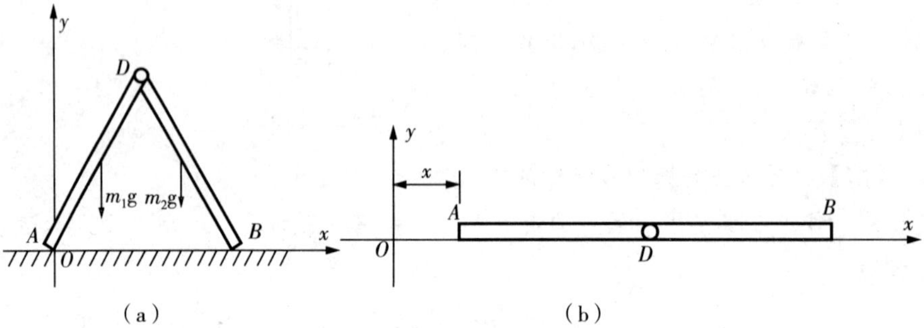

图 11-6

【解】 取两杆为研究对象，建立图 11-6a 所示直角坐标系 Oxy。两杆在 x 轴方向没有受到外力作用，由质心运动守恒定律可知，质心在 x 轴的坐标保持不变。

开始时，质心的 x 坐标为

$$x_C = \frac{m_1 \cdot \frac{l}{2}\cos 60^\circ + m_2 \cdot \left(l + \frac{l}{2}\right)\cos 60^\circ}{m_1 + m_2} = \frac{m_1 + 3m_2}{m_1 + m_2}\ \frac{l}{4}$$

为方便计算，认为两杆倒地时位置如图 11-6b 所示。此时，质心的 x 坐标为

$$x_C = \frac{m_1\left(x + \frac{l}{2}\right) + m_2 \cdot \left(x + \frac{3l}{2}\right)}{m_1 + m_2}$$

质心在 x 轴的坐标保持不变，则

$$\frac{m_1\left(x + \frac{l}{2}\right) + m_2 \cdot \left(x + \frac{3l}{2}\right)}{m_1 + m_2} = \frac{m_1 + 3m_2}{m_1 + m_2}\ \frac{l}{4}$$

解得：$x = -\frac{m_1 + 3m_2}{m_1 + m_2}\ \frac{l}{4}$

则 D 点发生的位移为

$$x+l-l\cos60^\circ=\frac{l}{2}-\frac{m_1+3m_2}{m_1+m_2}\frac{l}{4}=\frac{m_1-m_2}{m_1+m_2}\frac{l}{4}$$

思　考　题

11－1　在光滑的水平面上放置一静止的均质圆盘，当它受一力偶作用时，盘心将如何运动？盘心运动情况与力偶作用位置有关吗？如果圆盘面内受一大小和方向都不变的力作用，盘心将如何运动？盘心运动情况与此力的作用点有关吗？

11－2　如图所示，两物块 A 和 B，质量分别为 m_A 和 m_B，初始静止。如 A 沿斜面下滑的相对速度为 $\boldsymbol{v}_r$。设 B 向左的速度为 $\boldsymbol{v}$，根据动量守恒定律，有 $m_A\boldsymbol{v}_r\cos\theta=m_B\boldsymbol{v}$，对吗？

11－3　如图所示，两均质直杆 AC 和 CB，长度相同，质量分别为 m_1 和 m_2。两杆在点 C 由铰链连接，初始时维持在铅垂面内不动。设地面绝对光滑，两杆被释放后将分开倒向地面。问 m_1 与 m_2 相等或不相等时，C 点的运动轨迹是否相同？

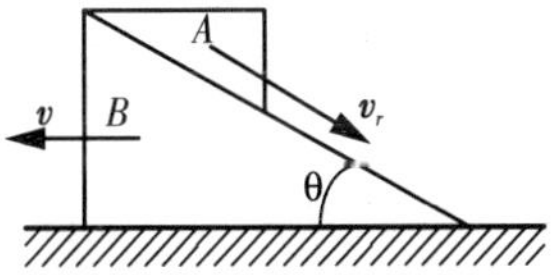

思考题 11－2 图

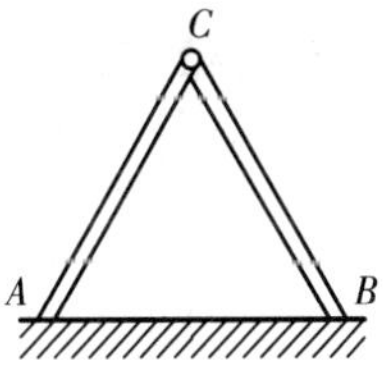

思考题 11－3 图

11－4　刚体受多个力的作用，不论各力的作用点如何，此刚体质心的加速度都一样吗？

11－5　高空作业的安全网为什么可以保护从高空掉下来的人？

11－6　质点做匀速曲线运动时，它在每一个瞬时的动量是否相等？为什么？

11－7　动量是瞬时量，冲量也是瞬时量。该表述对吗？

11－8　内力能否改变质点系的动量？为什么？

11－9　若质点系的动量为零，该质点系就一定处于静止状态。该表述是否正确？为什么？

11－10　质点系的动量是否一定大于其中任一点的动量？

11－11　有 3 根相同的均质杆悬空放置，质心都在同一水平线上。其中一杆水平，一杆铅直，一杆倾斜。若同时自由释放此三杆，则三杆的质心的运动规律是否相同？

11-12　刚体受一力系作用，不论各力作用点如何，此刚体质心的加速度是否都一样？为什么？

习　　题

11-1　质量同为 m 的均质杆 AO 和 AB 得长度分别为 l_1 和 l_2，均质滚轮的半径为 R，质量也为 m。若已知杆 AO 的角速度为 ω，滚轮只滚不滑，求图示瞬时系统的动量。

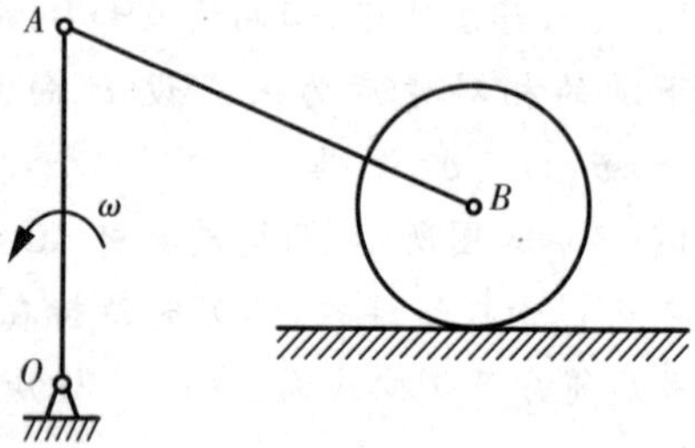

习题 11-1 图

11-2　汽车以 32km/h 的速度在水平直道上行驶。设车轮在制动后立即停止转动。问车轮对地面的动滑动摩擦因数 f 应为多大方能使汽车在制动后 11s 停止。

11-3　跳伞者质量为 60kg，自停留在高空中的直升机中跳出，落下 100m 后，将降落伞打开。设开伞前的空气阻力略去不计，伞重不计，开伞后所受的阻力不变，经 5s 后跳伞者的速度减为 4.3m/s。求阻力的大小。

11-4　一均质三棱柱 A 放在水平面上，在其斜面上又放一均质三棱柱 B。两三棱柱的横截面均为直角三角形，质量 $m_A = 3m_B$，几何尺寸如图所示。设各处摩擦不计，初始时系统静止。求当三棱柱 B 沿三棱柱 A 滑下接触到水平面时，三棱柱 A 移动的距离。

11-5　均质杆 AB，长为 l，直立在光滑的水平面上。求它从铅垂位置无初速地倒下时，端点 A 相对图示坐标系的轨迹。

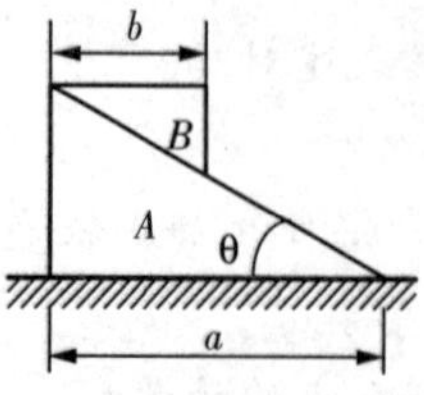

习题 11-4 图

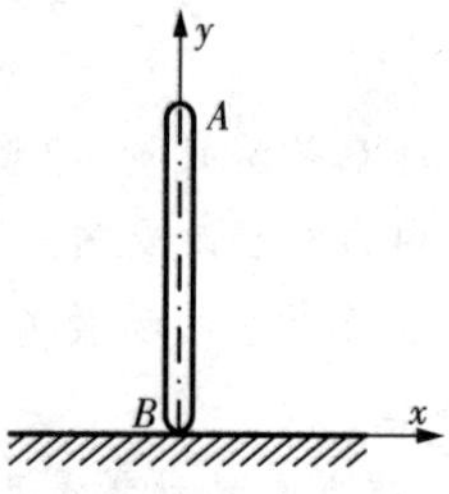

习题 11-5 图

11－6　质量为 m_1 的平台 AB，放于水平面上，平台与水平面之间的动滑动摩擦因数为 f。质量为 m_2 的小车 D，由绞车拖动，相对于平台的运动规律为 $s=\frac{1}{2}bt^2$，其中 b 为已知常数。不计绞车的质量，求平台的加速度。

11－7　均质杆 AD 与 BD 由相同的材料制成，在 D 点铰接，两杆位于同一铅垂面内。$AD=25\text{cm}$，$BD=40\text{cm}$。当 $DE=24\text{cm}$ 时，系统由静止释放。各处摩擦不计，求杆 AD 与杆 BD 倒地，A、D、B 在同一直线上时，端点 A 与 B 各自移动的距离。

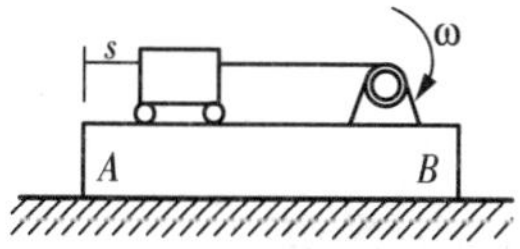

习题 11－6 图

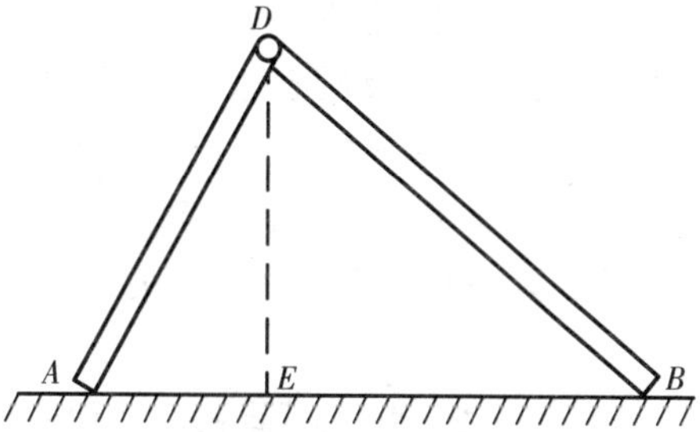

习题 11－7 图

11－8　椭圆摆由质量为 m_1 的滑块 A 和质量为 m_2 的单摆 B 组成，如图所示。滑块可沿水平面滑动，杆 AB 长为 l，质量不计。系统初始静止，从初始摆角 φ_0，释放后，杆 AB 以近似 $\varphi=\varphi_0\cos(\omega t)$ 的规律摆动，φ_0 和 ω 已知，不计摩擦。求滑块 A 的最大速度。

11－9　水刀或水枪是利用高压使水从喷嘴喷射而出，形成强大水流冲击物体。已知水枪的水柱直径为 30mm，出水速度为 50m/s。求水柱对物体所产生的作用力。

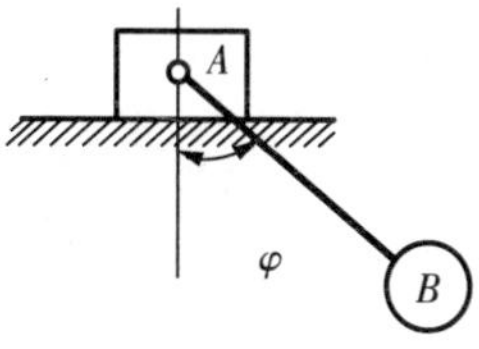

习题 11－8 图

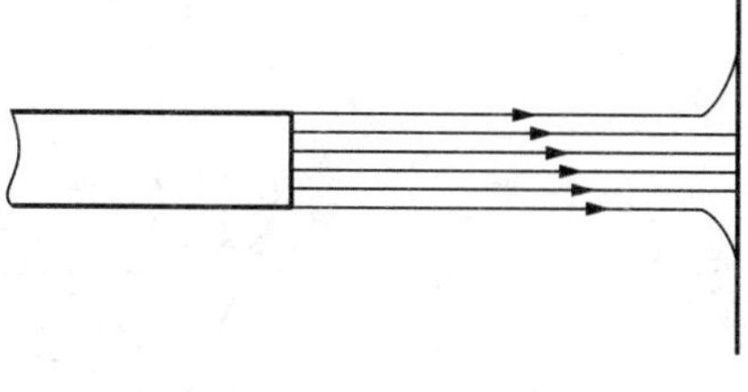

习题 11－9 图

第12章　动量矩定理

前一章介绍了动量定理，描述了质点在外力系作用下动量或质心运动变化，但它不能完全描述质点系的运动。例如：均质圆轮绕轮心的定轴转动，无论圆轮转动快慢如何，圆轮的动量都等于零；在水平直线上作纯滚动的圆轮和滑动的物体，若两者质量及质心速度相等，则动量必相等，但两者的运动状态不一样。可见，动量不能描述刚体绕质心轴转动，质点系的动量定理不能完全描述质点系的运动与作用力之间的关系。本章介绍的动量矩定理，将从另一个方面描述质点子的运动和作用力之间的关系。

12.1　质点与质点系的动量矩

12.1.1　质点的动量矩

设质点Q某瞬时的动量为$m\boldsymbol{v}$，质点相对点O的位置用矢径$\boldsymbol{r}$表示。质点Q的动量对于点O的矩，定义为质点对于点O的动量矩，是矢量，如图12－1所示，即

$$\boldsymbol{M}_O(m\boldsymbol{v})=\boldsymbol{r}\times m\boldsymbol{v} \tag{12-1}$$

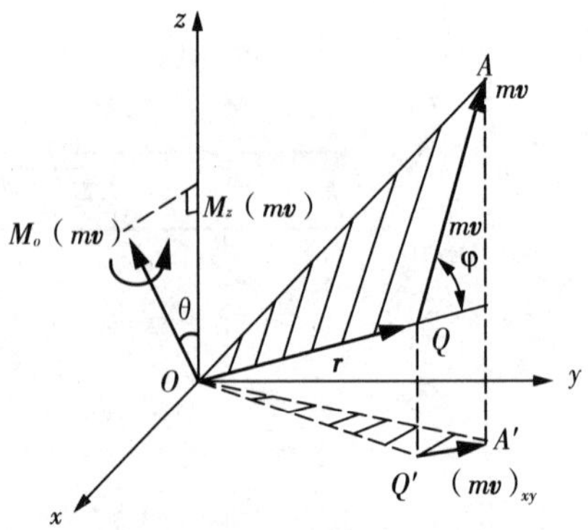

图12－1

质点动量 $m\boldsymbol{v}$ 在 Oxy 平面内的投影 $(m\boldsymbol{v})_{xy}$ 对于点 O 的矩，定义为质点动量对于 z 轴的矩，简称质点对于 z 轴的动量矩，是代数量。由图 12 - 1 可见质点对点 O 的动量矩以及对 z 轴的动量矩与力对点之矩与力对轴之矩相似。质点对点 O 的动量矩矢在 z 轴上的投影，等于对 z 轴的动量矩，即

$$[\boldsymbol{M}_O(m\boldsymbol{v})]_z = M_z(m\boldsymbol{v}) \tag{12-2}$$

在国际单位制中，动量矩的单位为 $\text{kg}\cdot\text{m}^2/\text{s}$。

12.2.2　质点系的动量矩

质点系对点 O 的动量矩等于各质点对同一点 O 的动量矩的矢量和，即

$$\boldsymbol{L}_O = \sum \boldsymbol{M}_O(m_i\boldsymbol{v}_i) \tag{12-3}$$

质点系对轴 z 的动量矩等于各质点对同一 z 轴的动量矩的代数和，即

$$L_z = \sum M_z(m_i\boldsymbol{v}_i) \tag{12-4}$$

利用式(12 - 2)，得

$$[\boldsymbol{L}_O]_z = L_z \tag{12-5}$$

即，质点系对某点 O 的动量矩矢在通过该点的 z 轴上的投影等于质点系对于该轴的动量矩。

12.1.3　刚体的动量矩

刚体平移时，可将全部质量集中于质心，作为一个质点计算其动量矩。即

$$\boldsymbol{L}_O = \boldsymbol{M}_O(m\boldsymbol{v}_c) = \boldsymbol{r}_c \times m\boldsymbol{v}_c$$

刚体绕定轴转动时，如图 12 - 2 所示，刚体对转轴 z 的动量矩为

$$L_z = \sum M_z(m_i v_i) = \sum m_i v_i r_i$$

$$= \sum m_i\omega r_i r_i = \omega\sum m_i r_i^2$$

令 $\sum m_i r_i^2 = J_z$，称为刚体对于 z 轴的转动惯量。则得

$$L_z = J_z\omega \tag{12-6}$$

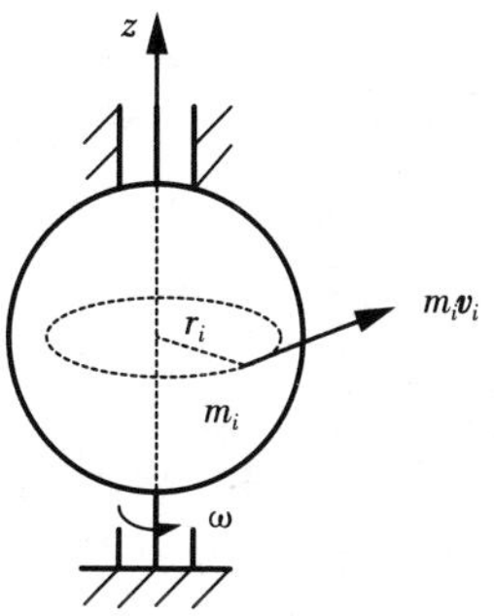

图 12 - 2

绕定轴转动的刚体对其转轴的动量矩等于刚体对转轴的转动惯量与转动角速度的乘积。

12.2 动量矩定理

12.2.1 质点的动量矩定理

如图 12-3 所示，质点对定点 O 的动量矩为 $\boldsymbol{M}_O(m\boldsymbol{v})$，作用力 $\boldsymbol{F}$ 对同一点的矩为 $\boldsymbol{M}_O(\boldsymbol{F})$，将动量矩对时间取一次导数，得

$$\frac{\mathrm{d}}{\mathrm{d}t}\boldsymbol{M}_O(m\boldsymbol{v})=\frac{\mathrm{d}}{\mathrm{d}t}(\boldsymbol{r}\times m\boldsymbol{v})=\frac{\mathrm{d}\boldsymbol{r}}{\mathrm{d}t}\times m\boldsymbol{v}+r\times\frac{\mathrm{d}}{\mathrm{d}t}(m\boldsymbol{v})$$

根据质点的动量定理 $\frac{\mathrm{d}}{\mathrm{d}t}(m\boldsymbol{v})=\boldsymbol{F}$；且 O 为定点，有 $\frac{\mathrm{d}\boldsymbol{r}}{\mathrm{d}t}=\boldsymbol{v}$，则上式可改写为

$$\frac{\mathrm{d}}{\mathrm{d}t}\boldsymbol{M}_O(m\boldsymbol{v})=\boldsymbol{v}\times m\boldsymbol{v}+\boldsymbol{r}\times\boldsymbol{F}$$

因为 $\boldsymbol{v}\times m\boldsymbol{v}=0$，$\boldsymbol{r}\times\boldsymbol{F}=\boldsymbol{M}_O(\boldsymbol{F})$，于是得

$$\frac{\mathrm{d}}{\mathrm{d}t}\boldsymbol{M}_O(m\boldsymbol{v})=\boldsymbol{M}_O(\boldsymbol{F}) \qquad (12-7)$$

即，质点对某定点的动量矩对时间的一阶导数，等于作用在该质点上的力对同一点之矩。式(12-7)称为质点的动量矩定理。

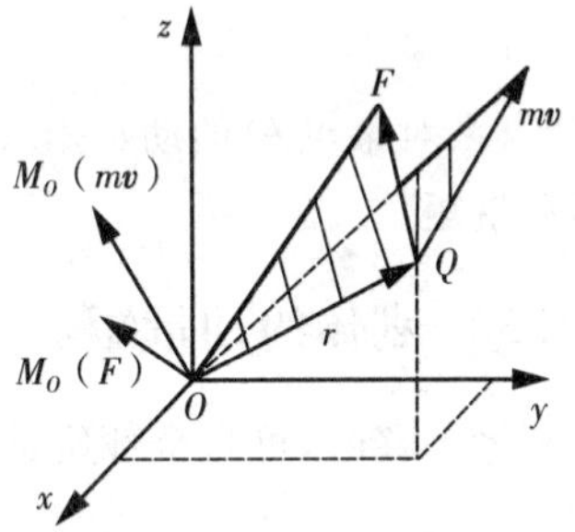

图 12-3

取式(12-7)在直角坐标系上的投影，并将对点的动量矩与对轴的动量矩的关系式(12-2)代入，得

$$\frac{\mathrm{d}}{\mathrm{d}t}M_x(mv)=M_x(\boldsymbol{F}),\quad \frac{\mathrm{d}}{\mathrm{d}t}M_y(mv)=M_y(\boldsymbol{F}),\quad \frac{\mathrm{d}}{\mathrm{d}t}M_z(mv)=M_z(\boldsymbol{F}) \qquad (12-8)$$

【例 12-1】 图 12-4 所示为一单摆(数学摆)，摆锤质量为 m，摆线长为 l，如给摆锤以初位移或初速度(统称初扰动)，它就在经过 O 点的铅垂平面内摆动。求此单摆在微小摆动时的运动规律。

【解】 以摆锤为研究对象，受力如图，建立如图坐标。在任一瞬时，摆锤的速度为 $\boldsymbol{v}$，摆的偏角为 φ，则

$$M_z(m\boldsymbol{v})=mvl=ml^2\dot{\varphi}$$

$$M_z(F)=-mgl\sin\varphi$$

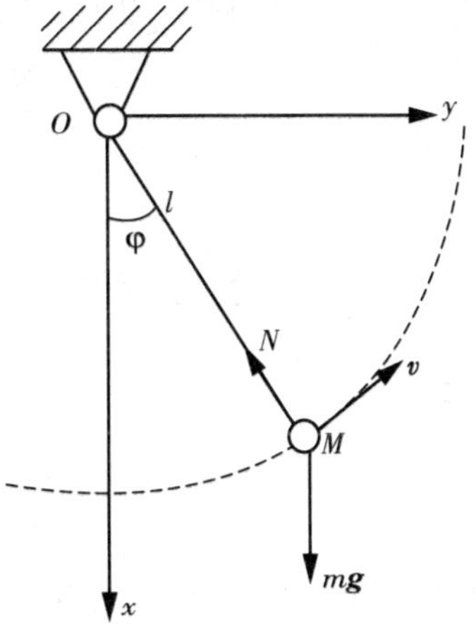

图 12-4

其中，负号表示：力矩的正负号恒与角坐标 φ 的正负号相反。它表明力矩总是有使摆锤回到平衡位置的趋势。

由 $\dfrac{\mathrm{d}}{\mathrm{d}t}M_z(m\boldsymbol{v})=M_z(F)$ 得

$$\frac{\mathrm{d}}{\mathrm{d}t}(ml^2\dot{\varphi})=-mgl\sin\varphi$$

即

$$\ddot{\varphi}+\frac{g}{l}\sin\varphi=0$$

这就是单摆的运动微分方程。当 φ 很小时摆作微摆动，$\sin\varphi\approx\varphi$，于是上式变为

$$\ddot{\varphi}+\frac{g}{l}\varphi=0$$

此微分方程的解为

$$\varphi=A\sin\left(\sqrt{\frac{g}{l}}t+B\right)$$

其中，A 和 B 为积分常数，取决于初始条件。可见单摆的微幅摆动为简谐运动。摆动的周期为

$$T=2\pi\sqrt{\frac{l}{g}}$$

显然，周期只与 l 有关，而与初始条件无关。

12.2.2　质点系的动量矩定理

设质点系内有 n 个质点，作用于每个质点的力分为内力 $\boldsymbol{F}_i^{(i)}$ 和外力 $\boldsymbol{F}_i^{(e)}$。根据质点的动量矩定理有

$$\frac{\mathrm{d}}{\mathrm{d}t}\boldsymbol{M}_O(m_i\boldsymbol{v}_i)=\boldsymbol{M}_O(\boldsymbol{F}_i^{(i)})+\boldsymbol{M}_O(\boldsymbol{F}_i^{(e)})$$

这样的方程共有 n 个，相加后得

$$\sum\frac{\mathrm{d}}{\mathrm{d}t}\boldsymbol{M}_O(m_i\boldsymbol{v}_i)=\sum\boldsymbol{M}_O(\boldsymbol{F}_i^{(i)})+\sum\boldsymbol{M}_O(\boldsymbol{F}_i^{(e)})$$

由于内力总是大小相等、方向相反地成对出现，因此上式中

$$\sum \boldsymbol{M}_O(\boldsymbol{F}_i^{(i)})=0$$

又

$$\sum \frac{\mathrm{d}}{\mathrm{d}t}\boldsymbol{M}_O(m_i\boldsymbol{v}_i)=\frac{\mathrm{d}}{\mathrm{d}t}\sum \boldsymbol{M}_O(m_i\boldsymbol{v}_i)=\frac{\mathrm{d}\boldsymbol{L}_O}{\mathrm{d}t}$$

于是得

$$\frac{\mathrm{d}\boldsymbol{L}_O}{\mathrm{d}t}=\sum \boldsymbol{M}_O(\boldsymbol{F}_i^{(e)}) \tag{12-9}$$

即，质点系对于某定点的动量矩对时间的导数，等于作用于质点系的外力对同一点之矩的矢量和(外力对该点的主矩)。式(12-9)称为质点系的动量矩定理。

应用时，取投影式

$$\left.\begin{aligned}\frac{\mathrm{d}L_x}{\mathrm{d}t}&=\sum M_x(F_i^{(e)})\\ \frac{\mathrm{d}L_y}{\mathrm{d}t}&=\sum M_y(F_i^{(e)})\\ \frac{\mathrm{d}L_z}{\mathrm{d}t}&=\sum M_z(F_i^{(e)})\end{aligned}\right\} \tag{12-10}$$

必须指出，上述动量矩定理的表达形式只适用于对固定点或固定轴。对于一般的动点或动轴，其动量矩定理具有较复杂的表达式。

【例 12-2】 高炉运送矿石用的卷扬机如图 12-5 所示。已知鼓轮的半径为 R，转动惯量为 J，作用在鼓轮上的力偶矩为 M。小车和矿石总质量为 m，轨道的倾角为 θ。设绳的质量和各处摩擦均忽略不计，求小车的加速度 a。

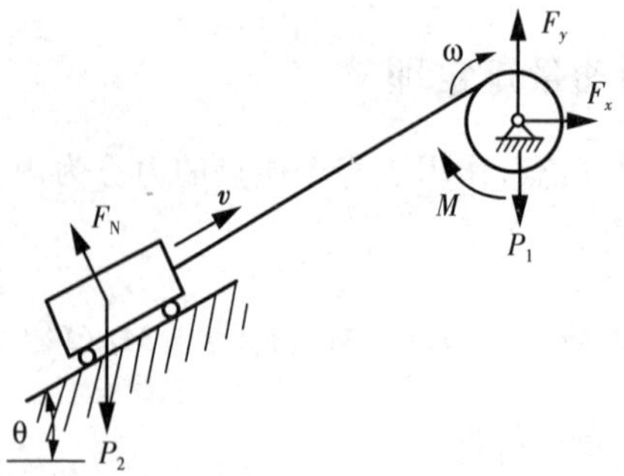

图 12-5

【解】 取小车与鼓轮组成质点系，视小车为质点。以顺时针为正，此质点系对轴 O 的动量矩为

$$L_O = J\omega + mvR$$

作用于质点系的外力除力偶 M、重力 $\boldsymbol{P}_1$ 和 $\boldsymbol{P}_2$ 外，尚有轴承 O 的约束力 $\boldsymbol{F}_x$，$\boldsymbol{F}_y$ 和轨道对小车的约束力 $\boldsymbol{F}_N$。其中 $\boldsymbol{P}_1$，$\boldsymbol{F}_x$，$\boldsymbol{F}_y$ 对轴 O 的力矩为零。系统外力对轴 O 的矩为

$$M^{(e)} = M - mg\sin\theta \cdot R$$

由质点系对轴 O 的动量矩定理，有

$$\frac{\mathrm{d}}{\mathrm{d}t}(J\omega + mvR) = M - mg\sin\theta \cdot R$$

因 $\omega = \dfrac{v}{R}$，$\dfrac{\mathrm{d}v}{\mathrm{d}t} = \alpha$，于是解得

$$\alpha = \frac{MR - mgR^2\sin\theta}{J + mR^2}$$

必须强调的是：为使动量矩定理中各物理量的正负号保持协调，动量矩和力矩的正负号规定必须完全一致。

12.2.3　动量矩守恒定律

当作用于质点的力对某定点 O 的矩恒等于零时，由式(12－7)可知，质点对该点的动量矩保持不变，即

$$\boldsymbol{M}_O(m\boldsymbol{v}) = \text{恒矢量}$$

如果作用于质点的力对某定轴的矩恒等于零，则由式(12－8)有质点对该轴的动量矩保持不变，例如 $M_z(F) = 0$，则

$$M_z(mv) = \text{恒量}$$

可见，当作用力对于某定点(或某定轴)的矩等于零，则质点对该点(或该轴)的动量矩保持不变，称质点动量矩守恒定律。

质点系同样也有动量矩守恒定律。

由式(12－9)可知，质点系的内力不改变质点系的动量矩。

当外力对于某定点(或某定轴)的主矩等于零，则质点系对于该点(或该轴)的动量矩保持不变，这就是质点系动量矩守恒定律。

质点在运动中受到恒指向某定点 O 的力 $\boldsymbol{F}$ 作用时，称该质点在有心力作用

下运动，如行星绕太阳运动、人造卫星绕地球运动等。如图 12－6 所示，作用于质点 M 上的力 $\boldsymbol{F}$ 对于点 O 的矩恒等于零，于是质点对于点 O 的动量矩守恒，即 $\boldsymbol{M}_O(m\boldsymbol{v})$ 为恒矢量。

进而分析可知：

(1) $\boldsymbol{M}_O(m\boldsymbol{v})=\boldsymbol{r}\times m\boldsymbol{v}$，$\boldsymbol{M}_O(m\boldsymbol{v})$ 垂直于矢径 $\boldsymbol{r}$ 和速度 $\boldsymbol{v}$ 所在的平面。$\boldsymbol{M}_O(m\boldsymbol{v})$ 为恒矢量，其方向恒不变，即矢径 $\boldsymbol{r}$ 和速度 $\boldsymbol{v}$ 始终位于同一平面，因此，质点在有心力作用下的运动轨迹是平面曲线。

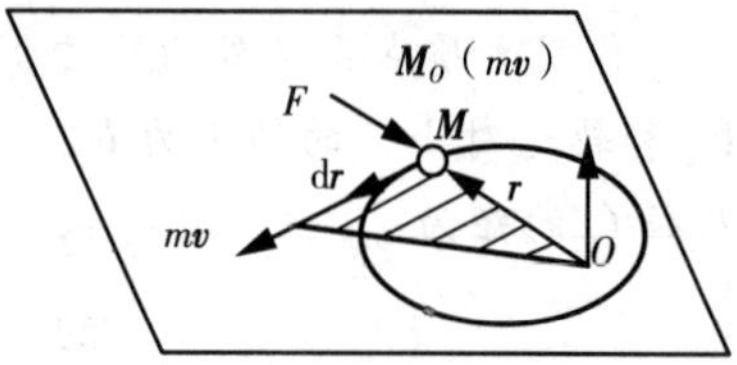

图 12－6

(2) 由 $\boldsymbol{r}\times m\boldsymbol{v}=\boldsymbol{r}\times m\dfrac{\mathrm{d}\boldsymbol{r}}{\mathrm{d}t}=$恒矢量，可得 $\boldsymbol{r}\times\dfrac{\mathrm{d}\boldsymbol{r}}{\mathrm{d}t}=$恒量。如图 12－6 所示，$\boldsymbol{r}\times\mathrm{d}\boldsymbol{r}$ 为图中阴影三角形面积 $\mathrm{d}A$ 的两倍，因而有

$$\frac{\mathrm{d}A}{\mathrm{d}t}=\text{常量}$$

A 是质点矢径 $\boldsymbol{r}$ 所扫过的面积，$\dfrac{\mathrm{d}A}{\mathrm{d}t}$ 称为面积速度，上述结论称为质点在有心力作用下的面积速度定理。

由此定理可知，当人造卫星绕地球运动时，离地心近时速度大，离地心远时速度小。

12.3 刚体定轴转动微分方程

如图 12－7 所示，定轴转动刚体上作用有主动力 $\boldsymbol{F}_1,\boldsymbol{F}_2,\cdots,\boldsymbol{F}_n$ 和轴承约束力 $\boldsymbol{F}_{\mathrm{N1}},\boldsymbol{F}_{\mathrm{N2}}$，这些力都是外力。刚体对于 z 轴的转动惯量为 J_z，角速度为 ω，对于 z 轴的动量矩为 $J_z\omega$。

不计轴承的摩擦，轴承约束力对于 z 轴的力矩等于零，由质点系对于 z 轴的动量矩定理有

$$\frac{\mathrm{d}}{\mathrm{d}t}(J_z\omega)=\sum M_z(\boldsymbol{F}_i)$$

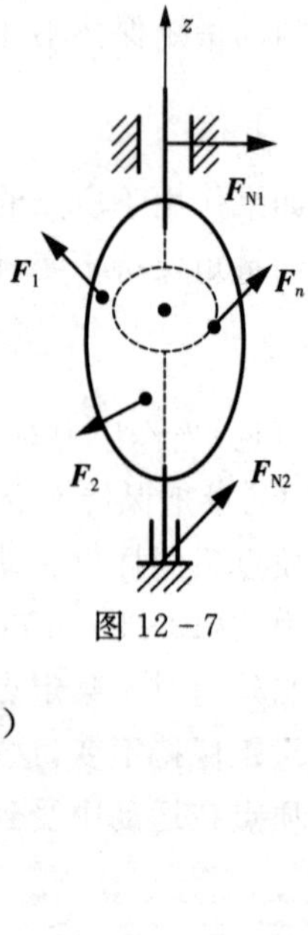

图 12－7

可得

$$\frac{\mathrm{d}}{\mathrm{d}t}(J_z\omega)=J_z\frac{\mathrm{d}\omega}{\mathrm{d}t}=J_z\alpha=\sum M_z(\boldsymbol{F}_i)$$

即

$$J_z\alpha = J_z\dot{\omega} = J_z\ddot{\varphi} = \sum M_z(F_i) \tag{12-11}$$

式(12－11)称刚体绕定轴转动微分方程。它表明：定轴转动刚体对转轴的转动惯量与角加速度的乘积等于作用在刚体上的所有外力对转轴之矩的代数和。

由式(12－11)可见，刚体绕定轴转动时，其主动力对转轴的矩使刚体的转动状态发生变化。对于同一个刚体，外力对转轴的矩越大，则刚体转动的角加速度越大。当外力对转轴的矩相同，刚体的转动惯量与刚体转动的角加速度成反比，转动惯量越大，角加速度越小，即刚体的转动状态越不容易改变。可见，刚体转动惯量的大小表现了刚体转动状态改变的难易程度，即：转动惯量是转动刚体惯性的度量。

刚体转动微分方程 $J_z\alpha = \sum M_z(F)$ 与质点运动微分方程 $ma = \sum F$ 有相似的形式，因此求解方法也是相似的。

【例 12－3】 如图 12－8 所示，已知滑轮半径为 R，转动惯量为 J，带动滑轮的胶带拉力为 $\boldsymbol{F}_1$ 和 $\boldsymbol{F}_2$。求滑轮的角加速度 α。

【解】 根据刚体绕定轴转动的微分方程

有　　$J\alpha = (F_1 - F_2)R$

于是得　　$\alpha = \dfrac{(F_1 - F_2)R}{J}$

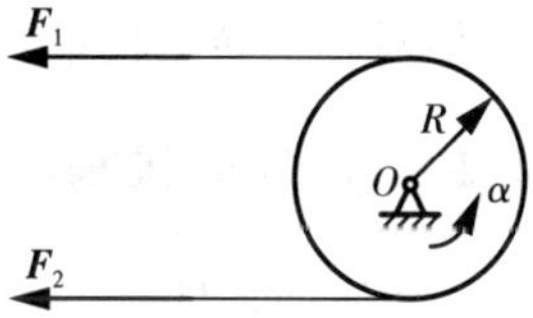

图 12－8

由上式可见，只有当定滑轮为匀速转动(包括静止)或虽非匀速转动，但可忽略滑轮的转动惯量时，跨过定滑轮的胶带拉力才是相等的。

【例 12－4】 图 12－9 中物理摆(或称为复摆)的质量为 m，C 为其质心，摆对悬挂点的转动惯量为 J_o。求微小摆动的周期。

【解】 设 φ 角以逆时针方向为正。当小 φ 角为正时，重力对点 O 之矩为负。由此，摆的转动微分方程为

$$J_O\frac{\mathrm{d}^2\varphi}{\mathrm{d}t^2} = -mga\sin\varphi$$

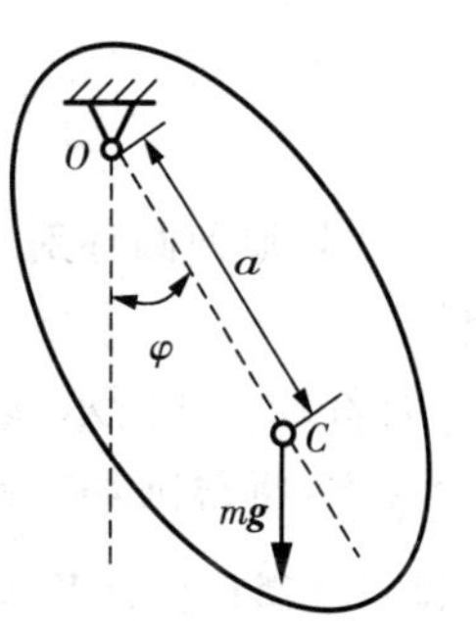

图 12－9

刚体作微小摆动，有 $\sin\varphi \approx \varphi$，于是转动微分方程可写为

$$J_O\frac{\mathrm{d}^2\varphi}{\mathrm{d}t^2} = -mga\varphi$$

可得
$$\frac{d^2\varphi}{dt^2}+\frac{mga}{J_O}\varphi=0$$

此方程的通解为
$$\varphi=\varphi_0\sin\left(\sqrt{\frac{mga}{J_O}}t+\theta\right)$$

其中，φ_0 称为角振幅，θ 是初相位，他们都由运动初始条件确定。

摆动周期为
$$T=2\pi\sqrt{\frac{J_O}{mga}}$$

通过测定零件（如曲柄、连杆等）的摆动周期，用上式可以计算其转动惯量。

12.4　刚体对轴的转动惯量

转动惯量是转动刚体惯性的度量。刚体对 z 轴的转动惯量，其定义为

$$J_z=\sum m_i r_i^2 \tag{12-12}$$

在国际单位制中其单位为 $\mathrm{kg\cdot m^2}$。

刚体对轴的转动惯量可用计算法或实验法确定。

12.4.1　简单形状刚体的转动惯量计算

(1) 均质细长杆对于 z 轴的转动惯量

如图 12－10 所示，设杆长为 l，单位长度的质量为 ρ，取杆上一微段 dx，其质量 $dm=\rho dx$，则此杆对于 z 轴的转动惯量为

$$J_z=\int_0^l dm\cdot x^2=\int_0^l \rho\cdot dx\cdot x^2=\rho\int_0^l x^2dx=\frac{\rho l^3}{3}$$

杆的质量 $m=\rho l$，则

$$J_z=\frac{1}{3}ml^2 \tag{12-13}$$

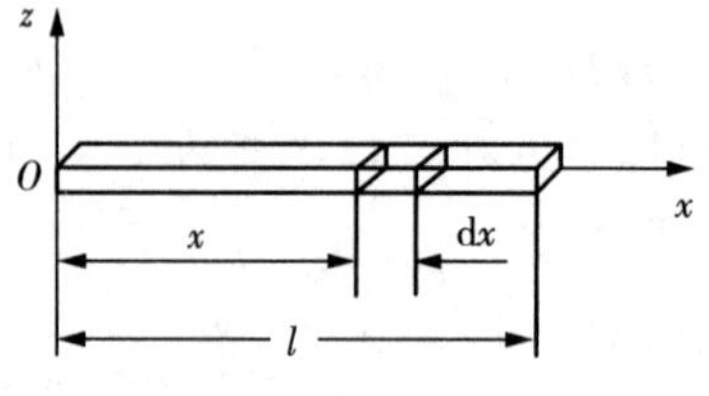

图 12－10

(2) 均质薄圆环对于中心轴的转动惯量

如图 12－11 所示，设圆环质量为 m，半径为 R，将薄圆环沿圆周分成许多微段，设每个微段的质量为 m_i，则圆环对于中心轴的转动惯量为

$$J_z=\sum m_i R^2=R^2\sum m_i=mR^2 \tag{12-14}$$

(3) 均质薄圆板对于中心轴的转动惯量

如图 12－12 所示，中心轴通过 O 点，与圆板垂直。设均质薄圆板的质量为 m，半径为 R。将圆板分为无数微小的同心薄圆环，任一圆环的半径为 r_i，宽度为 dr_i，则薄圆环的质量为

$$m_i = 2\pi r_i \mathrm{d}r_i \cdot \rho$$

其中，$\rho = \dfrac{m}{\pi R^2}$，为均质薄圆板单位面积的质量。因此圆板对于中心轴的转动惯量为

$$J_z = \int_0^R 2\pi r\rho \mathrm{d}r \cdot r^2 = 2\pi\rho \int_0^R r^3 \mathrm{d}r = 2\pi\rho \frac{R^4}{4}$$

即

$$J_z = \frac{1}{2} mR^2 \tag{12-15}$$

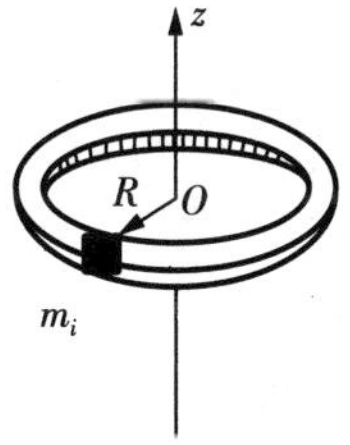

图 12－11

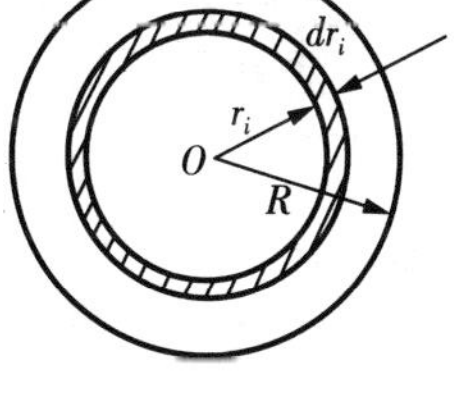

图 12－12

12.4.2　回转半径(或惯性半径)

回转半径(或惯性半径)定义为

$$\rho_z = \sqrt{\frac{J_z}{m}} \tag{12-16}$$

对于几何形状相同的均质刚体，其回转半径都是相同的。例如：

细直杆 $\rho_z = \dfrac{\sqrt{3}}{3} l$，均质圆环 $\rho_z = R$，均质圆板 $\rho_z = \dfrac{\sqrt{2}}{2} R$，由式(12－16)，有

$$J_z = m\rho_z^2 \tag{12-17}$$

即，刚体的转动惯量等于该刚体的质量与回转半径平方的乘积。

在机械工程手册中，列出了简单几何形状或几何形状已标准化的零件的回转半径，供工程技术人员查阅。

表 12－1 均质物体的转动惯量

物体的形状	简图	转动惯量	惯性半径	体积
细直杆	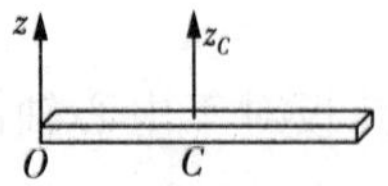	$J_{z_C}=\dfrac{m}{12}l^2$ $J_z=\dfrac{m}{3}l^2$	$\rho_{z_C}=\dfrac{l}{2\sqrt{3}}$ $\rho_z=\dfrac{l}{\sqrt{3}}$	
薄壁圆筒	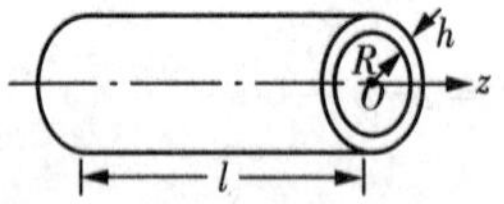	$J_z=mR^2$	$\rho_z=R$	$2\pi Rlh$
圆柱	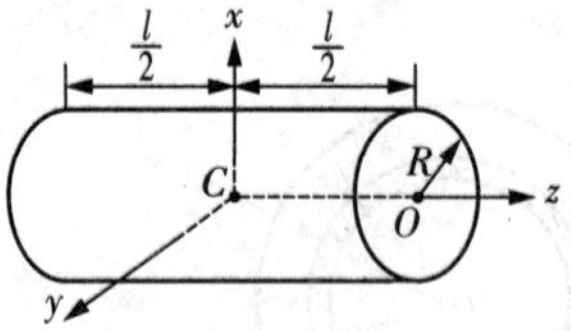	$J_z=\dfrac{1}{2}mR^2$ $J_x=J_y$ $=\dfrac{m}{12}(3R^2+l^2)$	$\rho_z=\dfrac{R}{\sqrt{2}}$ $\rho_x=\rho_y=$ $\sqrt{\dfrac{1}{12}(3R^2+l^2)}$	$\pi R^2 l$
空心圆柱	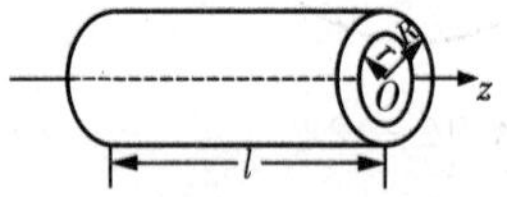	$J_z=\dfrac{m}{2}(R^2+r^2)$	$\rho_z=\sqrt{\dfrac{1}{2}(R^2+r^2)}$	$\pi l(R^2-r^2)$
薄壁空心球	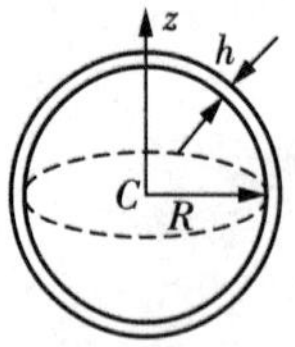	$J_z=\dfrac{2}{3}mR^2$	$\rho_z=\sqrt{\dfrac{2}{3}}R$	$\dfrac{3}{2}\pi Rh$
实心球	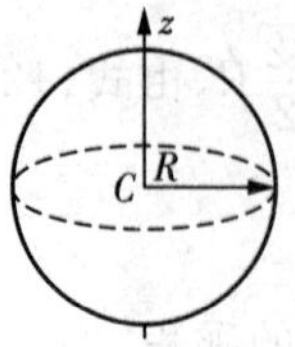	$J_z=\dfrac{2}{5}mR^2$	$\rho_z=\sqrt{\dfrac{2}{5}}R$	$\dfrac{4}{3}\pi R^3$

（续表）

物体的形状	简图	转动惯量	惯性半径	体积
圆锥体	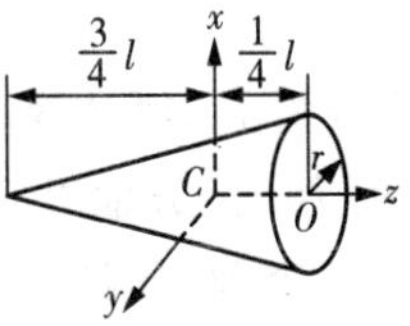	$J_z = \frac{3}{10}mr^2$ $J_x = J_y$ $= \frac{3}{80}m(4r^2 + l^2)$	$\rho_z = \sqrt{\frac{3}{10}}r$ $\rho_x = \rho_y$ $= \sqrt{\frac{3}{80}(4r^2 + l^2)}$	$\frac{\pi}{3}r^2 l$
圆环	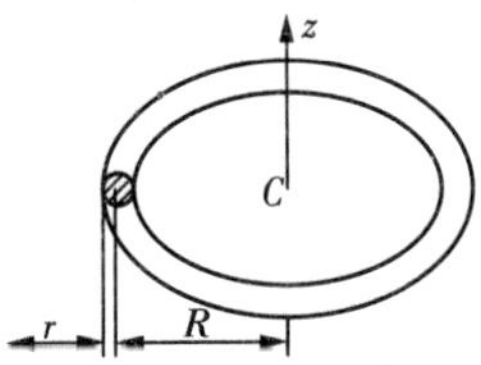	$J_z =$ …………… $m(R^2 + \frac{3}{4}r^2)$	$\rho_z = \sqrt{R^2 + \frac{3}{4}r^2}$	$2\pi^2 r^2 R$
椭圆形薄板	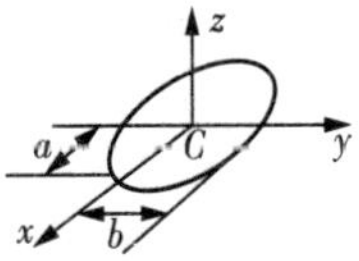	$J_z = \frac{m}{4}(a^2 + b^2)$ $J_y = \frac{m}{4}a^2$ $J_x = \frac{m}{4}b^2$	$\rho_z = \frac{1}{2}\sqrt{a^2 + b^2}$ $\rho_y = \frac{a}{2}$ $\rho_x = \frac{b}{2}$	πabh （h 为薄板厚）
长方体	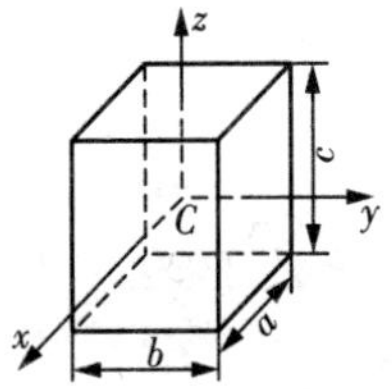	$J_z = \frac{m}{12}(a^2 + b^2)$ $J_y = \frac{m}{12}(a^2 + c^2)$ $J_x = \frac{m}{12}(b^2 + c^2)$	$\rho_z = \sqrt{\frac{1}{12}(a^2 + b^2)}$ $\rho_y = \sqrt{\frac{1}{12}(a^2 + c^2)}$ $\rho_x = \sqrt{\frac{1}{12}(b^2 + c^2)}$	abc
矩形薄板	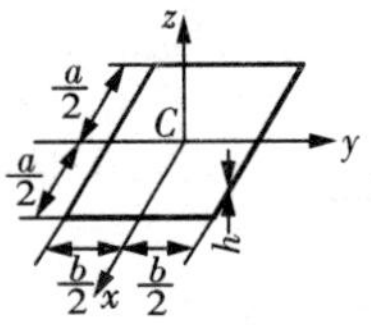	$J_z = \frac{m}{12}(a^2 + b^2)$ $J_y = \frac{m}{12}a^2$ $J_x = \frac{m}{12}b^2$	$\rho_z = \sqrt{\frac{1}{12}(a^2 + b^2)}$ $\rho_y = 0.289a$ $\rho_x = 0.289b$	abh

12.4.3 平行轴定理

定理:刚体对于任一轴的转动惯量,等于刚体对与该轴平行的质心轴的转动惯量,加上刚体的质量与两轴间距离平方的乘积。即

$$J_z = J_{z_C} + md^2 \tag{12-18}$$

证明:设点 C 为刚体的质心,刚体对 z 轴的转动惯量为 J_z,刚体对与 z 轴平行并通过质心 C 的 z_1 轴的转动惯量为 J_{z_C},两轴间距离为 d。分别以 C,O 两点为原点,作直角坐标轴系 $Cx_1y_1z_1$ 和 $Oxyz$,不失一般性,令轴 y 与轴 y_1 重合。如图 12－13 所示。

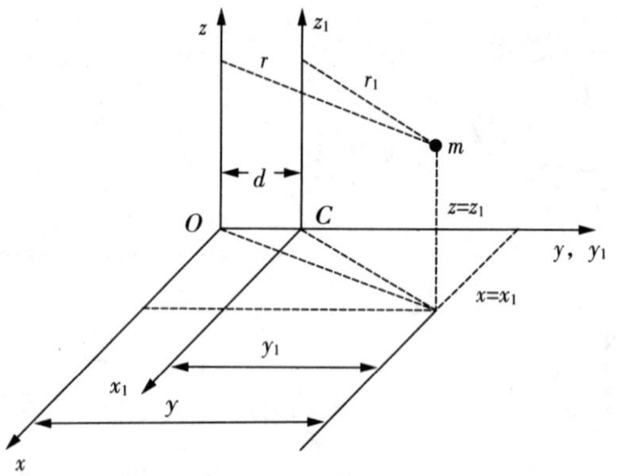

图 12－13

$$J_{z_C} = \sum m_i r_1^2 = \sum m_i (x_1^2 + y_1^2), J_z = \sum m_i r^2 = \sum m_i (x^2 + y^2)$$

因为 $x = x_1$,$y = y_1 + d$,于是

$$J_z = \sum m_i [x_1^2 + (y_1 + d)^2] = \sum m_i (x_1^2 + y_1^2) + 2d \sum m_i y_1 + d^2 \sum m_i$$

由质心坐标公式:

$$y_C = \frac{\sum m_i y_1}{\sum m_i}$$

当坐标原点取在质心 C 时,$y_C = 0$,$\sum m_i y_i = 0$,又有 $\sum m_i = m$,于是得

$$J_z = J_{z_C} + md^2$$

定理证毕。

由平行轴定理可知,在相互平行的各轴中,刚体对通过质心轴的转动惯量

为最小。

【例 12-5】 质量为 m，长为 l 的均质细长杆如图 12-14 所示，求此杆对于垂直于杆轴且通过质心 C 的轴 z_C 的转动惯量。

【解】 均质细长杆对于通过杆端点 A 且与杆垂直的 z 轴的转动惯量为

$$J_z = \frac{1}{3}ml^2$$

应用平行轴定理，对于 z_C 轴的转动惯量为

$$J_{z_C} = J_z - m\left(\frac{l}{2}\right)^2 = \frac{1}{12}ml^2$$

本例也可以通过积分法计算，大家不妨验证。

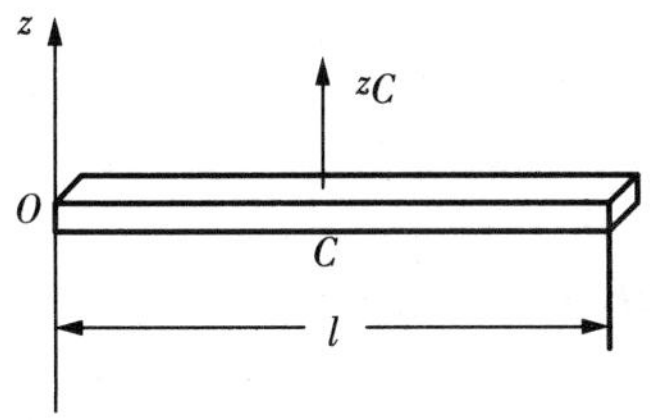

图 12-14

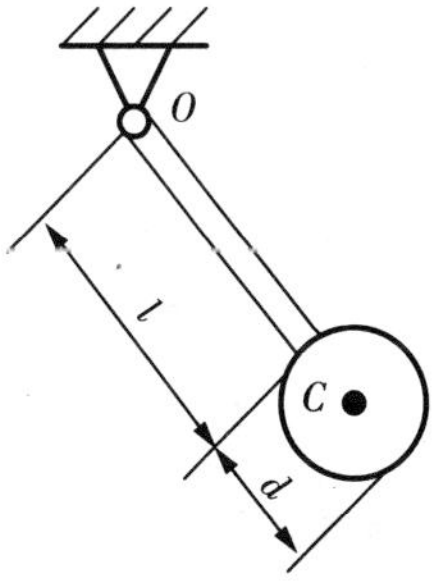

图 12-15

【例 12-6】 钟摆简化如图 12-15 所示。已知均质细杆和均质圆盘的质量分别为 m_1 和 m_2，杆长为 l，圆盘直径为 d。求摆对于通过悬挂点 O 的水平轴的转动惯量。

【解】 摆对于水平轴 O 的转动惯量

$$J_O = J_{O杆} + J_{O盘}$$

其中

$$J_{O杆} = \frac{1}{3}m_1 l^2$$

设 J_C 为圆盘对于其质心 C 的转动惯量，则

$$J_{O盘} = J_C + m_2\left(l + \frac{d}{2}\right)^2 = \frac{1}{2}m_2\left(\frac{d}{2}\right)^2 + m_2\left(l + \frac{d}{2}\right)^2 = m_2\left(l^2 + ld + \frac{3}{8}d^2\right)$$

于是得

$$J_O = \frac{1}{3}m_1 l^2 + m_2\left(l^2 + ld + \frac{3}{8}d^2\right)$$

【例 12-7】 如图12-16所示，质量为m的均质空心圆柱体外径为R_1，内径为R_2，求对于中心轴z的转动惯量。

【解】 空心圆柱可看成由两个实心圆柱体组成，外圆柱体的转动惯量为J_1，内圆柱体的转动惯量J_2取负值，即

$$J_Z = J_1 - J_2$$

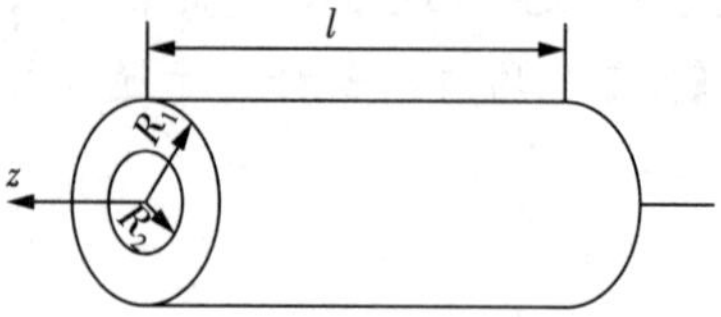

图 12-16

设m_1、m_2分别为外、内圆柱体的质量，则

$$J_1 = \frac{1}{2}m_1R_1^2, J_2 = \frac{1}{2}m_2R_2^2$$

于是

$$J_z = \frac{1}{2}m_1R_1^2 - \frac{1}{2}m_2R_2^2$$

设单位体积的质量为ρ，则

$$m_1 = \rho\pi R_1^2 l, m_2 = \rho\pi R_2^2 l$$

代入前式，得

$$J_z = \frac{1}{2}\rho\pi l(R_1^4 - R_2^4) = \frac{1}{2}\rho\pi l(R_1^2 - R_2^2)(R_1^2 + R_2^2)$$

注意到$\rho\pi l(R_1^2 - R_2^2) = m$，则得

$$J_z = \frac{1}{2}m(R_1^2 + R_2^2)$$

【例 12-8】 均质圆盘半径为r、质量为$2m$。细杆的质量为m，长为$l=3r$，绕轴O转动的角速度为ω，求图示三种情况下系统对轴O的动量矩：(a) 圆盘与杆固结；(b) 圆盘绕轴A相对杆OA以ω逆时针方向转动；(c) 盘绕轴A相对杆OA以ω顺时针方向转动。

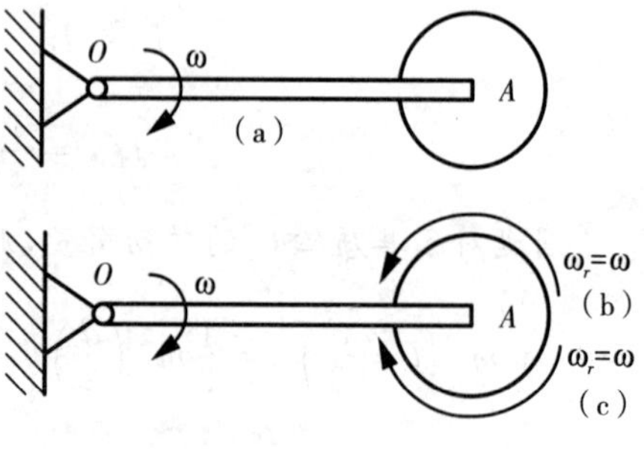

图 12-17

【解】 (a) 盘A绕O定轴转动

$$J_O=\frac{1}{3}ml^2+\left[\frac{1}{2}(2m)r^2+2m\,(3r)^2\right]=22mr^2, L_O=J_O\omega=22mr^2\omega$$

或者　$L_O=J_{O杆}\omega+J_{O盘}\omega=\left(\frac{1}{3}ml^2+\frac{1}{2}\cdot 2mr^2+2ml^2\right)\omega=22mr^2\omega$

(b) 盘 A 作平面运动

盘 A 的绝对角速度：$\omega_a=\omega+\omega_r=2\omega$

$$L_O=L_杆+L_盘=\frac{1}{3}ml^2\omega+\frac{1}{2}\cdot 2mr^2\omega_a+2ml\omega\cdot l$$

$$=(3+2+18)\,mr^2\omega=23mr^2\omega$$

(c) 盘 A 作平面运动(轨迹为绕 O 的圆周曲线)

$$L_O=L_杆+L_盘=\frac{1}{3}ml^2\omega+2ml\omega\cdot l=\frac{1}{3}ml^2\omega+2ml^2\omega=21mr^2\omega$$

对于几何形状复杂的物体，常用实验方法测定其转动惯量。

例如，欲求曲柄对轴 O 的转动惯量，可将曲柄在轴 O 悬挂起来，并使其作微幅摆动，如图 12-18 所示。由例 12-4 有

$$T=2\pi\sqrt{\frac{J}{mgl}}$$

其中 mg 为曲柄重量，l 为重心 C 到轴心 O 的距离。测定 mg，l 和摆动周期 T，则曲柄对于 O 轴的转动惯量可按照下式计算：

$$J=\frac{T^2mgl}{4\pi^2}$$

又如，欲求圆轮对于中心轴的转动惯量，可用单轴扭振(见图 12-19a)、三线悬挂扭振(见图 12-19b)等方法测定扭振周期，根据周期与转动惯量之间的关系计算转动惯量。

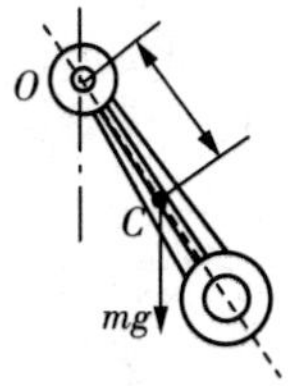

图 12-18

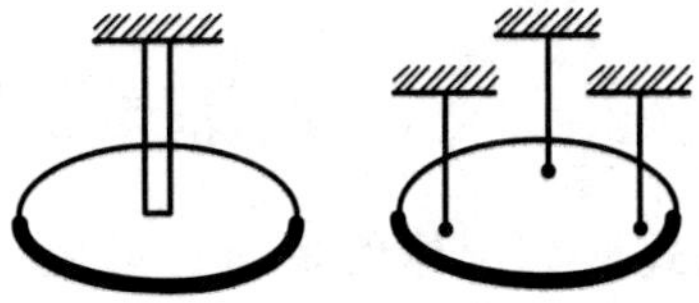

(a)　(b)

图 12-19

12.5　刚体的平面运动微分方程

由刚体的平面运动可知，平面运动刚体的位置可由基点的位置与刚体绕基点的转角确定。取质心 C 为基点，如图 12－20 所示，其坐标为 x_C，y_C。D 为刚体上的任一点，CD 与 x 轴的夹角为 φ，则刚体的位置可由 x_C，y_C 和 φ 确定。刚体的运动分解为随质心的平移和绕质心的转动两部分。

图 12－20 中 $Cx'y'$ 为固连于质心 C 的平动参考系，平面运动刚体相对于此动系的运动就是绕质心 C 的转动，则刚体对质心的动量矩为

$$L_C = J_C\omega \tag{12-24}$$

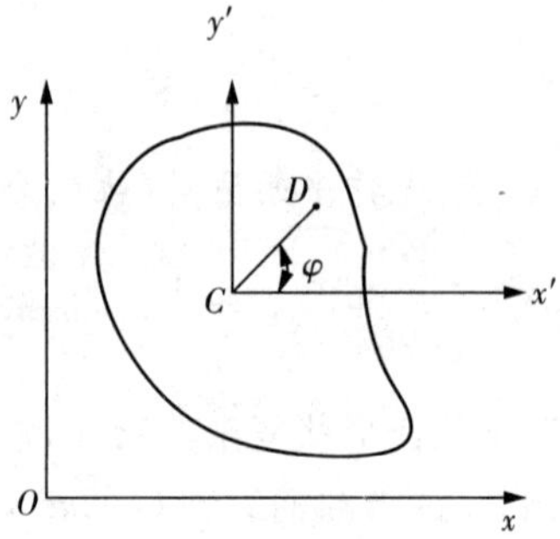

图 12－20

其中，J_C 为刚体对通过质心 C 且与运动平面垂直的轴的转动惯量，ω 为其角速度。

刚体上作用的外力可向质心所在位置简化为一个平面共点力系 $\boldsymbol{F}_1$，$\boldsymbol{F}_2$，$\boldsymbol{F}_3$，…，$\boldsymbol{F}_n$ 和一个附加力偶系，则应用质心运动定理和动量矩定理，得

$$\left.\begin{aligned} m\boldsymbol{a}_C &= \sum \boldsymbol{F}^{(e)} \\ \frac{\mathrm{d}}{\mathrm{d}t}J_C\omega = J_C\alpha &= \sum M_C(\boldsymbol{F}^{(e)}) \end{aligned}\right\} \tag{12-25}$$

其中，m 为刚体质量，$\boldsymbol{a}_C$ 为质心加速度，$\alpha=\dfrac{\mathrm{d}\omega}{\mathrm{d}t}$ 为刚体角加速度。上式也可写成

$$\left.\begin{aligned} m\frac{\mathrm{d}^2\boldsymbol{r}_C}{\mathrm{d}t^2} &= \sum \boldsymbol{F}^{(e)} \\ J_C\frac{\mathrm{d}^2\varphi}{\mathrm{d}t^2} &= \sum M_C(\boldsymbol{F}^{(e)}) \end{aligned}\right\} \tag{12-26}$$

以上两式称为刚体的平面运动微分方程。应用时，式(12－25)或式(12－16)中，前一式取其投影式。

【例 12－9】　半径为 r、质量为 m 的均质圆轮沿水平直线滚动，如图 12－21 所示。设轮的惯性半径为 ρ_C，作用于圆轮的力偶矩为 M，求轮心的加速度。如果圆轮对地面的静滑动摩擦因数为 f_s，问力偶矩 M 必须符合什么条件方不致使

圆轮滑动?

【解】 根据刚体的平面运动微分方程可列出如下三个方程:

$$ma_{Cx}=F_s$$

$$ma_{Cy}=F_N-mg$$

$$m\rho_C^2\alpha=M-F_s\cdot r$$

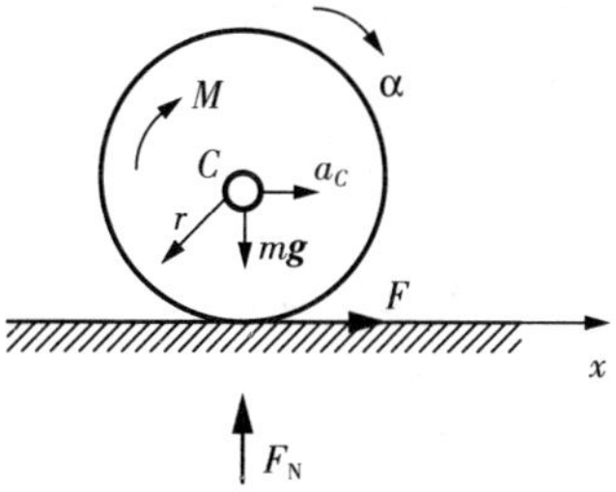

图 12-21

其中,M 和 α 均以顺时针转向为正。因 $a_{Cy}=0$,故 $a_{Cx}=a_C$。

根据圆轮只滚不滑的条件,有 $a_C=r\alpha$。以此式与上列三方程联立求解,得

$$F_s=ma_C,\quad F_N=mg,\quad a_C=\frac{Mr}{m(\rho_C^2+r^2)},\quad M=\frac{F(r^2+\rho_C^2)}{r}$$

欲使圆轮滚动而不滑动,必须有 $F_s\leqslant f_s\cdot F_N$。于是得圆轮只滚不滑的条件为

$$M\leqslant f_s mg\frac{r^2+\rho_C^2}{r}$$

【例 12-10】 均质圆轮半径为 r,质量为 m,受到轻微扰动后,在半径为 R 的圆弧上往复滚动,如图 12-22 所示。设表面足够粗糙,使圆轮在滚动时无滑动。求质心 C 的运动规律。

【解】 圆轮在曲面上作平面运动,受到的外力有重力 mg,圆弧表面的法向约束力 F_N 和摩擦力 F_s。

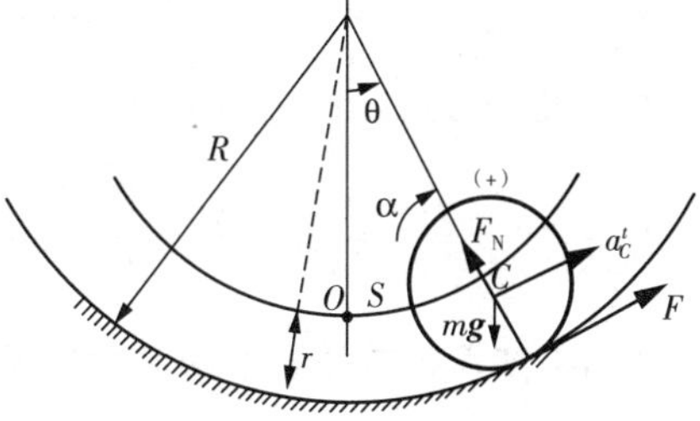

图 12-22

设 θ 角以逆时针方向为正,取切线轴的正向如图,并设圆轮以顺时针转动为正,则图示瞬时刚体平面运动微分方程在自然轴上的投影式为

$$ma_C^t=F_s-mg\sin\theta \tag{a}$$

$$ma_C^n=m\frac{v_C^2}{R-r}=F_N-mg\cos\theta \tag{b}$$

$$J_C\alpha = -F_s r \tag{c}$$

由运动学知，当圆轮只滚不滑时，角加速度的大小为

$$\alpha = \frac{a_C^t}{r} \tag{d}$$

取 s 为质心的弧坐标，由图 12－23 可知

$$s = (R-r)\theta$$

注意到 $a_C^t = \ddot{s}$，$J_C = \frac{1}{2}mr^2$。当 θ 很小时，$\sin\theta \approx \theta$，联立式(a)、(c)、(d)求得

$$\frac{3}{2}\ddot{s} + \frac{g}{R-r}s = 0$$

令 $\omega_0^2 = \frac{2g}{3(R-r)}$，则上式成为

$$\ddot{s} + \omega_0^2 s = 0$$

此方程的解为 $$s = s_0 \sin(\omega_0 t + \beta)$$

式中 s_0 和 β 为两个常数，由运动起始条件确定。由题目可知，$t=0$ 时，$s=0$，初速度为 $\boldsymbol{v}_0$，于是

$$0 = s_0\sin\beta,\quad \boldsymbol{v}_0 = s_0\omega_0\cos\beta$$

解得

$$\beta = 0,\quad s_0 = \frac{\boldsymbol{v}_0}{\omega_0} = \boldsymbol{v}_0\sqrt{\frac{3(R-r)}{2g}}$$

最后得质心沿轨迹的运动方程

$$s = \boldsymbol{v}_0\sqrt{\frac{3(R-r)}{2g}}\sin\left(\sqrt{\frac{2}{3}\,\frac{g}{(R-r)}}\,t\right)$$

由式(b)可求得圆轮在滚动时对地面的压力 F'_N

$$F'_N = F_N = mg\cos\theta + m\frac{\boldsymbol{v}_C^2}{R-r}$$

其中右端第二项为附加动压力，其中 $\boldsymbol{v}_C = \dot{s} = \boldsymbol{v}_0\cos\left(\sqrt{\frac{2}{3}\,\frac{g}{(R-r)}}\,t\right)$

思 考 题

12－1 某质点对于某定点 O 的动量矩矢量表达式为

$$L_O = 6t^2 i + (8t^3 + 5) j - (t - 7) k$$

其中，t 为时间，i、j、k 为沿固定直角坐标轴的单位矢量。求此质点上作用力对点 O 的力矩。

12－2　平面运动刚体，如所受外力主矢为零，刚体只能是绕质心的转动吗？如所受外力对质心的主矩为零，刚体只能是平移吗？

12－3　如图所示，在铅垂面内，杆 OA 可绕轴 O 自由转动，均质圆盘可绕其质心轴 A 自由转动。如杆 OA 水平时系统为静止，问自由释放后圆盘作什么运动？

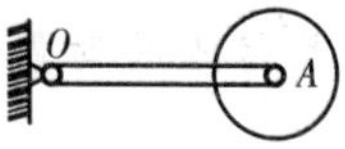

思考题 12－3 图

12－4　花样滑冰运动员单腿直立旋转时，可通过伸缩双臂和另一条腿来改变旋转的速度。其理论依据是什么？为什么？

12－5　均质圆轮沿地面只滚不滑时，轮与地面接触点 P 为瞬心，此时恰有 $J_P\alpha = M_P$。式中 J_P 为轮对瞬心的转动惯量，α 为角加速度，M_P 为外力对瞬心的力矩。对一般平面运动刚体，上式对吗？说明你的理由。

12－6　刚体绕定轴转动，当角速度很大时，所受的合外力矩是否一定很大？当角速度为零时，合外力矩是否也为零？角速度的转向是否一定与合外力矩的转向相同？

12－7　什么是回转半径？它是否等于刚体质心到转轴的垂直距离？

12－8　质量为 m 的圆盘，平放在光滑的水平面上，其受力情况如图所示。设开始时圆盘静止，且 $R = 2r$。说明各圆盘将如何运动。

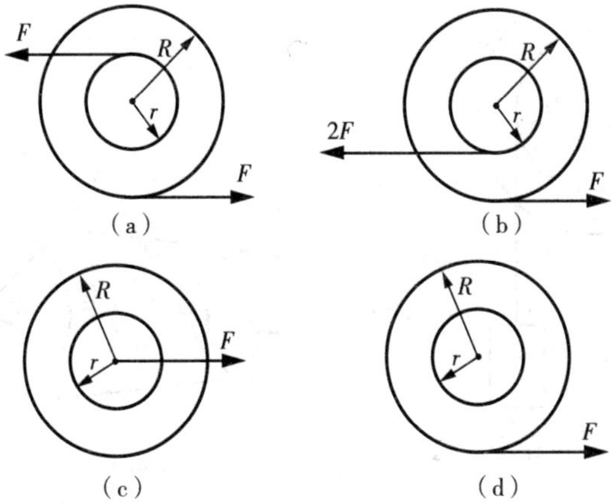

思考题 12－8 图

12－9 自行车在水平路面上由静止出发开始前进，是什么力使它有向前的加速度？人脚蹬车是内力，内力能改变质心的运动吗？

12－10 人坐在转椅上，双脚离地，能否用双手将转椅转动？为什么？

习 题

12－1 如图所示，质量为 m 的偏心轮在水平面上作平面运动。轮子轴心为 A，质心为 C，$AC=e$，轮子半径为 R，对轴心 A 的转动惯量为 J_A；C、A、B 三点在同一铅垂线上。(1) 当轮子只滚不滑时，若 v_A 已知，求轮子的动量和对地面上 B 点的动量矩。(2) 当轮子又滚又滑时，若 v_A 和 ω 已知，求偏心轮的动量和对地面上 B 点的动量矩。

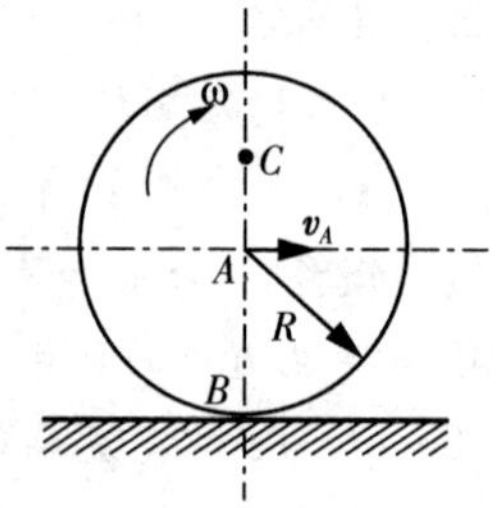

习题 12－1 图

12－2 两个滑轮固结连在一起，总质量 $m=10\text{kg}$，对转轴的回转半径 $\rho=300\text{mm}$。两滑轮半径分别为 $r_1=400\text{mm}$，$r_2=200\text{mm}$。两绳下端悬挂质量各为 $m_1=9\text{kg}$，$m_2=12\text{kg}$ 的物块 A 和 B。假设系统从静止开始运动，求滑轮转过一整圈时的角速度和角加速度。

12－3 如图所示带轮的半径各为 R_1 和 R_2，其质量各为 m_1 和 m_2，两轮以胶带相连接，各绕两平行的固定轴转动。如在第一个带轮上作用矩为 M_1 的主动力偶，在第二个带轮上作用矩为 M_2 的阻力偶。带轮为均质圆盘，胶带与轮间无滑动，胶带质量不计。求第一个带轮的角加速度。

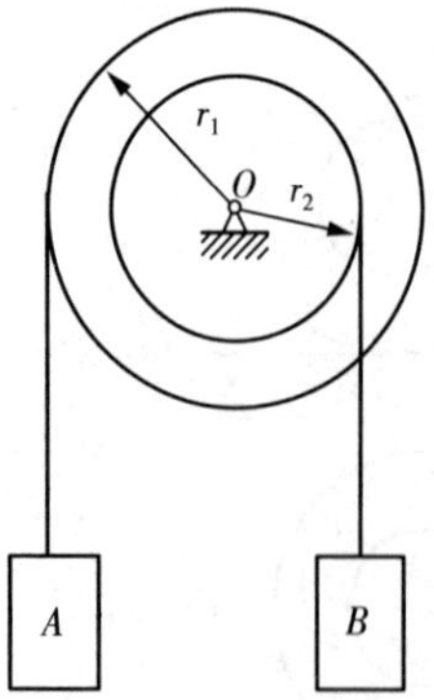

习题 12－2 图

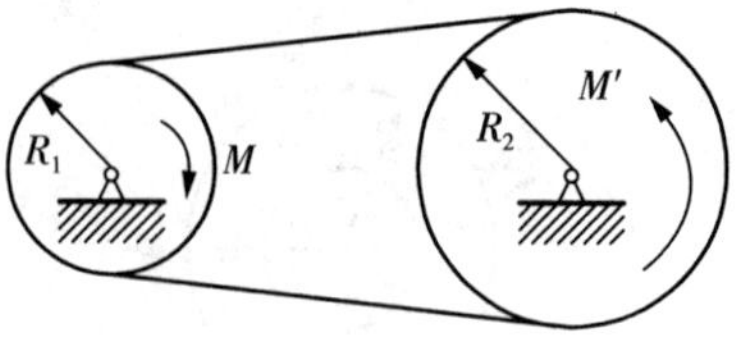

习题 12－3 图

12－4 均质圆轮 A 质量为 m_1，半径为 r_1，以角速度 ω 绕杆 OA 的 A 端转动，此时将轮放置在质量为 m_2 的另一均质圆轮 B 上，其半径为 r_2，如图所示。轮 B

原为静止，但可绕其中心轴自由转动。放置后，轮 A 的重量由轮 B 支持。不计轴承的摩擦和杆 OA 的重量，两轮间的摩擦因数为 f。求自轮 A 放在轮 B 上到两轮间没有相对滑动为止，所经过的时间。

12-5　如图所示，一轮子的轮心处有一轴，轴的直径为 50mm。无初速地沿倾角 $\theta=20°$ 的轨道只滚不滑，5 秒内轮心滚过的距离为 $s=3\text{m}$。求轮子对轮心的惯性半径。

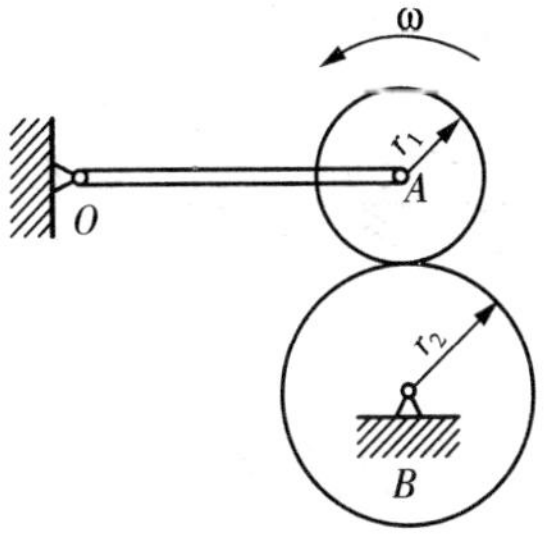

习题 12-4 图

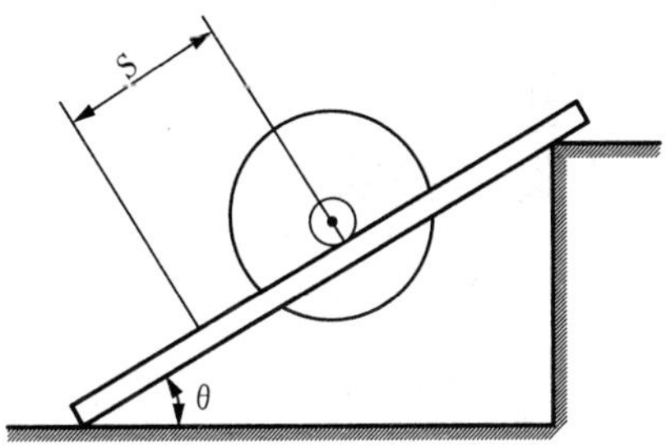

习题 12-5 图

12-6　重物 A 质量为 m_1，系在绳子上，绳子跨过质量不计的固定滑轮 D，并绕在鼓轮 B 上，如图所示。由于重物下降，带动轮 C 沿水平轨道只滚不滑。设鼓轮半径为 r，轮 C 的半径为 R，两者固连在一起，总质量为 m_2，对于其水平轴 O 的回转半径为 ρ。求重物 A 的加速度。

12-7　均质圆柱体 A 质量为 m，在外圆上饶以细绳，绳的一端 B 固定不动，如图所示。当 BC 铅垂时圆柱下降，其初始速度为零。求当圆柱体的轴心降落了高度 h 时轴心的速度和绳子的张力。

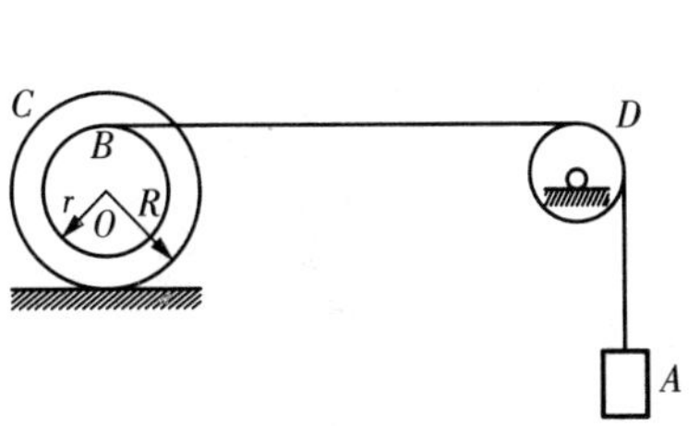

习题 12-6 图

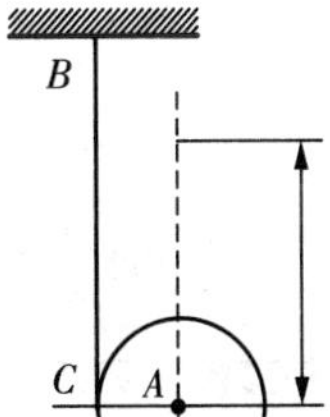

习题 12-7 图

12-8　图示均质杆 AB 长为 l，放在铅直平面内，杆的一端 A 靠在光滑的铅直墙上，另一端 B 放在光滑的水平地板上，并与水平面成 φ_0。此后，杆从静止状态倒下。求：(1) 杆在任意位置时的角加速度和角速度；(2) 当杆脱离墙时，此杆与水平面所夹的角。

12-9 如图所示，平板的质量为 m_1，受水平力 F 作用，沿水平面运动。平板上放一质量为 m_2 的均质圆盘，圆盘相对于平板只滚不滑。平板与水平面之间的动摩擦因数为 f。求平板的加速度。

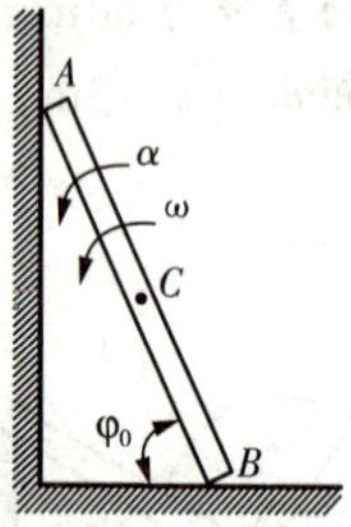

习题 12-8 图

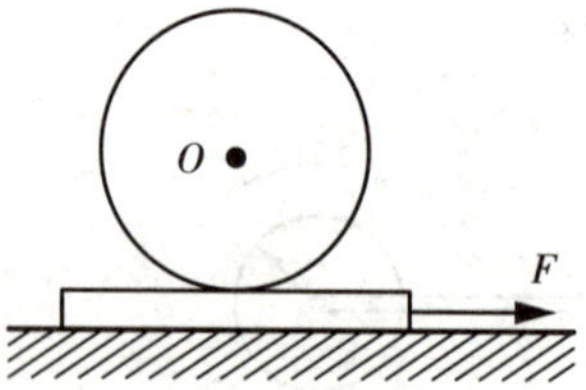

习题 12-9 图

12-10 半径为 r 的均质圆轮的质量为 m，放在粗糙的水平面上，如图所示。设其质心 C 初速度为 $\boldsymbol{v}_0$，方向水平向右，同时圆轮顺时针转动，其初角速度为 ω_0，且有 $r\omega_0 < v_0$。若圆轮与水平面的摩擦因数为 f，问经过多长时间，圆轮才能只滚不滑地向前运动，并求该瞬时圆轮质心的速度。

12-11 图示均质圆柱体 B 的质量为 m，半径均为 r，放在倾角为 $60°$ 的斜面上。一细绳缠绕在圆柱体上，其一端固定于点 A，此绳与点 A 相连部分与斜面平行。若圆柱体与斜面间的摩擦因数为 $f=\dfrac{1}{3}$，求其质心 C 沿斜面落下的加速度 a_C。

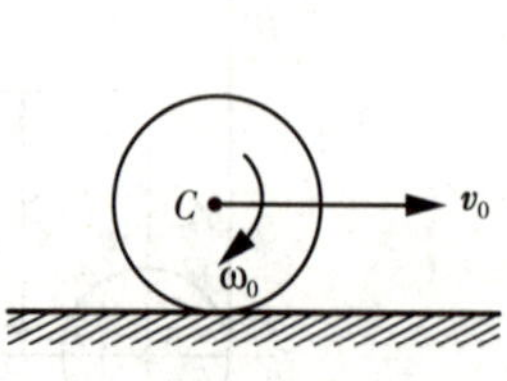

习题 12-10 图

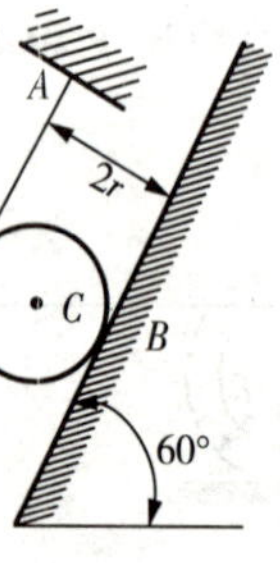

习题 12-11 图

12-12 均质圆柱体 A 和 B 的质量均为 m，半径均为 r，一绳缠在绕固定轴 O 转动的圆柱 A 上，绳的另一端绕在圆柱 B 上，直线绳段铅垂，如图所示。摩擦不计。求：(1) 圆柱体 B 下落时质心的加速度；(2) 若在圆柱体 A 上作用一逆时针转向，矩为 M 的力偶，试问在什么条件下圆柱体 B 的质心加速度将向上。

12-13 均质杆 OA 和 AB 的质量均为 m，长度均为 l，用铰链 A 连接，并用

铰链 O 固定，位于图示平衡位置。此时在 B 端施加一水平力 F，求此瞬时两杆的角加速度。

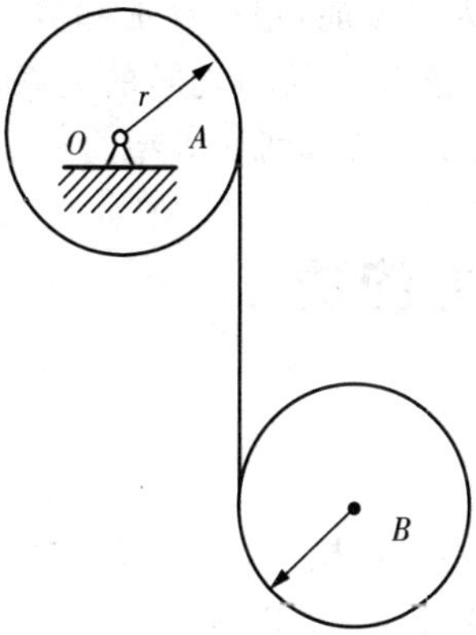

习题 12 - 12 图

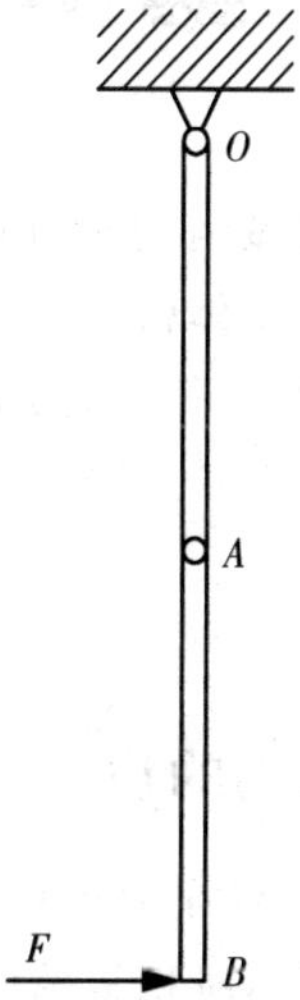

习题 12 - 13 图

第 13 章　动能定理

物体作机械运动时所具有的能量称为机械能，包括动能和势能。本章通过有关概念讨论物体机械运动中的动能、势能和力的功之间的关系，推导动能定理、机械能守恒定律等，最后介绍功率、功率方程和机械效率。

13.1　力的功

13.1.1　常力的功

设一质点 M 在大小和方向都不变的力 $\boldsymbol{F}$ 作用下，沿直线走过一段路程 s，力 $\boldsymbol{F}$ 在这段路程内所积累的效应用力的功来度量，以 W 记之

$$W = F\cos\theta \cdot s$$

式中，θ 为力 $\boldsymbol{F}$ 与直线位移正方向之间的夹角。功是代数量，在国际单位制中，功的单位为 J(焦耳)，$1\text{J} = 1\text{N}\cdot\text{m}$。

13.1.2　变力的功

质点 M 在变力 $\boldsymbol{F}$ 作用下沿曲线运动，如图 13-1 所示。力 $\boldsymbol{F}$ 在无限小位移 $\mathrm{d}\boldsymbol{r}$ 中可视为常力，经过的一小段弧长 $\mathrm{d}s$ 可视为直线，$\mathrm{d}\boldsymbol{r}$ 可视为沿点 M 的切线。在一无限小位移中力作的功称为元功，记为 δW。

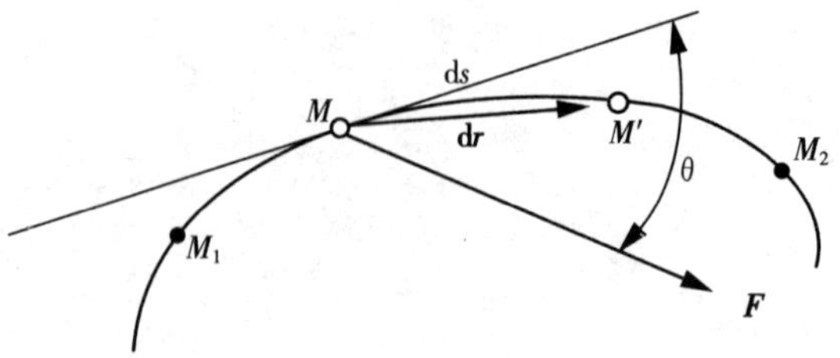

图 13-1

$$\delta W = F\cos\theta \cdot \mathrm{d}s \qquad (13-1)$$

变力 $\boldsymbol{F}$ 在全路程上作的功等于元功总和，即

$$W=\int_0^s F\cos\theta \cdot \mathrm{d}s \tag{13-2}$$

上两式也可写成矢量的数量积形式：

$$\delta W=\boldsymbol{F}\cdot \mathrm{d}\boldsymbol{r} \tag{13-3}$$

$$W=\int_{M_1}^{M_2}\boldsymbol{F}\cdot \mathrm{d}\boldsymbol{r} \tag{13-4}$$

由上式可知，当力始终与质点位移垂直时，该力不作功。

在直角坐标系中，$\boldsymbol{i},\boldsymbol{j},\boldsymbol{k}$ 为三坐标轴的单位矢量，则

$$\boldsymbol{F}=F_x\boldsymbol{i}+F_y\boldsymbol{j}+F_z\boldsymbol{k},\quad \mathrm{d}\boldsymbol{r}=\mathrm{d}x\boldsymbol{i}+\mathrm{d}y\boldsymbol{j}+\mathrm{d}z\boldsymbol{k}$$

代入式(13-4)，则得作用力从 M_1 到 M_2 的过程中作功的直角坐标式

$$W_{12}=\int_{M_1}^{M_2}(F_x\mathrm{d}x+F_y\mathrm{d}y+F_z\mathrm{d}z) \tag{13-5}$$

13.1.3　常见力做的功

(1) 重力的功

设质点沿轨道由 M_1 运动到 M_2，如图 13-2 所示。其重力 $\boldsymbol{P}=m\boldsymbol{g}$ 在直角坐标轴上的投影为

$$F_x=0,\quad F_y=0,\quad F_z=-mg$$

由式(13-5)，重力作功为

$$W_{12}=\int_{z_1}^{z_2}(-mg)\,\mathrm{d}z=mg(z_1-z_2) \tag{13-6}$$

可见，重力作功仅与质点的始末位置的高度差 (z_1-z_2) 有关，与运动轨迹的形状无关。

对于质点系，设质点 i 的质量为 m_i，运动始末的高度差为 $(z_{i1}-z_{i2})$，则全部重力作功之和为

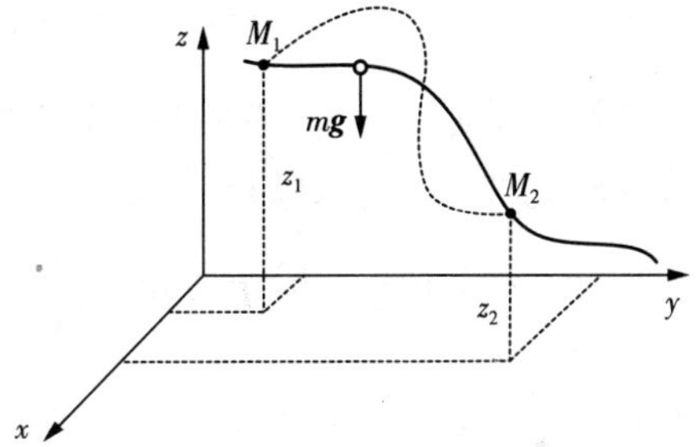

图 13-2

$$\sum W_{12}=\sum m_i g(z_{i1}-z_{i2})$$

由质心坐标公式，有

$$mz_C = \sum m_i z_i$$

由此可得
$$\sum W_{12} = mg(z_{C1} - z_{C2}) \tag{13-7}$$

其中，m 为质点系全部质量之和，$(z_{C1} - z_{C2})$ 为质心始末位置的高度差。质心下降，重力作正功；质心上移，重力作负功。质点系重力作功仍与质心的运动轨迹形状无关。

(2) 弹性力的功

物体受到弹性力的作用，作用点 A 的轨迹为图 13-3 所示的点 A_1 到点 A_2 的曲线。在弹簧的弹性极限内，弹性力的大小与其变形量 δ 成正比，即

$$F = k\delta$$

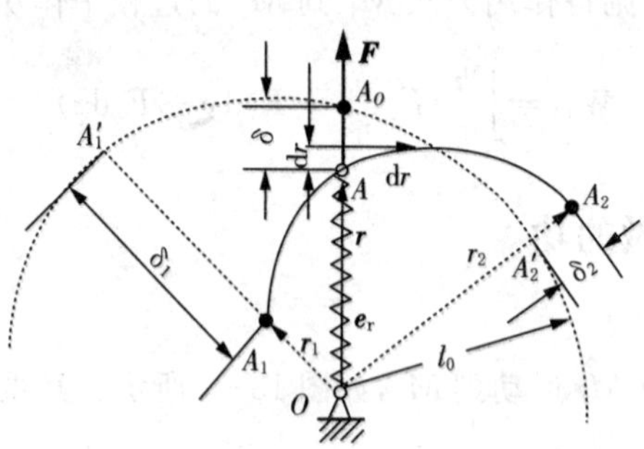

图 13-3

力的方向总是指向未变形时的自然位置。比例系数 k 称为弹簧刚度系数(或刚性系数)。在国际单位制中，k 的单位为 N/m。

以点 O 为原点，点 A 的矢径为 $\boldsymbol{r}$，其长度为 r。令沿矢径方向的单位矢量为 $\boldsymbol{e}_r$，弹簧的自然长度为 l_O，则弹性力

$$\boldsymbol{F} = -k(r - l_O)\,\boldsymbol{e}_r$$

当弹簧伸长时，$r > l_O$，力 $\boldsymbol{F}$ 与 $\boldsymbol{e}_r$ 的方向相反；当弹簧被压缩时，$r < l_O$，力 $\boldsymbol{F}$ 与 $\boldsymbol{e}_r$ 的方向一致。应用式(13-4)，点 A 由 A_1 到 A_2 时，弹性力作功为

$$W_{12} = \int_{A_1}^{A_2} \boldsymbol{F} \cdot \mathrm{d}\boldsymbol{r} = \int_{A_1}^{A_2} -k(r - l_O)\,\boldsymbol{e}_r \cdot \mathrm{d}\boldsymbol{r}$$

因为
$$\boldsymbol{e}_r \cdot \mathrm{d}\boldsymbol{r} = \frac{\boldsymbol{r}}{r} \cdot \mathrm{d}\boldsymbol{r} = \frac{1}{2r}\mathrm{d}(\boldsymbol{r} \cdot \boldsymbol{r}) = \frac{1}{2r}\mathrm{d}(r^2) = \mathrm{d}r$$

于是

$$W_{12} = \int_{r_1}^{r_2} -k(r - l_O)\,\mathrm{d}r = \frac{k}{2}\left[(r_1 - l_O)^2 - (r_2 - l_O)^2\right]$$

即
$$W_{12}=\frac{k}{2}(\delta_1^2-\delta_2^2) \tag{13-8}$$

上述推导中点 A 的运动轨迹可以是空间任意曲线。由此可见，弹性力作的功只能与弹簧在初始和末了位置的变形量 δ 有关，与力作用点 A 的轨迹形状无关。由式(13-8)可见，当 $\delta_1>\delta_2$ 时，弹性力作正功；$\delta_1<\delta_2$，弹性力作负功。

弹性力功的大小可由图 13-4 中所示阴影面积表示，其横轴为弹簧变形量 δ，纵轴为弹性力的大小 $\boldsymbol{F}$。由图可见，当弹簧变形量由 δ_1 增为 δ_2，再由 δ_2 增为 δ_3 时，即使 $\delta_3-\delta_2=\delta_2-\delta_1$，在此两段相同位移内，弹性力作功也是不相等的。

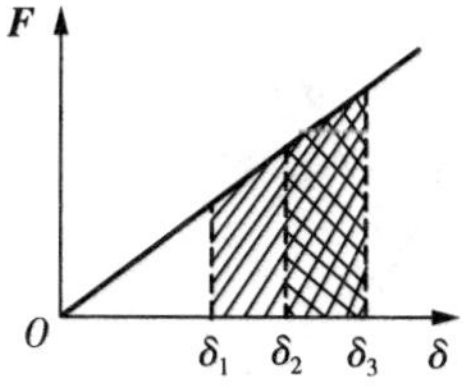

图 13　4

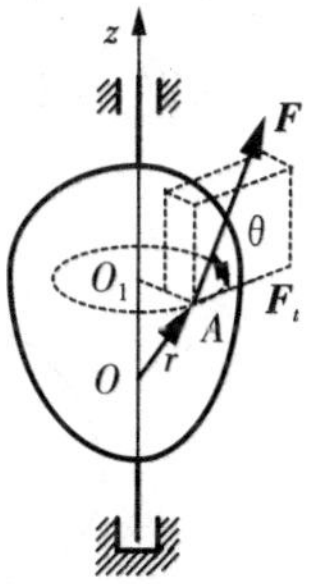

图 13-5

(3) 定轴转动刚体上作用力的功

力 $\boldsymbol{F}$ 与其作用点 A 处的轨迹切线之间的夹角为 θ，如图 13-5 所示，力 $\boldsymbol{F}$ 在切线上的投影为

$$F_t=F\cos\theta$$

当刚体绕定轴转动时，转角 φ 与弧长 s 的关系为

$$\mathrm{d}s=R\mathrm{d}\varphi$$

其中，R 为力作用点 A 到轴的距离。力 $\boldsymbol{F}$ 的元功为

$$\delta W=\boldsymbol{F}\cdot\mathrm{d}\boldsymbol{r}=F_t\mathrm{d}s=F_tR\mathrm{d}\varphi$$

因为 F_tR 为力 $\boldsymbol{F}$ 对于转轴 z 的力矩 M_z，则

$$\delta W=M_z\mathrm{d}\varphi \tag{13-9}$$

力 $\boldsymbol{F}$ 在刚体从角 φ_1 到 φ_2 转动过程中作的功为

$$W_{12}=\int_{\varphi_1}^{\varphi_2}M_z\mathrm{d}\varphi \tag{13-10}$$

如果刚体上作用一力偶，则力偶所作的功仍可用上式计算，其中 M_z 为力偶对转轴 z 的矩，也等于力偶矩矢 $\boldsymbol{M}$ 在 z 轴上的投影。

(4) 平面运动刚体上力系的功

平面运动刚体上力系的功，等于刚体上所受各力作功的代数和。也等于力系向质心简化所得的力与力偶作功之和，计算公式如下：

平面运动刚体上受有多个力作用，取刚体的质心 C 为基点，当刚体有无限小位移时，任一力 $\boldsymbol{F}_i$ 作用点 M_i 的位移为

$$\mathrm{d}\,\boldsymbol{r}_i = \mathrm{d}\,\boldsymbol{r}_C + \mathrm{d}\,\boldsymbol{r}_{iC}$$

其中，$\mathrm{d}\boldsymbol{r}_C$ 为质心 C 的无限小位移，$\mathrm{d}\boldsymbol{r}_{iC}$ 为点 M_i 绕质心 C 的微小转动位移，如图 13-6 所示。力 $\boldsymbol{F}_i$ 在点 M_i 位移上所作元功为

$$\delta W_i = \boldsymbol{F}_i \cdot \mathrm{d}\,\boldsymbol{r}_i = \boldsymbol{F}_i \cdot \mathrm{d}\,\boldsymbol{r}_C + \boldsymbol{F}_i \cdot \mathrm{d}\,\boldsymbol{r}_{iC}$$

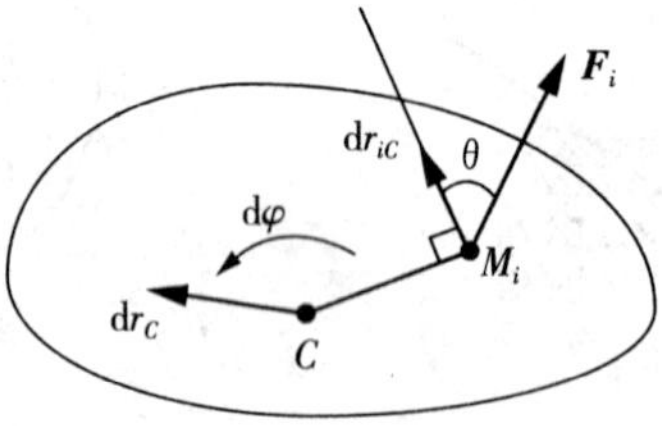

图 13-6

如刚体无限小转角为 $\mathrm{d}\varphi$，则转动位移 $\mathrm{d}\,\boldsymbol{r}_{iC} \perp \overline{M_iC}$，大小为 $M_iC \cdot \mathrm{d}\varphi$。因此，上式后一项

$$\boldsymbol{F}_i \cdot \mathrm{d}\,\boldsymbol{r}_{iC} = F_i\cos\theta \cdot M_iC \cdot \mathrm{d}\varphi = M_C(\boldsymbol{F}_i)\,\mathrm{d}\varphi$$

其中，θ 为力$\boldsymbol{F}_i$ 与转动位移 $\mathrm{d}\,\boldsymbol{r}_{iC}$ 间的夹角，$M_C(\boldsymbol{F}_i)$ 为力$\boldsymbol{F}_i$ 对质心 C 的矩。

力系全部力所作功之和为

$$\delta W = \sum \delta W_i = \sum \boldsymbol{F}_i \cdot \mathrm{d}\,\boldsymbol{r}_C + \sum M_C(\boldsymbol{F}_i)\mathrm{d}\varphi = \boldsymbol{F}'_R \cdot \mathrm{d}\,\boldsymbol{r}_C + M_C\mathrm{d}\varphi \qquad (13-11)$$

其中，$\boldsymbol{F}'_R$ 为力系主矢，M_C 为力系对质心C 的主矩。刚体质心 C 由 C_1 移动到 C_2，同时刚体又由 φ_1 转到 φ_2 角度时，力系作功为

$$W_{12} = \int_{C_1}^{C_2} \boldsymbol{F}'_R \cdot \mathrm{d}\,\boldsymbol{r}_C + \int_{\varphi_1}^{\varphi_2} M_C\mathrm{d}\varphi \qquad (13-12)$$

可见，平面运动刚体上力系的功等于力系向质心简化所得的主矢与主矩所作功之和。这个结论也适用于作一般运动的刚体，基点也可以是刚体上任意一点。

13.2　质点与质点系的动能

13.1.1　质点的动能

设质点的质量为 m，速度为 $\boldsymbol{v}$，则质点的动能为

$$T=\frac{1}{2}m\boldsymbol{v}^2$$

动能是标量，恒取正值。在国际单位制中动能的单位也为 J。

13.2.2　质点系的动能

质点系的动能等于质点系中各质点动能之代数和。即

$$T=\sum\frac{1}{2}m_i\boldsymbol{v}_i^2$$

刚体是由无数质点组成的质点系。刚体作不同的运动时，各质点的速度分布不同，刚体的动能由刚体的运动形式来计算。

(1) 平动刚体的动能

刚体作平动时，各点的速度都相同，用质心速度 $\boldsymbol{v}_C$ 为代表，得平动刚体的动能为

$$T=\sum\frac{1}{2}m_i\boldsymbol{v}_i^2=\frac{1}{2}\boldsymbol{v}_C^2\cdot\sum m_i$$

即

$$T=\frac{1}{2}m\boldsymbol{v}_C^2 \tag{13-13}$$

其中，$m=\sum m_i$，是刚体的质量。

(2) 定轴转动刚体的动能

刚体绕定轴 z 转动时，如图 13－7 所示，其中任一点 m_i 的速度为

$$\boldsymbol{v}_i=r_i\omega$$

其中，ω 是刚体的角速度，r_i 是质点 m_i 到转轴的距离。则绕定轴转动刚体的动能为

$$T=\sum\frac{1}{2}m_i\boldsymbol{v}_i^2=\sum\left(\frac{1}{2}m_ir_i^2\omega^2\right)=\frac{1}{2}\omega^2\cdot\sum m_ir_i^2$$

其中，$m_ir_i^2=J_z$，是刚体对 z 轴的转动惯量，则得

$$T=\frac{1}{2}J_z\omega^2 \tag{13-14}$$

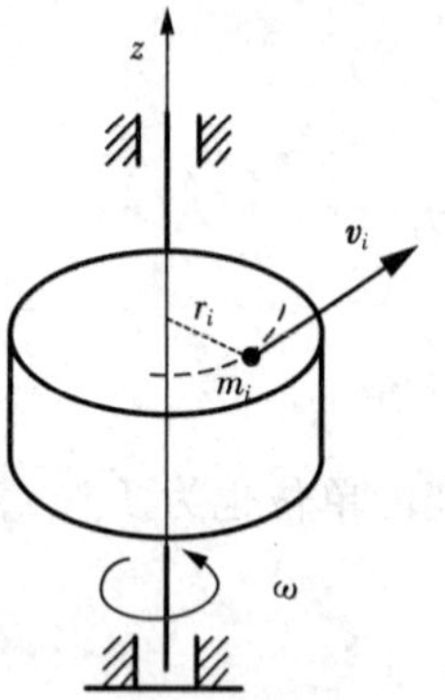

图 13-7

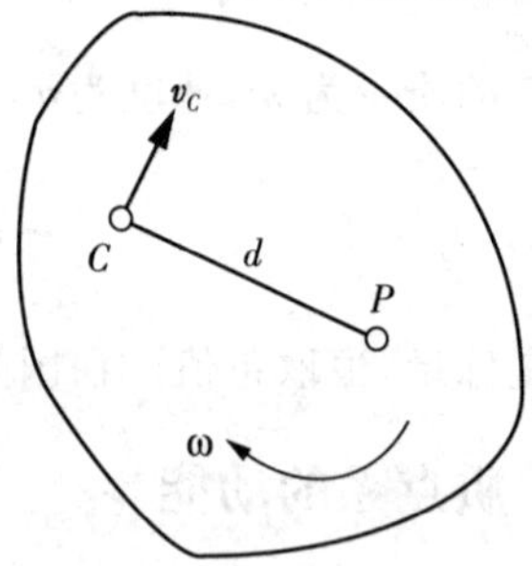

图 13-8

(3) 平面运动刚体的动能

刚体质心 C 所在的平面图形如图 13-8 所示。图形中的点 P 是运动瞬心，ω 是平面图形转动的角速度。此瞬时，刚体上各点速度的分布与绕点 P 转动的刚体相同，于是作平面运动的刚体的动能为

$$T=\frac{1}{2}J_P\omega^2$$

其中，J_P 为刚体对瞬心的转动惯量。

如 C 为刚体的质心，根据转动惯量的平行轴定理有

$$J_P=J_C+md^2$$

其中，m 为刚体的质量，$d=CP$，J_C 为对于质心的转动惯量。代入计算动能的公式，得

$$T=\frac{1}{2}(J_C+md^2)\omega^2=\frac{1}{2}J_C\omega^2+\frac{1}{2}m(d\cdot\omega)^2$$

因 $d\cdot\omega=v_C$，于是得

$$T=\frac{1}{2}m\boldsymbol{v}_C^2+\frac{1}{2}J_C\omega^2 \tag{13-15}$$

即，作平面运动的刚体的动能，等于随质心平移的动能与绕质心转动的动能的和。例如，一车轮在地面上只滚不滑。若轮心作直线运动，速度为$\boldsymbol{v}_C$，车轮质量为 m，半径为 R，质量分布在轮缘，轮辐的质量不计，则车轮的动能为

$$T=\frac{1}{2}m\boldsymbol{v}_C^2+\frac{1}{2}mR^2\left(\frac{\boldsymbol{v}_C}{R}\right)^2=m\boldsymbol{v}_C^2$$

其他运动形式的刚体，应按其速度分布计算该刚体的动能。

13.3　动能定理

13.1.1　质点的动能定理

取质点运动微分方程的矢量形式

$$m\frac{\mathrm{d}\boldsymbol{v}}{\mathrm{d}t}=\boldsymbol{F}$$

在方程两边点乘 $\mathrm{d}\boldsymbol{r}$，得

$$m\frac{\mathrm{d}\boldsymbol{v}}{\mathrm{d}t}\cdot\mathrm{d}\boldsymbol{r}=\boldsymbol{F}\cdot\mathrm{d}\boldsymbol{r}$$

因 $\mathrm{d}\boldsymbol{r}=\boldsymbol{v}\mathrm{d}t$，于是上式可写成

$$m\boldsymbol{v}\cdot\mathrm{d}\boldsymbol{v}=\boldsymbol{F}\cdot\mathrm{d}\boldsymbol{r}$$

因 $\boldsymbol{F}\cdot\mathrm{d}\boldsymbol{r}=\delta W$，$\boldsymbol{v}\mathrm{d}\boldsymbol{v}=\frac{1}{2}\mathrm{d}(\boldsymbol{v}^2)$ 微分式，则上式可化为

$$\mathrm{d}\left(\frac{1}{2}m\boldsymbol{v}^2\right)=\delta W \tag{13-16}$$

式(13－16)称为质点动能定理的微分形式，即质点动能的增量等于作用在质点上力的元功。

积分(13－6)式，得

$$\int_{\boldsymbol{v}_1}^{\boldsymbol{v}_2}\mathrm{d}\left(\frac{1}{2}m\boldsymbol{v}^2\right)=W_{12}$$

得

$$\frac{1}{2}m\boldsymbol{v}_2^2-\frac{1}{2}m\boldsymbol{v}_1^2=W_{12} \tag{13-17}$$

式(13－17)为质点动能定理的积分形式：在质点运动的某个过程中，质点动能的改变量等于作用于质点的力在该时段内作的功。

由式(13-16)或(13-17)可见，力作正功，质点动能增加；力作负功，质点动能减小。

13.3.2 质点系的动能定理

对于质点系内任一质点，质量为 m_i，速度为$\boldsymbol{v}_i$，根据质点的动能定理的微分形式，有

$$\mathrm{d}\left(\frac{1}{2}m_i\boldsymbol{v}_i^2\right)=\delta W_i$$

其中，δW_i 表示作用于这个质点的力 $\boldsymbol{F}_i$ 所作的元功。

设质点系有 n 个质点，对于每个质点都可列出一个如上的方程，将 n 个方程相加，得

$$\sum\mathrm{d}\left(\frac{1}{2}m_i\boldsymbol{v}_i^2\right)=\sum\delta W_i$$

或

$$\mathrm{d}\left[\sum\left(\frac{1}{2}m_i\boldsymbol{v}_i^2\right)\right]=\sum\delta W_i$$

其中，$\sum\left(\frac{1}{2}m_i\boldsymbol{v}_i^2\right)$ 是质点系的动能，以 T 表示。于是上式可写成

$$\mathrm{d}T=\sum\delta W_i \tag{13-18}$$

式(13－18) 即为质点系动能定理的微分形式。

对(13－18) 式积分，得

$$T_2-T_1=\sum W_i \tag{13-19}$$

式(13－19) 则为质点系动能定理的积分形式。式中 T_1 和 T_2 分别是质点系是某一段运动过程的起点和终点的功能。

13.3.3 理想约束及内力作功

对于光滑固定面和一端固定的绳索等约束，其约束力都垂直于力作用点的位移，约束力不作功。又如光滑铰支座、固定端等约束，其约束力也不作功。约束力作功等于零的约束称为理想约束。在理想约束条件下，质点系动能的改变只与主动力作功有关，式(13－18) 和(13－19) 中只需要计算主动力所作的功。

光滑铰链、刚性二力杆以及不可伸长的细绳等作为系统内的约束时，其中单个的约束力不一定不作功，但一对约束力作功之和等于零，也都是理想约束。如图 13－9a 所示的铰链，铰链处相互作用的约束力 F 和 F' 是等值反向的，它们在铰链中心的任何位移 dr 上作功之和都等于零。又如图 13－9b 中，跨过光滑支持轮的细绳对系统中两个质点的拉力 $F_1=F_2$，如绳索不可伸长，则两端的位移 dr_1 和 dr_2 沿绳索的投影必相等，因而两约束力 F_1 和 F_2 作功之和等于零。至于图 13－9c 所示的二力杆对 A，B 两点的约束，有 $F_1=F_2$，而两端位移沿 AB

连线的投影又是相等的，显然两约束力 F_1、F_2 作功之和也等于零。

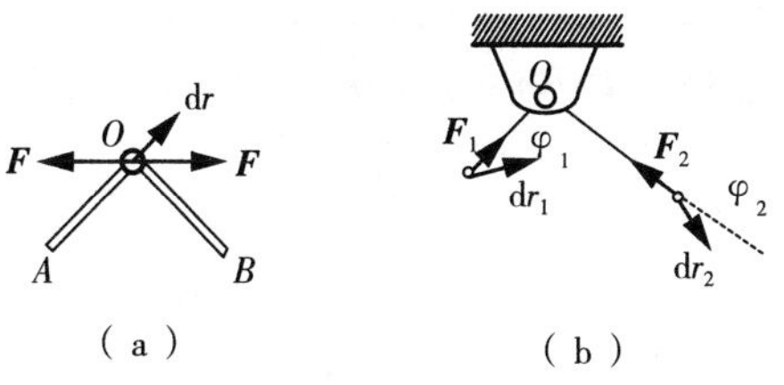

图 13－9

一般情况下，滑动摩擦力与物体的相对位移相反，摩擦力作负功，不是理想约束，应用动能定理时要计入摩擦力的功。但当轮子在固定面上只滚不滑时，接触点为瞬心，滑动摩擦力作用点没动，此时的滑动摩擦力也不作功。因此，不计滚动摩阻时，纯滚动的接触点也是理想约束。

工程中很多约束可视为理想约束，此时未知的约束力并不作功，这对动能定理的应用时非常方便的。

必须注意，作用于质点系的力既有外力，也有内力，在某些情况下，内力虽然等值而反向，但所作功的和并不等于零。

同时也应注意，在不少情况下，内力所作功的和等于零。例如，刚体内两质点相互作用的力是内力，两力大小相等、方向相反。因为刚体上任意两点的距离保持不变，沿这两点连线的位移必定相等，其中一力作正功，另一力作负功，这一对力所作的功的和等于零。刚体内任一对内力所作的功的和都等于零。于是得结论：刚体内所有内力作功的和等于零。

不可伸长的柔绳、钢索等所有内力作功的和也等于零。

从以上分析可见，在应用质点系的动能定理时，要根据具体情况仔细分析所有的作用力，以确定它是否作功。应注意：理想约束的约束力不作功，而质点系的内力作功之和并不一定等于零。

【例 13－1】　质量为 m 的质点，自高 h 处自由落下，落到下面有弹簧支持的板上，如图 13－10 所示。设板和弹簧的质量都可忽略不计，弹簧的刚度系数为 k。求弹簧的最大压缩量。

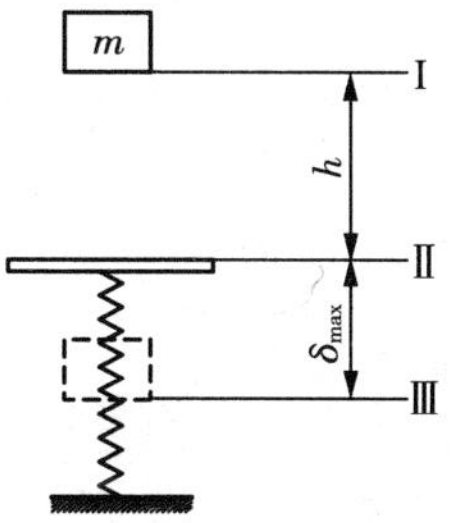

图 13－10

【解】　质点从 Ⅰ 位置落到板上是自由落体运动，速度有 0 增加到 v_1，应用动能定理

$$\frac{1}{2}m\boldsymbol{v}_1^2-0=mgh$$

求得
$$v_1=\sqrt{2gh}$$

质点继续向下运动，弹簧被压缩，质点速度逐渐减小，当速度等于零时，弹簧被压缩到最大值$\delta_{\max}$。在这段过程中重力作的功为$mg\delta_{\max}$，弹簧力作的功为$\frac{1}{2}k(0-\delta_{\max}^2)$，应用动能定理

$$0-\frac{1}{2}mv_1^2=mg\delta_{\max}-\frac{1}{2}k\delta_{\max}^2$$

解得
$$\delta_{\max}=\frac{mg}{k}\pm\frac{1}{k}\sqrt{m^2g^2+2kmgh}$$

由于弹簧的压缩量必定是正值，应取

$$\delta_{\max}=\frac{mg}{k}+\frac{1}{k}\sqrt{m^2g^2+2kmgh}$$

本题也可以把上述两段过程合在一起考虑，即对质点从Ⅰ处开始下落至弹簧压缩到最大值的Ⅲ处应用动能定理，在这一段过程的始末位置质点的动能都等于零。由动能定理：

$$0-0=mg(h+\delta_{\max})-\frac{k}{2}\delta_{\max}^2$$

解得同样结果。

综上，总结应用动能定理解题的步骤如下：

(1) 选取某质点系(或质点) 作为研究对象；

(2) 选定应用动能定理的一段过程；

(3) 分析质点系的运动，计算选定过程起点和终点的动能；

(4) 分析作用于质点系的力，计算各力在选定过程中所作的功；

(5) 应用动能定理建立方程，求解未知量。

13.4　功率、功率工程和机械效率

13.4.1　功率

单位时间内力所作的功称为功率，是做功的速率，以 P 表示，

$$P=\frac{\delta W}{\mathrm{d}t}$$

因为 $\delta W = \boldsymbol{F} \cdot \mathrm{d}\boldsymbol{r}$,则有

$$P = \boldsymbol{F} \cdot \frac{\mathrm{d}\boldsymbol{r}}{\mathrm{d}t} = \boldsymbol{F} \cdot \boldsymbol{v} = F_t v \tag{13-20}$$

其中,$\boldsymbol{v}$ 是力 $\boldsymbol{F}$ 作用点的速度。功率等于切向力与力作用点速度的乘积。在 P 一定的情况下,F_t 和v 成反比。例如汽车上坡时,由于需要较大的牵引力,故一般用低速挡。

作用在转动刚体上的力的功率为

$$P = \frac{\delta W}{\mathrm{d}t} = M_z \frac{\mathrm{d}\varphi}{\mathrm{d}t} = M_z \omega \tag{13-21}$$

其中,M_z 是力对转轴 z 的矩,ω 是角速度。即,作用于转动刚体上的力的功率等于该力对转轴的矩与角速度的乘积。

在国际单位制中,每秒钟力所作的功等于 1J 时,其功率定为 1W(瓦特)(W=J/s)。工程中常用千瓦(kW) 做单位,1000W=1kW。

13.4.2　功率方程

取质点系动能定理的微分形式,两端同时对时间 t 求导,得

$$\frac{\mathrm{d}T}{\mathrm{d}t} = \sum \frac{\delta W_i}{dt} = \sum P_i \tag{13-22}$$

式(13-33) 称为功率方程,即质点系动能对时间的一阶导数,等于作用于质点系的所有力的功率的代数和。可见功率方程建立了质点系动能变化率与功率的关系。

现以车床为例来分析其工作时能量的转化:

接通电源后,电场力使电机转子转动,作正功。电场力的功率称为输入功率($P_{输入}$)。车床运用时,各部件之间的摩擦,碰撞损失一部分功率,这些功率都取负值,称为无用功率或损耗功率($P_{无用}$)。而切削工件时,切削阻力对工件也作负功,这是车床加工零件必须付出的功率,称为有用功率或输出功率($P_{有用}$)。

每部机器的功率都可分为上述三部分。在一般情形下,式(13-22) 可写成

$$\frac{\mathrm{d}T}{\mathrm{d}t} = P_{输入} - P_{有用} - P_{无用} \tag{13-23}$$

或

$$P_{输入} = P_{有用} + P_{无用} + \frac{\mathrm{d}T}{\mathrm{d}t} \tag{13-23$'$}$$

13.4.3　机械效率

工程中，用到有效功率的概念：有效功率$=P_{有用}+\frac{dT}{dt}$。　有效功率与输入功率的比值称为机器的机械功率，用η表示，即

$$\eta=\frac{有效功率}{输入功率} \tag{13-24}$$

由上式可知，机械效率η表明机器对输入功率的有效利用程度，它是评定机器质量好坏的指标之一。显然，一般情况下，$\eta<1$。

一部机器的传动部分一般由许多零件组成。如图13-11所示系统，轴承与轴之间、胶带与轮之间、齿轮与齿轮之间各级传动都因摩擦系数而消耗功率，各级传动都有各自的效率。设Ⅰ－Ⅱ，Ⅱ－Ⅲ，Ⅲ－Ⅳ各级的效率分别为η_1，η_2，η_3，则Ⅰ－Ⅳ的总效率为

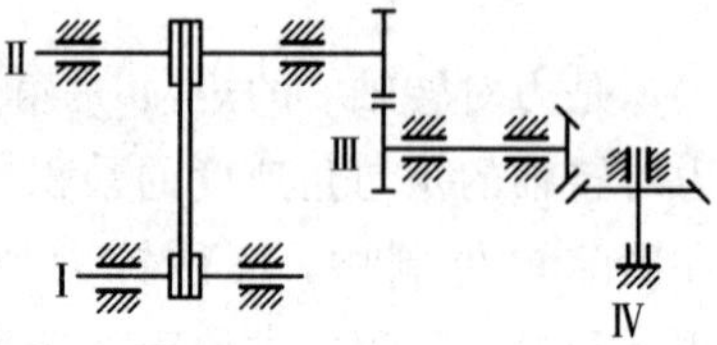

图 13-11

$$\eta=\eta_1\cdot\eta_2\cdot\eta_3$$

对于有n级传动的系统，总效率等于各级效率的乘积，即

$$\eta=\eta_1\cdot\eta_2\cdots\cdots\eta_n$$

【例 13-2】　车床的电动机功率$P_{入}=5.4\text{kW}$。由于传动零件之间的摩擦，损耗功率占输入功率的30%。如工件的直径$d=100\text{mm}$，转速$n=42\text{r/min}$，问允许切削力的最大值多少？如工件的转速改为$n'=112\text{r/min}$，问允许切削力的最大值多少？

【解】　由题意知，车床的输入功率为$P_{入}=5.4\text{kW}$，损耗的无用功率$P_{无用}=P_{入}\times30\%=1.62\text{kW}$。当工件匀速转动时，动能不变，有用功率为

$$P_{有用}=P_{入}-P_{无用}=3.78\text{kW}$$

设切削力为F，切削速度为v，则

$$P_{有用}=Fv=F\frac{d}{2}\frac{\pi n}{30}$$

即
$$F=\frac{60}{\pi dn}P_{有用}$$

当$n=42\text{r/min}$时，允许的最大切削力为

$$F=\frac{60\times 3.78}{\pi\times 0.1\times 42}=17.19\text{kN}$$

当 $n=112\text{r/min}$ 时，允许的最大切削力为

$$F=\frac{60\times 3.78}{\pi\times 0.1\times 112}=6.45\text{kN}$$

功率方程给出了动能变化率与功率之间的关系。动能与速度有关，其变化率含有加速度项，因而功率方程也就给出了系统的加速度与作用力之间的关系。由于功率方程中不含理想约束的约束力，因而用功率方程求解系统的加速度、建立系统的运动微分方程是很方便的。下面举例说明。

【例 13-3】 物块质量为 m，用不计质量的细绳跨过滑轮与弹簧相连。弹簧原长为 l_0，刚度系数为 k，质量不计。滑轮半径为 R，转动惯量为 J。不计轴承摩擦，建立此系统的运动微分方程。

【解】 如弹簧由自由位置拉长任一长度 s，滑轮转过 φ 角，物块下降 s，显然有 $s=R\varphi$。此时系统的动能为

$$T=\frac{1}{2}m\left(\frac{\mathrm{d}s}{\mathrm{d}t}\right)^2+\frac{1}{2}J\left(\frac{\mathrm{d}\varphi}{\mathrm{d}t}\right)^2=\frac{1}{2}\left(m+\frac{J}{R^2}\right)\left(\frac{\mathrm{d}s}{\mathrm{d}t}\right)^2$$

重物下降速度 $v=\frac{\mathrm{d}s}{\mathrm{d}t}$，重力功率为 $mg\frac{\mathrm{d}s}{\mathrm{d}t}$；弹性力大小为 ks，其功率为 $-ks\frac{\mathrm{d}s}{\mathrm{d}t}$。代入功率方程，得

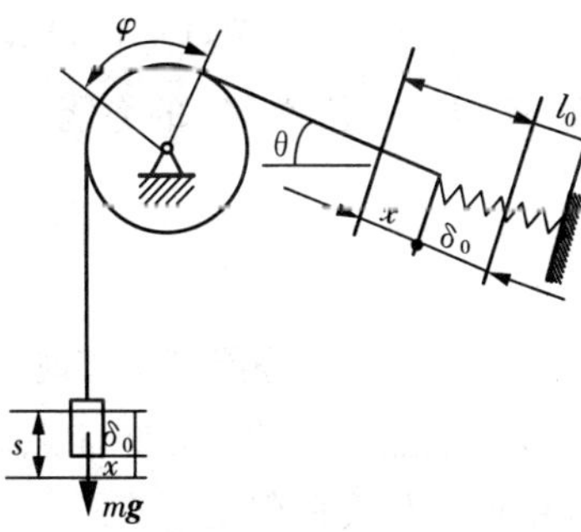

图 13-12

$$\frac{\mathrm{d}T}{\mathrm{d}t}=\left(m+\frac{J}{R^2}\right)\frac{\mathrm{d}s}{\mathrm{d}t}\frac{\mathrm{d}^2s}{\mathrm{d}t^2}=mg\frac{\mathrm{d}s}{\mathrm{d}t}-ks\frac{\mathrm{d}s}{\mathrm{d}t}$$

两端各消去 $\frac{\mathrm{d}s}{\mathrm{d}t}$，得到对于坐标 s 的运动微分方程：

$$\left(m+\frac{J}{R^2}\right)\frac{\mathrm{d}^2s}{\mathrm{d}t^2}=mg-ks$$

如此系统静止时弹簧拉长量为 δ_0，而 $mg=k\delta_0$。以平衡位置为参考点，物体下降 x 时弹簧拉长量为 $s=\delta_0+x$，代入上式，得

$$\left(m+\frac{J}{R^2}\right)\frac{\mathrm{d}^2x}{\mathrm{d}t^2}=mg-k\delta_0-kx=-kx$$

移项后，得到对于坐标 x 的运动微分方程：

$$\left(m+\frac{J}{R^2}\right)\frac{\mathrm{d}^2 x}{\mathrm{d}t^2}+kx=0$$

这是系统自由振动微分方程的标准形式。由上述计算可见，弹簧倾斜角度 θ 与系统运动微分方程无关。

13.5　势力场、势能和机械能守恒定律

13.5.1　势能场

质点在某空间内任一位置都受到一个大小和方向完全由所在位置确定的力的作用，这部分空间称为力场。

如果质点在某力场内运动，作用于该质点的力所作的功只与力作用点的初始位置和终了位置有关，而与该点的运动轨迹无关，这种力场称为势力场或保守力场。在势力场中，质点受到的力称为有势力或保守力。

13.5.2　势能

在势力场中，质点从位置 M 运动到任意位置 M_0。有势力所作的功称质点在 M 相对于位置 M_0 的势能。以 V 表示为

$$V=\int_M^{M_0}\boldsymbol{F}\cdot\mathrm{d}\boldsymbol{r}=\int_M^{M_0}(F_x\mathrm{d}x+F_y\mathrm{d}y+F_z\mathrm{d}z) \tag{13-25}$$

位置 M_0 的势能等于零时，称为零势能点。在势力场中，势能的大小是相对于零势能点而言的。零势能点 M_0 可以任意选取，对于不同的零势能点，在势力场中同一位置的势能可有不同的数值。

几种常见的势能。

(1) 重力场的势能

重力场中，以铅垂轴为 z 轴，z_0 处为零势能点。质点于 z 坐标处的势能 V 等于重力 mg 由 z 到 z_0 处所作的功，即

$$V=\int_z^{z_0}(-mg)\,\mathrm{d}z=mg(z-z_0) \tag{13-26}$$

(2) 弹性力场的势能

设弹簧的一端固定，另一端与物体连接，弹簧的刚度系数为 k。以变形量为 δ_0 处为零势能点，则变形量为 δ 处的弹簧势能 V 为

$$V=\frac{k}{2}(\delta^2-\delta_0^2) \tag{13-27}$$

如果取弹簧的自然位置为零势能点，则有 $\delta_0=0$，于是得

$$V=\frac{k}{2}\delta^2 \tag{13-27$'$}$$

(3) 万有引力场中的势能

设质量为 m_1 的质点受质量为 m_2 的物体的万有引力 F 作用，如图 13-13 所示。

取点 A_0 为零势能点，则质点在点 A 的势能为

$$V=\int_A^{A_0}\boldsymbol{F}\cdot \mathrm{d}\boldsymbol{r}=\int_A^{A_0}\left(-\frac{fm_1m_2}{r^2}\boldsymbol{e}_r\right)\cdot \mathrm{d}r$$

其中，f 为引力常数，$\boldsymbol{e}_r$ 是质点的失径方向的单位矢量。$\boldsymbol{e}_r\cdot \mathrm{d}r=\mathrm{d}\boldsymbol{r}$，为矢径 $\boldsymbol{r}$ 长度的增量。设 $\boldsymbol{r}_1$ 为零势能点的矢径，于是有

$$V=\int_r^{r_1}-\frac{fm_1m_2}{\boldsymbol{r}^2}\mathrm{d}\boldsymbol{r}=fm_1m_2\left(\frac{1}{\boldsymbol{r}_1}-\frac{1}{\boldsymbol{r}}\right) \tag{13-28}$$

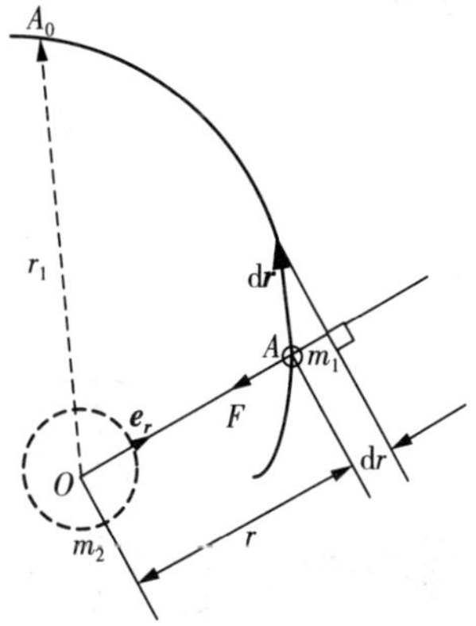

图 13-13

如果选取的零势能点在无穷远处，即 $\boldsymbol{r}_1=\infty$，十是得

$$V=-\frac{fm_1m_2}{r} \tag{13-28$'$}$$

上述计算表明，万有引力作功只决定于质点运动的初始位置 A 和终了位置 A_0，与点的轨迹形状无关，万有引力场确为势力场。

如质点系受到多个有势力的作用，各有势力可有各自的零势能点。质点系的“零势能位置”是各质点都处于其零势能点的一组位置。质点系从某位置到其“零势能位置”的运动过程中，各有势力作功的代数和称为此质点系在该位置的势能。

例如质点系在重力场中，取各质点的 z 坐标为 $z_{10},z_{20},\cdots,z_{n0}$ 时为零势能位置；则质点系各质点 z 坐标为 $z_1,z_2,\cdots,z_n$ 时的势能为

$$V=\sum m_i g(z_i-z_{i0})$$

与质点系重力作功式(13-7) 相似，质点系重力势能可写为

$$V = mg(z_C - z_{C0}) \tag{13-29}$$

其中，m 为质点系的全部质量，z_C 为质心 C 的 z 坐标，z_{C0} 为零势能位置质心的 z 坐标。

又如一质量为 m、长为 l 的均质杆 AB，A 端铰支，B 端由无重弹簧拉住，并于水平位置平衡，如图 13-14 所示。此时弹簧已有拉长量 δ_0。如弹簧刚度系数为 k，由平衡方程 $\sum M_A(F) = 0$，有

$$k\delta_0 l = mg\frac{l}{2} \quad \Rightarrow \quad \delta_0 = \frac{mg}{2k}$$

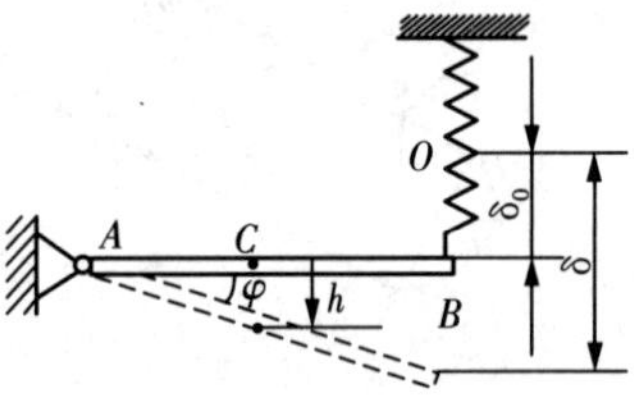

图 13-14

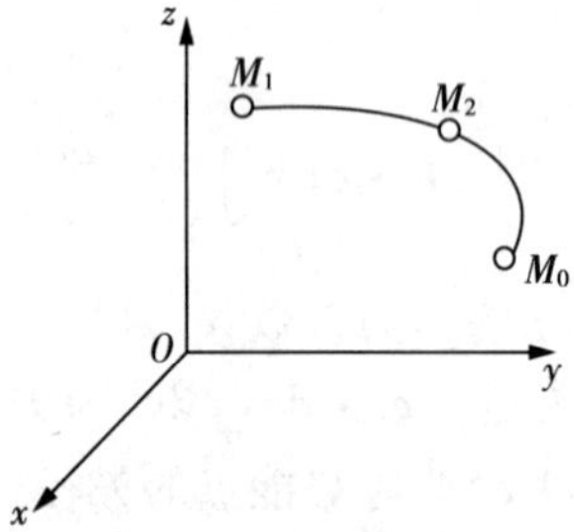

图 13-15

此系统所受重力及弹性力都是有势力。如重力以杆的水平位置处为零势能位置，弹簧以自然位置 O 为零势能点，则杆于微小摆角 φ 处，重力势能为 $-mg\varphi l/2$，弹簧势能为 $\frac{k}{2}(\delta_0 + \varphi l)^2$。由 $\delta_0 = \frac{mg}{2k}$，总势能为

$$V' = \frac{k}{2}(\delta_0 + \varphi l)^2 - mg\frac{\varphi l}{2} = \frac{1}{2}k\varphi^2 l^2 + \frac{m^2 g^2}{8k}$$

若取杆的平衡位置为系统的零势能位置，杆于微小摆角 φ 处，系统相对于零势能位置的势能应改为

$$V = \frac{k}{2}(\delta^2 - \delta_0^2) - mgh = \frac{1}{2}k(\delta_0^2 + 2\delta_0\varphi l + \varphi^2 l^2 - \delta_0^2) - mg\frac{\varphi l}{2}$$

注意到 $\delta_0 = \frac{mg}{2k}$，可得

$$V = \frac{1}{2}k\varphi^2 l^2$$

可见，对于不同的零势能位置，系统的势能是不相同的。对于常见的重力 — 弹力系统，以其平衡位置为零势能点，往往更简便。

质点系在势力场中运动，有势力的功可通过势能计算。设某个有势力的作用点在质点系的运动过程中，从点 M_1 到点 M_2，如图 13－15 所示，该力所作的功为 W_{12}。若取 M_0 为零势能点，则从 M_1 到 M_0 和从 M_2 到 M_0 有势力所作的功分别为 M_1 和 M_2 位置的势能 V_1 和 V_2。因有势力的功与轨迹形状无关，而由 M_1 经 M_2 到达 M_0 时，有势力的功为

$$W_{10}=W_{12}+W_{20}$$

注意到 $W_{10}=V_1$，$W_{20}=V_2$

于是得

$$W_{12}=V_1-V_2 \tag{13-30}$$

即有势力所作的功等于质点系在运动过程中的初始与终了位置的势能的差。

13.5.3 机械能守恒定律

机械能：质点系在某瞬时的动能与势能的代数和。

质点系在运动过程中的初始和终了瞬时的动能分别为 T_1 和 T_2，所受力在这过程中所作的功为 W_{12}，由动能定理有

$$T_2-T_1=W_{12}$$

如系统运动中，只有有势力作功，而有势力的功可用势能计算，即

$$T_2-T_1=W_{12}=V_1-V_2$$

移项后得

$$T_1+V_1=T_2+V_2 \tag{13-31}$$

式(13－31)就是机械能守恒定律的数学表达式，即：质点系仅在有势力的作用下运动时，其机械能保持不变。此类质点系称为保守系统。

如果质点系还受到非保守力的作用，称为非保守系统，非保守系统的机械能是不守恒的。设保守力所作的功为 W_{12}，非保守力所作的功为 W'_{12}，由动能定理有

$$T_2-T_1=W_{12}+W'_{12}$$

因 $W_{12}=V_1-V_2$，则有

$$T_2-T_1=V_1-V_2+W'_{12}$$

$$(T_2+V_2)-(T_1+V_1)=W'_{12} \tag{13-32}$$

当质点系受到摩阻力等力作用时，W'_{12} 是负功，质点系在运动过程中机械能减小，称为机械能耗散；当质点系受到非保守的主动力作用时，如果 W'_{12} 是正功，则质点系在运动过程中机械能增加，这时外界对系统输入了能量。

从能量观点来看，无论什么系统，总能量是不变的，机械能的增或减，只说明了在这过程中机械能与其他形式的能量（如热能、电能等）有了相互的转化。

【例 13－4】 如图 13－16 所示的鼓轮 D 匀速转动，使绕在轮上钢索下端的

重物以$v=0.5\text{m/s}$匀速下降,重物质量为$m=250\text{kg}$。设当鼓轮突然被卡住时,钢索的刚度系数$k=3.35\times10^6\text{N/m}$。求此后钢索的最大张力。

【解】 鼓轮匀速转动时,重物处于平衡状态,临卡住的前一瞬时钢索的伸长量$\delta_{st}=\dfrac{mg}{k}$,钢索的张力$F=k\delta_{st}=mg=2.45\text{kN}$。

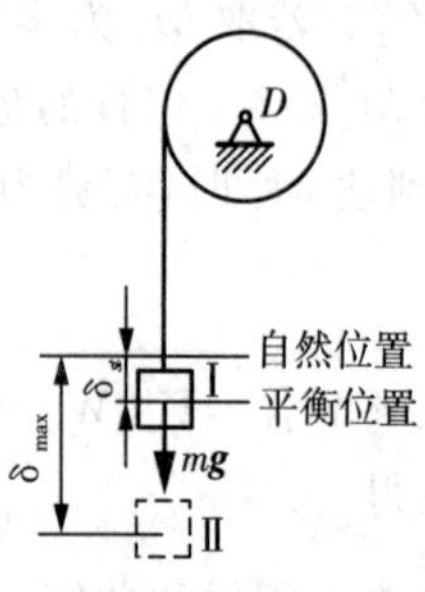

图 13-16

当鼓轮被卡住后,由于惯性,重物将继续下降,钢索继续伸长,钢索的弹性力逐渐增大,重物的速度逐渐减小。当速度等于零时,弹性力达到最大值。

因重物只受重力和弹性力的作用,因此系统的机械能守恒。取重物平衡位置Ⅰ为重力和弹性力的零势能点,在Ⅱ位置处张力最大。则在Ⅰ,Ⅱ两位置系统的势能分别为

$$V_1=0$$

$$V_2=\frac{k}{2}(\delta_{\max}^2-\delta_{st}^2)-mg(\delta_{\max}-\delta_{st})$$

因$T_1=\dfrac{1}{2}mv^2$,$T_2=0$,由机械能守恒有

$$\frac{1}{2}mv^2+0=0+\frac{k}{2}(\delta_{\max}^2-\delta_{st}^2)-mg(\delta_{\max}-\delta_{st})$$

注意到$k\delta_{st}=mg$,上式可改写为

$$\delta_{\max}^2-2\delta_{st}\delta_{\max}+\left(\delta_{st}^2-\frac{v^2}{g}\delta_{st}\right)=0$$

解得

$$\delta_{\max}=\delta_{st}\left(1\pm\sqrt{\frac{v^2}{g\delta_{st}}}\right)$$

因$\delta_{\max}$应大于δ_{st},因此上式应取正号。

钢索的最大张力为

$$F_{\max}=k\delta_{\max}=k\delta_{st}\left(1+\sqrt{\frac{v^2}{g\delta_{st}}}\right)=mg\left(1+\frac{v}{g}\sqrt{\frac{k}{m}}\right)$$

代入数据,求得

$$F_{\max}=2.45\times\left(1+\frac{0.5}{9.8}\sqrt{\frac{3.35\times10^6}{250}}\right)=16.9\text{kN}$$

由此可见，当鼓轮被突然卡住后，钢索的张力增大了 5.9 倍。

请读者考虑，是否可取平衡位置为重力场的零势能点，而取弹簧自然位置为弹性力场的零势能点，计算结果是否相同？

【例 13-5】 如图 13-17 所示，摆的质量为 m，点 C 为其质心，O 端为固定铰支座，在点 D 处用弹簧悬挂，可在铅直平面内摆动。设摆对水平轴 O 的转动惯量为 J_O，弹簧的刚度系数为 k；摆在水平位置处平衡。设 $OD=CD=b$。求摆从水平位置处以初角速度 ω_0 向下作微幅摆动时，摆的角速度与 φ 角的关系。

【解】 研究摆的运动。作用于摆的力有弹簧力 F、重力 mg 和支座约束力 F_{ox} 和 F_{oy}。前两力为保守力，后两力不作功，因此摆的机械能守恒。

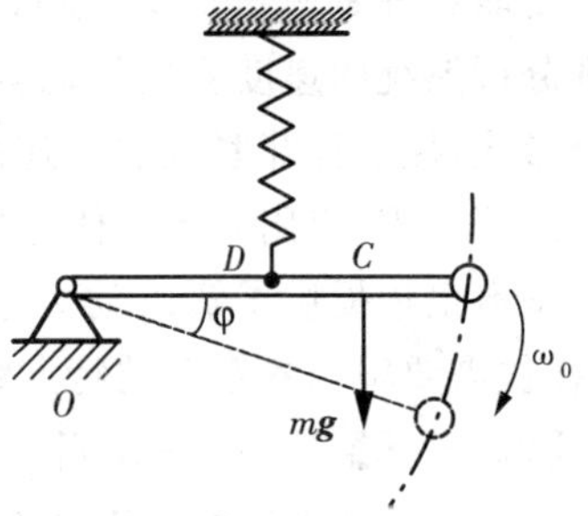

图 13-17

取水平位置为摆的零势能位置，此时机械能等于动能 $\frac{1}{2}J_o\omega_0^2$。摆作微幅摆动，φ 角极小。与图 13-14 问题分析相似，系统对于平衡位置的势能为 $\frac{1}{2}k(b\varphi)^2$，而动能为 $\frac{1}{2}J_o\omega^2$。由机械能守恒，有

$$\frac{1}{2}J_o\omega^2+\frac{k}{2}(b\varphi)^2=\frac{1}{2}J_O\omega_o^2$$

解此方程得摆杆的角速度为

$$\omega=\sqrt{\omega_0^2-kb^2\varphi^2/J_O}$$

由以上各例可见，应用机械能守恒定律解题的步骤如下：

(1) 选取某质点或质点系为研究对象，分析研究对象所受的力，所有作功的力都应为有势力；

(2) 确定运动的始、末位置；

(3) 确定零势能位置，分别计算两位置的动能和势能；

(4) 应用机械能守恒定律求解未知量。

13.6　动力学普遍定理的综合应用

质点和质点系的普遍定理包括动量定理、动量矩定理和动能定理。这些定理可分为两类：动量定理和动量矩定理属于一类，动能定理属于另一类。前者

是矢量形式，后者是标量形式；两者都用于研究机械运动，而后者还可用于研究机械运动与其他运动形式有能量转化的问题。

质心运动定理与动量定理一样，也是矢量形式，常用来分析质点系受力与质心运动的关系。与相对于质心的动量矩定理联合，共同描述了质点系机械运动的总体情况。特别是联合用于刚体，可建立起刚体运动的基本方程，如平面运动微分方程。应用动量定理或动量矩定理时，质点系的内力不能改变系统的动量和动量矩，只需考虑质点系所受的外力。

动能定理是标量形式，在很多实际问题中约束力又不作功，因而应用动能定理分析系统的速度变化是比较方便的。功率方程可视为动能定理的另一种微分形式，便于计算系统的加速度。但应注意，在有些情况下质点系的内力作功并不等于零，应用时要具体分析质点系内力作功问题。

基本定理提供了解决动力学问题的一般方法，而在求解比较复杂的问题时，往往需要根据各定理的特点综合运用。

【例 13-6】 图 13-18 所示的系统中，物块及两均质轮的质量皆为 m，轮半径皆为 R。滚轮上缘绕以刚度系数为 k 的无重水平弹簧，轮与地面间无滑动。现于弹簧的原长处自由释放重物，试求重物下降 h 时的速度、加速度以及滚轮与地面间的摩擦力。

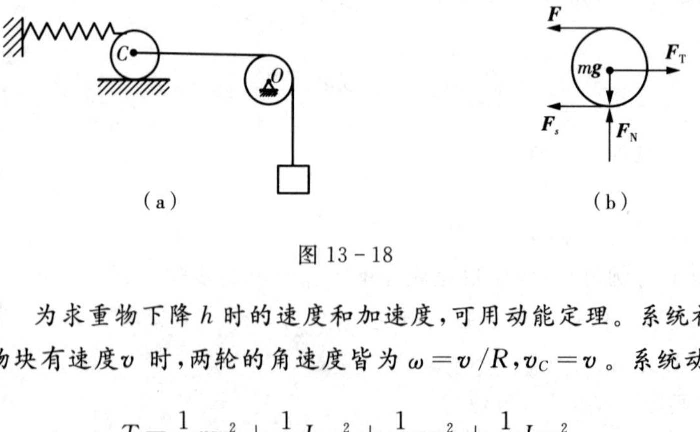

图 13-18

【解】 为求重物下降 h 时的速度和加速度，可用动能定理。系统初始动能为零，当物块有速度 v 时，两轮的角速度皆为 $\omega = v/R$，$v_C = v$。系统动能为

$$T = \frac{1}{2}mv^2 + \frac{1}{2}J_O\omega^2 + \frac{1}{2}mv_C^2 + \frac{1}{2}J_C\omega^2$$

$$= \frac{1}{2}mv^2 + \frac{1}{2}\cdot\frac{1}{2}mR^2\omega^2 + \frac{1}{2}mv_C^2 + \frac{1}{2}\cdot\frac{1}{2}mR^2\omega^2$$

$$= \frac{1}{2}mv^2 + \frac{1}{4}mv^2 + \frac{1}{2}mv^2 + \frac{1}{4}mv^2 = \frac{3}{2}mv^2$$

重物下降 h 时弹簧拉长 $2h$，重力和弹簧力作功和为

$$W=mgh-\frac{1}{2}k\,(2h)^2=mgh-2kh^2$$

由动能定理

$$\frac{3}{2}m\,\boldsymbol{v}^2-0=mgh-2kh^2 \tag{a}$$

求得重物的速度

$$\boldsymbol{v}=\sqrt{\frac{2(mg-2kh)h}{3m}}$$

为求重物加速度，可用动能定理的微分形式(13－18)或功率方程(13－22)。上面式(a)已给出速度$\boldsymbol{v}$和下降距离h之间的函数关系，式(a)两端对时间求一次导数，得

$$3m\,\boldsymbol{v}\,\frac{\mathrm{d}\,\boldsymbol{v}}{\mathrm{d}t}=(mg-4kh)\frac{\mathrm{d}h}{\mathrm{d}t}$$

从而求得重物加速度

$$a=\frac{g}{3}-\frac{4kh}{3m}$$

为求地面摩擦力，可取滚轮为研究对象，如图(b)所示，其中弹簧力$F=2kh$。应用对质心C的动量矩定理，即

$$J_C\cdot\alpha=\frac{1}{2}mR^2\cdot\alpha=(F_s-F)R \tag{b}$$

求得地面摩擦力

$$F_s=F+\frac{1}{2}mR\alpha=F+\frac{1}{2}ma \tag{c}$$

代入F及a的值，得地面摩擦力

$$F_s=\frac{mg}{6}+\frac{4}{3}kh$$

由此例可见，为求系统运动时的作用力，需先计算加速度，为此可用动能定理的微分形式。而求作用力时，应用动量定理或动量矩定理。当然，对此问题，也可以分别对两轮以及重物各列出其相应的微分方程，再联立求解力与加速度。

【例 13－7】　均质细杆长为l，质量为m，静止直立于光滑水平面上。当杆

受微小扰动而倒下时，求杆刚刚达到地面时的角速度和地面约束力。

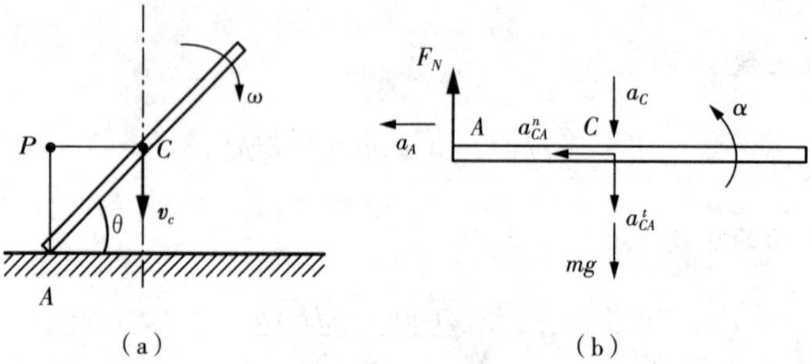

图 13-19

【解】　由于地面光滑，直杆沿水平方向不受力，倒下过程中质心将铅垂下落。设杆左滑于任一角度 θ，如图 13-19a 所示，P 为杆的瞬心。由运动学可知，杆的角速度

$$\omega=\frac{v_C}{CP}=\frac{2\,v_C}{l\cos\theta}$$

此时杆的动能

$$T=\frac{1}{2}m\,v_C^2+\frac{1}{2}J_C\omega^2=\frac{1}{2}m\left(1+\frac{1}{3\cos^2\theta}\right)v_C^2$$

初始动能为零，此过程中只有重力作功，由动能定理

$$\frac{1}{2}m\left(1+\frac{1}{3\cos^2\theta}\right)v_C^2=mg\,\frac{l}{2}(1-\sin\theta)$$

当 $\theta=0$ 时解出

$$v_C=\frac{1}{2}\sqrt{3gl}\,,\omega=\sqrt{\frac{3g}{l}}$$

杆刚达到地面时，受力及加速度如图 13-19b 所示，由刚体平面运动微分方程，得

$$mg-F_N=ma_C \tag{a}$$

$$F_N\,\frac{l}{2}=J_C\alpha=\frac{1}{12}ml^2\alpha \tag{b}$$

点 A 的加速度 a_A 为水平，由质心守恒，a_C 应为铅垂，由运动学知

$$a_C=a_A+a_{CA}^n+a_{CA}^t$$

沿铅垂方向投影，得

$$a_C = a_{CA}^t = \frac{l}{2}\alpha \tag{c}$$

式(a)、(b) 及(c) 联立，解出

$$F_N = \frac{mg}{4}$$

由此例可见，求解运动学问题，常要按运动学知识分析速度、加速度之间的关系；有时还要先判明是否属于动量或动量矩守恒情况。如果是守恒的，则要利用守恒条件给出的结果，才能进一步求解。

思　考　题

13－1　摩擦力可能作正功吗？举例说明。

13－2　三个质量相同的质点，同时由点 A 以大小相同的初速度 $\boldsymbol{v}_0$ 抛出，但其方向各不相同，如图所示。如不计空气阻力，这三个质点落到水平面 $H-H$ 时，三者的速度大小是否相等？三者重力的功是否相等？三者重力的冲量是否相等？

13－3　小球连一不可伸长的细绳，绳绕于半径为 R 的圆柱上，如图所示。如小球在水平光滑面上运动，初始速度为 $\boldsymbol{v}_0$ 垂直于细绳。问小球在以后的运动中动能不变吗？对圆柱中心轴 z 的动量矩守恒吗？小球的速度总是与细绳垂直吗？

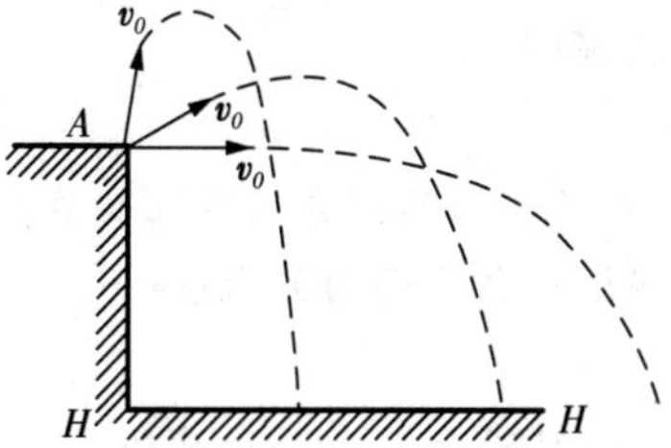

思考题 13－2 图

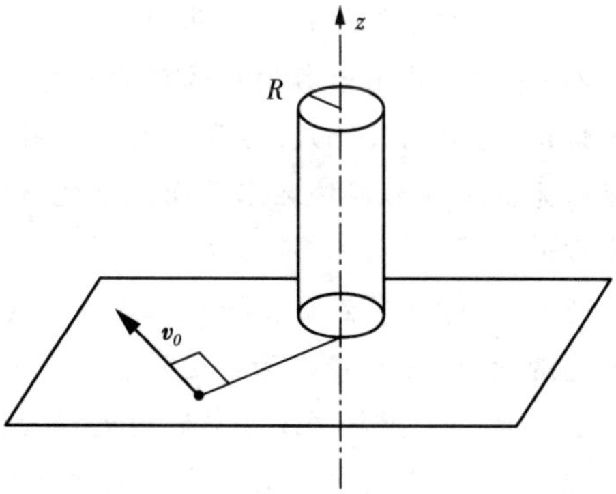

思考题 13－3 图

13－4　运动员起跑时，什么力使运动员的质心加速度运动？什么力使运动员的动能增加？产生加速度的力一定作功吗？

13－5　轮船以速度 V 行驶。一人在船上将一质量为 m 的铁球以速度 $\boldsymbol{v}$ 向

船首抛去。这时人作的功为

$$\frac{1}{2}m(V+v)^2-\frac{1}{2}mV^2=\frac{1}{2}mv^2+mvV$$

你觉得这种看法对吗？如不正确，错在什么地方？

13-6 把两个质量、半径均相同的均质圆柱体放在两个倾角相同的斜坡 A 和 B 上。斜坡 A 表面粗糙，圆柱体纯滚动；斜坡 B 表面光滑。在相同高度处同时由静止释放两圆柱体，试问哪个圆柱体先到达底部？

13-7 质点作匀速圆周运动，其动能有无变化？动能与速度的方向是否有关？

13-8 秋千何以能越荡越高？这时能量的增长是从哪里来的？

13-9 甲将弹簧由原长拉伸 0.03m，乙继甲之后再将弹簧继续拉伸 0.02m。问甲乙二人谁做的功多？

13-10 人在跳起后，具有动能和势能，问：(1) 这些能量从何而来？是由于地面对人脚的作用力做功而产生的吗？(2) 什么力使人的质心向上运动？

习　　题

13-1 圆盘的半径 $r=0.5\text{m}$，可绕水平轴 O 转动。在绕过圆盘的绳上吊有两物块 A 和 B，质量分别为 $m_A=3\text{kg}$，$m_B=2\text{kg}$。绳与盘之间无相对滑动。在圆盘上作用一力偶，力偶矩 $M=4\varphi$（M 单位为 N·m，φ 单位为 rad）。求由 $\varphi=0$ 到 $\varphi=2\pi$ 时，力偶 M 与物块 A 和 B 的重力所作的功之总和。

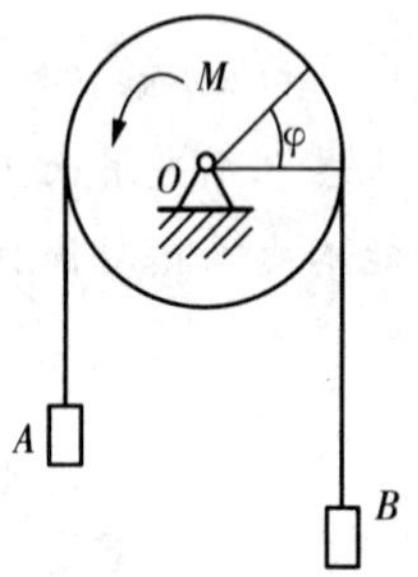

习题 13-1 图

13-2 计算图示各均质物体的动能。各物体质量均为 m，其中(a)、(b)、(c) 均是绕固定轴 O 转动，角速度均为 ω；(d) 为圆轮在水平面上做纯滚动，其质心速度为 v。

13-3 均质等截面直杆 AB，其质量为 m，长度为 l，两端分别靠在铅直和水平的光滑面上，并在铅垂面内运动。已知当杆 AB 与水平面的倾角 $\varphi=60°$ 时，B 端的速度为 v_B。求杆 AB 在该瞬时的动能。

13-4 周转齿轮传动机构放在水平面内，如图所示。已知动齿轮 II 半径为 r，质量为 m_1，可看成均质圆盘；曲柄 OA 为均质杆，质量为 m_2；定齿轮 I 固定不动，半径为 R。在曲柄上作用一不变的力偶，其矩为 M，使此机构由静止开始运动。求曲柄转过 φ 角后的角速度和角加速度。

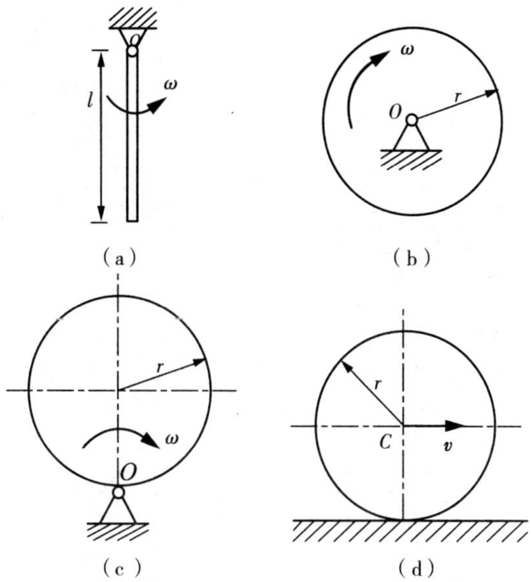

习题 13－2 图

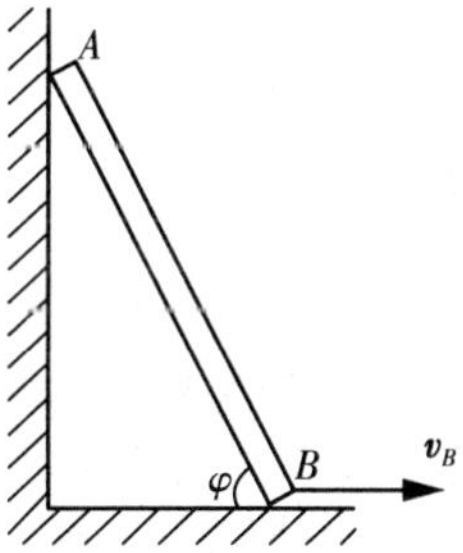

习题 13－3 图

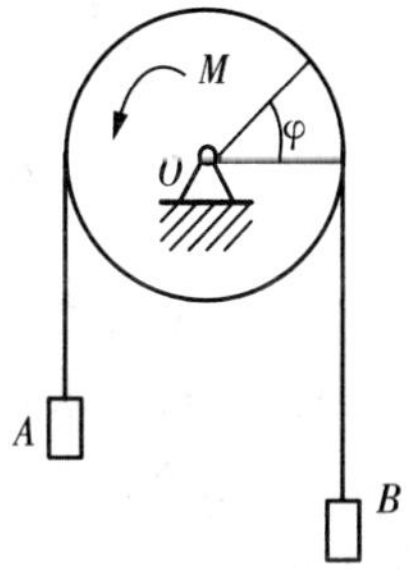

习题 13－4 图

13－5　长为 $2l$、质量为 m 的均质杆 OB 铰接于 O 点，物块 A 的质量也为 m，物块 A 与杆 OB 之间的摩擦因数为 f，地面是光滑的。当物块在常力 F 的拉动下从杆的中点无初速度地向右移动，求物块 A 离开杆时的速度。

13－6　平面机构由两匀质杆 AB 和 OB 组成，两杆的质量均为 m，长度均为 l，在铅垂平面内运动。在杆 AB 上作用一不变的力偶矩 M，从图示位置由静止开始运动，不计摩擦。求当杆端 A 即将碰到铰支座 O 时杆端 A 的速度。

13－7　图 a、b 所示为在铅垂面内两种支持情况的均质正方形板，边长均为 l，质量均为 m，初始时均处于静止状态。受某干扰后均沿顺时针方向倒下，不计摩擦，求当 OA 边处于水平位置时，两方板的角速度。

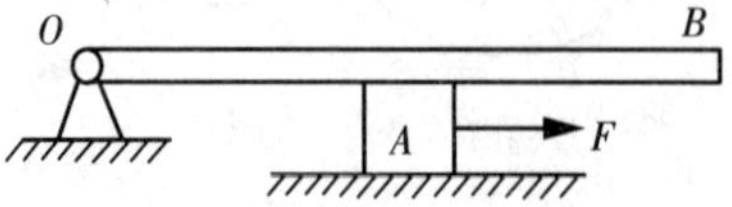

习题 13 - 5 图

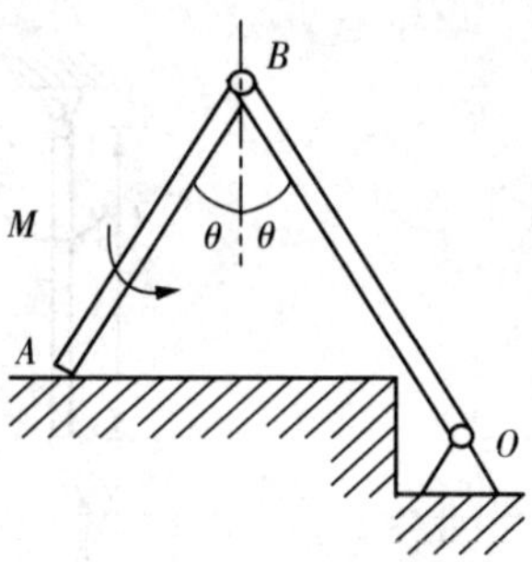

习题 13 - 6 图

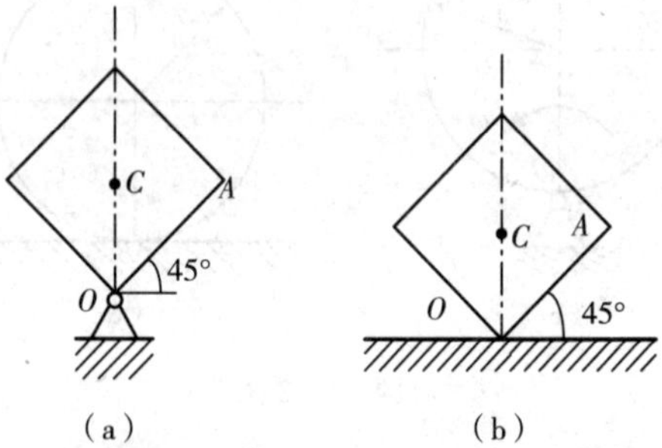

习题 13 - 7 图

综合应用习题

综-1　正方形均质板的质量为 40kg，在铅直平面内以三根软绳拉住，板的边长 $b=100\text{mm}$，如图所示。求：(1) 当软绳 FG 剪断后，木板开始运动的加速度以及 AD 和 BE 两绳的张力；(2) 当 AD 和 BE 两绳位于铅直位置时，板中心 C 的加速度和两绳的张力。

综-2　如图所示三棱柱 A 沿三棱柱 B 的斜面滑动，A 和 B 的质量各为 m_1 与 m_2，三棱柱 B 的斜面与水平面成 θ 角。若初始时物系静止，不计摩擦，求运动时三棱柱 B 的加速度。

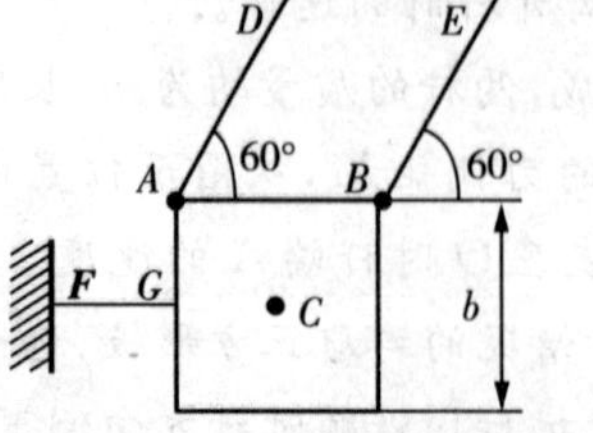

综-1 图

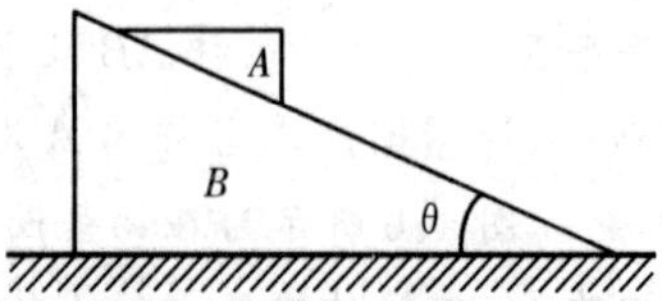

综-2 图

综-3　如图所示，轮 A 和 B 为均质圆盘，半径均为 R，质量均为 m_1。绕在两轮上的绳索中间连着物块 C，其质量为 m_2，放在光滑的水平面上。今在轮 A 上作用一不变的力偶 M，求轮 A 与物块 C 之间那段绳索的张力。

综-4　均质杆 AB 的质量 $m=4\text{kg}$，其两端悬挂在两条平行绳上，杆处在水平位置，如图所示。设其中一绳突然断了，求此瞬时另一绳的张力 F。

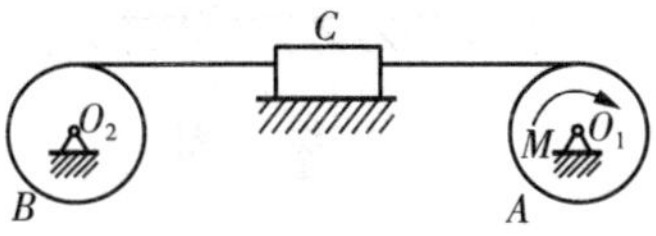

综-3 图

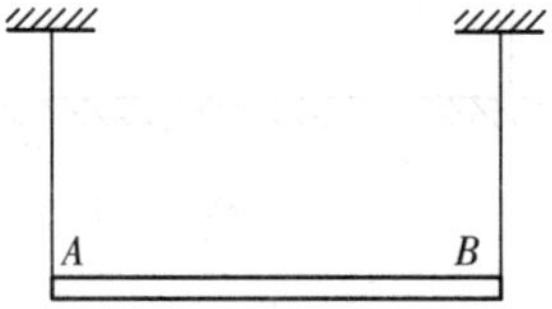

综-4 图

综-5　如图所示，均质细杆 AB 的质量为 m，长度为 l。由直立位置静止开始滑动，A 端沿铅直墙壁向下滑，B 端沿水平地面向右滑，不计摩擦。求：(1) 杆 AB 在任意位置 φ 时的角速度和角加速度；(2) 杆 AB 脱离墙时与地面所成的夹角。

综-6　均质杆 AB 的质量为 m，长度为 l，C 为杆的质心。A 处为固定铰支座，B 处用一绳索将杆悬挂在水平位置。若将 B 处绳索剪断，杆转到铅垂位置时，问 b 值为多大能使杆有最大角速度？

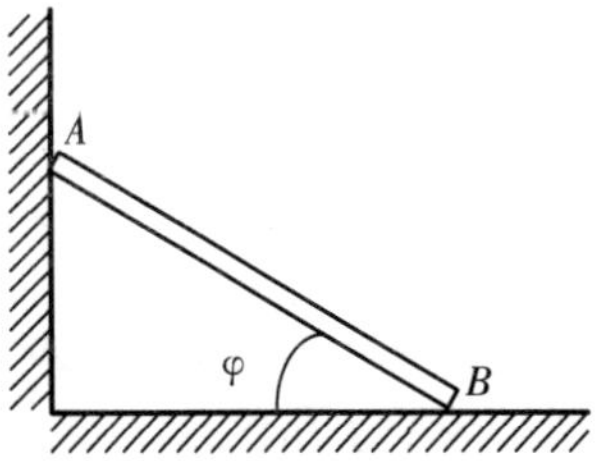

综-5 图

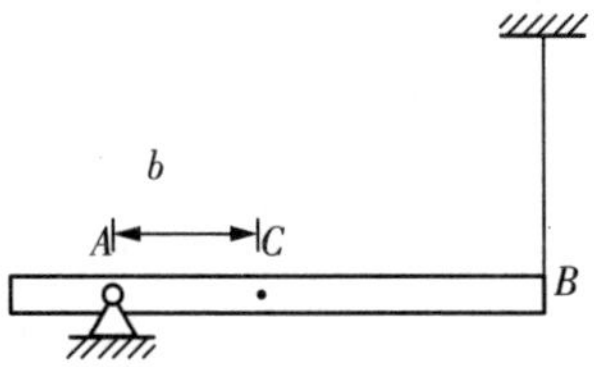

综-6 图

综-7　质量为 m_1 的物块上开有平均半径为 R 的半圆槽，放在光滑的水平面上，开始时处于静止状态。有一质量为 m_2 的小球自 A 处无初速度地沿光滑半圆槽滑下，若 $m_1=3m_2$，求小球滑至半圆槽最低处(B 处) 时相对于物块的速度以及槽对小球的约束力。

综-8　均质细杆 AB 的质量为 m_1，长度为 l，上端 B 靠在光滑的墙上，下端 A 以铰链与均质圆柱的中心相连。圆柱的质量为 m_2，半径为 R，放在粗糙的水平面上，自图示位置由静止开始滚动，且只滚不滑。初始时刻杆 AB 与水平线的交角 $\varphi=45°$，求点 A 在初瞬时的加速度。

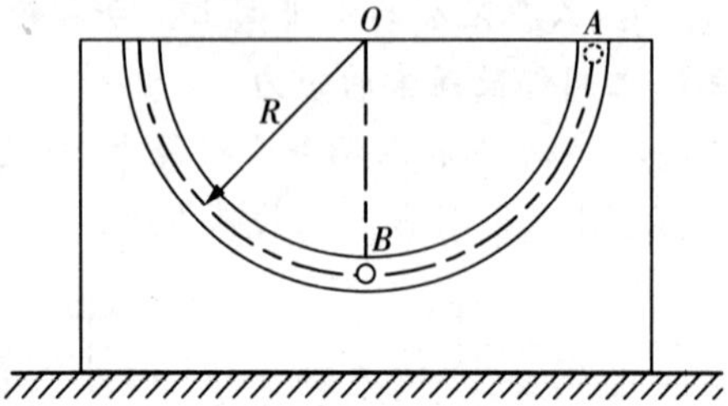

综-7 图

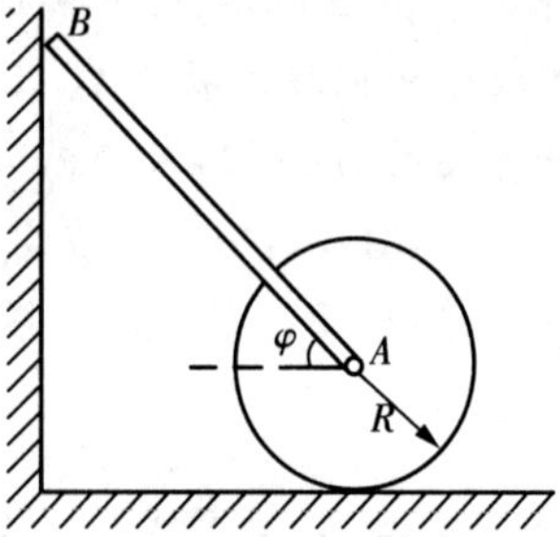

综-8 图

综-9　均质圆柱体 C 的质量为自桌角 O 滚离桌面。当 $\varphi=0^\circ$ 时，其初速度为零；当 $\varphi=30^\circ$ 时，发生滑动现象。求圆柱体与桌面之间的摩擦因数。

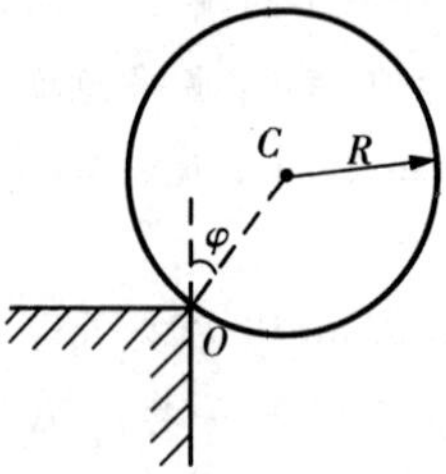

综-9 图

第 14 章　达朗贝尔原理(动静法)

达朗贝尔原理提供了研究动力学问题的一个新的普遍方法,即用静力学中研究平衡问题的方法来研究动力学问题,因此又称为动静法。对质点系动力学问题,应用动静法(达朗贝尔原理)具有很多优越性,因此在工程中应用比较广泛。

14.1　惯性力、质点的达朗贝尔原理

质点的质量为 m,加速度为 $\boldsymbol{a}$,作用于质点的主动力为 $\boldsymbol{F}$,约束力为 $\boldsymbol{F}_N$,如图 14－1 所示。由牛顿第二定律,有

$$m\boldsymbol{a}=\boldsymbol{F}+\boldsymbol{F}_N$$

上式可以写为

$$\boldsymbol{F}+\boldsymbol{F}_N-m\boldsymbol{a}=0$$

令

$$\boldsymbol{F}_I=-m\boldsymbol{a} \qquad (14-1)$$

则有

$$\boldsymbol{F}+\boldsymbol{F}_N+\boldsymbol{F}_I=0 \qquad (14-2)$$

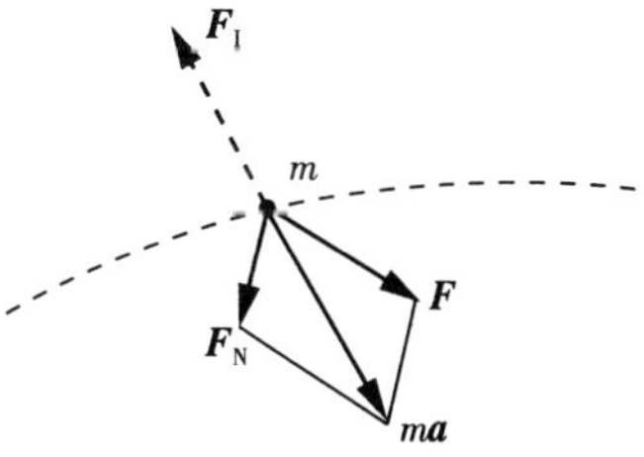

图 14－1

$\boldsymbol{F}_I$ 具有力的量纲,且与质点的质量有关,称其为质点的惯性力。其大小等于质点的质量与加速度的乘积,方向与质点加速度的方向相反。例如,人推车前进(见图 14－2),这个力向后作用在人手上;链球运动员转动链球作圆周运动(见图 14－3),球有法向加速度,这个力向外作用在运动员手上(在物理课中常称为离心力)。正是通过这个力,感受到了物体运动的惯性,所以这个力就称为惯性力。

图 14－2

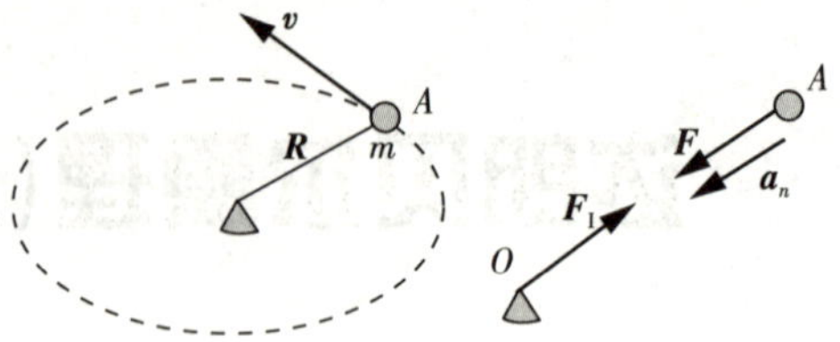

图 14-3

式(14-2)表示:作用在质点上的主动力、约束力和虚加的惯性力在形式上组成一平衡力系。这就是达朗贝尔原理。应该指出,这里所谓的“平衡”只是形式上的平衡,质点并非处于平衡状态,其实质依然是动力学问题,这样做的目的是借用静力学的思想方法来求解动力学问题。

【例 14-1】 如图 14-4 所示,单摆摆长 l,摆锤质量 m,求单摆的运动规律及绳的约束力。

【解】 (1) 研究摆锤。分析受力:摆锤受重力 $\boldsymbol{P}$ 和绳拉力 $\boldsymbol{F}_{\mathrm{T}}$ 作用;

(2) 分析运动,加惯性力

$$F_{\mathrm{I}\tau}=ml\ddot{\theta},F_{\mathrm{I}n}=ml\dot{\theta}^2$$

(3) 用达朗贝尔原理建立平衡方程

$$\sum F_{\mathrm{I}\tau}=0\quad -F_{\mathrm{I}\tau}-mg\sin\theta=0$$

可得　$\ddot{\theta}+\dfrac{g}{l}\sin\theta=0$　(运动微分方程)

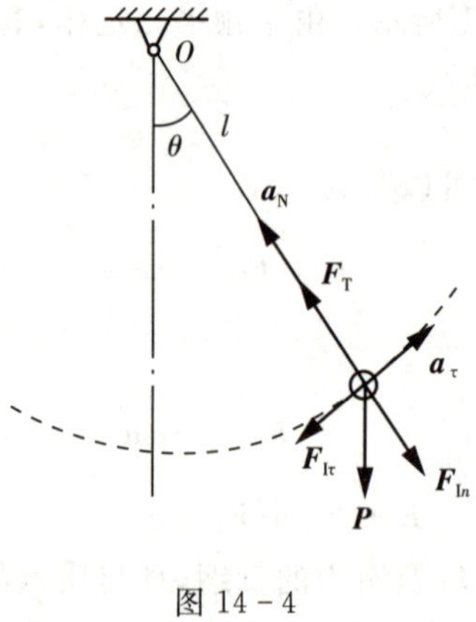

图 14-4

$$\sum \boldsymbol{F}_n=0,\quad F_{\mathrm{T}}-F_{\mathrm{I}n}-mg\cos\theta=0$$

可得

$$F_{\mathrm{T}}=mg\cos\theta+ml\dot{\theta}^2$$

14.2 质点系的达朗贝尔原理

将质点的达朗贝尔原理应用于质点系的每个质点上,就可以得到质点系的达朗贝尔原理。

设质点系由 n 个质点组成,其中任一质点 i 的质量为 m_i,加速度为 $\boldsymbol{a}_i$,则该质点的惯性力为$\boldsymbol{F}_{\mathrm{I}i}=-m_i\boldsymbol{a}_i$。作用于该质点上的主动力的合力为 $\boldsymbol{F}_i$、约束力的合力为 $\boldsymbol{F}_{\mathrm{N}i}$。由质点的达朗贝尔原理,得

$$\boldsymbol{F}_i+\boldsymbol{F}_{\mathrm{N}i}+\boldsymbol{F}_{\mathrm{I}i}=0 \qquad (i=1,2,\cdots,n) \tag{14-3}$$

上式表明:质点系中每个质点上作用的主动力、约束力和它的惯性力在形式上分别组成一平衡力系,这就是质点系的达朗贝尔原理。

若将作用于第 i 个质点上的所有力分为外力的合力$\boldsymbol{F}_i^{(e)}$,内力的合力$\boldsymbol{F}_i^{(i)}$,则式(14-3) 可改写为

$$\boldsymbol{F}_i^{(e)}+\boldsymbol{F}_i^{(i)}+\boldsymbol{F}_{\mathrm{I}i}=0 \qquad (i=1,2,\cdots,n)$$

即,质点系中每个质点上作用的外力、内力和它的惯性力在形式上组成一平衡力系。

既然作用于每个质点上的力系在形式上是平衡的,则作用于整个质点系上的力系在形式上也是平衡的。由静力学中力系的平衡条件知,力系的主矢和力系对于任意一点的主矩分别等于零,即

$$\sum \boldsymbol{F}_i^{(e)}+\sum \boldsymbol{F}_i^{(i)}+\sum \boldsymbol{F}_{\mathrm{I}i}=0$$

$$\sum \boldsymbol{M}_O(\boldsymbol{F}_i^{(e)})+\sum \boldsymbol{M}_O(\boldsymbol{F}_i^{(i)})+\sum \boldsymbol{M}_O(\boldsymbol{F}_{\mathrm{I}i})=0$$

由于质点系的内力总是成对存在,且等值、反向、共线,则

$$\sum \boldsymbol{F}_i^{(i)}=0,\quad \sum \boldsymbol{M}_O(\boldsymbol{F}_i^{(i)})=0$$

于是有

$$\left.\begin{aligned}&\sum \boldsymbol{F}_i^{(e)}+\sum \boldsymbol{F}_{\mathrm{I}i}=0\\&\sum \boldsymbol{M}_O(\boldsymbol{F}_i^{(e)})+\sum \boldsymbol{M}_O(\boldsymbol{F}_{\mathrm{I}i})=0\end{aligned}\right\} \tag{14-4}$$

式(14-4) 表明,作用在质点系上的所有外力与虚加在每个质点上的惯性力在形式上组成一平衡力系,这是质点系达朗贝尔原理的又一表述。根据力系形式上的平衡,可应用静力学中求解平衡的方法,解决动力学问题。

14.3　刚体惯性力系的简化

用质点系的达朗贝尔原理求解质点系动力学问题时,需要对质点系内每个质点加上各自的惯性力,这些惯性力也形成一个力系,称为惯性力系。根据式(14-4) 应用静力学的力系简化理论,对惯性力系进行简化,求出其主矢和主矩,等效替代每一个质点所加的惯性力。这样,将给解题带来很大方便。

在静力学中，$\sum \boldsymbol{F}_i$ 称为力系的主矢，$\sum \boldsymbol{M}_O(\boldsymbol{F}_i)$ 称为力系对 O 点的主矩。与此相仿，$\sum \boldsymbol{F}_{\mathrm{I}i}$ 称为惯性力系的主矢，$\sum \boldsymbol{M}_O(\boldsymbol{F}_{\mathrm{I}i})$ 称为惯性力系的对 O 点的主矩。

以 $\boldsymbol{F}_{\mathrm{IR}}$ 表示惯性力系的主矢，由达朗贝尔原理的式(14－4)和质心运动定理，有

$$\boldsymbol{F}_{\mathrm{IR}} = \sum \boldsymbol{F}_{\mathrm{I}i} = -\sum \boldsymbol{F}_i^{(e)} = -m\boldsymbol{a}_C \tag{14-5}$$

无论质点系做任意运动，上式均成立，当然适用于作平移、定轴转动和平面运动的刚体。

由静力学的力系简化理论知，惯性力系主矢的大小和方向与简化中心的位置无关，但其主矩的大小和方向一般与简化中心的位置有关。下面就刚体的平移、定轴转动和平面运动，只讨论惯性力系主矩的简化。

14.3.1 刚体作平动

刚体平动时，每一瞬时刚体内任一质点 i 的加速度 $\boldsymbol{a}_i$ 与质心 C 的加速度 $\boldsymbol{a}_C$ 相同，有

$$\boldsymbol{a}_i = \boldsymbol{a}_C$$

惯性力系对任意点的主矩 M_{IO} 为

$$M_{\mathrm{I}O} = \sum \boldsymbol{r}_i \times \boldsymbol{F}_{\mathrm{I}i} = \sum \boldsymbol{r}_i \times (-m_i\boldsymbol{a}_i) = -\left(\sum m_i\boldsymbol{r}_i\right) \times \boldsymbol{a}_C = -m\boldsymbol{r}_C \times \boldsymbol{a}_C$$

其中，$\boldsymbol{r}_C$ 为质心 C 到简化中心 O 的矢径，此主矩一般不为零。若选质心为简化中心，其主矩为零，简化为一合力。

因此有结论：平动刚体的惯性力系可以简化为通过质心的合力，其大小等于刚体的质量与加速度的乘积，合力的方向与加速度方向相反。

14.3.2 刚体定轴转动

刚体定轴转动时，刚体的角速度为 ω，角加速度为 α，刚体内任一质点的质量为 m_i，到转轴的距离为 $\boldsymbol{r}_i$，则刚体内任一质点的惯性力为 $\boldsymbol{F}_{\mathrm{I}i} = -m_i\boldsymbol{a}_i$。为简单起见，在转轴上任选一点 O 为简化中心，由静力学空间力系的知识知，力对点的矩矢在通过该点的某轴上投影，等于力对该轴之矩。所以，建立直角坐标系如图 14－5 所示，质点的坐标为 x_i、y_i、z_i，分别计算惯性力系对 x、y、z 轴的矩，并分别用 $M_{\mathrm{I}x}$、$M_{\mathrm{I}y}$、$M_{\mathrm{I}z}$ 表示。

质点的惯性力 $\boldsymbol{F}_{\mathrm{I}i} = -m_i\boldsymbol{a}_i$ 可分解为切向惯性力 $\boldsymbol{F}_{\mathrm{I}i}^t$ 和法向惯性力 $\boldsymbol{F}_{\mathrm{I}i}^n$，它们

的方向分别如图所示。

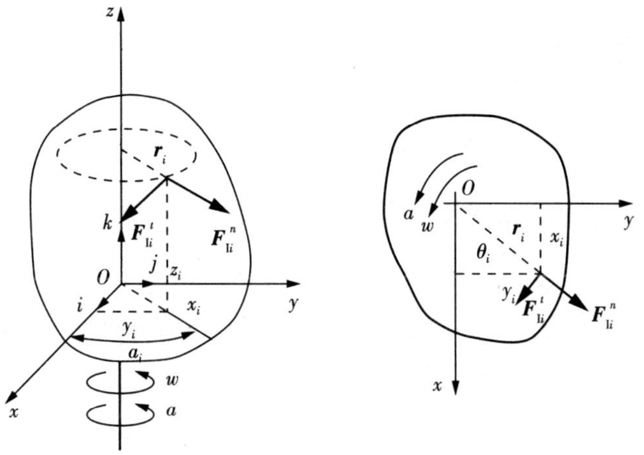

图 14 - 5

切向惯性力和法向惯性力的大小分别为

$$F_{Ii}^t = m_i a_i^t = m_i r_i \alpha, \quad F_{Ii}^n = m_i a_i^n = m_i r_i \omega^2$$

惯性力系对 x 轴的矩为

$$M_{Ix} = \sum M_x(\boldsymbol{F}_{Ii}) = \sum M_x(\boldsymbol{F}_{Ii}^t) + \sum M_x(\boldsymbol{F}_{Ii}^n)$$

$$= \sum m_i r_i \alpha \cos\theta \cdot z_i + \sum - m_i r_i \omega^3 \sin\theta_i \cdot z_i$$

因
$$\cos\theta_i = \frac{x_i}{r_i}, \sin\theta_i = \frac{y_i}{r_i}$$

故
$$M_{Ix} = \alpha \sum m_i x_i z_i - \omega^2 \sum m_i y_i z_i$$

记
$$J_{yz} = \sum m_i y_i z_i, \qquad J_{xz} = \sum m_i x_i z_i \tag{14-6}$$

称其为对于 z 轴的惯性积，它取决于刚体质量对于坐标轴的分布情况。于是，惯性力系对 x 轴的矩为

$$M_{Ix} = J_{xz}\alpha - J_{yz}\omega^2 \tag{14-7}$$

同理可得惯性力系对 y 轴的矩为

$$M_{Iy} = J_{yz}\alpha - J_{xz}\omega^2 \tag{14-8}$$

惯性力系对 z 轴的矩为

$$M_{Iz} = \sum M_z(\boldsymbol{F}_{Ii}^t) + \sum M_z(\boldsymbol{F}_{Ii}^n)$$

由于各质点的法向惯性力均通过 z 轴，$\sum M_z(\boldsymbol{F}_{Ii}^n) = 0$

有

$$M_{Iz} = \sum M_z(\boldsymbol{F}_{Ii}^t) = \sum -m_i r_i \alpha \cdot r_i = -(\sum m_i r_i^2)\alpha = -J_z\alpha \tag{14-9}$$

综上可得，刚体定轴转动时，惯性力系向转轴上一点 O 简化的主矩为

$$\boldsymbol{M}_{IO} = M_{Ix}\boldsymbol{i} + M_{Iy}\boldsymbol{j} + M_{Iz}\boldsymbol{k} \tag{14-10}$$

如果刚体有质量对称平面且该平面与转轴 z 垂直，简化中心 O 取为此平面与转轴 z 的交点，则惯性积为零，即

$$J_{yz} = \sum m_i y_i z_i = 0, \quad J_{xz} = \sum m_i x_i z_i = 0$$

则惯性力系简化的主矩为

$$M_{IO} = M_{Iz} = -J_z\alpha$$

工程中绕定轴转动的刚体常常有质量对称平面。

于是得结论：当刚体有质量对称平面且绕此对称面的轴作定轴转动时，惯性力系向转轴简化为此对称面内的一个力和一个力偶。这个力这个力等于刚体质量与质心加速度的乘积，其方向与质心加速度的方向相反，作用线通过转轴；这个力偶的矩等于刚体对转轴的转动惯量与角加速度的乘积，转向与角加速度相反。

14.3.3 刚体作平面运动(平行于质量对称平面)

工程中，作平面运动的刚体常常有质量对称平面，且平行于此平面运动。与刚体绕定轴转动相似，刚体作平面运动，其上各质点的惯性力组成的空间力系，可简化为质量对称平面内的平面力系。取质量对称平面内的平面图形如图 14-6 所示。由运动学知，平面图形的运动可分解为随基点的平移和绕基点的转动。现取质心 C 为基点，设质心的加速度为 $\boldsymbol{a}_C$，绕质心转动的角速度为 ω，角加速度为 α，与刚体绕定轴转动相似，此时惯性力系向质心 C 简化的主矩为

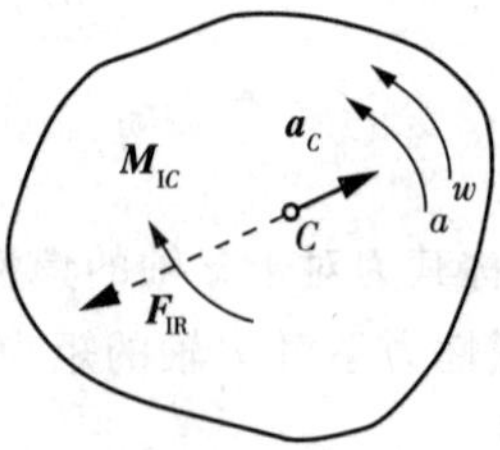

图 14-6

化的主矩为

$$M_{IC}=-J_C\alpha \tag{14-11}$$

其中,J_C 为刚体通过质心且垂直于质量对称平面的转动惯量。

有质量对称平面的刚体,平行于此平面运动时,刚体的惯性力系简化为一个力和一个力偶。力通过质心,其大小等于刚体的质量与质心加速度的乘积,其方向与质心加速度的方向相反;力偶的矩等于刚体通过质心且垂直于质量对称平面的轴的转动惯量与角加速度的乘积,转对向与角加速度方向相反。

【例 14-2】 如图 14-7 所示,均质圆盘半径为 r,质量为 m,在重力作用下沿倾角为 θ 的斜面向下作纯滚动,求圆盘下降的加速度及斜面的摩擦力。

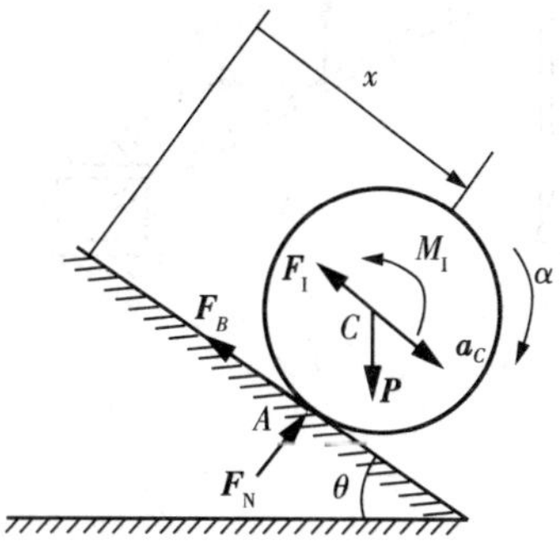

图 14-7

【解】 (1) 研究圆盘,分析受力:圆盘受重力 $\boldsymbol{P}$,约束力 $\boldsymbol{F}_N$ 和摩擦力 $\boldsymbol{F}_S$;

(2) 分析运动:质心加速度 $\boldsymbol{a}_C$,角加速度 $\alpha=\dfrac{\boldsymbol{a}_C}{r}$。

(3) 加惯性力(注意与加速度方向相反):$F_I=m\boldsymbol{a}_C$, $M_I=J_C\alpha=\dfrac{1}{2}mr\boldsymbol{a}_C$

(4) 用达朗伯原理建立平衡方程

$$\sum M_A=0,\quad F_Ir+M_I-mgr\sin\theta=0$$

$$\boldsymbol{a}_C=\frac{2}{3}g\sin\theta$$

$$\sum F_x=0,\quad mg\sin\theta-F_I-F_S=0$$

$$F_S=\frac{1}{3}mg\sin\theta$$

$$\sum F_y=0,\quad F_N-mg\cos\theta=0$$

$$F_N=mg\cos\theta$$

本题如果用第十三章中的平面运动微分方程求解,则需列三个动力学方程再加一个描述只滚不滑约束的运动学方程,然后联立求解。但在用动静法解题时,可以对接触点 A 列写力矩方程,从而一个方程求解一个未知数,避免求解联立方程。由此可见,用动静法解题的一个优点在于选取矩心的灵活性。

【例 14-3】 曲柄连杆机构如图 14-8 所示。已知曲柄 OA 长为 r，连杆 AB 长为 l，质量为 m，连杆质心 C 的加速度为 a_{Cx} 和 a_{Cy}，连杆的角加速度为 α。求曲柄销 A 和光滑导板 B 的约束反力(滑块重量不计)。

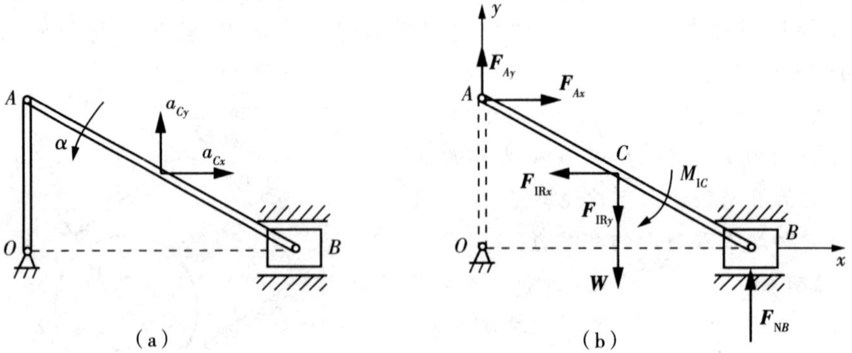

图 14-8

【解】 (1) 取连杆 AB 和滑块 B 为研究对象。其上作用有主动力 $\boldsymbol{W}$，约束反力 $\boldsymbol{F}_{Nx}$、$\boldsymbol{F}_{Ny}$ 和 $\boldsymbol{F}_{NB}$。

(2) 虚加惯性力和惯性力偶：连杆作平面运动，惯性力系向质心简化得到主矢和主矩，它们的方向如图 14-8b 所示，大小分别为

$$F_{IRx}=ma_{Cx},\quad F_{IRy}=ma_{Cy},\quad M_{IC}=\frac{1}{12}ml^2\alpha$$

(3) 根据达朗贝尔原理，列平衡方程

$$\sum F_x=0,\quad F_{Ax}-F_{IRx}=0$$

$$\sum F_y=0,\quad F_{Ay}+F_{NB}-W-F_{IRx}=0$$

$$\sum M_A=0,\quad F_{NB}\sqrt{l^2-r^2}-(W+F_{IRy})\frac{\sqrt{l^2-r^2}}{2}-F_{IRx}\frac{r}{2}-M_{IC}=0$$

解得

$$F_{NB}=\frac{m}{2}\left[g+a_{Cy}+\frac{1}{\sqrt{l^2-r^2}}(ra_{Cy}+\frac{l^2}{6}\alpha)\right]$$

$$F_{Ay}=\frac{m}{2}\left[g+a_{Cy}-\frac{1}{\sqrt{l^2-r^2}}(ra_{Cx}+\frac{l^2}{6}\alpha)\right]$$

$$F_{Az}=ma_{Cx}$$

14.4　绕定轴转动刚体的轴承动反力

在日常生活和工程实际中,有大量绕定轴转动的刚体(如电动机、柴油机、鼓风机等),这些机械转动起来之后轴承受力与不转时轴承受力不一样,转动机械当受到轴承动约束力作用时,可能产生破坏、振动和噪声。因此,在这一节中,讨论一般情况下(刚体质量相对于转轴成任意分步)绕定轴转动刚体动力学问题,即刚体的转动规律和附加动约束力的求法及消除的方法。

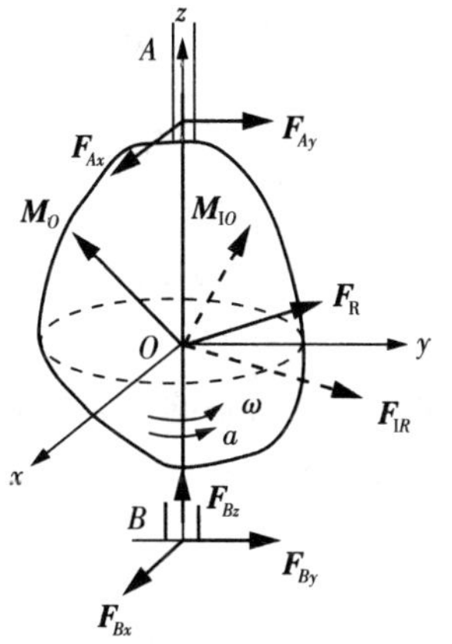

图 14－9

设任一刚体绕轴 AB 定轴转动,角速度为 ω,角加速度为 α,取此刚体为研究对象,转轴上一点 O 为简化中心,其上所有的主动力向 O 点简化的主矢与主矩以 $\boldsymbol{F}_R$ 与 $\boldsymbol{M}_O$ 表示,惯性力系向 O 点简化的主矢与主矩以 $\boldsymbol{F}_{IR}$ 与 $\boldsymbol{M}_{IO}$ 表示($\boldsymbol{F}_{IR}$ 沿 z 轴方向没有分量)。如图 14－9 所示,轴承 A,B 处的五个约束力分别以 $\boldsymbol{F}_{Ax}$、$\boldsymbol{F}_{Ay}$、$\boldsymbol{F}_{Bx}$、$\boldsymbol{F}_{By}$、$\boldsymbol{F}_{Bz}$ 表示。

为求出轴承 A,B 处的约束力,建立坐标系如图所示,根据质点的动静法,形成一个空间任意力系,列平衡方程如下:

$$\sum F_x=0,\quad F_{Ax}+F_{Bx}+F_{rx}+F_{Ix}=0$$

$$\sum F_y=0,\quad F_{Ay}+F_{By}+F_{ry}+F_{Iy}=0$$

$$\sum F_z=0,\quad F_{Bz}+F_{rz}=0$$

$$\sum M_x=0,\quad F_{By}\cdot OB-F_{Ay}\cdot OA+M_x+M_{Ix}=0$$

$$\sum M_y=0,\quad F_{Ax}\cdot OA-F_{Bx}\cdot OB+M_y+M_{Iy}=0$$

由上述 5 个方程解得轴承约束力为

$$
\left.\begin{aligned}
F_{Ax} &= -\frac{1}{AB}[(M_y + F_{rx} \cdot OB) + (M_{Iy} + F_{Ix} \cdot OB)] \\
F_{Ay} &= \frac{1}{AB}[(M_x + F_{ry} \cdot OB) + (M_{Ix} + F_{Iy} \cdot OB)] \\
F_{Bx} &= \frac{1}{AB}[(M_y + F_{rx} \cdot OA) + (M_{Iy} + F_{Ix} \cdot OA)] \\
F_{BY} &= -\frac{1}{AB}[(M_x + F_{ry} \cdot OA) + (M_{Ix} + F_{Iy} \cdot OA)] \\
F_{Bz} &= -F_{rz}
\end{aligned}\right\} \quad (14-12)
$$

由于惯性力没有沿 z 轴方向的分量，所以止推轴承 B 沿 z 轴的约束力 $\boldsymbol{F}_{Bz}$ 与惯性力无关，而与 z 轴垂直的轴承约束力 $\boldsymbol{F}_{Ax}$、$\boldsymbol{F}_{Ay}$、$\boldsymbol{F}_{Bx}$、$\boldsymbol{F}_{By}$ 显然与惯性力系的主矢 $\boldsymbol{F}_{IR}$ 与主矩 $\boldsymbol{M}_{IO}$ 有关。

由于惯性力系的主矢 $\boldsymbol{F}_{IR}$ 与主矩 $\boldsymbol{M}_{IO}$ 引起的轴承约束力称为动约束力，要使动约束力等于零，必须有

$$F_{Ix} = F_{Iy} = 0, \quad M_{Ix} = M_{Iy} = 0$$

即要使动约束力等于零的条件是：惯性力系的主矢等于零，惯性力系对于 x 轴和 y 轴的主矩等于零。

由式(14-6)和式(14-7)，(14-8)，应有

$$F_{Ix} = -ma_{Cx} = 0, F_{Iy} = -ma_{Cy} = 0$$

$$M_{Ix} = J_{xz}\alpha - J_{yz}\omega^2 = 0$$

$$M_{Iy} = J_{yz}\alpha - J_{xz}\omega^2 = 0$$

由此可见，要使惯性力系的主矢等于零，必须有 $a_C = 0$ 即转轴必须通过质心。而要使 $M_{Ix} = 0, M_{Iy} = 0$，必须有 $J_{xz} = J_{yz} = 0$，即刚体对于转轴 z 的惯性积必须等于零。

于是得结论：刚体绕定轴转动时，避免出现轴承动约束力的条件是：转轴通过质心，刚体对转轴的惯性积等于零。

设刚体的转轴通过质心，且刚体除重力外，没有受到其他主动力作用，则刚体可以在任意位置静止不动，称这种现象为静平衡。当刚体的转轴通过质心且为惯性主轴时，刚体转动时不出现轴承动约束力，称这种现象为动平衡。能够静平衡的定轴转动刚体不一定能够实现动平衡，但是能够动平衡的定轴转动刚体肯定能够实现静平衡。

事实上，由于材料的不均匀或制造、安装误差等原因，都可能使定轴转动刚

体的转轴偏离中心惯性主轴。为了避免出现轴承动约束力,确保机器运行安全可靠,在有条件的地方,可在专门的静平衡与动平衡试验机上进行静、动平衡试验。

根据试验数据,在刚体的适当位置附加一些质量或去掉一些质量,使其达到静、动平衡试验的要求。静平衡试验机可以调整质心在转轴上或尽可能地在转轴上;动平衡试验机可以调整对转轴的惯性积,使其对转轴的惯性积为零或尽可能地为零。

在工程中,制造定轴转动刚体时,故意制造出偏心距,如某些打夯机,正是利用偏心块的运动来夯实地基的,这种情况不是消除振动,而是利用振动提高机器工作效率。

【例 14-4】 涡轮机转子总质量 $m=200\text{kg}$,支承在向心推力轴承 A 和向心轴承 B 内,绕铅垂轴以转速 $n=6000\text{r/min}$ 转动,如图 14-10 所示。已知转轴与转子的对称平面垂直,但其质心偏离转轴的距离 $e=0.5\text{mm}$,轴承间的距离 $AB=2AD=h=1\text{m}$。求轴承的总约束力和动约束力。

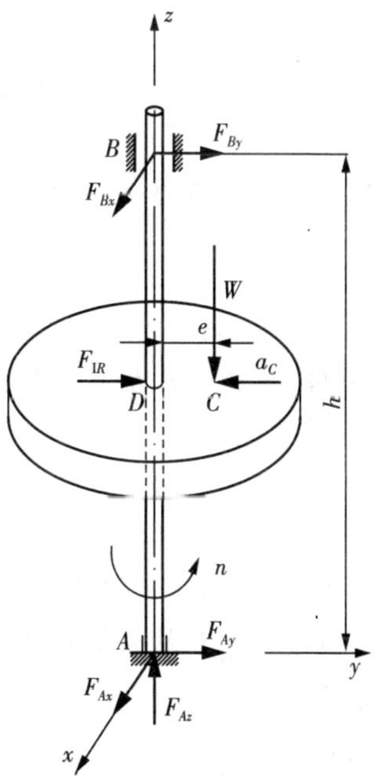

图 14-10

【解】 (1) 取转子及转轴整体为研究对象。选取静止坐标系 A_{xyz},原点在 A 点,z 轴与 AB 重合。为了简便,分析时设质心 C 处在 A_{yz} 平面内,这并不影响解答的一般性。转子及转轴所受外力为:重力 $\boldsymbol{W}$,轴承约束力 $\boldsymbol{F}_{Ax}$、$\boldsymbol{F}_{Ay}$、$\boldsymbol{F}_{Az}$ 和 $\boldsymbol{F}_{Bx}$、$\boldsymbol{F}_{By}$。

(2) 虚加惯性力系:因为转子具有垂直于转轴的对称面,其惯性力系向 z 轴与对称面交点 D 简化可得惯性力 $F_{IR}=-ma_C$,惯性力偶 $M_{ID}=-J_z\alpha=0$。

(3) 根据达朗贝尔原理,列平衡方程

$$\sum F_x=0,\quad F_{Ax}+F_{Bx}=0$$

$$\sum F_y=0,\quad F_{Ay}+F_{By}+F_{IR}=0$$

$$\sum F_z=0,\quad F_{Az}-W=0$$

$$\sum M_x=0,\quad -F_{By}h-We-F_{IR}\frac{h}{2}=0$$

$$\sum M_y = 0, \quad F_{Bx} h = 0$$

其中

$$W = mg, F_{IR} = me\omega^2, \omega = \frac{2\pi n}{60}$$

解方程得轴承总约束力为

$$F_{Ax} = F_{Bx} = 0$$

$$F_{Ay} = \frac{mge}{h} - \frac{me\omega^2}{2} = (0.98 - 19739.2)\text{N} = -19738.2\text{N}$$

$$F_{Az} = mg = 1960\text{N}$$

$$F_{By} = -\frac{mge}{h} - \frac{me\omega^2}{2} = (-0.98 - 19739.2)\text{N} = -19740.2\text{N}$$

轴承动约束力为

$$F_{Ay}^{d} = -\frac{me\omega^2}{2} = -19739.2\text{N}$$

由此可见，虽然转子偏心矩只有0.5mm，但动约束力的值达到转子本身重量的10倍，是静约束力的近两万倍，它会引起转子振动，加快轴承磨损等不良后果，这是不容忽视的。

上面求得的总约束力只是转子质心处在 Ayz 平面内的瞬时情况。实际上在转子转动一周的时间内，除 $\boldsymbol{F}_{Az}$ 外，各约束力在轴上的投影随质心位置不同，每瞬时都在变化，这可以通过质心在不同位置时的平衡方程计算出来。工程中特别关心其方向和最大值如何，上面求得的 $\boldsymbol{F}_{Ay}$ 和 $\boldsymbol{F}_{By}$ 值就是绝对值最大的径向约束力。

思 考 题

14-1 什么是惯性力？怎样确定其大小和方向？

14-2 是不是运动物体都有惯性力？质点做匀速圆周运动时有无惯性力？刚体做匀速转动时有无惯性力？

14-3 设质点在空中运动时，只受到重力作用，问在下列三种情况下，质点惯性力的大小和方向：(1) 质点作自由落体运动；(2) 质点被垂直上抛；(3) 质点沿抛物线运动。

14-4 一列火车在启动过程中，哪一节车厢的挂钩受力最大，为什么？

14-5 滑轮对 O 轴的转动惯量为 J_O，绳两端物重 $W_1 = W_2$，如图所示，问在下述两种情况下滑轮两端绳的拉力是否相等？(1) 物块 B 作匀速运动；(2) 在物块 B 上加力使物块作匀加速运动。

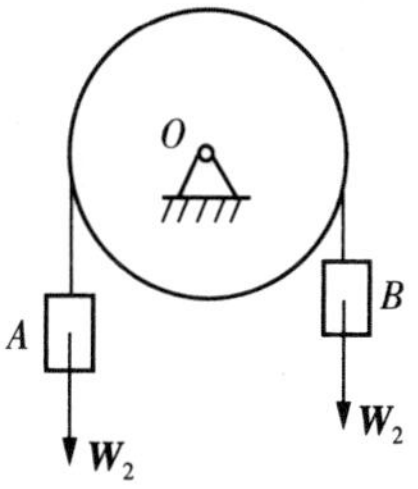

思考题 14－5 图

14－6　刚体做定轴转动时，其惯性力系向轴上不同点简化时，所得到的惯性力系主矢与主矩是否相同？

14－7　质点在重力作用下运动，不计空气阻力。试确定下列各种情况下质点惯性力的大小和方向：

(1) 从静止开始下落；

(2) 以初速度 $\boldsymbol{v}_0$ 铅直下落；

(3) 以初速度 $\boldsymbol{v}_0$ 铅直上抛；

(4) 以初速度 $\boldsymbol{v}_0$ 斜抛。

习　　题

14－1　匀质矩形平板长为 l，高为 h，质量为 m，在水平面上以加速度 a 作平移，如图所示。如果选矩形角上的两点 A 或 B 为简化中心，则平板惯性力系的简化结果分别是什么？

14－2　如图所示调速器由两个质量各为 m_1 的圆柱状的盘子所构成，两圆盘被偏心地悬于与调速器转动轴相距 a 的十字形框架上，而此调速器则以等角速度 ω 绕铅直轴转动。圆盘的中心到悬挂点的距离为 l，调速器的外壳质量为 m_2，放在这两个圆盘上并可沿铅直轴上下滑动。如不计摩擦，试求调速器的角速度 ω 与圆盘偏离铅垂线的角度 φ 之间的关系。

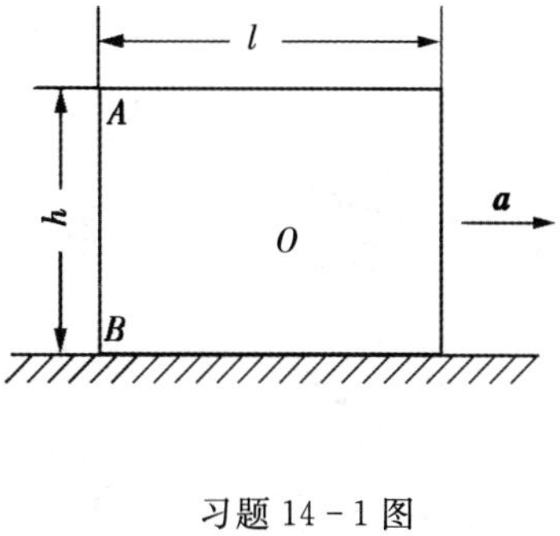

习题 14－1 图

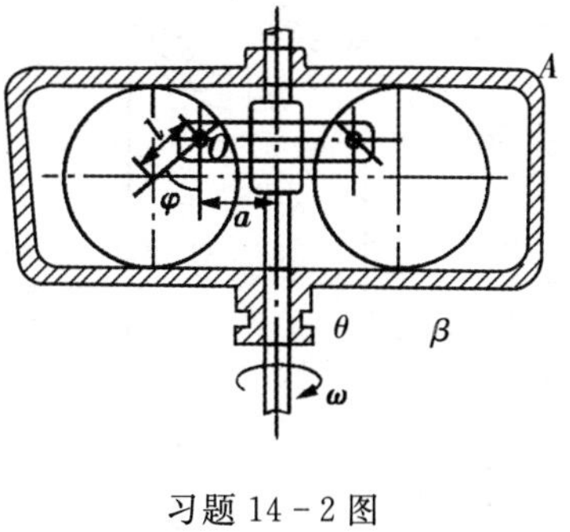

习题 14－2 图

14－3　如图所示质量为 m 的列车匀速沿曲率半径为 ρ 的曲线路轨运动，如两铁轨间距离为 $2d$，列车重心 C 在铁轨上的高度为 h，求两铁轨所受压力，并求铁轨两侧所受压力相等时列车应有的速度v。

14-4 在均质直角构件ABC中，AB、BC两部分的质量各为3.0kg，用连杆AD、BE以及绳子AE保持在图示位置。假若突然剪断绳子，求此瞬时连杆AD、BE所受的力。连杆的质量忽略不计，$l=1.0\text{m}$，$\varphi=30°$。

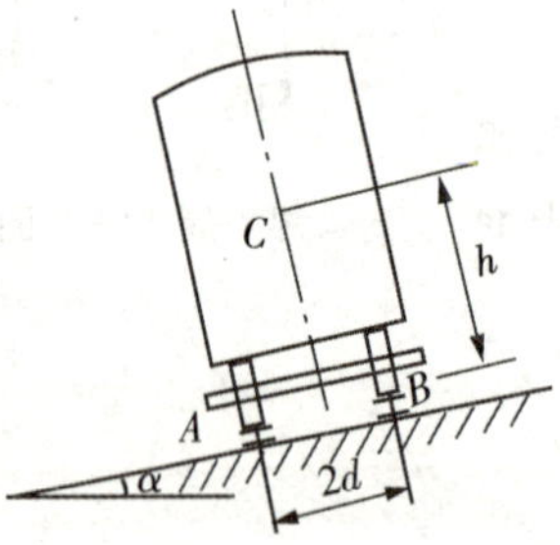

习题 14-3 图

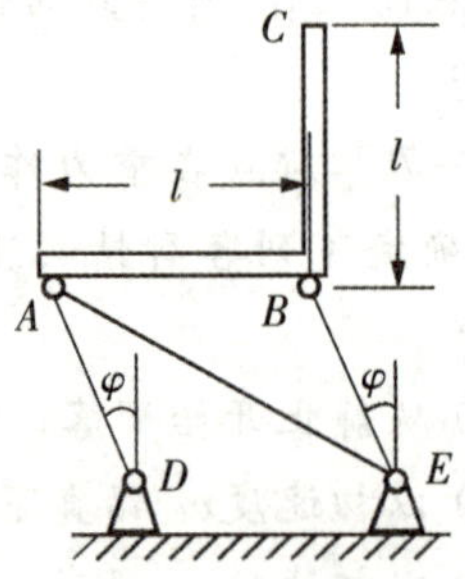

习题 14-4 图

14-5 阿德伍特机如图所示。定滑轮的半径为r，质量为m_O，绕水平轴O转动。滑轮上套一软绳，两端分别悬挂质量为m_1、m_2的物体M_1和M_2，$m_1>m_2$，绳与滑轮间无相对滑动。假设滑轮的质量均匀分布在轮缘上，求物体运动的加速度和轮轴O的约束力。

14-6 如图所示一凸轮导板机构。偏心圆轮的圆心为O，半径为r，偏心距$O_1O=e$，绕O_1轴以匀角速度ω转动。当导板AB在最低位置时。弹簧的压缩量为b，导板重W。要使导板在运动过程中始终不离偏心轮，求弹簧刚度系数k。

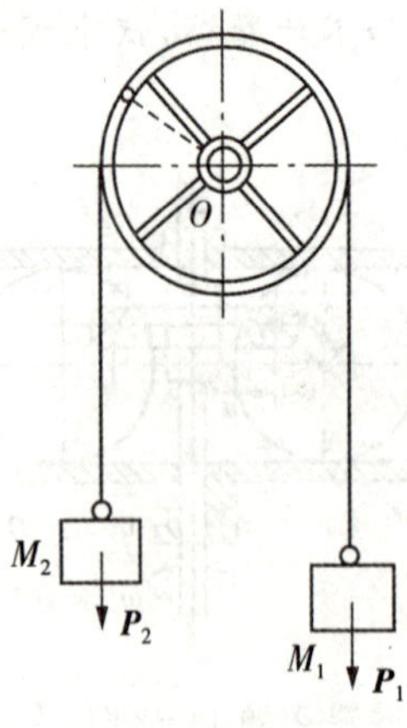

习题 14-5 图

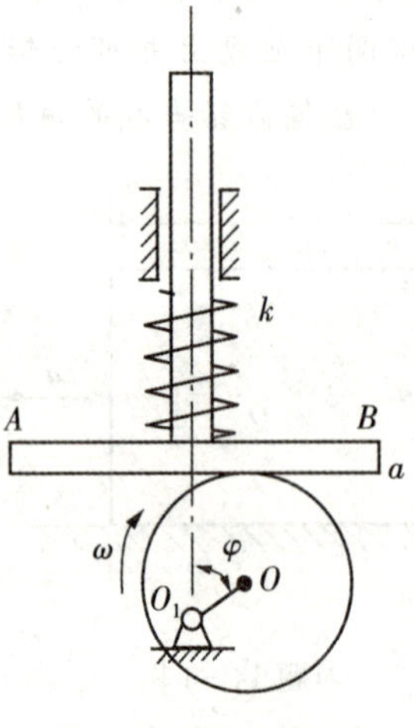

习题 14-6 图

14-7 如图所示矩形块质量$m_1=100\text{kg}$，$b=0.5\text{m}$，$h=1.0\text{m}$，置于平台车

上。车质量为 $m_2=50\text{kg}$。此车沿光滑水平面运动。车和矩形块在一起由质量为 m_3 的物体牵引,使之作加速运动。设物块与车之间的摩擦力足够阻止相互滑动,求能够使车加速运动的质量 m_3 的最大值,以及此时车的加速度大小。

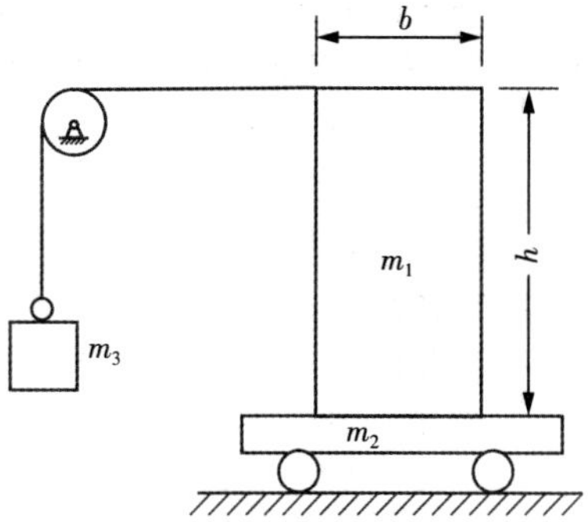

习题 14-7 图

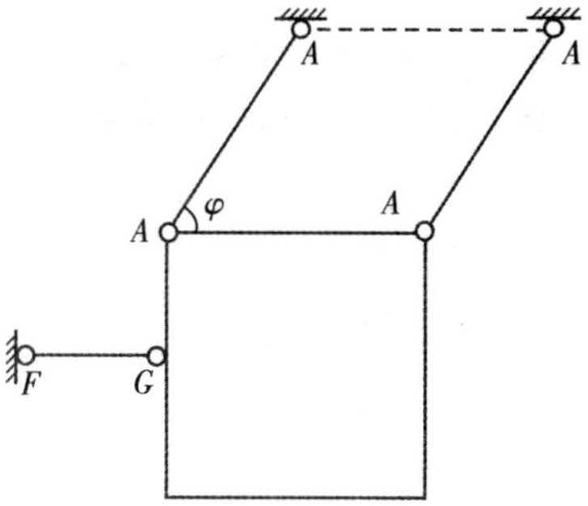

习题 14-8 图

14-8　正方体的均质板重 400N,由三根绳拉住,如图所示。板的边长 $b=0.1\text{m}$,$\varphi=60°$,求:(1) 当 FG 绳被剪断的瞬时,AD 和 BE 两绳的张力;(2)AD 和 BE 两绳运动到铅直位置时,两绳之张力。

14-9　两细长的均质杆,长各为 b 和 d,互成直角地固结在一起,其顶点 O 则与铅直轴以铰链相连,此轴以角速度 ω 匀速转动,如图所示。求长为 d 的杆离铅直线的偏角 φ 与 ω 之间的关系。

14-10　各长为 l、重为 P 的两个均质杆 OA 与 OB,一端用铰链固定在铅垂轴上的 O 点,另一端用水平绳连在轴上的 D 处,杆与轴的夹角为 φ。令 $\triangle AOB$ 随轴 OD 以匀角速度 ω 转动,求绳的拉力及铰链 O 对杆 OB 的约束力。

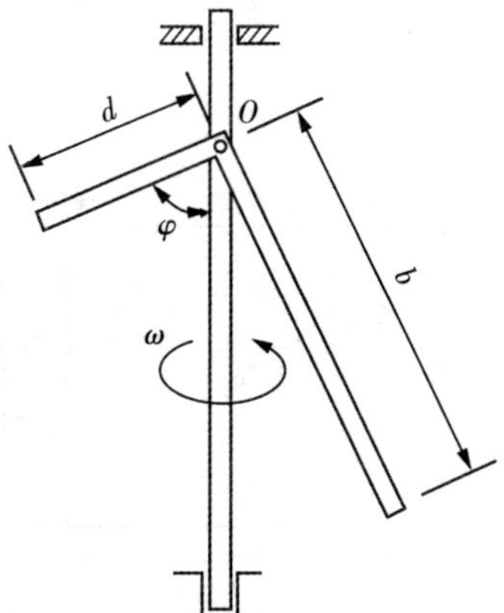

习题 14-9 图

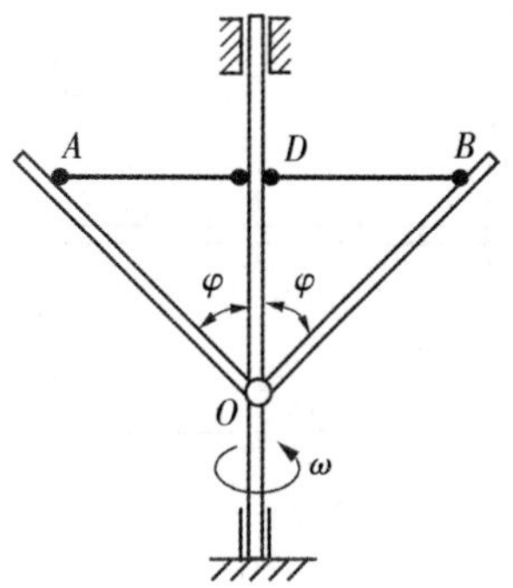

习题 14-10 图

14-11 如图所示匀质杆AB长为l,质量为m,以等角速度ω绕铅直轴z转动。试求杆与铅垂线的夹角β及铰链A的约束力。

14-12 一转速表的简化模型如图所示。杆CD的两端各有重$\boldsymbol{W}$的C球和D球,CD杆与转轴AB铰接,自重不计。当转轴AB转动时,CD杆的转角φ就发生变化。设$\omega=0$时,$\varphi=\varphi_0$,且弹簧中无力。弹簧产生的力矩$\boldsymbol{M}$转角φ的关系为$\boldsymbol{M}=k(\varphi-\varphi_0)$,$k$为弹簧刚度。求角速度$\omega$与角$\varphi$之间的关系。

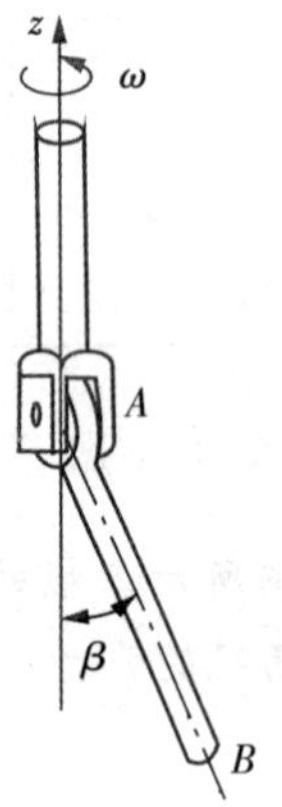

习题 14-11 图

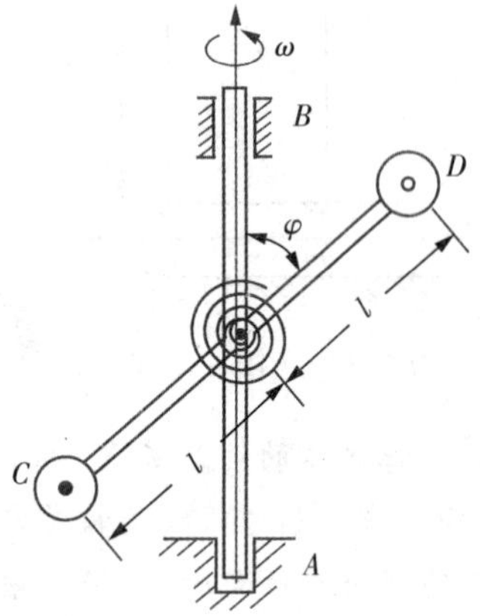

习题 14-12 图

14-13 在悬臂梁AB的B端装有质量为m_B、半径为r的均质鼓轮,如图示,一主动力偶,其矩为M,作用于鼓轮以提升质量为m_c的物体。设$AB=l$,梁和绳子的自重都略去不计。求A处的约束力。

14-14 如图所示矩形均质平板长0.2m,宽0.15m,质量27kg,由两个销子A和B悬挂。如果突然撤去销子B,求在撤去的瞬时平板的角加速度和销子A的约束力。

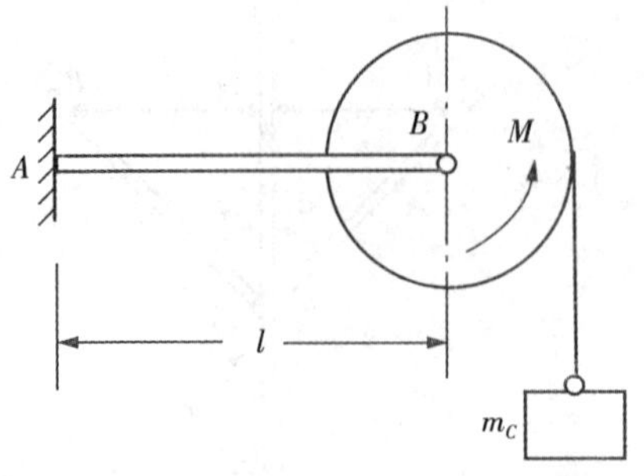

习题 14-13 图

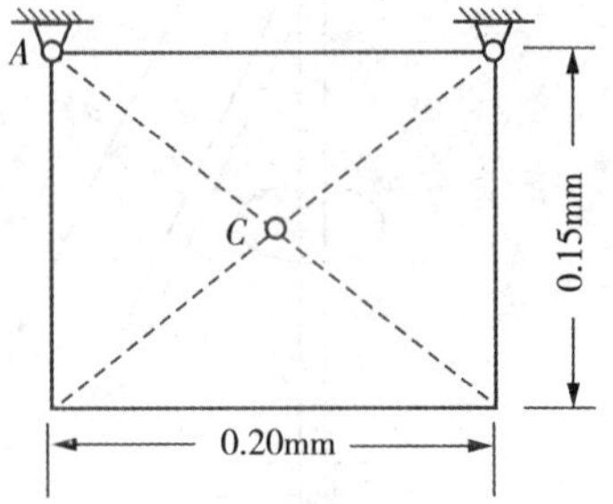

习题 14-14 图

14-15　均质杆重 P，长 l，悬挂如图所示。求一绳突然断开时，杆的质心的加速度及另一绳的拉力。

14-16　如图所示一拖车沿水平面纯滚动，加速度为 a，拖车总重为 G，其中车轮重 P，半径为 r，对轮轴的回转半径 $\rho=0.8R$，拖车的重心 C 认为与 A 在同一水平线上，距地面为 h，轮轴距 A 为 l；求 A、B 两处的约束力。

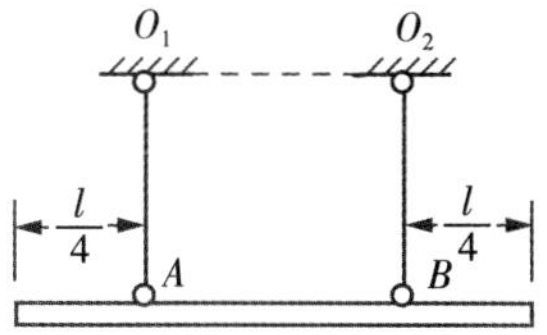

习题 14-15 图

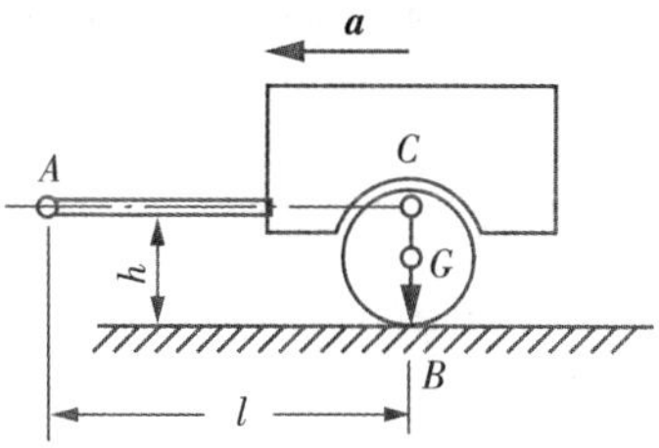

习题 14-16 图

14-17　半径 $r=0.4$m、重 $W=5$kN 的均质圆柱 C 在倾角 $\theta=30°$ 的轨道 EB 上只滚不滑。若 $b=1$m，不计轨道重量。求圆柱 C 运动到 $s=1.5$m 时，固定端 A 的约束力和约束力偶。

14-18　相同的均质杆 OA 和 AB 用铰链 O、A 连接，如图所示水平位置，由静止开始运动。求初瞬时各杆的角加速度。

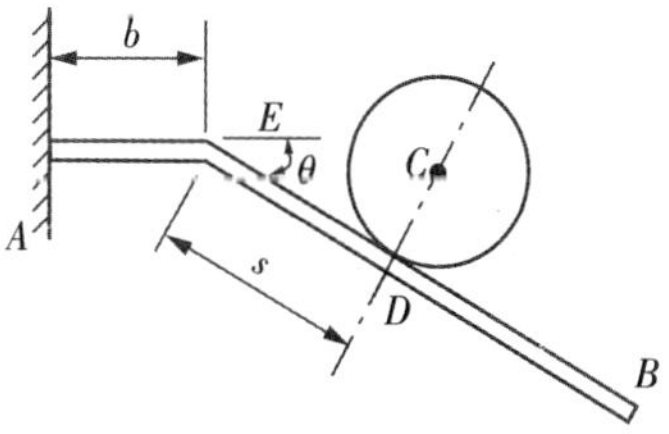

题 14-17 图

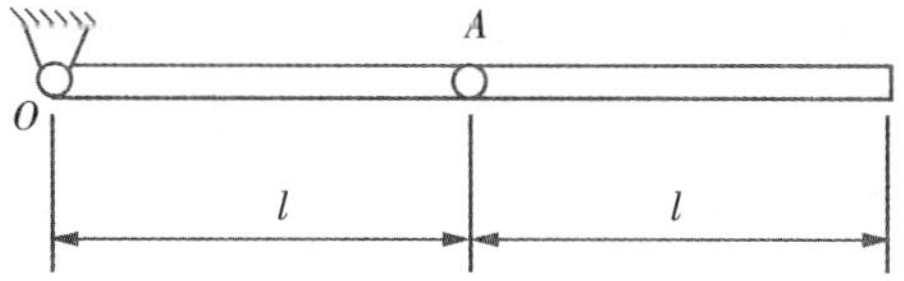

题 14-18 图

14-19　长为 l、质量为 m 的均质杆 AB 用光滑铰链铰接在半径为 r、质量为 m 的圆盘之中心 A。圆盘置于粗糙的水平面上。若 AB 杆从如图所示水平位置无初速释放，求运动到铅直位置时，(1) AB 杆的角速度 ω_{AB}、圆心 A 的速度 v_A；(2) AB 杆的角加速度 ε_{AB}、圆心 A 的加速度 a_A；(3) 地面作用于圆盘上的力。

14-20　如图所示水平板以不变的加速度 a 向右运动，管子 O 放置在此板上。若管子和平板之间的静摩擦系数为 $f=0.4$。求管子作纯滚动时，平板能够达到的最大加速度。

14-21　一塔轮由三个圆轮组成，其质量分别为 $m_1=20$kg、$m_2=16$kg、$m_3=10$kg，其中两轮的质心 C_1、C_3 偏离转动轴线的距离为：$e_1=1$mm、$e_3=1.2$mm，

在图示瞬时，三轮的质心 C_1、C_2、C_3 与转动轴在同一平面内。塔轮的转速为 $n=2400\text{r/min}$，求轴承 A、B 的附加动约束力。

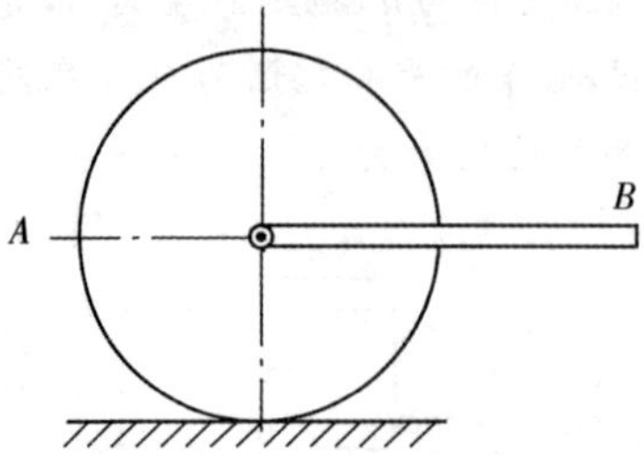

习题 14－19 图

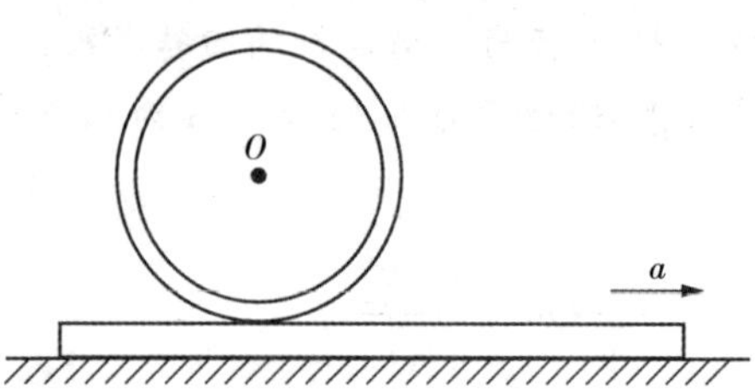

习题 14－20 图

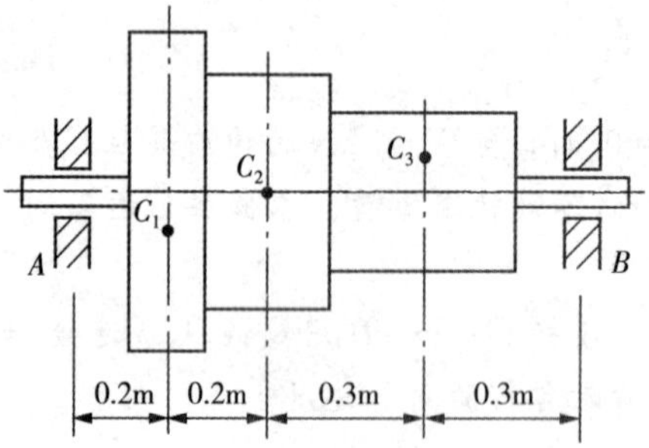

习题 14－21 图

14－22　某传动轴上安装有两个齿轮，质量分别为 m_1、m_2，偏心距分别为 e_1 和 e_2。在如图所示瞬时，C_1D_1 平行于 z 轴，C_2D_2 平行于 x 轴，该轴的转速是 $n\text{r/min}$。求此时轴承 A、B 的附加动约束力。

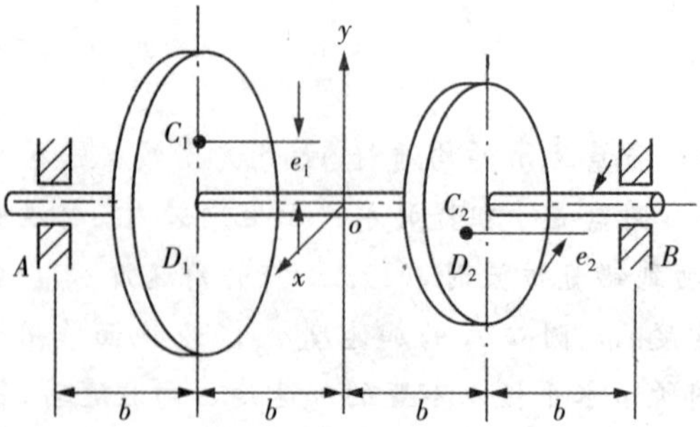

题 14－22 图

14－23　如图所示涡轮机的转盘重量 $W=2\text{kN}$，重心 C 到转轴 z 的距离 $e=0.5\text{mm}$（图中已夸大）。转轴 z 垂直于转盘的对称面。转盘绕此铅直轴 z 匀速转动，转速 $n=6000\mathrm{r/min}$。设 $AB=h=1000\mathrm{mm}$，求当转盘转到重心 C 位于 yz 平面的瞬时，止推轴承 A 和向心轴承 B 的静约束力和附加动约束力。

14－24　如图所示砂轮轴上安装两个砂轮，它们的质量分别 $m_1=3\mathrm{kg}$，$m_2=5\mathrm{kg}$，其重心分别在 C_1 和 C_2 点，偏心距都是 $e=0.2\mathrm{mm}$。转轴 z 垂直于两砂轮的对称面。包含转轴 z 和 C_1 或 C_2 点的两个平面间的夹角为 $\varphi=120°$。砂轮轴以转速 $n=3000\mathrm{r/min}$ 作匀建转动，求在图示位置时两轴承的附加动约束力。

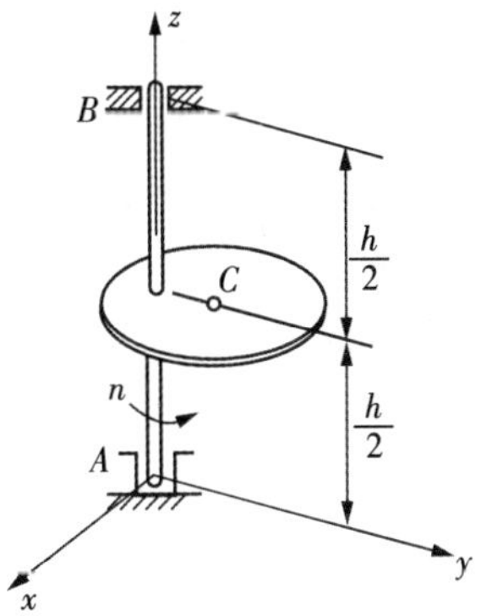

习题 14－23 图

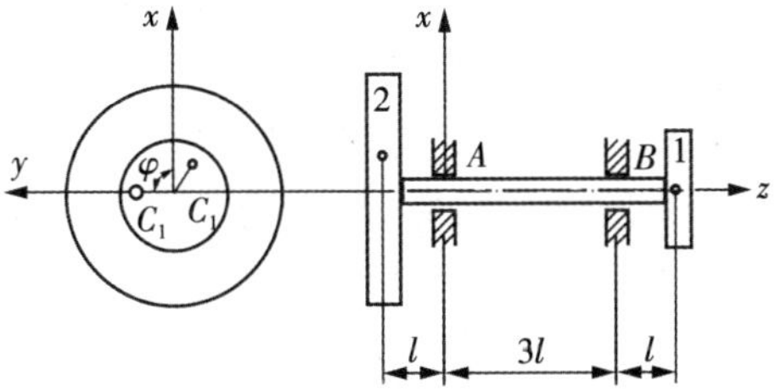

习题 14－24 图

14－25　三圆盘 A、B 和 C 各重 120N，共同固结在 x 轴上，其位置如图所示。A 盘的质心 G 距轴 $e_A=z_A=0.5\mathrm{cm}$，而 B、C 盘的质心均在轴上。若将两个 10N 重的均衡质量分别放在 B、C 盘上，问应如何放置可使此系统达到动平衡？

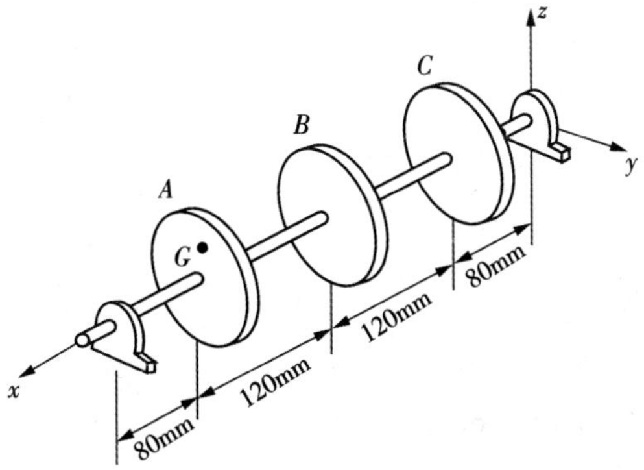

习题 14－25 图

参考答案

第2章

2-1 $F_R=158.1\text{N}$ $\angle(F_R, F_3)=55.3°$

2-2 (a)$F_{AB}=F_{AC}=0.577F$(拉力) (b)$F_{AB}=0.577F$(拉力)

$F_{AC}=1.155F$(压力)

(c)$F_{AB}=0.577F$(压力) $F_{AC}=1.155F$(拉力)

(d)$F_{AB}=0.5F$(拉力) $F_{AC}=0.866F$(压力)

2-3 $F_{BC}=5\text{kN}$(压力) $F_A=5\text{kN}$

2-4 $\cos\alpha=\dfrac{p_1}{p_2}$ $F_D=p-\sqrt{{p_2}^2-{p_1}^2}$

2-5 $(a)F/P=5.67$ $(b)F/P=2.84$

2-6 $F_1/F_2=0.612$

2-7 $F_A=F_B=0.707F$

2-8 $F_A=1075\text{N}$

2-9 $F_A=0.707P$ $F_B=P$ $F_C=P$ $F_D=0.707P$

2-10 $F_A=81.8\text{kN}$

2-11 $\theta=30°$ $P_B=100\text{N}$

2-12 (a) $\dfrac{M}{l}$,(b) $\dfrac{M}{l}$,(c) $\dfrac{\sqrt{2}M}{l}$;

2-13 $\dfrac{\sqrt{2}M}{3a}$;

2-14 750N;

2-15 $M_2=0.334\text{N}\cdot\text{m}, F_{AB}=1.67\text{N}$;

2-16 $R_A=\dfrac{\sqrt{2}M}{l}$(↘)与水平方向成45度角;

2-17 $M=30\text{N}\cdot\text{m}$;

2-18 $F_1=\dfrac{M}{d}$(拉),$F_2=0$,$F_2=\dfrac{M}{d}$(压);

2-19 $M_1/M_2=1$

2-20 $M_2=4\text{kN}\cdot\text{m}$，转向为逆时针，$F_A=1.155\text{kN}$，$F_B=1.155\text{kN}$

2-21 $R_A=\dfrac{\sqrt{3}M}{3R}$ 垂直于 AB 杆，$T_C=\dfrac{\sqrt{3}M}{3R}$，$R_E=\dfrac{\sqrt{3}M}{3R}(\uparrow)$

2-22 $M=60\text{N}\cdot\text{m}$

第 3 章

3-1 $F'_R=50\text{N}$，$M_O=300\text{N}\cdot\text{m}$；$d=6\text{m}$，$\cos(F'_R,i)=0.6$，$\cos(F'_R,j)=-0.8$，$(F'_R,i)=-53°08'$，$(F'_R,j)=143°08'$。

3-2 $F_R=150\text{N}(\leftarrow)$，$y=-6\text{mm}$

3-3 $F_R=F$，$M_A=1.133Fa$，$d=1.133a$

3-4 $M_O=0$，$T=40\text{N}$

3-5 向 O 点简化结果：$F_R=8026.91\text{kN}$，$M_O=5095\text{kN}\cdot\text{m}$；简化为合力时，作用线位于 O 点左侧 $0.636m$ 处，与水平线之间的夹角为 $87.6°$

3-6 $F_A=2\text{kN}(\uparrow)$，$F_B=2\text{kN}(\uparrow)$

3-7 $F_{Ax}=5.2\text{kN}(\rightarrow)$，$F_{Ay}=5\text{kN}(\uparrow)$，$M_A=6\text{kN}\cdot\text{m}(Q)$

3-8 $F_{BC}=848.5N$，$F_{Ax}=2400N$，$F_{Ay}=1200N$

3-9 a) $F_{Ax}=0$，$F_{Ay}=-1\text{kN}(\downarrow)$，$F_B=4\text{kN}(\uparrow)$；

b) $F_{Ax}=0$，$F_{Ay}=-250\text{N}(\downarrow)$，$F_B=3750\text{N}(\uparrow)$

3-10 $W_2=333.3\text{kN}$；$x=6.75\text{m}$

3-11 a) $F_A=63.22\text{kN}$，$F_B=88.74\text{kN}$，$F_C=-30\text{kN}$；

b) $F_B=8.43\text{kN}$，$F_C=3.45\text{kN}$，$F_D=57.42\text{kN}$

3-12 $F_{Ax}=0$，$F_{Ay}=6\text{kN}$，$M_A=12\text{kN}\cdot\text{m}$

3-13 $F_{Ax}=ql$，$F_{Ay}=F_1$，$M_A=M+F_1-1.5ql$

3-14 a) $F_A=-qa$，$F_B=4qa$，$F_C=qa$，$F_D=qa$；

b) $F_A=\dfrac{1}{2}(F+\dfrac{M}{a})$，$F_B=\dfrac{1}{2}(F-\dfrac{2M}{a})$，$F_C=\dfrac{M}{2a}$，$F_D=\dfrac{M}{2a}$；

c) $F_{Ax}=\dfrac{\sqrt{2}}{2}F$，$F_{Ay}=\dfrac{\sqrt{2}}{4}F$，$M_A=M+\dfrac{\sqrt{2}}{2}Fa$，

$F_{Cx}=\dfrac{\sqrt{2}}{2}F$，$F_{Cy}=-\dfrac{\sqrt{2}}{4}F$，$F_D=\dfrac{\sqrt{2}}{4}F$；

d) $F_A=\dfrac{7}{4}qa$，$M_A=3qa^2$，$F_C=\dfrac{3}{4}qa$，$F_D=\dfrac{1}{4}qa$

3-15 $F_D=15\text{kN}(\uparrow)$，$F_{Cx}=0$，$F_{Cy}=5\text{kN}(\uparrow)$

$F_{Ax}=0$，$F_{Ay}=15\text{kN}(\downarrow)$，$F_B=40\text{kN}(\uparrow)$

3-16 (1)$F_{Ax}=0, F_{Ay}=(M-ql^2-Pl)/l, F_B=(5ql^2+4Pl-4M)/2l,$
$F_C=(ql^2+2M)/2l$
(2)$F_{Ax}=0, F_{Ay}=(3ql^2-2M)/2l, M_A=ql^2-M$
$F_B=(ql^2+2M)/2l$

3-17 $F_{Ax}=0, F_{Ay}=13\text{kN}(\uparrow), F_B=97\text{kN}(\uparrow), F_C=172\text{kN}(\uparrow),$
$F_D=88\text{kN}(\uparrow)$

3-18 (1)$F_{Ax}=40\text{kN}, F_{Ay}=80\text{kN}, F_{Bx}=40\text{kN}, F_{By}=80\text{kN}$;
(2)$F_{Ax}=15\text{kN}, F_{Ay}=55\text{kN}, F_{Bx}=15\text{kN}, F_{By}=45\text{kN}$

3-19 $F_{Ax}=20\text{kN}(\rightarrow), F_{Ay}=70\text{kN}(\uparrow), F_{Bx}=20\text{kN}(\leftarrow),$
$F_{By}=50\text{kN}(\uparrow), F_{Cx}=20\text{kN}, F_{Cy}=10\text{kN}$

3-20 $F_{Ax}=30\text{kN}, F_{Ay}=90\text{kN}, F_{Bx}=-30\text{kN}, F_{By}=50\text{kN},$

3-21 $F_{Ax}=150\text{kN}, F_{Ay}=236.6\text{kN}, M_A=-400\text{kN}\cdot\text{m}(\circlearrowright)$

3-22 $F_{Ax}=\left(1-\frac{\sqrt{2}L}{4r}\right)/R, F_{Ay}=\frac{\sqrt{2}}{4}RL/r,$

$F_{Ox}=\frac{\sqrt{2}}{4}RL/r, F_{Oy}=-\frac{\sqrt{2}}{4}RL/r$

3-23 $F_{Ax}=30\text{kN}(\rightarrow), F_{Ay}=20\text{kN}(\uparrow), M_A=-120\text{kN}\cdot\text{m}(\circlearrowright)$

3-24 $F_{Ax}=0.5\text{kN}(\leftarrow), F_{Ay}=3.5\text{kN}(\uparrow), M_A=2.5\text{kN}\cdot\text{m}(\circlearrowleft),$
$F_B=4\text{kN}(\uparrow), F_C=0.5\text{kN}(\rightarrow)$

3-25 $F_{Ax}=1200\text{N}, F_{Ay}=150\text{N}, F_B=1050\text{N}, F_{BC}=1500\text{N}$(压)

3-26 $F_{Ax}=2\text{kN}(\leftarrow), F_{Ay}=1\text{kN}(\downarrow), F_{Ex}=2\text{kN}(\rightarrow), F_{Ey}=2\text{kN}(\uparrow),$
$F_{Ox}=0.5\text{kN}(\leftarrow), F_{0y}=1\text{kN}(\downarrow)$

3-27 $F_{Ax}=-2.25\text{kN}, F_{Ay}=3\text{kN}, F_{Dx}=2.25\text{kN}, F_{Dy}=-2\text{kN}$

2-28 $F_{Ax}=\frac{2}{3}\text{kN}(\leftarrow), F_{Ay}=5.5\text{kN}(\uparrow), M_A=14\text{kN}\cdot\text{m}(\circlearrowleft)$;
BD 杆受拉,拉力 $=0.5\text{kN}$

2-29 $F_{Ax}=10\text{kN}(\leftarrow), F_{Ay}=20\text{kN}(\downarrow), M_A=-20\text{kN}\cdot\text{m}(\circlearrowright)$;
$F_C=40\text{kN}$,沿水平方向

2-30 $F_{Dx}=6.27\text{kN}(\leftarrow), F_{Dy}=0.2\text{kN}(\downarrow), M_D=27.76\text{kN}\cdot\text{m}(\circlearrowleft)$;
$F_{Ax}=8\text{kN}(\leftarrow), F_{Ay}=0.8\text{kN}(\downarrow)$

第 4 章

4-1 $F_{x1}=0, F_{y1}=0, F_{z1}=F_1; F_{x2}=-\frac{\sqrt{2}}{2}F_2, F_{y2}=\frac{\sqrt{2}}{2}F_2,$

$F_{z2}=0;F_{x3}=\frac{\sqrt{3}}{3}F_3,F_{y3}=-\frac{\sqrt{3}}{3}F_3,F_{z3}=\frac{\sqrt{3}}{3}F_3$

4-2 $M_z=-7.12\text{N}\cdot\text{m}$

4-3 $F_{Rx}=-73.05\text{kN},F_{Ry}=-561.25\text{kN},F_{Rz}=410.69\text{kN}$,
$M_x=561.25\text{kN}\cdot\text{m},M_y=-821.38\text{kN}\cdot\text{m},M_z=0$

4-4 $F_{Rx}=-345.4\text{N},F_{Ry}=249.6\text{N},F_{Rz}=10.56\text{N}$,
$M_x=-51.78\text{N}\cdot\text{m},M_y=-36.65\text{N}\cdot\text{m},M_z=103.6\text{N}\cdot\text{m}$

4-5 $a=0,b=c$

4-6 $F'_R=50\sqrt{2}\text{N},\cos\alpha=1/\sqrt{2},\cos\beta=0,\cos\gamma=1/\sqrt{2};M_{Bx}=2.5\text{N}\cdot\text{m}$,
$M_{By}=M_{Bz}=0,M_B=M_{Bx}=2.5\text{N}\cdot\text{m},\cos\alpha=1,\cos\beta=0,\cos\gamma=0$,
$\boldsymbol{M}_B$ 不垂直于 F'_R，$d=M_B/F'_R=0.025\text{m}$

4-7 $F_{ox}=-5\text{kN},F_{oy}=-4\text{kN},F_{oz}=0,M_{ox}=16\text{kN}\cdot\text{m}$,
$M_{oy}=-30\text{kN}\cdot\text{m},M_{oz}=20\text{kN}\cdot\text{m}$

4-8 $M_x(F)=\frac{F}{4}(h-3r),M_y(F)=\frac{\sqrt{3}}{4}F(h+r),M_z(F)=-\frac{1}{2}rF$

4-9 $F_A=F_B=26.39\text{kN}$(压)，$F_C=33.46\text{kN}$(拉)

4-10 $F_{OA}=-1414N,F_{OB}=F_{OC}=707N$

4-11 $F_1=-F_5=-F$(压)，$F_3=F$(拉)，$F_2=F_4=F_6=0$

4-12 $F_1=F_2=-5\text{kN}$(压)，$F_3=-7.07\text{kN}$(压)，$F_4=5\text{kN}$(拉)，
$F_5=5\text{kN}$(拉)，$F_6=-10\text{kN}$(压)

4-13 $N_1=-75\text{kN}$(压)，$N_2=25\sqrt{2}\text{kN},N_3=0$

4-14 $Q=1080\text{N};F_{Bx}=82.5\text{N},F_{By}=1280\text{N}$
$F_{Ax}=93.6\text{N},F_{Ay}=233\text{N},F_{Az}=176\text{N}$

4-15 $x_C=5.1,y_C=10.1$,

4-16 $x_C=\frac{r^3}{2(R^2-r^2)}$

4-17 $x_C=\frac{2}{3}\frac{r^3\sin^3\alpha}{F}$，$F$ 为弓形面积，$F=\frac{r^2(2\alpha-\sin2\alpha)}{2}$

4-18 $x_C=81.73\text{mm},y_C=59.53\text{mm}$,

4-19 $x_c=23.1\text{mm},y_c=38.5\text{mm},z_c=-28.1\text{mm}$

4-20 $x_C=\frac{a}{6},y_C=\frac{a}{2},z_C=\frac{a}{6}$

第5章

5-1 (1)56.56N (2)94.3N

5-2 $\theta_K = \arcsin\left(\frac{3\pi f}{4+3\pi f}\right)$

5-3 $f \geqslant (2\sqrt{2}-1)/2\sqrt{2} = 0.646$

5-4 $\frac{\pi}{2} - 2\varphi_m \leqslant \alpha \leqslant \frac{\pi}{2}$

5-5 0.223

5-6 $PA = 500\text{N}$

5-7 $P_{\max} = 208\text{N}$

5-8 $Q = Q_1 = 0.2\text{kN}$

5-9 $P_{\min} = 160\text{N}$

5-10 $\varphi_{\min} = \text{arctg}[5P/(4Qf + 7Pf)]$

5-11 $40.21\text{kN} \leqslant P_E \leqslant 104.2\text{kN}$

5-12 $f_s \geqslant \frac{\delta}{2R}$

5-13 $F = \frac{1}{2r}W_2(\delta + \delta')$

第6章

6-1 $a = -2.78\text{m/s}^2 \quad s = 138.9\text{m}$

6-2 $t = 3.5\text{s}$

6-3 $\boldsymbol{v} = 1\text{m/s} \quad a = 0.2\text{m/s}^2$

6-4 $\boldsymbol{v} = \frac{h_1 \boldsymbol{v}_1}{h_1 - h_2}$

6-5 $x = \sqrt{2R\boldsymbol{v}_0 t + \boldsymbol{v}_0^2 t^2} \quad \boldsymbol{v} = \frac{R\boldsymbol{v}_0 + \boldsymbol{v}_0^2 t}{\sqrt{2R\boldsymbol{v}_0 t + \boldsymbol{v}_0^2 t^2}}$

6-6 $\frac{x^2}{40000} + \frac{y^2}{10000} = 1$

6-7

$x = e\cos\omega t + \sqrt{R^2 - e^2\sin^2\omega t} \quad \boldsymbol{v} = -e\omega\left[\sin\omega t + \frac{e\sin2\omega t}{2\sqrt{R^2 - e^2\sin^2\varphi}}\right]$

6-8 $s = 100t^2$

6-9 $s = 2R\omega t$ 或 $x = R\sin2\omega t y = R\cos2\omega t \quad \boldsymbol{v} = 2R\omega \quad a = a_n = 4R\omega^2$

6-10 直角坐标法 $x = R + R\cos2\omega t \quad y = R\sin2\omega t$

$\boldsymbol{v}_x = -2R\omega\sin2\omega t \quad \boldsymbol{v}_y = 2R\omega\cos2\omega t$

$a_x = -4R\omega^2\cos2\omega t \quad a_y = -4R\omega^2\sin2\omega t$

自然坐标法 $s=2R\omega t$ $v=2R\omega$ $a=a_n=4R\omega^2$

6-11 $x_A=2r\cos\omega t$ $y_B=2r\sin\omega t$

$x_C=r\cos\omega t$ $y_C=r\sin\omega t$ $x^2+y^2=r^2$

$x_M=\frac{r}{2}\cos\omega t$ $y_M=\frac{3}{2}r\sin\omega t$ $36x^2+4y^2=9r^2$

6-12 $x_C=\frac{al}{\sqrt{l^2+u^2t^2}}$ $y_C=\frac{avt}{\sqrt{l^2+u^2t^2}}$ $v_C=\frac{av}{2l}$

6-13 $a_\tau=0$ $a_n=10\text{m/s}$ $\rho=1250\text{m}$

6-15 $v_M=v\sqrt{1+\frac{p}{2x}}$, $a_M=\ddot{y}=-\frac{v^2}{4x}\sqrt{\frac{2p}{x}}$

6-16 $\rho=5\text{m}$, $a_\tau=8.66\text{m/s}^2$

第 7 章

7-1 $v_M=9.42\text{m/s}$, $a_M=4.44\text{m/s}^2$

7-2 $v_M=n\pi R/30$, $a_M=n^2\pi^2R/900$

7-3 $v=18\text{m/s}a_n=540\text{m/s}^2$ $a_\tau=1.8\text{m/s}^2$

7-4 $v_A=0.86\text{m/s}$

7-5 $v_O-0.707\text{m/s}$ $a_O-3.33\text{m/s}^?$

7-6 $v=0.52\text{m/s}$ $a=0a_O=a_n=0.274\text{m/s}^2$

7-7 $v=59.1\text{m/s}$

7-8 $n=51\text{r/min}$

7-9 $\alpha_2=5000\pi\ (100-5t)^{-2}\text{rad/s}^2$ $a=592.2\text{m/s}^2$

7-10 $\alpha=\frac{av^2}{2\pi r^3}$

7-11 $v_A=1.64\text{m/s}\uparrow\downarrow$, $S_A=3.7\text{m}\uparrow$

$v_B=0.738\text{m/s}\downarrow$, $S_B=1.67\text{m}\downarrow$

7-12 $v_B=1.34\text{m/s}$

7-13 $\omega_2=0$ $\alpha_2=-\frac{lb\omega^2}{r^2}$

第 8 章

8-1 $l=200m$ $u=20\text{m/min}$ $v=12\text{m/min}$

8-2 $v_r=10.06\text{m/min}$ $\angle(v_r,R)=41^\circ48'$

8-3 $\omega=\omega_0$

8-4 $v_a=a\omega\tan\varphi$

8-5 $\omega_{O_1B}=\omega\sin^2\varphi$

8-6 $v_a=\frac{R^2 l\omega_1}{b^2}$

8-7 $\omega_0=2.67\text{rad/s}$

8-8 $v=306\text{cm/s}$

8-9 $\omega=\frac{u}{2l}$

8-10 $v_{DE}=\frac{80}{\sqrt{3}}\text{cm/s}$ $v_{cr}=\frac{40}{\sqrt{3}}\text{cm/s}$

8-11 $v_M=0.529\text{m/s}$

8-12 $v_M=u/\sin\varphi$ $a_M=u^2/r\sin^3\varphi$

8-13 $v_a=34.6\text{cm/s}\uparrow$ $a_a=52.9\text{cm/s}^2\downarrow$

8-14 $v=0.1\text{m/s}$ $a_a=0.346\text{m/s}^2$

8-15 $\omega=0.275\text{rad/s}$(逆时针方向) $\alpha=0.092\text{rad/s}^2$(顺时针转向)

8-16 $v=0.173\text{m/s}$ $a=0.05\text{m/s}^2$

8-17 $v_B=1.97\text{m/s}$

8-18 $a_a=2.88\text{m/s}^2$ $\angle(a_a,i)=236.3^\circ$

8-19 $\omega=0.75\text{rad/s}$(顺时针转向) $\alpha=4.56\text{rad/s}^2$(顺时针转向)

8-20 $v_c=1.26\text{m/s}$ $\angle(v_c,i)=63.43^\circ$,
$a_c=3.69\text{m/s}^2$ $\angle(a_c,i)=147.53^\circ$

8-21 $\omega=0.62\text{rad/s}$ $\alpha=-0.415\text{rad/s}^2$

第9章

9-1 $v_B=75\text{cm/s}$ $\omega_{AB}=1.13\text{rad/s}$

9-2 $v_{A1}=0$ $v_{A2}=v_{A4}=\sqrt{2}\,v$ $v_{A3}=2v$

9-3 $v_{M1}=0$ $v_{M2}=v_{M4}=\sqrt{2}\,v_0$ $v_{M3}=2v_0$

9-4 $v_{BC}=2.513\text{m/s}$

9-5 $\omega=\frac{v_1-v_2}{2r}$ $v_o=\frac{v_1+v_2}{2}$

9-6 $\omega_{AB}=1.77\text{rad/s}$

9-7 $\omega_{BC}=0.15\text{rad/s}$ $v_B=21.2\text{cm/s}$ $v_C=18\text{cm/s}$

9-8　$\omega = 2\mathrm{rad/s}$

9-9　$\omega_{AB} = \frac{2}{3}\omega$　$v_B = l\omega$　$v_D = \frac{\sqrt{5}}{2} l\omega$

9-10　$\omega_1 = 1824\mathrm{rad/s}$

9-11　$\omega_{AB} = \frac{2\sqrt{3} r\omega}{3l}$　$\omega_{BC} = \frac{\sqrt{3} r\omega}{3l}$　$v_C = \frac{\sqrt{3} r\omega}{3}$

9-12　$v_F = 129\mathrm{cm/s}$

9-13　$\omega_{ABD} = 1.072\mathrm{rad/s}$　$v_D = 0.254\mathrm{m/s}$

9-14　$\omega_{O1} = \frac{(b_2 + b_1) r_2 v}{a_1 b_2 r_2 - a_2 b_1 r_1}$

9-15　$v_{\mathrm{III}} = v_1 \frac{ay}{x^2} + v_2 \frac{a - x}{x^2}$　$\omega_{\mathrm{IV}} = \frac{v_1 y - v_2 x}{x^2 + y^2}$

9-16　$v_B = 200\mathrm{cm/s}$　$a_B^n = 400\mathrm{cm/s^2}$

$a_B^\tau = 370.5\mathrm{cm/s^2}$　$v_C = 200\mathrm{cm/s}$　$a_C = 370.5\mathrm{cm/s^2}$

9-17　$\omega = \frac{v_0}{r}$　$\alpha = \frac{a_0}{r}$　$a_C = \frac{v_0^{\,2}}{r}$

9-18　$a_B = 5.66\mathrm{m/s^2}$　$\alpha_{AB} = 16\mathrm{rad/s^2}$

9-19　$\omega_{O_1 B} = 0$　$\alpha_{O_1 B} = \frac{\sqrt{3}}{2}\omega^2$

9-20　$\omega = \sqrt{2}\,\mathrm{rad/s}$　$\alpha = 2\mathrm{rad/s^2}$　$a_C = 40\sqrt{2}\,\mathrm{mm/s^2}$

9-21　$\omega_{OB} = 0.75\mathrm{rad/s}$　$\alpha_{OB} = 0.31\mathrm{rad/s^2}$

9-22　$v_C = \frac{3}{2}\omega_0 r$　$a_C = \frac{\sqrt{3}}{12}\omega_0^{\,2} r$

9-23　$v_B = 2\mathrm{m/s}$　$v_C = 2.828\mathrm{m/s}$　$a_B = 8\mathrm{m/s^2}$　$a_C = 11.31\mathrm{m/s^2}$

9-24　$\omega = 1\mathrm{rad/s}$　$\alpha = 2\mathrm{rad/s^2}$

$v_A = 0.2\mathrm{m/s}$　$v_B = 0.1\mathrm{m/s}$　$v_C = 0.05\mathrm{m/s}$

$a_A = 0.427\mathrm{m/s^2}$　$a_B = 0.25\mathrm{m/s^2}$　$a_C = 0.1\mathrm{m/s^2}$

9-25　$v_C = 0.2\mathrm{m/s}$　$a_C = 0.793\mathrm{m/s^2}$

9-26　$v_E = \frac{v}{2}$　$a_E = \frac{7}{8\sqrt{3}} \frac{v^2}{b}$　$\omega = 0.75 \frac{v}{b}$　$\alpha = \frac{3\sqrt{3}}{8} \frac{v^2}{b^2}$

9-27　$\omega_F = 10.33\mathrm{rad/s}$　$\omega_{AC} = 0$　$\alpha_{AC} = 28.72\mathrm{rad/s^2}$

第 10 章

10-1　$F_{\mathrm{T}} = 12.43\mathrm{N}, F_{\mathrm{N}} = 60.72\mathrm{N}, a = 0.577g$

10-2 (1)$t \geqslant 3.59\text{s}$,(2)$F=2.236\text{N}$。

10-3 $f_{\min}=\dfrac{a\cos\alpha}{g+a\sin\alpha}$

10-4 $F=1250\text{N}$

10-5 $F_{\text{T}}+m(g+l^2 \boldsymbol{v}_0^2 x^{-3}\sqrt{1+(l/x)^2})$

10-6 (1)$F_{\text{Nmax}}=m(g+e\omega^2)$;(2)$\omega_{\max}=\sqrt{g/e}$。

10-7 $\varphi=0°$ 时,$F=-2368.7\text{N}$;$\varphi=90°$ 时,$F=0$

10-8 $F_{AM}=\dfrac{PL}{2bg}(\omega^2 b+g)$,$F_{BM}=\dfrac{PL}{2bg}(\omega^2 b-g)$

10-9 $t=\sqrt{\dfrac{h}{g}\dfrac{Q+P}{Q-P}}$

10-10 $s=0.28\text{m}$

第 11 章

11-1 $P=\dfrac{5}{2}ml_1\omega$

11-2 $f=0.30$

11-3 阻力 $F=1080\text{N}$

11-4 向左移动$\dfrac{a-b}{4}$

11-5 $4x^2+y^2=l^2$

11-6 $\dfrac{m_2 b-f(m_1+m_2)g}{m_1+m_2}$

11-7 $s_A=17\text{cm}$(向左),$s_B=9\text{cm}$(向右)

11-8 $\boldsymbol{v}_A=\dfrac{m_2}{m_1+m_2}\varphi_0 l\omega$

11-9 2215N

第 12 章

12-1 (1)$\alpha=\dfrac{6M}{(r+R)^2(9m_1+2m_2)}$;

(2)$L_B=m\boldsymbol{v}_A(R+e)+\omega(J_A+meR)$

12-2 $\omega=7.24\text{rad/s}$;$\alpha=4.17\text{rad/s}^2$

12-3 $\alpha_1=\dfrac{2(R_2M-R_1M')}{(m_1+m_2)R_1^2R_2}$

12-4 $t=\dfrac{r_1\omega}{2fg\left(1+\dfrac{m_1}{m_2}\right)}$

12-5 $\rho=90\text{mm}$

12-6 $a_A=\dfrac{m_1g\,(R+r)^2}{m_1\,(R+r)^2+m_2(\rho^2+R^2)}$

12-7 $v=\dfrac{2}{3}\sqrt{3gh}\quad F_T=\dfrac{1}{3}mg$

12-8 (1) $v_r=\dfrac{2}{3}\sqrt{6gr}$，$F_N=\dfrac{11}{3}mg$；(2) $\varphi_1=\arcsin\left(\dfrac{2}{3}\sin\varphi_0\right)$

12-9 $a=\dfrac{F-f(m_1+m_2)g}{m_1+\dfrac{m_2}{3}}$

12-10 $t=\dfrac{v_0-\omega_0r}{3fg}\quad v=\dfrac{2v_0+r\omega_0}{3}$

12-11 $a_C=3.48\ \text{m/s}^2$

12-12 (1) $a=\dfrac{4}{5}g$；(2) $M>2mgr$

12-13 $\alpha_{OA}=\dfrac{6F}{7ml}$（顺时针）；$\alpha_{AB}=\dfrac{30F}{7ml}$（逆时针）

第 13 章

13-1 $W=109.7\text{J}$

13-2 (a) $\dfrac{1}{6}ml^2\omega^2$；(b) $\dfrac{1}{4}mr^2\omega^2$；(c) $\dfrac{3}{4}mr^2\omega^2$；(d) $\dfrac{5}{4}mv^2$

13-3 $T=\dfrac{2}{9}mv_B^2$

13-4 $\omega=\dfrac{2}{r+R}\sqrt{\dfrac{3M\varphi}{9m_1+2m_2}}\quad \alpha=\dfrac{6M}{(r+R)^2(9m_1+2m_2)}$

13-5 $v=\sqrt{\dfrac{2l}{m}(F-mgf\ln 2)}$

13-6 $v_A=\sqrt{\dfrac{3}{m}[M\theta-mgl(1-\cos\theta)]}$

13-7 (a) $\omega=\sqrt{\dfrac{3}{2}(\sqrt{2}-1)\dfrac{g}{l}}=\dfrac{2.47}{\sqrt{l}}\text{rad/s}$；

(b)$\omega=\sqrt{\frac{12}{5}(\sqrt{2}-1)\frac{g}{l}}=\frac{3.12}{\sqrt{l}}\text{rad/s}$

综-1 (1)$a=a_t=\frac{1}{2}g=4.9\text{m/s}^2$ $F_A=72\text{N}$ $F_B=268\text{N}$;

(2)$a=a_n=(2-\sqrt{3})g=2.63\text{m/s}^2$ $F_A=F_B=248.5\text{N}$

综-2 $a_B=\frac{m_1 g\sin 2\theta}{2(m_1\sin^2\theta+m_2)}$

综-3 $F=\frac{M(m_1+2m_2)}{2R(m_1+m_2)}$

综-4 $F=9.8\text{N}$

综-5 (1)$\omega=\sqrt{\frac{3g}{l}(1-\sin\varphi)}$ $\alpha=\frac{3g}{2l}\cos\varphi$;(2)$\varphi=\arcsin\frac{2}{3}=41.8°$

综-6 $b=\frac{\sqrt{3}}{6}l$

综-7 (a) $\boldsymbol{v}_r=\frac{2}{3}\sqrt{6gr}$;(b)$F_N=\frac{11}{3}mg$

综-8 $a_A=\frac{3m_1 g}{4m_1+9m_2}$

综-9 $f=0.242$

第 14 章

14-2 $\omega^2=\frac{2(2m_1+m_2)g}{2m_1}\cdot\frac{\text{tang}}{a+l\sin\varphi}$

14-3 $v=\sqrt{g\tan\alpha\cdot(\rho-h\sin\alpha)}$

14-4 $F_A=5.38\text{N}$;$F_B=45.5\text{N}$

14-5 $a=\frac{m_1-m_2}{m_1+m_2+m_O}$,$F_{Ox}=0$

$F_{Oy}=g\left(m_1+m_2+m_O)-\frac{(m_1+m_2)^2}{m_1+m_2+m_O}\right)$

14-6 $k\geqslant m(e\omega^2-g)/(2e+b)$

14-7 $m_3=50\text{kg}$,$a=2.45\text{m/s}^2$

14-8 (1)$F_{TA}=73.2\text{N}$,$F_{TB}=273.2\text{N}$

(2)$F_{TA}=F_{TB}=253.6$

14-9 $\omega^2=3g(b^2\cos\varphi-d^2\sin\varphi)/(b^3-d^3)\sin 2\varphi$。

14-10 $F_T=P\left(\frac{\text{tg}\varphi}{2}+\frac{l\omega^2}{3g}\sin\varphi\right)$,$F_{Ox}=P\left(\frac{\text{tg}\varphi}{2}+\frac{l\omega^2}{6g}\sin\varphi\right)$,$F_{Oy}=P$

14-11 $\beta=\arccos\left(\frac{3g}{2l\omega^2}\right)$，$F_A=\frac{ml\omega^2}{2}\sqrt{1+\frac{7g^2}{4l^2\omega^4}}$

14-12 $\omega=\sqrt{\frac{kg(\varphi-\varphi_0)}{Wl^2\sin 2\varphi}}$。

14-13 $F_{Ax}=0$，$F_{Ay}=(m_B+m_C)g-2m_C(M-m_Crg)/(m_B+2m_C)r$，
$M_A=l(m_B+m_C)g+2m_C(M-m_Crg)/(m_B+2m_C)r$。

14-14 $\varepsilon=47.04\text{rad/s}^2$；$F_{Ax}=95.26\text{N}$，$F_{Ay}=137.6\text{N}$。

14-15 $a_C=3g/7$，$F_T=4P/7$。

14-16 $F_{NB}=G-0.64\frac{Pa}{gl}(h-r)$，$F=0.64\frac{Pa}{g}$，
$F_{Ax}=(G+0.64P)\frac{a}{g}$，$F_{Ay}=0.64P\frac{(h-r)a}{lg}$。

14-17 $X_A=1.44\text{kN}$，$Y_B=4.17\text{kN}$，$M_A=10.66\text{kN}\cdot\text{m}$。

14-18 $e_{OA}=9g/7l$，顺时针；$e_{AB}=3g/7l$，逆时针。

14-19 (1)$\omega_{AB}=\sqrt{30g/7l}$，$v_A=-\sqrt{6gl/35}$；
(2)$\varepsilon_{AB}=0$，$a_A=0$；
(3)$F_N=\frac{29}{7}mg$，$F=0$。

14-20 $a_{max}=0.8g$。

14-21 $F_{NA}^{(d)}=783\text{N}(\uparrow)$，$F_{NB}^{(d)}=-278\text{N}(\downarrow)$。

14-22 $F_{Ax}^{(d)}=-\frac{1}{4}m_2e_2\left(\frac{n\pi}{30}\right)^2$，$F_{Az}^{(d)}=-\frac{3}{4}m_1e_1\left(\frac{n\pi}{30}\right)^2$；
$F_{Bx}^{(d)}=-\frac{3}{4}m_2e_2\left(\frac{n\pi}{30}\right)^2$，$F_{Bz}^{(d)}=-\frac{1}{4}m_1e_1\left(\frac{n\pi}{30}\right)^2$

14-23 静约束力 $F_{Ax}=0.1\text{N}$，$F_{Ay}=2\text{kN}$，$F_{Bx}=F_{By}=0$，
附加动约束力 $F_{Ax}=0$，$F_{Bx}=0$，$F_{Ax}=F_{By}=-20.13\text{kN}$。

14-24 $F_{Ax}=-113.96\text{N}$，$F_{Ay}=85.54\text{N}$，
$F_{Bx}=28.49\text{N}$，$F_{By}=-95.41\text{N}$。

14-25 $e_B=z_B=-12\text{cm}$，$e_C=z_C=6\text{cm}$。

参考文献

[1] 哈尔滨工业大学理论力学教研室．理论力学(I)[M] 第 6 版．北京:高等教育出版社,2002.

[2] 北京科技大学、东北大学．工程力学[M] 第 4 版．北京:高等教育出版社,2007.

[3] 陈殿云．工程力学[M]. 兰州:兰州大学出版社,2003.

[4] 梁圣复．建筑力学[M]. 北京:机械工业大学出版社,2007.

[5] 南京工学院,西安交通大学．理论力学[M] 第 2 版．北京:高等教育出版社,1986.

图书在版编目(CIP)数据

理论力学/张东晓主编．—合肥:合肥工业大学出版社，2017.2
ISBN 978-7-5650-3272-1

Ⅰ.①理… Ⅱ.①张… Ⅲ.①理论力学 Ⅳ.①O31

中国版本图书馆 CIP 数据核字(2017)第 029672 号

理 论 力 学

张东晓 主编　　　　责任编辑 吴毅明

出　版	合肥工业大学出版社	版　次	2017 年 2 月第 1 版
地　址	合肥市屯溪路 193 号	印　次	2017 年 2 月第 1 次印刷
邮　编	230009	开　本	710 毫米×1000 毫米　1/16
电　话	总　编　室:0551—62903038	印　张	23.25
	市场营销部:0551—62903163	字　数	426 千字
网　址	www.hfutpress.com.cn	印　刷	合肥现代印务有限公司
E-mail	hfutpress@163.com	发　行	全国新华书店

ISBN 978-7-5650-3272-1　　　　定价：45.00 元

如果有影响阅读的印装质量问题，请与出版社市场营销部联系调换。